MANNING

Deep Learning with PyTorch

PyTorch 深度學習攻略

核心開發者親授！

Eli Stevens · Luca Antiga · Thomas Viehmann 著 ｜ 黃駿 譯

感謝您購買旗標書,
記得到旗標網站
www.flag.com.tw
更多的加值內容等著您…

● FB 官方粉絲專頁:旗標知識講堂

● 旗標「線上購買」專區:您不用出門就可選購旗標書!

● 如您對本書內容有不明瞭或建議改進之處,請連上旗標網站,點選首頁的 聯絡我們 專區。

若需線上即時詢問問題,可點選旗標官方粉絲專頁留言詢問,小編客服隨時待命,盡速回覆。

若是寄信聯絡旗標客服 email, 我們收到您的訊息後,將由專業客服人員為您解答。

我們所提供的售後服務範圍僅限於書籍本身或內容表達不清楚的地方,至於軟硬體的問題,請直接連絡廠商。

學生團體　訂購專線:(02)2396-3257 轉 362
　　　　　傳真專線:(02)2321-2545

經銷商　服務專線:(02)2396-3257 轉 331
　　　　將派專人拜訪
　　　　傳真專線:(02)2321-2545

國家圖書館出版品預行編目資料

核心開發者親授!PyTorch深度學習攻略 /
Eli Stevens, Luca Antiga, Thomas Viehmann 著;
黃駿 譯. 初版.
臺北市:旗標科技股份有限公司, 2021.07 面;公分

譯自:Deep Learning with PyTorch

ISBN 978-986-312-673-7(平裝)

1.人工智慧 2.機器學習

312.831　　　　110009285

作　者/Eli Stevens · Luca Antiga · Thomas Viehmann

翻譯著作人/旗標科技股份有限公司

發 行 所/旗標科技股份有限公司

台北市杭州南路一段15-1號19樓

電　話/(02)2396-3257(代表號)

傳　真/(02)2321-2545

劃撥帳號/1332727-9

帳　戶/旗標科技股份有限公司

監　督/陳彥發

執行企劃/黃宇傑

執行編輯/黃宇傑

美術編輯/薛詩盈

封面設計/薛詩盈

校　對/陳彥發 · 黃宇傑 · 留學成

新台幣售價: 1000 元

西元 2024 年 8 月 初版 5 刷

行政院新聞局核准登記-局版台業字第 4512 號

ISBN 978-986-312-673-7

推薦序

PyTorch 專案是由一群在網路上認識的電腦專家於 2016 年中啟動，我們當時致力於寫出更好的深度學習軟體。本書的其中兩位作者（Luca Antiga 和 Thomas Viehmann）實際參與了 PyTorch 的開發過程，正是因為他們的付出，此專案才有如今的成功。

我們希望 PyTorch 能成為最具彈性的深度學習框架。但由於開發時間並不長，故要不是站在巨人的肩膀上，我們絕不可能建立令開發者滿意的成熟產品。事實上，PyTorch 有很大一部分基礎來自 Ronan Collobert 等人的 Torch7 專案（2007 年啟動），而後者又根源於 Yann LeCun 和 Leon Bottou 等人所提出的 Lush 程式語言。這些資源讓團隊得以將注意力放在必要的修改上，而不用從零開始建構所有概念。

PyTorch 的成功絕非單一因素造成。本專案不但使用方便、還具備強大的除錯能力與彈性，可大幅增加開發人員的產能。PyTorch 的廣泛應用又形成了龐大的軟體和研究生態系，進一步提升了用戶的使用者體驗。

目前已有不少課程、線上文章以及教學影片，讓學習 PyTorch 的過程更加容易。然而，與之相關的書籍卻非常的少。2017 年時有人曾提問：『什麼時候才有 PyTorch 的書問世啊？』我當時的回答是：『如果我們現在開始寫，那等書出版了，其中的內容也都過時了。』

話雖如此，在本書出版後，我們總算有可靠的 PyTorch 書籍可以參考了。本書不僅涵蓋各種基礎知識，還對各種資料結構（如：張量）、神經網路以及實作方法進行了詳細解說。除此之外，書中也囊括了不少進階議題，例如：JIT 的使用與模型部署的方法等（其它介紹 PyTorch 的著作都未涉及該主題）。

最可貴的是，本書示範了如何以神經網路解決複雜而重大的醫療問題（編註：癌症檢測專案）。作者群中的 Luca 具有豐富的生物工程與醫學影像知識、Eli 具有為醫療設備開發軟體的實際經驗、而 Thomas 則是 PyTorch 的核心開發人員，相信他們能為讀者的學習提供完善的指導。總而言之，希望各位讀者都能將這本書加到自己的『延伸閱讀』名單，做為重要的參考資料。

Soumith Chintala
PyTorch 的共同開發者

作者序

1980 年代，當我們正在摸索各自的 Commodore VIC 20（Eli）、Sinclair Spectrum 48K（Luca）與 Commodore C16（Thomas）時，我們看到了個人電腦初露的曙光。在速度越來越快的機器面前，我們學習如何以程式撰寫各種演算法，並幻想著這一切將發展至何方。

進入社會後，Eli 與 Luca 兩人皆進入了醫學影像分析領域，並在嘗試開發能應付各式各樣人體狀況的演算法時遭遇了同樣的困難。基本上，他們只能憑直覺猜測：什麼樣的演算法組合才既有用、又有效率。Thomas 則選擇研究神經網路和圖形識別的主題，之後又以建模相關研究拿到了數學博士學位。

當深度學習剛於 2010 年代在電腦視覺領域出現時，人們便將其應用於醫學影像的解析上，如：辨識組織結構或損傷等。我們正是從這段時間開始關注**深度學習技術**。這是一種全新的程式設計方法：只要讓這類多功能的新演算法觀察資料，其便能學會如何完成複雜的任務。

對於 1980 年代出生的我們而言，電腦的可能性在一夕之間變得廣闊無比。從此，限制機器能力的不再是程式設計師的大腦，而是資料、神經網路架構以及訓練過程。於是，我們很快便投身其中。Luca 選擇研究 Torch7（http://torch.ch；相當於 PyTorch 的前身）。此工具由 Lua 和 C 寫成，不僅靈活、輕型、迅速，還具有完善的社群支援和悠久的歷史。Torch 7 唯一的缺點是：其並未像其它開發框架那樣，進入當時正不斷擴張的 Python 資料科學生態圈。Eli 則從大學起便對 AI 抱有興趣（那時的『深層』神經網路還只有三層），但他一開始並未朝此方向發展，因為他認為早期的深度學習架構實在過於麻煩，並不適合用在個人專案之中。

因此，當第一版 PyTorch 於 2017 年 1 月 18 日釋出時，我們都覺得非常興奮。Luca 很快便開始參與核心部分的開發。Eli 在很早以前就是其中的一員了，負責回報與修正錯誤、加入新功能並進行文件更新。Thomas 也為 PyTorch 的發展和除錯貢獻了不少心力，最終亦成為了獨立的核心開發者之一。PyTorch 保留了 Torch 7 的簡單設計，卻多了許多進階能力，如：自動微分、動態運算圖建立以及與 NumPy 整合等。我們都感覺到有場巨大的變革正在發生，人類將能花費更少的腦力來解決更複雜的問題。

有鑑於我們對 PyTorch 的參與和熱情，在舉辦過數場工作坊活動後，寫書理所當然地成了下一個目標。我們的期望是：寫出一本能讓幾年前剛踏入深度學習領域的自己感興趣的著作。

本書最早的大綱是：先介紹基礎知識，再帶領讀者完成一個端到端專案，最後再示範數個當前最新的 PyTorch 模型。但我們很快就發現，光用一本書根本塞不下這些內容。因此，我們決定回到最初的目的：為沒有深度學習預備知識的讀者介紹 PyTorch 的關鍵概念，然後指導大家完成一個完整的專案。關於專案內容的部分，我們選擇以自身的專業領域為主題，討論如何解決和醫學影像分析有關的挑戰。

致謝

我們欠了整個 PyTorch 團隊莫大的人情。因為有他們的付出，PyTorch 才能從一個暑期實習用的小專案，搖身一變成為世界級的深度學習開發工具。在此特別感謝 Soumith Chintala 與 Adam Paszke，除了出色的技術能力外，兩人也積極以『社群優先』的精神推動此專案。在 PyTorch 生態圈中，健全且充滿包容力的討論環境充分證明了他們努力的成果。

談到社群，要是少了在討論區中耐心協助早期使用者的成員，PyTorch 也無法達到今天的地位。而在這眾多貢獻者當中，Piotr Bialecki 的付出值得我們特別致謝。在寫作的部分，感謝 Joe Spisak 相信本書對 PyTorch 圈的價值，也謝謝 Jeff Smith 讓該價值得以開花結果。我們也要向 Bruce Lin 道謝，他摘錄了本書第 1 篇的內容，並無償提供給整個社群使用。

感謝 Manning 團隊在整個過程中給予的意見，讓我們得以維持家庭、工作和寫作三方面的平衡。感謝 Erin Twohey 詢問我們出書的意願，同時也感謝 Michael Stephens 誘導我們說出了『願意』二字。Brian Hanafee 挑起了超越一般審稿人的責任，Arthur Zubarev 和 Kostas Passadis 提供了許多寶貴意見，而 Jennifer Houle 則必須容忍我們奇異的美術風格。本書的編審 Tiffany Taylor 對細節有著敏銳的洞察力，因此本書所有的錯誤都由作者負擔全責。此外，我們也想向專案編輯 Deirdre Hiam、校對 Katie Tennant、審稿編輯 Ivan Martinovi 致謝。事實上，本書能順利出版，幕後還有許多人的貢獻。有很多名字我們只在電子郵件的 CC 列表裡見過，還有一些匿名審稿人為我們提供了最真實的反饋。在此向所有姓名未在此出現的工作人員致謝！

編輯 Frances Lefkowitz 為本書的完成付出了大量心力。我們一致認為他應該為此獲頒一面獎牌、以及一星期的熱帶島嶼假期。

在此也向以下所有審稿人致謝，你們替本書增色不少：Aleksandr Erofeev、Audrey Carstensen、Bachir Chihani、Carlos Andres Mariscal、Dale Neal、Daniel Berecz、Doniyor Ulmasov、Ezra Stevens、Godfred Asamoah、Helen Mary Labao Barrameda、Hilde Van Gysel、Jason Leonard、Jeff Coggshall、Kostas Passadis、Linnsey Nil、Mathieu Zhang、Michael Constant、Miguel Montalvo、Orlando Alejo Mndez Morales、Philippe Van Bergen、Reece Stevens、Srinivas K. Raman、Yujan Shrestha。

最後，致那些最近兩年不知道我們跑哪兒去的家人與朋友們：我們回來啦！一起吃頓晚餐吧！

關於本書

本書的主要目標是透過 PyTorch 介紹深度學習的基本知識，並示範如何將其應用在真實的專案中。我們會說明深度學習的關鍵概念，並探討開發人員如何以 PyTorch 進行實作。讀完本書後，讀者將具備繼續探索此領域的直覺。

本書並非用來快速獲取答案的參考書，而是一本能陪伴各位研究進階教材的理論指導手冊。書中雖然沒有提到所有的 PyTorch 功能（最遺憾的是未能介紹**循環神經網路**），但此處所教的東西可以推廣到其它 PyTorch API 上。

誰適合閱讀本書？

本書的目標讀者是想學習深度學習與 PyTorch 的開發人員。在我們的預期中，拿起此書的人應該多為電腦科學家、資料科學家、軟體工程師或是相關科系的大學及研究所學生。由於我們假設讀者並未具備深度學習的先備知識，因此前半部分的內容對有經驗的人來說可能有些囉嗦。話雖如此，我們會盡量以不同的角度來探討各位已經很熟悉的主題。

讀者應該要有基本的指令式與物件導向程式設計能力。因為本書使用 Python，所以各位也必須對該語言的語法和操作環境有所瞭解：明白如何安裝 Python 套件、以及如何在你的電腦上執行 Python 程式碼是必備的知識。至於使用 C++、Java、JavaScript、Ruby 或其它語言的讀者，你們應該能很快就能進入狀況；但在閱讀本書前，各位可能還是得預先認識一下 Python。熟悉 NumPy 在此有一定助益，但並非必要。另外，我們還希望讀者具有基礎的線性代數知識，包括：知道矩陣和向量、並了解點積的概念。

本書的編排邏輯與學習地圖

本書共有 2 篇：第 1 篇介紹基礎知識；第 2 部篇則會延伸第 1 篇的內容，帶各位完成一個端到端專案。需注意的是，雖然花了大量時間進行計劃、討論和修改，不同部分的寫作和圖片風格仍難保持一致。本書第 1 篇主要由 Luca 負責，第 2 篇則由 Eli 主導。Thomas 加入作者群後，又在全書的許多段落中留下了自己的痕跡。最終，我們決定：與其尋求一致，不如將不同部分的特色全部保留下來。

以下是每篇中，各章節的簡要概述：

第一篇

該篇的功能是幫助大家建立基本的 PyTorch 技能，以便能瞭解其它人的專案內容、並開發自己的專案。我們將介紹 PyTorch API 和函式庫背後的一些運作原理，並教各位如何訓練及運行分類模型。讀完第 1 篇後，大家便有能力解決現實世界中的挑戰了。

第 1 章介紹 PyTorch 函式庫、以及其在深度學習革命中的地位。我們也會說明 PyTorch 和其它開發框架的不同點。

第 2 章以運行預先訓練的神經網路為例，示範 PyTorch 的實際運作過程。各位將瞭解如何在 PyTorch Hub 中下載並運行模型。

第 3 章介紹 PyTorch 的基石：張量，同時說明與之相關的 API 和一些背後的實作細節。

第 4 章展示如何把不同的資料轉換為張量，並講述深度學習模型對張量形狀的要求。

第 5 章帶大家瞭解模型如何藉由梯度下降來學習，而 PyTorch 又是如何利用自動微分實現此過程。

第 6 章會以 nn 和 optim 模組為根本，示範該怎麼以 PyTorch 建立並訓練迴歸神經網路。

第 7 章將利用前一章的知識建立能分類圖片的全連接模型，並擴展大家對於 PyTorch API 的瞭解。

第 8 章介紹卷積神經網路，並且討論其它與建模有關的進階概念、以及它們在 PyTorch 中的實作方法。

第二篇

這裡的每個章節都是實作了醫學專案中的不同部分，該專案的目地在於自動偵測肺部腫瘤。透過對此難題的探討，各位將看到：在真實世界中，我們如何對付像是癌症搜尋這樣的大規模問題。在如此龐大的專案中，大家必須注意維持程式碼的簡潔、除錯、並累積問題解決的能力。

第 9 章描述本書所用的腫瘤偵測策略；我們將從電腦斷層（CT）影像開始談起。

第 10 章將匯入 CT 掃描檔和相關的人工標註資料，並利用標準 PyTorch API 將重要資料轉換成張量。

第 11 章介紹我們的第一個分類模型，並以來自第 10 章的資料進行訓練。除此之外，我們還會搜集模型的表現評估指標，並示範如何使用 TensorBoard 監看訓練過程。

第 12 章會介紹並實作標準的表現評估指標，並以這些指標來解釋先前的訓練都有哪些缺點。在此之後，我們將以資料平衡和擴增技術來彌補上述缺點。

第 13 章說明分割模型的架構；該架構可對各像素進行處理，並產生範圍涵蓋整張 CT 影像的熱圖。在沒有人工標註資料的情況下，我們可以使用上述熱圖來尋找 CT 掃描中的結節。

第 14 章將實作最終的端到端專案：病患資料會先進入分割模型中，然後再被分類模型處理。

第三篇

該篇只有一個章節（第 15 章），用來說明模型的部署方法。各位將了解如何把 PyTorch 模型部署至網路伺服器上、嵌入 C++ 應用程式內，或者安裝到行動裝置上。

關於程式碼

本書中所有程式碼都是以 Python 3.6 或更新版本寫成的。讀者可以從 Manning 的網站（www.manning.com/books/deep-learning-with-pytorch）或 GitHub（https://github.com/deep-learning-with-pytorch/dlwpt-code）下載到完整的程式碼（**編註**：小編已將各章節會用到的程式及資料整理成資料夾，讀者可至本書封面所示的網址進行下載）。在寫作此書時，最新的 Python 版本為 3.6.8，我們便是以此版本來測試書中的範例：

```
$ python
Python 3.6.8 (default, Jan 14 2019, 11:02:34)
[GCC 8.0.1 20180414 on linux
Type “help”, “copyright”, “credits” or “license” for more information.
>>>
```

相關指令應該輸入到 Bash 命令列的 $ 後方（例如：上例中的 $ python）。內容中的程式碼則會以特殊字體標示。

以『>>>』開頭的程式區塊代表 Python 互動命令列中的單個執行指令，其中的符號『>>>』不會被當成輸入。至於那些不是由『>>>』或『...』開頭的部分則是輸出。有時，為了增加可讀性，我們會在兩行指令之間加入空白列。在實際操作中，讀者不會看到該空白列：

In

```
print("Hello, world!")
```

Out

```
Hello, world!
```

In

```
print("Until next time...")
```

Out

```
Until next time...
```

本書大量運用 Jupyter Notebook；我們會在第 1.5.1 節介紹此工具。各位在 GitHub 上看到的 Jupyter Notebook 檔案如下所示：

In

```
#IN[1]:
print("Hello, world!")
```

Out

```
#OUT[1]:
Hello, world!
```

```
In
#IN[2]:
print("Until next time...")
```

```
Out
#OUT[2]:
Until next time...
```

在本書大部分的 Notebook 檔案中，第一個格子的內容皆為以下程式碼（其中幾行可能不會出現在前幾章的範例內）；在往後的章節裡，我們不會再顯示這些內容，例如：

```
In
%matplotlib inline
from matplotlib import pyplot as plt
import numpy as np

import torch
import torch.nn as nn
import torch.nn.functional as F
import torch.optim as optim

torch.set_printoptions(edgeitems=2)
torch.manual_seed(123)
```

本書多數程式碼的縮排為兩個空格。由於印刷的限制，書中每一行只能容納 80 個字元，這對於包含大量縮排的程式而言非常不利：使用兩個空格能讓我們不必將一行指令分成多行呈現（編註：此處指的是原文書的排版方式，閱讀中文版的讀者可不必理會）。至於各位從 Manning 網站（www.manning.com/books/deep-learning-with-pytorch）和 GitHub（https://github.com/deep-learning-with-pytorch/dlwpt-code）下載的程式碼則採用四個空格的縮排。另外，在變數命名方面，帶有『_t』字根者是 CPU 記憶體中的張量、『_g』為 GPU 記憶體中的張量、而『_a』則代表 NumPy 陣列。

軟硬體要求

根據設計，第 1 篇的程式碼對於運算資源沒有太大要求；任何現代電腦或網路運算平台都跑得動。此外，各位亦可選擇任意作業系統。至於第 2 部分的進階模型，若讀者想完成訓練程序，那就必須使用支援 CUDA 的 GPU。以本書為例，我們使用具有 8 GB RAM 的 GPU（建議選擇 NVIDIA GTX 1070 或更高階的產品）；不過各位可依照自己的 RAM 容量來調整。腫瘤偵測專案所需的原始資料大小約為 60 GB。而在訓練階段，各位還會需要最少 200 GB 的硬碟空間。幸運的是，有些線上運算服務已免費開放大家使用 GPU 了。我們會在後面的章節中更詳細地討論運算資源的需求。

軟體部分，各位需安裝 3.6 版本以上的 Python；讀者可以從 Python 的網站上下載（www.python.org/downloads）。有關 PyTorch 的安裝資訊則請參考官方網站上的指南（https://pytorch.org/get-started/locally）。對於 Windows 使用者，我們建議透過 Anaconda 或 Miniconda（https://www.anaconda.com/distribution 或 https://docs.conda.io/en/latest/miniconda.html）來安裝 Python。其它像是 Linux 等平台則經常以 Pip 來管理 Python 套件，因此其有更多的選擇。本書的 GitHub 上有名為 requirements.txt 的檔案，各位可用 Pip 來安裝其中的項目。由於 Apple 的筆電目前沒有支援 CUDA 的 GPU，故所有 macOS 的 PyTorch 套件皆只能在 CPU 上運行。當然，有經驗的開發者可以根據自己慣用的開發環境，選擇最符合要求的套件。

liveBook 論壇

所有購買本書的讀者皆能免費進入由 Manning 出版社經營的非公開線上論壇；你可以在此寫下對本書的評論、詢問技術問題、或者諮詢作者和其它成員。請依以下網址進入：https://livebook.manning.com/#!/book/deep-learning-with-pytorch/discussion。若想瞭解更多和 Manning 論壇有關的訊息與規範，請至 https://livebook.manning.com/#!/discussion。該論壇僅提供平台，以便讀者與讀者、讀者與作者之間能進行有意義的交流。Manning 論壇並未要求作者參與討論，因此作者在此論壇上的所有貢獻皆為自願且無償的。在此鼓勵大家多多詢問具有挑戰性的問題，藉此提高作者參與的意願。只要本書尚未絕版，該論壇以及過去的討論內容便會持續開放。

其它線上資源

雖然我們假設讀者不具備深度學習的先備知識，但本書的重點也並非介紹深度學習。當然，我們會提到基礎觀念，但說明的重點會放在 PyTorch 函式庫上。我們鼓勵有興趣的讀者在閱讀本書之前、之後、或過程中，自行研究深度學習。為此，以下推薦一些學習資源。Grokking Deep Learning（www.manning.com/books/grokking-deep-learning）可以幫助各位建立對深度神經網路運作機制的認知。若想要更全面的介紹，我們建議你參考 Goodfellow 等人所著的 Deep Learning（www.deeplearningbook.org）。最後，Manning 出版了一系列以深度學習為主題的書籍（www.manning.com/catalog#section-83）；它們涵蓋的領域眾多，讀者應該能從中找到下一本想讀的書。

關於作者

Eli Stevens 主要在矽谷的新創公司任職。其所扮演的角色相當多元，從軟體工程師（負責企業網路設備）到 CTO（開發與放射腫瘤學相關的軟體）都有。在研究發表方面，Eli 的文章主要涉及機器學習在自動駕駛工業的應用。

Luca Antiga 在 2000 年代初期擔任生物醫學工程的研究員；而在過去十年，他也是一家 AI 工程公司的共同創辦人兼 CTO。許多開源專案都有 Luca 的貢獻，其中就包括了 PyTorch 的核心部分。

Thomas Viehmann 在德國慕尼黑擔任 PyTorch 機器學習技術的訓練員和顧問，同時也是 PyTorch 的核心開發者之一。

第一篇

PyTorch 的核心

CHAPTER 1 深度學習與 PyTorch 函式庫

CHAPTER 2 預先訓練的模型

CHAPTER 3 介紹張量

CHAPTER 4 用張量表示現實中的資料

CHAPTER 5 學習的機制

CHAPTER 6 使用神經網路來擬合資料

CHAPTER 7 從圖片中學習

CHAPTER 11 訓練模型分辨結節的真假

CHAPTER 12 利用評估指標和資料擴增來改善訓練成效

★ 本書第三篇(內含第 15 章，目錄請見下頁) 之內容為電子書，讀者可至本書封面所示的網址進行下載。

第三篇 部署

電子書

CHAPTER 15 模型的部署與商品化

小編補充

由於篇幅上的考量，加上第 15 章的內容與前面章節較無直接關係，故決定把第 15 章以電子書的方式呈現。讀者可打開本書封面所示的網址(https://www.flag.com.tw/bk/st/f1388)，輸入通關密語後就能下載該章節的電子書。此外，各章節之程式碼及相關資料也可經由該網址進行下載。祝大家學習愉快！

第一篇
PyTorch 的核心

歡迎大家閱讀本書的第一篇。在本篇，讀者將學到 PyTorch 的一些基礎知識及技能，並且了解實作一個 PyTorch 專案的流程。

在第 1 章，我們將介紹 PyTorch 可以解決什麼樣的問題，同時說明它與其他深度學習框架的關聯性。在第 2 章，我們將利用一些**預先訓練的模型**來完成數個有趣的任務。第 3 章的內容相較前面兩章會顯得沒這麼有趣，主要介紹 PyTorch 中基本的資料結構，即**張量**。在接下來的第 4 章，我們便會利用張量來表示現實生活中各式各樣的資料。在第 5 章，讀者將會知道電腦是如何從一個個例子中學習，而 PyTorch 在學習的過程中又扮演了什麼樣的角色。第 6 章則會介紹**神經網路**的基本知識，並告訴讀者如何利用 PyTorch 來建構神經網路。在第 7 章，我們會利用一個神經網路來解決圖片分類的問題。本篇的最後一章，第 8 章會介紹如何使用**卷積神經網路**來解決第 7 章的問題。

閱讀完本篇，讀者應該就有能力利用 PyTorch 解決第 2 篇中的現實問題了。

CHAPTER 01

深度學習與 PyTorch 函式庫

本章內容

- PyTorch 函式庫在深度學習中的角色
- PyTorch 的優缺點
- 深度學習領域的工具

我們正活在一個令人振奮的時代，電腦能做的事也不斷有新突破。過去只有人類才能完成的任務，現在已經可以由機器取代，甚至還能表現得比人類更好。例如：用一句話來描述一張圖片、玩複雜的策略遊戲以及利用**斷層掃瞄圖**（tomogram scan）來診斷腫瘤等任務，現在都可以用電腦完成！

更令人吃驚的是，解決這些複雜問題的方法，並不是透過工程師所撰寫的固定程序，而是由電腦自學出來的。但如果因為這樣就說：『電腦正在學習人類思考的方式』，就有點言過其實了。應該說，我們找到了一些通用的演算法，能夠以非常有效的方式來處理問題。

另外，我們主觀上所認為的**智慧**，時常會和**自我意識**混為一談。我們要知道的是，自我意識並不是解決問題的『必要元素』。到後面你就會知道，我們根本沒必要去糾結『電腦智慧』是什麼東西。正如電腦科學先驅 Edsger W. Dijkstra 在《The Threats to Computing Science》中提到的：『Alan M. Turing 認為：糾結機器是否會思考，就和糾結潛艇是否會游泳是一樣的。』

我們剛剛所提過的通用演算法，是屬於深度學習的範疇。這種演算法利用眾多案例和資料來訓練一個名為**深層神經網路**的數學函數，其輸入和輸出可以是完全不同的資料類型，例如我們可以輸入一**張圖片**至神經網路，但神經網路輸出的結果卻是描述輸入圖片的一**行文字**。這就像是你給電腦看一張黃金獵犬的圖片後，電腦螢幕就顯示出『我看到了一隻黃金獵犬』之類的文字（編註：表示電腦有能力辨認出黃金獵犬）。這種能力在不久前只有人類才有，現在電腦程式也已經掌握了相關能力。

1.1 深度學習的演變

讓我們回顧一下深度學習的發展歷程，並介紹 PyTorch 該如何應用在深度學習中。直到 2000 年代後期，業界所使用的『機器學習』技術仍十分依賴**特徵工程**（feature engineering）。特徵工程的目的就是：將輸入資料**萃取**出適合演算法（如：分類器）來使用的特徵，然後將其輸入到演算法來處理問題，進而輸出正確的結果。

例如，現在我們想用機器學習來處理**手寫數字辨識**的問題。特徵工程的做法是，先利用過濾器來尋找字跡的**邊緣**，並把邊緣的資訊當作我們的新特徵。然後，訓練一個分類器利用『邊緣在圖形上的分佈』來預測出正確的數字。另一個在數字辨識中會用到的特徵是**封閉的圓圈**，如數字 0 或 8 就有封閉的圓圈。這些特徵可以幫助演算法做出正確的判斷。

我們希望深度學習可以**自動**從原始資料中找出這些特徵，進而進行數字辨識。在以上的任務中，深度學習演算法會反覆地**比對**某張圖片及其相應的標籤（即圖片所呈現的數字）。經過不斷的比對，深度學習演算法就可以自動萃取出個別數字的特徵，並透過尋找『輸入圖片中是否有特定特徵』來判斷它是什麼數字。這不代表傳統的特徵工程在深度學習中沒有用處，因為我們經常需要在演算法中加入某些**先驗知識**（就是讓演算法更容易識別或處理某些已知的特徵）。

深度學習的強大之處在於：神經網路能夠自行從資料中萃取有用的特徵，使用者不用自己想辦法去找出特徵。一般情況下，這些自動生成的特徵甚至比那些人工找出來的特徵還要好。這樣的結果也讓深度學習的發展突飛猛進。

在圖 1.1 的右邊，我們看到工程師忙著手動找出特徵，並將特徵輸入給演算法學習，而結果的好壞就由這些特徵決定。而圖片的左邊，工程師將原始資料直接輸入到演算法，演算法會自動萃取出不同層級的特徵，結果的好壞就看如何去調整演算法中的參數。

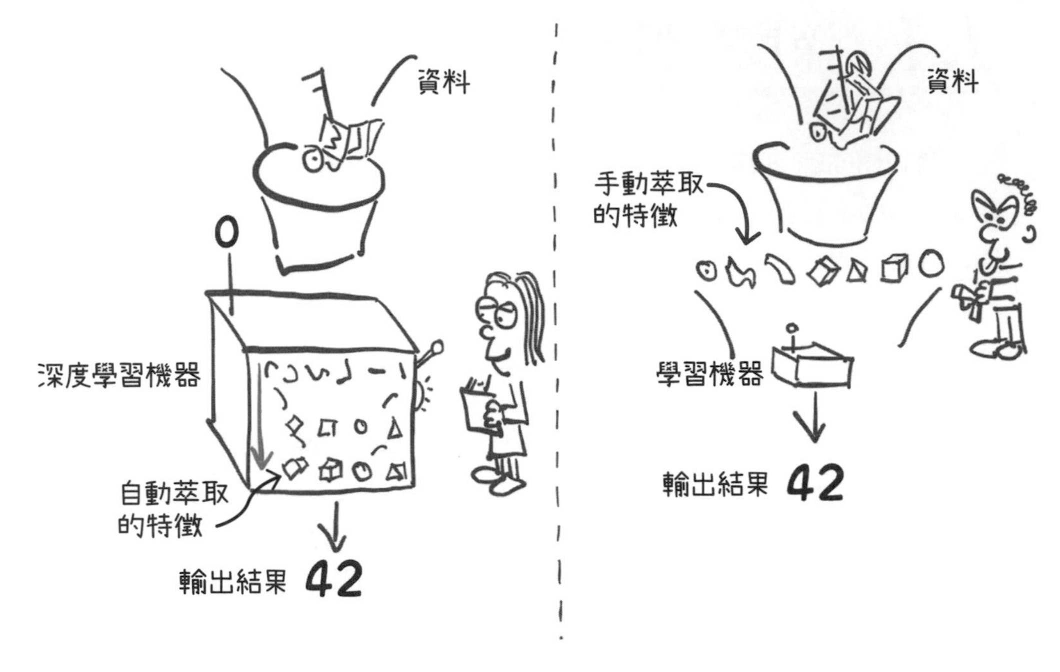

圖 1.1 利用深度學習（左圖）及手動（右圖）萃取特徵的差異。

從圖 1.1 的左方可以看到，利用深度學習來完成任務需要哪些條件：

1. 找到能處理輸入資料的方法。

2. 定義深度學習機器（或稱為**模型**）。

3. 找到能進行訓練及萃取特徵，並讓模型輸出正確答案的自動化方法。

這裡再進一步談談先前不斷提到的『訓練』。在訓練的過程中，我們會以一個函數當做標準：該函數可接受**模型輸出的答案**與**真實的答案**（標籤），然後輸出一個**分數**告訴我們：『模型預測的答案』和『真實的答案』之間存在多大差異。而訓練模型的目標，就是讓模型不斷自動調整其內部的參數來降低分數（或縮小差異）。在訓練完成後，如果對模型輸入它未曾見過的資料時，該分數也能維持在低點，就代表我們的訓練成功了。

1.2 將 PyTorch 應用到深度學習中

PyTorch 是一個用來開發深度學習專案的 Python 函式庫。它在使用上非常靈活，讓我們能以慣用的 Python 語法來建構深度學習模型，從而吸引到不少使用者。在 PyTorch 發佈後的幾年間，它已經快速成長為重要的深度學習工具。就像 Python 適合程式設計初學者一樣，PyTorch 則是深度學習的最佳入門工具。它不僅適合初學者來了解深度學習，而且也是可以實際應用在現實問題中的專業工具。

我們可以將圖 1.1 中的深度學習機器當作是一個十分複雜的**數學函數**，為了表示該函數，我們需要特殊的資料結構。PyTorch 所採用的資料結構為**張量**（tensor，一個多維的陣列），與 NumPy 的**陣列**（array）有許多相似之處。張量讓使用者能輕鬆執行複雜資料的運算，也方便我們設計或訓練新的神經網路架構。除此之外，張量可以加速運算效率，縮短執行時間。PyTorch 還提供了用來進行**分散式訓練**的工具，可以大幅提升資料處理的效率。當然，它也提供一般深度學習所需的各種輔助函式。

本書希望可以讓大家學習到如何利用 PyTorch 來建構深度學習的應用。為了讓你更容易理解本書內容，並將書中的概念實際應用到各種領域，我們也提供了相關範例的程式碼。因此，非常鼓勵你準備好自己的電腦，跟著書中的範例實際操作。當讀完本書時，你應該就能用自己的資料來建構深度學習的專案了。

雖然我們強調實際應用，但這並不代表我們認為背後的基礎知識不重要。相反地，本書會用通俗易懂的方式來介紹 PyTorch 背後是如何運作的。在你未來要實作一些專案時，這些知識將帶來許多幫助。

為了將本書的內容融會貫通，讀者需要具備以下 2 點：

1. 有一定的 Python 程式基礎。本書不會在 Python 語法上著墨太多，請你務必先了解 Python 的資料型別、類別、浮點數等。

2. 願意深入探討並動手實作。我們會從基礎開始，慢慢積累實作能力，這樣才比較容易讓你跟上進度。

本書共分成 3 篇。第 1 篇講述基本理論，並說明如何把圖 1.1 中所介紹的深度學習機器實作出來。第 2 篇會實作一個與『醫學影像』有關的專案，我們將運用第 1 篇的知識搭配一些進階的技巧，實作出可以從 CT 圖（電腦斷層圖片）中找到並分類腫瘤的演算法。最後的第 3 篇會簡單向大家如何部署 PyTorch 模型（編註：由於篇幅上的考量，該篇內容會以電子書的形式呈現，讀者可由本書封面所示的網址進行下載）。

深度學習的內容包羅萬象，因此在這本書中我們只能涵蓋一小部分。具體地說，我們將使用 PyTorch 來實作一些小專案，其中是以 2D 和 3D 資料集來進行影像處理為主。本書的重點是實作 PyTorch 並讓讀者能夠用深度學習來解決現實問題，同時培養讀者有能力實作論文所發表的新模型。推薦給大家一個論文資料庫網站，ArXiV（https://arxiv.org），在這裡可以找到有關深度學習研究的最新論文資料。

1.3 為什麼要使用 PyTorch？

正如我們之前所說，只要有適當的訓練資料和模型，深度學習便可以處理各式各樣複雜的任務，比如機器翻譯、玩策略遊戲或在雜亂的場景中識別物體。為了做到這一點，你所使用的工具必須很靈活，才能適用於各種問題。同時要很有效率，能在合理的時間內處理大量的資料並訓練模型。我們訓練出的模型在輸入資料充滿隨機性的前提下，應該也要能輸出正確的結果。

我們之所以推薦 PyTorch 是因為它很簡單。多數研究者和相關從業人員都認為 PyTorch 易學易用，且能輕鬆擴充和除錯。對於接觸過 Python 的開發者而言，PyTorch 在使用上應該不會太陌生。

以 PyTorch 撰寫深度學習程式是非常自然的一件事。剛剛介紹過的張量在 PyTorch 中可以當作純量、向量、矩陣以及陣列等資料的容器。除此之外，它還提供了能操作上述資料的各種函式。我們可以用漸進式與互動式的方法來設計程式，就和使用 Python 一樣。若你曾用過 NumPy，那麼對此應該非常熟悉。

另外，PyTorch 有兩項對深度學習尤其重要的特色。第一，它支持使用**圖形處理器**（graphical processing units, GPUs）進行加速運算（與 CPU 計算相比，其速度往往能提升 50 倍左右）。第二，PyTorch 具備能對一般數學式進行**數值最佳化**（這是深度學習訓練的基礎）的工具。注意，以上兩點不僅有利於深度學習，對於一般科學計算也同樣有用。事實上，我們可以將 PyTorch 定位成支持『最佳化功能』的高效『科學計算 Python 函式庫』。

PyTorch 的初衷是在不增加函式庫複雜度的前提下，讓我們得以去建構更複雜的網路模型。在深度學習的領域中，PyTorch 能最精準地將人的想法以 Python 程式碼呈現出來。正因如此，PyTorch 被廣泛地應用在研究中，這一點可以從國際研討會上的高引用率得到印證（2019 年的 ICLR 上，PyTorch 被引用在 252 篇論文中，與另一主流深度學習函式庫 Tensorflow 相差無幾）。

事實上，PyTorch 早期主要是應用在研究領域中。它在 C++ 環境中具有高效的執行能力，可以在不使用 Python 的前提下將資料輸入到訓練過的模型來進行預測或分類。這幫助我們即可以保留 PyTorch 的靈活性，同時也避免在 Python 環境中，程式運行效能較差的問題。無論現在怎麼宣揚 PyTorch 的易用性和高效性，如果你沒親自用過就很難感同身受。希望讀者們讀完本書時，可以認同這一觀點。

1.3.1 深度學習工具之間的競爭

2017 年 1 月 PyTorch 0.1 的發布，似乎象徵著深度學習的**函式庫、包裝器**（wrappers）和**資料交換格式**已經開始進入到**整合**和**統**一的時代。

NOTE 深度學習領域的發展速度實在太快了，當你讀到這本書時，書中提到的某些內容很可能已經過時了。如果你對接下來提到的一些函式庫不熟悉，那也沒關係，我們都會進行講解。

PyTorch 第一次發佈測試版時：

- **Theano** 和 **TensorFlow** 是首屈一指的低階函式庫，可以應用在以運算圖為基礎的模型並運行它。
- **Lasagne** 和 **Keras** 是 **Theano** 的高階包裝器，同時 **Keras** 也是 **TensorFlow** 和 **CNTK** 的包裝器。
- **Caffe**、**Chainer**、**Dynet**、**Torch**（PyTorch 的前身，以 **Lua 語言**為基礎）、**MXNet**、**CNTK**、**DL4J** 等在深度學習這個領域裡有各自的重要性。

在之後大約兩年的時間裡，深度學習的生態圈發生了翻天覆地的變化。使用者開始往兩大函式庫，即 PyTorch 和 Tensorflow 靠攏，進而鞏固了它們的地位。與此同時，其他函式庫的應用則不斷減少，進而轉變成特定領域的開發工具。簡單整理如下：

- Theano，最早的深度學習框架之一，現在已經停止更新。
- TensorFlow
    - 將 Keras 完整併入，將其提升為高端的 API。
    - 開發了 **eager mode** 來支援**即時執行**（與 PyTorch 類似）。
    - 宣佈將 TensorFlow 2.0 的執行模式預設為 eager mode。

- **JAX** 是獨立於 TensorFlow 之外，由 Google 開發的另一套函式庫。JAX 就像是多了 **GPU 運算**、**autograd** 與 **JIT** 功能的 NumPy，正逐漸受到人們關注。

- PyTorch

  - 在後端結合了 Caffe2。

  - 修改了大部分從 Torch 項目中轉移來的低階程式碼。

  - 支援**開放神經網路交換** (ONNX，Open Neural Network Exchange) 格式。這種格式可用來描述深度學習模型，並且能在不同的架構之間使用。

  - 添加了一個名為『TorchScript』的**延時執行圖表模式**。

  - 發佈了版本 1.0。

  - 取代了 CNTK 與 Chainer。

TensorFlow 擁有強大的應用性、廣泛的使用社群和開放許多技術交流等優勢。PyTorch 則是因其易用性，在研究和教學領域中取得了巨大的進展。當這些學生去到業界工作後，也間接地推廣了 PyTorch，進而讓其發展趨勢不斷地增強。有意思的是，雖然整體的使用體驗仍有所差異，但隨著 TorchScript 和 eager mode 的出現，兩者的特色正朝著對方靠攏。

1.4 PyTorch 如何協助深度學習專案的開發

在之前的內容中，我們已經提到了 PyTorch 的一些內容。現在，讓我們花點時間來正式介紹一下 PyTorch 的主要元件。

雖然 PyTorch 和 Python 名字中都有一個『Py』，但其實它裡面有很多非 Python 的程式碼。出於性能考量，PyTorch 大部分程式碼都是用 C++ 和 CUDA 編寫的。CUDA 是 NVIDIA 推出的一種類似於 C++ 的語言，編譯後可在 NVIDIA 的 GPU 上『大規模且平行化』(massive parallelism) 地運行。另外，也有一些方法可以直接在 C++ 中執行 PyTorch，我們將在第 15 章中說明。這種設計的動機是為了提高模型在實際應用中的可用度。在大多數情況中，我們還是會在 Python 中利用 PyTorch 來建立與訓練模型，並使用訓練過的模型來解決實際問題。

事實上，Python API 是 PyTorch 能夠在 Python 環境中有這麼好的**易用性**及**整合性**的關鍵所在。先來介紹一下 PyTorch 的主要架構。

本質上，PyTorch 是一個由 torch 模組提供給多維陣列進行操作的函式庫。張量和相關運算都可以在 CPU 或 GPU 上運行。與 CPU 相比，在 GPU 上運行的速度明顯更快，而且 PyTorch 也不需要額外呼叫函式來使用 GPU。除此之外，張量記錄了自己是如何被運算出來的，進而讓我們得以利用**反向傳播法**來計算出**梯度**。這是張量的原始功能，搭配了 autograd (PyTorch 中用來自動計算梯度的功能) 後會變得更加強大。

有了具 autograd 功能的張量函式庫，PyTorch 的應用範疇便不僅侷限於神經網路。更具體地說，PyTorch 可以用於物理、優化、模擬、建模等方面，我們也常常會看到它應用在各種科學應用領域。但目前 PyTorch 還是會被定義為深度學習函式庫，因為它提供了建構神經網路和訓練神經網路所需的所有元素。圖 1.2 描繪從『載入資料』到『訓練模型』，再到『實際應用模型』的標準流程圖。

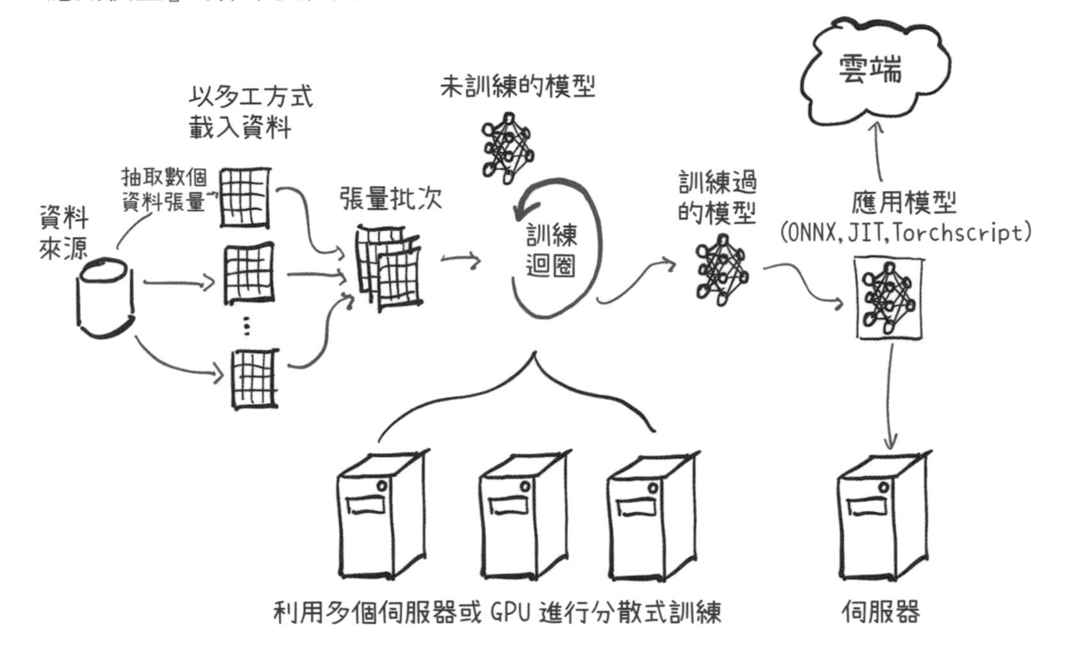

圖 1.2 一個 PyTorch 專案的標準架構。從左到右分別是**載入資料**、**訓練模型**到**實際應用模型**的流程。

用於建構神經網路的核心模組位於 torch.nn 中，它提供了常見的神經網路層和其他架構元件：**完全連接層**（fully connected layers）、**卷積層** (convolutional layers)、**激活函數** (activation functions) 和**損失函數** (loss functions) 都可以在這裡找到（我們將在本書的其餘部分詳細介紹這些元件的含義）。這些元件可以用來建立和初始化我們在圖 1.2 中間的未訓練模型。為了訓練模型，我們需要準備幾樣東西：

- 一組訓練資料集
- 一個可根據『訓練資料集』去調整『模型參數』的優化器
- 一個將模型和資料與硬體整合，並利用硬體來進行訓練的方法當我們想要載入和處理資料時，torch.util.data 是個非常好用的工具。我們主要會用到的兩個**類別**（class）是 Dataset 和 DataLoader。Dataset 是連接使用者資料（任何格式的資料）和標準 PyTorch 張量的橋樑。另一個常用的類別是 DataLoader，它可以在後台生成**子行程**（child process）並從資料集中載入資料。這樣一來，當我們想要執行訓練迴圈時，資料隨時都處於準備好的狀態。在第 7 章中，我們將會實際使用 Dataset 及 DataLoader 來處理資料。

一般情況下，模型的運算將在局部 CPU 或單個 GPU 中執行。一旦訓練迴圈有了資料，就可以立即開始計算。然而，我們希望可以利用更專業的硬體來計算以增加效率，例如使用多個 GPU 或者讓多台機器同時訓練模型。在這種情況下，可以用 torch.nn.parallel.DistributedDataParallel 和 torch.distributed 來利用額外的硬體資源。當我們利用訓練資料集來運行模型並輸出結果後，torch.optim 提供了優化模型的標準方法，使模型輸出的結果能經由不斷的訓練，逐漸接近訓練資料的標準答案（優化器的部分會在第 5 章中介紹）。

前面提過，PyTorch 預設為即時執行模式的模型（eager 模式）。每當 Python 直譯器執行 PyTorch 的指令時，相應的操作就會立即由底層的 C++ 或 CUDA 執行。當更多的指令在張量上執行時，後端也就需要執行更多的操作。雖然 C++ 執行速度很快，但透過 Python 來呼叫 C++ 函式時，會產生一些效能損耗。

為了避開 Python 直譯器的效能問題，我們需要一個能繞過 Python 來獨立運行模型的方法。PyTorch 為此提供一個名為 TorchScript 的延遲執行模式模型。透過 TorchScript，PyTorch 會序列化出一組獨立於 Python 外的指令。我們可以把它看成是一台擁有有限指令集的虛擬機器，專門用於張量運算。這樣一來，不止避免了之前提到的效能損失，還讓 PyTorch 有機會將一連串固定的計算流程轉換為更高效的運算。這些特性是 PyTorch 得以應用在業界的基礎。我們將在第 15 章中介紹這個部分。

1.5 軟硬體需求

本書的內容包含了編寫程式及處理大量數值運算的任務，例如大型矩陣的乘法等。如果只是輸入資料到訓練過的模型並輸出結果，大部分的筆記型電腦或個人電腦效能都足以完成任務。即使是想要重新訓練網路模型中的一小部分，也不太需要用到太高端的硬體。本書第 1 篇的內容，都可以用一般的個人電腦或筆記型電腦來進行。

然而如果要運行第 2 篇中更高級的範例，你將會需要一個支援 CUDA 的 GPU。我們希望你的 GPU 記憶體為 8GB（建議使用 NVIDIA GTX 1070 或更高階的 GPU），但這些參數也都是可以調整的。如果你沒有時間上的考量，這種硬體規格並不是必須的，但在 GPU 上運行通常可以讓你的訓練時間快上 40-50 倍。如果只是執行一次訓練迴圈，即使是用一台普通的筆電，也可以很快地更新神經網路中的參數（從幾分之一秒到幾秒）。但問題是，訓練需要反覆運行這些迴圈（可能幾百萬次，甚至更多），不斷地更新神經網路參數以減少訓練誤差。這樣累積下來就會消耗不少的時間和效能。

在配備單顆優良 GPU 的工作環境中，利用真實世界的龐大資料集從頭開始訓練大型神經網路，一般需耗時數小時至數天。要是使用了配備多 GPU 的機器，則該訓練時間還能進一步縮短。多虧了雲端計算供應商，以上電腦配置可能不像我們想像的那樣遙不可及。史丹佛大學有一個名為 DAWNBench 的有趣計劃，其中列舉了利用公開資料集訓練深度學習模型後，執行常見任務所需的標準時間以及雲端運算資源。

在讀到本書第 2 篇時，若讀者手邊有可用的 GPU 是最好的。如果沒有，那我們會建議你選擇一個雲端平台來進行實作。這些平台很多都提供支援 GPU 的 Jupyter Notebooks，且已預先安裝了 PyTorch，可供你在一定時間內免費使用，Google Colaboratory 就是一個很好的平台。

最後要考慮的是你的作業系統，PyTorch 在最初釋出時只支援 Linux 和 macOS，在 2018 年時則開始支援 Windows。由於目前的 Apple 電腦並不配備支援 CUDA 的 GPU，因此 macOS 預編譯的 PyTorch 封包僅支持 CPU。雖然第 2 篇裡的某些程式碼是使用 Linux 的 Bash prompt 來執行，但我們不會對 Linux 作業系統做太多的說明。為了方便起見，我們將盡可能利用 Jupyter Notebook 來展示程式碼。

相關的安裝資訊請參見官方網站上的入門指南(https://pytorch.org/get-started/locally)。我們建議 Windows 用戶安裝 Anaconda 或 Miniconda(https://www.anaconda.com/distribution or https://docs.conda.io/en/latest/miniconda.html)來使用。至於其他的作業系統，例如 Linux，有更多的選擇。其中，pip 是較常見的安裝工具。當然，有經驗的使用者可以根據自己熟悉的開發環境來安裝。

第 2 篇的程式範例對下載頻寬和磁碟空間有一定的要求。其中的**癌症檢測專案**所需的原始資料大約有 60GB，解壓縮後需要 120GB 的儲存空間(編註：讀者當然也可以使用一部分的資料來訓練就好，這可以降低對儲存空間及下載時間的要求，但不會影響你學習如何實作該專案)。另外，出於效能考量，我們需要保留 80GB 的磁碟空間。換句話說，你總共需要至少 200GB 以上的磁碟空間來用於訓練。雖然可以使用雲端儲存空間，但訓練速度相比之下會比較慢。我們建議你利用 SSD 來儲存資料，以增加處理時的速度。

1.5.1 使用 Jupyter Notebook

在此我們假設你已經安裝了 PyTorch 和其他相關的套件，而且都能正常運作。我們在前文提過，希望讓讀者能跟著範例程式練習，因此我們將經常使用 Jupyter Notebook 來呈現程式碼。在瀏覽器中，Jupyter Notebook 看上去就是一個網頁，我們在上面可以一步步地運行程式碼並看到每一步的結果。程式碼會被送到 Jupyter 伺服器(Jupyter 建立的本地 Web 伺服器）的**內核**（kernel）執行，並將結果傳回頁面上呈現。Jupyter Notebook 將內核的狀態（如程式碼執行過程中定義過的變數）保存在記憶體中，直到內核被終止或重啟。

Jupyter Notebook 的基本單位是一個儲存格（cell，頁面上的一個方框），我們可以在方框內輸入程式碼並執行它（可以用滑鼠點 Menu 的 **Run** 選項，或者按 Shift + Enter ）。在 Notebook 中我們可以創建多個儲存格，新的儲存格將能繼續使用我們在前面儲存格中創建的變數。程式執行後，其傳回的值將顯示在儲存格的正下方，圖表也是如此。透過整合原始程式碼、執行結果和 Markdown 格式的文字儲存格，我們可以建立漂亮的互動式檔案。有興趣的話你可以到 Jupyter Notebook 的網站（https://jupyter.org）了解更多。

現在，你需要去 Github 下載本書的程式碼（https://github.com/deep-learning-with-pytorch/dlwpt-code），並在專案目錄中啟動 Jupyter Notebook 伺服器。實際如何啟動伺服器取決於你的作業系統，以及安裝 Jupyter 的方式和存放位置。如果你有任何問題，都歡迎在我們的論壇（https://forums.manning.com/forums/deep-learning-with-pytorch）上提問。伺服器啟動後，你的預設瀏覽器會彈出視窗，顯示本地筆記本中的檔案清單。

NOTE Jupyter Notebook 是可以直接透過程式碼來表達想法和進行研究的強大工具。儘管我們認為 Jupyter Notebook 很適合用在本書中的範例，但或許不是每個人都想要用 Jupyter Notebook。對我們來說，重點是要克服學習阻力和降低認知成本上，但這對每個人來說都會有所不同。因此，你還是可以用喜歡的工具來探索 PyTorch。書中所有的程式碼都可以在我們的 GitHub 上找到。

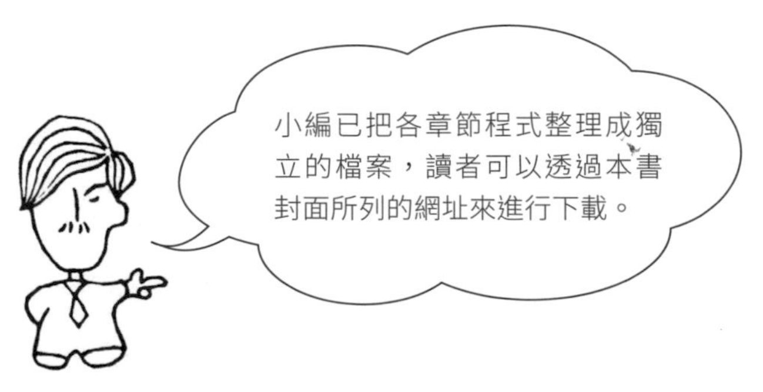

總結

- 深度學習的神經網路模型可以從訓練資料集中，找出**輸入資料（樣本）**和**期望輸出答案（標籤）**之間的關聯。
- PyTorch 函式庫讓你可以高效地建構和訓練神經網路模型。
- PyTorch 最小化使用者的學習成本，同時也注重靈活性和速度。其預設的運行模式為**即時執行模式**。
- TorchScript 讓我們可以對模型進行**預編譯**（precompile），然後在 Python 程序或其他移動裝置上使用。
- 目前深度學習工具的『生態圈』逐漸往 PyTorch 和 Tensorflow 兩大函式庫靠攏。
- PyTorch 提供了許多實用的函式庫，可以協助開發深度學習專案。

延伸思考

1. 啟動 Anaconda。

   a. 檢查一下你使用的 Python 版本。

   b. 是否能順利匯入 torch 嗎？你的 PyTorch 版本為何？

   c. 執行 torch.cuda.is_available() 的結果是什麼？根據你所使用的硬體，輸出的結果是否符合你的預期？

2. 啟動 Jupyter Notebook 伺服器。

   a. Jupyter 使用的是什麼版本的 Python？

   b. Jupyter 所使用的 torch 函式庫位置，是否與你從命令提示字元中匯入的 torch 函式庫相同？

MEMO

CHAPTER

02

預先訓練的模型

本章內容

- 用預先訓練的模型來辨識圖片
- 簡介 GANs（對抗式生成網路）和 CycleGAN（循環式 GAN）
- 介紹『可以用文字來描述圖片』的模型
- 透過 TorchHub 分享模型

深度學習的發展影響了許多領域，其中之一就是電腦視覺領域，背後的原因有很多。從需求面來說，現實生活中有大量需要針對圖片內容進行『分類』或『解析』的任務（如：自駕車）。從技術面來說，人類發明出可以在 GPU 上平行運行的卷積層，將模型的精準度提昇至更高的水準。

接下來，我們會下載網路上預先訓練的模型（它們的訓練都是以龐大的資料集為基礎），並學習如何利用相關領域專家的研究成果。我們可以把這些預先訓練的模型看成是一段定義好的程式，這個程式能讓使用者輸入資料，並傳回處理完的輸出結果。該程式的特性是由模型的**架構**和**訓練資料集**所決定的，而模型已用大量的**輸入 - 輸出對**（input-output pairs）來訓練過，並具有固定的輸出資料格式。現在我們只要使用這個現成的模型，便可以快速實作一個深度學習應用，省去自己訓練模型所需的時間。

接下來，我們將探索 3 種預先訓練的模型：

1. 根據圖片的內容來**加上標籤**（label）的模型。

2. 可從真實圖片中**創造出新圖片**的模型。

3. 可用正規的英文句子來**描述圖片**的模型。

我們將學習如何透過 PyTorch 載入和運行這些模型，同時也會介紹 PyTorch Hub 這個工具。PyTorch Hub 提供了一個統一的介面，讓我們能輕鬆下載預先訓練的模型。在介紹過程中，我們會討論資料來源及定義一些術語（如：標籤）。

若你有使用過其它深度學習框架的經驗，你可以選擇跳過本章。這章主要著重在使用預先訓練的模型，假設你已有相關經驗，應該可以知道它們強大之處。另外，如果你已十分熟悉 GAN，那你可能不需要我們做太多的解釋。當然，我們也希望你能讀一讀本章內容，因為可能有一些你沒看過的重要技巧。

學習如何『使用 PyTorch 執行一個預先訓練的模型』是非常有用的技能，尤其是當該模型已用大量的資料集訓練過，這可以幫助我們節省大量的時間與人力。從『取得資料』到『執行神經網路』，並對輸出結果進行『視覺化及評估』都很重要，無論我們有沒有要自己訓練神經網路，都必須熟悉這個流程。

2.1 利用預先訓練的模型來辨識圖像中的物體

本書的第一次練習，是要運行一個『辨識物體』的模型。當研究人員在發表論文時，通常也會在網路上分享模型的程式碼。很多時候，程式碼中還會附帶訓練過的模型參數值，這些參數值是通過無數次的訓練得到的。透過使用這些模型，你可以省去很多訓練參數的時間。

我們現在要探索的模型已經在 ImageNet（http://imagenet.stanford.edu）的其中一個子資料集上訓練過很多次了。ImageNet 是一個非常龐大的資料集，裡面有超過 1400 萬張圖片，由史丹佛大學負責維護。該資料集中的所有圖片都由人工標籤過，這些標籤遵守 WordNet（由普林斯頓大學開發的大型英語詞彙資料庫，http://wordnet.princeton.edu）中的名詞層次架構。

ImageNet 和其他幾個公開資料集一樣，都起源於學術競賽。學術競賽向來是企業或研究單位的研究者們互相切磋的場合。其中針對 ImageNet 而舉辦的大型視覺辨識挑戰賽（ILSVRC），從 2010 年成立開始就受到廣大歡迎。這項比賽每年的任務都不同，如**圖片分類**（能將圖片分類到其所屬的類別）、**物體定位**（識別物體在圖片中的位置）、**物體辨識**（識別和標記圖片中的物體）、**場景分類**（對圖片中的場景進行分類）和**場景解析**（將圖片分割成不同語義類別的區塊，如牛、房子、乳酪、帽子）等。其中，圖片分類任務是從 1000 個類別中選出用來描述輸入圖片的標籤。輸出的結果按照**信心程度**排序，可以列出 **5 個**模型認為最符合圖片內容的標籤。

ILSVRC 主辦方提供的訓練集由 120 萬張圖片組成，這些圖片已經用 1000 個名詞進行人工標籤（例如標上『狗』或者『腳踏車』）。這裡的標籤就等同於圖片的類別，而我們希望神經網路模型可以對一張圖片給出和人類相同的標籤。圖 2.1 中是一些 ImageNet 的樣本。

圖 2.1 ImageNet 資料集中的一些樣本圖片。

現在，我們要把圖片輸入這個預先訓練的模型中。如圖 2.2 所示，模型會對每張圖片生成對應的**預測標籤清單**（內含按照分數從高至低進行排列的標籤）。接下來便可以透過這份清單，檢查模型的預測結果。我們使用的模型可以精準地預測出大部分圖片的類別。

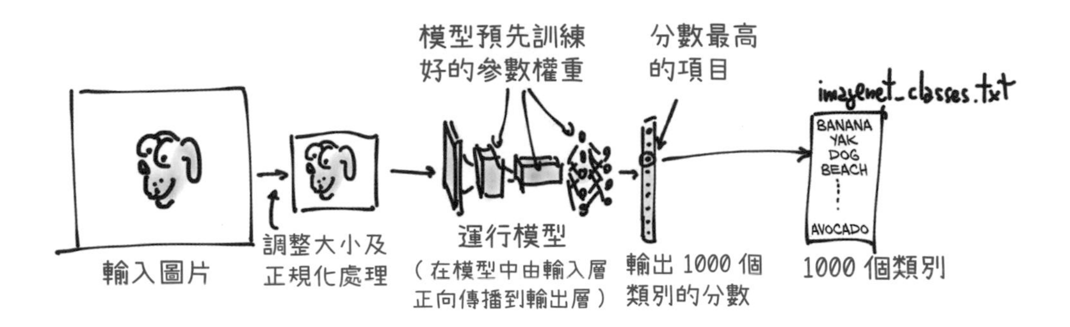

圖 2.2 神經網路模型在圖片辨識中的**推論** (inference) 過程。

輸入的圖片需要先處理成 torch.Tensor **多維陣列**，也就是之前介紹過的**張量**。由於輸入圖片是一張有著特定尺寸的彩色（RGB）圖片，因此該張量會有 3 個軸，分別是 1 個色彩通道軸以及 2 個空間軸（分別對應到高和寬）。關於張量，我們將在第 3 章中詳細介紹，現在先把它看成是一個浮點數向量或矩陣就可以了。

小編補充 3 軸就表示張量的 shape 中有 3 個元素，例如 shape 為 (3, 320, 200) 的張量，可用來儲存大小為 320×200 的全彩圖片 (全彩圖片中的色彩通道維度為 3，代表 R、G、B 的亮度)。整個結構就相當於 3×320×200 的 3D 立體陣列，因此本書也會將軸稱為 D，例如 3D 就代表有 3 軸，4D 則代表有 4 軸，以此類推。

接著把處理過的圖片輸入預先訓練的模型，模型會輸出每個類別的『分數』，得分最高的就代表模型認為最適合用來描述該圖片的類別。因為有 1000 種類別，所以模型會給出 1000 個分數，也就是一個包含 1000 個元素的張量。每個元素對應到一個類別的信心分數，分數越高，就表示這張圖片屬於該類別的可能性越大。

在實際操作之前，我們先來瞭解欲使用之網路模型的內部架構，同時準備好要輸入到模型的資料。

2.1.1 取得預先訓練的圖片辨識模型

如前所述，我們要使用別人以 ImageNet 資料集訓練過的模型。先來介紹一下 TorchVision 函式庫，它裡面有一些表現很好的電腦視覺模型，如 AlexNet、ResNet 和 Inception v3。透過 TorchVision，我們也能輕易取得與 ImageNet 類似的資料集，同時它也提供一些用來處理電腦視覺任務的工具，這些細節後面會再深入介紹。

讓我們先載入和運行兩個預先訓練的模型。第一個是 **AlexNet**，它是早期經典的圖片辨識網路之一；第二個是**殘差網路**（residual network），簡稱 **ResNet**，它在 2015 年 ImageNet 的分類、檢測和定位比賽中獲得了冠軍。這些預先訓練的模型可以在 torchvision.models 中找到。

In

```
from torchvision import models
dir(models) ◀── 編註：TorchVision 函式庫裡的模型會定期更新，
                所以此處的運行成果或許會有所不同
```

Out

```
['AlexNet',
 'DenseNet',
 'Inception3',
 'ResNet',
 'SqueezeNet',
 'VGG',
 ...
 'vgg13',
 'vgg13_bn',
 'vgg16',
 'vgg16_bn',
 'vgg19',
 'vgg19_bn'
]
```

我們來看一下這些輸出結果：大寫開頭的名字 (Python 的類別) 都是一些有名的神經網路模型，它們的架構各有不同（輸入和輸出之間的神經層結構不同）；小寫的名字則是函式，它們可傳回前述類別的實體化（instantiated）模型，並使用不同的超參數 (例如層數)。舉例來說：vgg16 代表有 16 個神經層的 VGG 實例（instance），以此類推。現在讓我們先把注意力轉移至 AlexNet。

2.1.2 AlexNet

2012 年，採用深度學習技術的 AlexNet 在 ImageNet 的 ILSVRC 挑戰賽中狠狠甩開對手，奪得冠軍，其預測錯誤率（若預測清單中，分數最高的 5 個標籤都不是正確答案，就算錯誤）為 15.4%。相比之下，亞軍（不是基於深度學習技術）的錯誤率高達 26.2%。這是電腦視覺歷史上的一個關鍵時刻，從這個時候開始，大家注意到深度學習在視覺任務中的潛力。在這之後，人們不斷建構出更新的架構和訓練方法，最終讓錯誤率降低至接近 3%（編註：目前最新的 FixEfficientNet-L2 模型之錯誤率可達 1.3%）。

若跟現在最先進的模型相比，AlexNet 只是一個很小的網路。它非常適合初學者用來認識神經網路，並以此學習如何在新圖片上套用一個預先訓練的模型。

圖 2.3 介紹了 AlexNet 的結構，現在先不用把它了解透徹，我們只會進行簡單說明。首先，每個小區塊都是由一系列的乘法和加法，並加上一些其他函式（會在第 5 章詳細說明這些函式）組成的。我們可以把它視為**過濾層**，一個可以從輸入圖片中**萃取特徵**的函式。該函式會利用『訓練資料』及『輸出結果』來調整函式中的權重參數。

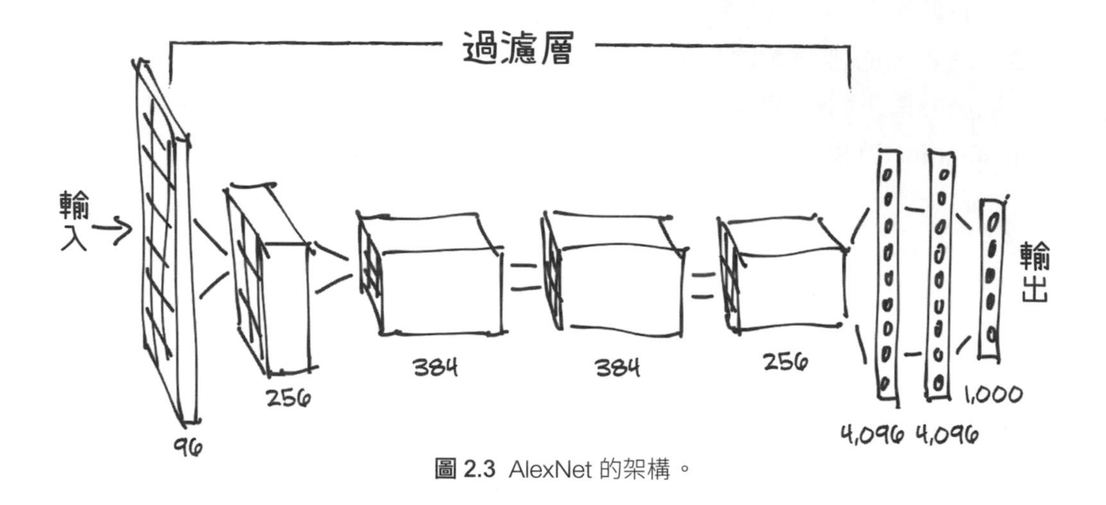

圖 2.3 AlexNet 的架構。

如圖所示，圖片會從最左邊輸入並經過 5 個過濾層。每個過濾層會輸出特定數量的圖片，這些圖片都會經過縮小的處理。最後一個過濾層輸出的圖片會經過轉換，形成一個擁有 4096 個元素的向量。之後，該向量會輸入至一個全連接層，最終將輸出包含了 1000 個分數的向量，每個分數對應到一種類別。

為了運行 AlexNet 架構，我們可以創建一個 AlexNet 的實例。具體操作方法如下：

In

```
alexnet = models.AlexNet()
```

alexnet 是一個可用來運行 AlexNet 架構的**物件**（object）。我們暫時不用去瞭解這個架構的細節，可以先把它當作一個黑盒子，並以呼叫函式的方式去使用它。

透過向 alexnet 提供一些大小固定的輸入資料，我們便可一層層地**正向運行**（forward pass）網路。這代表輸入的資料會先通過第一個神經層，然後將輸出的結果傳給下一個神經層，如此一步一步往後傳遞，直到輸出最後結果。當實際操作時，只要我們輸入的資料格式正確，就可以透過 **output = alexnet(input)** 來執行模型（編註：此處的 input 代表我們的輸入資料，output 代表模型的輸出結果）。

要注意的是，我們還沒有訓練 alexnet 這個神經網路模型。若是我們直接把資料輸入處理，得到的只是一堆毫無價值的結果。這是因為一開始模型中的參數都是隨機產生的，如果要 alexnet 輸出正確的結果，我們就要訓練這個模型的參數，或是用其他專家訓練過的參數。很顯然的，我們要用的是後者。

讓我們回到模型的**模組**（module）部分：我們剛剛介紹過，大寫的名字代表電腦視覺模型；而小寫的名字則代表『用預設的層數和單元數』來產生相關模型的函式。你可以直接呼叫相關模型的函式來建立預先訓練的模型，並按照不同需求選擇層數和單元數。

2.1.3 ResNet

這裡快速地介紹一下 ResNet (殘差網路) 的重要性：在殘差網路出現之前，層數很多的神經網路很難訓練。殘差網路運用了一個重要技巧來解決這個困境，也正因如此，殘差網路在當年橫掃了所有競爭對手。

現在來創建 ResNet 模型的實例，透過將 pretrained 設為 True，我們得以下載預先訓練好的 ResNet101 模型。這個模型已經利用 ImageNet 資料集（120 萬張圖片和 1000 個類別標籤）訓練了無數次。

In

```
resnet = models.resnet101(pretrained=True)
```

執行這段程式碼後，就會開始下載這個模型。這裡說明一下：ResNet101 足足有 4450 萬個網路參數，如果我們想要去最佳化這些參數，其難度可想而知。很幸運的，這些參數已經有人幫我們訓練好了。

2.1.4 做好運行模型前的準備

我們現在來看看 resnet101 的內部構造，只要印出 resnet 的內容就好了。直接輸入『resnet』這個指令，我們就可以得到一堆的資訊。這些資訊和圖 2.3 的內容很相似，它紀錄了該網路架構的一些細節。這些資訊我們暫且不用理會，慢慢地你就會知道它們的意義。

In

```
resnet
```

Out

```
ResNet(
  (conv1): Conv2d(3, 64, kernel_size=(7, 7), stride=(2, 2), padding=(3, 3),
                  bias=False)
  (bn1): BatchNorm2d(64, eps=1e-05, momentum=0.1, affine=True,
                     track_running_stats=True)
  (relu): ReLU(inplace)
  (maxpool): MaxPool2d(kernel_size=3, stride=2, padding=1, dilation=1,
                       ceil_mode=False)
  (layer1): Sequential(
    (0): Bottleneck(
    ...
    )
  )
  (avgpool): AdaptiveAvgPool2d(output_size=(1, 1))
  (fc): Linear(in_features=2048, out_features=1000, bias=True)
)
```

在這裡看到的每一列都是一個模組（這裡的模組和 Python 模組沒有甚麼關聯）。模組是神經網路的組成區塊，可用來執行不同的功能，在其他深度學習框架中也稱為**層**。如果我們向下捲動，會看到很多 Bottleneck 模組一個接一個地重複（總共 101 個），其中包含卷積層和其他模組。這就是一個典型的電腦視覺『深層』神經網路的內部架構：一個由大量過濾器和非線性函式組成的連續序列，最後有一個全連接層（fc）來產生對應 1000 個類別標籤的分數。

我們可以像呼叫函式一樣呼叫 resnet 這個變數。其輸入參數為圖片，輸出為 1000 個 ImageNet 類別標籤的信心分數。在這之前，要對輸入的圖片進行**預處理**，使其尺寸符合要求，並讓所有像素的 R、G、B 值處於相近的數值範圍內 (編註：就是讓 R、G、B 值具有相近的**平均值**和**標準差**)。為此，torchvision 模組提供了 transforms 函式庫，方便我們對圖片進行預處理。

In

```
from torchvision import transforms
preprocess = transforms.Compose([
        transforms.Resize(256),  ←— 轉換尺寸
        transforms.CenterCrop(224),  ←— 進行裁剪
        transforms.ToTensor(),  ←— 轉換為張量
        transforms.Normalize(  ←— 正規化處理
            mean=[0.485, 0.456, 0.406],  ┐←— 手動設定各色彩通道的平均值
            std=[0.229, 0.224, 0.225]    ┘    (mean) 及標準差 (std)
        )])
```

為了讓模型輸出正確的結果，我們必須先讓輸入資料符合模型的規範。在上面的例子中，我們定義了一個 preprocess()：該函式先把輸入圖片尺寸轉換成 256×256，然後將圖片裁剪為 224×224，並將其轉換為張量(一個帶有色彩通道、高度和寬度的 3D 陣列)。接下來，該函式對 RGB (紅、綠、藍) 分量進行正規化處理，使它們的值滿足我們設定的平均值和標準差。未來我們在建構自己的圖片辨識模型時，會再深入地探討圖形轉換及預處理的問題。

現在我們輸入一張可愛的小狗圖片，對它進行預處理，看看 ResNet 會把它分到哪一個類別。我們可以先用 Pillow (PIL，Python 的一個影像處理模組) 從電腦的檔案系統載入一張圖片。

In

```
from PIL import Image
img = Image.open("../data/p1ch2/bobby.jpg") ◀── 從相關路徑載入一張圖片
```

接著，在 Jupyter Notebook 中執行以下指令，就會看到一張小狗的圖片(圖 2.4)。

In

```
img
```

你也可以改用 img.show() 指令，進而透過電腦內建的軟體來顯示圖片。

圖 2.4 在 Jupyter Notebook 中顯示圖片。

接下來，我們利用之前定義過的 preprocess() 函式對圖片進行預處理。

In

```
img_t = preprocess(img)
```

透過以下指令，我們便可得知經過預處理後圖片的 shape：

In

```
img_t.shape
```

Out

```
torch.Size([3, 224, 224])
```

小編補充 由於 ResNet 規定的輸入資料必須是一個 4D 陣列 (以便一次輸入多張圖)，而 img_t 只是一個 3D 陣列 (shape 為 [3, 224, 224])，故我們會用以下的 unsqueeze() 在 img_t 的第 0 階處增加 1 個階 (此階代表批次量，就是輸入張量中有多少張圖)，使其變成一個 4D 陣列 (shape 為 [1, 3, 224, 224])，並以 batch_t 命名之。

In

```
import torch
batch_t = torch.unsqueeze(img_t, 0) ←— 在第 0 階增加一個代表批次量的階
batch_t.shape
```

Out

```
torch.Size([1, 3, 224, 224])
```

現在我們可以開始運行模型了。

2.1.5 運行模型

在深度學習中，用訓練好的模型來預測新資料的動作稱為**推論** (inference)。為了要進行推論，我們需要把模型設成 **eval 模式**(編註：在進入了該模式後，我們才能利用模型來測試輸入資料)。

In

```
resnet.eval() ◄── 將模型設定為 eval 模式
```

Out

```
ResNet(
  (conv1): Conv2d(3, 64, kernel_size=(7, 7), stride=(2, 2),
                  padding=(3, 3), bias=False)
  (bn1): BatchNorm2d(64, eps=1e-05, momentum=0.1, affine=True,
                     track_running_stats=True)
  (relu): ReLU(inplace)
  (maxpool): MaxPool2d(kernel_size=3, stride=2, padding=1, dilation=1,
                       ceil_mode=False)
  (layer1): Sequential(
    (0): Bottleneck(
  ...
    )
  )
  (avgpool): AvgPool2d(kernel_size=7, stride=1, padding=0)
  (fc): Linear(in_features=2048, out_features=1000, bias=True)
)
```

如果我們忘記切換模式，有些預先訓練的模型將不會產生任何有意義的結果。在設定 eval 模式之後，便可以開始處理資料了。

In

```
out = resnet(batch_t)
out          ▲── 剛剛載入的圖片資料
```

Out

```
tensor([[ -3.4803,  -1.6618,  -2.4515,  -3.2662,  -3.2466,  -1.3611,
          -2.0465,  -2.5112,  -1.3043,  -2.8900,  -1.6862,  -1.3055,
            ...
           2.8674,  -3.7442,   1.5085,  -3.2500,  -2.4894,  -0.3354,
           0.1286,  -1.1355,   3.3969,   4.4584]],
       grad_fn=<AddmmBackward>)        模型所預測出，1000 個類別各自的信心分數
```

> **小編補充** out 的 shape 為 [1，1000]，最前面的軸代表批次量，由於目前只有一張圖的預測結果，所以元素值為 1。

執行這段程式碼時，電腦內部發生甚麼事呢？就在剛剛，已經完成了一組涉及 4450 萬個參數的龐大運算，還輸出了一個有 1000 個分數的 out 張量（對應到 ImageNet 的類別標籤）。然而，這過程並沒有花費多少時間。

我們現在需要找出分數最高的類別標籤，看看模型是不是成功辨識出小狗。如果辨識得出來，那就代表模型表現不錯。如果不對，可能是在訓練過程中出了問題，或是圖片的輸入格式不符合模型要求，以至於它無法正確處理。

為了查看預測標籤的列表，我們要載入一個文字檔，這一個文字檔內有 1000 個標籤的名稱。在訓練過程中，網路模型會將『輸出張量的索引』與『文字檔內的標籤』進行配對，並按照分數順序排列。幾乎所有圖片辨識模型都有類似的功能，讓我們先載入擁有 1000 個標籤名稱的文字檔（檔名為 imagenet_classes.txt）：

In

```
with open('../data/p1ch2/imagenet_classes.txt') as f:
    labels = [line.strip() for line in f.readlines()]
```

這時我們需要找出輸出張量（out）中，最大值所對應的索引，我們可以使用 PyTorch 中的 max() 來做到這件事。

In

```
_, index = torch.max(out, 1)  ← 找出 out 張量的第 1 軸中，最大值的索引
```

現在我們可以用索引值來找出對應的標籤。這裡的 index 不是一個普通的 Python 數值，而是個 1D 張量(例如 tensor([207]))。假設 index=tensor([207])，則我們可以透過 **index[0]** 來從張量提取出真實的索引值，進而建立預測標籤清單。我們還使用了 torch.nn.functional.softmax 進行正規化，如此一來所有輸出數值就會落在 [0, 1] 範圍內(轉換成**機率值**)。這個數值反映出模型認為輸入圖片屬於某個類別的『信心程度』。在這個例子裡，模型有 96% 的把握它所看到的是一隻黃金獵犬。

In

```
percentage = torch.nn.functional.softmax(out, dim=1)[0] * 100
labels[index[0]], percentage[index[0]].item()
```

分數最高的類別標籤　　最高的分數

Out

```
('golden retriever', 96.29334259033203)
```

透過這些分數或是『信心程度』，我們就可以找出分數第二高或第三高的類別。要做到這一點，我們可以使用 sort() 對所有輸出值進行排序。對於排序過的數字，我們也可以知道它們在原始陣列中的索引值。

In

```
_, indices = torch.sort(out, descending=True)
[(labels[idx], percentage[idx].item()) for idx in indices[0][:5]]
```

對分數進行排序，從高至低

列出分數前 5 高的類別

Out

```
[('golden retriever', 96.29334259033203),
 ('Labrador retriever', 2.80812406539917),
 ('cocker spaniel, English cocker spaniel, cocker', 0.28267428278923035),
 ('redbone', 0.2086310237646103),
 ('tennis ball', 0.11621569097042084)]
```

我們看到前 4 名都是狗（redbone 也是一個狗的品種），而有趣的是，第 5 名是『網球』，可能是因為模型裡有許多網球與狗一起出現的圖片，不過它分配到的信心程度只有 0.1%。以上的例子說明『人類』和『神經網路』看待世界的根本差異，也說明了資料中一些微小及稀有的元素（如網球）對神經網路造成的影響。

神經網路的成功與否，基本上取決於訓練資料集中是否有看過類似的物體。如果我們給了模型一張不曾在訓練集中出現的物體，模型很可能會得出一個錯誤的答案。換句話說，我們可以利用模型沒見過的資料來測試它，進而了解模型的不足之處。

在這小節裡我們運行了一個神經網路模型。該模型已預先利用圖片資料集訓練過，因此成功辨識出黃金獵犬。接下來，我們將利用其他的模型架構來完成『生成圖片』的新任務。

2.2 利用預先訓練的模型來生成『假』圖片

現在我們來玩個角色扮演遊戲，假設我們是職業罪犯，想販賣已經遺失的畫作贗品賺取暴利。問題是，贗品怎麼取得？如果我們自己模仿林布蘭和畢卡索的畫作，很快就會被人發現這些畫是贗品。即使我們花了一堆時間練習，還是很快會被專家鑒別出來。

或許，我們可以找一個藝術家來檢查我們仿冒出來的作品，並告訴我們這幅畫有什麼破綻。有了藝術家給出的意見，我們就能朝正確方向提升贗品的品質。

雖然這個想法有點牽強，但背後的技術理論是可行的。這技術也會對現實社會產生深遠影響，試想想，如果偽造照片的技術已經十分成熟，法庭上『以照片為證』的概念也就行不通了。現在，讓我們來看看這如何實現這一個技術。

2.2.1 GAN 遊戲

在深度學習中，剛才所說的技術叫做『GAN（Generative Adversarial Network）遊戲』。遊戲的目標便是製造出兩個神經網路模型，一個扮演創作贗品的畫家（生成器網路），一個扮演鑒別贗品的藝術家（鑒別器網路），二者互相競爭，不斷重複『創作』和『鑒別』贗品的動作。GAN 是**對抗式生成網路**的縮寫，其中『生成』是指創作出東西（贗品），『對抗』則指兩個網路會互相競爭（編註：生成器網路會嘗試生成鑒別器找不到破綻的圖片，鑒別器網路則會盡可能找出圖片中的破綻）。這一類網路是深度學習最近的研究成果之一。

請記住，我們的首要目標是讓生成網路產生一堆圖片，這些圖片不能被看出是假的。我們希望生成的圖片能魚目混珠，再厲害的鑒別網路也很難辨別真假，這樣就達成目標了。

在上面的場景中，生成器網路扮演了畫家的角色，其任務是模仿輸入圖片來生成『假』圖片。鑒別器網路則是藝術家，需要分辨圖片是否是由生成器捏造的。這種**雙網路的設計**不是典型的深度學習架構，但如果用來實作一個 GAN 遊戲，可以帶來意想不到的結果。

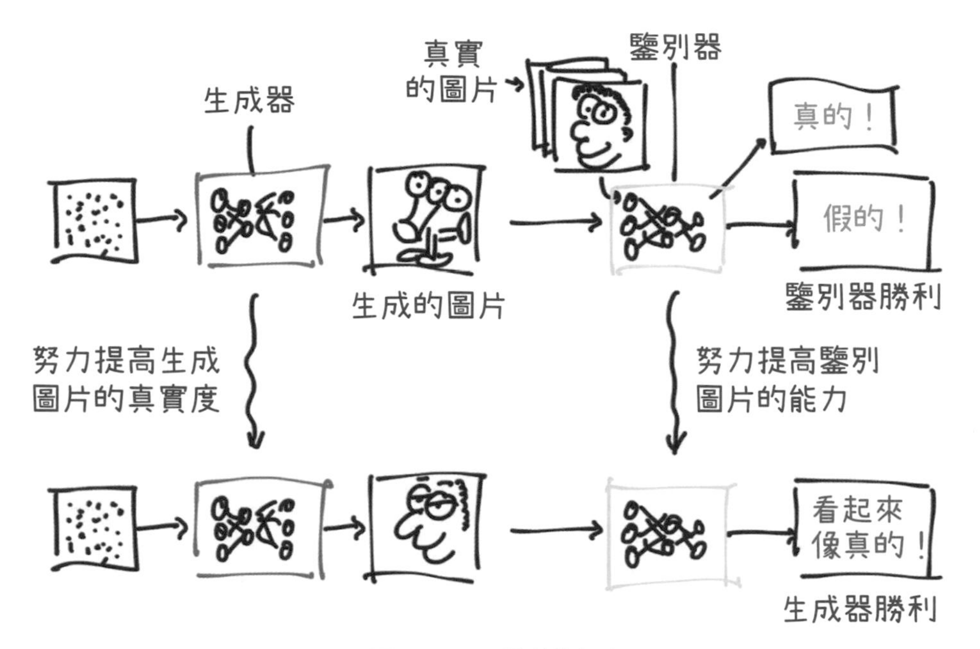

圖 2.5 GAN 遊戲的概念。

圖 2.5 概括了 GAN 遊戲的原理。生成器的最終目標是混淆鑑別器，使其搞不清楚真假圖片的差別。鑑別器的最終目的是要能夠鑑別贗品，同時告訴生成器它是怎麼找出破綻的，讓生成器可以修正錯誤。剛開始時，生成器產生的結果可能很混亂，看起來一點也不像畢卡索的畫像，鑑別器很容易就能區分真假圖片。隨著訓練持續進行，鑑別器將不斷將資訊傳回生成器讓其改進，直到產生難辨真假的圖片。

這裡說明一下，『鑑別器獲勝』或『生成器獲勝』不可按字面意思理解，因為事實上兩者不是真的在進行比賽。兩個網路都是基於另一個網路的結果進行訓練，從而優化網路中的參數。經過良好訓練的的生成器可以輸出逼真的圖片，即使人類也很難察覺不同。

2.2.2 CycleGAN

從上述的概念演變出一個有趣的模型 CycleGAN（循環式生成對抗網路）。CycleGAN 可以將某一種意境的圖片轉化為另一種意境的圖片，例如：將冬天的景色換成夏天的景色。特別的是，我們不需要先在訓練集中配對好『冬天的照片』與『夏天的照片』。

圖 2.6 是 CycleGAN 的示意圖，該模型可以將一張馬的照片轉換成斑馬，反之亦然。請注意，該範例中有兩個獨立的生成器網路和鑒別器網路（G_{A2B} 及 G_{B2A}）。

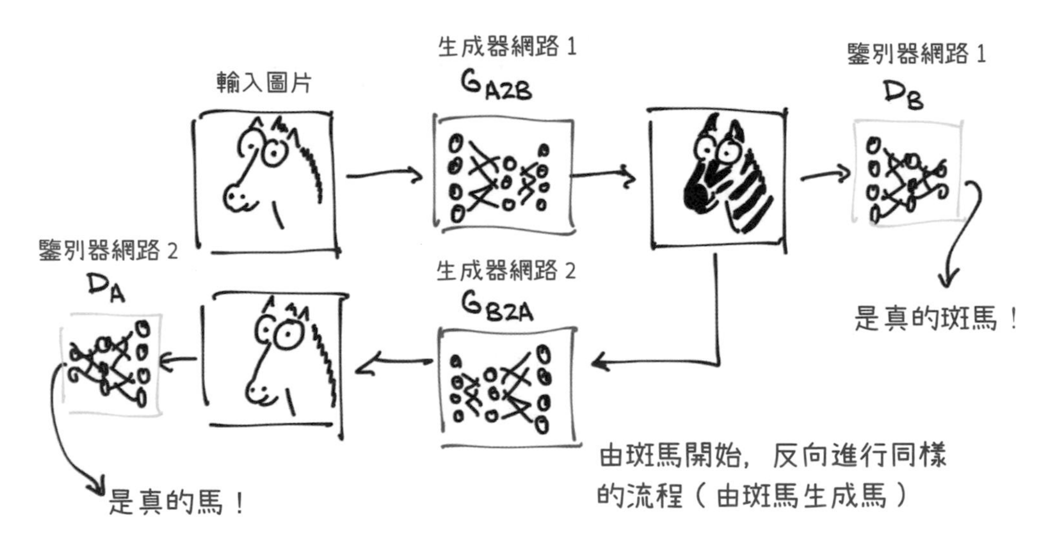

圖 2.6 將 CycleGAN 訓練到可以『混淆鑒別器網路』的程度。

如圖所示，第一個生成器從馬匹的圖片開始，學習生成符合目標（斑馬）的圖片，並讓鑒別器判斷是否為真的斑馬圖片。接著，再將生成的假斑馬透過另一個生成器往反方向生成馬，並由另一個鑒別器來判斷（是否為馬）。這就是 CycleGAN 中『Cycle』的名稱由來，這樣的循環大大穩定了訓練過程，也解決了 GAN 訓練不穩定的問題。

與一般的監督式學習不同的是，CycleGAN 可以從一組不相關的馬匹圖片和斑馬圖片學習（無需經過配對），並完成它們的任務。這個模型有個重要的意義：生成器學會在沒有監督下，了解個別特徵的涵義，進而選擇性地改變場景中物體的外觀。

2.2.3 將馬變成斑馬的網路模型

和之前的 ResNet 一樣，CycleGAN 網路利用 ImageNet 資料集中的馬匹和斑馬圖片（彼此無關聯性）來進行訓練。該網路可以把一張或多張馬的圖片變成斑馬，且盡可能不修改圖片的其他部分，很驚人吧！透過這個任務，我們知道電腦可以在幾乎不用監督的情況下，透過網路架構模擬複雜的現實世界。雖然它們有局限性，但按照目前的發展趨勢，在不久的將來我們會無法分辨直播影片裡的內容真假，這或許會帶來一些麻煩。

現在，讓我們實際使用一個預先訓練的 CycleGAN，來了解生成器網路的實作過程。這裡要介紹的就是從馬到斑馬的一個生成器架構，同時也會運用到之前提過的 ResNet。我們已經定義好一個 ResNetGenerator 的 class，並將它儲存在 F1388_Ch02.ipynb 中。我們目前不會對這個物件的程式內容做過多的介紹，因為對於還沒有豐富 PyTorch 經驗的人來說會略顯複雜。現階段，我們要把焦點放在它能做什麼。讓我們先來建立一個 ResNet 的生成器模型：

In

```
netG = ResNetGenerator()
```

現在已經創建好一個名為 netG 的生成器模型，但它的參數是隨機生成的。前面提到，我們將套用一個在資料集上預先訓練過的生成器模型。該模型的參數已經保存在一個 pth 檔（可儲存模型張量參數的 pickle 檔），我們可以使用 load_state_dict() 將這些參數載入到 netG 中：

In

```
model_path = '../data/p1ch2/horse2zebra_0.4.0.pth'   ← 存有模型參數的 pth 檔所在的路徑
model_data = torch.load(model_path)   ┐← 將訓練過的參數載入 netG
netG.load_state_dict(model_data)      ┘
```

Out

```
<All keys matched successfully>
```

此時 netG 已經獲得了訓練後的所有參數，這跟我們在 2.1.1 節中從 torchvision 載入 resnet101 的概念是一模一樣的。不同的是，torchvision.resnet101() 把載入參數的過程隱藏起來了。接下來，讓我們把網路切換到 eval 模式，就像我們對 resnet101 做的那樣。

In

```
netG.eval()
```

Out

```
ResNetGenerator(
  (model): Sequential(
    ...
  )
)
```

我們來隨機載入一些馬的圖片，看看生成器會產生什麼。首先，我們需要引入 2 個函式庫：PIL 和 torchvision。然後我們對輸入做一些轉換，確保資料以正確的形狀和大小進入模型：

In

```
from PIL import Image
from torchvision import transforms
preprocess = transforms.Compose([transforms.Resize(256),   ┐← 定義預處理函式
                                 transforms.ToTensor()])   ┘
```

現在來載入一張馬的照片：

In
```
img = Image.open("../data/p1ch2/horse.jpg")
img
```

圖 2.7 一張牛仔騎馬的圖片。

接下來，讓我們對這張照片進行預處理，把經過轉換的結果存放到 img_t 中。

In
```
img_t = preprocess(img)
batch_t = torch.unsqueeze(img_t, 0)  ← 在第 0 階加入一個批次軸，代表輸入的圖片數量
```

下一步，將 batch_t 輸入至模型中。

In
```
batch_out = netG(batch_t)
```

batch_out 是生成器的輸出結果，我們可以將其轉回圖片：

```
In
batch_out = torch.squeeze(batch_out,0)  ← 將第 0 階去除，使 batch_out 變回一個 3D 張量
batch_out = (batch_out+1.0)/2.0  ← 調整圖片的明暗度等
out_img = transforms.ToPILImage()(batch_out)  ← 轉成圖片
out_img
```

```
Out
<PIL.Image.Image image mode=RGB size=316x256 at 0x23B24634F98>
```

圖 2.8 一張牛仔騎着斑馬的圖片。

顯然，我們的生成器已經成功生成難辨真假的圖片。雖然產生的圖片並不完美（牛仔的身上也被加上了斑馬的線條），但若考慮到模型幾乎沒有看過『人騎斑馬』的照片，這結果還算不錯。別忘了，學習過程不是通過直接監督的，而且我們也沒有手動為成千上萬的馬匹圖片增添成斑馬條紋。

還有許多有趣的生成器是利用對抗性訓練或其他方法開發的。其中一些能夠生成不存在的人的容貌，也有些能夠將草圖轉化為相當逼真的風景圖。此外，對抗式生成模型也能用來產生文章或音樂，這些模型在未來

或許會成為創作工具的基礎。這一類工具的品質會越來越好，且越來越普及。比方說**換臉技術**（Face-swapping）已經得到了媒體的相當關注，搜尋『deepfakes』會出現許多相關內容（請注意，就像網路上的藏著許多不懷好意的內容一樣，這些內容也可能有毒，請小心點選）。

到目前為止，我們已經用過『能進行圖片辨識』和『能生成假圖片』的模型。接下來，我們將以能進行『自然語言處理』的模型來結束本章的內容。

2.3 能描述場景的神經網路模型

接下來，我們要介紹另外一個強大的神經網路模型。該模型能處理**自然語言**，可以用來描述一張圖片。這個模型的作者是 Ruotian Luo，其架構基礎則是使用 Andrej Karpathy 所設計的 NeuralTalk2 模型。在輸入一張圖片到該模型後，它會輸出一段對圖片的英文描述，如圖 2.9 所示。該模型是利用大量的圖片資料及與圖片對應的描述句子來一起訓練的。舉例來說，描述的句子可能像是『An odd-looking fellow holding a pink balloon』。

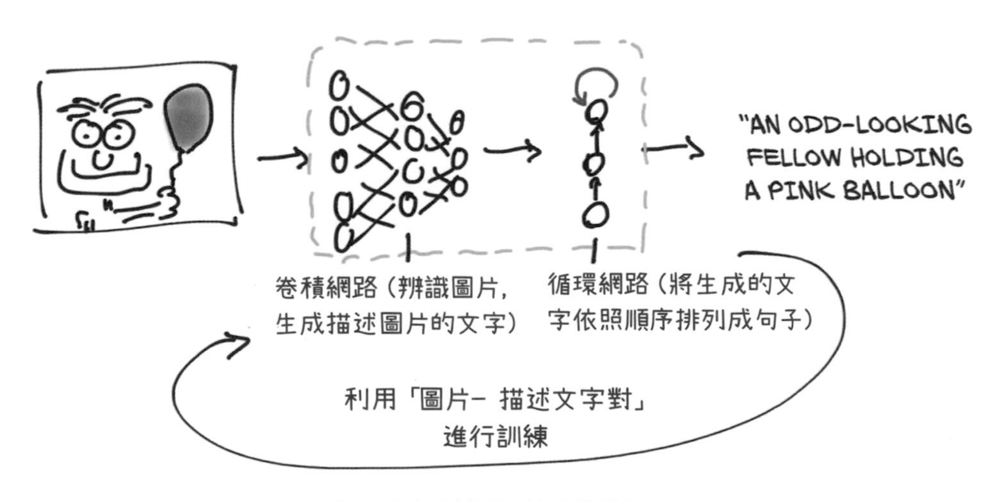

圖 2.9 能用文字來描述圖片的模型概念。

這個模型可以分成兩部分：前半段的網路會生成『描述圖片的文字』，例如虎斑貓、老鼠、貓蹼等。接著，利用『數字』將這些文字進行編碼，這些數字會成為後半段網路的輸入參數。後半段的網路稱為**循環神經網路**（recurrent neural network），我們用它來把這些具有描述意義的數字依序排列在一起，形成一個合理的連貫句子（『木桌躺在虎斑貓身上』和『虎斑貓躺在木桌上』的意思截然不同）。模型的這兩個部分都是利用同樣的**圖片一描述文字對**（image-caption pairs）資料集來進行訓練的。

循環神經網路的名字由來，是它會利用上一次的輸出結果，當作下一次的部分輸入資料。這樣就可以建立起『新單詞』與『之前生成的舊單詞』之間的關聯性，以便更符合人們構思句子時，單字的順序問題。

2.3.1 NeuralTalk2 模型

NeuralTalk2 的模型可以在 https://github.com/deep-learning-with-pytorch/ImageCaptioning.pytorch 找到。我們可以把一些圖片放在叫做『data』的資料夾裡，並運行下面的程式碼。

In

```
%run eval.py --model ./data/FC/fc-model.pth --infos_path ./data/FC/fc-infos.接下行
pkl --image_folder ./data/p1ch2/image
```

讓我們來試試看之前的照片（騎馬照），模型的輸出結果是『a person riding a horse on a beach』，描述得蠻準確的。

現在來看看我們的 CycleGAN 是不是可以成功騙過 NeuralTalk2 模型。讓我們把已經替換成斑馬的照片放進資料夾中，然後再跑一次模型，它的結果是『a group of zebras standing in a field』。好吧，起碼它對斑馬的判斷是正確的，不過它卻在照片裡面看到好幾頭斑馬。可以確定的是，模型應該沒有在資料集看過有人騎著斑馬的照片。而且，在訓練集的資料裡，照片中的斑馬都是成群出現，所以照片的描述通常會寫著『a group of zebras』。因此，這可能會導致一些偏差。另外，模型從來沒看過有人騎著斑馬的圖片，自然也不知道如何對類似的圖片進行描述。無論如何，這模型還是表現得不錯，我們提供模型一個它沒有看過的『假』圖片，但其生成的文字描述還是很彈性地做出相對應的調整。

這裡我們想要強調一下，剛剛模型展示出的功能，在深度學習技術出現之前幾乎不可能實現。現在，我們只要有模型、一些圖片和對應的描述文字(在本次的示範中是用 MS COCO 資料集)，就可以用不到一千行的程式碼將這個功能實現。我們並不是用『寫死(hard-coded)』的方式去完成目標，模型所輸出的句子和文法，都是它自己從資料中學習到的。

上面所介紹的網路比之前看到的網路架構更加複雜，因為它包含兩個網路，其中一個是循環網路。這裡要說明的是，這兩個網路同樣是以 PyTorch 進行建構。

在這本書出版時，這一類的模型都還只是作為研究的用途，尚未被實際應用。雖然這些模型可能帶來不錯的結果，但還不到適合廣泛應用的地步。隨著時間推移並加入更多的訓練資料後，我們可以期待這一類模型有能力為有視覺障礙的人描述世界。

2.4 Torch Hub

在深度學習發展初期，預先訓練的模型就已經出現了，但在 PyTorch 1.0 推出之前，並沒有一個統一的介面可以讓我們使用這些模型。我們在本章用過的 TorchVision 具備簡潔的介面，不過有些模型(如 CycleGAN 和 NeuralTalk2)沒辦法透過 TorchVision 使用。

PyTorch 1.0 引進了 TorchHub，這種機制讓模型作者可以直接在 GitHub 上發佈模型（無論是否有預先訓練的參數），並透過 PyTorch 可以處理的介面來使用。這使得從第三方載入預先訓練的模型變得和載入 TorchVision 的模型一樣簡單。

開發者若想透過 TorchHub 發佈一個模型，只需要在 GitHub 的根目錄下放置一個名為 hubconf.py 的程式。該程式的結構非常簡單，即：

In

```
dependencies = ['torch', 'math']
def some_entry_fn(*args, **kwargs):
    model = build_some_model(*args, **kwargs)
    return model
def another_entry_fn(*args, **kwargs):
    model = build_another_model(*args, **kwargs)
    return model
```

首先，我們連到 github.com/pytorch/vision，可以發現裡面有一個 hubconf.py 文件。接著，來看看 repo 的 entry points 有哪些，因為我們稍後需要指定它們。在 TorchVision 的 entry points 中，有 resnet18 和 resnet50 等。我們已經知道這些東西的作用：分別傳回一個 18 層和 50 層的 ResNet 模型。這些 entry points 包含一個『pretrained』參數，如果為 True，傳回的模型將套用從 ImageNet 學到的參數，就像我們在 2.1.3 節看到的那樣。

以上所介紹的『repo、entry points 及 pretrained 參數』就是我們用 torch.hub 載入模型所需要的資訊。有了這些資訊，我們就可以用 PyTorch 來完成接下來的工作：

In

```
import torch
from torch import hub
resnet18_model = hub.load('pytorch/vision:master', ← GitHub repo 的名稱及分支
                           'resnet18', ← entry-point 的名稱
                           pretrained=True) ← pretrained 參數
```

這段程式碼會幫我們從 pytorch/vision 資料夾中，下載主分支的當前狀態描述以及模型參數，並存放進本機的資料目錄裡面。如果沒有特別設定，這些資料會下載到主目錄中的 .torch/hub。當我們運行 resnet18 時，就能傳回已經實體化（instantiated）的模型。根據不同的環境，Python 可能會顯示一些模組遺失的訊息（例如 PIL 模組）。TorchHub 不會主動幫我們把這些遺失的模組安裝好，不過它會跳出訊息，好讓我們後續可以根據這些訊息進行處理。

如同之前章節中的做法，我們只需輸入適當的參數就可以使用剛剛傳回的模型（resnet18_model）。不僅如此，未來只要是透過這個機制發佈的模型，都可以用同樣的方式引用。

值得一提的是，雖然 entry points 一般是用來傳回模型的，但嚴格來說，它們還有其他功能。例如，我們可以將一個 entry points 用於『轉換輸入資料』，而另一個 entry points 則用於『將輸出機率變成文字標籤』。或者，我們將一個 entry points 只用於模型，而另一個 entry points 則包括模型以及預處理等步驟。通過開放這些選項，PyTorch 開發人員為我們提供了統一的使用介面和靈活性。

TorchHub 在我們寫這本書時還非常新，只有幾個模型可以透過這種方法發佈。我們可以透過 google 搜尋『github.com hubconf.py 』來找到這些模型，希望未來會有更多作者透過這個管道來分享模型。

2.5 結論

本章我們花了一些時間來使用預先訓練的模型，這些模型已針對各自要達成的任務進行訓練及優化了。在現實中，已經有人把這些模型應用在網路伺服器上來提供服務，藉此進行商業行為並與原創者共享利潤。一旦我們知道這些模型是如何建構的，並了解背後的邏輯，就能善用這些知識去微調那些預先訓練過的模型，進而將之應用在一個與原本用途不同的任務上。

未來，我們將學到如何建構可以用來處理『不同類型資料』的模型。以 API 的角度來說，PyTorch 並不是一個非常龐大的深度學習庫，但它是以工具集的形式提供模型的建構模組，這一點就為我們提供了許多的便利性。

本書不會介紹完整的 PyTorch API，也不會花太多時間去複習一些深度學習的架構，而是去教導讀者們建構深度學習模型所需的知識。有了這些知識，你便能夠自行透過線上的文件和資源庫來學習。

當我們的訓練資料集不是很多時，可以直接套用一個預先訓練的模型，並在新資料上進行微調。透過這種方法取得的效果，絕對會比自己從頭開始訓練模型來得有效率。因此，預先訓練的模型對深度學習領域的從業人員來說，是個相當重要的工具。在下一章，我們將會學習到最基礎的模型建構工具，即張量。

總結

- **預先訓練的模型**是一種已經使用資料集訓練過的模型，可以在載入網路參數後立即產生有用的結果。
- 通過瞭解如何使用預先訓練的模型，我們可以將神經網路整合進專案中，不用自行設計或訓練一個新的模型。
- AlexNet 和 ResNet 是兩個深層神經網路，它們在發佈的幾年內為圖片辨識領域貢獻良多。
- **對抗式生成網路**（GAN）有**生成器**和**鑑別器**兩部分，它們一起合作來產生可『以假亂真』的結果。
- CycleGAN 使用的架構支援兩個『不同類別』的圖片之間的轉換。
- NeuralTalk2 使用**混合模型架構**（編註：前半段為卷積網路，用來產生描述圖片的文字；後半段為循環神經網路，用來對產生的文字進行排列）來分析圖片，並產生圖片的文字描述。
- Torch Hub 提供一種標準化的方式，讓使用者能通過適當的 **hubconf.py 檔**從任何專案中載入模型和參數。

延伸思考

1. 嘗試把黃金獵犬的圖片送入本章的『馬變斑馬』模型中：

   a. 你需要對圖片做什麼事先準備？

   b. 輸出的結果是什麼樣子的？

2. 在 github 上搜索有 hubconf.py 檔的專案：

   a. 找到多少個專案資料夾？

   b. 找一個 hubconf.py 項目，看看你能否從該程式中理解這個專案的目的。

   c. 將這個項目加入書籤，等你看完這本書後，再回頭看看你能否理解這個專案的內容。

CHAPTER 03

介紹張量

本章內容

- 了解 PyTorch 的基礎資料結構：張量（Tensor）
- 利用索引（index）來操作張量的資料
- PyTorch 張量與 NumPy 多維陣列的互通性
- 用 GPU 來加速資料運算

在第 2 章，我們看了許多深度學習的應用。這些應用都是將某種類型的輸入資料，透過模型產生另一類型的結果。例如：輸入圖片或文字，輸出標籤、數值、文字或圖片等。由此建構的系統能夠處理大量類似的輸入資料，並生成有意義的結果。以上過程的第一步是將輸入資料轉化成**浮點數**，以方便電腦處理。

3.1 浮點數的世界

由於浮點數是神經網路模型運算時所使用的資料型別，因此我們需要先將輸入資料**編碼**成浮點數，然後再將輸出結果轉換成我們需要的格式。

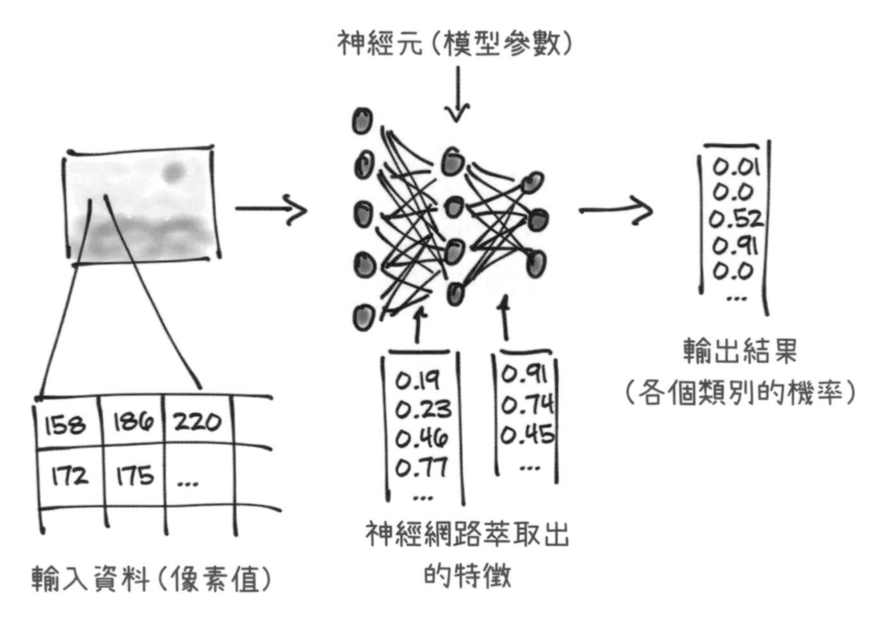

圖 3.1 神經網路示意圖，模型會學習如何將輸入資料轉換成『另一種形式』的輸出資料 (其中的**神經元**和**輸出資料項目的數量**可視狀況而增減)。

神經網路會透過**逐層學習**的方式，將一種形式的資料轉變成另一種形式的資料。例如在圖片辨識中，前段神經層的學習可以是物體的邊緣檢測（如車子的輪廓）或某些紋理偵測（如動物的毛皮）等，後段神經層則學習如何捕捉更複雜的結構，如耳朵、鼻子或眼睛。

不論是輸入資料或是模型捕捉的特徵，在模型中都是浮點數。模型可從輸入的照片中萃取出能代表汽車輪廓的浮點數集合，這類浮點數集合及其操作運算就是現代人工智慧的核心。這些模型萃取的特徵（如圖 3.1 的第 2 步），是模型中逐層正向傳播（每一層都將其上一層輸出與其交互計算後，再輸出給下一層）的結果。

在把輸入資料轉換成浮點數前，要先準備『容器』來存放資料。本章會先帶你了解 PyTorch 中的容器（即**張量**），並學習如何處理和儲存這些資料。在第 2 章我們已經接觸過張量，當時是使用預先訓練好的模型來進行**預測**。張量是用來表示向量、矩陣或其他維度資料的一種資料結構或容器。如圖 3.2 所示，張量的**維度（軸數）**可從其索引值的**個數**得知。

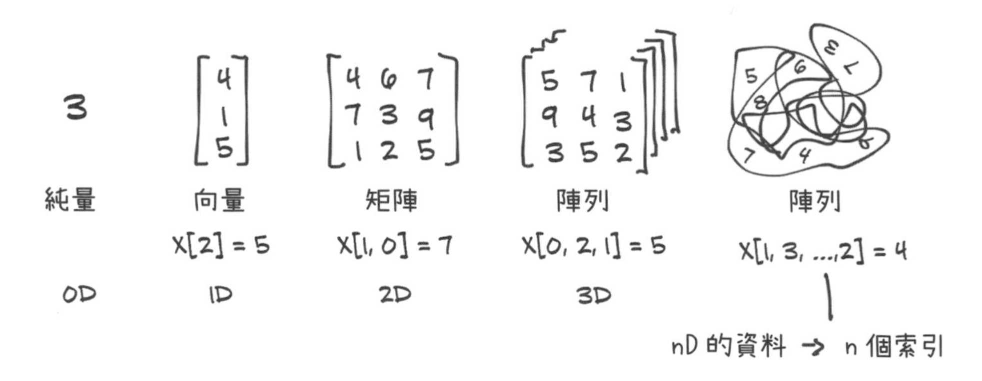

圖 3.2 在 PyTorch 中，張量是用來存放資料的容器。

小編補充 常見的數學語言中，**維度**（dimensions）會有兩種意義。第一種是**元素的數量**，例如一個向量 $[x_1,x_2,x_3]$，我們會說這個向量是 3 維的。每增加 1 個元素，維度就增加 1，如 $[x_1,x_2,x_3,x_4]$ 是 4 維向量。另一種是在描述資料的**軸數**（axis，也可用 D 來表示）時，有人也會用維度稱之，例如將矩陣 $\begin{bmatrix} x_{11} & \cdots & x_{1n} \\ \vdots & \ddots & \vdots \\ x_{m1} & \cdots & x_{mn} \end{bmatrix}$ 說是 2 維資料，但其實比較正規的說法應說它是 2 軸（2D）資料，其中第 0 軸有 m 維（m 個元素）、第 1 軸有 n 維（n 個元素）。在本書中我們會把 1 軸（1D）的資料稱為**向量**，2 軸（2D）的資料稱為**矩陣**，n 軸的資料就是 nD 陣列（或 nD 張量）。

PyTorch 並不是唯一可以用來處理多維陣列的函式庫，Python 的使用者可能更熟悉 NumPy。NumPy 是目前最普遍的多維陣列函式庫，幾乎可以說是**資料科學**的通用語言。PyTorch 的特色之一是它可以很好地與 NumPy 整合，同時與 Python 中的其他資料科學函式庫（如 SciPy、Scikit-learn 和 Pandas）也能相容通用。

相較於 NumPy 的陣列，PyTorch 中的張量具備一些『超能力』，例如：能在 GPU 上快速運算、在多個設備上平行運算、以及能夠追蹤創建張量過程的**運算圖**（computational graph）。這些都是現代深度學習函式庫的重要功能。

我們將從本章開始介紹張量的基礎知識，為其他章節的操作奠定良好基礎。首先，我們將學習如何使用 PyTorch 函式庫來操作張量，包括如何將張量儲存在記憶體中、如何對任意大小的張量進行操作以及前面提到的 NumPy 互通性等。到了下一章，我們就會運用這些知識，將不同類型的資料轉換成神經網路可以學習的格式。

3.2 張量：多維陣列

張量是一個陣列，也是一種儲存數值集合的資料結構，其中的數值可以用**索引**（index）來讀取，也支援用多個索引來同時讀取多個數值。

3.2.1 從 Python 的串列到 PyTorch 的張量

首先看看 Python 的**串列**（list）如何用索引操作資料，接著與張量進行比較。以包含 3 個數字的串列為例：

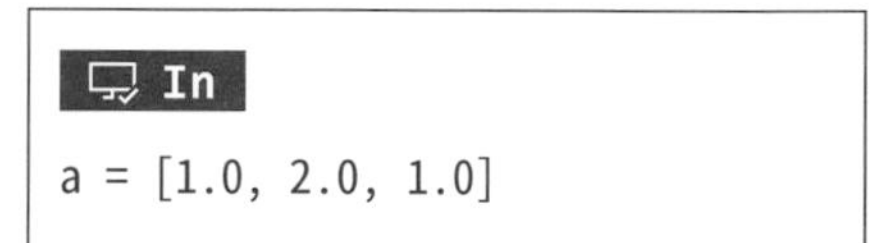

In
```
a = [1.0, 2.0, 1.0]
```

我們可以透過**索引 0** 取得串列中的**第 0 個**元素（編註：串列的索引是從 0 開始）。

In
```
a[0]
```

Out
```
1.0
```

我們也可以利用索引，修改串列中某個元素的值：

In
```
a[0] = 3.0
a
```

Out
```
[3.0, 2.0, 1.0]
```
↑ 該元素的數字被修改了

使用串列來儲存向量是很常見的，例如：用串列儲存一個點的座標值。但在實際應用時，我們可以用更高效的張量結構來儲存各種資料，包括圖片、時間序列或句子等。張量讓我們可以在不失高效性和易讀性下，對陣列資料進行**切片**（slice）和局部修改等操作。

3.2.2 創建張量

現在來嘗試創建我們的第一個張量：

In

```
import torch ◄── 匯入 torch 模組
a = torch.ones(3) ◄── 創建一個 3 維的 1 軸張量，其元素皆為 1
a
```

Out

```
tensor([1., 1., 1.])
```

In

```
a[1] ◄── 印出索引為 1 的元素
```

Out

```
tensor(1.)
```

In

```
float(a[1]) ◄── 將 a[1] 轉型別為浮點數 (float) 後再輸出
```

Out

```
1.0
```

In

```
a[2] = 2.0 ◄── 修改索引為 2 的元素值
a
```

Out

```
tensor([1., 1., 2.])
```

在匯入 torch 模組以後，我們呼叫了一個函式 torch.ones()，它替我們創建了一個 3 維的 1 軸張量，其中每個元素值皆為 1.0。接著，我們用索引來提取裡面的元素，當然也可以修改它。雖然上面的程式碼看起來跟普通的數字串列沒有太大差異，但背後的原理卻大不相同。

3.2.3 張量的本質

Python 的串列和 tuple 在記憶體中是配置**獨立區塊**的 Python 物件，如圖 3.3 左側所示。PyTorch 張量則可以看成是記憶體中的**連續區塊**，其中的每個元素都是一個 32 位元（4 位元組）的浮點數，如圖 3.3 右側所示。這表示一個裝有 1 百萬個浮點數的張量需要儲存 4 百萬個連續位元組，這還不包括一些用來儲存描述資料（例如張量的**尺寸**或**數值型別**）的空間。

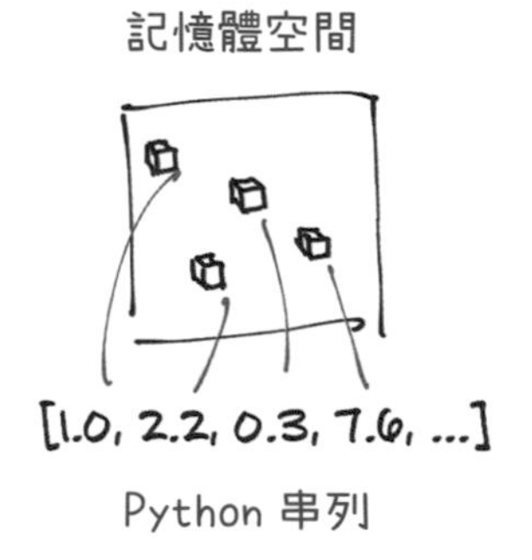

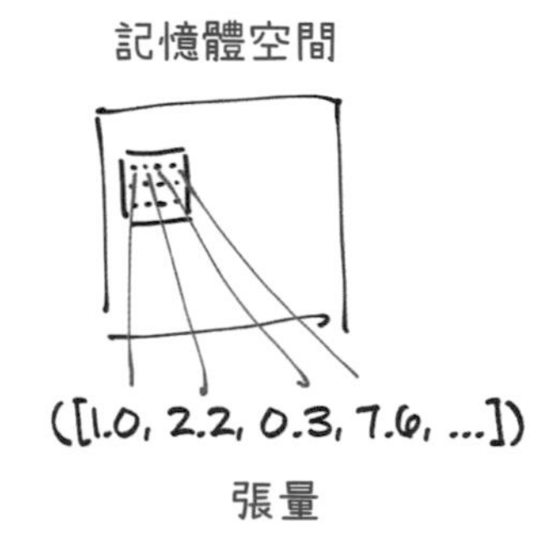

圖 3.3 Python 串列與 PyTorch 張量在記憶體中的排列差異。

假設現在有一個用來表示幾何物體的座標串列，這裡以一個三角形為例，其頂點在座標(4, 1)、(5, 3)和(2, 1)。除了使用 Python 的串列來儲存座標資訊外，我們也可以改用張量，將 x 軸數值(4, 5, 2)儲存在**偶數**索引中，將 y 軸數值(1, 3, 1)儲存在**奇數**索引中，如下：

In

```
points = torch.zeros(6)  ←— 利用 zeros() 來創建初始元素值皆為 0 的 1 軸張量
points[0] = 4.0  ←— 點 A 的 x 座標
points[1] = 1.0  ←— 點 A 的 y 座標
points[2] = 5.0  ←— 點 B 的 x 座標
points[3] = 3.0  ←— 點 B 的 y 座標
points[4] = 2.0  ←— 點 C 的 x 座標
points[5] = 1.0  ←— 點 C 的 y 座標
points
```

Out

```
tensor([4., 1., 5., 3., 2., 1.])
```

我們也可以直接將存有座標值的串列轉存到張量中，結果是一樣的：

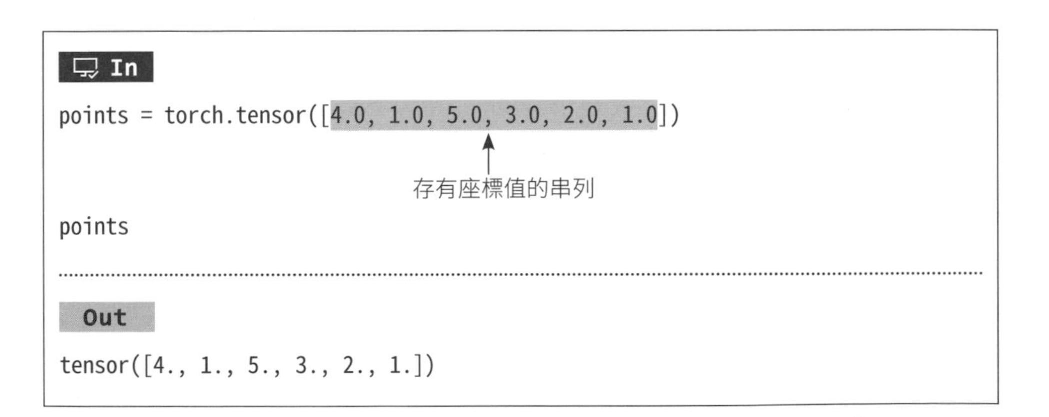

In

```
points = torch.tensor([4.0, 1.0, 5.0, 3.0, 2.0, 1.0])
points
```


Out

```
tensor([4., 1., 5., 3., 2., 1.])
```

提取點 A 的座標值的方法如下：

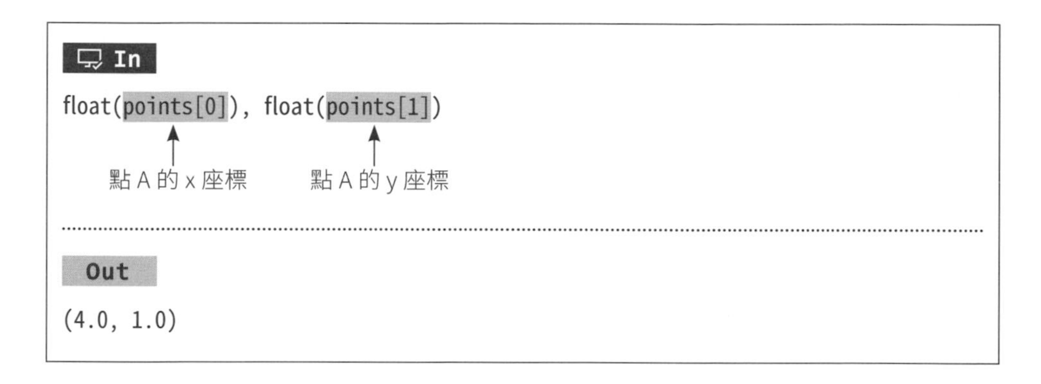

這做法還不錯，但如果可以用**一個索引值**表示一組座標值，會更方便一點。為此，我們可以創建 **2 軸張量**：

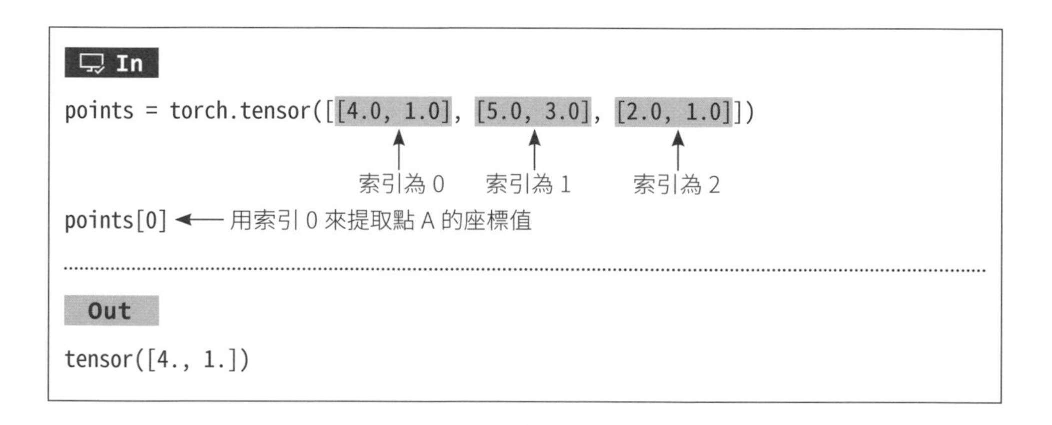

接著，可以利用張量的 shape **屬性**（attribute）來查詢其大小：

In

```
points.shape
```

Out

```
torch.Size([3, 2])
```

編註：輸出結果中有兩個索引值 (3 和 2)，代表 points 是一個 2 軸張量 (第 0 軸有 3 維，第 1 軸有 2 維)

shape 屬性會傳回張量在每個軸的維度。另外，我們也可以透過指定 shape 來建立張量：

In

```
points = torch.zeros(3, 2) ◄— 創建一個元素值全為 0 的張量，並指定其 shape 為 (3,2)
points
```

Out

```
tensor([[0., 0.],
        [0., 0.],
        [0., 0.]])
```

我們可以使用 2 個索引來提取 2 軸張量中的個別元素，方法如下：

In

```
points = torch.tensor([[4.0, 1.0], [5.0, 3.0], [2.0, 1.0]]) ◄— 先創建一個 2 軸張量
points
```

Out

```
                 ┌— 下一個程式將示範如何取出該元素
                 ▼
tensor([[4., 1.], ◄— 列方向為第 0 軸
        [5., 3.],
        [2., 1.]])
        ▲
        │
  行方向為第 1 軸
```

In

```
points[0, 1] ◄— 取出第 0 列，第 1 行的元素
```

Out

```
tensor(1.)
```

points[0, 1] 會傳回張量中第 0 列，第 1 行的元素。我們也可以像之前一樣，只用一個索引值同時提取點 A 的 x 座標和 y 座標。

In

```
points[0] ◄── 取得點 A 的 x, y 座標，也就是第 0 列的元素
```

Out

```
tensor([4., 1.])
```

以上的結果也是一個張量，它呈現了同一組數據的不同呈現方式。該張量是一個大小為 2 的 1 軸張量，內部儲存了 points 張量第 0 列的值。思考一下，它是不是把第 0 列的值複製後，轉放到新的記憶體位置或空間，再用張量包裝起來呢？其實不然，當我們的資料有數百萬筆時，這種做法的效率很差。關於這個部分，我們將在本章的 3.7 節加以闡述。

3.3 利用索引值操作張量

如果我們想要提取張量中，一定範圍內的元素，該怎麼做呢？這時候用**範圍式索引法**就很方便了，這方法同樣適用於 Python 串列，有用過的人應該不陌生，來快速複習一下：

In

```
some_list = list(range(6)) ◄── 產生一個從 0 到 5 的數字串列
some_list[:] ◄── 提取串列中的所有元素
```

Out

```
[0, 1, 2, 3, 4, 5]
```

In

```
some_list[0:4]
```

← 提取第 0 個到第 3 個元素

（**編註**：此處的『第 0 個』即『索引為 0』的意思）

Out

```
[0, 1, 2, 3]
```

In

```
some_list[1:]
```

← 提取第 1 個到最後一個元素

Out

```
[1, 2, 3, 4, 5]
```

In

```
some_list[:4]
```

← 提取第 0 個到第 3 個元素

Out

```
[0, 1, 2, 3]
```

In

```
some_list[:-1]
```

← 提取第 0 個到倒數第 2 個元素

Out

```
[0, 1, 2, 3, 4]
```

In

```
some_list[1:4:2]
```

← 從第 1 個元素到第 3 個元素，每次間隔 2 個元素

Out

```
[1, 3]
```

我們可以對張量使用相同的操作方法，而且還可以對『張量的每個軸』使用範圍式索引法，就像在 NumPy 中一樣：

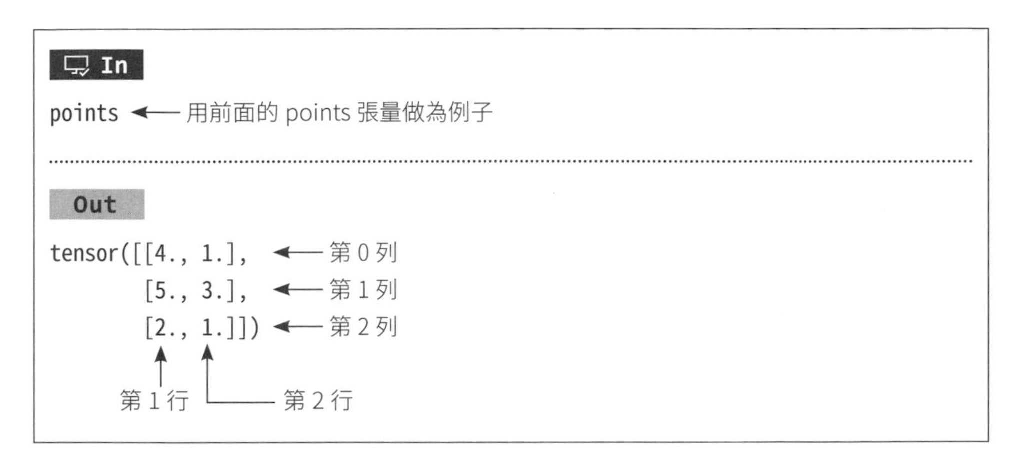

In

```
points[1:, 0]
```

← 提取第 1 列起，位於第 0 行的元素

Out

```
tensor([5., 2.])
```

除了使用範圍索引之外，PyTorch 還提供另一種強大的索引方式，稱為**進階索引**（advanced indexing），我們將在第 4 章中探討。

3.4 為張量命名

如果不了解張量的結構，會很容易出錯，因此有人建議為張量中的每個軸命名。為此 PyTorch 1.3 版增加了『命名張量』的功能，在呼叫某些張量函式(如 tensor() 或 rand())時，可以多加一個 names 參數來替每個軸命名，其型別為**字串序列**。

In

```
weights_named = torch.tensor([0.2126, 0.7152, 0.0722], names=['channels']) ◀─ 將第 0 軸命名為『channels』，編註：此張量只有一個軸 , shape 為 (3,)
weights_named
```

Out

```
tensor([0.2126, 0.7152, 0.0722], names=('channels',))
```

當我們有了一個張量，並且想要添加某些軸的名稱(但不改變現有的其他軸名)時，我們可以直接呼叫 refine_names() 來重設名稱，並用省略號(...)表示要略過的軸。

In

```
img_t = torch.randn(3, 5, 5) ◀── 創建一個 3 軸張量
batch_t = torch.randn(2, 3, 5, 5) ◀── 創建一個 4 軸張量
img_named =  img_t.refine_names(..., 'channels', 'rows', 'columns') ◀─ 針對張量的最後 3 個軸分別命名
                                 ▲
                                 若張量有超過 3 個軸，則略過前面的軸
batch_named = batch_t.refine_names(..., 'channels', 'rows', 'columns')
print("img named:", img_named.shape, img_named.names)
print("batch named:", batch_named.shape, batch_named.names)
```

Out

```
img named: torch.Size([3, 5, 5]) ('channels', 'rows', 'columns')
batch named: torch.Size([2, 3, 5, 5]) (None, 'channels', 'rows', 'columns')
```

未命名的軸以 None 表示

當你要進行兩個張量間的操作(例如相乘)時，PyTorch 除了會檢查 shape(當 shape 不同時，可以利用**張量擴張**統一 shape)外，現在還能幫我們檢查名稱。不過，它不會幫我們自動對齊各軸，我們需要人工對齊。在下例中，我們利用 align_as() 將 weights_named 張量內的軸按照 img_named 的順序進行排列。由於 weights_named 是 1 軸張量，而 img_named 則是 3 軸張量，因此 align_as() 會自動添加缺失的軸，並將現有的軸按正確的順序排列。

In

```
weights_aligned = weights_named.align_as(img_named)
weights_aligned.shape, weights_aligned.names
```

weights_named 為 1 軸張量，只有 channels 軸

Out

```
(torch.Size([3, 1, 1]), ('channels', 'rows', 'columns'))
```

變成 1 個 3 軸張量，自動添加 rows 及 columns 軸

某些函式，如 sum()，現在也接受『軸的名稱』當作參數。

In

```
gray_named = (img_named * weights_aligned).sum('channels')
gray_named.shape, gray_named.names
```

兩個張量相乘後，將 channels 軸內的子陣列加總

Out

```
(torch.Size([5, 5]), ('rows', 'columns'))
```

如果你試圖將不同名稱的軸組合起來，系統會報錯：

In

```
gray_named = (img_named[..., :3] * weights_named).sum('channels')
```

Out

```
RuntimeError: Error when attempting to broadcast dims ['channels', 'rows',
'columns'] and dims ['channels']: dim 'columns' and dim 'channels' are at the
same position from the right but do not match.
```

但仍有些函式不接受以張量維度名字來操作，這時必須把這些名字刪除，重新命名為 None。下面的程式碼可以讓我們的張量回到原本未命名的狀態。

In

```
gray_plain = gray_named.rename(None)
                       ↑── 將張量變回原本未命名的樣子
gray_plain.shape, gray_plain.names
```

Out

```
(torch.Size([5, 5]), (None, None))
```

考慮到這功能還處於實驗階段，而且本書處理的資料還不至於在索引和對齊方面搞混，因此我們還是使用未命名的張量。當然，已命名的張量可幫助解決許多資料對齊的問題，這些問題有時很令人頭疼，就看看命名的功能在未來會不會被廣泛採用吧！

3.5 張量的元素型別

好了，我們已經介紹了操作張量的基礎知識，但還沒提到張量中可以儲存的數值型別。正如我們在 3.2.3 節中所提到的，使用標準 Python 的數值型別是不適當的，原因有幾個：

- 在 Python 中，數值是一個完整的物件（object）。一個浮點數可能只需要 32 位元就可以在電腦上表示，但 Python 會將它們轉換為一個完整的 Python 物件，並進行操作。這轉換稱為**封裝**，如果我們只需儲存少量的數值，這沒甚麼問題，但如果要儲存數百萬個數值時，效率就會非常差。

- Python 中的串列是為了存放物件的順序集合，並未提供陣列的運算操作（如：取兩個向量的內積或將兩個向量相加）。另外，Python 串列沒有辦法優化其內容在記憶體中的分佈，因為它們是指向 Python 物件（任何種類，不單是數字）指標的可索引集合。最後，Python 串列通常是 1 軸的，雖然可以在串列中包含串列，但這非常沒有效率。

- 與優化且編譯後的程式相比，Python 直譯器的速度很慢。使用編譯過的低階語言（如 C 語言）編寫出的優化程式，在大量的數值資料集合上的數學運算會快很多。

由於這些原因，資料科學函式庫十分依賴 NumPy 或其他高效率的資料結構，如張量。張量在數值資料結構的操作上有著高效的表現，為了實現這一點，張量內的物件必須都是相同型別的數值。

3.5.1 用 dtype 指定資料型別

對於張量建構器而言（如 tensors()、zero()、one() 等函式），可以利用 dtype 屬性指定張量中數值的資料型別。資料型別包含 2 種資訊：數值型別（如浮點數、整數或正整數）、以及使用多少位元來儲存資料（見底下的例子）。這跟 NumPy 的 dtype 相似，以下是 dtype 屬性的可能結果：

- torch.float32 or torch.float：32 位元的單精度浮點數
- torch.float64 or torch.double：64 位元的雙精度浮點數
- torch.float16 or torch.half：16 位元的半精度浮點數
- torch.int8：8 位元的整數
- torch.uint8：8 位元的正整數
- torch.int16 or torch.short：16 位元的整數
- torch.int32 or torch.int：32 位元的整數
- torch.int64 or torch.long：64 位元的整數
- torch.bool：布林值

張量的預設資料型別是 32 位元的單精度浮點數（torch.float32）。

3.5.2 常用的 dtype 型別

在之後的章節裡，神經網路的運算通常使用 **32 位元浮點數**（float32）。即使使用精準度更高的 64 位元浮點數，也不能提高模型的精準度，還會佔用更多的內存空間和運算時間。16 位元的半精度浮點數型別在現代的 CPU 中不存在，只有 GPU 才支援這種型別。我們可以使用半精度浮點數來減少神經網路對資源的佔用量，而且這樣做對準確度的影響不大。

我們也可以把一個張量當作索引值，來操作另一張量的資料。這種情況下，我們常用的便是 **64 位元整數**型別的張量。創建一個整數數字型別的張量時，例如 torch.tensor([2, 2])，元素會預設為 64 位元的整數型別。因此，我們常用的型別為 **float32** 和 **int64**。

此外，張量中的條件判斷，如 points>1.0，輸出的結果會是**布林值**(False/True)，它也可以被看成是一種只有 0 或 1 的數值型別。

3.5.3 管理張量的 dtype 屬性

為了讓張量有正確的數值型別，我們在創建張量時可指定其 dtype 屬性，如：

In

```
double_points = torch.ones(10, 2, dtype=torch.double)
```

指定該張量內的數值為 64 位元的雙精度浮點數

```
short_points = torch.tensor([[1, 2], [3, 4]], dtype=torch.short)
```

指定該張量內的數值為 16 位元整數

透過呼叫張量的 dtype 屬性，我們就能知道張量內部資料的數值型別。

In

```
short_points.dtype
```

← 呼叫 short_points 的 dtype 屬性

Out

```
torch.int16
```

我們可以用其他方法來設定資料型別，如：

In

```
double_points = torch.zeros(10, 2).double()
short_points = torch.ones(10, 2).short()
print(double_points.dtype)
print(short_points.dtype)
```

Out

```
torch.float64
torch.int16
```

也可以利用 to() 來達到相同效果：

In

```
double_points = torch.zeros(10, 2).to(torch.double)
short_points = torch.ones(10, 2).to(dtype=torch.short)
print(double_points.dtype)
print(short_points.dtype)
```

Out

```
torch.float64
torch.int16
```

to() 會檢查張量原本的數值型別與我們要求的是否一致，若不一致則進行轉換。我們當然可以在創建張量時，直接利用 dtype 屬性來指定數值型別，不過 to() 可以接受額外的參數，我們將在 3.9 節中加以討論。

當我們操作的兩個張量有著不同的資料型別時，輸出結果會自動轉換為較大的型別。例如，將 16 位元的浮點數與 32 位元的浮點數相乘，最後的結果會是 **32 位元的浮點數**。因此，如果我們想要輸出 32 位元的計算結果，要先確定所有的輸入資料型別**不超過** 32 位元。

In

```
points_64 = torch.zeros(5, dtype=torch.double)  ← 建立內含 5 個元素的 64 位元浮點數張量，其中元素值皆為 0
points_short = points_64.to(torch.short)  ← 設定 points_short 為 16 位元的整數張量
points_64 * points_short
   ↑            ↑
 64 位元       16 位元
```

Out

```
tensor([0., 0., 0., 0., 0.], dtype=torch.float64)  ← 輸出結果為 64 位元的浮點數（自動轉換數值型別的功能在 PyTorch 1.3 版本過後才有）
```

3.6 其他常用的張量功能

至此，我們已大致了解張量及其運作原理。現在來介紹 PyTorch 提供的操作方法，但不會一次列出所有的函式，只會說明常見的功能，日後你也能在 PyTorch 的官網上找到相關內容。

大多數張量的操作都可以用 torch 模組處理，也可以透過呼叫張量物件的 method 來達成。舉個例子，我們前面遇到的 transpose 函式就可以在 torch 模組中使用。

> **小編補充** 原作者將張量的相關函式稱為 API (應用程式界面)，此處我們則以更容易理解的函式或功能來稱呼。

In

```
a = torch.ones(3, 2)  ← 創建一個 shape 為 3×2 的 2 軸張量
a_t = torch.transpose(a, 0, 1)  ← 將 a 張量的第 0 軸及第 1 軸進行轉置
a.shape, a_t.shape  ← 印出 a 張量及 a_t 張量的 shape
```

Out

```
(torch.Size([3, 2]), torch.Size([2, 3]))  ← 不同軸的維度對調了
```

我們也可以呼叫張量的 method 來實現轉置的功能：

In

```
a = torch.ones(3, 2)
a_t = a.transpose(0, 1)  ←— 將 a 張量的第 0 軸及第 1 軸進行轉置
       ↑
       和上一程式不同之處，這裡是透過呼叫張量的 method
a.shape, a_t.shape
```

Out

```
(torch.Size([3, 2]), torch.Size([2, 3]))  ←— 效果和之前的方法是一樣的
```

PyTorch 的線上說明文件內容非常詳盡，它把張量的操作分成以下幾類：

- **Creation 操作**：用來創建張量的函式，如 ones() 和 zeros()。
- **Indexing、Slicing 等操作**：用來改變張量 shape 或內容的函式，如 transpose()。
- **Math 操作**：可以對張量數值進行運算的函式。
    - **Pointwise 操作**：對每一個元素進行轉換，並得到一個新張量，例如 abs() 或 cos()。
    - **Reduction 操作**：以迭代的方式對多個元素進行運算，例如 mean()、std() 及 norm()。
    - **Comparison 操作**：對張量內的元素值進行比較，例如 equal() 和 max()。
    - **Spectral 操作**：用來在**頻域**(frequency domain)和**時域**(time domain)中進行轉換和操作的函式，例如 stft() 和 hamming_window()。

- **BLAS 和 LAPACK 操作**：BLAS 代表**基礎線性代數程式集** (Basic Linear Algebra Subprograms)，LAPACK 則代表**線性代數套件** (Linear Algebra PACKage)，它們專門用來處理純量、向量及陣列間的操作。

- **其它操作**：特殊用途的函式，例如針對向量的 cross() 或者針對矩陣的 trace()。

- **Random sampling**：透過不同的機率分佈進行隨機取樣，可用來生成亂數，例如 randn() 和 normal()。

- **Serialization**：用來讀取與儲存張量的函式，例如 load() 和 save()。

- **Parallelism**：在 CPU 的平行處理中，用來控制執行緒數量的函式，例如 set_num_threads()。

讀者們可以花一點時間實際操作這些張量函式，在之後的章節會將它們應用到我們的程式當中。

3.7 張量的儲存原理

現在來介紹一下張量內部的儲存原理。張量中的數值被置放於連續的記憶體區塊中（以下用 storage 來表示一個基本儲存單位），由 torch.Storage 來管理。一個 storage 是儲存了包含數值資料的 1 軸連續陣列，資料型別可以是 float（32 位元的浮點數）或 int64（64 位元的整數）等。每個張量都有與之相應的 storage 類別，兩者儲存的資料型別是一致的。而張量是用來呈現 storage 內容的**視圖**（view），它讓我們能依照**偏移量**（offset）和**步長**（stride）來索引 storage 的內容（編註：這一部分將在 3.8 節詳加說明）。

張量能用多種方式對同一個 storage 進行索引，進而產生不同的張量（見圖 3.4）。當我們在 3.2 節查詢 points[0] 的值時，事實上得到的是另一個張量。它指向與 points 張量相同的 storage 區域，不過**只提取其中的一部分**，而且 points[0] 為 1 軸張量，與 2 軸的 points 張量不同。因為在底層記憶體裡只放置了一份，所以無論 storage（編註：圖 3.4 下方的 1 軸陣列）的資料量有多大，都可以快速地在資料上創建不同的張量視圖（編註：圖 3.4 上方的 2 軸陣列，即從 storage 所提取的兩種張量視圖）。

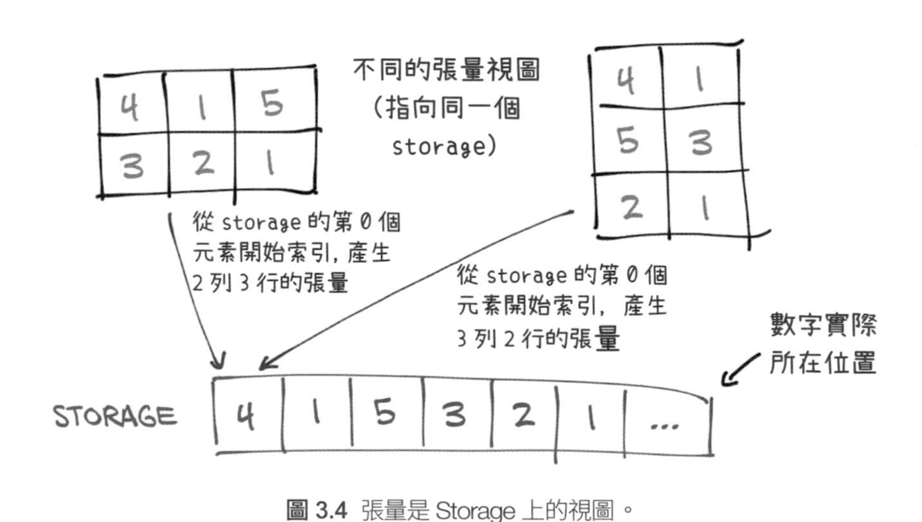

圖 3.4 張量是 Storage 上的視圖。

3.7.1 對 storage 進行索引

如果我們有 2 軸的座標點張量，要如何索引其元素在 storage 中的位置呢？在任一張量上，你可以用 storage() 特性來了解它的儲存狀況：

In

```
points = torch.tensor([[4.0, 1.0], [5.0, 3.0], [2.0, 1.0]]) ←
```
創建一個 3×2 的 2 軸張量，用來存放 3 個座標點

```
points.storage() ← 查看 points 張量的 storage
```

Out

```
 4.0
 1.0
 5.0
 3.0
 2.0
 1.0
[torch.FloatStorage of size 6]
```

雖然這個張量具有 3 列 2 行，但它的 storage 就只是一個大小為 6 的連續陣列。從這個角度來看，張量會直接將這些座標點轉換成儲存空間中的連續位置。我們也可以對 storage 進行索引，例如：

In

```
points_storage = points.storage() ← points_storage 為 points 張量的 storage
points_storage[0] ← 取得 points_storage 中的第 0 個元素
```

Out

```
4.0
```

In

```
points.storage()[0] ← 另一種取得 storage 中元素的方法
```

Out

```
1.0
```

但我們不能用兩個索引值來索引 storage（如 points_storage[0][0]），因為無論原本張量的 shape 為何，其 storage 永遠都是 1 軸的。另外，當我們改變 storage 的值時，相應的張量也會跟著一起改變。

In

```
points = torch.tensor([[4.0, 1.0], [5.0, 3.0], [2.0, 1.0]])
points_storage = points.storage()
points_storage[0] = 2.0 ◀── 將 points_storage 中索引為 0 的元素值由 4.0 改為 2.0
points
```

Out

```
tensor([[2., 1.], [5., 3.], [2., 1.]]) ◀── 張量內容也受到影響
         ▲
     數值改變了
```

3.7.2 使用 in-place 操作來修改數值

除了上一節介紹的操作，還有一些張量的操作方法名稱後面都帶有底線，例如 zero_()，表示該方法是 in-place 的操作，即會『直接修改記憶體內的值』，而不是『複製一份原始資料，處理後再傳回新張量』的這種操作。舉例來說，zero_() 會把輸入張量裡所有元素替換成 0。

In

```
a = torch.ones(3, 2) ◀── 將 a 張量內的所有元素值初始化為 1
a
```

Out

```
tensor([[1., 1.],
        [1., 1.],
        [1., 1.]])
```

In

```
a.zero_() ←— 將 a 張量內的所有元素值修改成 0
a
```

Out

```
tensor([[0., 0.],
        [0., 0.],
        [0., 0.]])
```

除了 zeros_ 外，常見的 in-place 操作還包括 abs_、sqrt_ 等，這裡就不另外示範，讀者可自行嘗試。

3.8 大小、偏移及步長

現在，讓我們對前面提到的 storage 做進一步的說明。要對 storage 進行索引，張量必須依賴一些和 storage 相關的資訊，包括：**大小** (size)、**偏移** (offset) 和**步長** (stride)，這些資訊和 storage 的交互關係如圖 3.5 所示。大小（在 NumPy 中稱為 shape）是一個 tuple，表示張量在每個軸上有多少元素。偏移是張量中的首個元素在 storage 中的索引值，預設是 0，不過在圖 3.5 中，由於張量的首個元素為 storage 中索引為 1 的元素，故偏移量為 1。步長是在提取各軸的下一個元素時，需要跳過的元素數量。如圖 3.5 的張量所示，若要讓張量第 0 軸（列方向）的索引加 1，則需跳過 3 個元素；若要讓張量第 1 軸（行方向）的索引加 1，則需跳過 1 個元素。因此，該張量的步長為（3，1）。

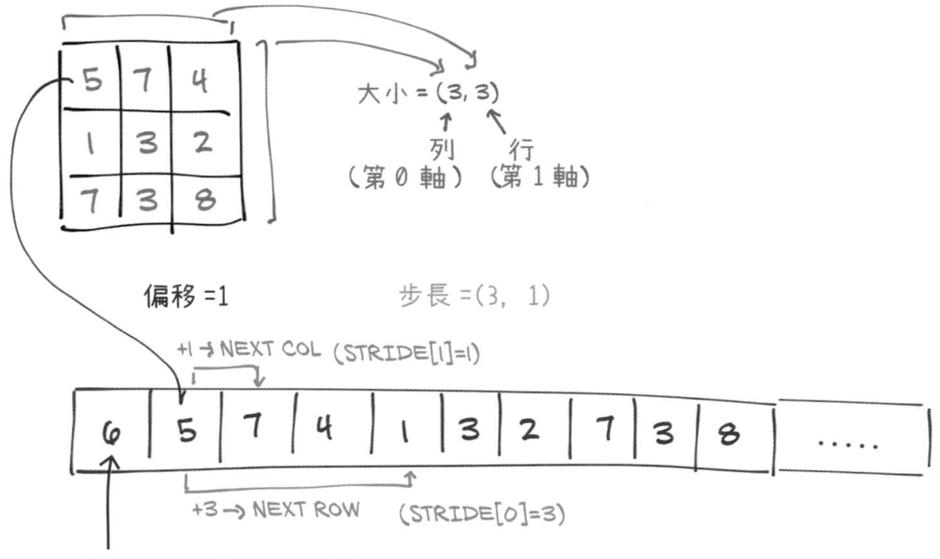

圖 3.5 張量中的大小、偏移與步長之間的關係。這裡的張量是從一個比它更大（元素更多）的 storage 中提取出的。

3.8.1 張量是 storage 上的視圖

我們可以透過相應的索引值來取得張量中的第 2 個座標點（索引為 1）：

In

```
points = torch.tensor([[4.0, 1.0], [5.0, 3.0], [2.0, 1.0]])
points.storage() ◄── 輸出 points 張量的 storage
```

Out

```
4.0
1.0
5.0
3.0
2.0
1.0
[torch.FloatStorage of size 6]
```

In

```
second_point = points[1]
```

← 從 points 張量中抽取索引為 1 的點，並放入 second_point 張量

```
second_point.storage()
```

← 輸出 second_point 張量的 storage

Out

```
 4.0
 1.0
 5.0
 3.0
 2.0
 1.0
[torch.FloatStorage of size 6]
```

← 與 points 張量指向同一個 storage

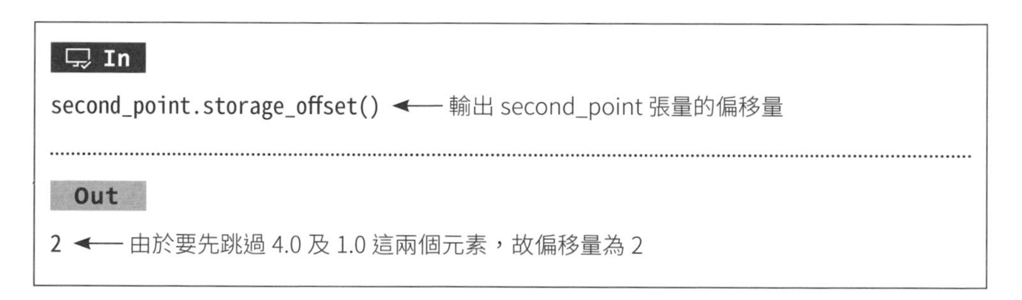

second_point 張量在 storage 中的偏移量為 2，接下來用 size() 取得該張量的大小，將會輸出與張量的 shape 屬性相同的資訊，如下：

In

```
second_point.size()
```

Out

```
torch.Size([2])
```

```
In
second_point.shape
```

```
Out
torch.Size([2]) ◄── 結果與使用 size() 相同
```

步長則是個 tuple，表示每個軸的索引值遞增時，在 storage 中必須跳過的元素數量，points 張量的步長是（2，1），見以下的程式範例。

```
In
points.stride()
```

```
Out
     ┌── 第 1 軸的索引每加 1，需跳過 1 個元素
     ▼
(2, 1)
 ▲
 │
第 0 軸的索引每加 1，需跳過 2 個元素
```

如果要知道索引為（i, j）的元素在 storage 中的索引值，可以透過以下計算：storage_offset + stride[0] * i + stride[1] * j。一般情況下 storage_offset 會是 0，如果該張量是從更大的 storage 中提取出來的，其 offset 就可能會是個正數。

張量和 storage 的間接轉換讓一些操作（例如轉置張量或提取子張量）變得更方便，因為記憶體無需重新分配。透過修改大小、偏移和步長的數值，就可以產生一個新的張量。

In

```
second_point = points[1]  ◄── 再次產生一個 second_point 張量
second_point.size()
```

Out

```
torch.Size([2])
```

以上提取出的子張量(second_point)是 1 軸的，這符合我們的預期，同時子張量的值仍然指向原本 points 張量的 storage，它們在記憶體中的位置是相同的(編註：之前我們嘗試輸出 points 張量及 second_point 張量的 storage，結果是一致的)。這代表如果修改了 second_point 的值，points 的值也會被修改。

In

```
points = torch.tensor([[4.0, 1.0], [5.0, 3.0], [2.0, 1.0]])
second_point = points[1]
second_point[0] = 10.0  ◄── 將 second_point 中索引為 0 的元素值改成 10.0
points  ◄── 檢查看看 points 張量的內容是否有變化
```

Out

```
tensor([[ 4.,  1.],
        [10.,  3.],
         ▲
         └── 數值已修改
        [ 2.,  1.]])
```

為了避免不小心改到母張量的值，我們可以利用 clone() 將母張量中所需的元素複製出來使用。

In

```
points = torch.tensor([[4.0, 1.0], [5.0, 3.0], [2.0, 1.0]])
second_point = points[1].clone() ←┐
                              利用 clone() 複製一份 points 張量中索引為 1 的座標資料
second_point[0] = 10.0 ← 修改 second_point 中，索引為 0 的元素值
points
```

Out

```
tensor([[4., 1.],
        [5., 3.],
         ↑
         └─────數值未被修改
        [2., 1.]])
```

3.8.2 進行張量的轉置

接著我們來嘗試轉置張量吧！在剛剛的 points 張量中，每一**列**都是一個獨立的座標點；每個點的 x、y 座標則是分別對應到第 0 行及第 1 行。進行轉置後，x、y 座標會改成對應到**列**，而不同點則可以用張量的**行**來表示。現在來介紹一下矩陣的轉置函式 t()，我們可以用它來轉置 2 軸張量：

In

```
points = torch.tensor([[4.0, 1.0], [5.0, 3.0], [2.0, 1.0]])
points
```

Out

```
tensor([[4., 1.], ← 代表一個座標點
        [5., 3.],
        [2., 1.]])
         ↑    ↑
         │    └─────y 座標（第 1 行）
         │
    x 座標（第 0 行）
```

In

```
points_t = points.t()  ◄── 對 points 張量進行轉置，並存為 points_t
points_t
```

Out

```
tensor([[4., 5., 2.],  ◄── x 座標
        [1., 3., 1.]]) ◄── y 座標
         ▲
         │
     代表一個座標點
```

我們可以利用以下程式檢驗兩個張量是否共享同一個 storage：

In

```
id(points.storage()) == id(points_t.storage())  ◄── 測試 points 張量及 points_t
                                                    張量的 storage 是否相同
```

Out

```
True  ◄── True 代表這兩個張量共享同一個 storage
```

雖然共享同一個 storage，但它們的 shape 和步長是不同的。

In

```
points.stride()
```

Out

```
(2, 1)
```

In

```
points_t.stride()
```

Out

```
(1, 2)
```

在 points 這個 2 軸張量中，我們有兩個軸的索引值可以去操作。如果將第 0 軸的索引值從 0 增加到 1，像是從 points[**0**,0] 到 points [**1**,0]，在 storage 中會跳過兩個元素；如果將第 1 軸的索引值從 0 增加到 1，例如從 points[0,**0**] 到 points[0,**1**]，則在 storage 中只會跳到旁邊一個元素。換句話說，storage 是逐列（第 0 軸）在儲存資料的（編註：第 0 列存完再存第 1 列，第 1 列存完再存第 2 列…以此類推）。

我們可以把 shape 為（2, 3）的張量進行轉置，產生 shape 為（3, 2）的新張量，如圖 3.6 所示。在這之後，列的索引值每增加 1 個單位，等於在 storage 中跳過 1 個元素，與轉置前增加『行』的索引值效果相同。

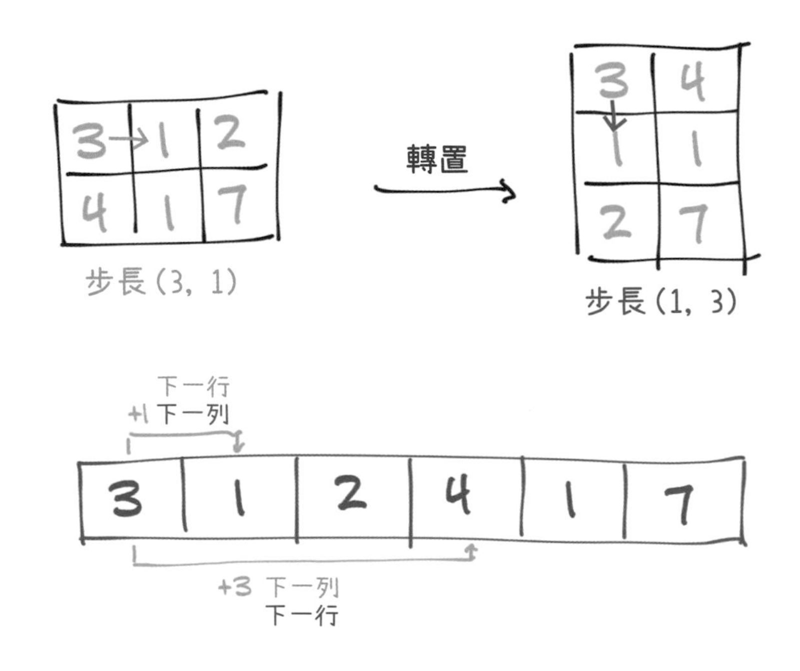

圖 3.6 張量的轉置操作。

以上就是轉置的概念，它不會占用到新的記憶體空間。總的來說，轉置只是透過把原本張量的**步長元素**對調，進而產生一個新張量。

3.8.3 多軸張量的轉置

在 PyTorch 中，轉置的操作不局限在 2 軸張量(即矩陣)。我們也可以對軸數更多的張量進行轉置，只需告知電腦你想對哪些軸進行轉置。接著，電腦會修改相應的 shape 和步長，進而實現多軸張量的轉置。

In

```
some_t = torch.ones(3, 4, 5)  ←── 創建一個 shape 為 3×4×5 的 3 軸張量
some_t.shape
```

Out

```
torch.Size([3, 4, 5])
```

In

```
transpose_t = some_t.transpose(0, 2)  ←── 對第 0 軸及第 2 軸進行轉置
transpose_t.shape
```

Out

```
torch.Size([5, 4, 3])
```

這兩個軸的維度對調了

In

```
some_t.stride()
```

Out

```
(20, 5, 1)
```

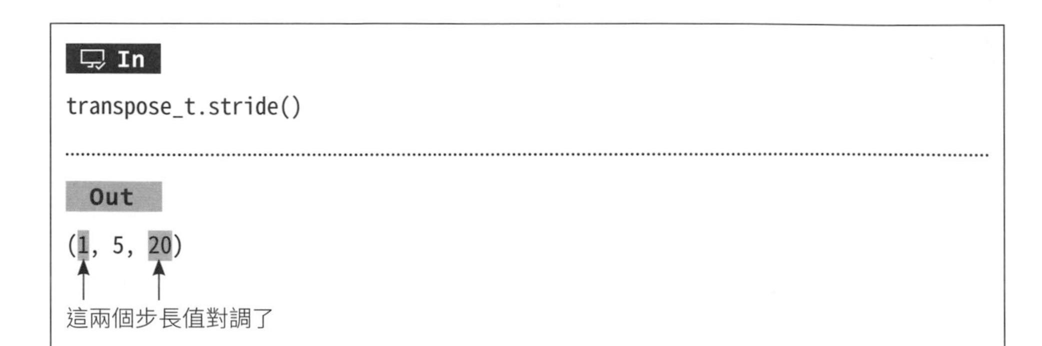

假設一個張量的值在 storage 中沿著最右邊的軸進行排列（以 2 軸張量來說，元素是沿著**行的方向**從左到右進行儲存），它就是一個**連續張量**。連續張量很好用，因為我們可以有效地循序存取它們，不需要在 storage 中跳來跳去。當然，這個優勢還是取決演算法的運作方式（編註：就是當演算法對張量中的元素做循序讀取時，才會有最高的效率）。

3.8.4 連續張量

在 PyTorch 中，有一些操作只能在連續張量上進行，例如 view()，我們會在下一章遇到。如果在非連續的張量上進行該操作，就會跳出錯誤訊息，並建議我們用 contiguous() 將其轉為連續的張量。如果張量原本已經是連續的，呼叫 contiguous() 就不會有任何作用，當然也不會影響到效能。

在上面的例子中，points 張量是連續的，但其轉置矩陣（points_t）則不是。

In

```
points.is_contiguous()   ← 用 is_contiguous() 來檢查某個張量是否連續
```

Out

```
True
```

In

```
points_t.is_contiguous()
```

Out

```
False
```

我們可以用 contiguous() 從一個『非連續』張量中重組一個新的『連續』張量。張量的內容是相同的，但是步長及 storage 會改變：

In

```
points = torch.tensor([[4.0, 1.0], [5.0, 3.0], [2.0, 1.0]])
points_t = points.t()  ←— 對 points 張量進行轉置
points_t
```

Out

```
tensor([[4., 5., 2.],
        [1., 3., 1.]])
```

In

```
points_t.storage()
```

Out

```
 4.0
 1.0
 5.0
 3.0
 2.0
 1.0
[torch.FloatStorage of size 6]
```

In

```
points_t.stride()
```

Out

```
(1, 2)
```

In

```
points_t_cont = points_t.contiguous() ◄── 利用 contiguous() 將 points_t 轉換成
points_t_cont                               連續的張量，並存放在 points_t_cont
```

Out

```
tensor([[4., 5., 2.], ◄── 張量的內容是一樣的
        [1., 3., 1.]])
```

In

```
points_t_cont.stride()
```

Out

```
(3, 1) ◄── 步長資訊改變了，元素變成沿著『列』方向排列
```

In

```
points_t_cont.storage()
```

Out

```
 4.0 ┐
 5.0 │
 2.0 │◄── storage 的排序也改變了
 1.0 │
 3.0 │
 1.0 ┘
[torch.FloatStorage of size 6]
```

這裡的 storage 已經重新進行排列，使元素在新的 storage 中可以逐**列**排序。為了對應新的排序，步長值也已經改變了，我們用圖 3.7 來複習一下張量的結構。

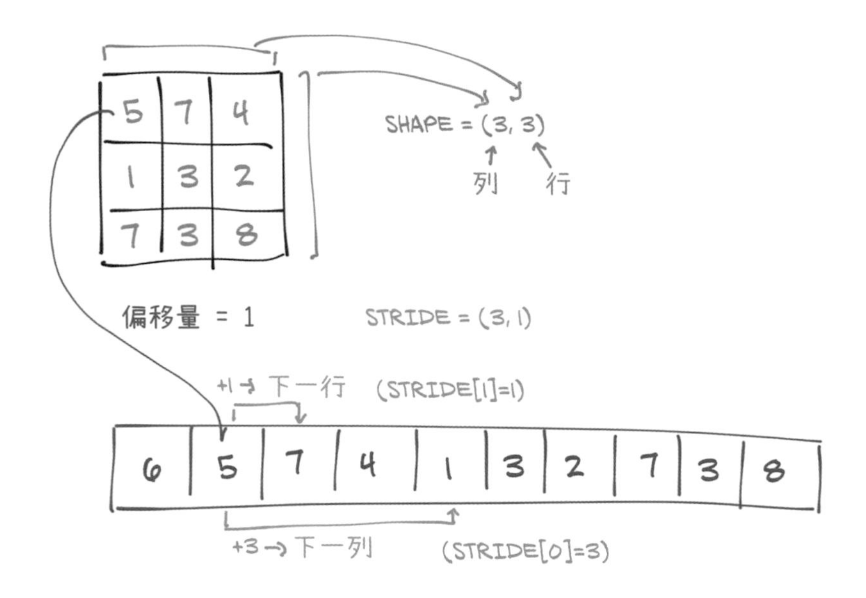

圖 3.7 張量中的大小、偏移與步長之間的關係。這裡的張量是從一個比它更大（元素更多）的 storage 中提取出的。

3.9 把張量移到 GPU 上

目前為止，我們談到的 storage 指的都是位於 CPU 上的記憶體空間。PyTorch 的張量也可以儲存在 GPU（**圖形處理器**，Graphics Processing Unit）上，每一個張量都可以轉移到某顆 GPU，這樣就能進行大量平行且快速的運算。在本節，張量的所有操作將使用 GPU 的專用排程來執行（**編註**：讀者們需先確認運行程式所用的電腦 GPU 是否支援 CUDA，若不支援則可以跳過此節，並不會影響到後續的學習）。

截至 2021 年中，PyTorch 只在支援 CUDA 的 GPU 上有加速的效果。雖然 PyTorch 也可以在 AMD 的 ROCm 上運行，同時也支持主函式庫，不過還是需要自己編譯。截至目前，還沒有計畫要把 PyTorch 的資料結構和核心搬到其他 GPU 技術，如 OpenCL 上。

3.9.1 管理 storage 的存放位置

除了可以用 dtype 來指定張量內的資料型別，也可以用 device 來指定張量資料在電腦中存放的位置。以下是當在 GPU 上創建一個張量時，透過 device 屬性指定資料存放位置的方法。

In

```
points_gpu = torch.tensor([[4.0, 1.0], [5.0, 3.0], [2.0, 1.0]], device='cuda')
```

指定將張量存到 GPU 上

另外，我們可以用 to()，將張量從 CPU 複製到 GPU 上：

In

```
points_gpu = points.to(device='cuda')
```

之前例子中的 points 張量是存在 CPU 上，現在將它轉移至 GPU

這個指令會傳回一個包含相同內容的新張量，不過該張量是儲存在 GPU 的 RAM。當資料在 GPU 上運算時，速度會得到提升。由於在 CPU 或 GPU 操作張量的方式幾乎完全一樣，因此寫程式時十分方便。如果我們的機器有一個以上的 GPU，我們也可以指定張量要分配到哪個 GPU 上（從編號 0 開始），如：

In

```
points_gpu = points.to(device='cuda:0')
```

將 points 轉移到第 0 個 GPU 上

以下例子說明如何在 GPU 上實現乘法的運算：

```
In
points = 2 * points ◄— 在 CPU 上的乘法操作
points_gpu = 2 * points.to(device='cuda') ◄— 在 GPU 上的乘法操作
```

注意，這裡的 points_gpu 張量並不會傳回到 CPU 中。計算 points_gpu 的過程中做了 3 件事：

1. points 張量的值被複製到 GPU 上。

2. 在 GPU 上建立一個新張量（points_gpu），用來存放接下來的乘法結果。

3. 傳回張量的計算結果。

我們也可以把剛剛計算出來的張量（points_gpu）再加上一個常數：

```
In
points_gpu = points_gpu + 4
```

這個加法處理一樣會在 GPU 上進行，不會牽扯到 CPU（除非我們要印出張量的結果）。如果我們想要把張量搬回到 CPU 上，我們一樣可以用 to()，並指定 device 為 CPU：

```
In
points_cpu = points_gpu.to(device='cpu')
```

除了利用 to()，我們還可以用屬性的方式，如 cpu() 或者 cuda() 來達到同樣效果：

In

```
points_gpu = points.cuda()      ← 將 points 張量轉移至 GPU 上
points_gpu = points.cuda(0)     ← 將 points 張量轉移至第 0 顆 GPU 上
points_cpu = points_gpu.cpu()   ← 將張量移回 CPU 上
```

綜上所述，只要在使用 to() 時設定 device 和 dtype 的值，便可以同時更改資料的『存放位置』及『型別』。

3.10 與 NumPy 的互通性

NumPy 在資料科學領域中處處可見，PyTorch 張量可以輕易地轉換成 NumPy 陣列，反之亦然。由於很多 Python 功能是以 NumPy 陣列為基礎的，因此如果要將張量轉換成 NumPy 陣列，可以使用以下方法：

In

```
points = torch.ones(3, 4)
points_np = points.numpy() ← 利用 numpy() 將 PyTorch 張量轉換成 NumPy 陣列
points_np
```

Out

```
array([[1., 1., 1., 1.],
       [1., 1., 1., 1.],
       [1., 1., 1., 1.]], dtype=float32)
```

它會傳回一個與 points 張量擁有相同的 shape 和內容的 NumPy 多維陣列。有趣的是，這個 NumPy 陣列會跟張量共用同一個底層記憶體。這代表只要資料在 CPU 的記憶體中，執行 NumPy method 基本上不會有任何額外的成本。同時，如果你修改了 NumPy 陣列的內容，原本的張量內容也會一起修改。

如果張量是存放在 GPU 中，PyTorch 會把內容複製一份到 CPU，並把資料型別轉換為 NumPy 陣列。

相反地，我們也可以將 NumPy 陣列轉換成 PyTorch 張量：

In

```
points = torch.from_numpy(points_np)
```

跟剛才一樣，它們也會共用同一塊記憶體。

NOTE PyTorch 張量的預設型別是 32 位元浮點數，而 NumPy 陣列則是 64 位元浮點數。因此，在轉換後要留意一下張量的 dtype 是不是我們慣用的 32 位元浮點數型別。

3.11 通用的張量（可適用於各種硬體）

對大部分的應用來說，張量就是一個多維的陣列。雖然張量可以儲存在 CPU 或 GPU 上，但函式的運用都相同，可以套用在任何符合規範的張量上。不論我們的張量是位在 CPU 或是 GPU 上，PyTorch 都能確保正確的運算函式被呼叫。這是因為其背後有一個分配的機制，這個機制會辨別用戶的張量，並連結用戶呼叫的對應函式。

除了我們介紹過的 CPU 和 GPU 上的張量之外，實際上還有其他類型的張量型別，如一些針對特定硬體設備（Google 的 TPU 環境）產生的張量。另外，也有與目前介紹過，以密集形式存放的陣列不一樣的資料型別，例如**稀疏張量**，裡面只接受非零數據並同時帶有索引的資料。圖 3.8 左邊的是 PyTorch 的分配器（dispatcher），這是 PyTorch 運作的關鍵機制。這個設計是可擴充的，後續的切換是為了適應各種數值型別種類，右邊則是分類器會去找相對應張量型別的方法。

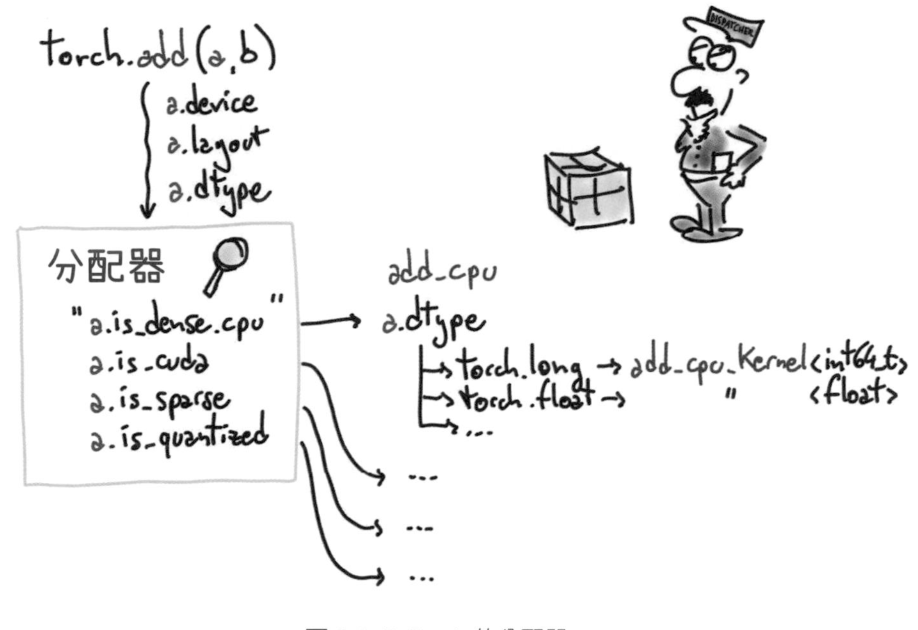

圖 3.8 PyTorch 的分配器。

我們會在第 15 章遇到**量化張量**（quantized tensor），它在後端有其對應的特殊運算。目前為止我們使用的這種張量又被稱為**密集張量**（dense 或是 strided），以便用來跟其他不同儲存形式的張量（如**稀疏張量**，sparse）做區分。隨著 PyTorch 支援更廣泛的硬體和應用，張量的種類也在不斷增加，我們能預期未來也還會有其他的張量種類出現。

3.12 將張量序列化（長期儲存）

如果想保留某個張量的運算結果，就要找到長期儲存該張量的方法。如此一來，在未來要用到時就可以直接重新載入，畢竟誰也不希望每次跑模型前都要重新訓練一次參數吧！下面的程式碼可以讓我們把 points 這個張量儲存到 ourpoints.t 檔案裡：

In
```
torch.save(points, 'ourpoints.t')
```

也可用以下方式儲存張量：

In
```
with open('ourpoints.t','wb') as f:
    torch.save(points, f)
```

儲存之後若要重新載入，可用以下方式：

In
```
points = torch.load('ourpoints.t')
```

或是

In
```
with open('ourpoints.t','rb') as f:
    points = torch.load(f)
```

雖然我們可以用這種方式快速儲存張量，不過這種格式的檔案不能用 PyTorch 以外的軟體讀取。因此，我們應該學習如何以更通用的方法來保存張量，例如存成 HDF5 檔。

3.12.1 用 h5py 將張量序列化成 HDF5

在某些情況下，我們需要使用 HDF5 格式和相關的函式庫。HDF5 是一種可攜式且被廣泛支援的格式，用於表示序列化的多維陣列，檔案結構為巢狀的 dictionary。Python 的 h5py 函式庫支持 HDF5，它可接受和傳回以 NumPy 陣列表示的資料。

在 Anaconda 中輸入以下指令，即可安裝 h5py 函式庫：

In
```
conda install h5py
```

我們先把 points 張量轉換成 NumPy 陣列（就像前幾節提到的，這種轉換完全沒有任何成本），再當做參數輸入至 create_dataset 函式中：

In
```
import h5py
f = h5py.File('ourpoints.hdf5', 'w')
dset = f.create_dataset('coords', data=points.numpy())
f.close()
```

創建一個 hdf5 檔，並開啟寫入模式 (用 w 來代表 write)

先將張量轉換為 NumPy 陣列，並作為 create_dataset() 的參數

以上是用『coords』做為這個張量儲存在 HDF5 檔案中的 key（**編註**：HDF5 檔案的資料型別為 dictionary，因此要用 key 來存取），我們可以用其他的 key 來儲存其他資料，甚至是以巢狀結構來儲存。同時，也可以對檔案中的資料集進行索引取值，只載入感興趣的元素。假設我們只想載入資料集中最後兩個座標點的資訊，可使用下列程式碼達成目標：

In
```
f = h5py.File('ourpoints.hdf5', 'r')
dset = f['coords']
last_points = dset[-2:]
```

讀入存有各個座標點資訊的 HDF5 檔，r 代表 read

取得最後兩個座標點的資訊

資料在讀取檔案時其實還沒有載入進來，直到我們用索引讀取最後兩個座標點時，才會讀取並傳回一個類似 NumPy 陣列的物件，該物件中包含了我們要讀取的資料，而且它的操作方式也和 NumPy 陣列一樣，它們具有相同的 API。基於此特性，我們可以將讀出的物件用 torch.from_numpy() 來轉換為張量。接著，資料會被複製到張量的 storage 中。

In

```
last_points = torch.from_numpy(dset[-2:])
f.close()
```

一旦完成資料讀取，可利用 close() 關閉檔案。

3.13 結論

這一章涵蓋了 PyTorch 張量的基本知識，有些概念在將來會進行更詳細的介紹，例如創建張量的視圖、利用張量對其他張量進行索引、或是張量擴張（broadcasting）等，它簡化了不同大小或 shape 的張量之間的操作。

在下一章將學習如何利用 PyTorch 呈現真實世界的資料，我們會從簡單的表格資料開始，然後繼續操作更複雜的內容。在過程中，讀者們會對張量有進一步的了解。

總結

- 神經網路可接受**浮點數**的輸入資料，並輸出同樣為浮點數的輸出資料。
- 上面所提的浮點數資料都是儲存在**張量**中。
- 張量是一種**多維陣列**，也是 PyTorch 中的基本資料結構。
- PyTorch 有標準函式庫，可用於創建張量及進行張量運算等。
- 如果函式名稱的後面有底線，表示是對張量進行 **in-place 操作**（例如 Tensor.sqrt_）。
- PyTorch 中所有的張量操作均可在 CPU 和 GPU 上執行，且不需改變程式碼。

延伸思考

1. 利用 list(range(9)) 創建一個 a 張量。預測它的大小、偏移量和步長各是多少，並檢查是否正確。

   a. 使用 b = a.view(3, 3) 創建一個新的張量。view() 的功能為何？a 和 b 是否共用同一個 storage？

   b. 創建一個張量 c = b[1:,1:]。預測它的大小、偏移量和步長各是多少，並檢查是否正確。

2. 選擇一個數學運算，如餘弦（cosine）或平方根（square root）。你能在 torch 函式庫中找到相應的函式嗎？

   a. 將張量 a 裡面的每一個元素都套用該函式，為什麼會傳回錯誤訊息？

   b. 要使函式順利執行，需要哪些操作？

   c. 這個函式是否有可進行 in-place 操作的版本？

MEMO

CHAPTER

04

用張量表示現實中的資料

本章內容

- 了解 PyTorch 的基礎資料結構：張量（Tensor）
- 處理各種類型的資料
- 從檔案載入資料
- 將資料轉換為張量
- 調整張量的 shape，使其符合神經網路模型的輸入格式在第 3 章，我們瞭解到**張量**是 PyTorch 的基本資料結構，而神經網路的輸入和輸出資料皆為張量。事實上，神經網路內部的運算和優化過程都是在操作張量，其內部的所有參數（如**權重**和**偏值**）也是張量。因此，正確操作張量是成功使用 PyTorch 的核心條件。目前你已經有了張量的基礎知識，接下來跟著本書繼續學習，對張量的熟悉度就會越來越高。

那麼，我們要如何用張量來表示一張圖片、一段影片或一份文字，並處理成適合神經網路訓練的形式呢？這就是本章要學習的內容，我們將介紹不同類型的資料，並告訴你如何用張量表示它們。然後，你將學習如何從常見的檔案格式載入資料並處理它們，為訓練神經網路做準備。未經處理的原始資料通常無法直接用來訓練模型，因此我們要練習如何對資料進行整理。

本章每一節都將介紹一種資料類型，而每種類型都有對應的資料集。我們會循序漸進的介紹這些類型，當然你也可以按照興趣調整閱讀順序。在本書的其他章節，我們會使用**圖片**或者 **3D 的立體圖片資料**（volumetric data，例如 3D 的電腦斷層掃描圖片），它們都是常見的資料類型。另外，本章內容也涵蓋了**表格資料**、**時間序列**和**文字**，這些也都是大部分讀者感興趣的。

每一節都會帶讀者了解，將資料輸入模型前要做什麼事。我們建議練習完後先不要刪除這些資料集，在下一章開始學習訓練神經網路模型時，它們將會是極好的材料。

4.1 圖片資料

卷積神經網路的出現在電腦視覺領域掀起了一場革命，以圖片辨識為基礎的系統在此之後的發展一日千里。原本需要多個演算法模組、並以複雜方式組合運作才能解決的問題，如今只要利用大量成對的『輸入樣本』與『輸出標籤（正確答案）』來訓練神經網路便能解決，且其表現遠優於先前的所有方法。接下來將介紹能匯入圖片檔，並將其轉換成 PyTorch 張量的方法。

一張圖片資料可看成一堆**純量的集合**，這些純量依序排列在特定高度和寬度的**網格**中，就像棋盤一樣，棋盤上的格子即我們常聽到的**像素**（pixel）。每一個像素可能帶有單個純量值，如灰階值；又或是帶有多個純量值，它們可能是不同顏色（RGB，即紅、綠、藍三原色）的數值，也可以是不同的特徵值，如景深鏡頭的深度。

單個像素值通常會使用 **8 位元整數**進行編碼，但在醫療、科學或工業應用中，經常存在精度更高的像素（12 位元或 16 位元）。更高的精度讓我們在利用圖片表示一些醫療資訊（如：骨密度）時，能夠紀錄更大的數值範圍，保留更多細節。

4.1.1 顏色通道

記錄顏色的編碼方式有很多種，最常見的方式是編碼成 RGB 3 原色。這種編碼方式是將顏色區分成紅、綠、藍三種色彩，並用數值紀錄個別色彩的強度值（或亮度值）。我們可以把一個顏色通道看成是**只跟該色相關**的強度圖。

4.1.2 載入圖片檔

圖片有好幾種檔案格式，而 Python 也提供不同方法讓我們可以載入圖片。這裡我們用 **imageio 模組**載入 png 檔的圖片，考慮到 imageio 對不同資料類型都有統一的 API，這點相當方便，因此在這個章節裡我們都會使用它。現在，讓我們來載入圖片吧！

In

```
pip install imageio ← 安裝 imageio 模組
```

In

```
import numpy as np
import torch
import imageio
img_arr = imageio.imread('data/p1ch4/image-dog/bobby.jpg') ← 載入一張圖片
img_arr.shape ← 輸出 img_arr 的 shape
```

Out

```
(720, 1280, 3) ← img_arr 為 1 個 3 軸張量
```

720, 1280：空間大小；3：色彩通道數

img_arr 是一個類似 NumPy 陣列的物件，有 3 個軸：兩個**空間軸**（寬度和高度）和一個**色彩通道軸**。我們的目的是將其轉為 PyTorch 張量，如前一章所述，只要是處理 NumPy 陣列的資料，後續轉換都很方便。需要注意的是不同軸的排列順序，PyTorch 要求圖片資料張量的軸順序為 C **(色彩通道)** ×H **(高度)** ×W **(寬度)**。

4.1.3 調整張量各軸的排列順序

我們可以利用 permute() 函式來調整張量內部的軸排列。上例中，img_arr 的軸排列為 H×W×C，需將其調整成正確的順序（C×H×W）。

In

```
img = torch.from_numpy(img_arr) ← 先將 img_arr 轉成 PyTorch 張量 (以 img 表示)
out = img.permute(2, 0, 1) ← 將第 2 軸移至第 0 軸，原本的第 0 軸及第 1 軸往後移
out.shape ← 輸出調整後的軸順序
```

Out

```
torch.Size([3, 720, 1280]) ← 軸的順序調整了
```

上一章已介紹過 from_numpy() 了，再來複習一下，該操作並不會複製一份新的張量資料。相反地，out 張量與 img 張量指向相同的 storage，不同的是**大小**（shape）和**步長**（stride）資訊。這樣就不會占用太多記憶體，但要注意的是，改變 img 張量的內容時，out 張量的內容也會跟著改變。

還有一點很重要，其他深度學習框架使用了跟 PyTorch 不同的排列方式。例如，最初 TensorFlow 將色彩通道保留在最後，使用的是 H×W×C（但現在 TF 也支援多種佈局）。從性能角度來看，這種策略有利有弊，對於我們來說，只要能正確地**重塑**（reshape，即更改張量的 shape）我們的張量就沒甚麼問題。

熟悉一張圖片的操作流程後，就可以按照這個流程載入**多張**圖片，創建一個有多張圖片的資料集作為神經網路的輸入。由於一次需輸入多張照片，因此我們要在第 0 軸插入**批次軸**（batch，即資料集中的圖片數量，以 N 表示），進而產生一個 N×C×H×W 的張量。

我們可以預先創建一個 N×C×H×W 的 4 軸張量，以便稍後用它來儲存從資料夾中載入的多張圖片：

```
In
batch_size = 100  ←— 設定一次可載入 100 張圖片
batch = torch.zeros(batch_size, 3, 256, 256, dtype = torch.uint8)
                        ↑                                  ↑
                  批次量 (圖片數量)                     8 位元正整數
```

以上張量可儲存 100 張高度與寬度都是 256 像素的 RGB 圖片（色彩通道為 3）。要注意張量的數值型別，我們希望每一種顏色強度都能用 8 位元的正整數來表示，這跟一般相機的攝影格式一樣。因此，我們將 dtype 設定為 torch.uint8。現在我們可以從資料夾中載入所有的（100 張）圖片，並將它們存到張量中：

```
In
import os
data_dir = 'data/p1ch4/image-cats/'  ←— 設定圖檔所在的資料夾路徑
filenames = [name for name in os.listdir(data_dir) if os.path.splitext(name) 接下行
            [-1]== '.png']
                    ↑
                    └— 找出所有的 png 檔
for i, filename in enumerate(filenames):  ←— 依序載入每個 png 檔
    img_arr = imageio.imread(os.path.join(data_dir, filename))
    img_t = torch.from_numpy(img_arr)
    img_t = img_t.permute(2, 0, 1)  ←— 調整張量中各軸的排列順序
    img_t = img_t[:3]  ←— 有些圖片會有表示透明度的第 3 軸，是我
                          們不需要的，故只保留前面 3 軸 (H,W,C)
    batch[i] = img_t  ←— 將圖片存入 batch 張量中
batch.shape  ←— 輸出 batch 張量的 shape
```

```
Out
          圖片張數 (N)
             ↓
torch.Size([100, 3, 256, 256])  ←— 輸出結果為一個 4 軸張量
                    ↑
             已排成 C×H×W 的順序
```

4.1.4 將資料內的像素值做轉換

神經網路預設輸入張量的型別為浮點數，這對剛讀完前一章的讀者應該不陌生。我們也會在接下來的章節中看到：當輸入資料的範圍在 0 到 1 之間時，神經網路能有最好的訓練效能(這牽扯到神經網路的計算邏輯)。

因此，每次讀入圖片後，我們要將張量中的整數轉為浮點數，並對像素值進行**正規化**(normalization)。轉成浮點數很容易，但正規化就比較棘手了，必須先將輸入範圍設定至 0 到 1 之間。常見做法是將像素值除以 255。

> **小編補充** 單一像素值的範圍介於 0 至 255 之間，若將所有像素值同除以 255，就會得到介於 0～1 之間的浮點數。

In

```
batch = batch.float() ◀── 將 batch 張量內的像素值轉換成浮點數
batch /= 255.0 ◀── 將像素值同除以 255
```

另一種做法(即**標準化**)是計算輸入資料的**平均值**和**標準差**，並調整其大小，使每種色彩通道的平均值為 0，標準差為 1。

In

```
n_channels = batch.shape[1] ◀── 取得色彩通道的數量
                                (batch 張量的 shape 中，第 1 軸維度)
for c in range(n_channels): ◀── 依次走訪每個色彩通道
    mean = torch.mean(batch[:, c]) ◀── 計算平均值
    std = torch.std(batch[:, c])   ◀── 計算標準差
    batch[:, c] = (batch[:, c] - mean) / std ◀── 正規化的公式
```

我們還可以對輸入影像進行一些其他操作，例如**旋轉**、**縮放**或**裁剪**等幾何變換。這些操作可能有助於訓練，或是單純為了讓任意圖片都能符合網路的輸入要求。在 12.6 節中使用了不少這樣的策略，例如當圖片不夠時，可以透過**旋轉圖片**來增加訓練資料。現在，只需記住你有這樣的工具可以使用就好。

4.2 3D 立體圖片資料

我們已經學會了如何載入和表示 2D（或 2 軸）圖片，在某些情況下，如：涉及到 CT（電腦斷層掃描）的醫學成像應用，我們需要處理從頭到腳的**堆疊圖片序列**，每張圖片對應身體的一個剖面。在 CT 掃描中，**強度**（intensity）代表了身體不同部位的**密度**，密度越高的地方就越亮。每個點的密度是根據 X 射線穿過人體後，到達探測器的量所計算出來的。

CT 圖只有一個色彩通道（或強度通道），類似於灰階圖片。在原始的資料格式中，往往會忽略色彩通道的維度，故原始資料通常只有 2 個軸（即高度及寬度）。將多個 2 軸的剖面資料堆疊成 3 軸張量，便可以建立一組 3D 圖片資料（圖 4.1），shape 為 N×H×W（編註：先忽略掉通道 C 的維度）。

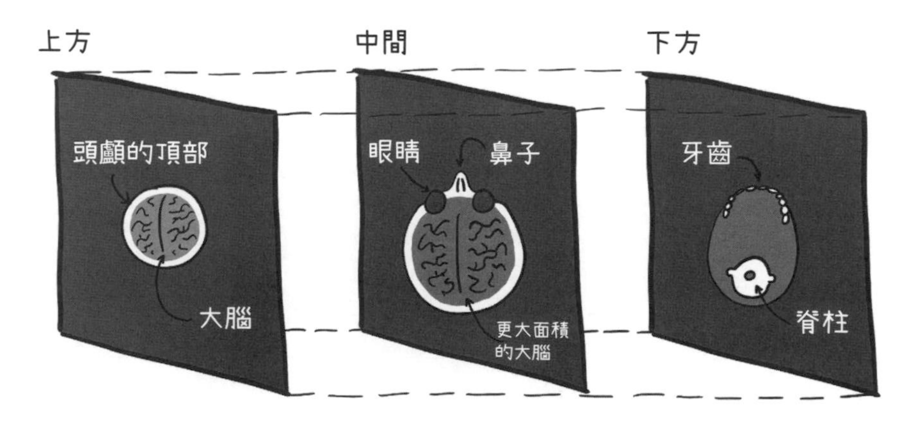

圖 4.1 CT 斷層掃描的切片，自左到右是從頭頂到下顎的 CT 圖。將這幾張 2 軸的切片圖堆疊在一起，便能產生一個 3 軸的張量。

本書第 2 篇將致力於解決現實世界中的醫學影像問題，但現在不會詳細介紹醫學影像資料格式。現在你只需要了解，儲存 3D 圖片資料的張量與 2D 圖片資料在本質上沒有差異。底下的示範會保留 CT 掃描圖的通道軸，並在通道軸之後增加一個**深度**(depth, 用 D 來表示)軸，從而得到一個 shape 為 N×C×D×H×W 的 5 軸張量。

4.2.1 載入特定格式的資料

我們使用 imageio 模組中的 volread 函式載入一個 CT 掃描樣本，其輸入參數是資料夾路徑。接下來，我們用該函式將所有 DICOM 檔案(Digital Imaging and Communications in Medicine)放至 NumPy 的 3 軸陣列中。

In

```
import imageio

dir_path = "data/p1ch4/volumetric-dicom/2-LUNG 3.0  B70f-04083"
vol_arr = imageio.volread(dir_path, 'DICOM')  ← 讀取檔案，存放在 vol_arr
vol_arr.shape  ← 輸出 vol_arr 的 shape
```

Out

```
Reading DICOM (examining files): 1/99 files (1.0%99/99 files (100.0%)
  Found 1 correct series.
Reading DICOM (loading data): 87/99  (87.999/99  (100.0%)
(99, 512, 512)  ← 通道軸被省略掉了
 ↑     ↑
張數   尺寸
```

由於省略了通道軸，因此資料中各軸的排列順序和 PyTorch 的要求(N×C×H×W)不同。我們可以使用 unsqueeze() 增加一個通道軸。

In

```
vol = torch.from_numpy(vol_arr).float() ◄— 先把資料轉成浮點數張量
vol = torch.unsqueeze(vol, 1) ◄— 在第 1 軸的位置增加插入一個通道軸，維度為 1
vol = torch.unsqueeze(vol, 2) ◄— 在第 2 軸的位置增加插入一個深度軸，維度為 1

vol.shape
```

Out

```
torch.Size([99, 1, 1, 512, 512])
```

將通道軸與深度軸插入第 1 軸及第 2 軸

之後，讀者們將在本書的第 2 篇看到更多的 CT 資料。

4.3 表格資料

在機器學習中，最簡單的資料形式就是表格資料。該形式的資料可放置於 excel 試算表、CSV 檔（comma-separated values）或資料庫中。我們假設樣本在表格中的順序是不具特殊意義的，即資料彼此是獨立樣本，而不像時間序列。在時間序列中，樣本在時間維度上具前後關聯性。

表格中的每一橫列代表一筆樣本，每一直行則代表該樣本的某項特徵（可以是**數值**，如特定地點的溫度；也可以是代表樣本屬性的**字串**，如『藍色』。因此，表格中不同行的資料可以是不同類型的，我們可以用一行表示蘋果的重量（數值），而用另一行表示蘋果的顏色（字串）。

但 PyTorch 張量中所有資料都只能是同一種**數值型別**（通常為浮點數，也支援整數或布林值），其他資料科學套件（如：Pandas）則有**資料框**（Dataframe）的概念，資料框內每行的資料型別可以彼此不同，而各行的資料會用名稱加以區分。PyTorch 只接受數值型別資料的理由在於，神經網路是一種『輸入資料及輸出資料皆為浮點數』的函數。因此，我們必須先將真實世界中，不同型別的資料轉成浮點數的張量，以供神經網路使用。

如何處理連續數值、有序數值及類別數值

遇到以下 3 種資料時，我們該留意如何合理的詮釋或整理它們：

1. **連續數值**：連續數值是有序的（編註：可比較大小的），不同數值之間有明確的大小關係。如果是用單位來計算某種東西，那麼這些數值之間會是一個連續區間中的大小關係。另外，當我們說 A 貨物比 B 貨物貴了 2 倍，代表這些值可以用比例關係呈現。時間同樣也有『比較大小』的概念，但說 6 點比 3 點晚一倍是不合理的，因此時間是一種區間關係，而無比例關係。

2. **有序數值**：跟連續數值一樣，有序數值彼此間具有大小關係，但數值間的間隔就未必是固定的尺度了。此數字僅代表測量值的大小差異，但無法表示出相差多少。舉個例子，在某間飲料店中，店家用 1 來表示小杯飲料；2 來表示中杯飲料；3 來表示大杯飲料。大杯飲料比中杯飲料大，就像 3 比 2 大一樣，但它並沒有告訴我們大多少。如果我們把 1、2 和 3 轉換成實際的體積，例如：8、12 和 24 盎司，那麼它們就會轉換為區間值（連續數值）。要記住，除了用大小進行排序之外，我們不能對它們進行數學計算，好比說把大杯 =3、小杯 =1 拿出來平均，並不會得到一杯中杯容量的飲料。

3. **類別數值**：類別數值既無法排序，彼此間也沒有數值關聯性。我們只是用一個編號代表某一種類別，像是 1 代表水，2 代表咖啡，3 代表汽水，4 代表牛奶。這些數字並沒有數值大小的意義，我們只是利用不同的值來區分它們。我們也可以用 10 代表咖啡，用 42 代表牛奶，對結果不會有什麼影響。

4.3.1 使用真實世界中的資料集

接下來，我們將以葡萄酒品質的資料集作為示範。在網路上有免費的資料集，其中包含 Vinho Verde（葡萄牙北部生產的一種葡萄酒）樣本的不同特徵，讀者可由以下網址進行下載： http://mng.bz/90Ol。為了方便起見，我們在本書的資料集中也複製了一份，就在 data/p1ch4/tabular-wine 路徑下。

該資料集中的不同資料是以分號（；）進行分隔，共有 12 直行。第一橫列為標題列，說明了每一行所代表的特徵。前 11 行是不同的化學性質，最後一行則代表品質分數。這些特徵皆以數字表示，其中品質分數的範圍是從 0（最差）到 10（最優）。以下是不同化學性質及品質分數在資料中出現的順序排列：

1. 固定酸度（fixed acidity）
2. 揮發性酸度（volatile acidity）
3. 檸檬酸（citric acid）
4. 殘留糖份（residual sugar）
5. 氯化物（chlorides）
6. 游離二氧化硫（free sulfur dioxide）
7. 總二氧化硫（total sulfur dioxide）
8. 密度（density）
9. 酸鹼值（pH）
10. 硫酸鹽（sulphates）
11. 酒精（alcohol）
12. 品質（quality）

在機器學習中，普遍做法是讓模型透過不同的化學性質來預測酒的品質分數。正如我們在圖 4.2 中看到的那樣，我們通常希望能直接用某種化學性質來預測品質分數，例如品質分數會隨著**總二氧化硫的減少**而增加。但事實並非如此，我們往往需考慮所有化學性質與品質之間的關係，而這是十分複雜的。這時，就可考慮使用機器學習來解決這個問題。

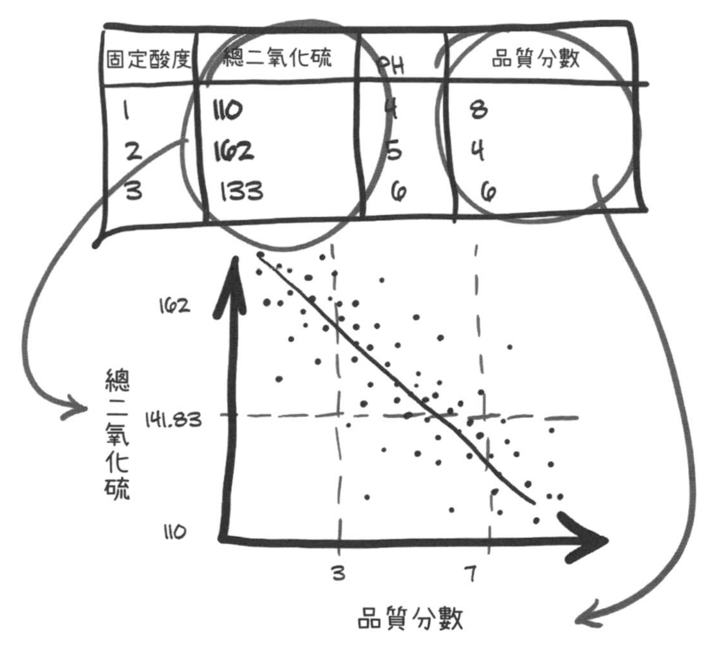

圖 4.2 理想中，我們可以用某種化學性質來得知品質分數。

4.3.2 載入葡萄酒資料的張量

在開始處理資料之前，先來看看如何使用 Python 載入表格資料，並將其轉換為 PyTorch 張量。Python 提供了幾個快速載入 CSV 檔的選項：

- Python 中的 csv 模組
- NumPy
- Pandas

其中，Pandas 是最節省記憶體和時間的，但由於我們已經在之前介紹過 NumPy，且 PyTorch 跟 NumPy 的互通性較佳，所以這裡選擇使用 NumPy。現在來載入檔案，並將生成的 NumPy 陣列轉成 PyTorch 張量。

In

```
import csv
wine_path = "data/p1ch4/tabular-wine/winequality-white.csv"  ← 設定資料路徑
wineq_numpy = np.loadtxt(wine_path, dtype=np.float32, delimiter=";", skiprows=1)
                                    ↑ 利用分號對資料進行分割     ↑ 跳過標題列
wineq_numpy
```

Out

```
array([[ 7.  ,  0.27,  0.36, ...,  0.45,  8.8 ,  6.  ],
       [ 6.3 ,  0.3 ,  0.34, ...,  0.49,  9.5 ,  6.  ],
       [ 8.1 ,  0.28,  0.4 , ...,  0.44, 10.1 ,  6.  ],
       ...,
       [ 6.5 ,  0.24,  0.19, ...,  0.46,  9.4 ,  6.  ],
       [ 5.5 ,  0.29,  0.3 , ...,  0.38, 12.8 ,  7.  ],
       [ 6.  ,  0.21,  0.38, ...,  0.32, 11.8 ,  6.  ]], dtype=float32)
```

接著，來檢查一下剛剛載入的資料是否完整。

In

```
col_list = next(csv.reader(open(wine_path), delimiter=';'))  ← 取得標題列的所有特徵名稱
wineq_numpy.shape, col_list  ← 輸出 wineq_numpy 陣列的 shape 及所有特徵名稱
```

NEXT

Out

```
((4898, 12),
 ['fixed acidity',
  'volatile acidity',
  'citric acid',
  'residual sugar',
  'chlorides',
  'free sulfur dioxide',
  'total sulfur dioxide',
  'density',
  'pH',
  'sulphates',
  'alcohol',
  'quality'])
```

接下來，我們把 NumPy 陣列轉換成 PyTorch 張量：

In

```
wineq = torch.from_numpy(wineq_numpy)
wineq.shape, wineq.dtype
```

Out

```
(torch.Size([4898, 12]), torch.float32)
```

4.3.3 表示葡萄酒的品質分數

我們可以將葡萄酒的品質分數視為一個連續數值，接著執行**迴歸分析**(regression analysis)。另外，我們也可將品質分數視為一個類別數值，並在分類任務中預測出合適的類別(編註：即根據樣本的化學性質，將其分類至正確的品質分數)。不論是哪一種方式，我們通常都會先將品質分數(最後一行的資訊)從輸入資料的張量中移出，存放到另一個單獨的張量中，並把它當作**標籤張量**(或**目標張量**)。

In

```
data = wineq[:, :-1] ◄— 選擇除了最後一行（品質分數）之外的所有資料
data, data.shape
```

Out

```
(tensor([[ 7.00,  0.27,  ...,  0.45,  8.80],
         [ 6.30,  0.30,  ...,  0.49,  9.50],
         ...,
         [ 5.50,  0.29,  ...,  0.38, 12.80],
         [ 6.00,  0.21,  ...,  0.32, 11.80]]),
 torch.Size([4898, 11]))
```

In

```
target = wineq[:, -1] ◄— 取出 wineq 中的品質分數，作為目標張量
target, target.shape
```

Out

```
(tensor([6., 6.,  ..., 7., 6.]), torch.Size([4898]))
```

如果想將目標張量作為訓練時所用的類別標籤，我們有兩種做法，取決於策略或使用該資料的目的。第一種是單純地將標籤視為一個存有品質分數的整數向量。

In

```
target = wineq[:, -1].long() ◄— 將 wineq 中的品質分數轉為整數
target
```

Out

```
tensor([6, 6, 6  ..., 6, 7, 6])
```

如果現有的標籤是字串（而非數字），例如酒的顏色，那麼只要為每個字串指派一個整數，就可以用上述的方式處理。第二種做法詳見下一小節。

4.3.4 one-hot 編碼

另一個做法是用 one-hot 編碼，如果目標張量中有 10 種分數或 10 種標籤，就把它編碼成有著 10 個元素的向量。舉個例子，當分數為 1 分時，我們可將其編碼成向量 (0,**1**,0,0,0,0,0,0,0,0,0)；當分數為 4 分時，則將其編碼成向量 (0,0,0,0,**1**,0,0,0,0,0)。換句話說，只有**以分數為索引**的值為 1，其他索引位置的值皆為 0。

以上這兩種做法之間有明顯的區別。在第一種做法中，我們將葡萄酒的品質分數保存在一個整數向量中。這表示分數間是可比較大小的，例如 1 分比 4 分低。另外這方法還代表分數之間有固定的距離，即 1 分和 3 分之間的距離與 2 分和 4 分之間的距離相同。如果資料是以距離來劃分的，那麼這種方法就很適合。

如果目標資料是離散型的，如葡萄品種，那麼 one-hot 編碼將更適合，因為這種方法沒有順序或距離的概念。另外，如果目標資料中的小數可以省略，那麼 one-hot 編碼也是一種適當的做法。我們可以用張量的 scatter_() 方法來進行 one-hot 編碼，首先要新增一個用來儲存編碼結果的張量，然後再呼叫它的 scatter_() 方法並在參數中指定**編碼的來源資料**及**編碼細節**，例如：

In

```
target_onehot = torch.zeros(target.shape[0], 10)
```
建立 shape 為 [4898, 10]、值均為 0 的張量，用來存放編碼結果

```
a = target_onehot.scatter_(1, target.unsqueeze(1), 1.0)
```
依 target (見上一小節) 的內容進行編碼

```
a, a.shape
```

Out

```
(tensor([[0., 0., 0., 0., 0., 0., 1. , 0. , 0. , 0.],
        [0., 0., 0., 0., 0., 0., 1. , 0. , 0. , 0.],
        [0., 0., 0., 0., 0., 0., 1. , 0. , 0. , 0.],
        ...,
        [0., 0., 0., 0., 0., 0., 1. , 0. , 0. , 0.],
        [0., 0., 0., 0., 0., 0., 0. , 1. , 0. , 0.],
        [0., 0., 0., 0., 0., 0., 1. , 0. , 0. , 0.]]),
 torch.Size([4898, 10]))
```

讓我們來看看 scatter_() 的作用，這個方法的名字以底線結束，正如上一章所學到的那樣，該方法不會傳回一個新張量，而是針對現有張量進行修改。scatter_ 的參數有 3 個：

1. 要沿著哪個軸進行 one-hot 編碼（1 表示第 1 軸）。

2. 要進行 one-hot 編碼的來源張量（張量內的值表示 target_onehot 中哪一個索引位置要被設為非 0 的值）。

3. 設定 one-hot 編碼中非 0 的值為多少，通常是 1。

換句話說，呼叫 scatter 函式的作用是：對於每一列，取目標標籤（就是第 2 個參數所指定的張量，在以上例子中，即個別樣本的品質分數）的值做為 one-hot 向量中的索引，設置相應值為 1.0。

請注意！來源張量（第二個參數）的軸數，必須與我們散佈（scatter）到的結果張量（target_onehot）相同。由於 target_onehot 有兩個軸（4898×10），所以需要使用 unsqueeze() 將 target（1 軸張量）增加一軸，使其軸數與 target_onehot 相等。

In

```
target_unsqueezed = target.unsqueeze(1) ◀— 添加一個軸至第 1 軸
print(target_unsqueezed)
print(target_unsqueezed.shape)
```

Out

```
tensor([[6],
        [6],
        ...,
        [7],
        [6]])
torch.Size([4898, 1])
```

呼叫 unsqueeze() 會讓張量增加一個軸，在上面的例子中，target 從 1 軸張量變成了 shape 為 4898×1 的 2 軸張量，但其元素內容並沒有增加。

4.3.5 進行分類

現在我們已經介紹處理連續資料和類別資料的方法。你可能會問，上面討論到的有序資料怎麼處理？依狀況，可以把它當作類別處理（但失去順序的意義，如果類別不多，模型在訓練的過程可能會透過不同的方式找回它的順序性），又或者是把它當作連續資料處理（等於我們為它添加距離的概念，至於這個距離到底合不合理，必須由使用者來評估），我們在 4.4 節會看到相關的案例。現在，先將不同類型資料的處理方式總結成一個流程圖，如圖 4.3 所示。

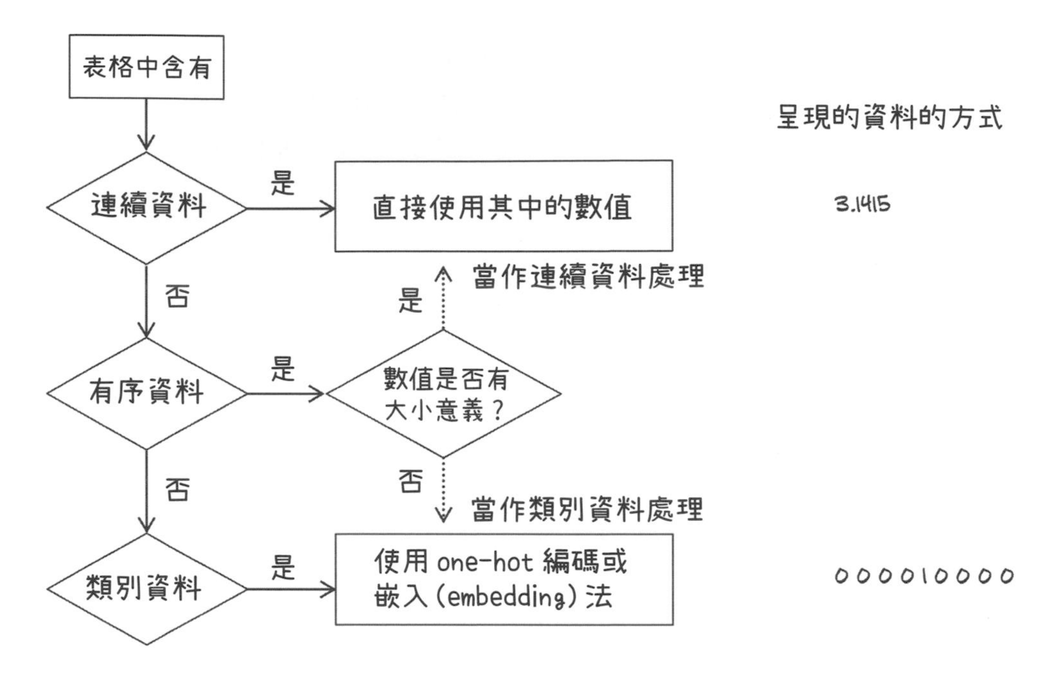

圖 4.3 針對連續、有序及類別資料，判斷處理方式的流程圖。

現在，讓我們回到之前提到的 data 張量（讀者可參考 4-16 頁，關於 data 張量的定義），它包含了與化學性質數據相關的 11 個行。首先來計算每行（各化學性質）的**平均值**與**標準差**：

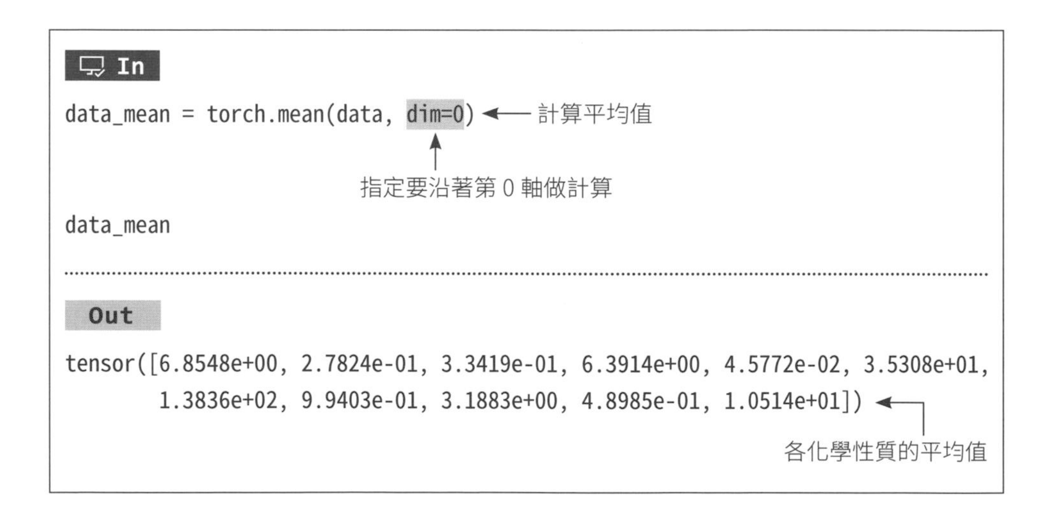

In

```
data_mean = torch.mean(data, dim=0)

data_mean
```


Out

```
tensor([6.8548e+00, 2.7824e-01, 3.3419e-01, 6.3914e+00, 4.5772e-02, 3.5308e+01,
        1.3836e+02, 9.9403e-01, 3.1883e+00, 4.8985e-01, 1.0514e+01])
```

In

```
data_var = torch.var(data, dim=0)  ← 計算標準差
data_var
```

Out

```
tensor([7.1211e-01, 1.0160e-02, 1.4646e-02, 2.5726e+01, 4.7733e-04, 2.8924e+02,
        1.8061e+03, 8.9455e-06, 2.2801e-02, 1.3025e-02, 1.5144e+00])  ← 各化學性質的標準差
```

小編補充 以上的 dim=0 是指定要沿著第 0 軸做計算，也就是要對第 0 軸中所有同位置的元素做平均 (或求標準差)，例如先求 [0, 0]、[1, 0]、[2, 0]…的平均值，再求 [0, 1]、[1, 1]、[2, 1]…的平均值，以此類推，直到 [0, 10]、[1, 10]、[2, 10]…的平均值為止。在計算的結果中第 0 軸會消失，例如原來的 shape 為 [4898, 11]，則計算結果的 shape 會變成 [11]。

在接下來的程式中，我們先將 data 及 data_mean 進行相減，再除以標準差 (即變異數 data_var 取開根號，在 PyTorch 中可用 sqrt() 來實現)，藉此來標準化資料。這會改善模型的訓練效率，我們將在第 5 章中探討更多細節。

In

```
data_normalized = (data - data_mean) / torch.sqrt(data_var)  ← 用 Python 實現標準化的公式
data_normalized
```

Out

```
tensor([[ 1.7208e-01, -8.1761e-02,  2.1326e-01,  ..., -1.2468e+00,
         -3.4915e-01, -1.3930e+00],
        [-6.5743e-01,  2.1587e-01,  4.7996e-02,  ...,  7.3995e-01,
          1.3422e-03, -8.2419e-01],
        [ 1.4756e+00,  1.7450e-02,  5.4378e-01,  ...,  4.7505e-01,
         -4.3677e-01, -3.3663e-01],
        ...,
```

NEXT

```
        [-4.2043e-01, -3.7940e-01, -1.1915e+00,  ..., -1.3130e+00,
         -2.6153e-01, -9.0545e-01],
        [-1.6054e+00,  1.1666e-01, -2.8253e-01,  ...,  1.0049e+00,
         -9.6251e-01,  1.8574e+00],
        [-1.0129e+00, -6.7703e-01,  3.7852e-01,  ...,  4.7505e-01,
         -1.4882e+00,  1.0448e+00]])
```

4.3.6 辨別葡萄酒品質

思考一下，我們要如何從資料中，找出品質差的酒的數量呢？第一步，先挑出 target 張量中分數小於或等於 3 分的項目（編註：此處我們定義只要品質分數低於 3，就歸類為品質差。此外，別忘了，我們已經將葡萄酒的品質分數存進了 target 張量）：

In

```
bad_indexes = target <= 3  ◀── 挑出 target 張量中分數小於或等於 3 分的項目
bad_indexes.shape, bad_indexes.dtype, bad_indexes.sum()
```

Out

```
(torch.Size([4898]), torch.bool, tensor(20))
```

根據傳回結果，sum() 的結果是 20，代表 bad_indexes 這個布林張量中只有 20 列是 True（編註：符合分數小於或等於 3 的條件）。我們接著可以把布林值為 True 的索引保留下來，以便知道哪些索引對應到的酒是品質差的。這種索引方法在 PyTorch 中被稱為**進階索引**。

In

```
bad_data = data[bad_indexes]  ◀── 利用索引篩選出符合目標的項目
bad_data.shape
```

Out

```
torch.Size([20, 11])
```

小編補充 進階索引範例

In

```
a = torch.arange(10)  ← 先創建一個 0 到 9 的 1 軸張量
a
```

Out

```
torch.tensor([0, 1, 2, 3, 4, 5, 6, 7, 8, 9])  ← a 張量中的元素
```

In

```
b = a>=5  ← 判斷 a 張量中哪些元素值大於等於 5，並將判斷結果存在 b 張量
b
```

Out

```
tensor([False, False, False, False, False, True, True, True, True, True])
```

← b 為一布林張量，長度和 a 張量一樣，其中的 True 代表符合判斷條件，False 則相反

In

```
a[b]  ← 利用 b 這個布林張量來篩選出符合條件的元素
```

Out

```
tensor([5, 6, 7, 8, 9])  ← 輸出結果符合我們的期望
```

以上示範的只是進階索引的其中一個做法。簡單來說，進階索引可以透過較為間接的方式索來取出需要的元素。在接下來的內容中，讀者可以看到更多的例子。

bad_data 張量有 20 列，與 bad_indexes 張量中布林值為 True 的項目數量相同。現在，我們可以利用剛剛學到的方式，將葡萄酒品質分為好（分數高於或等於 7）、中等（分數大於 3 且小於 7）、差（分數小於等於 3）三種等級。分類完畢後，我們再來計算不同等級的葡萄酒中，各個化學性質的平均值是多少。

In

```
bad_data = data[target <= 3]  ← 篩選出品質『差』的項目
mid_data = data[(target > 3) & (target < 7)]  ← 篩選出品質『中等』的項目
    ↑ 代表邏輯運算中的『and』，即要前後條件都符合，才會傳回 True

good_data = data[target >= 7]  ← 篩選出品質『好』的項目
bad_mean = torch.mean(bad_data, dim=0)  ← 計算品質『差』的項目中，各化學性質的平均值

mid_mean = torch.mean(mid_data, dim=0)  ← 計算品質『中等』的項目中，各化學性質的平均值

good_mean = torch.mean(good_data, dim=0)  ← 計算品質『好』的項目中，各化學性質的平均值

for i, args in enumerate(zip(col_list, bad_mean, mid_mean, good_mean)):
    print('{:2} {:20} {:6.2f} {:6.2f} {:6.2f}'.format(i, *args))  ← 印出結果
```

Out

```
 0 fixed acidity          7.60   6.89   6.73
 1 volatile acidity       0.33   0.28   0.27
 2 citric acid            0.34   0.34   0.33
 3 residual sugar         6.39   6.71   5.26
 4 chlorides              0.05   0.05   0.04
 5 free sulfur dioxide   53.33  35.42  34.55
 6 total sulfur dioxide 170.60 141.83 125.25
 7 density                0.99   0.99   0.99
 8 pH                     3.19   3.18   3.22
 9 sulphates              0.47   0.49   0.50
10 alcohol               10.34  10.26  11.42
                           ↑      ↑      ↑
                          差    中等     好
```

乍看之下，品質差的葡萄酒的總二氧化硫量（total sulfur dioxide，上面輸出中的第 6 項化學性質）明顯較高。因此，我們**或許可以**設定一個總二氧化硫量的**閾值**（threshold），藉此作為區分品質好壞的一個粗略標準（編註：在接下來的例子中，我們只把葡萄酒分成『好』與『差』兩個等級）：

In

```
total_sulfur_threshold = 141.83  ← 設定閾值為 141.83，若超出此數字則為品質差的酒，低於此數字則為好酒

total_sulfur_data = data[:,6]  ← 取出資料集的總二氧化硫量資訊

predicted_indexes = torch.lt(total_sulfur_data, total_sulfur_threshold)  ← lt() 可以挑出 A 中，值小於 B 的項目索引
                             ↑ A                ↑ B

predicted_indexes.shape, predicted_indexes.dtype, predicted_indexes.sum()
                                                  ↑ 輸出小於閾值的樣本總數（即預測的好酒數量）
```

Out

```
(torch.Size([4898]), torch.bool, tensor(2727))
```

透過設定一個總二氧化硫量的閾值，我們得知在所有的葡萄酒中，有一半以上（55.6%）的葡萄酒**可能是**高品質的（編註：葡萄酒總數為 4898，好酒總數為 2727，已超過一半）。

目前為止，我們把總二氧化硫量當作一個標準，幫助我們粗略區分出葡萄酒的品質好壞。但是，這樣的做法實際上是否合理？為了驗證這個做法的合理性，我們要先知道標準答案（即之前的 target 張量，存有葡萄酒實際的品質分數）為何。在接下來的程式中，我們挑出**品質分數中大於 5 的項目**來代表好酒（編註：這裡只是大概示範一下評估的過程與方法，所以數值不用太精確，讀者也可自行調整看看）。

In

```python
actual_indexes = target > 5
actual_indexes.shape, actual_indexes.dtype, actual_indexes.sum()
```

輸出品質分數大於 5 的樣本總數（即實際的好酒數量）

Out

```
(torch.Size([4898]), torch.bool, tensor(3258))
```

經過計算，實際好酒的數量為 3258，比之前的結果（2727）多了約 500 項，代表利用總二氧化硫量作為區分標準並不理想。現在需要看看我們預測出的好酒項目，與實際好酒項目的吻合程度。

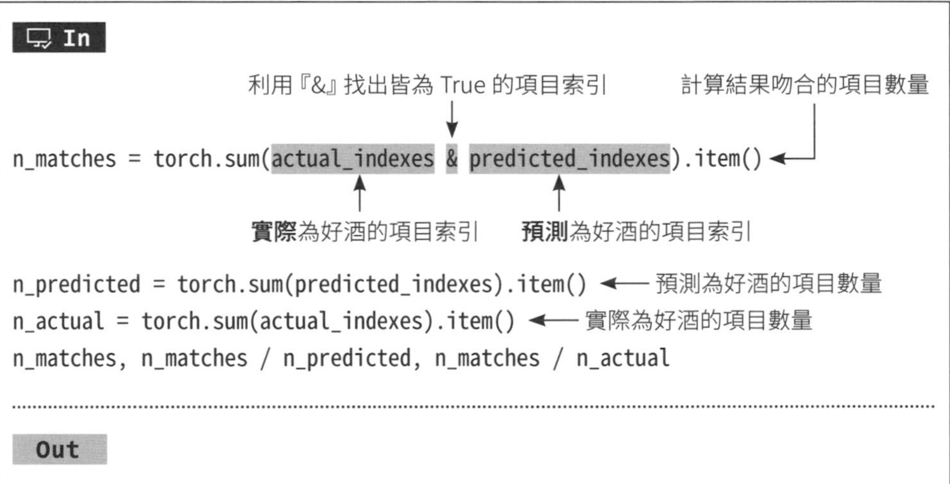


```python
n_matches = torch.sum(actual_indexes & predicted_indexes).item()
n_predicted = torch.sum(predicted_indexes).item()
n_actual = torch.sum(actual_indexes).item()
n_matches, n_matches / n_predicted, n_matches / n_actual
```

```
(2018, 0.74000733406674, 0.6193984039287906)
```

從以上的結果可以發現，在我們預測為好酒的項目中，有 74% 的項目是真正的好酒。在實際為好酒的項目中，我們預測出了其中接近 62% 的項目。如此說來，我們的表現好像只比隨機亂猜好一點！造成這個問題的原因是：資料中還有許多種會影響品質的化學性質，但我們**只用了**總二氧化硫作為我們判斷葡萄酒品質的依據。

事實上，我們也可以同時設定**所有化學性質**的閾值，進而區分出好酒及差酒。不過這樣做問題會變得非常複雜，甚至花很多時間也難以找到可行的規則。因此，我們在接下來的章節中將利用**神經網路**來解決這個問題。現在，讓我們先繼續討論其他類型的資料。

4.4 時間序列資料

在上一節，我們介紹了如何處理 2 軸表格的資料，且表格中的每一列（項目）都是獨立於其他列的。換句話說，它們彼此的前後順序並不重要，也沒有相關性。在本節，我們將處理時間序列資料，在這類的資料中，不同項目具有順序性。

讓我們切換到另一個資料集：華盛頓特區的共享自行車資料集。該資料集包含了 2011 年至 2012 年的共享自行車系統中，每小時的自行車租借數以及對應的天氣和溫度等資料。我們的第一個目標是將 2 軸的資料集轉為 3 軸的資料集，如圖 4.4 所示。

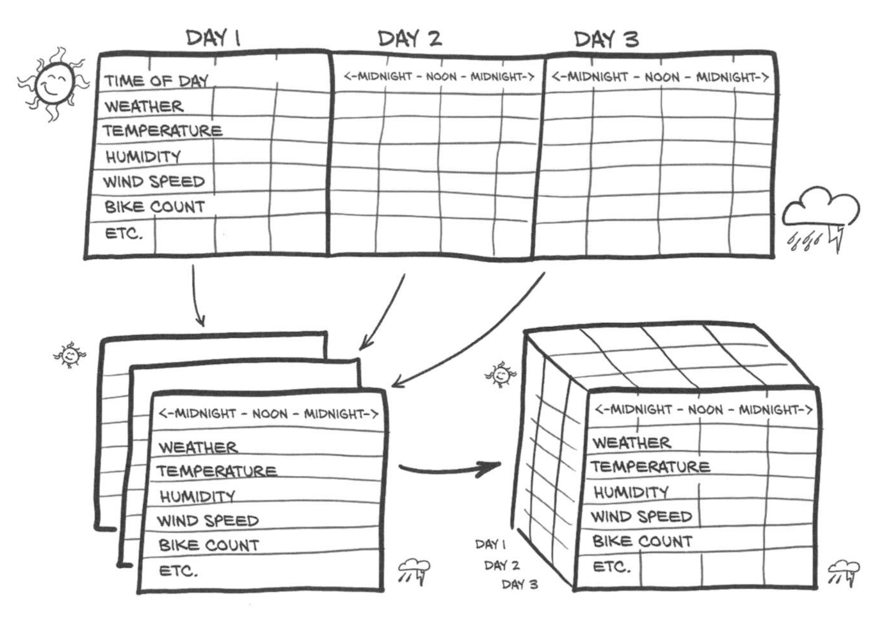

圖 4.4 我們先將資料根據**天數**切割成不同的 2 軸資料集，再把這些 2 軸資料集組合在一起，最終產生一個 3 軸資料集。

4.4.1 加入一個時間軸

在原始資料中，每列代表不同時間點（以小時為單位）的資料（圖 4.4 上方的是轉置後的版本，以符合頁面尺寸）。現在我們要以**天數日期**為單位對該資料進行切割，進而得到一個 3 軸資料集。其中的 3 個軸分別為：**日期軸**，**時間軸**（對應到某個日期內的 24 小時）及**資料軸**（包含天氣、溫度等資訊）。

現在來載入資料：

In

```
bikes_numpy = np.loadtxt("data/p1ch4/bike-sharing-dataset/hour-fixed.csv",  ← 資料集所在路徑
                         dtype=np.float32,
                         delimiter=",",
                         skiprows=1,
                         converters={1: lambda x: float(x[8:10])}
                        )
bikes = torch.from_numpy(bikes_numpy)
bikes
```

Out

```
tensor([[1.0000e+00, 1.0000e+00, 1.0000e+00,  ..., 3.0000e+00, 1.3000e+01, 1.6000e+01],
        [2.0000e+00, 1.0000e+00, 1.0000e+00,  ..., 8.0000e+00, 3.2000e+01, 4.0000e+01],
        [3.0000e+00, 1.0000e+00, 1.0000e+00,  ..., 5.0000e+00, 2.7000e+01, 3.2000e+01],
        ...,
        [1.7377e+04, 3.1000e+01, 1.0000e+00,  ..., 7.0000e+00, 8.3000e+01, 9.0000e+01],
        [1.7378e+04, 3.1000e+01, 1.0000e+00,  ..., 1.3000e+01, 4.8000e+01, 6.1000e+01],
        [1.7379e+04, 3.1000e+01, 1.0000e+00,  ..., 1.2000e+01, 3.7000e+01, 4.9000e+01]])
```

資料集中包含以下變數(編註:括號中的英文是對應到 CSV 檔中的標題列):

- 索引值(instant)
- 日期(dteday)
- 季節(season)→1:春天、2:夏天、3:秋天、4:冬天
- 年份(yr)→0:2011 年、1:2012 年
- 月份(mnth)
- 時間(hr)
- 是否為假日(holiday)→1:是、0:不是
- 星期幾(weekday)
- 是否為工作日(workingday)→1:是、0:不是
- 天氣狀況(weathersit)→1:晴天、2:起霧、3:小雨 / 小雪、4:大雨 / 大雪
- 攝氏溫度(temp)
- 體感溫度(atemp)
- 濕度(hum)
- 風速(windspeed)
- 未註冊用戶數(casual)
- 註冊用戶數(registered)
- 出借自行車數(cnt)

該資料集為一個時間序列資料集，每一列都代表某個時間點的資料。假設每一列是彼此獨立的，則可直接憑藉**一個時間點的資料**來預測自行車的租借數量。然而在時序資料集中，我們有可能需要探討不同時間點的資料之間的**關聯性**。例如：假設今天早上下過雨，是否會影響之後自行車的出借狀況？

讀者們可以自行思考這個問題，就目前來說，我們會先將注意力放在如何將該資料集轉換成『神經網路可以處理的格式』。

4.4.2 重塑資料集

現在，讓我們先來找出該資料集的 shape：

In

```
bikes.shape
```

Out

```
(torch.Size([17520, 17]))
```

輸出結果中的 17520 代表我們有 17520 個小時的資料；17 則代表每一個小時的資料包含了 17 種資訊（如上一頁提到的天氣狀況、風速等）。現在讓我們重塑資料集，使其變成一個 3 軸張量：

In

```
daily_bikes = bikes.view(-1, 24, bikes.shape[1])  ← 重塑張量，詳細解釋參見下文的小編補充
                          ↑   ↑   ↑
                        第0軸 第1軸 第2軸
daily_bikes.shape
```

Out

```
torch.Size([730, 24, 17])
```

小編補充 我們可以用 view() 將張量重塑成特定的 shape。在上面的程式中，我們將 bikes 張量進行重塑，輸出一個 3 軸的 daily_bikes 張量。我們利用 view() 指定該張量的第 0 軸為 -1，表示其數字要自動計算 (細節稍後再說明)，第 1 軸為 24 (代表一天的時數)，第 2 軸為 17 (即資訊數量)。在 bikes 張量中，共有 17250×17=293250 個元素，經過重塑輸出的 daily_bikes 張量理應也有相同數量的元素，因此 view() 的第一個參數『-1』就表示：在給定第 1 軸及第 2 軸維度的前提下，讓電腦自動計算出第 0 軸的維度，使 daily_bikes 張量內的元素數量與 bikes 張量相同。

daily_bikes 張量的第 0 軸為天數（730），第 1 軸為一天內的時數（24），第 2 軸為每小時的各項資訊（共 17 項）。接下來，我們要利用 transpose() 將第 1 軸及第 2 軸的資料進行轉置，以利之後的處理。

In

```
daily_bikes = daily_bikes.transpose(1, 2)
daily_bikes.shape
```

Out

```
torch.Size([730, 17, 24])
```

這兩個位置的值對調了

4.4.3 準備開始訓練

天氣狀況一共分成 4 個等級，分別用 1～4 的整數來表示。其中，1 代表天氣最好；4 代表天氣最糟。我們可以把這個資料當作天氣狀況的分類類別，並對它進行 one-hot 編碼。接下來，我們用**第一天的資料**示範如何對天氣狀況資訊進行 one-hot 編碼。

In

```
first_day = bikes[:24].long() ◀— 取出第一天（首 24 個小時）的資料
weather_onehot = torch.zeros(24, 4) ◀— 先創建一個 shape 為 24×4 的張量，內
                                        部值皆初始化為 0，用於存放 one-hot
                                        編碼後的結果
                          ▲
                    天氣狀況的等級數量

first_day[:,9] ◀— 取出第一天的所有資料中，第 9 行的資訊（即天氣狀況）
```

Out

```
tensor([1, 1, 1, 1, 1, 2, 1, 1, 1, 1, 1, 1, 1, 2, 2, 2, 2, 2, 3, 3, 2, 2, 2, 2])◀┐
                                   第一天的 24 小時內，每個小時的天氣狀況等級
```

接著，我們利用 4.3.4 學到的技巧，對 first_day[:,9] 中的元素進行 one-hot 編碼：

In

```
weather_onehot.scatter_( 1, ◀— 沿著第 1 軸進行 one-hot 編碼
                         first_day[:,9].unsqueeze(1).long() - 1, ◀┐
                                               進行 one-hot 編碼的來源張量

                         1.0) ◀— 設定 one-hot 編碼中非 0 的值為 1
```

Out

```
tensor([[1., 0., 0., 0.],
        [1., 0., 0., 0.],
        ...,
        [0., 1., 0., 0.],
        [0., 1., 0., 0.]])
```

由於程式中的索引是從 0 開始計數，故在以上程式的 index 參數中，我們把每個小時的天氣狀況等級減去 1。在資料集中，第一個小時的天氣狀況為 1，而輸出張量的第一列中，第一個元素（索引為 0）的位置出現了 1 的值，看起來我們的 one-hot 編碼是成功的。

• 最後，使用 cat 函式將經過 one-hot 編碼的天氣狀況張量連接到原始資料集，讓我們來看看結果：

In

```
torch.cat((bikes[:24], weather_onehot), 1)[:1]
```

Out

```
tensor([[1.0000, 1.0000, 1.0000, 0.0000, 1.0000, 0.0000, 0.0000, 6.0000,
         0.0000, 1.0000, 0.2400, 0.2879, 0.8100, 0.0000, 3.0000, 13.0000,
         16.0000, 1.0000, 0.0000, 0.0000, 0.0000]])
```

新增的部分

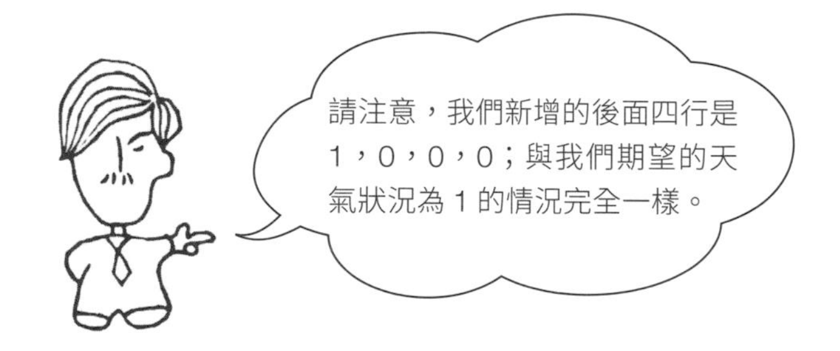

在此，我們讓原始資料集和經 one-hot 編碼的『天氣狀況矩陣』沿行方向（即第 1 軸）連接。換句話說，我們把經過 one-hot 編碼後的行附加到原始資料集上。

我們可以對重塑後的 daily_bikes 張量進行同樣的處理。記得它的 shape 是 B×C×L，其中 L=24（**編註**：B 表示有多少天的資料，C 為有多少種資訊，L 為一天中有多少筆資料）。我們先建立一個零張量（**編註**：稍後用來存放 one-hot 編碼的結果），它的第 0 軸和第 2 軸有著與 daily_bikes 張量相同的維度（即 B 和 L），但第 1 軸的值為 4。

In

```
daily_weather_onehot = torch.zeros(daily_bikes.shape[0], 4, daily_bikes.shape[2])
daily_weather_onehot.shape
```

In

```
torch.Size([730, 4, 24])
```

接下來我們將 one-hot 編碼的結果存到張量的第 1 軸中。這個操作是直接在張量中進行，不會傳回新的張量。

In

```
daily_weather_onehot.scatter_(1, daily_bikes[:,9,:].long().unsqueeze(1) - 1, 1.0)
daily_weather_onehot.shape
```

Out

```
torch.Size([730, 4, 24])
```

最後我們沿著第 1 軸把資料串起來：

In

```
daily_bikes = torch.cat((daily_bikes, daily_weather_onehot), dim=1)
```

數值縮放

以上程式並非處理天氣情況的唯一方法，實際上這 4 種天氣情況也有順序關係（編註：數字越大，代表天氣狀況越差），所以也可以把它當成是連續數值，並將它投影到 0.0 和 1.0 之間：

In

```
daily_bikes[:, 9, :] = (daily_bikes[:, 9, :] - 1.0) / 3.0
```

編註：在把天氣狀況行的值都減了 1 後，最大值為 3，若將該行的值除以 3，就可將天氣狀況值限制在 0~1 之間而正如在前一節中提到的，把變數的**值域**縮放到 [0.0, 1.0] 之間，是我們對所有的定量數值（如溫度）都要做的事情。在接下來的章節中，就會知道該動作對訓練過程的影響，這裡先記得，這種正規化對模型訓練很有幫助。

除了以上做法，另一種用來將它們的值域映射到 [0.0, 1.0] 的選擇如下：

In

```
temp = daily_bikes[:, 10, :]
temp_min = torch.min(temp)
temp_max = torch.max(temp)
daily_bikes[:, 10, :] = (daily_bikes[:, 10, :] - temp_min) / (temp_max - temp_min)
```

編註：這裡以資料集中的『攝氏溫度』資訊為例，其索引為 10，讀者可參考 4-28 頁的說明

temp_min：溫度資訊行的最小值　temp_max：溫度資訊行的最大值

或者也可以減掉平均值除以標準差，藉此來進行標準化。如此一來，值域將會映射到 [-1.0，1.0]:

In

```
temp = daily_bikes[:, 10, :]
daily_bikes[:, 10, :] = (daily_bikes[:, 10, :] - torch.mean(temp)) / torch.std(temp)
```

在第二種做法中，處理後的變數平均值會是 0（將所有值都減掉平均值，就等於我們把平均值平移到 0），另外標準差會是 1。如果我們的變數符合常態分佈，那表示轉換後將有 68% 的樣本值介於 [-1.0, 1.0] 之間。

當然，時間序列的資料還有很多種，有些資料的前後順序關係更加重要，例如文字和聲音檔。稍後我們就來介紹文字檔，而在本章末的『延伸思考』中也會提供示範聲音檔操作的連結。

4.5 表示文字資料

深度學習在**自然語言處理**(natural language processing,NLP)領域中掀起一場風暴,其中最常使用的模型稱為**循環神經網路**(recurrent neural networks,RNN),它們已經成功地應用於分類文字、生成文字和自動翻譯系統。近年來,還有一種名為 transformers 的網路。

過去的 NLP 會被一些複雜的程序所局限,如特定語言的語法編碼規則等,現在我們則利用神經網路自動從資料中萃取規則。事實上,在過去這幾年裡,網路上常用的自動翻譯系統都是基於深度學習而發展的。

本節的目標是把文字資料處理成神經網路可以用的形式,也就是轉換成數字張量。如果能做到這一點,之後我們就可以利用 PyTorch 實作神經網路模型,並應用在文字處理工作上。

4.5.1 將文字轉成數字

神經網路對可以從兩種角度來操作文字:

1. **字元**(character)角度,一次處理一個字元(如:a, b, c)

2. **單字**(word)角度,一次處理一個單字(如:apple, book, cat)

無論是從哪個角度入手,我們都可以使用 one-hot 編碼來編碼文字,並將其轉成張量的形式(編註:接下來會先示範字元角度,再示範單字角度)。現在先開啟珍奧斯汀的《傲慢與偏見》(已存放於本書的程式資料夾),再讀入其中內容:

In

```
with open('data/p1ch4/jane-austen/1342-0.txt', encoding='utf8') as f:
    text = f.read()
```

4.5.2 對字元進行 one-hot 編碼

在電腦裡，每一個字元都由一個不同的代碼來表示，其中最廣為人知的是 ASCII 碼，它是**美國信息交換標準代碼** (American Standard Code for Information Interchange) 的縮寫，自 1960 年代便已出現。ASCII 碼用 128 個整數對 128 個字元進行編碼。例如，字母 a 對應 1100001（二進位數）或 97（十進位數），字母 b 對應 1100010（二進位數）或 98（十進位數），以此類推。

NOTE ASCII 碼的 128 個字元顯然不足以容納所有語言的文字、符號、字母等。為此，人們開發了許多字元編碼法，用更多的位元數來表示個別字元。目前已有全世界統一的字元編碼法，稱為 **Unicode**。它將所有已知的字元都轉成數位訊號進行儲存，並依不同用途提供 UTF-8、UTF 16、UTF-32 等多種編碼方式，這些編碼名稱中的數字代表的是 8、16 或 32 位元整數的序列。Python 3.x 中的字串也是使用 Unicode 編碼。

現在要來對以上文本進行 one-hot 編碼，我們只會處理其中一部分的文字片段。由於現在是處理英文的文本，所以使用 ASCII 碼處理不會有問題（編註：ASCII 碼足以表示英文中的所有大小寫字母及常用符號）。我們也可以將文本中所有文字都改為小寫，這樣可以減少編碼的種類（因為同一個字母的大小寫會有不同的編碼）。同樣，也可以刪除標點符號、數字或其他不重要的字元。以上做法可能會影響模型的表現，但也可能影響不大，這取決於要解決的任務類型。

現在我們要分析一段文字中的字元，並對這些字元做 one-hot 編碼。經過編碼後，每個字元會對應一個向量，向量的長度為 N（相異的字元總數，以此例來說為 128），且在向量中只有一個元素的值為 1，其餘元素值皆為 0。

在下面的程式中，我們先將文本中的不同列存入一個串列（list），並取出其中一列文字進行分析：

```
In
lines = text.split('\n')  ←— 將不同列的文字存入串列 lines
line = lines[200]  ←— 取出串列 lines 中的第 200 列文字
line
```

```
Out
' "Impossible, Mr. Bennet, impossible, when I am not acquainted with him'  ←— 文本中第 200 列的文字內容
```

接著，創建一個張量來儲存該行文字中，所有字元的編碼結果：

```
In
letter_t = torch.zeros(len(line), 128)  ←— 創建一個張量 letter_t，元素值皆初始化為 0
                        ↑          ↑
              該行文字的字元數    ASCII 碼的字元數
letter_t.shape  ←— 印出 letter_t 的 shape
```

```
Out
torch.Size([70, 128])
```

letter_t 的每列可存放一個 one-hot 編碼字元，編碼方式如下：

```
In
for i, letter in enumerate(line.lower().strip()):
         ↑                      ↑
依序讀入該列文字中的字元    將文字轉為小寫
    letter_index = ord(letter) if ord(letter) < 128 else 0
                   ↑
                   取得目前讀入字元的 ASCII 碼
    letter_t[i][letter_index] = 1  ←— 將對應到的位置元素值設為 1
```

4.5.3 對單字進行 one-hot 編碼

除了字元層面，我們也可以從『單字』層面對文字進行編碼。首先，建立一個詞彙(vocabulary)表，然後對每一段句子中的單字進行 one-hot 編碼。由於詞彙表中的單字相當多，這將產生非常大的編碼向量，因此不太實用(編註：需要耗費大量的記憶空間)。我們將在下一節中介紹另一種更有效率的方法，稱為**詞嵌入** (word embeddings)。這裡先繼續使用 one-hot 編碼，看看會發生什麼事。

我們先定義 clean_words()，它可以接受一段文字字串，去除其中的標點符號並將所有文字轉換為小寫。當我們在上文中的 line 套用該函式時，會得到以下結果：

In

```
def clean_words(input_str):
    punctuation = '.,;:"!?”“_-'  ← 定義一些常用的標點符號
    word_list = input_str.lower().split() ← 將文字都轉為小寫，並以空白字元進行切割
    word_list = [word.strip(punctuation) for word in word_list] ← 利用 strip() 去除文字前、後的標點符號
    return word_list
words_in_line = clean_words(line) ← 將 clean_words() 套用在之前的 line 串列上
line, words_in_line
```

Out

```
(' “Impossible, Mr. Bennet, impossible, when I am not acquainted with him',
['impossible',
'mr',
'bennet',
'impossible',
'when',
'i',            ← 文句已被切割成一個個單字
'am',
'not',
'acquainted',
'with',
'him'])
```

接下來，將所有的單字都編排到 Python 的字典（dictionary）中（字典的 key 為單字、value 為其編碼）：

In

```
word_list = sorted(set(clean_words(text)))
```

將 clean_words(text) 傳回的單字串列轉為 Python 的 set 結構，然後再轉為依字母順序排列的串列

```
word2index_dict = {word: i for (i, word) in enumerate(word_list)}
```

將 word_list 中的單字編入字典，key 為單字，value 為其編碼 (就是該單字在單字串列中的索引)

```
len(word2index_dict), word2index_dict['impossible']
```

text 文本中的單字總數

單字 'impossible' 在字典中的編碼 (對應的索引值)

Out

```
(7261, 3394)
```

這裡的 word2index_dict 現在是一個以單字為鍵（key），以索引為值（value）的 Python 字典。我們可以用它來找到某一單字對應的索引值，這將方便我們進行 one-hot 編碼。現在將焦點移回句子上，我們先把它分解成單字並對它進行 one-hot 編碼，然後再把每個單字經 one-hot 編碼後的向量一併存入張量中。

In

```
word_t = torch.zeros(len(words_in_line), len(word2index_dict))
for i, word in enumerate(words_in_line):
    word_index = word2index_dict[word]
    word_t[i][word_index] = 1
    print('{} {} {}'.format(i, word_index, word))
print(word_t.shape)
```

創建一個張量，用來儲存編碼後的單字向量

進行 one-hot 編碼

Out

```
0 3394 impossible
1 4305 mr
2 813 bennet
3 3394 impossible
4 7078 when
5 3315 i
6 415 am
7 4436 not
8 239 acquainted
9 7148 with
10 3215 him
torch.Size([11, 7261])
```

文本中的相異單字總數

該段句子的單字數量

我們在圖 4.5 中比較了兩種拆分文字的方法（字元角度及單字角度），並簡單說明下一節要介紹的詞嵌入法。

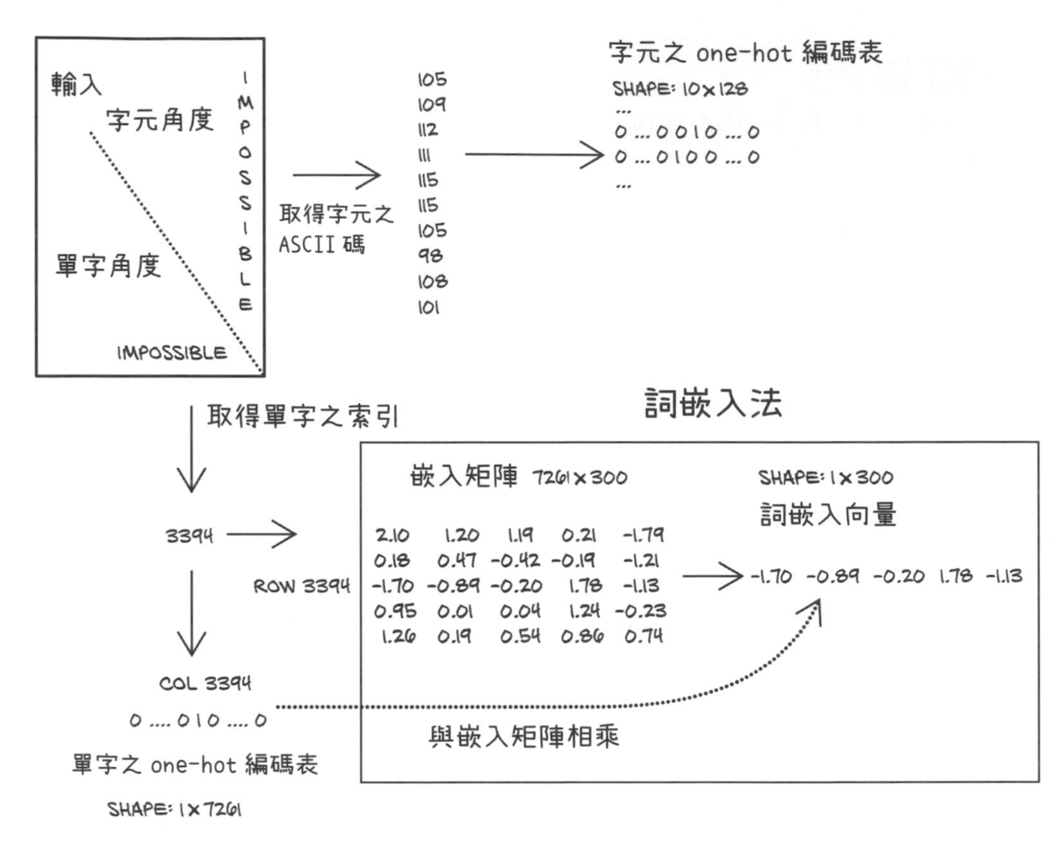

圖 4.5 文字編碼的三種常見方式：字元 one-hot 編碼、單字 one-hot 編碼及詞嵌入法。

要如何決定該以『字元』還是『單字』來做編碼呢？在許多語言（如：英文），字元的數量會比單字的數量少得多，所以表示字元時我們只需要數十個分類標籤。如此一來，在進行編碼時，不會佔用到太大的記憶體空間。

另外，若以單字來編碼英文句子會需要非常多的分類標籤。在實際應用中，可能要處理當前詞彙庫中沒有的單字，這時分類標籤的數目就會進一步增加了。不過，從另外一個角度來看，單字所傳達的意義比單個字元來得多，同時也承載了較多的信息量。

總結來說，這兩種編碼方式各有其優缺點。在下一節，我們將介紹結合了上述兩種方式之優點的編碼方法，即**詞嵌入法**（Text embedding）。

4.5.4 詞嵌入法

one-hot 編碼在把類別資料轉成張量時非常好用，不過當類別數目沒有上限時，one-hot 編碼就不適用了。假設一本英文小說的相異單字量為 10000，代表每一個單字都要用 10000 維的向量來進行 one-hot 編碼。如此一來，電腦的運算量將會十分巨大。

現在，我們要嘗試將編碼向量壓縮到一個更容易管理的大小。有人想到，可以利用**浮點數向量**來取代現有的稀疏向量（僅有一個元素值為 1，其餘皆為 0）。這樣，我們就可以用一個元素較少（例如 100 維）的浮點數向量來代表非常大的詞彙集。那麼，要如何將單字投影到浮點數向量呢？這時就可使用**嵌入法** (embedding)。

理論上，我們可以為每個單字**隨機生成**一個 100 維的浮點數向量，但這會忽略掉單字與單字之間的相關性。以『天空的顏色是藍色的』這個句子為例，這裡的『藍色』跟『天空』應該是有點關係的。理想的解決方案是：把文章中常一起使用的單字，投影到向量空間中的**相近區域**。

現在來實際建立一個詞嵌入空間，在這裡我們設定該空間有兩個軸，其中一個軸（x 軸）對應到名詞，另外一個軸（y 軸）則對應到形容詞。這兩個軸的值都介於 0 到 1 之前，x 軸被分成了 3 等份，分別為水果（0～0.33）、花朵（0.33～0.66）及狗（0.66～1.0）; y 軸則被分成了 5 等份，分別為紅色（0.0～0.2）、橘色（0.2～0.4）、黃色（0.4～0.6）、白色（0.6～0.8）及棕色（0.8～1.0）。接下來的目標是把一些單字（如：檸檬、黃金獵犬等）映射到該空間的位置，請參見圖 4.6。

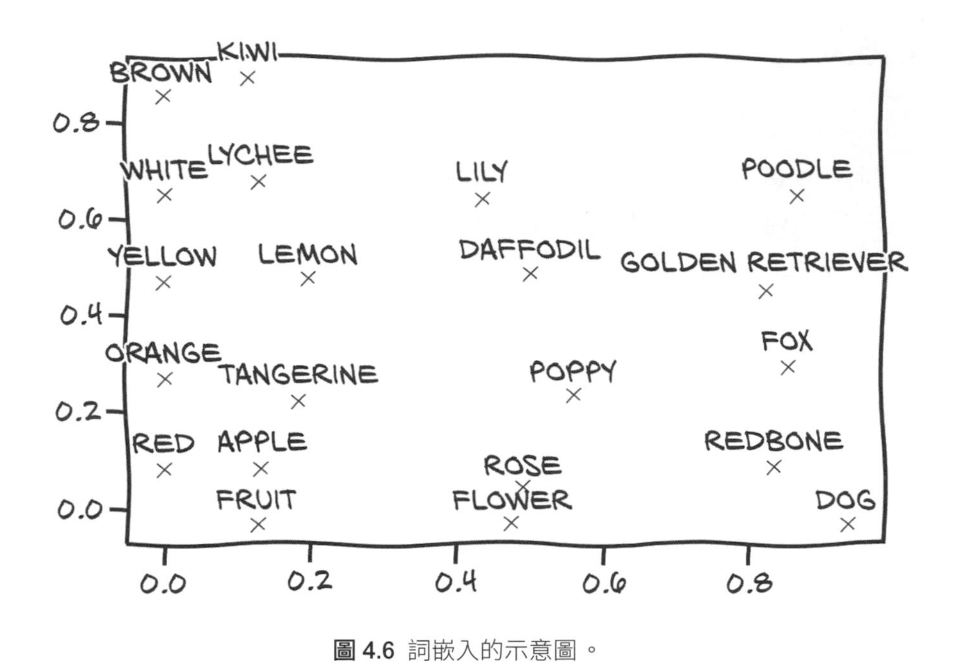

圖 4.6 詞嵌入的示意圖。

從圖 4.6 可以發現一個有趣的地方：相似的詞最終會聚在一起，而且它們與其他詞也有一致的空間關係。例如，如果你把『蘋果』投影到嵌入空間上，然後開始加減其他單字的向量，如：蘋果 - 紅 - 甜 + 黃 + 酸（**編註**：這裡假設還有另一軸代表甜酸苦等味道），這最後得到的向量結果應該會與『檸檬』的向量非常接近。

現代主流的詞嵌入模型，如 BERT 和 GPT-2 則複雜得多。它們考慮了更多上下文的關係，而且單字在向量空間的投影不是固定的，取決於周圍的句子。

4.5.5 詞嵌入法的通用性

若有大量單字必須用數字向量來表示時，詞嵌入會是一個必要的工具。雖然在本書不會使用到詞嵌入，但讀者們有必要知道如何對文字資料進行處理。只要 one-hot 編碼變得繁瑣，就可以考慮改用嵌入法來處裡，它能有效地代替 one-hot 編碼，利用包含嵌入向量的矩陣進行運算。

在非文字應用中，我們很可能沒辦法事先構建嵌入向量空間，但仍然可以先隨機生成向量，然後再想辦法優化該向量中的值。對於任何的類別資料（類別特徵）來說，嵌入都可以做為 one-hot 編碼的替代方案。文字處理也許是序列資料處理中最普遍、最深入的任務。因此，在處理時間序列的任務時，我們通常也會從自然語言的處理方法中尋找靈感。

4.6 結論

在本章，我們介紹了如何處理常見的資料類型，並讓它們符合神經網路的輸入要求。當然，也有無法涵蓋到的資料類型，如音訊或影片等。這些類型的資料對本書規劃的學習歷程關聯不大，若讀者感興趣，可參考本章節資料夾中的相關程式碼。現在我們已經熟悉了張量的相關操作，接著可以進入本書的下一階段：訓練深層神經網路。在下一章中，你將學到簡單線性模型的學習機制。

總結

- 將資料輸入神經網路前，通常要先將資料轉換成 **32 位元浮點數**的張量。
- PyTorch 與 Python 函式庫有很好的**相容性**，我們可以輕易地將常見的資料類型轉換成張量。
- 圖片可以有一個或多個**通道**(channel)，黑白圖片只有 1 個通道，彩色圖片則有 3 個通道(由紅、綠、藍三原色組成)。
- 大部分圖片的通道位元數為 8(編註：即可以表示 2^8 個值)，但也有部分圖片的通道位元數為 12 或 16。無論通道位元數為何，我們皆可以在不損失精準度的前提下，將它們以 32 位元浮點數表示。
- 文字或類別資料需要先經過 **one-hot 編碼**或**嵌入法**轉換，以方便後續的資料處理。

延伸思考

1. 拍攝一些彩色照片或是直接從網路下載樣本。

   a. 將這些照片轉換成張量。

   b. 用 mean() 取得每一張照片中，各色彩通道的強度。

2. 選一個檔案較大的文字檔。

   a. 為每一個單字創建索引值（分詞器的複雜度自行決定）。

   b. 對文件做 one-hot 編碼。

   c. 用這種編碼方式時，我們失去了哪些資訊？

MEMO

CHAPTER 05

學習的機制

本章內容

- 瞭解演算法如何從資料中學習
- 使用微分與梯度下降，將『學習』定義成『參數推估』的過程
- 實作一個簡單的學習演算法
- 瞭解 PyTorch 如何用 autograd 協助學習

隨著機器學習技術近十年來的崛起，『有學習能力的機器』已經成了科技圈與新聞界的主流話題。那麼，機器到底是如何學習呢？其背後的**機制**（或者說**演算法**）為何？觀察學習演算法後可以知道：我們首先要將大量的**輸入**（編註：即樣本，或訓練資料）、以及**期望看到的輸出**（編註：即**標籤**，或正確答案）傳給演算法進行學習。待其完成學習後，只要把與訓練資料**相似**的新資料輸入其中，演算法便能產生正確的輸出。對於深度學習而言，即使輸入和輸出的形式**完全不同**（例如：輸入為『圖片』但輸出為『文字』，如第 2 章所述），學習依舊能夠達成。

5.1 學習的流程

建立模型來解釋『輸入及輸出的關聯性』的做法，可追溯到幾個世紀以前。德國數學及天文學家克卜勒（Johannes Kepler，1571-1630）在 1600 年代早期提出他的三大行星運動定律時，所用的依據便是其導師第谷（Tycho Brahe）透過肉眼觀測所搜集的資料（編註：雖然是肉眼觀測，但第谷的資料是出了名的準確，他能在裸視情況下分辨兩顆**角位置**僅相差三十分之一度的行星）。在缺乏牛頓萬有引力定律指引的情況下（事實上，反倒是牛頓在推導萬有引力公式時參考了克卜勒的理論），克卜勒選用了最簡單的幾何模型來**擬合**（fit）資料。從一堆意義不明的數字（編註：即其導師搜集的資料）到建構出定律，整個過程歷經一步步推理，總共耗費了六年的時間才終於大功告成❶。圖 5.1 顯示了這個過程。

註❶：請參見物理學家 Michael Fowler 的敘述：http://mng.bz/K2Ej

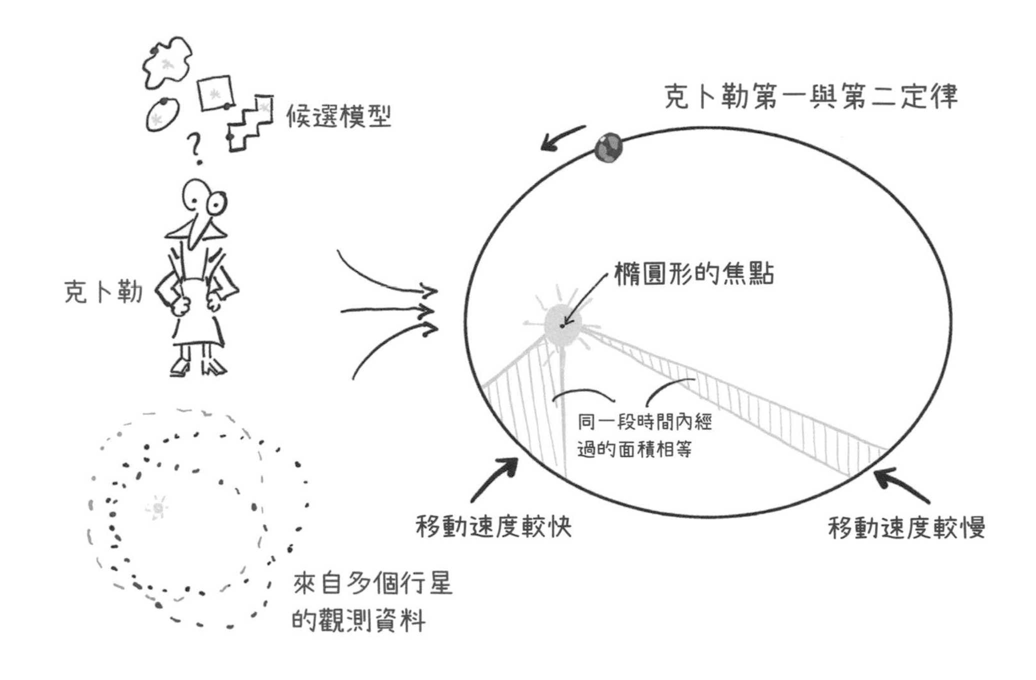

圖 5.1 克卜勒考慮了多種可能的幾何模型來擬合手上的資料，而他最終選擇了橢圓形軌道。

克卜勒的第一定律如下：『每個行星的軌道皆為橢圓形，且太陽就座落於該橢圓的其中一個**焦點**（focus）上』。他並不清楚是什麼原因造成這些軌道呈橢圓形，但依照行星（或木星等大行星旁之衛星）的多筆觀測資料，克卜勒得以推估這些橢圓軌道的形狀（即**離心率**，eccentricity）與大小（即**半焦弦**，semi-latus rectum）。一旦有了這兩個參數，他便能預測行星移動的軌道。接著克卜勒發現其第二定律，即『在相同的時間內，行星與太陽之連線所掃過的面積為常數』，因此便能進一步推測出行星會在何時到達特定位置上❷。

註❷：雖然不懂克卜勒定律並不會影響讀者理解本章內容，但若各位感興趣，可參考 https://en.wikipedia.org/wiki/Kepler%27s_laws_of_planetary_motion。

克卜勒如何在沒有電腦、計算機甚至是微積分的情況下（以上這些東西當時都還未發明），估算橢圓軌道的離心率與半焦弦呢？我們可以從克卜勒自己的回憶錄、以及他的著作《New Astronomy》中找到答案。J. V. Field 在他的系列文章《The origins of proof》中提到：

> 原則上，克卜勒必須嘗試不同的形狀，用一定數量的觀測資料找出曲線的樣貌，再依據該曲線推算出更多位置。然後，當手邊有新的觀測數據時，他會檢查這些估算的位置是否符合觀測結果。
>
> *J. V. Field*

讓我們總結一下。在這六年的歲月裡，克卜勒做了以下事情：

1. 從第谷那裡獲取了大量準確（雖然是肉眼觀測）且得來不易的資料。

2. 嘗試從資料中找出一些有用的資訊。

3. 選擇最簡單的模型（即橢圓軌道）來擬合資料。

4. 將資料區分成兩部分：一部分用來進行訓練，另一部分則用來驗證訓練成果。

5. 設定一組初始的『離心率』與『半焦弦』，經過多次調整，直到橢圓模型符合觀測數據為止。

6. 使用新的資料來驗證模型。

7. 重複進行多次計算及調整，以求更加準確。

如你所見，早在 1609 年，資料科學的標準流程就已經建立了，整個科學史其實就建立在這 7 個步驟之上。經過了幾個世紀的時間我們已然瞭解到：不按照上述流程走是會出問題的。

為了從原始資料中歸納出有用的資訊，我們必須進行**資料擬合**（fit）。在本書中，『擬合資料』和『讓演算法利用資料進行學習』是完全相同的意思。此過程中會牽涉到某個參數未知（編註：以上例來說，參數即離心率及半焦弦）的函數，即**模型**（model），而我們會嘗試使用資料來估算適合的參數值。

一般來說，『從資料中學習的模型（如：神經網路模型）』和『專門設計來解決特定問題的模型（如：克卜勒的橢圓形軌道）』是不同的，前者所能夠模擬的函數種類更多更廣（編註：因為它是一個通用的架構，不限於特定問題）。舉例而言，即使沒有克卜勒假設軌道為橢圓的前提，神經網路模型也能對第谷的資料進行預測。

本書所要討論的，就是那些不針對特定問題而設計、並且能從**輸入-輸出對**中自行學習特定任務的模型。PyTorch 在此過程中所發揮的功能，便是協助我們建構模型，同時利用輸出結果的誤差來對模型參數進行調整。如果你不明白上面這句話是什麼意思，請不必擔心，接下來我們會用一整節的篇幅來說明。

本章的重點為：如何自動化神經網路的訓練過程，這是整個深度學習技術的重點。PyTorch 則可以將訓練（或學習）過程儘可能地簡單化、透明化。為了確保大家對關鍵概念有正確認識，我們會先從比深層神經網路單純許多的模型開始說明。這可以協助你掌握學習演算法的基本運作原理，以便在第 6 章中研究更為複雜的模型。

5.2 學習就是在估算參數

在本節，你將瞭解如何選擇模型，並利用訓練資料來估算合適的模型參數，進而使該模型在接受新資料時，可以預測出正確的結果。

圖 5.2 展示了本章最後想要實現的神經網路模型。給定輸入資料與期望輸出（即真實輸出，英文為 ground truth）、以及模型的初始參數（即**權重**）值後，模型會根據輸入資料輸出一個預測結果，並透過損失函數來計算預測值與真實值之間的誤差（即**損失**，loss）。接著，模型會計算參數改變時，所造成的誤差變化量（也就是計算誤差對模型參數的**梯度**），此方法是藉由使用**連鎖法則**（chain rule）『由後往前對每一神經層的**函數**求導數』來達成的（編註：該過程即稱為**反向傳播**，backpropagation）。接著，模型參數會朝著**讓誤差變小**的方向更新。以上流程會不斷重複，直到預測誤差下降至一定標準為止。

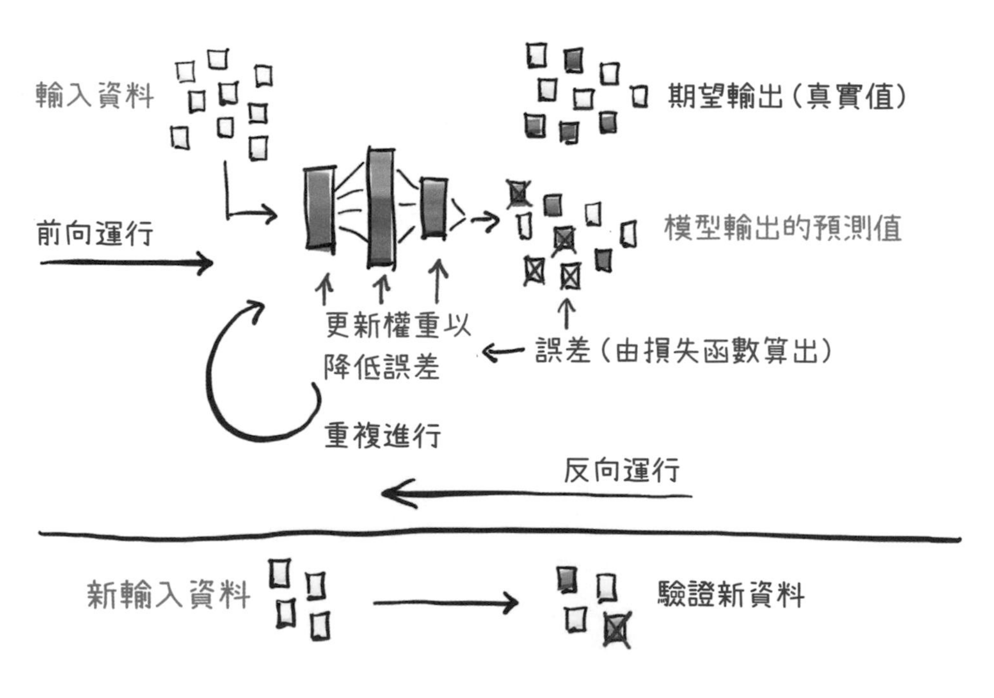

圖 5.2 學習過程的圖示。

現在，讓我們試著建立模型，並以一個資料集來訓練它。剛開始時，所有訓練過程中會用到的函式都需自行撰寫。到了本章末，我們會讓 PyTorch 替我們實現各種複雜的功能。注意，雖然接下來要討論的例子非常簡單、且尚未用到神經網路模型，但其中仍涉及許多訓練多層神經網路的重要觀念。

5.2.1 溫度計的單位

假設我們從某個國家帶回一個類比式溫度計。這個溫度計有一個問題：就是上面的讀數**沒標記單位**，現在要來解決這個問題。首先，建立一個資料集，其中包含該溫度計的讀數、以及對應到的攝氏（℃）溫度。然後選擇一個模型，持續調整其參數，直到預測誤差低於一定水平為止（編註：即模型可精準地將該溫度計上的讀數以攝氏溫度來表示）。如此一來，此模型便能用我們熟悉的單位來解釋該溫度計的讀數了 ❸。

註❸：此處的任務為**迴歸**（regression）問題（訓練模型的輸出類型為**連續數值**）。在第 7 章與第 2 篇中，我們將討論**分類**（classification）問題。

讓我們依循克卜勒的 7 個步驟，並利用新工具 PyTorch 來解決這個問題吧！

5.2.2 搜集資料

首先，我們來記錄異國溫度計的讀數、以及相應的攝氏溫度。經過幾週的努力，我們得到以下資料集：

```
import torch

t_c = [0.5,  14.0, 15.0, 28.0, 11.0,  8.0,  3.0, -4.0,  6.0, 13.0, 21.0]  ← 攝氏溫度
t_u = [35.7, 55.9, 58.2, 81.9, 56.3, 48.9, 33.9, 21.8, 48.4, 60.4, 68.4]  ← 溫度計上對應到的的讀數

t_c = torch.tensor(t_c) ┐
t_u = torch.tensor(t_u) ┘← 將資料集打包成張量
```

這裡的 t_c 代表以攝氏溫度為單位的讀數、t_u 則代表異國溫度計所用的未知單位下的讀數。為了方便起見，我們已經將它們打包進張量了，等會兒就會用到。請注意，由於儀器本身以及我們讀取刻度時存在不準確性，可以預期這些量測資料中會包含許多雜訊(編註：會有一些無可避免的誤差存在)。

5.2.3 資料視覺化

從圖 5.3 可以看出資料中有一些雜訊，但整體來說呈現一個上升趨勢。

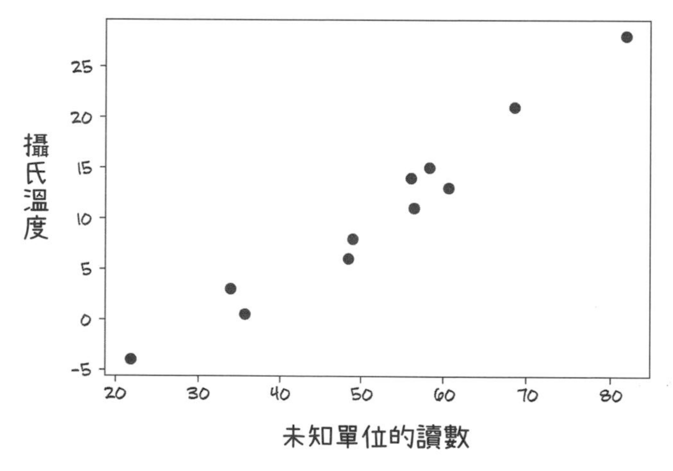

圖 5.3 異國溫度計的讀數或許和攝氏溫度的讀數存在**線性關係**。

NOTE 提前預告一下：因為這些資料都是編出來的，所以我們已經知道**線性模型** (linear model) 就是正確答案了。不過，還是請各位讀者耐心看下去，這個例子有助於讓我們瞭解 PyTorch 背後的運作原理。

5.2.4 使用線性模型進行第一次嘗試

在缺乏進一步線索的情況下，我們選擇以最簡單的**線性模型**來轉換兩種溫度讀數。在此假設：兩種溫度讀數可能是線性相關的。換言之，只要將 t_u 乘上一個數字（設為 w）再加上另一個常數（設為 b），就可以將其轉變成攝氏溫度了：

$$t\_c = w * t\_u + b$$

那麼，以上假設到底合不合理呢？這得依模型的最終表現而定。上式中的 w 和 b 分別代表**權重**（weight）和**偏值**（bias），兩者分別是**線性比例調整**（linear scaling；編註：即將資料乘上一個數值來調整比例，此處指 w）和**相加常數**（additive constant；編註：即透過加法加上的常數，此處指 b）的常用符號，各位以後還會經常看到它們❹。

> **註❹**：**權重**可以告訴我們輸入對於輸出的影響程度有多大；而**偏值**則決定了當所有輸入皆為零時，輸出值等於多少。

現在，我們的目標就是以手上的資料（t_c 及 t_u）為基礎，估算出模型的 w 值和 b 值。合理的參數值要使模型在接受未知單位的溫度輸入（即 t_u）後，能產生趨近於真實攝氏溫度的結果（即 t_c）。覺得以上步驟聽起來就像是『用一系列測量資料點來擬合直線方程式』嗎？是的，這正是我們要做的事情。

再回顧一次：現在有一個內含未定參數值（w 和 b）的模型，我們想找出它們的值，使得『模型預測值』與『真實測量值』之間的誤差儘可能地小。為達此目的，要定義一個能算出上述誤差的方法，而該方法一般稱為**損失函數**（loss function）。當誤差很大時，損失函數的值（簡稱為**損失**）也會隨之增高；而當模型完美契合訓練資料時，此函數的值應該會降到最低。因此此處的最佳化過程等同於：**找出能最小化損失的 w 值和 b 值**。

5.3 以降低損失為目標

損失函數（loss function；或稱為**成本函數**，英文是 cost function）的輸出為一個數值（即損失），而該數值正是學習演算法欲最小化的目標。一般而言，損失的計算會涉及真實值（即我們希望模型產生的結果）與模型預測值的誤差。以本章的例子而言，誤差是由模型預測值（記為 t_p）和真實測量值（t_c）相減而得，也就是：t_p - t_c。

由於我們想確保無論 t_p 大於或小於 t_c，損失函數的值皆為**正數**，因此可以將損失函數定為｜t_p - t_c｜與 $(t\_p - t\_c)^2$ 中的其中一個。

> **小編補充** ｜t_p–t_c｜稱為**絕對差值函數**；$(t\_p–t\_c)^2$ 稱為**平方差值函數**。

圖 5.4 顯示了上文提到的兩種損失函數。請注意，右圖的平方差值函數在誤差最小值（t_p 等於 t_c）附近的行為較理想，因為當 t_p 等於 t_c 時，平方差值函數對 t_p 的導數等於零。相比之下，絕對差值函數的導數在該點則是無法定義的。在實作上，這個問題其實影響不大，但這裡我們還是選用平方差值函數做為損失函數。

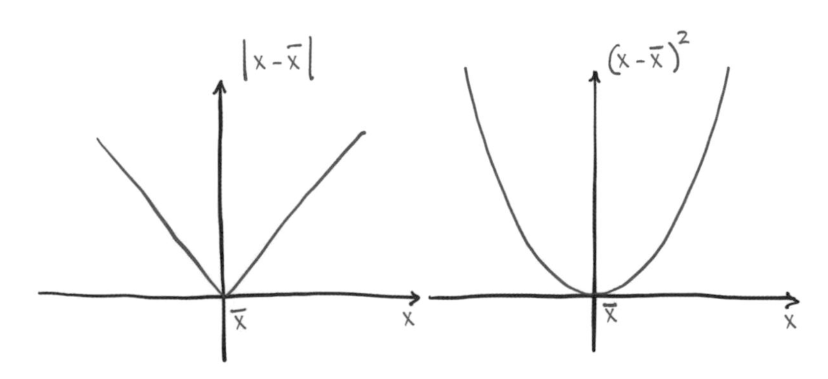

圖 5.4 左圖：絕對差值函數　右圖：平方差值函數

編註：圖中的 x 為真實值，x̄ 則為預測值值得一提的是，相較於絕對差值函數，平方差值函數對於有著明顯誤差的預測項有較強的『懲罰』作用。在多數情況下，『產生多個誤差微小的結果』是比『產生少量錯得離譜的預測』要好的，而平方差值函數可以協助我們優先處理這些高誤差的結果。

5.3.1 利用 PyTorch 解決問題

在上一小節，我們已決定好要使用的模型（線性模型）和損失函數（平方差值函數），是時候用實際資料來進行訓練了。剛剛我們已經把輸入資料（溫度計的讀數）儲存到張量 t_u，現在來建構一個簡單的線性模型：

In

```
def model(t_u, w, b): ←— 該模型的參數為：輸入張量 (t_u)、權重參數 (w) 與偏值參數 (b)
    return w * t_u + b ←— 傳回預測值
```

model() 函式中的 t_u、w 和 b 分別是：輸入張量（編註：內存有前文所提到，以未知單位來表示的溫度計讀數）、權重參數（w）與偏值參數（b）。在我們的模型中，參數 w 和 b 為 PyTorch 純量（0 軸張量），而張量之間的乘法則是透過**張量擴張**（broadcasting，接下來會詳細說明）來完成。接著，來看看如何定義損失函數：

In

```
def loss_fn(t_p, t_c): ←— 定義損失函數
             ↑    ↑
       預測值張量  實際值張量
    squared_diffs = (t_p - t_c)**2 ←— 計算張量中每個元素的平方差值 (**2 代表取平方)
    return squared_diffs.mean()  ←— 算出 squared_diffs 中所有元素之平均數
```

以上函式會輸出一個純量，稱為**均方損失**（mean square loss；編註：更常見的名字是**均方誤差**，英文為 mean square error, MSE）。

接著，來初始化模型的參數值（w 和 b），並將之前創建的 t_u 張量一併輸入至模型：

In

```
w = torch.ones(())  ←將 w 初始化為 1
b = torch.zeros(())  ←將 b 初始化為 0
t_p = model(t_u, w, b)  ←將 t_u 輸入模型並運行，同時將結果存進 t_p 張量
t_p
```

Out

```
tensor([35.7000,  55.9000,  58.2000,  81.9000,  56.3000,  48.9000,  33.9000,
        21.8000,  48.4000,  60.4000,  68.4000])
```

檢查一下損失函數是否可以正常運作：

In

```
loss = loss_fn(t_p, t_c)
loss
```

Out

```
tensor(1763.8848)  ←輸出均方損失，為一純量
```

本節實作了模型與損失函數，並確認它們可以正常運作。不過，我們還沒說明要如何估算出合適的 w 和 b。在下一節，我們會先用手寫函式進行說明，之後再講解怎麼以 PyTorch 提供的現成工具來解決相同問題。現在，讓我們對張量擴張進行補充說明。

張量擴張 (Broadcasting)

我們曾在第 3 章稍提過張量擴張，現在來進行更深入的介紹。本節的例子裡包含了兩個純量 (0 軸張量，w 和 b)，而我們要讓 w 與一個長度為 1 的向量 (即 1 軸張量 t_u) 相乘，然後加上 b。

在一般情況下 (或早期版本的 PyTorch)，我們只能針對兩個**相同形狀** (shape) 張量中的元素，進行加法、減法、乘法或是除法等運算，且輸出張量中每一個元素的值，是由兩個原張量內對應位置的值計算而來。

在 NumPy 中廣泛使用、同時被 PyTorch 所採納的張量擴張，則允許我們對**不同形狀**的張量進行幾乎所有的運算。該操作是透過以下規則來匹配張量元素的：

- 檢查每一個軸，若某個軸的維度為 1 (只有一個元素)，則 PyTorch 會將此元素與另一張量對應軸上的**每個元素**分別進行運算。
- 若兩張量中對應軸的維度皆大於 1 (都有多個元素)，則它們的大小**必須相等**，此時該軸中的元素自然就可與另一張量中對應位置的元素進行運算。
- 若某張量的軸數多於另一個張量，則另一張量會和此張量多出軸中的每個元素進行運算。例如 A、B 張量的 shape 為 [2, 3]、[3]，則 B 中的元素會分別和 A[0] 及 A[1] 中的元素進行運算。

這些規則看起來非常複雜，所以一不留意可能就會犯錯 (這就是為什麼在 3.4 節中要將張量的各個軸命名的原因)。一般而言，我們會將張量的各個軸寫下來以弄清楚情況，或是利用圖表呈現張量擴張的過程，就像下圖這樣。

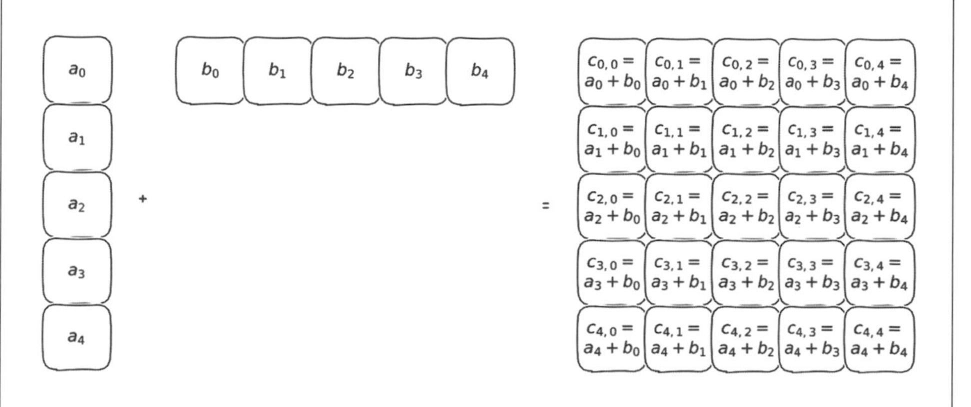

NEXT

以下的程式碼有助於我們更好地理解以上理論：

In

```
x = torch.ones(())          ← x 是 0 軸張量
y = torch.ones(3, 1)        ← y 是 2 軸張量，shape 為 3×1
z = torch.ones(1, 3)        ← z 是 2 軸張量，shape 為 1×3
a = torch.ones(2, 1, 1)     ← a 是 3 軸張量，shape 為 2×1×1
print(f"shapes: x: {x.shape}, y: {y.shape}")
print(f"        z: {z.shape}, a: {a.shape}")
print("x * y:", (x * y).shape)  ← 輸出 x * y 的 shape
print("y * z:", (y * z).shape)  ← 輸出 y * z 的 shape
print("y * z * a:", (y * z * a).shape)  ← 輸出 y * z * a 的 shape
```

Out

```
shapes: x: torch.Size([]), y: torch.Size([3, 1])
        z: torch.Size([1, 3]), a: torch.Size([2, 1, 1])
x * y: torch.Size([3, 1])
y * z: torch.Size([3, 3])
y * z * a: torch.Size([2, 3, 3])
```

5.4 梯度下降演算法

接下來，我們會利用**梯度下降演算法**（gradient descent algorithm）來更新模型參數，進而降低損失。本節的目的是幫助各位建立對於梯度下降的觀念，這在未來的討論中會非常有用。如前所述，本章所舉的例子其實有更快速的解決方法，但這些方法在多數的深度學習任務中是行不通的（**編註**：因為它們只能解決特定任務，而無法通用於各種任務）。

先想像以下場景（如圖 5.5 所示）：我們站在一台裝有兩個旋鈕的機器前，這些旋鈕分別可調整 w 和 b，且透過該機器的螢幕可以看見當前的損失。

在不曉得怎麼操作旋鈕的狀況下，我們先以隨機操作的方式，測試朝哪個方向轉動它們可降低損失，再順著這些方向旋轉兩個鈕。在降低損失的過程中，當距離最佳值（即：讓損失最小的 w 和 b）很遠時，我們應該會看到損失快速降低；而在接近最佳值時，下降速度則趨於緩和。當旋轉至一定程度後，會發現損失回升，此時就得將兩個旋鈕、或其中之一朝反方向轉。由此可見，當損失降低的幅度趨緩時，旋鈕的調整幅度也應該放緩，以避免轉過頭。透過以上動作，我們最終能讓損失收斂至最小值上。

圖 5.5 透過旋轉標有 w 和 b 的旋鈕，我們試圖找到能最小化損失的 w 和 b。

5.4.1 損失下降

梯度下降的過程和上面所描述的過程很相似，它的概念是：計算損失對模型參數（w 和 b）的變化率（即梯度），並朝著使損失下降的方向更新參數。和轉動旋鈕一樣，我們可以先分別讓 w 和 b 在一個很小的範圍（設為 delta）內變動。方法是分別對 w 和 b 減去 / 加上某個 delta 值，再看看損失在這段範圍（即 w - delta 至 w + delta）中的改變程度為何（即計算損失對 w 的變化率），以下先以參數 w 來說明（**編註**：請注意，用來調整 w 和 b 的 delta 值一般來說是不同的）。

In

```
delta = 0.1

loss_rate_of_change_w = (loss_fn(model(t_u, w + delta, b), t_c) -
                         loss_fn(model(t_u, w - delta, b), t_c)) / (2.0 * delta)
```

小編補充 前文的程式碼是基於以下公式來進行實作，其中 delta 為一正數：

$$損失對\ w\ 的變化率 = \frac{(w+delta)\ 時的損失 - (w-delta)\ 時的損失}{2 \times delta}$$

當加上 delta 時，損失相應地也會改變。若此改變量為負數(代表損失變小)，則應該持續增加 w 來降低損失；而若改變量為正數，那就得降低 w 才行。但應該增加或降低多少呢？讓**『w 的改變量』與『損失的變化率』成比例**是一個常見的做法。

此外，由於『調整後的 w』與『調整前的 w』所對應的損失變化率可能差異懸殊，故模型參數一次的更新幅度不要太大才好(避免一不小心超過最佳值)。因此，我們通常會把損失變化率乘上一個很小的因子，藉此縮小其影響。該因子有很多種不同的稱呼，而在機器學習中，它通常被稱為**學習率**(learning rate)：

In

```
learning_rate = 1e-2  ← 設定學習率為 0.01
                ↑
             這是數字 1
w = w - learning_rate * loss_rate_of_change_w
                                ↑
                        剛剛算出的損失變化率
```

我們可以對參數 b 進行同樣處理：

In

```
loss_rate_of_change_b = (loss_fn(model(t_u, w, b + delta), t_c) -
                         loss_fn(model(t_u, w, b - delta), t_c)) / (2.0 * delta)

b = b - learning_rate * loss_rate_of_change_b
```

這就是梯度下降演算法中，更新模型參數的基本步驟。假設一切順利，則在重複執行以上過程後，參數最終會收斂到一組可讓『損失達到最小』的值。我們很快就會展示完整的迭代流程，但在此之前，我們必須對計算損失變化率的方式進行更深入的討論。

5.4.2 解析變化率

在上文中，我們透過重複評估模型參數與損失，進而找出損失在 w ± delta 和 b ± delta 範圍中的變化率，然而這樣的方法在處理**包含大量參數**的模型時會遇到困難。還有一個問題，那就是無法確定 delta 值應該怎麼設定。前面我們令 delta 等於 0.1，但實際上這個值得依損失函數而定。如果某個 delta 值讓損失的變動速度太快，我們將難以判斷損失究竟朝哪個方向下降。

那麼，要是我們像圖 5.6 顯示的那樣，把 w ± delta 和 b ± delta 兩區間變成無限小呢？這時，變化率就相當於計算損失對模型參數的**微分導數**。對於擁有兩個以上參數的模型（就像本例中所用的）而言，我們可以分別計算損失對每一個參數的導數，再將所有結果放入一個向量中，而這個向量就是所謂的**梯度**（gradient）。

小編補充 關於反向傳播的詳細推導過程，讀者可參考由旗標出版的《決心打底！Python 深度學習基礎養成》一書。

計算損失對參數的導數

為了計算損失對參數 w 的導數，我們需套用**連鎖律**（chain rule）：先求得『損失函數 loss_fn』對『模型輸出 t_p』的導數 Ⓐ，再將上述結果乘以『模型輸出 t_p』對『參數 w』的導數 Ⓑ：

$$\frac{dloss\_fn}{dw} = \frac{dloss\_fn}{dt\_p} \times \frac{dt\_p}{dw}$$

（Ⓐ 指向 $\frac{dloss\_fn}{dt\_p}$，Ⓑ 指向 $\frac{dt\_p}{dw}$）

（編註：若要計算損失對參數 b 的導數，則將以上公式中的『w』替換成『b』即可）

回憶一下：我們選擇的模型為線型函數，而損失則是一堆平方值的平均數（編註：在 5-11 頁已定義了損失函數，即均方誤差 MSE）。顧名思義，該函數是先算出每個元素的平方差值，再計算這些數值的平均數。現在，來看看如何將『導數的計算過程』以程式表示。之前定義的損失函數如下：

In

```
def loss_fn(t_p, t_c):
    squared_diffs = (t_p - t_c)**2    ← 計算張量中每個元素的平方差值
    return squared_diffs.mean()       ← 傳回各元素平方差值的平均數
```

先計算損失函數對模型輸出的導數 (d loss_fn / d t_p)

根據導數公式，我們可以計算損失函數（loss_fn）對模型輸出（t_p）的導數：

損失函數 MSE

$$\frac{dloss\_fn}{dt\_p} = \frac{d[(t\_p-t\_c)^2])}{dt\_p} = 2(t\_p-t\_c)$$

先算出導數，才來計算各導數的平均

因此，在以下程式中，我們先依照公式計算導數，然後再進行平均計算。

In

```
def dloss_fn(t_p, t_c):
    dsq_diffs = 2 * (t_p - t_c)   ← 依照公式計算導數
    return dsq_diffs/ t_p.size(0)   ← 由於要取平均，所以這裡需進行除法
                       ↑
                  t_p 張量內的元素總數
```

計算模型輸出對參數的導數 (d t_p / d w)

現在來處理模型輸出 t_p 對參數 w 和 b 的導數，回憶一下，我們的模型為：

In

```
def model(t_u, w, b):
    return w * t_u + b   ← 模型的輸出
```

根據導數公式，模型輸出 t_p 對 w 和 b 的導數分別為 t_u 及 1.0：

$$\frac{dt\_p}{dw} = \frac{d(w*t\_u+b)}{dw} = t\_u$$ ← 模型對 w 的導數

$$\frac{dt\_p}{db} = \frac{d(w*t\_u+b)}{db} = 1$$ ← 模型對 b 的導數

In

```
def dmodel_dw(t_u, w, b):   ← 模型對 w 的導數
    return t_u

def dmodel_db(t_u, w, b):   ← 模型對 b 的導數
    return 1.0
```

定義梯度函數 (d loss_fn / d w)

用連鎖律將上面的結果合併，則梯度函數可定義如下：

In

```
def grad_fn(t_u, t_c, t_p, w, b):  ← 參考 5-18 頁的公式
    dloss_dtp = dloss_fn(t_p, t_c)
    dloss_dw = dloss_dtp * dmodel_dw(t_u, w, b)
    dloss_db = dloss_dtp * dmodel_db(t_u, w, b)
    return torch.stack([dloss_dw.sum(), dloss_db.sum()])  ← 將損失對 w 和 b 之導數堆疊在一起
```

圖 5.6 顯示如何用數學來描述上述過程。和之前一樣，我們將所有元素的梯度取平均（即加總後再除以元素總數），以便得到能反映所有損失**偏導數**（partial derivative）的單一純量。

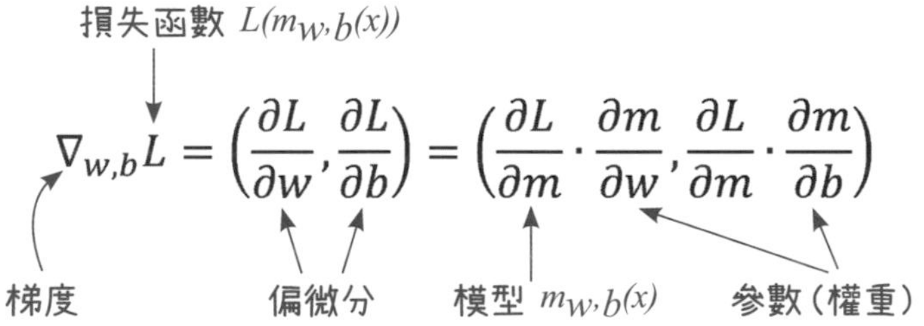

損失函數 $L(m_{w,b}(x))$

$$\nabla_{w,b} L = \left(\frac{\partial L}{\partial w}, \frac{\partial L}{\partial b}\right) = \left(\frac{\partial L}{\partial m} \cdot \frac{\partial m}{\partial w}, \frac{\partial L}{\partial m} \cdot \frac{\partial m}{\partial b}\right)$$

梯度　偏微分　模型 $m_{w,b}(x)$　參數（權重）

圖 5.6 損失函數對每個模型參數（權重）的導數。

5.4.3 透過迭代來擬合模型

到此已準備好優化模型參數所需的所有工具了。現在，我們會從一組隨機的初始參數開始，透過迭代的方式來更新參數，直到迭代次數達到我們的指定值。

訓練迴圈

訓練迴圈每執行一次（即處理完所有訓練樣本並更新模型參數）稱為一個**訓練週期**（或**訓練次數**，epoch）。完整的訓練迴圈如下：

In

```
def training_loop(n_epochs, learning_rate, params, t_u, t_c, print_params = True):
                      ↑                             ↑
                   訓練次數                包含參數 w 和 b 的 tuple
    for epoch in range(1, n_epochs + 1):
        w, b = params
        t_p = model(t_u, w, b)    ← 運行模型
        loss = loss_fn(t_p, t_c)  ← 計算損失
        grad = grad_fn(t_u, t_c, t_p, w, b) ← 計算梯度
        params = params - learning_rate * grad ← 更新參數
        print('Epoch %d: Loss %f' % (epoch, float(loss))) ← 顯示第 epoch 次訓練的損失
        if(print_params):
            print('\tParams: ', params) ← 印出參數值
            print("\tGrad: ", grad) ← 印出梯度
    return params
```

現在，來執行訓練迴圈：

In

```
training_loop(n_epochs = 100, ← 設定訓練次數為 100
              learning_rate = 1e-2, ← 設定學習率為 1×10^-2
              params = torch.tensor([1.0, 0.0]), ← 設定 w 的初始值為 1，b 的初始值為 0
              t_u = t_u,
              t_c = t_c)
```

NEXT

```
Out
Epoch 1, Loss 1763.884644
    Params: tensor([-44.1730,  -0.8260])
                      ↑          ↑
                    w 的值      b 的值
    Grad:   tensor([4517.2969,   82.6000])
                      ↑            ↑
                    w 的梯度     b 的梯度
Epoch 2, Loss 5802485.500000
    Params: tensor([2568.4014,   45.1637])
    Grad:   tensor([-261257.4219,   -4598.9712])
Epoch 3, Loss 19408035840.000000
    Params: tensor([-148527.7344,   -2616.3933])
    Grad:   tensor([15109614.0000,   266155.7188])
...
Epoch 10, Loss 90901154706620645225508955521810432.000000
    Params: tensor([3.2144e+17, 5.6621e+15])
    Grad:   tensor([-3.2700e+19, -5.7600e+17])
Epoch 11, Loss inf  ←— inf 代表無限大
    Params: tensor([-1.8590e+19, -3.2746e+17])
    Grad:   tensor([1.8912e+21, 3.3313e+19])
...
tensor([nan, nan]) ←— 最終的 w 和 b 值 (nan 代表 not a number)
```

過度訓練

我們試著執行 100 次的訓練，損失不但沒有縮小，反而在第 11 次訓練時就爆增成無限大 inf。這個結果表明：參數 params 單次的更新幅度太大了，使得最佳化過程變得不穩定。換句話說，損失並沒有收斂到最小值上，反而**發散**（diverge）了，這和我們的目標（讓損失越來越小）不符（見圖 5.7）。

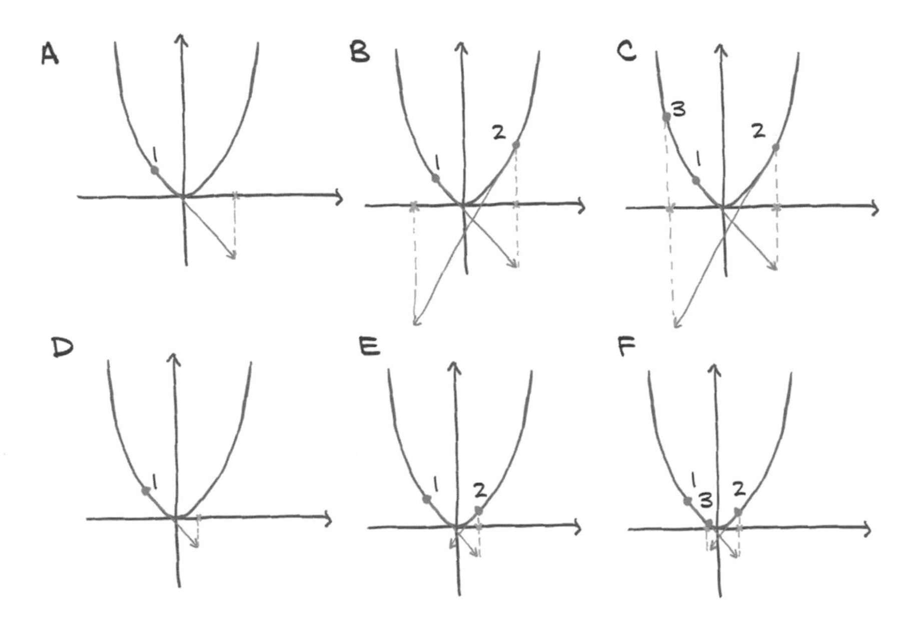

圖 5.7 圖 A、B、C：參數的更新幅度過大，進而導致損失發散。
圖 D、E、F：參數的更新幅度適中，讓損失順利收斂到最佳點。

那麼，該如何控制參數的更新幅度呢？這並不困難，只要選一個小一點的學習率就行了。事實上，當訓練結果與預期不相符時，我們最常更改的參數之一便是學習率 ❺。學習率的調整通常是以一次一個數量級（即每次**乘以 10 或除以 10**）的方式進行。以本例而言，我們可以試試 1e－3（1×10^{-3}）或 1e－4（1×10^{-4}），這會造成更新幅度同樣以數量級方式降低。

註❺：這種參數優化的過程有個特別的術語，叫**超參數調整**（hyperparameter tuning）。**超參數**指的是和模型本身有關、且能控制訓練效果的參數。一般來說，超參數的設定是手動進行的，它們無法和模型內部的參數（即 w 和 b）一起經由訓練來調整。

這裡將學習率改為 1e－4 並看看結果如何：

In

```
training_loop(n_epochs = 100,
              learning_rate = 1e-4, ◄── 將學習率降低 100 倍
              params = torch.tensor([1.0, 0.0]),
              t_u = t_u,
              t_c = t_c)
```

Out

```
Epoch 1, Loss 1763.884644
    Params: tensor([ 0.5483, -0.0083])
                      ↑        ↑
                     w的值     b的值
    Grad:   tensor([4517.2969,   82.6000])
                      ↑           ↑
                   w的梯度      b的梯度
Epoch 2, Loss 323.090546
    Params: tensor([ 0.3623, -0.0118])
    Grad:   tensor([1859.5493,   35.7843])
Epoch 3, Loss 78.929634
    Params: tensor([ 0.2858, -0.0135])
    Grad:   tensor([765.4667,  16.5122])
...
Epoch 10, Loss 29.105242
    Params: tensor([ 0.2324, -0.0166])
    Grad:   tensor([1.4803, 3.0544])
Epoch 11, Loss 29.104168
    Params: tensor([ 0.2323, -0.0169])
    Grad:   tensor([0.5781, 3.0384])
...
Epoch 99, Loss 29.023582
    Params: tensor([ 0.2327, -0.0435])
    Grad:   tensor([-0.0533,  3.0226])
Epoch 100, Loss 29.022669
    Params: tensor([ 0.2327, -0.0438])
    Grad:   tensor([-0.0532,  3.0226])

tensor([ 0.2327, -0.0438]) ◄── 最終的 w 和 b 值
```

可以看到，優化過程現在變得穩定了（編註：損失在慢慢下降中），但又產生了另一個問題：由於參數每次更新的幅度非常小，故損失下降的速度也非常緩慢、甚至最後停滯不前。以上問題可以透過『讓學習率隨著訓練次數改變』來解決；也就是說，我們將根據訓練的進程，來相應地調整學習率（編註：如訓練初期提高學習率，訓練末期降低學習率等）。有一些優化方法可以做到這一點，各位會在本章末的 5.5.2 節中看到。

5.4.4 正規化輸入

故事到此還沒結束，因為梯度本身也有問題需要解決。讓我們回頭檢視一下第一訓練週期（epoch 1）中的 Grad。我們發現在 epoch 1 中，w 的梯度是 b 的 50 倍左右，這表示 w 和 b 是不同級數的。在這種情況下，對於某一參數來說大小適中的學習率，對另一個參數而言可能過大，進而導致無法穩定地對後者進行優化；而對後者來說大小適中的學習率，對前者則過小，以致於沒辦法產生有效的參數更新。

處理以上問題的其中一種想法是：給每一個參數各自定一個學習率，但對於擁有大量參數的模型而言，這種方法顯然太麻煩了。事實上，有一種更簡單的做法：透過『調整輸入資料』來降低梯度間的差異。例如，我們可以讓輸入值的範圍大致落在 -1.0 和 1.0 之間（編註：該過程即**正規化**）。就本章的例子而言，只要對 t_u 中的元素乘上 0.1 就能產生類似的效果：

In

```
t_un = 0.1 * t_u
```

小編補充 回顧一下，w 的梯度等於 t_u，因此只要將 t_u 乘以 0.1，w 的梯度便可以降低 10 倍，進而讓 w 和 b 的梯度處於同一個級數。

我們在變數名稱『t_u』的後面加一個 n 來表示正規化以後的 t_u。接下來，就試試用這個正規化的輸入（t_un）運行訓練迴圈：

In

```
training_loop(n_epochs = 100,
              learning_rate = 1e-2, ← 學習率使用一開始造成梯度爆炸的數值
              params = torch.tensor([1.0, 0.0]),
              t_u = t_un, ← 原本的 t_u 替換成 t_un
              t_c = t_c)
```

Out

```
Epoch 1, Loss 80.364342
    Params: tensor([1.7761, 0.1064])
    Grad:   tensor([-77.6140, -10.6400])
Epoch 2, Loss 37.574917
    Params: tensor([2.0848, 0.1303])
    Grad:   tensor([-30.8623,  -2.3864])
Epoch 3, Loss 30.871077
    Params: tensor([2.2094, 0.1217])
    Grad:   tensor([-12.4631,   0.8587])
...
Epoch 10, Loss 29.030487
    Params: tensor([ 2.3232, -0.0710])
    Grad:   tensor([-0.5355,  2.9295])
Epoch 11, Loss 28.941875
    Params: tensor([ 2.3284, -0.1003])
    Grad:   tensor([-0.5240,  2.9264])
...
Epoch 99, Loss 22.214186
    Params: tensor([ 2.7508, -2.4910])
    Grad:   tensor([-0.4453,  2.5208])
Epoch 100, Loss 22.148710
    Params: tensor([ 2.7553, -2.5162])
    Grad:   tensor([-0.4446,  2.5165])

tensor([ 2.7553, -2.5162])
```

先將輸入進行正規化處理後，即使將學習率改回原來的 1e－2 也不會造成參數爆炸。除此之外，可發現參數 w 和 b 的梯度量級差異變小。如此一來，對兩者套用同一學習率也就沒問題了。在本例中，我們只是簡單地將輸入資料除以 10（調降一個級數）便大大改善了訓練過程。若運用更好的正規化方法，則最終的訓練結果可能會更佳。不過，我們的目的已經達成了，關於正規化的部分就暫且介紹到這裡吧！

NOTE 雖然正規化（normalization）在這裡對於模型訓練有幫助，但你可能會說：對於參數優化而言它好像不是必要的步驟吧？因為本例的問題夠單純，所以我們可以找到許多替代方法來穩定參數優化的過程。然而，當問題的複雜度上升，正規化就會變成能有效讓模型收斂的重要方法了。

讓我們調高訓練次數，以便觀察 params（參數 w 和 b 的值）變小的過程。請將 n_epochs 改成 5,000：

In

```
params = training_loop(n_epochs = 5000,
                       learning_rate = 1e-2,
                       params = torch.tensor([1.0, 0.0]),
                       t_u = t_un,
                       t_c = t_c
                       print_params = False)

params
```

Out

```
Epoch 1, Loss 80.364342
Epoch 2, Loss 37.574917
Epoch 3, Loss 30.871077
...
Epoch 10, Loss 29.030487
Epoch 11, Loss 28.941875
...
Epoch 99, Loss 22.214186
Epoch 100, Loss 22.148710
```

NEXT

```
...
Epoch 4000, Loss 2.927680
Epoch 5000, Loss 2.927648

tensor([ 5.3671, -17.3012])
```

以上結果顯示，當我們順著梯度下降方向調整參數時，損失也跟著降低。但是，損失並未降為零，這有兩種可能：一是訓練次數不夠，損失尚未能收斂到零；二是資料點並非完美的落於一直線上。後者是我們預料之中的事，因為搜集的讀數中可能包含雜訊，而我們的測量也不會完全準確。

仔細觀察 w 和 b 的值，並考慮先前的正規化操作（對 t_u 乘上 0.1）以後，我們發現這和『華氏轉攝氏』溫度轉換公式（攝氏 = (5/9)❶ * 華氏 - (160/9)❷）的係數幾乎一樣。原來，這個異國溫度計所顯示的溫度單位一直都是**華氏溫度**，而我們成功透過梯度下降演算法來發現這件事！

❶最後的 w=5.3671　❷最後的 b=-17.3012

5.4.5 視覺化資料點

讓我們將資料點畫出來，**資料的視覺化**是資料科學中相當重要的步驟。

In

```
%matplotlib inline
from matplotlib import pyplot as plt
t_p = model(t_un, *params) ←記住，訓練模型時使用的是經過正規化乘以 0.1 的輸入資料 (t_un)
                ↑
       剛剛訓練過的參數 w 和 b
fig = plt.figure(dpi=100)
plt.xlabel("Temperature (°Fahrenheit)") ← 設定 x 軸的名稱
plt.ylabel("Temperature (°Celsius)")    ← 設定 y 軸的名稱
plt.plot(t_u.numpy(), t_p.detach().numpy()) ← 注意，我們要畫的是未經正規化的原始資料
plt.plot(t_u.numpy(), t_c.numpy(), 'o')
```

上述程式碼使用了 Python 的**引數解包**（argument unpacking）技巧：透過『*params』指令，params 中的元素便會被當成單獨的引數傳入函式中。因此程式碼中的『model(t_un, *params)』其實就等於『model(t_un, params[0], params[1])』。在 Python 中，引數解包的應用對象通常是串列（list）或 tuple，但此技巧也可以用在 PyTorch 的張量上。

執行程式後會產生圖 5.8，可以看到：我們的線性模型和資料點高度契合。當然，搜集到的資料點還是存在雜訊，否則資料點應該可以完全貼合線性模型。

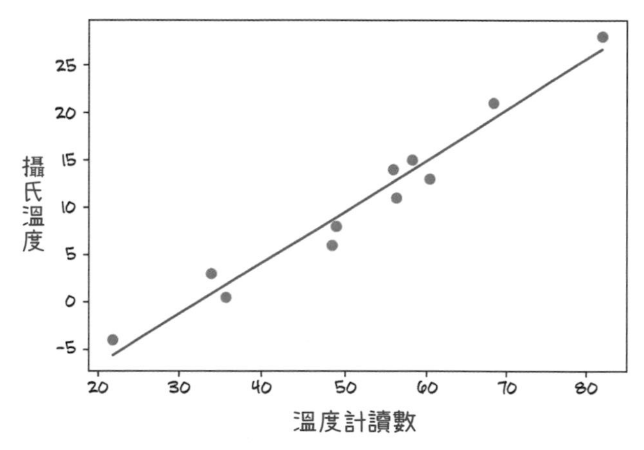

圖 5.8 線性模型（實線）與資料點（圓點）之間的關係。

5.5 用 PyTorch 的 autograd 進行反向傳播

在先前的例子中，我們見證了一個簡單的**反向傳播**（backpropagation）案例：為了求得合成函數（由損失函數和模型組成）對其內部參數（w 和 b）的梯度，我們使用了**連續律**以反向計算導數。此處有一個先決條件，那就是：參與此過程的所有函數都必須是可微分的。一旦此條件成立，我們就能算出損失隨著模型參數改變的變化率，也就是損失函數對 w 和 b 的梯度。

即使我們所處理的模型包含上百萬個參數，只要模型可微分，那麼梯度計算的過程便能以數學式表示，且我們可以一次性求得答案。不過，要寫出由多個線性和非線性函數所組成之合成函數的導數解析式並非易事，整個過程可能得花好一段時間才能完成。

5.5.1 自動計算梯度

有了 PyTorch 的 autograd，我們便不必如此麻煩了。第 3 章曾對張量進行了概略的介紹，但有一件很事我們當時沒提：PyTorch 的張量會記住自己是如何產生的，即產生它們的運算以及母張量（parent tensor）為何，並自動提供這些運算對其輸入變數的連鎖導數。換句話說，我們其實**沒必要手動寫微分式**，無論模型的結構有多複雜，PyTorch 都能**自動幫我們計算參數的梯度**（編註：雖然沒必要，但是手算出微分式可加深我們對連鎖法則的理解）。

應用 AUTOGRAD

讓我們利用 autograd 來改寫之前的程式碼。首先，回想一下我們的模型和損失函數長什麼樣子：

In

```
def model(t_u, w, b): ◀— 重新定義模型
    return w * t_u + b

def loss_fn(t_p, t_c): ◀— 重新定義損失函數
    squared_diffs = (t_p - t_c)**2
    return squared_diffs.mean()
```

然後再次初始化模型參數（w 和 b）：

In

```
params = torch.tensor([1.0, 0.0], requires_grad=True) ◀— 設定 w 的初始值為 1，b 的初始值為 0
```

使用 grad 屬性

params 的建構式中多了一個引數：『requires_grad=True』，設定該引數後，PyTorch 會追蹤由 params 相關運算所產生的所有張量。換言之，只要某張量的母張量中包含 params，那麼從 params 到該張量之間的所有運算函數便會被記錄下來。假設這些函數皆可微（大多數 PyTorch 的張量運算都可微分），那麼其導數便會自動地被存入 params 張量的 grad 屬性之中。

所有 PyTorch 張量都有 grad 屬性，且它們的初始值是 None：

In

```
print(params.grad)
```

Out

```
None
```

若我們想要 PyTorch 自動計算 grad，只要先將目標張量（params）的 requires_grad 引數設為 True、然後運行模型並計算損失、最後再呼叫 loss 張量的 backward 方法（method）即可：

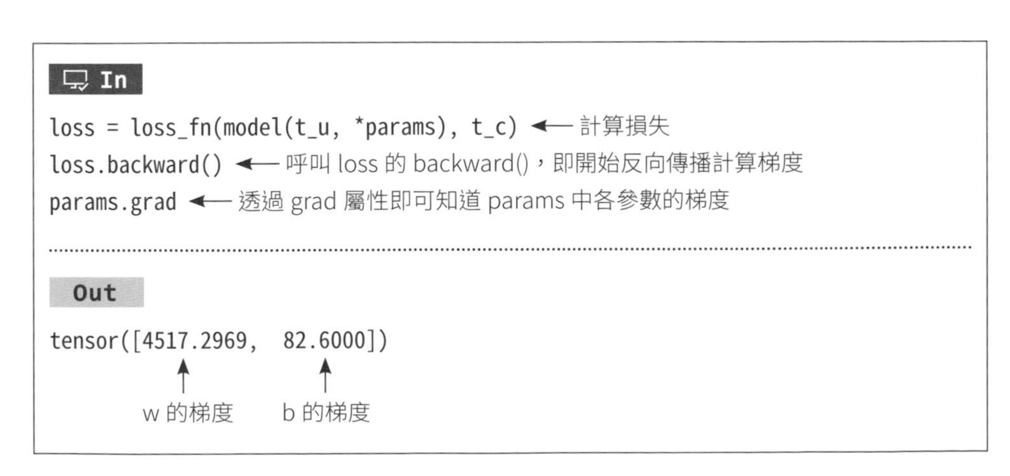

PyTorch 除了可以計算出參數的梯度，還會生成一張**運算圖**（computational graph），其中每項運算都分別以節點表示（放在圓圈中，見圖 5.9）。圖 5.9 的上半部分為模型的前向運行（編註：從將資料輸入模型開始，到輸出一個預測值並計算損失的過程）；而當 loss.backward() 被呼叫時，PyTorch 會循著此圖的**相反方向**計算梯度，此過程顯示在圖 5.9 的下半部分。

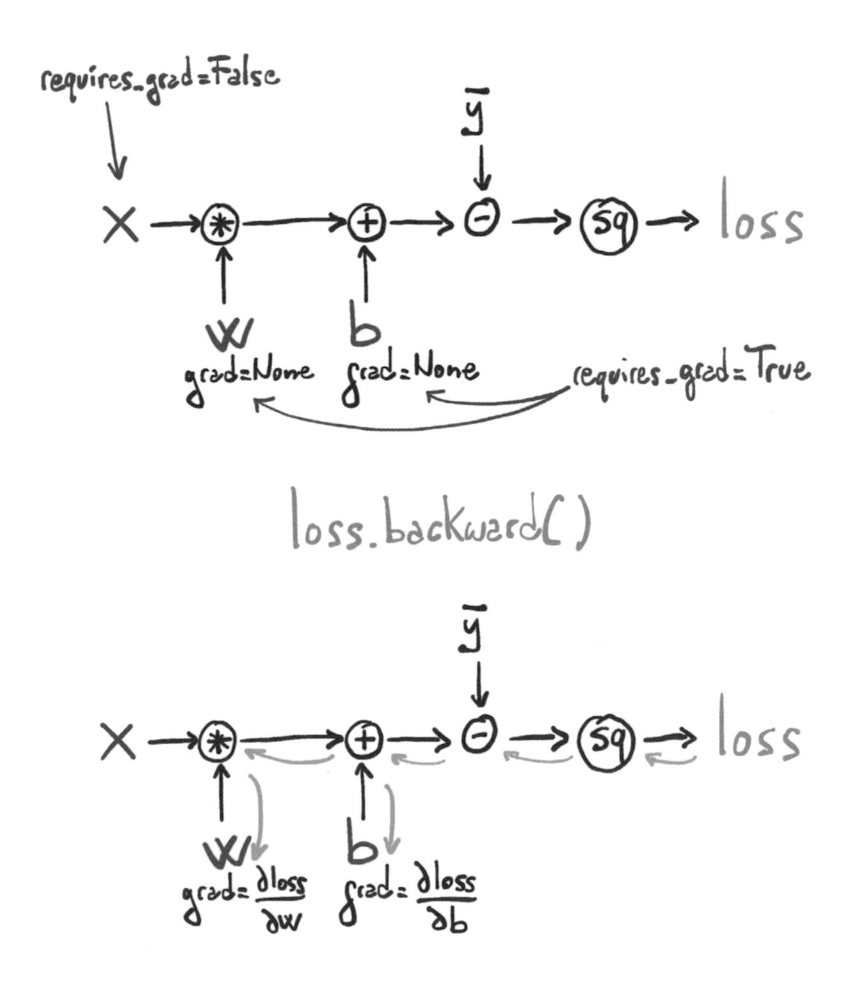

圖 5.9 上圖：前向運行模型並計算損失
下圖：反向計算梯度

梯度累加

我們可以將任意合成函數中，任意數量的張量設為 requires_grad=True。PyTorch 會自動算出運算圖中一連串函數的連鎖導數為何，並且將結果累加到這些張量（即運算圖中的葉節點）的 grad 屬性當中。

呼叫 backward() 後，導數會被**累加**到葉節點的 grad 中。假設我們先呼叫 backward() 一次、重新評估損失、然後再呼叫一次 backward()，則兩次呼叫 backward() 的梯度值會被相加，進而產生錯誤的結果。

為了避免上述問題，我們必須在每次訓練迴圈完成後**將梯度歸零**，這可以藉由 zero_() 來完成：

In
```
if params.grad is not None:
    params.grad.zero_()
```

NOTE 你可能會好奇：為什麼 backward() 沒有自動歸零的功能，反而要我們手動將梯度清空。原因是在更複雜的模型中，手動歸零能讓我們獲得更大的彈性與掌控權。

牢記上面這項重點以後，讓我們來撰寫加入了 autograd 的訓練迴圈：

In
```
def training_loop(n_epochs, learning_rate, params, t_u, t_c):
    for epoch in range(1, n_epochs + 1):
        if params.grad is not None:
            params.grad.zero_()  ← 將梯度歸零
        t_p = model(t_u, *params)
        loss = loss_fn(t_p, t_c)
        loss.backward()
        with torch.no_grad():  ← 作用接下來會說明
            params -= learning_rate * params.grad  ← 利用梯度來更新參數
        if epoch % 500 == 0:  ← 每隔 500 次訓練，就顯示一次損失值以追蹤訓練進度
            print('Epoch %d, Loss %f' % (epoch, float(loss)))
    return params
```

上面的程式碼中包含了一些細節：

第一，我們將更新參數的程式包裹在 Python 的 with 敘述當中，並將其設為 no_grad。這樣一來，PyTorch autograd 就不會在 with 區塊中運作 ❻，因此不會將 with 內的運算過程加到運算圖中。事實上，當呼叫 backward 方法時，PyTorch 所記錄的前向運算圖便會被使用掉（在計算完梯度之後即清除），只留下 params 葉節點（即 w 和 b 節點），而我們希望在下一迴圈建立新的前向運算圖之前，不要更動到運算圖的內容，因此必須將相關程式放在 with torch.no_grad() 中。

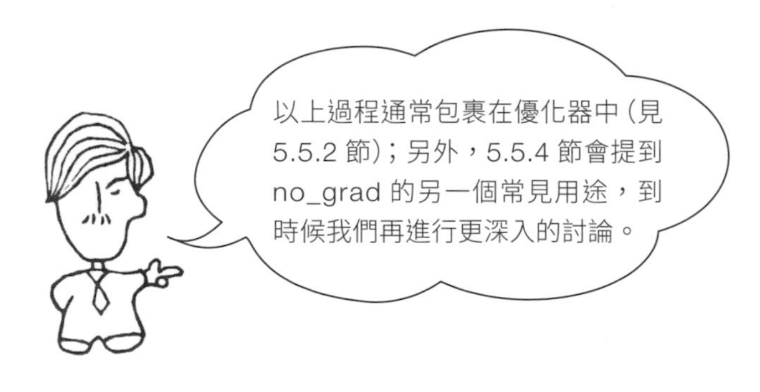

註 ❻：在實際情況中，PyTorch autograd 會透過 in-place 操作（參考 3.7.2 節）來追蹤改變 params 的運算。

第二，程式是將 params 用 in-place 的方式更新，也就是說，更新的過程是作用在同一個張量上（編註：並不是透過**複製**出另一個 params，進行修改並傳回新 params 的做法）。一般來說，由於 PyTorch 的 autograd 引擎可能會在反向傳播時使用到 params 的值，所以我們通常會儘量避免直接更改原始 params 的內容。然而，在這裡直接更新 params 是必要的，如此可以簡化程式，或未來與 PyTorch 的優化器配合。由於此程式是在反向傳播之後才執行，而且在 with 區塊中 autograd 是不運作的，所以不會造成任何問題。

接著來檢查一下新訓練迴圈是否有效：

In

```
training_loop(n_epochs = 5000,
              learning_rate = 1e-2,        加入『requires_grad=True』是這裡的關鍵
              params = torch.tensor([1.0, 0.0], requires_grad=True), ◄─┘
              t_u = t_un, ◄── 和先前一樣，我們會使用正規化的 t_un 來取代 t_u
              t_c = t_c)
```

Out

```
Epoch 500, Loss 7.860116
Epoch 1000, Loss 3.828538
Epoch 1500, Loss 3.092191
Epoch 2000, Loss 2.957697
Epoch 2500, Loss 2.933134
Epoch 3000, Loss 2.928648
Epoch 3500, Loss 2.927830
Epoch 4000, Loss 2.927679
Epoch 4500, Loss 2.927652
Epoch 5000, Loss 2.927647

tensor([ 5.3671, -17.3012], requires_grad=True)
```

以上結果和之前相同，代表我們沒有必要手動來計算梯度，PyTorch 可以幫助我們得到同樣的結果。

5.5.2 選擇優化器

上文的程式使用了最簡單的梯度下降法來進行參數優化（params -= learning_rate * params.grad）。該方法在本章的簡單範例中表現不錯，但在模型複雜度上升時，可能就得選擇其它優化策略了。

未來的章節還會對優化器做更深入地討論。但在這裡，我們要先介紹一下 PyTorch 如何替使用者省下自定優化策略的麻煩。在 torch 模組中存在名為 optim 的子模組，其中包含了可實作各種優化演算法的類別（class）。可用以下程式列出優化器的清單：

In

```
import torch.optim as optim
dir(optim) ◀— 印出 optim 模組內的項目
```

Out

```
['ASGD',
 'Adadelta',
 'Adagrad',
 'Adam',
 'AdamW',
 'Adamax',
 'LBFGS',
 'Optimizer',
 'RMSprop',
 'Rprop',
 'SGD',
 'SparseAdam',
 ...] ◀— 後面省略
```

每個優化器建構函式的第一個參數都是『內含模型參數的張量』，且該張量的 requires_grad 通常都設為 True。這些參數會一直保存在優化器物件中，因此優化器可持續更新其值，並存取它們的 grad 屬性（如圖 5.10 所示）。

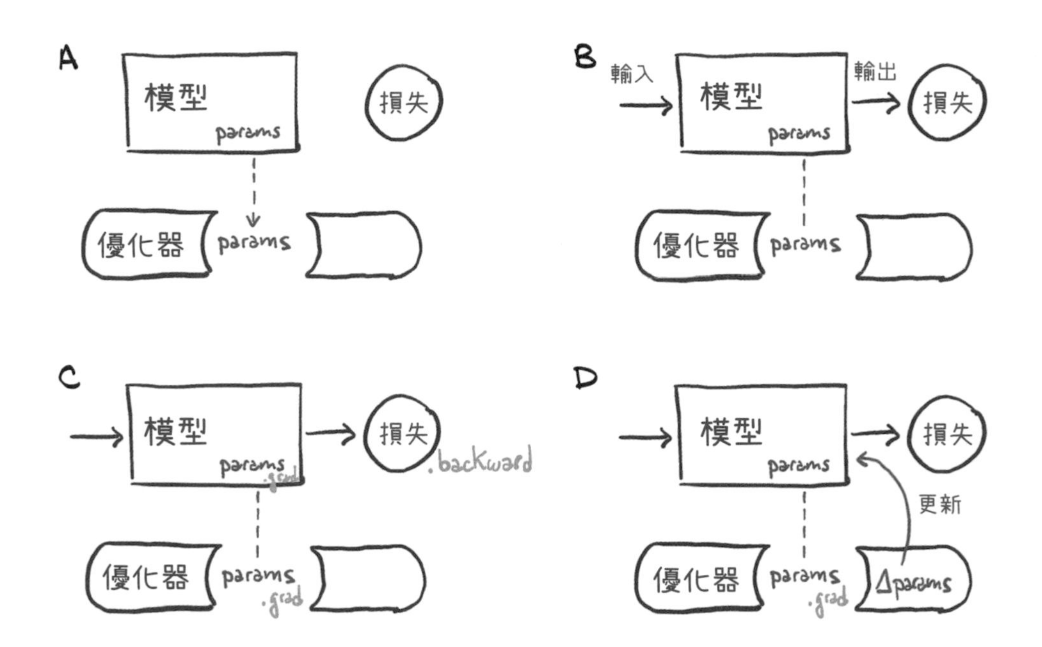

圖 5.10 (A) 優化器如何保存模型參數的參考位置 (reference)。(B) 當模型使用輸入資料計算出損失後，(C) 呼叫 backward，將梯度累加至模型參數的 grad 屬性中。(D) 此時，優化器便可以存取 grad 屬性，計算並更新張量中的模型參數。

每個優化器都具有兩個 method：zero_grad() 和 step()，前者可以將所有參數張量的 grad 屬性歸零，後者則可以根據優化器自身的優化策略來更新參數值。

使用梯度下降優化器

讓我們來創建一個 params 張量和優化器物件（object）：

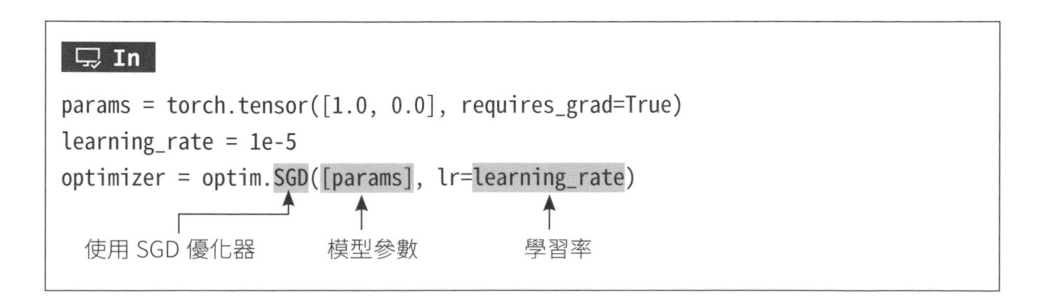
In

```
params = torch.tensor([1.0, 0.0], requires_grad=True)
learning_rate = 1e-5
optimizer = optim.SGD([params], lr=learning_rate)
```

來實際用一下我們的新優化器吧：

In

```
t_p = model(t_u, *params)
loss = loss_fn(t_p, t_c) ◄— 計算損失
loss.backward() ◄— 反向傳播
optimizer.step() ◄— 更新參數
params
```

Out

```
tensor([ 9.5483e-01, -8.2600e-04], requires_grad=True)
```

可以看到，只要呼叫 step()，params 中的值就會自動更新了（初始值為 1.0 及 0.0）。優化器會將原始的 params 減去 learning_rate 乘以 params.grad，藉此更新參數。這和之前手寫程式所做的事情完全相同。

你可能認為：只要把上述優化器放入訓練迴圈中就大功告成了。但很遺憾，我們還差一個關鍵步驟未完成，即：梯度歸零。若直接運用上面的程式碼，則每次呼叫 backward() 方法時，梯度便會在葉節點中不斷累積，導致最後的結果大錯特錯！因此，我們得在迴圈中加入 zero_grad() 才行：

In

```
params = torch.tensor([1.0, 0.0], requires_grad=True)
learning_rate = 1e-2
optimizer = optim.SGD([params], lr=learning_rate)
t_p = model(t_un, *params)
loss = loss_fn(t_p, t_c)
optimizer.zero_grad() ◄— 和之前一樣，此行程式的位置並非固定，
loss.backward()           只要在 loss.backward() 之前呼叫即可
optimizer.step()
params
```

Out

```
tensor([1.7761, 0.1064], requires_grad=True)
```

總之，利用 optim 模組，我們便不必手動撰寫優化演算法的細節（編註：即梯度計算及參數更新的部份），只需將模型參數提供給優化器即可。一起來看看修改後的訓練迴圈吧：

In

```
def training_loop(n_epochs, optimizer, params, t_u, t_c):
    for epoch in range(1, n_epochs + 1):
        t_p = model(t_u, *params)
        loss = loss_fn(t_p, t_c)
        optimizer.zero_grad()
        loss.backward()
        optimizer.step()
        if epoch % 500 == 0: ◀— 每 500 次訓練迴圈便印出一次損失
            print('Epoch %d, Loss %f' % (epoch, float(loss)))
    return params
```

In

```
params = torch.tensor([1.0, 0.0], requires_grad=True)
learning_rate = 1e-2
optimizer = optim.SGD([params], lr=learning_rate)
training_loop(n_epochs = 5000,
              optimizer = optimizer,
              params = params,
              t_u = t_un, ◀— 此處使用正規化後的輸入
              t_c = t_c)
```

Out

```
Epoch 500, Loss 7.860118
Epoch 1000, Loss 3.828538
Epoch 1500, Loss 3.092191
Epoch 2000, Loss 2.957697
Epoch 2500, Loss 2.933134
Epoch 3000, Loss 2.928648
Epoch 3500, Loss 2.927830
Epoch 4000, Loss 2.927680
```

NEXT

```
Epoch 4500, Loss 2.927651
Epoch 5000, Loss 2.927648

tensor([5.3671, -17.3012], requires_grad=True)
```

試用其它優化器

若想試試看其它優化器，只要產生另一種優化器的實例即可（例如：以 Adam 取代上面的 SGD）。這裡我們就不深入介紹 Adam 了，你只需要知道：這是一種更為複雜的優化器，且其學習率會隨著優化過程自動調整。除此之外，它對於參數的數值大小較無要求，因此我們可以使用未經正規化的輸入資料 t_u，甚至把學習率定為 1e-1（前面分別用過 1e-2 和 1e-4）也不會有問題：

In

```
params = torch.tensor([1.0, 0.0], requires_grad=True)
learning_rate = 1e-1
optimizer = optim.Adam([params], lr=learning_rate) ← 選擇 Adam 作為優化器
training_loop(n_epochs = 2000,
              optimizer = optimizer,
              params = params,
              t_u = t_u, ← 使用原始輸入 t_u (未經正規化)
              t_c = t_c)
```

Out

```
Epoch 500, Loss 7.612903
Epoch 1000, Loss 3.086700
Epoch 1500, Loss 2.928578
Epoch 2000, Loss 2.927646

tensor([  0.5367, -17.3021], requires_grad=True)
```

若我們想將本章的模型改成**神經網路**，則只需要更改 model 函式即可。由於在本章的例子中，我們已經知道攝氏和華氏溫度間的轉換為**線性變換**了，所以將模型替換成神經網路其實沒有多大好處（編註：換句話說，利用最簡單的線性模型就綽綽有餘了）。話雖如此，我們還是會在第 6 章中這麼做，以做為簡單易學的入門範例。一般來說，神經網路會應用在**高度非線性**的預測任務，例如第 2 章中提過的『將圖片轉換成文字描述』。

藉由本章的例子，我們已經掌握了訓練複雜深度學習模型所需的核心概念與機制，包括：透過反向傳播計算梯度、autograd、以及運用梯度下降和優化器來優化模型參數等。本章接下來的內容將說明深度學習的一些其他細節。

5.5.3 訓練、驗證與過度配適

不曉得各位還記不記得，從克卜勒的例子中我們還學到一件很重要、但到目前為止尚未討論到的事：他將一部分的數據保留起來，以便日後用這些資料來驗證模型。這個步驟是很重要的，對於可以擬合任何函數的模型（如：神經網路）來說更是如此。這是因為在給定一群資料的情況下，即使訓練過的模型能對**訓練資料**做準確預測（達到最小損失），但也無法保證模型在該群資料**之外**依然表現良好。畢竟，我們只要求優化器針對給定的資料來最小化損失。由於上述原因，當模型遇到**沒見過的資料**時，往往會發現損失比預期中來得大很多，這種現象便是**過度配適**（overfitting）。

想解決這個問題，首先就要知道它何時會發生。為此，我們遵循克卜勒在 1600 年所採行的方法：將一部分資料從資料集中取出做為**驗證集**（validation set），並只用剩下來的資料（稱為**訓練集**，training set）擬合模型，如圖 5.11 所示。在擬合模型的過程中，我們會同時使用訓練集與驗證集中的資料來評估損失。若想瞭解模型擬合的實際表現如何，同時參考兩種評估的結果是非常必要的。

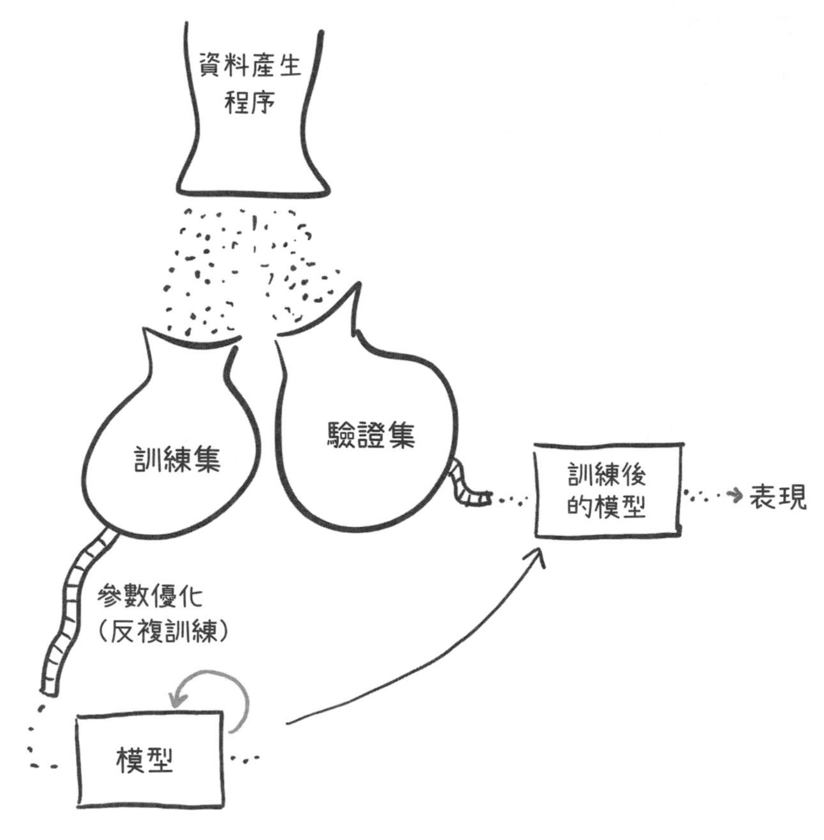

圖 5.11 此圖顯示了資料訓練過程中使用訓練集和驗證集的概念。

估算訓練損失

訓練損失可以告訴我們：模型是否能擬合訓練集中的資料。換句話說，該損失會顯示模型是否有足夠的**容量**(即足夠的參數)來處理訓練資料中的關鍵資訊。舉例而言，假如之前的異國溫度計使用**對數化的刻度**來顯示溫度，那麼我們的線性模型便不適合用來擬合觀測數據，也無法順利將未知溫度轉成攝氏溫度了(編註：若將一組對數化的資料點描繪出來，會得到一個**呈曲線特性**的散佈圖)。在這種情況下，模型的訓練損失永遠也無法收斂至一個最佳值。

在有足夠參數的情況下，深層神經網路可以模擬非常複雜的函數。反過來說，神經網路的參數越少，其所能模擬的函數也就越簡單。由此可以總結出『規則 1』：若訓練損失並沒有呈現下降趨勢，則模型可能太過簡單了（編註：即要增加模型的層數或各層的參數等）。

將模型表現普適到驗證集上

那麼，驗證集又能告訴我們什麼呢？若在訓練過程中，由驗證資料產生的損失並未隨著訓練損失一同下降，則代表模型只擬合了訓練時所看到的樣本，但並未將所學**普適化**（generalize）到**訓練集以外**的資料上。若以上現象為真，則只要使用模型**未曾處理過的數據**來評估其表現，損失就會顯著變高。由此可以得到『規則 2』：若訓練損失和驗證損失差距很大，則可得知模型發生了**過度配適**（overfitting）。

為進一步討論過度配適現象，讓我們回頭來看先前的溫度計範例。我們可以選擇更複雜的函數來擬合數據，並產生非常貼合資料點的**非線性模型**，如圖 5.12 所示。

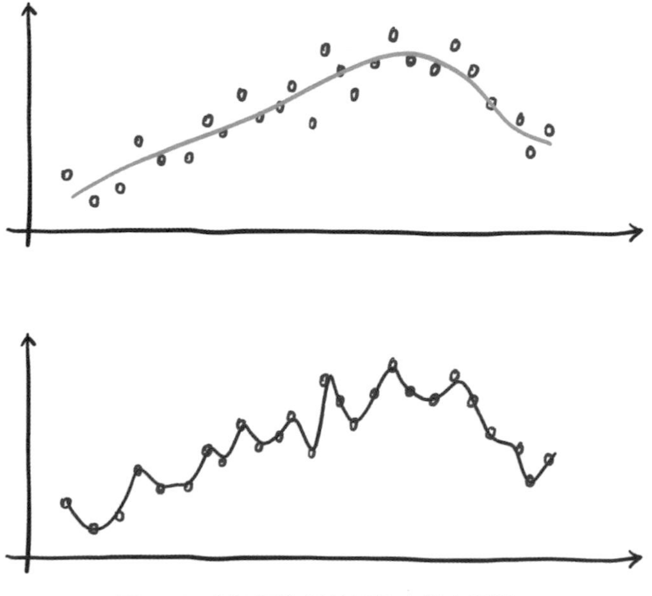

圖 5.12 利用更複雜的函數來擬合資料。

解決過度配適的關鍵為：讓模型在訓練資料以外也能表現良好（編註：損失很低）。為此我們能做的第一件事，就是確保取得足夠多的訓練資料。

在確定擁有足夠數據後，接下來還要讓模型對訓練資料的表現儘可能**常規化**（regularization）。這可以透過幾種方式達成。首先，我們可以在損失函數中加入**懲罰項**（penalization terms），進而在一定程度內使模型變化更為緩慢、行為更加平順（編註：就是當神經層的參數值越大則給予越大的懲罰，以限縮其變化範圍）。另一種方法則是在輸入樣本中加入雜訊。這相當於人工產生訓練資料以外的新數據，並迫使模型擬合這些新數據。還有許多其它的常規化方法，每一種都和上面提到的多少有些相似，但對我們來說最好的第一步其實是：讓模型變得更簡單。從直觀上來說，與複雜模型相比，簡單模型無法完美擬合訓練資料，所以它們的表現通常比較常規化（編註：大致上就是只學到少數較大的通則，而不會學到眾多繁瑣的細則）。

從以上討論可以發現，我們必須進行**取捨**（trade-off）：一方面，模型的容量必須足夠大，如此才能擬合訓練集；但另一方面，我們又想避免過度配適的發生。為了找出神經網路的合適大小（即該網路應該有多少參數），可以使用以下的兩階段流程：首先，嘗試以較大容量模型進行訓練，直到擬合資料為止。接著，在可擬合資料的狀況下，儘量縮小模型以減少其過度配適。

在第 12 章中我們將進一步探討上述議題，但現在，讓我們回到本章的範例中，來看看該如何將資料拆分成訓練集和驗證集吧！基本步驟是：先以相同方式對 t_u 和 t_c 進行洗牌，然後再將打亂後的張量資料分割成兩部分。

切割資料集

第一步，透過**隨機排列索引值**的方式，對輸入張量（t_u）中的元素進行**洗牌**（shuffling）。我們可以用 randperm() 函式來產生隨機排列的索引值：

In

```
n_samples = t_u.shape[0] ←— 取得輸入張量內的樣本總數
n_val = int(0.2 * n_samples) ←— 設定驗證集內的樣本數為總樣本數的 20%
shuffled_indices = torch.randperm(n_samples) ←— 產生隨機排列的索引值
train_indices = shuffled_indices[:-n_val] ←— 取前 80% 做為訓練集的元素索引值
val_indices = shuffled_indices[-n_val:] ←— 取後 20% 做為驗證集的元素索引值
train_indices, val_indices ←— 由於排列是隨機的，故讀者的執行結果可能和我們的不同
```

Out

```
(tensor([9, 6, 5, 8, 4, 7, 0, 1, 3]), tensor([2, 10]))
```

以上程式碼會產生兩個**索引值張量**。將它們運用於資料張量上，便可以建立訓練和驗證集了：

In

```
train_t_u = t_u[train_indices] ┐
train_t_c = t_c[train_indices] ┘←— 建立訓練集

val_t_u = t_u[val_indices] ┐
val_t_c = t_c[val_indices] ┘←— 建立驗證集

train_t_un = 0.1 * train_t_u ┐
val_t_un = 0.1 * val_t_u     ┘←— 對輸入樣本進行正規化
```

訓練迴圈則基本上維持不變，只不過要在每個訓練週期中加入評估驗證損失的部分，如此才能測出模型是否過度配適了：

In

```
def training_loop(n_epochs, optimizer, params, train_t_u, val_t_u, train_t_c,
                  val_t_c):
    for epoch in range(1, n_epochs + 1):
        train_t_p = model(train_t_u, *params)
        train_loss = loss_fn(train_t_p, train_t_c)

        val_t_p = model(val_t_u, *params)
        val_loss = loss_fn(val_t_p, val_t_c)

        optimizer.zero_grad()
        train_loss.backward()
        optimizer.step()

        if epoch <= 3 or epoch % 500 == 0:
            print(f"Epoch {epoch}, Training loss {train_loss.item():.4f},"
                  f" Validation loss {val_loss.item():.4f}")

    return params
```

此兩行程式碼基本上是相同的，只不過前者的輸入為 train_，後者的則是 val_

注意：沒有 val_loss.backward()，因為我們並不會用驗證資料來訓練模型

In

```
params = torch.tensor([1.0, 0.0], requires_grad=True)
learning_rate = 1e-2
optimizer = optim.SGD([params], lr=learning_rate)

training_loop(n_epochs = 3000,
              optimizer = optimizer,
              params = params,
              train_t_u = train_t_un,
              val_t_u = val_t_un,
              train_t_c = train_t_c,
              val_t_c = val_t_c)
```

因為此處的優化器是 SGD，故需使用正規化的輸入資料

NEXT

Out

```
Epoch 1, Training loss 66.5811, Validation loss 142.3890
Epoch 2, Training loss 38.8626, Validation loss 64.0434
Epoch 3, Training loss 33.3475, Validation loss 39.4590
Epoch 500, Training loss 7.1454, Validation loss 9.1252
Epoch 1000, Training loss 3.5940, Validation loss 5.3110
Epoch 1500, Training loss 3.0942, Validation loss 4.1611
Epoch 2000, Training loss 3.0238, Validation loss 3.7693
Epoch 2500, Training loss 3.0139, Validation loss 3.6279
Epoch 3000, Training loss 3.0125, Validation loss 3.5756

tensor([  5.1964, -16.7512], requires_grad=True)
```

注意，由於這裡的驗證集實在太小了，故驗證損失其實沒有太大意義。但無論如何，我們還是看到：驗證損失總是高於訓練損失，但兩者的差異並不是太大。由於我們原本就是透過訓練集來調整模型參數的，所以可以理所當然地預期模型在訓練資料上的預測表現較佳。在此我們更想知道的是：訓練損失和驗證損失是否**皆呈現下降趨勢**。在理想狀況中，兩種損失的數值應該一直保持大致相同才對。而在實務上，通常只要這兩者的差異不要太大，我們就有理由相信模型正持續從資料中學習到普適化的特徵。接下來，我們將以圖 5.13 展現 4 種常見的損失圖。

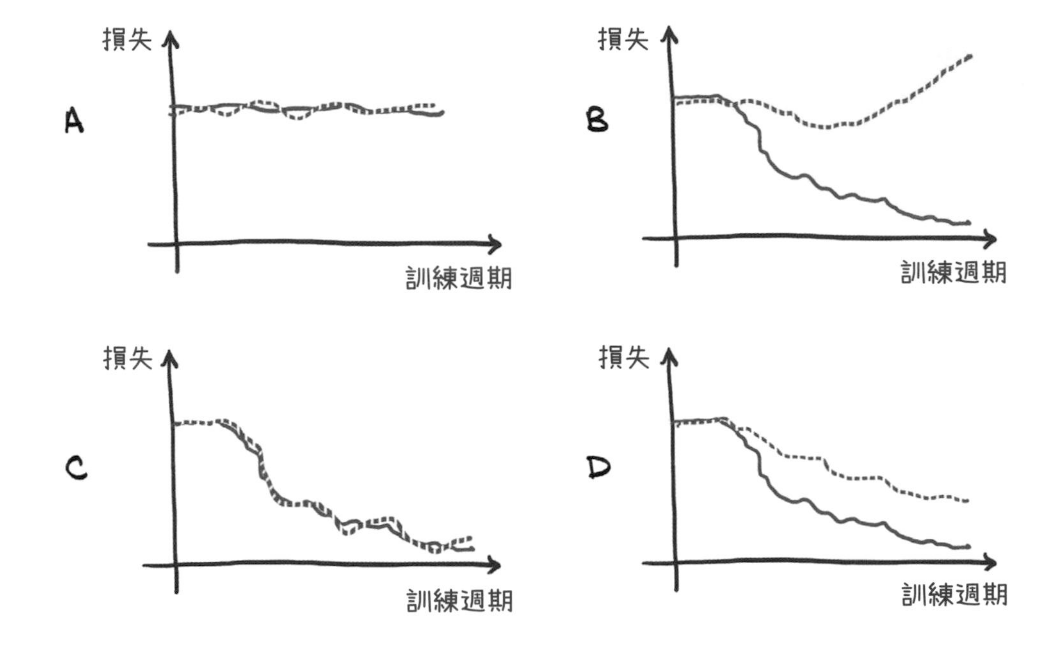

圖 5.13 透過訓練損失（實線）與驗證損失（虛線）的變化判斷模型的學習狀況。

(A) 訓練與驗證損失皆不下降，代表模型容量不夠大、或者資料中不包含關鍵訊息，導致模型無法學習。

(B) 訓練損失下降，但驗證損失上升，代表發生過度配適。

(C) 訓練與驗證損失同時下降，只要尚未發生過度配適（驗證損失開始上升），模型表現便能再進一步提升。

(D) 訓練與驗證損失有一定的差距，但下降趨勢相似；這代表過度配適的程度在控制之中（**編註**：就是過度配適的程度並未變大，因此可以試著繼續訓練以求更好的表現）。

5.5.4 開 / 關 Autograd 的進階技巧

注意在之前的訓練迴圈中，我們只呼叫 train_loss 的 backward()，因此只有訓練集所產生的誤差會被反向傳播到模型中，進而協助計算梯度。至於驗證集中的資料則不參與訓練，它們的目的是對模型的表現進行獨立客觀的評估。

可能有讀者會感到奇怪：模型經歷了兩次損失評估：一次用 train_t_u、另一次則是 val_t_u，然後 backward 方法才被呼叫，難道 autograd 不會將兩者搞混嗎？換句話說，backward 會不會不小心受到驗證集的影響呢？

答案是不會。在訓練迴圈的開頭，模型先用訓練資料 train_t_u 產生了預測結果 train_t_p，接著演算法會根據該預測來計算 train_loss。autograd 會為上面的過程建立一張運算圖，藉此將 train_t_u、train_t_p 以及 train_loss 連繫在一起。當我們再次呼叫模型，使其利用 val_t_u 來產生 val_t_p 與 val_loss 時，autograd 會另外建立一張連結 val_t_u、val_t_p 和 val_loss 的運算圖。也就是說，用相同函數（即 model 和 loss_fn）處理不同張量，autograd 會生成兩張獨立的運算圖，如圖 5.14 所示。

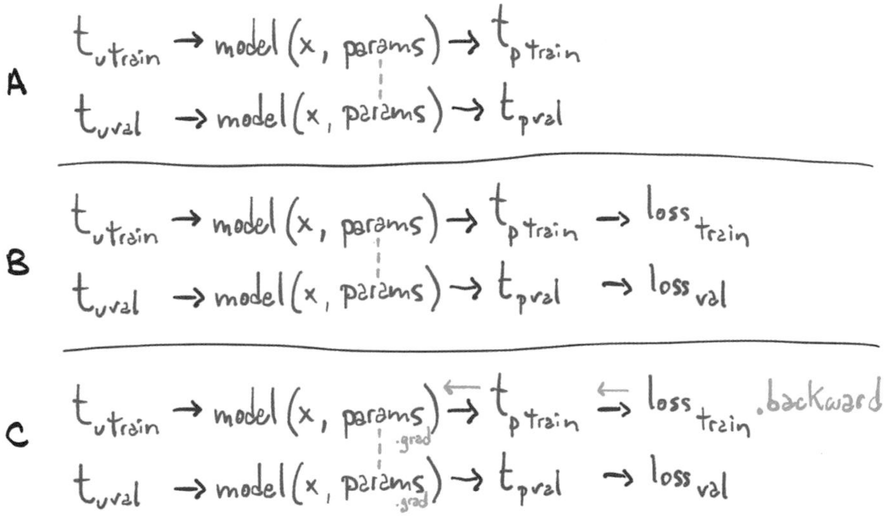

圖 5.14 利用相同的模型來處理不同的張量，會生成兩張不同的運算圖

在上面提到的兩張運算圖 A、B 中，唯一共享的張量為**參數張量**（即 params）。當我們呼叫了 train_loss 的 backward，演算法將針對第一張運算圖進行反向傳播，故其只會根據與 train_t_u 有關的計算過程來求取 train_loss 對模型參數的導數。

倘若我們不小心同時呼叫了 val_loss 的 backward 會發生什麼事呢？答案是：val_loss 的導數也會被累加到模型參數的節點上。還記得 zero_grad 吧？除非手動將梯度歸零，否則每次呼叫 backward 都會導致梯度的累積。這裡也一樣：呼叫 val_loss 的 backward 將使得驗證損失的梯度也被累加在 params 張量的 grad 屬性中。這時，就相當於『使用完整資料集（即訓練集加驗證集）』來訓練模型（**編註**：這樣就無法得知是否會發生過度配適了）。

還有一件值得一提的事情：既然我們永遠不會呼叫 val_loss 的 backward，那也沒必要對其建立運算圖了。換句話說，在處理 val_t_u 時只需把 model 和 loss_fn 當成一般函式呼叫即可，不必追蹤其計算過程。特別是當模型具有上百萬個參數時，我們完全可以省下 autograd 對驗證過程建立運算圖的成本，讓演算法的執行更有效率。

為達成上述目標，PyTorch 允許我們在不需要 autograd 時將其關閉。這可以透過 torch.no_grad 來完成❼。雖然在本章的例子中，這麼做並不會顯著改進執行速度或消耗記憶體資源，但對大型模型來說，效果可就相當明顯了。我們可藉由檢查 val_loss 張量的 requires_grad 屬性值來確認以上機制是否有發揮作用：

註❼：請不要以為『只要用了 torch.no_grad 就代表不需要計算梯度』。在某些情境中（當牽涉到視圖時，請參考 3.8.1 節的討論），即便是在 no_grad 的 with 區塊中，requires_grad 的設定仍然為 True。若想要完全確定不計算梯度，可以使用 detach()。

In

```
def training_loop(n_epochs, optimizer, params, train_t_u, val_t_u, train_t_c, val_t_c):
    for epoch in range(1, n_epochs + 1):
        train_t_p = model(train_t_u, *params)
        train_loss = loss_fn(train_t_p, train_t_c)
```

NEXT

```
    with torch.no_grad():
        val_t_p = model(val_t_u, *params)
        val_loss = loss_fn(val_t_p, val_t_c)
        assert val_loss.requires_grad == False  ← 檢查 val_loss 的 requires_grad 屬性是否為 False

    optimizer.zero_grad()
    train_loss.backward()
    optimizer.step()
```

透過 set_grad_enabled()，我們還能讓程式根據 True 或 False 來打開或關閉 autograd。舉個例子，以下定義了名為 calc_forward 的函式，其會依照布林變數 is_train 來決定是否在呼叫 model 和 loss_fn 時開啟 autograd：

In

```
def calc_forward(t_u, t_c, is_train):
    with torch.set_grad_enabled(is_train):  ← 當 is_train=True 時，開啟 autograd
        t_p = model(t_u, *params)
        loss = loss_fn(t_p, t_c)
    return loss
```

5.6 結論

本章一開始先介紹機器如何從資料樣本中學習，然後詳細說明透過優化模型來擬合資料的機制，為了維持討論的單純性，這裡特地選擇非常簡單的線性模型。

從第 6 章開始，各位會看到如何用神經網路模型來擬合資料。我們將延用本章的溫度計範例，但同時引入由 torch.nn 模組所提供的強大神經網路工具。和第 5 章一樣，我們會透過對小問題的研究來展現 PyTorch 的強大功能，並幫助你瞭解訓練神經網路的必要知識。

總結

- **線性模型**是擬合資料的最簡單模型。
- 機器學習的演算法架構為：依據**訓練資料**優化模型的參數。**損失函數**可以評估**預測輸出值**和**真實測量值**之間的誤差，而我們的目標就是儘可能降低誤差。
- 可以使用『損失函數』對『模型參數』的**變化率**，讓模型參數朝著讓損失降低的方向更新。
- PyTorch 的 optim 模組提供了一系列現成的**優化器**，可幫我們更新模型的參數以降低損失。
- 優化器會利用 **autograd 功能**所計算出的各參數梯度來優化模型。在進行複雜的前饋式運行時，使用者可以指示 PyTorch 生成正確的**動態運算圖**來計算梯度，以獲得最好的訓練成效。
- 可以透過諸如 **torch.no_grad()** 的方式來控制 autograd 的行為。
- 我們通常會將資料分成獨立的**訓練集**與**驗證集**；後者讓模型在訓練時能以未曾見過的資料來評估其表現。
- 若模型在訓練集上的表現越來越好、但在驗證集上的表現卻越來越差，就代表發生了**過度配適**。這是由於模型未能將所學普適化，因此只能在訓練集上有良好表現。

延伸思考

1. 將 model 重新定義成 w2 * t_u^2+ w1 * t_u + b。

   a. 訓練迴圈以及其它程式碼中的哪些部分需要修改？

   b. 模型中的哪些部分不受影響？

   c. 訓練過後，損失變較高還是較低？

   d. 新 model 所產生的結果較好還是較差？

MEMO

CHAPTER 06

使用神經網路來擬合資料

本章內容

- 非線性激活函數 (non-linear activation function)
- 使用 PyTorch 的 nn 模組來建立神經網路
- 利用神經網路處理線性擬合問題（linear-fit problem）

在上一章，各位已經知道如何運用 PyTorch 來讓線性模型學習了。我們還探討了非常單純的迴歸問題，其中所涉及的線性模型只有單一輸入和輸出。這個範例讓我們在毋須擔心如何實作神經網路的情況下，分析其背後的學習機制。圖 6.1 為模型進行學習的流程，無論所用的模型為何，『將誤差反向傳播至模型參數上（即求得損失對模型參數的梯度）、進而更新模型參數』的過程皆相同。

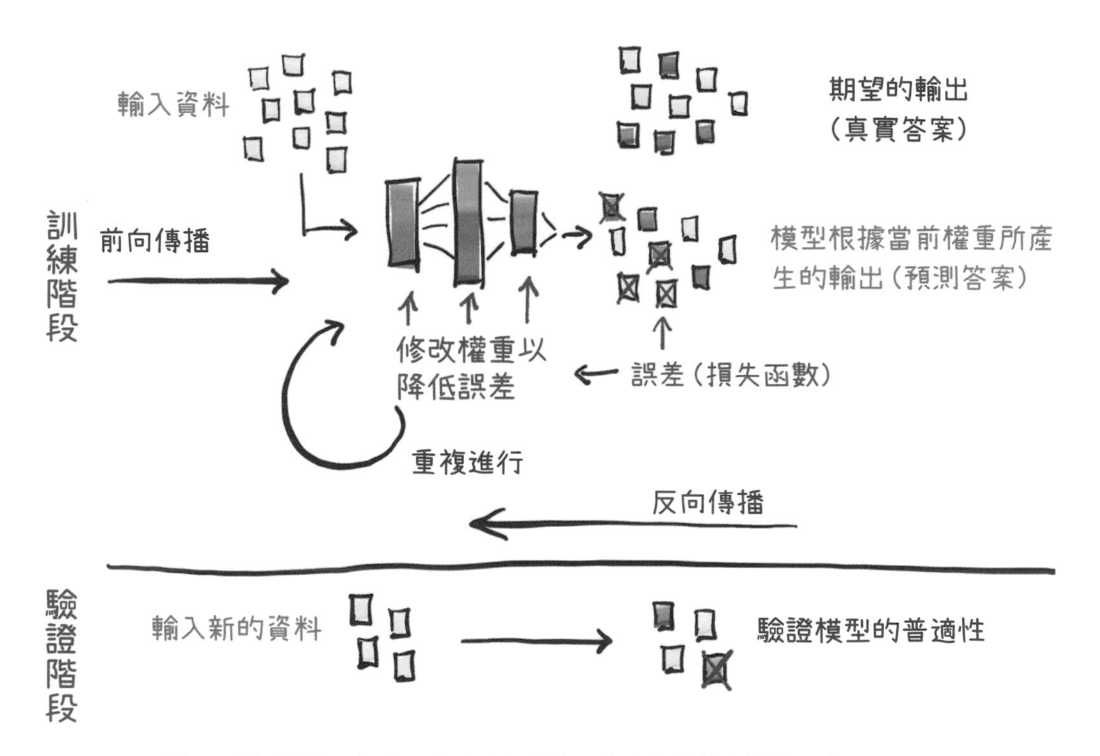

圖 6.1 模型的學習過程，這和我們在第 5 章中實作的演算法一致。

本章要將第 5 章所用的線性模型改為神經網路，進而解決第 5 章的溫度單位轉換問題。至於訓練迴圈、訓練集和驗證集則延用上一章的即可。

從本章開始，我們將延伸之前所學、並探索更多經常會用到的 PyTorch 功能。除此之外，讀者也會對 PyTorch 背後的運作方式有更深入的瞭解。但在實作新模型之前，我們得先解釋一下什麼是**類神經網路**(artificial neural network)。

NOTE **編註**：『Artificial neural networks (ANNs)』的標準翻譯應該是『類神經網路』；但為了方便起見，我們常將『類』省去，直接稱呼其為**神經網路** (neural networks，這也是本書接下來會採用的稱呼)。同理，下一節介紹的類神經元，我們也簡稱其為神經元。

6.1 神經元

深度學習技術的核心就是神經網路，我們可以將其視為『能透過組合簡單函數，模擬出複雜函數』的數學表示法。『神經網路』這個名字的由來是因為它與大腦的運作方式相似，而最初的模型的確受到了**神經科學**(neuroscience)❶的啟發，但現代神經網路與真實神經系統之間的相似度早已越來越低了。話雖如此，這兩者的確用了類似的機制來模擬複雜函數。

註 ❶：參考以下文獻：The Perceptron: A Probabilistic Model for Information Storage and Organization in the Brain, Psychological Review 65(6), 386-408 (1958), https://pubmed.ncbi.nlm.nih.gov/13602029

建構上述複雜函數的基本單元為**神經元**(neuron)。實質上，一個神經元做的事就相當於：對輸入進行一次**線性變換**(linear transformation，例如：先將輸入乘以**權重** weight，然後再加上**偏值** bias)後，再套用一個非線性函數(稱為**激活函數**，activation function)。

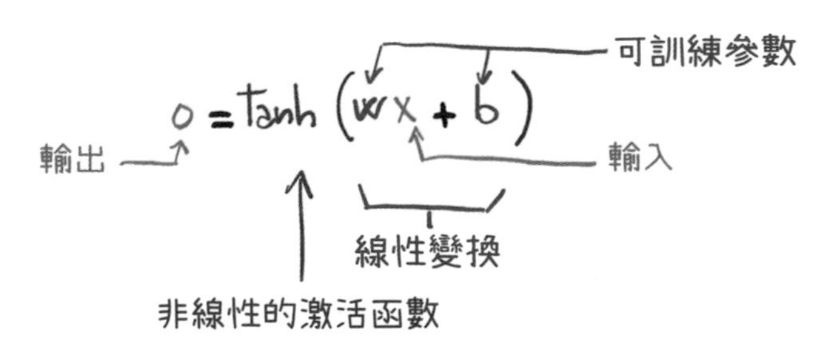

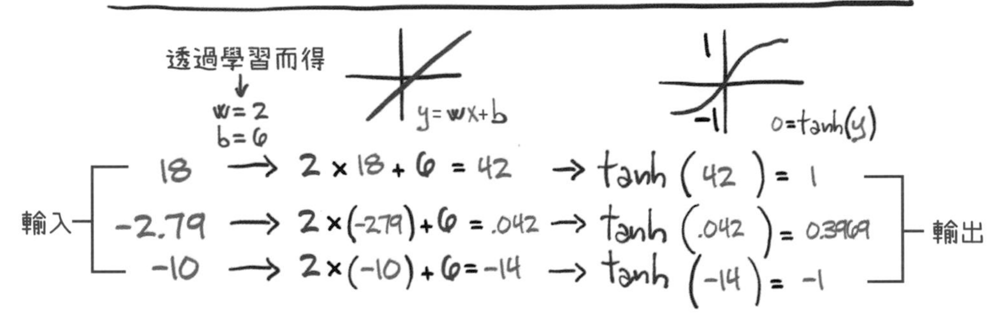

圖 6.2 神經元：以非線性函數（或稱激活函數）包裹的線性變換。

以數學的語言來說，神經元就相當於 o = f(w*x + b)；其中 x 代表**輸入**、w 代表**權重**（或**縮放因子**）、b 是**偏值**或**偏移量**（offset）、f 則是激活函數。在圖 6.2 中，我們將激活函數設為 tanh 函數。

一般而言，x 以及相應的輸出 o 可以是**純量**（scalars，**編註**：每個樣本只有一個特徵值）或**向量**（vectors，**編註**：每個樣本有多個特徵值），w 可以是**純量**或**矩陣**（matrix），b 則為**純量**或**向量**（要確定輸入 x 和權重 w 是可以相乘的，且相乘之後還可以和偏值 b 相加）。注意，當 w 和 b 不是純量時，圖 6.2 上方的式子代表一個神經**層**（layer），其中的多個權重值和偏值對應多個神經元。

小編補充 圖 6.2 是每次只輸入一個樣本的情況，假設該樣本有 8 個特徵，而神經層中有 4 個神經元，則該神經層的 x、w、b、o 的 shape 分別為 [8]、[8, 4]、[4]、[4]。但如果每次會輸入多個樣本，則輸入資料會多出一個批次軸，例如每批次輸入 16 個樣本，則 x、w、b、o 的 shape 會變成 [**16**, 8]、[8, 4]、[4]、[**16**, 4]，其中 w 和 b 的 shape 不變（不受批次量的影響）。

6.1.1 建構多層神經網路

圖 6.3 下方所示的**多層神經網路**(multilayer neural network)實際上就等於一個複合函數：

```
x_1 = f(w_0 * x + b_0)

x_2 = f(w_1 * x_1 + b_1)
...
y = f(w_n * x_n + b_n)
```

←將第 n 層的輸出作為第 n+1 層的輸入

換句話說，某層神經元的輸出即為下一層的輸入。要注意的是，此處的 w_0 是矩陣、x 則是向量。因此，w_0 代表了一整層神經元的權重，而非單一權重。

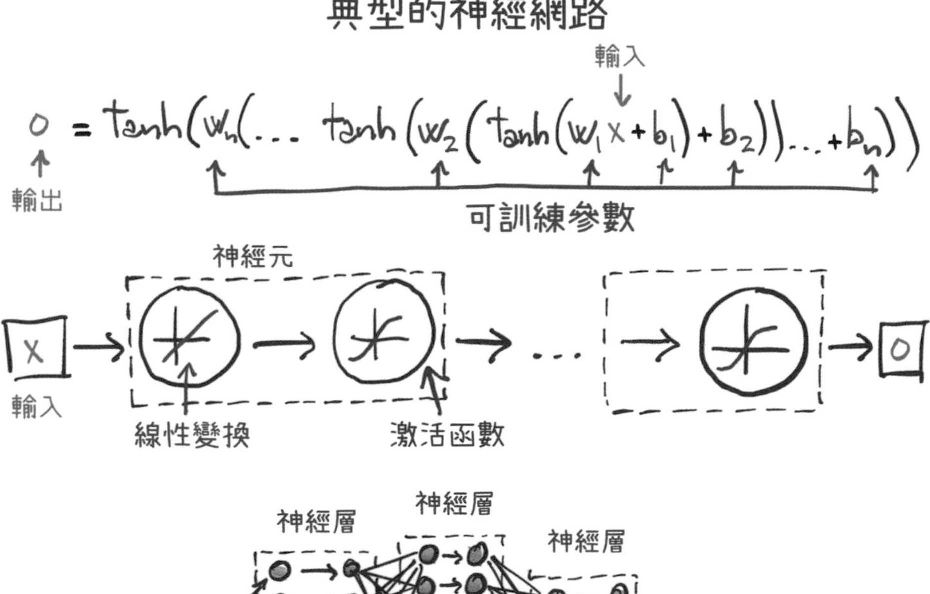

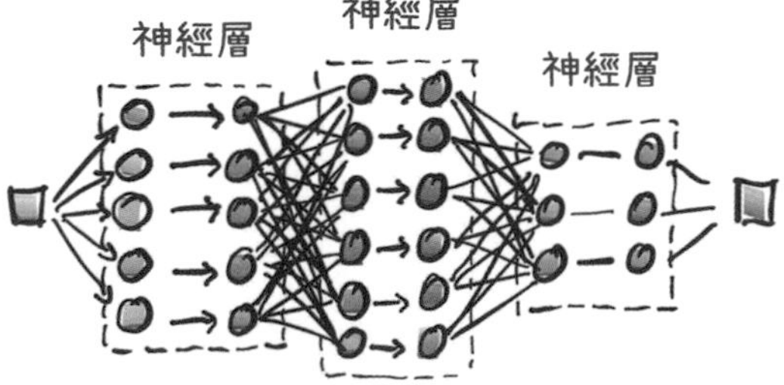

圖 6.3 一個 3 層神經網路。

6.1.2 損失函數

第 5 章所用的線性模型與深度學習的神經網路有一項重大差異，那就是：**損失函數**的曲線形狀。線性模型的**平方誤差**（error-squared）損失函數為**凸函數**（有明確的最小損失值）。因此，我們可以明確指示模型去找出能『最小化損失』的模型參數，也就是說，只要找出唯一的正確解即可。

然而，即使是使用相同的損失函數，神經網路中的合適參數解可能不止一組。對於這種情形，我們要找到一組**交互影響**下還能產生最佳結果的模型參數。由於這個『最佳結果』只能**近似於**真實狀況，所以其必然是不完美的（編註：會被一些雜訊或隨機性所影響）。沒有人或方法能預測這些不完美會在哪裡發生（或怎麼發生），由此可知：控制輸出結果的參數也具有不可預期性。雖然神經網路的訓練看起來與機械學中的**參數估計**（parameter estimation）相似，但兩者的理論基礎是不大相同的。

神經網路的誤差函數之所以為非凸（non-convex）函數，很大的原因是由激活函數所導致。換言之，正是由於人工神經元同時具有線性與非線性的特性，才能模擬出在現實中應用廣泛的各種函數。

6.1.3 激活函數

如前所述，（深層）神經網路的基本運作單元（神經元）為：『先進行線性轉換（縮放＋平移）、再套用激活函數』。在第 5 章中，我們的模型已具備線性轉換的能力了，而新加入的激活函數則將扮演兩項重要的功能：

- 激活函數能讓模型的斜率依輸入資料而變動（編註：一般線性模型的斜率是固定的），這是線性函數絕對無法辦到的事。同時，只要有技巧地調整模型內各輸出值的斜率，神經網路便能模擬出任何複雜或奇特的函數（請參考 6.1.6 節的討論）。

- 激活函數能將神經網路最後一層的輸出限制在特定範圍內。

讓我們進一步研究上面的第二點：假設有一項給圖片評分的任務，其規則如下：犬類圖片（如獵犬和可卡犬等）應獲得高分、非犬類動物圖片分數居中、飛機和垃圾車等人造物件則得低分。那麼，該如何定義高分呢？假設我們現在設定該任務的最高分為 10 分，最低分為 0 分。若不給予任何限制，則經過線性變換的得分有無限多種可能性。在輸入一張犬類照片後，模型可能會輸出超過 10 分的結果（即使我們設定滿分為 10 分）。換言之，我們必須**限制模型輸出分數的範圍**。

限制輸出值範圍

限制輸出值範圍的其中一種做法是：把低於 0 的輸出值全部設為 0、高於 10 者全部設為 10。這可以透過激活函數 torch.nn.Hardtanh() 來完成。不過請注意，該函數的預設輸出範圍在 -1 和 1 之間（編註：換言之，我們要對該激活函數稍作變動，將輸出值範圍轉換到 0 和 10 之間）。

壓縮輸出範圍

還有一類激活函數也非常有用，即：torch.nn.Sigmoid，其中包含了諸如 1 / (1 + e**-x)、torch.tanh 等函數（後面還會提到更多）。這些函數皆有如下特性：當 x 往負無限大趨近時，其函數值向 0 或 -1 漸近；而當 x 增加時，函數值則往 1 趨近。除此之外，在 x = 0 的地方，函數的斜率為一常數。一旦神經元採用了此類激活函數，那麼其便只對線性函數中段（編註：即靠近 x=0 的地方）的輸出結果敏感，至於遠離中段的結果則全部對應到邊界值（即最大值和最小值）附近。在圖 6.4 的例子中，可以看到垃圾車圖片的得分（y 軸值）為 -1 左右，而熊的得分則落在 0 附近（編註：圖中 x 軸的值為將圖片進行線性處理後的輸出值，y 軸則是將線性輸出值套用 tanh 激活函數後的結果，即最終的得分）。

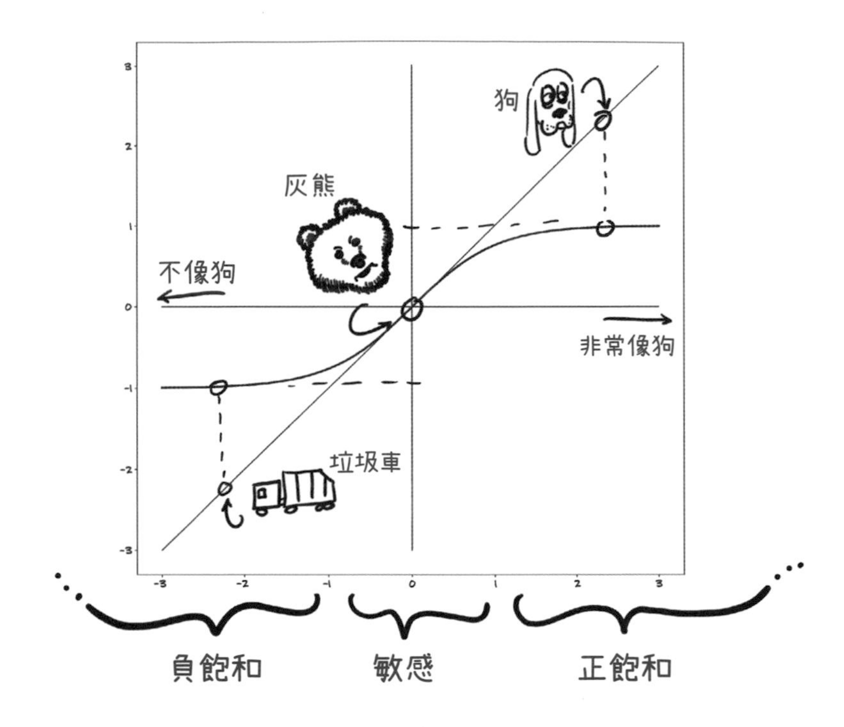

圖 6.4 使用 tanh 激活函數，將狗、熊和垃圾車的圖片映射至 y 軸的 -1 至 1 之間 (越靠 x 軸的左邊，代表與犬類的相似度越低，分數會趨近 -1；越靠 x 軸的右邊，代表與犬類的相似度越高，分數會趨近 1)。

依照以上得分，我們便可將垃圾車圖片標上『非犬類』標籤、將狗的圖片標上『犬類』標籤、並把熊的圖片歸類在兩者之間。以下程式碼顯示了如何輸出最終的得分：

In

```
import math
math.tanh(-2.2)  ← 垃圾車 (-2.2 是原始的線性輸出值)
```

Out

```
-0.9757431300314515  ← 垃圾車的得分 (套用激活函數後)
```

In

```
math.tanh(0.1)
```
↑ 熊的原始線性輸出值

Out

```
0.09966799462495582
```
← 熊的得分（套用激活函數後）

In

```
math.tanh(2.5)
```
↑ 狗的原始線性輸出值

Out

```
0.9866142981514303
```
← 狗的得分（套用激活函數後）

由於『熊』位於 tanh 函數的敏感區域（編註：中間地段，離 x=0 很近），因此圖片的一點點更動都會造成激活函數值的顯著變化。舉例而言，若將上例中的『灰熊』圖片換成『北極熊』（後者的臉部特徵與狗較為相似），則它在 y 軸上的值（得分）便會快速上升，進而使該圖片往『非常像狗』的方向（右半邊）移動。

6.1.4 更多的激活函數

激活函數的種類還有很多，如圖 6.5 所示。在最左欄中，我們會看到諸如 Tanh 和 Softplus 等**平滑函數**；而中間欄則顯示了左欄函數的 **hard 版本**（編註：這裡可以理解為將曲線改為折線）：Hardtanh 函數以及 ReLU 函數。其中，ReLU（**整流線性函數**，rectified linear unit）值得我們特別關注，因為它是目前公認最佳的激活函數之一，許多尖端技術成果都與它有關。右欄的 Sigmoid 激活函數（又稱 **logistic 函數**）則常見於早期的深度學習研究中，但近期的出現頻率已下降，基本上只有在需要將輸出範圍限制在 0 與 1 之間(例如:輸出為機率值時)時才會使用。最後,LeakyReLU 是標準 ReLU 的修改版,它們對於負值輸入的處理方式不同:LeakyReLU 將負值對應到一條斜率極小的直線上(該斜率一般設為 0.01,但為了清楚起見,圖 6.5 中的斜率其實是 0.1,**編註**:不然會很像是一橫線),ReLU 則把所有負值對應到斜率為 0 的線上。

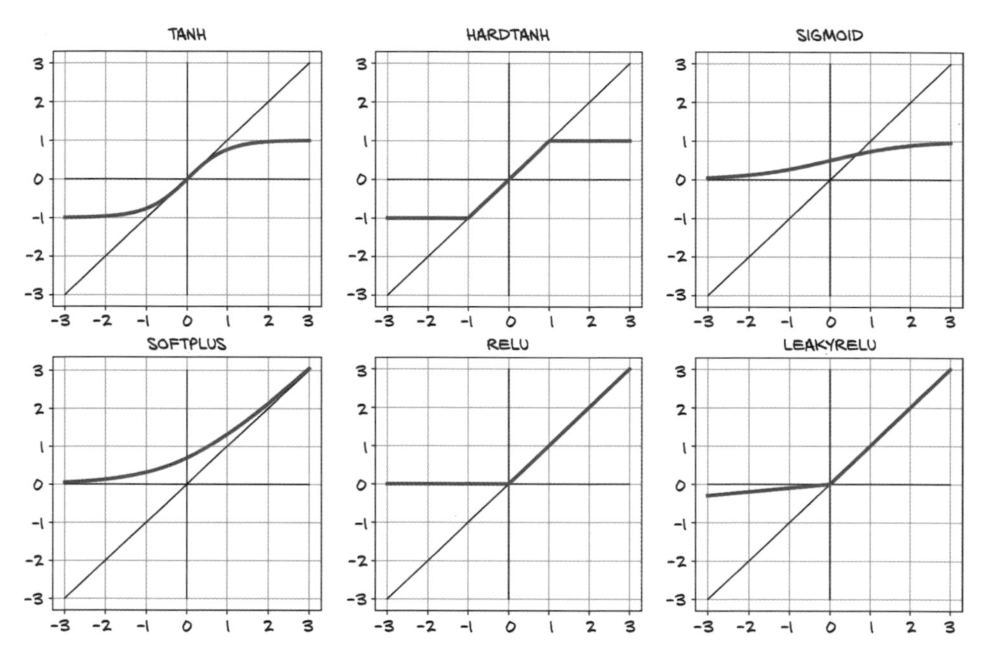

圖 6.5 一些常見及不那麼常見的激活函數。

6.1.5 選擇最佳的激活函數

已被成功應用的激活函數種類繁多,雖然我們沒有嚴格規定激活函數的必要條件,但以下還是列舉了 2 個激活函數常見的特性。首先,根據定義❷:

註❷:事實上,這裡所謂的『定義』也不總是對的!請參考 Jakob Foerster 的文章:『Nonlinear Computation in Deep Linear Networks』, OpenAI, 2019。http://mng.bz/gygE

1. 激活函數必須是**非線性**的。重複多個線性變換(w*x+b)的結果仍會是線性變換，只有加入非線性的激活函數，神經網路才能模擬更加複雜的函數行為。

2. 激活函數必須是**可微分**的，這樣才能計算梯度。不過，只在幾個點上無法微分(如 Hardtanh 或 ReLU)是沒問題的。

少了以上第一項特性，神經網路仍然只是線性模型；少了第二項特性，則網路難以訓練(編註：因為我們需要依賴梯度下降演算法來訓練模型，若無法得知梯度，也就無法進行訓練)。

對激活函數而言，以下兩點為真：

- 這些函數包含至少一個敏感區域(編註：如前例的 x=0 附近)。在此區域內，輸入值的細微變動會造成輸出值的顯著差異，這一點對於模型訓練來說很重要。

- 許多函數還包含非敏感(或飽和)區域。在此區域中，輸出值幾乎很少或不會隨著輸入值的變化而有顯著改變。

藉由組合不同權重、偏值以及敏感區域，我們可以輕鬆利用激活函數來趨近其它函數。除此之外，絕大多數的激活函數還具有以下特性：

- 當輸入接近負無限大時，輸出趨近於(或達到)某個下限值。

- 當輸入接近正無限大時，輸出趨近於(或達到)某個上限值。

回憶一下之前說過的反向傳播原理：當輸入落在激活函數的敏感區域時，誤差的反向傳播影響最大。相反的，若輸入位於飽和區，則由於梯度接近零(參考圖 6.4 中，紅色曲線的兩端)，故誤差對神經元的影響很小。

綜上所述，『線性＋激活函數』的組合可以建立強大的神經網路架構，此種網路具有下列特色：

(a) 網路中的不同神經元會對相同輸入產生不同程度的反應。

(b) 輸入所產生的誤差主要影響在敏感區域中運作的神經元、其它神經元則較不受影響（不進行學習）。

此外，由於激活函數對輸入的梯度在敏感區域內往往接近 1，因此在此區域中，『藉由梯度下降估計參數值』的過程與上一章所描述的線性擬合非常相似。

各位應該慢慢體會到：為什麼在一個神經層中平行組合多個『線性＋激活函數』神經元，可以模擬各種複雜的函數行為了。不同神經元的組合會使模型對於輸入產生不同範圍的輸出。同時，因為直到輸出飽和以前，學習過程皆和線性擬合類似，故神經元中的參數可以簡單地透過梯度下降來優化。

6.1.6 神經網路如何『學習』？

由多層神經元（回顧一下，每個神經元相當於以下處理：『先進行線性變換、再套用激活函數』）堆疊而成的模型可模擬高度非線性化的程序，即便模型參數有上百萬個，我們仍能以梯度下降法來訓練它們（進而找出最佳參數值）。使用深層神經網路的最大原因在於：在擬合資料時，它幫我們省去了人為尋找適用函數的麻煩。它就像萬能函數模擬器一般，且其中的參數值可以透過已知方法來找出（圖 6.6 列舉了一些例子）。

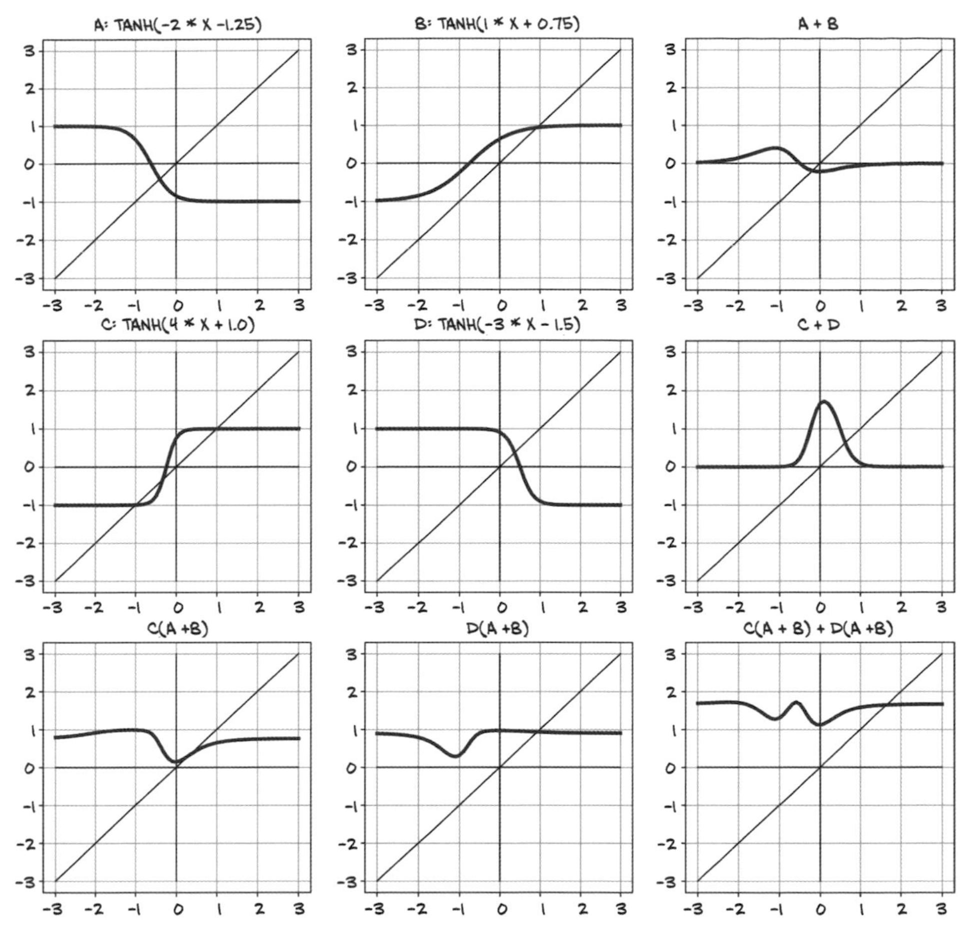

圖 6.6 藉由組合多個線性處理單元以及 tanh 激活函數，便可產生多種非線性輸出結果。

圖 6.6 左上的四張圖分別對應四種神經元：A、B、C 和 D，每個皆有自己的權重 w 和偏值 b（這些參數是隨意決定的）。所有神經元的激活函數都是 Tanh，其輸出的最小與最大值分別為 -1 和 1。雖然不同的權重和偏值會造成輸出圖形**中心點**的位移，並使得最大與最小值之間的過渡行為發生變化，但這些輸出圖形的輪廓大致相同。

位於 A、B、C、D 右邊的兩張圖（最右上兩張）顯示了將神經元相加起來的結果（分別為『A+B』和『C+D』），這些結果類似於**單層神經網路**

的行為，可以看到，我們的輸出開始變得有趣了。『A+B』會產生近似 S 形的曲線：該曲線的兩端趨近於 0，而中段部分則有一正一負兩個凸起。『C+D』則只有一個明顯的正向凸起，該凸起的最高點比單一神經元輸出的最大值（1）還來得大。

圖 6.6 第三列的神經元組合是在模擬**雙層神經網路**。其中『C(A+B)』和『D(A+B)』兩者皆有與『A+B』相似的正負凸起，但正方向的凸起較之前來得小。『C(A+B) + D(A+B)』的組合則顯示了嶄新的性質：我們發現其輸出具有**兩個**顯著的負向凸起。由此可見，僅憑 4 個神經元以及雙層結構，我們便組合出了這麼多可能性。

這裡再強調一下：圖 6.6 中的神經元參數是隨意決定的，目的只是產生一些在視覺上看起來比較有趣的結果。在實際應用中，神經元的權重和偏值會在訓練過程中尋找，理想的參數值應使神經網路有能力完成特定任務。注意，對神經網路而言，**成功完成一項任務**的定義是：在經過以**訓練資料**為基礎的學習後，模型能對未曾見過（但與訓練資料性質相同）的輸入產生正確輸出。

瞭解上述概念後，讓我們再回到學習機制上。深層神經網路賦予我們『在不假設任何模型的情況下，模擬出高度非線性函數』的能力。從一個未經訓練的模型開始，提供一系列輸入樣本與輸出標籤（答案），以及一個反向傳播時使用的損失函數，神經網路便能具備完成特定任務的能力。這種『利用樣本資料使模型能夠完成特定任務』的過程即為**學習**。注意。模型並非按某明確目的而建立，事先也不會加入任何和任務執行有關的規則。

以前一章的溫度計案例為例，我們預先假設兩種溫度計皆以**線性方式**測量溫度，而這個做假設的過程就相當於將特定規則編入模型之中。換句話說，模型（或函數）的形狀已被固定，我們也就無法對**不分佈於直線上**的資料進行模擬。隨著輸入與輸出之間的關係變得更複雜，這種事先設定好規則的做法也就越難成功。

一般而言，物理學家和應用數學家會先根據基本原理，找出某現象的函數式描述（編註：即先設定函數形狀，使其近似特定輸入 / 輸出關係）。接著，利用測量資料來估計其中的參數，進而推導出符合事實的精確模型。反之，深層神經網路則是一群能在沒有可解釋性規則的引導下，自行擬合出能符合輸入 - 輸出關係的函數。從某種意義上而言：在深度學習技術中，我們犧牲了可解釋性以換取解決複雜問題的可能性。在許多例子中，我們往往沒有足夠的能力、資訊或運算資源來針對特定任務建立明確的規則。因此，資料導向（data-driven）的解決方法就成了唯一的希望（編註：所謂的資料導向，即透過大量的訓練資料，讓模型參數達到最佳值以具備精準的預測能力）。

6.2 PyTorch 的 nn 模組

那麼，該如何用 PyTorch 從無到有建立一個神經網路呢？此處要做的第一件事就是以神經網路的基本單元取代線性模型。

PyTorch 中有一個專為神經網路開發而存在的模組，稱為 torch.nn，其中包含了建立各式網路架構所需的單元。以 PyTorch 的術語來說，這些建構單元稱為**模組**（modules），而在其它框架裡，它們稱為**層**（layers，或神經層）。

一個 PyTorch 模組即是繼承了 nn.Module 基本類別的 Python **類別**（class），它能以**屬性**（attributes）的方式接受一個或多個 Parameter 物件。所謂的 Parameter 物件即**參數張量**，張量中的數值（如線性模型中的 w 和 b）會在訓練過程中進行優化。一個模組還能以屬性的方式加入一個或多個**子模組**（submodules，即 nn.Module 的子類別），並且可以追蹤它們的參數張量。

NOTE 子模組必須為**最高階屬性**（top-level attributes），不能放在串列（list）或字典（dict）中做為屬性，否則優化器會無法找到子模組以及它們的參數！倘若真的需要將一系列子模組包裹在串列或字典中，請使用 PyTorch 提供的 nn.ModuleList 或 nn.ModuleDict。

我們可以在 torch.nn 中找到 nn.Module 的子類別 nn.Linear，然後透過參數屬性（weight 和 bias），對輸入資料進行**仿射轉換**（affine transformation）。這就相當於我們在第 5 章溫度計範例中所做的事情。現在，來看看如何以 nn 模組改寫之前的程式吧（編註：與第 5 章相同的程式碼，如訓練資料的正規化等，皆已放進本章的 Jupyter Notebook 中，此處就不另外列出了）！

6.2.1 以 __call__ 取代 forward

PyTorch nn.Module 中的子類別皆有定義好的 __call__ 方法（method），讓我們可以將其物件當成函式來呼叫，以進行特定工作。例如底下程式先建立 nn.Linear 物件，然後將該物件當成函式來呼叫以執行類似 forward 的工作：

In

```
import torch.nn as nn
linear_model = nn.Linear(1, 1)  ← 建立一個 nn.Linear 物件，其參數會在下一小節說明
linear_model(t_un_val)  ← 將物件當成函式來呼叫，其參數為上一章的驗證資料集
```

Out

```
tensor([[0.6018],
        [0.2877]], grad_fn=<AddmmBackward>)
```

將 nn.Module 物件當成函式來呼叫時，就相當於呼叫該類別的 __call__() 方法，在此方法中會執行該類別的 forward() 方法以進行模型的前饋式運算（前向傳播），另外還會在呼叫 forward() 之前及之後做一些必要的處理，以省去人工撰寫程式的麻煩。注意，雖然我們也可以直接呼叫 forward() 方法，且其執行結果會和呼叫 __call__() 方法相同，但千萬不要這麼做（除非自行補上其他必要的處理）。

In

```
y = model(x)  ← 這是正確的！
y = model.forward(x)  ← 會產生沒有警示的錯誤，請不要這麼做！
```

以下是 Module.__call__ 的實作方法，我們省略了關於 JIT 的部分，並簡化了部分內容以便讓程式更清楚（torch/nn/modules/module.py, line 483, class: Module）：

In

```
def __call__(self, *input, **kwargs):
    for hook in self._forward_pre_hooks.values():
        hook(self, input)

    result = self.forward(*input, **kwargs)

    for hook in self.foward_hooks.values():
        hook_result = hook(self, input, result)
        # ...

    for hook in self._backward_hooks.values():
        # ...

    return result
```

如你所見，如果我們直接呼叫 forward()，那麼很多 hooks() 函式就不會被呼叫了。

6.2.2 線性模型

讓我們將重點轉回線性模型上。nn.Linear 的建構子可接受三個參數，分別代表：**輸入特徵的數量**、**輸出特徵的數量**、以及**線性模型是否具有偏值**（bias，預設為 True）：

小編補充 關於將資料集進行取樣，並隨機分成訓練集及驗證集的方法已在第 5 章中說明，相關程式碼會放在本章的 Jupyter Notebook 中，這裡就不多加贅述了。

In

```
import torch.nn as nn
linear_model = nn.Linear(1, 1)  ← 參數分別表示：輸入特徵數量及輸出特徵數量
                                  (bias 參數並未列出，代表使用預設值 True)
linear_model(t_un_val)  ← 參數為要輸入模型的驗證資料集 (內含 2 筆資料，
                          參考本章 Jupyter Notebook)
```

Out

```
tensor([[0.6018],
        [0.2877]], grad_fn=<AddmmBackward>)  ← 根據驗證資料集，輸出預測值
```

上例中 Linear 模組之兩個參數皆為 1，代表輸入及輸出的特徵數都是 1。要是同時將溫度計與氣壓計的讀數做為輸入，則輸入的特徵數就會變成 2，而輸出特徵數仍為 1。我們之後會看到，對於包含數層中間模組（或中間層）的複雜模型而言，輸入與輸出特徵的數量將和**模型的容量**有關。

我們建立了輸入特徵數和輸出特徵數皆為 1 的 nn.Linear 物件，因此權重 weight 和偏值 bias 都是純量：

In

```
linear_model.weight  ← 輸出當前的權重值
```

Out

```
Parameter containing:
tensor([[-0.0674]], requires_grad=True)
```

In

```
linear_model.bias  ← 輸出當前的偏值
```

Out

```
Parameter containing:
tensor([0.7488], requires_grad=True)
```

我們可以試著用一些輸入值來呼叫該模組：

In

```
x = torch.ones(1)
linear_model(x)
```

Out

```
tensor([0.6814], grad_fn=<AddBackward0>)
```

雖然 PyTorch 並未顯示任何錯誤訊息，但上例中提供給模組的輸入維度其實並不正確。雖然我們的模型看似只接受一筆輸入，並產生一筆輸出，但 nn.Module 以及其子類別實際上會一次處理多筆樣本。為此，模組會預期輸入張量**第 0 軸**的數值代表：『一個**批次**（batch）中包含的樣本量』，也就是批次量。換句話說，我們要先將輸入資料打包成批次。

將輸入資料打包成批次

根據設計， torch.nn 中的模組會針對一批次的資料同時進行處理，進而產生一批次的輸出。舉個例子，若我們想向 nn.Linear 物件輸入 10 筆樣本，則我們需先建立 shape 等於 B×Nin 的張量（其中 B 為 10，代表批次量，Nin 代表輸入特徵數），再將其一次性輸入模型中運算。以下為實際範例：

In

```
x = torch.ones(10, 1)  ← x 為批次的輸入資料（一個批次內有 10 筆樣本）
linear_model(x)
```

Out

```
tensor([[0.6814],
        [0.6814],
        [0.6814],
        [0.6814],
        [0.6814],
        [0.6814],
        [0.6814],
        [0.6814],
        [0.6814],
        [0.6814]], grad_fn=<AddmmBackward>)
```

圖 6.7 呈現了另一個案例。輸入資料的 shape 為 B×C×H×W，依次表示：批次量 B=3（包括『狗』、『鳥』和『汽車』3 張圖）、顏色通道數 C=3（紅、綠、藍）、高 =H 與寬 =W。輸出張量的大小則是 B×Nout，其中 Nout 表示輸出特徵的數量（在圖 6.7 的例子中等於 4）。

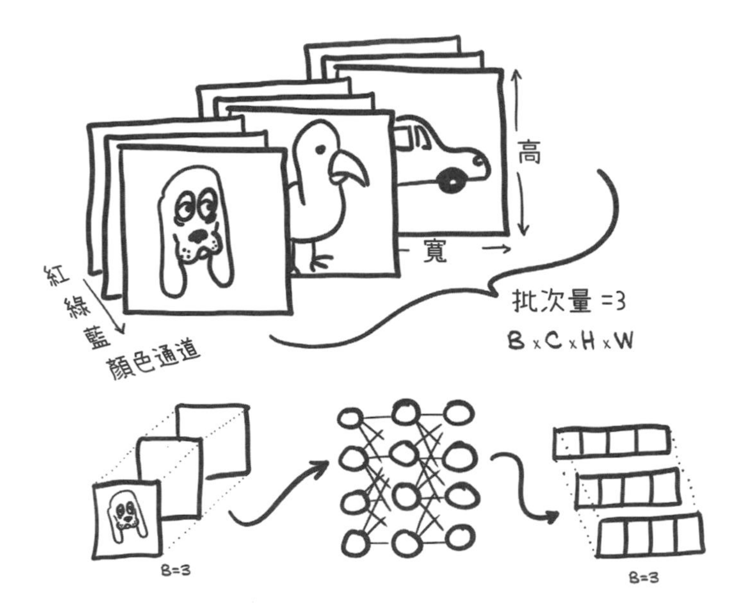

圖 6.7 將 3 張 RGB 圖片組成一個批次後，餵入神經網路模型。模型輸出為 3 個 4 維向量組成的批次。輸入與輸出的批次量相同，均為 3。

批次優化

將資料組成批次的理由有很多，其中一個是：確保我們最大化地利用手上的運算資源。GPU 的計算是**高度平行**的，若我們讓模型一次僅處理一筆資料，那麼大部分的運算單元都將閒置。反之，將含有多筆資料的批次提供給模型，計算任務便可以分配給閒置的運算單元。如此一來，模型只花了和處理單筆資料差不多的時間，便完成了批次資料的運算。將資料打包成批次的另一項原因是：一些進階模型會用到多筆資料的統計資訊。當批次中的資料越多，模型所能得到的統計數據也越充足。

回到我們的溫度計資料上。t_u 和 t_c 是兩個長度為 B 的 1D 張量(即向量)。得益於**張量擴張**(broadcasting),我們可以使用向量,但這只有在輸入特徵數量為 1 時有效。若輸入特徵數量變為 2,則我們得加入額外維度,把 1D 張量轉換成矩陣(矩陣的列表示不同樣本,行表示同一樣本的不同特徵)。

為了符合 nn.Linear 的標準資料輸入格式,我們將輸入的 shape 從原本的 B 轉換成 B×Nin(樣本數 B,輸入特徵數 Nin),而這可以透過 unsqueeze() 輕鬆完成:

In

```
t_c = [0.5,  14.0, 15.0, 28.0, 11.0,  8.0,  3.0, -4.0,  6.0, 13.0, 21.0]
t_u = [35.7, 55.9, 58.2, 81.9, 56.3, 48.9, 33.9, 21.8, 48.4, 60.4, 68.4]
t_c = torch.tensor(t_c).unsqueeze(1)
t_u = torch.tensor(t_u).unsqueeze(1)
t_u.shape
```

← 在第 1 軸的位置增加一軸 (維度固定為 1)

Out

```
torch.Size([11, 1])
```

接著,可以開始修改訓練模型的程式碼了。首先,將我們自行撰寫的模型換成 nn.Linear(1,1),然後再把線性模型的參數傳給優化器:

In

```
linear_model = nn.Linear(1, 1)  ← 利用 nn 模組替換第 5 章的線性模型
optimizer = torch.optim.SGD(linear_model.parameters(),  ← 利用 parameters() 取代之前的『params』
                            lr=1e-2  ← 學習率
                            )
```

在之前的程式裡,我們必須手動建立模型參數,並將其作為 optim.SGD 的第一個參數。但現在,只要使用 parameters(),就可以得到模型的參數串列(list),進而讓我們輕鬆地將模型參數傳遞給優化器:

In

```
linear_model.parameters()
```

Out

```
<generator object Module.parameters at 0x7f94b4a8a750>
```

In

```
list(linear_model.parameters()) ◄── 輸出參數串列中的元素
```

Out

```
[Parameter containing:
 tensor([[0.7398]], requires_grad=True),
 Parameter containing:
 tensor([0.8585], requires_grad=True)]
```

由以上結果可看到，優化器所接收到的一系列張量（即參數集合），都已被設定為 requires_grad=True（由於參數必須透過梯度下降法來訓練，因此設為 True）。當 training_loss.backward() 被呼叫時，梯度便會累加到運算圖中參數的 grad 屬性上。

最後，呼叫 optimizer.step()，優化器便會走訪每一個參數，並更新它們的數值（更新量與 grad 屬性中的值成正比）。

讓我們來看看新的訓練迴圈吧：

In

```
def training_loop(n_epochs, optimizer, model, loss_fn, t_u_train, t_u_val,
                  t_c_train, t_c_val):
    for epoch in range(1, n_epochs + 1):
        t_p_train = model(t_u_train) ◄── 將訓練資料輸入模型
        loss_train = loss_fn(t_p_train, t_c_train) ◄── 計算訓練損失
        t_p_val = model(t_u_val) ◄── 將驗證資料輸入模型
```

NEXT

```
    loss_val = loss_fn(t_p_val, t_c_val) ←— 計算驗證損失
    optimizer.zero_grad()
    loss_train.backward()
    optimizer.step()                                  印出訓練損失及驗證損失
    if epoch == 1 or epoch % 1000 == 0:
        print(f"Epoch {epoch}, Training loss {loss_train.item():.4f},"
              f" Validation loss {loss_val.item():.4f}")
```

以上程式基本上沒什麼改變，不過我們不再只是將模型的參數 params 傳入訓練迴圈，而是傳入整個模型（model，模型內部便包含了自己的參數）。

torch.nn 還能為我們提供最後一項協助，那就是定義損失。事實上，nn 模組中包含了許多常見的損失函數，nn.MSELoss（MSE 代表『均方誤差』，Mean Square Error）就是其中之一，而這正是第 5 章中所用的 loss_fn（編註：那時我們需自行撰寫損失函數，現在可以直接使用 nn 模組內建的損失函數來達到同樣效果）。損失函數同樣是 nn.Module 的子類別，故使用時只需先建立一個損失物件，再以函式的方式呼叫它即可。在本例中，我們會以 nn.MSELoss 來取代手寫的 loss_fn：

In

```
linear_model = nn.Linear(1, 1)
optimizer = torch.optim.SGD(linear_model.parameters(), lr=1e-2) ←— 定義優化器
training_loop(n_epochs = 3000, ←— 進行 3000 次訓練
              optimizer = optimizer,
              model = linear_model,
              loss_fn = nn.MSELoss(), ←— 此處不再使用手寫的損失函數
              t_u_train = t_un_train,
              t_u_val = t_un_val,
              t_c_train = t_c_train,
              t_c_val = t_c_val)
print(linear_model.weight)
print(linear_model.bias)
```

NEXT

```
Out
Epoch 1, Training loss 134.9599, Validation loss 183.1707
Epoch 1000, Training loss 4.8053, Validation loss 4.7307
Epoch 2000, Training loss 3.0285, Validation loss 3.0889
Epoch 3000, Training loss 2.8569, Validation loss 3.9105
Parameter containing:
tensor([[5.4319]], requires_grad=True)
Parameter containing:
tensor([-17.9693], requires_grad=True)
```

編註：數字可能略有不同

除了利用 nn 模組來替代模型和損失函數，訓練迴圈的其他輸入參數都沒有改變，甚至連輸出也和之前一模一樣。當然，得到一樣的結果也是我們預料之中的。

6.3 進入正題：神經網路

為了解釋以上大約 20 行的模型訓練程式碼，我們進行了大量說明，希望各位已瞭解其中的奧祕。當問題變得越來越複雜時，這些知識能幫助我們瞭解自己所寫的程式。

現在只差最後一步了，即：把線性模型（nn.Linear）替換成神經網路模型。注意，因為我們的溫度計資料原本就接近線性，所以使用神經網路並不會讓表現明顯提升。之所以沿用這個範例，是為了讓讀者在從線性模型轉換到神經網路的過程中、不至於因為太過跳躍而迷失。

6.3.1 替換線性模型

這裡除了需重新定義 model 以外，其它的東西（包括損失函數）都不必更改。這裡要建立的是最簡單的神經網路，即：先建一層線性模組、套用激活函數、最後再建另一層線性模組。一般而言，『第 1 層線性模組＋激活函數』稱為**隱藏層**(hidden layer)。它們的輸出不會被我們看到，而是直接進入到輸出層(output layer，即先前的第 2 層線性模組)當中。其中，激活函數能讓網路中的不同神經元對不同範圍的輸入發生反應，進而增加模型容量(可模擬的函數量)。在輸出層中，所有上一層激活函數的輸出會以線性的方式結合在一起，成為最後的輸出結果。

神經網路並沒有標準的描繪方式，圖 6.8 只是兩種比較常見的做法；其中左圖較常出現在基礎的介紹文章中，而右圖則較受進階文獻和研究論文青睞。在繪製神經網路架構時，一般會讓每個說明格中的內容對應到 PyTorch 所提供的模組上(話雖如此，諸如 Tanh 激活函數之類的層有時會被省略)。值得一提的是，圖 6.8 的兩種表示方法有一項細微區別：在右圖裡，我們只強調運算步驟；而在左圖中，輸入、輸出以及所有介於中間的運算結果皆以圓圈表示。

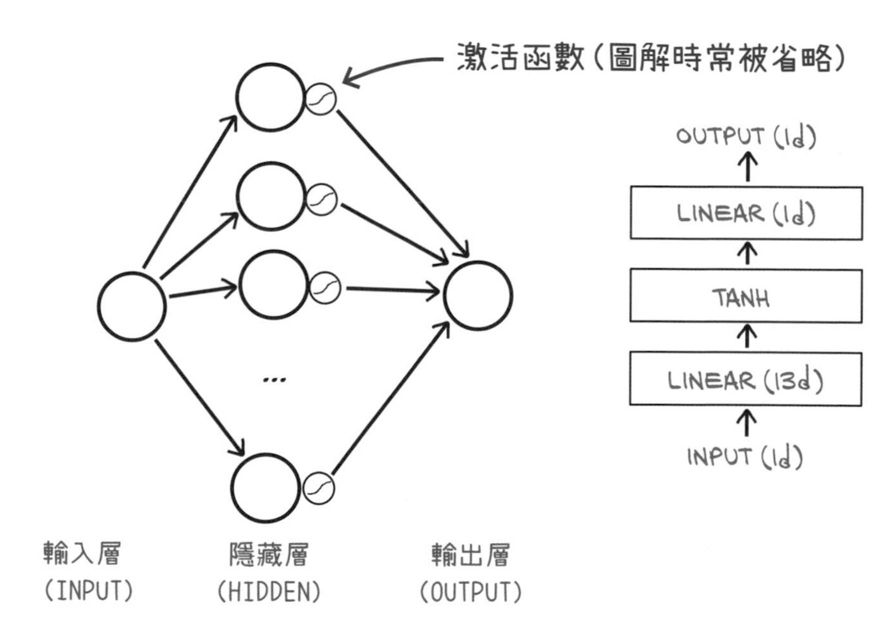

圖 6.8 以兩種不同的圖示來描繪我們的簡單神經網路。
左圖是初學者常見的版本，右圖則為進階版。

我們可以透過 nn 提供的 nn.Sequential 容器，輕鬆地將神經網路的每一模組串接起來：

In

```
seq_model = nn.Sequential(nn.Linear(1, 13),  ←— 編註：指定模組中要有 13 個神經元
                          nn.Tanh(),
                          nn.Linear(13, 1))  ←— 此層的第 0 軸必須和上一層的第 1
seq_model                                        軸相同，皆為 13
```

Out

```
Sequential(
  (0): Linear(in_features=1, out_features=13, bias=True)  ←— 第 1 線性模組
  (1): Tanh()  ←— tanh 激活函數
  (2): Linear(in_features=13, out_features=1, bias=True)  ←— 第 2 線性模組
)
```

seq_model 所做的事如下：首先，輸入資料會被 nn.Sequential 中定義的第一個模組接受，並產生中間輸出。接下來，該輸出會進入下一層模組中（在那之前，會先經過 tanh 激活函數的處理），並傳回最終的結果。在整個過程中，特徵數為 1 的輸入會先被展開成 13 個隱藏特徵，接著經過 tanh 激活函數作用。最後，13 個數值會以線性方式結合成單一輸出特徵。

6.3.2 檢視參數

現在只要呼叫 model.parameters()，便可傳回模型中第 1 個與第 2 個線性模組的權重和偏值。我們可以用以下方式列印並檢視各參數的 shape：

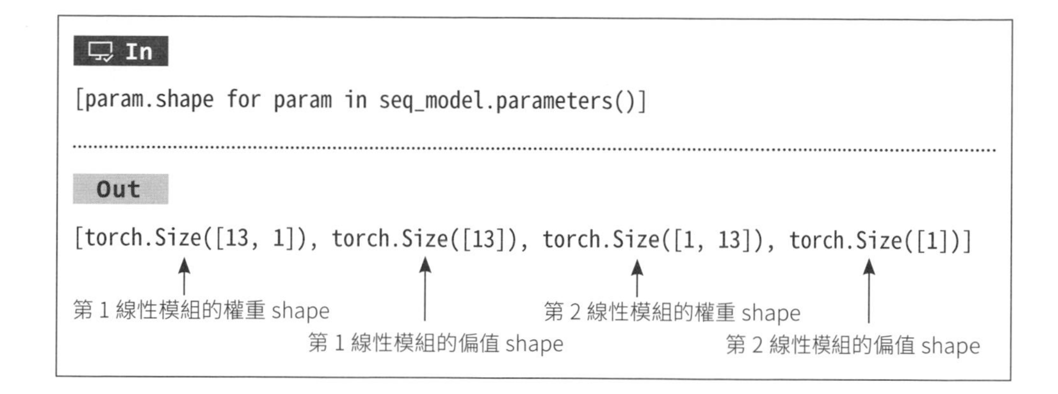

以上的參數張量會傳入優化器中。和之前一樣，呼叫 model.backward() 後，參數的梯度便會累加到 grad 屬性中。然後呼叫 optimizer.step()，優化器便會參考 grad 來更新參數值。這個過程和先前的模型並沒有太大區別，因為兩者皆為可微分的模型，因此可以用相同的梯度下降法來訓練。

下面再介紹一些關於 nn.Modules 的小技巧。若我們的模型是由許多子模組所構成，那麼為特定參數張量**命名**可以讓某些操作更加方便。底下先透過 named_parameter() 來取得參數張量的預設名稱：

In

```
for name, param in seq_model.named_parameters():
    print(name, param.shape)
```

Out

```
0.weight torch.Size([13, 1])
0.bias torch.Size([13])
2.weight torch.Size([1, 13])
2.bias torch.Size([1])
```

Sequential 中每一層的參數張量名稱皆由該層**在容器中的順序**（編註：即之前 seq_model 中的順序）決定（上面程式輸出中的第一個數字就代表順序號碼）。有趣的是，我們也能自己替每個模組命名，再以 OrderedDict ❸ 的形式傳給 Sequential：

註❸：不是所有版本的 Python 都會記錄 dict 型別資料中的元素順序，因此這裡特地使用 OrderedDict，以確保層的順序不會亂掉。

In

```
from collections import OrderedDict  ← 匯入相關模組
seq_model = nn.Sequential(OrderedDict([
    ('hidden_linear', nn.Linear(1, 13)),  ← 將第 1 個模組命名為 hidden_linear
    ('hidden_activation', nn.Tanh()),     ← 將第 2 個模組命名為 hidden_activation
    ('output_linear', nn.Linear(13, 1))   ← 將第 3 個模組命名為 output_linear
]))
seq_model
```

Out

```
Sequential(
  (hidden_linear): Linear(in_features=1, out_features=13, bias=True)
  (hidden_activation): Tanh()
  (output_linear): Linear(in_features=13, out_features=1, bias=True)
)
```

利用以上做法，我們就能替子模組取有意義的名字：

In

```
for name, param in seq_model.named_parameters():
    print(name, param.shape)
```

Out

```
hidden_linear.weight torch.Size([13, 1])
hidden_linear.bias torch.Size([13])
output_linear.weight torch.Size([1, 13])
output_linear.bias torch.Size([1])
```

← 灰底的部分即剛剛所取的名字

這個技巧能幫助我們理解模型，但不影響資料在神經網路中傳遞的方式。如同『Sequential（循序）』這個名稱所示，在這種建模方法中，資料流動的路徑不具任何彈性（總是依序經過各模組）。我們會在第 8 章中說明另一種有彈性的做法，就是自行建立 nn.Module 的子類別來控制模型處理輸入資料的過程。

我們也可以把特定子模組視為屬性，進而存取其參數張量：

In

```
seq_model.output_linear.bias
```

Out

```
Parameter containing:
tensor([-0.0173], requires_grad=True)
```

這種檢視參數或梯度的方法在某些狀況下非常有用，例如：監視梯度如何隨著訓練過程而變化（如同本章一開始所示）。假設我們想檢示最後一次訓練之後，隱藏層中所有 weight 參數的梯度，則可以先執行訓練迴圈，然後檢視梯度（下列程式包含了處理驗證集的結果）：

In

```
optimizer = torch.optim.SGD(seq_model.parameters(), lr=1e-3)  ← 這裡為了讓結果更穩定，稍微將學習率調低了一點
training_loop(n_epochs = 5000,
              optimizer = optimizer,
              model = seq_model,
              loss_fn = nn.MSELoss(),
              t_u_train = t_un_train,
              t_u_val = t_un_val,
              t_c_train = t_c_train,
              t_c_val = t_c_val)

print('output', seq_model(t_un_val))  ← 將驗證集輸入模型並列印其輸出
print('answer', t_c_val)  ← 列印出驗證集的真實答案
print('hidden', seq_model.hidden_linear.weight.grad)  ← 印出隱藏層中所有 weight 參數的梯度
```

NEXT

```
Out

Epoch 1, Training loss 182.9724, Validation loss 231.8708
Epoch 1000, Training loss 6.6642, Validation loss 3.7330
Epoch 2000, Training loss 5.1502, Validation loss 0.1406
Epoch 3000, Training loss 2.9653, Validation loss 1.0005
Epoch 4000, Training loss 2.2839, Validation loss 1.6580
Epoch 5000, Training loss 2.1141, Validation loss 2.0215
output tensor([[-1.9930],
               [20.8729]], grad_fn=<AddmmBackward>)  ← 模型輸出的預測值
answer tensor([[-4.],
               [21.]])  ← 真實答案
hidden tensor([[ 0.0272],
               [ 0.0139],
               [ 0.1692],
               [ 0.1735],
               [-0.1697],
               [ 0.1455],
               [-0.0136],
               [-0.0554]])
```

6.3.3 與線性模型比較

我們也可以讓模型處理所有資料，再觀察其和線性模型的差別：

```
In

from matplotlib import pyplot as plt
t_range = torch.arange(20., 90.).unsqueeze(1)
fig = plt.figure(dpi=600)
plt.xlabel("Fahrenheit")
plt.ylabel("Celsius")
plt.plot(t_u.numpy(), t_c.numpy(), 'o')  ← 描繪出真實的資料點
plt.plot(t_range.numpy(), seq_model(0.1 * t_range).detach().numpy(), 'c-')  ← 描繪出圖 6.9 的曲線
plt.plot(t_u.numpy(), seq_model(0.1 * t_u).detach().numpy(), 'kx')  ← 描繪出預測的資料點
```

上述程式碼的結果如圖 6.9 所示。我們在第 5 章提過，神經網路模型會嘗試擬合所有測量資料（包括那些受雜訊影響的點），因此其結果容易出現過度配適現象。話雖如此，整體上該模型的表現仍是不錯的。

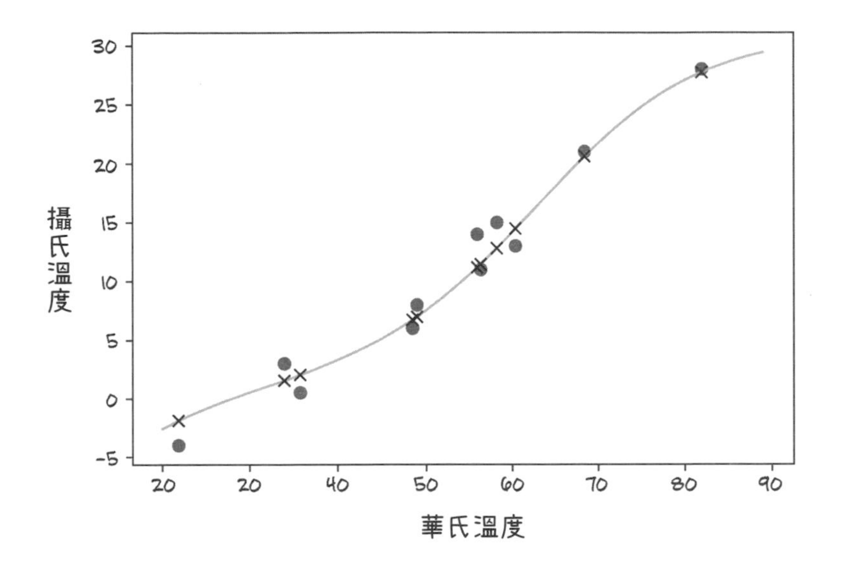

圖 6.9 神經網路模型的結果圖。其中圓點代表輸入資料（現實中量測到的資料點），叉號代表模型輸出，連續曲線則描繪了輸出點之間的行為。

6.4 結論

第 5 章和第 6 章所討論的問題雖然十分簡單，但卻包含許多重要觀念。我們詳細解釋了如何建立可微分模型，進而利用梯度下降法完成訓練（一開始使用的工具為 autograd，然後是 nn）。經過這些說明，各位現在應該瞭解整個過程背後的原理了。我們希望以上關於 PyTorch 的使用經驗能激發讀者的興趣，並準備好探索更深入的內容！

總結

- **神經網路**可以自動適應特定問題，並經由訓練來培養解決該問題的能力。
- 神經網路允許我們用簡單的方式取得損失對模型參數的導數，因此其參數更新的過程很有效率。此外，PyTorch 的 **autograd 引擎**能讓求導數的程序更加輕鬆。
- 在線性轉換之上加入**激活函數**，可使神經網路具備擬合**非線性函數**的能力，同時又不會讓模型太難優化。
- nn **模組**與標準的張量函式庫提供了建立神經網路所需的工具。
- 為了檢查過度配適現象，我們必須將**訓練集**與**驗證集**的資料分開。過度配適問題並沒有簡單的解決方法，但獲取更多資料、增加資料變異度、和簡化模型等做法很有幫助。

延伸思考

1. 請嘗試修改『隱藏層的神經元數目』以及『學習率』：

   a. 怎麼樣的改變能讓模型的輸出結果更接近直線？

   b. 你能讓模型展現明顯的過度配適嗎？

2. 物理學中第三困難的問題，就是找到合適的酒來慶祝某項重大發現。請使用第 4 章中關於葡萄酒的資料，並建立一個擁有適量參數的新模型：

   a. 和本章所用的溫度資料相比，哪個模型的訓練時間較長？

   b. 請說明哪些因素會影響訓練時間？

   c. 你能讓損失隨著訓練降低嗎？

   d. 你應該如何繪製葡萄酒資料集的圖形？

MEMO

CHAPTER 07

從圖片中學習

本章內容

- 建構神經網路
- 使用 Datasets 和 DataLoaders 來匯入資料
- 瞭解分類損失（classification loss）

上一章的問題讓我們得以了解透過梯度下降來學習的機制，以及 PyTorch 如何幫助模型的建立與優化。由於該問題只需簡單的迴歸模型（具單一的輸入及輸出）便可解決，所以我們可以掌握過程中的各項細節。

在本章，我們將繼續介紹神經網路的基礎知識，但這一次要處理的問題為**圖片辨識**（image recognition）。事實上，人們最初就是因為這類任務而認識到深度學習的巨大潛力。

和之前一樣，我們先從較簡單的問題開始，帶領大家建立和上一章類似的簡易神經網路，但此網路的訓練資料並非數字，而是由小型圖片構成的資料集。接下來，我們會先下載這個資料集，並對其進行預處理。

7.1 由小型圖片組成的資料集

想對某個主題建立直覺性的理解，研究資料集是最快的方法。在圖片辨識領域中，最基礎的莫過於 MNIST 手寫數字資料集。不過，這裡要用的是另一個同樣簡單，卻更有趣的 **CIFAR-10 資料集**。在過去十年裡，它與 CIFAR-100 是電腦視覺界中經典的資料集。

CIFAR-10 搜集了 60,000 張 32×32 的小型彩色（RGB）圖片，每張圖片都有一個整數標籤（0～9），分別對應以下十個類別：飛機（0）、汽車（1）、鳥（2）、貓（3）、鹿（4）、狗（5）、青蛙（6）、馬（7）、船（8）和卡車（9）❶。CIFAR-10 對於目前的研究與技術開發來說已經過於簡單了，但拿來做為教學材料卻相當合適。我們可以透過 torchvision 模組自動下載該資料集、並將其匯入成 PyTorch 張量資料。圖 7.1 展示了一些來自 CIFAR-10 的圖片：

註❶：CIFAR-10 中的圖片資料是由加拿大先進研究所（Canadian Institute For Advanced Research, CIFAR）的 Krizhevsky、Nair 與 Hinton 共同搜集與標註的。這些圖片取自另一個更大的彩色圖片資料集，即由麻省理工學院（Massachusetts Institute of Technology）電腦科學與人工智慧研究室（Computer Science and Artificial Intelligence Laboratory, CSAIL）建立的『八千萬張小圖片資料集（80 million tiny images dataset）』。

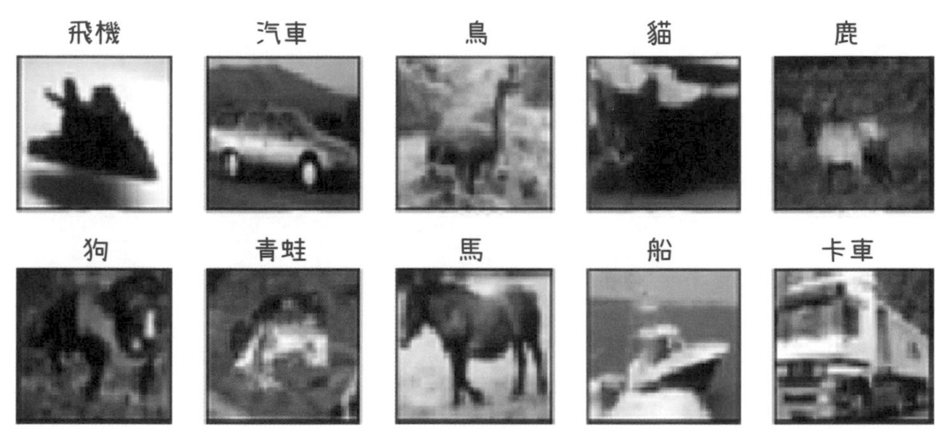

圖 7.1 來自 CIFAR-10 的圖片樣本。

7.1.1 下載 CIFAR-10

讓我們看看如何利用 torchvision 中的 datasets 模組下載 CIFAR-10：

In

```
from torchvision import datasets
data_path = '../data-unversioned/p1ch7'
cifar10 = datasets.CIFAR10(data_path, train=True, download=True)
```

產生訓練資料集物件（若此資料集未曾被下載至本機，TorchVision 便會進行下載）

```
cifar10_val = datasets.CIFAR10(data_path, train=False, download=True)
```

當指定 train=False，TorchVision 會下載驗證資料集

CIFAR10() 的第一個參數 (data_path) 可指定下載資料的存放路徑、第二個參數決定下載訓練資料集還是驗證資料集 (True: 下載**訓練資料集**；False: 下載**驗證資料集**)、第三個參數則代表當第一參數所指定的路徑中找不到 CIFAR10 時，就將 CIFAR10 資料集下載至該路徑。

除了 CIFAR10，datasets 還提供了其它知名的電腦視覺資料集，像是 MNIST、Fashion-MNIST、CIFAR-100、SVHN、Coco 以及 Omniglot 等。無論我們下載的是哪一個，傳回的資料集都是 torch.utils.data.Dataset 的子類別 (subclass)。我們可以利用 cifar10 所屬類別的 __mro__ 屬性，來查看它的基礎類別 (base class) 為何：

In

```
type(cifar10).__mro__   ← 編註：先用 type() 取得所屬類別，再用 __mro__ 取得類別的繼承順序
```

Out

```
(torchvision.datasets.cifar.CIFAR10,
 torchvision.datasets.vision.VisionDataset,
 torch.utils.data.dataset.Dataset,   ← 編註：基礎類別為 torch 的 Dataset 類別
 typing.Generic
 object)   ← 編註：最上層為 Python 的 Object 類別
```

7.1.2 Dataset 類別

所有 torch.utils.data.Dataset 的子類別都將具備其功能，圖 7.2 展示了 Dataset 的功能，它包含兩個方法 (method)，即 __len__ 和 __getitem__。前者會傳回資料集中有多少筆項目，而後者則可用來存取特定元素的資訊，其中包含元素本身及其相應的標籤 (答案，為整數索引) ❷。

註❷：PyTorch 還提供另一種名為 IterableDataset 的進階工具。當資料集的隨機存取 (random access) 代價很高或不可用時，就可以使用它。

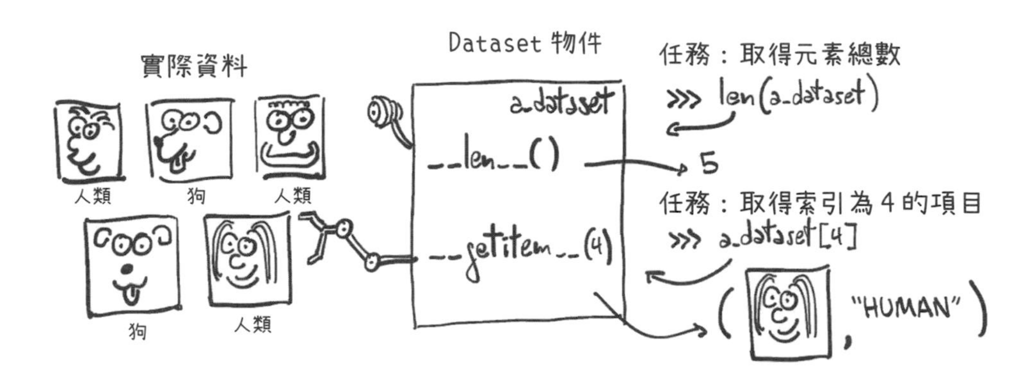

圖 7.2 PyTorch Dataset 的概念：使用者可以透過其所提供的 __len__ 和 __getitem__ 來取得相關資訊。

在實際應用中，若某 Python 物件中含有 __len__ 方法（**編註**：如上文所建立的 cifar10），那麼我們就能將其做為參數傳給 Python 內建的 len 函式：

In
```
len(cifar10)
```

Out
```
50000
```

__getitem__ 方法則允許我們用中括號來存取資料集中的特定元素（就是用**索引**取值），做法和存取 tuple 或串列（list）中的特定元素相同。現在，我們會建立一個名為 class_names 的 Python 字典，把整數索引 0～9 對應到不同的類別。執行以下程式碼會傳回一張 PIL（Python Imaging Library，即 PIL 套件）的圖片，以及其對應的標籤（即類別索引，本例為 1，代表 automobile（汽車））：

In

```
class_names = ['airplane','automobile','bird','cat','deer',
               'dog','frog','horse','ship','truck'] ←建立一個 class_names
                                                      的字典 (dictionary)

img, label = cifar10[99] ← 存取 cifar10 資料集中索引為 99 的項目
img, label, class_names[label]
```

Out

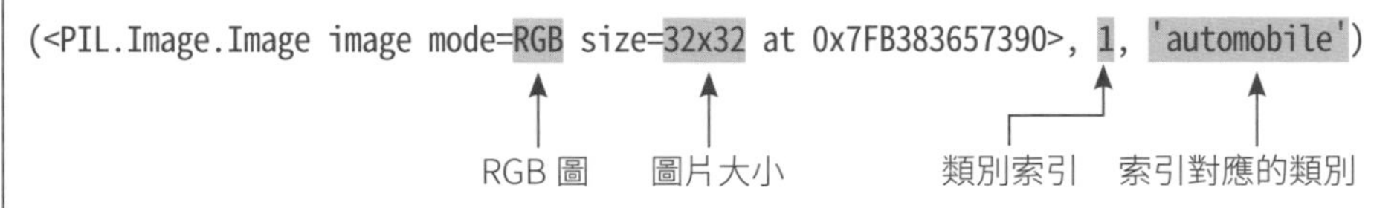

由此可知，CIFAR10 資料集中的樣本其實是 PIL 類別的 RGB 圖片。我們可以利用 Python 顯示剛剛取得的圖片（圖 7.3）：

In

```
from matplotlib import pyplot as plt
plt.imshow(img)
plt.show()
```

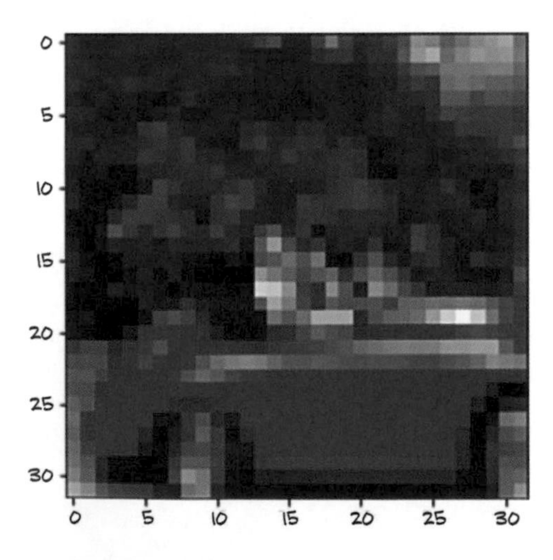

圖 7.3 CIFAR-10 資料集中，索引 99 的圖片為一輛汽車。

7.1.3 轉換資料集

雖然已成功下載資料集，但在進一步處理之前，還需先將 PIL 圖片轉換成 PyTorch 張量，此時便需要用到 torchvision.transforms。該模組定義了一系列類似於函式，且可組合使用的物件。若將它們當成參數來下載 torchvision 資料集（例如：執行 CIFAR10(..., transform=transforms.ToTensor())），則下載後的資料便會在被 __getitem__ 方法傳回之前轉換成 PyTorch 張量。以下是 transforms 模組中可應用的轉換清單：

In

```
from torchvision import transforms
dir(transforms)
```

Out

```
['CenterCrop',
 'CenterCropVideo',
 ...
 'Normalize',
 'NormalizeVideo',
 'Pad',
 'RandomAffine',
 ...
 'RandomResizedCrop',
 'RandomRotation',
 'RandomSizedCrop',
 ...
 'TenCrop',
 'ToPILImage',
 'ToTensor',
 ...
]
```

以上清單中有一個『ToTensor』物件，它可以將 NumPy 陣列或 PIL 圖片轉換成張量。此張量的各軸排序和第 4 章所說的相同，即：C×H×W（通道 × 高度 × 寬度）。

現在先來使用 ToTensor() 看看，首先將其物件化，再以函式的方式呼叫它，並將 PIL 圖片做為參數傳入。最終，ToTensor() 就會輸出相應的張量：

In

```
from torchvision import transforms
to_tensor = transforms.ToTensor()
img_t = to_tensor(img)
img_t.shape ◄— 印出轉換出來的張量 shape
```

Out

```
torch.Size([3, 32, 32])
```

以上結果顯示圖片已被轉成 shape 為 3×32×32 的張量。請注意，圖片的標籤不會受此操作影響，它仍為一整數。另外如前文所述，我們也可以將 ToTensor() 直接當成參數傳給 dataset.CIFAR10：

In

```
tensor_cifar10 = datasets.CIFAR10(data_path, train=True, download=False,
                                  transform=transforms.ToTensor())
                                              ↑
                                  將 ToTensor() 當成輸入參數
```

如此一來，透過 tensor_cifar10 存取到的資料就會是張量，而非 PIL 圖片：

In

```
img_t, _ = tensor_cifar10[99]  ←— 將 tensor_cifar10 中索引為 99 的項目存入 img_t
type(img_t)  ←— 輸出 img_t 的資料類型
```

Out

```
torch.Tensor  ←— 張量
```

接著，來輸出 img_t 的 shape，以及其元素的資料型別：

In

```
img_t.shape, img_t.dtype
```

Out

```
(torch.Size([3, 32, 32]), torch.float32)
                          ↑
                          資料型別已轉成 32 位元浮點數
```

和我們的預期一樣，img_t 張量的第 0 軸是顏色通道（分別代表 R，G，B），第 1 軸及第 2 軸則代表圖片大小（32×32）。另外，該張量的資料型別為 float32。

在原始 PIL 圖片中，各像素值的範圍在 0 到 255 之間（每通道為 8 位元，**編註**：能表示 2^8=256 種結果）。經過 ToTensor 轉換後，這些值會變成每通道 32 位元的浮點數，且範圍落在 0.0 和 1.0 之間。以下程式碼可以驗證這件事：

In

```
img_t.min(), img_t.max()  ←— 輸出 img_t 的最小值及最大值
```

Out

```
(tensor(0.), tensor(1.))  ←— 範圍調整到 0.0 和 1.0 之間了
```

此外，我們得確定此張量所代表的圖片和之前一樣：

In

```
plt.imshow(img_t.permute(1, 2, 0))
plt.show()
```

← 將張量的 shape 從 C×H×W 改為 H×W×C，以符合 PyTorch 的規範

NOTE 在繪製張量時，我們得先用 permute() 把原本各軸的順序 C×H×W 改為 H×W×C，這樣才符合 Matplotlib 的要求。

如圖 7.4 所示，圖片和先前的輸出結果相同：

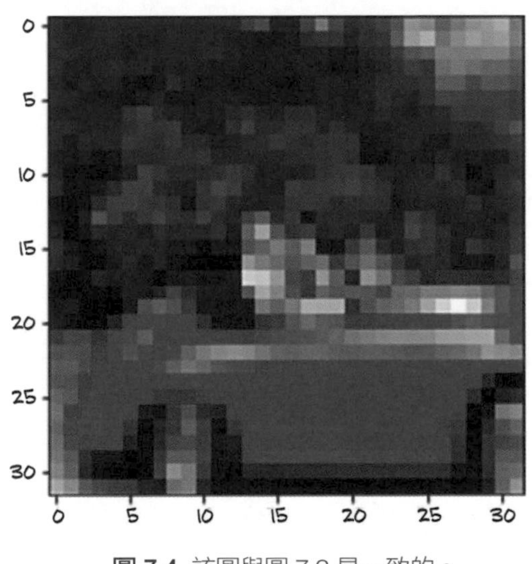

圖 7.4 該圖與圖 7.3 是一致的。

7.1.4 資料正規化

除了以上功能外，我們還可透過 transforms.compose 將多種轉換串接起來，並且在資料下載器的參數中直接指定。舉例來說，我們可以用它來進行**正規化**（normalization）與**資料擴張**（data augmentation）。

將資料集中各通道的**平均值**與**標準差**正規化成 0 和 1 能帶來不少好處，這一點在第 4 章就已經提過了。在讀完第 5 章後，讀者應該更能理解背後的原因：當我們選用可將資料壓縮到『0±1（或 0±2）』之間的激活函數時，可降低神經元梯度接近 0 或無限大的機率（編註：在飽和狀態，即輸入資料過小或過大時會發生的狀況），進而加快學習速度。另外，將不同通道的資料分佈轉為一致讓我們得以使用相同的學習率來更新模型中的參數。這和 5.4.4 節中遇到的情況很像，當時我們修正了模型中權重（weight）的數量級，使其與偏值（bias）位於同一個數量級。

為了達到以上目的，我們要先計算資料集中各通道的平均值和標準差，再套用以下轉換：v_n[c] = (v[c] – mean[c]) / stdev[c]（編註：mean 為平均值、stdev 為標準差、v[c] 是位於通道 c 中的某個元素值、v_n[c] 是將 v[c] 正規化的結果）。事實上，這就是 transforms.Normalize 在做的事情，不過 transforms 並不負責 mean 和 stdev 的計算，因此我們必須自行找出兩者的值。

CIFAR-10 資料集不大，電腦的記憶體就足以應付相關操作。現在，我們要將 tensor_cifar10 的所有圖片資料**堆疊**（stack）至一個額外的軸上，以方便計算平均值與標準差：

In

```
import torch
imgs = torch.stack([img_t for img_t, _ in tensor_cifar10], dim=3)
```

堆疊至第 3 軸

```
imgs.shape
```

Out

```
torch.Size([3, 32, 32, 50000])
```

計算每個通道的平均值之方法如下：

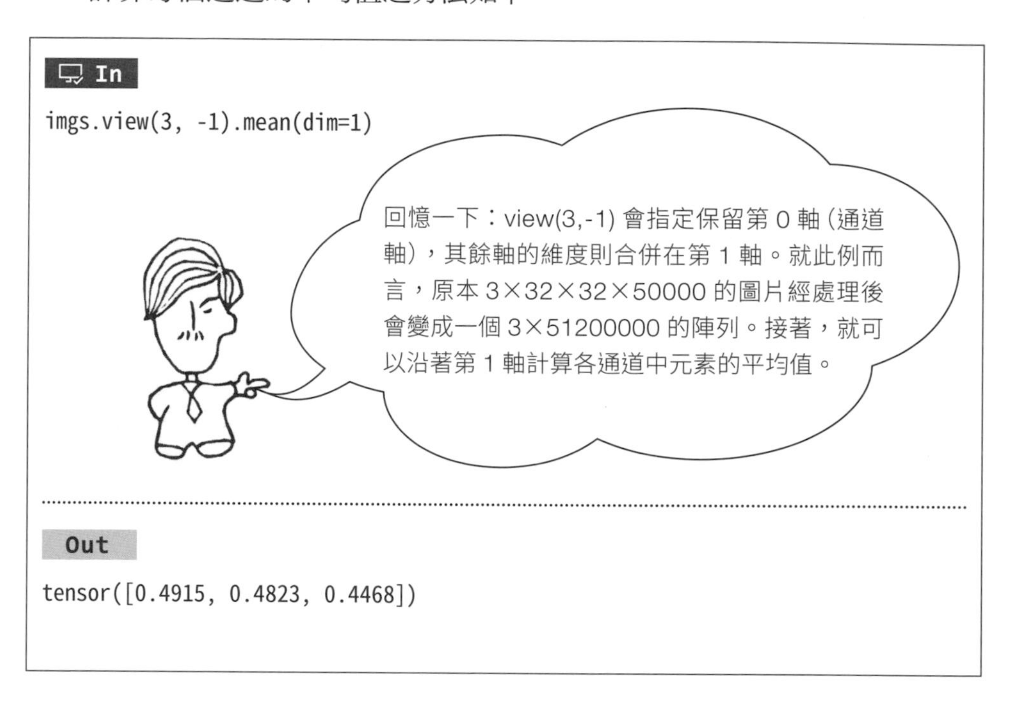

In

```
imgs.view(3, -1).mean(dim=1)
```

Out

```
tensor([0.4915, 0.4823, 0.4468])
```

求標準差的方法與上面相同：

In

```
imgs.view(3, -1).std(dim=1)
```

Out

```
tensor([0.2470, 0.2435, 0.2616])
```

有了以上數字，我們就能在 transform 參數中加入正規化的程序了。底下將 transforms.Normalize() 串接在 ToTensor() 的後面：

In

```
transformed_cifar10 = datasets.CIFAR10(  ← 對訓練資料集進行正規化
    data_path, train=True, download=False,
    transform=transforms.Compose([
        transforms.ToTensor(),
        transforms.Normalize((0.4915, 0.4823, 0.4468),  ← 各通道的平均值
                             (0.2470, 0.2435, 0.2616))  ← 各通道的標準差
    ]))

cifar10_val = datasets.CIFAR10(  ← 對驗證資料集進行正規化
    data_path, train=False, download=False,
    transform=transforms.Compose([
        transforms.ToTensor(),
        transforms.Normalize((0.4915, 0.4823, 0.4468),  ← 編註：驗證集必須使用和訓練集相同的平均值及標準差來正規化
                             (0.2470, 0.2435, 0.2616))
    ]))
```

經過上述這些處理後，我們的圖片已經和原始圖片不同了。將它畫出來試試：

In

```
img_t, _ = transformed_cifar10[99]
plt.imshow(img_t.permute(1, 2, 0))
plt.show()
```

正規化後的紅色汽車如圖 7.5 所示。圖片改變的原因在於：某些 RGB 值會因為正規化而超出 0.0 到 1.0 的範圍，進而改變了整個通道的數值量級。Matplotlib 會把超出範圍的像素以黑色表示，關於這一點讀者請務必留意。

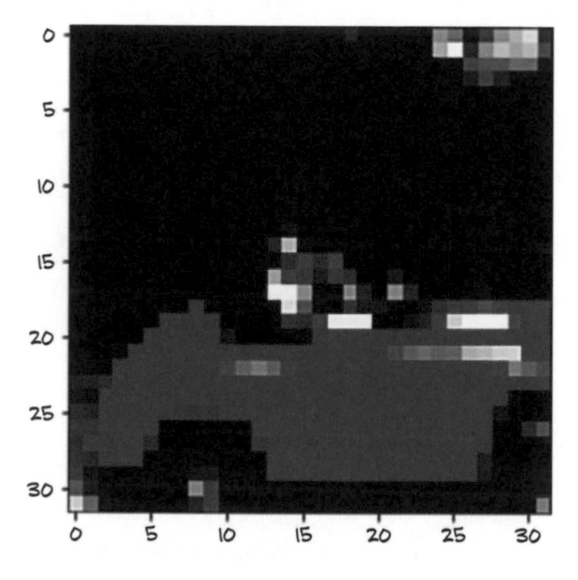

圖 7.5 經過正規化處理的 CIFAR-10 樣本。

至此，一個包含上萬張圖片的資料集已經準備好了！我們稍後就會用到它。

7.2 區分鳥和飛機

我們有一位經營賞鳥團的朋友 Jane，她在機場南邊的森林裡架了許多相機。根據設定，這些相機應該在有東西進入畫面時自動拍照，並將照片即時上傳至賞鳥部落格。不過，她碰到了一個難題：由於機場附近有許多飛機起落，而這些飛機也會觸發相機，因此 Jane 總是要花大量時間手動刪除飛機相片。此時，若有一個如圖 7.6 所示的神經網路，那她就沒有那麼多麻煩了，因為該網路會替她將飛機的圖片過濾掉。

圖 7.6 我們想為 Jane 訓練一個能區分鳥和飛機的神經網路，好幫助她管理部落格。

真巧，我們手上『剛好』有合適的資料集可以訓練模型。接下來要做的事情是：將鳥類和飛機的圖片從 CIFAR-10 資料集中挑出來，並教會神經網路區分兩者。

7.2.1 建立所需資料集

雖然可以另外建立一個只包含鳥類與飛機圖片的 Dataset 子類別，但其實並不需要，我們只要對 cifar10 中的資料進行過濾，再重新對應正確標籤（編註：這時只需將圖片分成兩類，故 0 和 1 兩個整數標籤就足夠了）。以下是實際的操作方法：

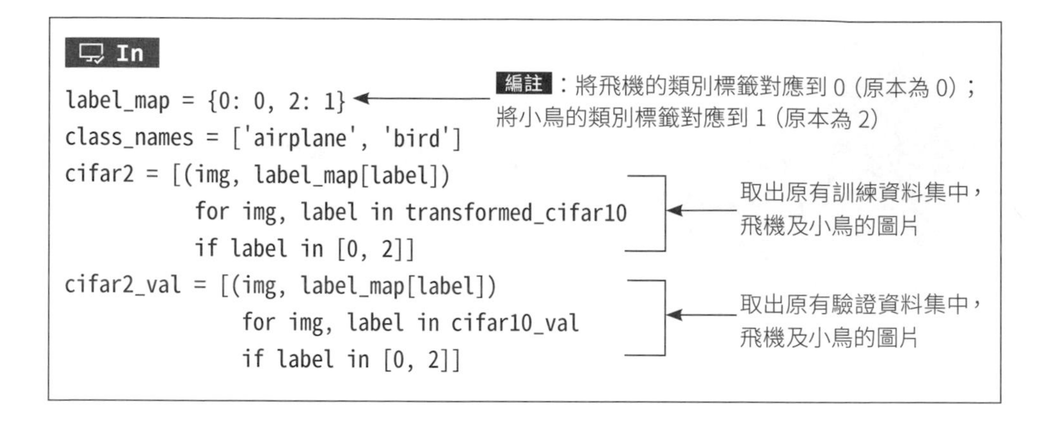

```
In
label_map = {0: 0, 2: 1}
class_names = ['airplane', 'bird']
cifar2 = [(img, label_map[label])
          for img, label in transformed_cifar10
          if label in [0, 2]]
cifar2_val = [(img, label_map[label])
              for img, label in cifar10_val
              if label in [0, 2]]
```


由於 cifar2 物件有定義 __len__ 和 __getitem__，滿足了 Dataset 的基本要求，因此我們直接使用該物件即可。但必須注意的是，這種不建立子類別的做法其實是一種捷徑，並且有其限制；當遇到不適用的狀況時，還是必須實作正式的 Dataset 子類別才行❸。

註❸：這裡我們手動建立了資料集，並重新對應各類別的標籤。在某些情況下，如果只需以索引值來取出資料集的子集 (subset)，那麼可以透過 torch.utils.data.Subset 類別來完成。順帶一提，ConcatDataset 類別則能夠把擁有相容元素的多個資料集合併起來；而 ChainDataset 可以協助我們建立可迭代的 (iterable) 大型資料集。

資料集已經完成！接下來，我們需要建立一個模型來處理這些資料！

7.2.2 全連接模型

我們在第 6 章學過如何建立神經網路。這種模型可接受特徵張量，並輸出另一個特徵張量。由於圖片是由一系列具有特定空間結構的數字所組成，因此理論上(暫且先不管如何處理空間結構的部分)，只要將每個圖片的像素展開形成 1D 向量，我們就可以將其當成模型的輸入特徵向量了。圖 7.7 說明了以上概念。

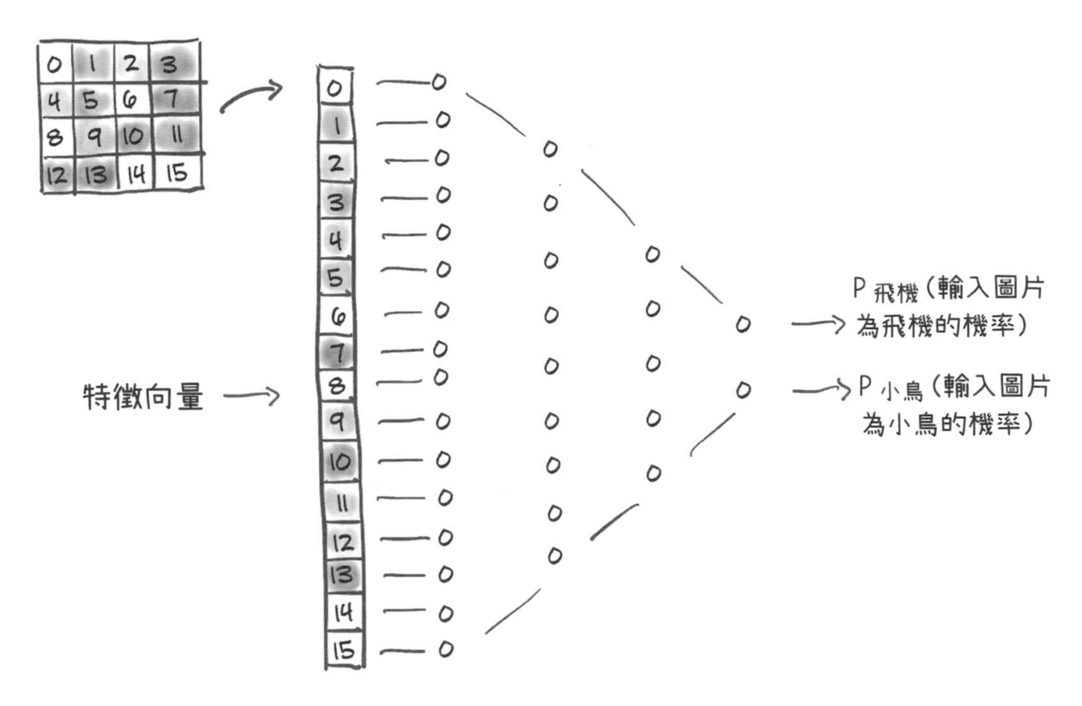

圖 7.7 將圖片轉換成 1D 向量，以便訓練分類器。

趕緊來實作看看吧！首先，每個樣本中有多少特徵呢？這一點可以從它們的 shape（32×32×3）計算出來，答案是：3,072 個特徵。以第 6 章建立的模型為基礎，我們先設置一個 nn.Linear 層，並將其輸入特徵數指定為 3,072、隱藏特徵數指定為 512（**編註**：也就是隱藏層有 512 個神經元，因此會輸出 512 個特徵）。然後是激活函數，最後再設一層 nn.Linear 做為輸出層，使該網路具有適當的輸出特徵數（以本例而言為 2）：

In

```
import torch.nn as nn
n_out = 2
model = nn.Sequential(
            nn.Linear(3072, 512,),
            nn.Tanh(),
            nn.Linear(512, n_out,)
        )
```

輸入特徵數（指向 3072）；隱藏層大小（輸出特徵數）（指向 512）；上一層的隱藏層大小（輸入特徵數）（指向 512）；輸出特徵數（類別數量）（指向 n_out）

這裡先隨意選擇了 512 做為隱藏層的特徵數。在本書第 6.3 節中有提過，為了能近似任何（連續）函數，神經網路必須至少同時有一層線性隱藏層、以及一個非線性激活函數（一共兩個模組）才行，如果只有前者，整個網路就只是個線性模型。

這就是模型建立的部分，下面我們來談談模型的輸出。

7.2.3 分類器的輸出

在第 6 章，神經網路的輸出值代表預測溫度。類似的做法我們先套用到這裡來試看看，即：先讓模型輸出一個純量（設定模型輸出特徵數 n_out = 1），再將圖片的類別標籤轉換成浮點數（『0.0』代表『飛機』，『1.0』代表『鳥類』），最後利用以上兩個值（『模型輸出的浮點數』及『實際標籤的浮點數』）計算 MSELoss（均方誤差）。以上方法適用於迴歸任務，但仔細研究本章中的問題後會發現，這好像不太符合我們的需求❹。

> **註❹**：以下求『機率向量的距離』顯然比將 MSELoss 套用在類別索引值上的做法合理許多，後者無法產生有意義的結果（請回憶一下 4-11 頁中關於變數類型的討論），因此 MSELoss 不適用於分類任務。

此處的神經網路輸出應該是離散的（**編註**：上一章的溫度輸出則是連續的，任意的數值都有可能），我們的圖片不是『鳥』就是『飛機』（只有 2 個類別）。如同第 4 章所說，處理離散變數時，應當先將它們表示成 **one-hot 編碼**的向量。以本例來說，可以用向量 [1,0] 代表『飛機』、[0,1] 代表『鳥類』（反過來也行，順序可以自由決定）。未來即使類別數量擴增到 10 個（原始 CIFAR-10 中的圖片類別數），該方法仍然有效，只不過 one-hot 向量的長度必須改為 10 而已。

在理想狀況下，我們的神經網路應該在收到飛機圖片時輸出 torch.tensor([1.0, 0.0])，收到鳥類圖片時輸出 torch.tensor([0.0, 1.0])。這邊有一項重點：我們可以將上述神經網路的輸出視為機率，其中張量的第一個值代表輸入圖片為『飛機』的機率、第二個值則是圖片為『鳥類』的機率 ❺。

> **註❺**：對於**二元分類** (binary classification) 而言，由於某類別的機率值等於『1 減去另一個類別的機率』，因此也可以改成只輸出其中一個機率值即可 (例如只輸出圖片為鳥的機率)。事實上，PyTorch 提供了能讓模型在最後輸出單一機率值的 nn.Sigmoid 激活函數、以及**二元交叉熵** (binary cross-entropy) 損失函數 nn.BCELoss。同時，PyTorch 也提供將兩者結合在一起的 nn.BCELossWithLogits 模組。

為了能順利把結果以機率值表示，我們必須對模型輸出做一些額外限制：

- 輸出張量中所有元素的數值必須在 0.0 和 1.0 之間 (上述區間在數學上可表示成 [0.0, 1.0]，因為機率值最低不能小於 0、最高不能大於 1)。
- 輸出張量中所有元素的總和必須為 1.0 (即 100%，因為兩種結果中必有一個會發生)。

接下來，我們將示範如何使用 **softmax 函數**來達成以上目的。

7.2.4 將輸出表示成機率

softmax 函數在接受一向量後，會產生另一個維度相同的向量，且新向量中的各元素滿足上一節所列的兩項機率限制條件。

圖 7.8 為 softmax 的公式。整個函數相當於：先對向量中每個元素 x 指數化 (e^x)，再將個別的 e^x 除以所有 e^x 的總和。softmax 函數可用程式碼表示如下：

```
In
def softmax(x):
    return torch.exp(x) / torch.exp(x).sum()
```

編註：使用 exp() 可將輸入元素指數化

讓我們用實際的輸入向量來做測試：

```
In
x = torch.tensor([1.0, 2.0, 3.0])
softmax(x)
```

```
Out
tensor([0.0900, 0.2447, 0.6652])
```

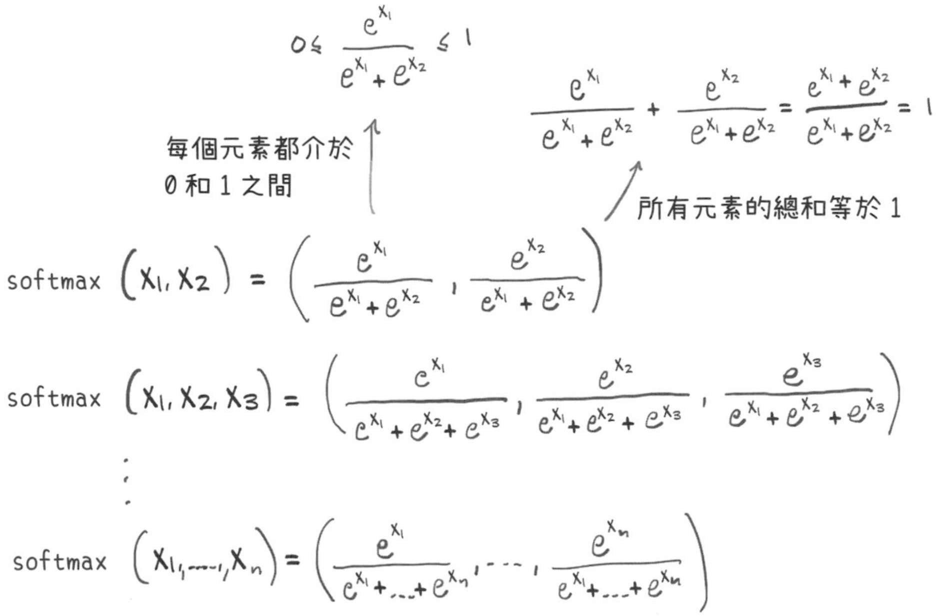

$$0 \le \frac{e^{x_1}}{e^{x_1}+e^{x_2}} \le 1$$

每個元素都介於 0 和 1 之間

$$\frac{e^{x_1}}{e^{x_1}+e^{x_2}} + \frac{e^{x_2}}{e^{x_1}+e^{x_2}} = \frac{e^{x_1}+e^{x_2}}{e^{x_1}+e^{x_2}} = 1$$

所有元素的總和等於 1

$$\text{softmax}(x_1, x_2) = \left(\frac{e^{x_1}}{e^{x_1}+e^{x_2}}, \frac{e^{x_2}}{e^{x_1}+e^{x_2}}\right)$$

$$\text{softmax}(x_1, x_2, x_3) = \left(\frac{e^{x_1}}{e^{x_1}+e^{x_2}+e^{x_3}}, \frac{e^{x_2}}{e^{x_1}+e^{x_2}+e^{x_3}}, \frac{e^{x_3}}{e^{x_1}+e^{x_2}+e^{x_3}}\right)$$

$$\vdots$$

$$\text{softmax}(x_1, \ldots, x_n) = \left(\frac{e^{x_1}}{e^{x_1}+\ldots+e^{x_n}}, \ldots, \frac{e^{x_n}}{e^{x_1}+\ldots+e^{x_n}}\right)$$

圖 7.8 softmax 函數的公式。

softmax 是個**單調函數**（monotone function），這表示輸入值越小，對應到的輸出也越小。然而，其並沒有**縮放不變性**（scale invariant），因此輸入元素之間的比值和對應輸出元素的比值不一定相同。以上面的例子來說，x 的第一元素（1.0）和第二元素（2.0）比值為 0.5，但經過 softmax 處理後，比值變成了 0.3678（0.09 / 0.2447）。在實際使用上，比值的改變並不會產生任何不良影響，模型會在訓練過程中找到最適當的比值。

如你所見，最終的結果滿足機率的限制條件（編註：元素值總和為 1）：

In

```
softmax(x).sum()
```

Out

```
tensor(1.)
```

nn 中也有和 softmax 對應的模組（即：nn.Softmax），但在應用 nn.Softmax 時必須指明要將其套用到哪一軸上：

In

```
softmax = nn.Softmax(dim=1)  ←— 將 softmax 函數套用在第 1 軸（沿著同一列的不同行）
x = torch.tensor([[1.0, 2.0, 3.0],
                  [1.0, 2.0, 3.0]])
softmax(x)
```

Out

```
tensor([[0.0900, 0.2447, 0.6652],
        [0.0900, 0.2447, 0.6652]])
```

在上面的例子中，我們讓 nn.Softmax 作用在第 1 軸上。

小編補充　沿著軸運算

沿著某一軸運算的意思就是，其他軸索引固定、取某一軸的所有元素算一次。以一個 2 軸張量來說，其運算的示意圖如下：

```
x = torch.tensor([[1.0, 2.0, 3.0],  ◀── 沿著第 1 軸就是橫列方向
                  [1.0, 2.0, 3.0]])
                   ▲
                   │
             沿著第 0 軸就是直行方向
```

因此，若把 softmax 套用在以上張量的第 0 軸，則會產生以下結果：

In

```
softmax = nn.Softmax(dim=0)  ◀── 將 softmax 函數套用在第 0 軸
x = torch.tensor([[1.0, 2.0, 3.0],
                  [1.0, 2.0, 3.0]])
softmax(x)
```

Out

```
tensor([[0.5000, 0.5000, 0.5000],
        [0.5000, 0.5000, 0.5000]])
```

由於第 0 軸上各元素的值是相等的，故套用 softmax 後的結果也會出現元素值皆相等的結果。

現在，只要將 softmax 加到模型的末端，我們就可得到能輸出機率的神經網路了：

In

```
model = nn.Sequential(nn.Linear(3072, 512),
                      nn.Tanh(),
                      nn.Linear(512, 2),
                      nn.Softmax(dim=1))
```

雖然尚未進行訓練，但我們可以先測試一下模型，看看其輸出長什麼模樣。首先，利用圖 7.9 的鳥類圖片建立一個只包含一筆資料的批次：

In

```
img, _ = cifar2[0]  ←— 取出 cifar2 中索引為 0 的圖片
plt.imshow(img.permute(1,2,0))
plt.show()
```

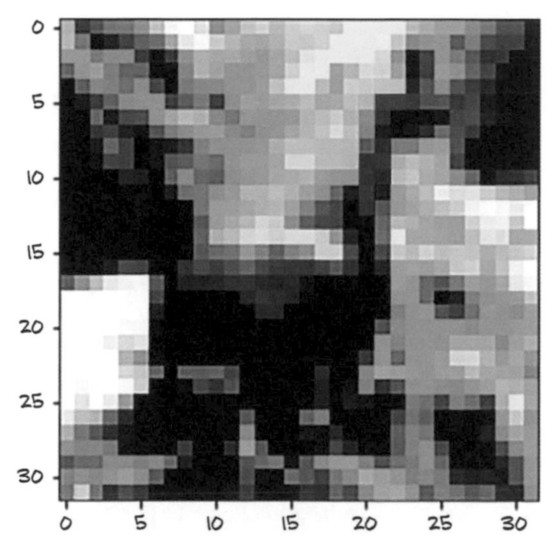

圖 7.9 從 CIFAR-10 中選出的鳥類圖片（已經過正規化處理）。

在實際呼叫模型之前，還得將輸入轉換為適當的維度才行。回想一下，模型的輸入特徵應該是 3,072 個。此外，nn 模組處理的資料必須組合成批次，而批次大小要指定在張量的第 0 軸。也就是說，我們需要把 3×32×32 的圖片先轉成 1D 張量，並在最前面（第 0 軸）加入一個額外的批次軸。各位已在第 3 章中學過如何完成以上操作了：

In

```
img_batch = img.view(-1).unsqueeze(0)
                ↑          ↑
      轉為 1D 張量   在第 0 軸加入一個軸（即批次軸）
```

現在，我們來測試一下模型：

In

```
out = model(img_batch)
out
```

Out

```
tensor([[0.4784, 0.5216]], grad_fn=<SoftmaxBackward>)
```

↑ 飛機的機率　↑ 小鳥的機率

← **編註**：此處輸出為隨機值，讀者執行結果可能有所不同

你會發現模型的輸出內容為機率！當然，由於模型參數還未受過任何訓練，所以上述結果並不代表什麼。模型的各個參數都是 PyTorch 隨機生成的，範圍介於 - 1.0 到 1.0 之間。輸出結果還能包含了 grad_fn，我們在進行反向傳播時會用到它。

當訓練完成後，只要將 **argmax()** 套用在輸出機率上，就能得知哪一個類別索引有最大的機率值（argmax() 會傳回元素值最大的索引位置）。此外，我們也可以利用 torch.max 很方便地找到**指定軸**上的最大值、以及最大值之索引。就上面的例子而言，我們可以把 torch.max 套用到輸出張量的第 1 軸上（第 1 軸代表**機率值**，第 0 軸則代表**批次量**）：

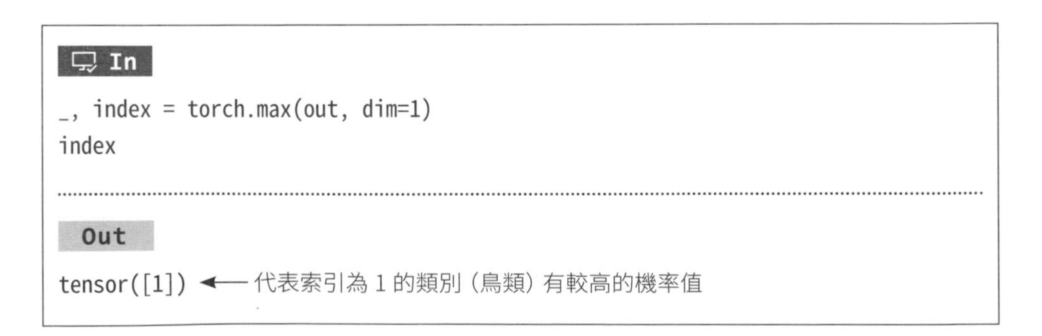

我們的未訓練模型認為輸入圖片為鳥類，這次它猜對了。但更重要的是，以上結果說明：該模型的確能輸入圖片、並以機率值的方式輸出分類結果。現在，是時候進入訓練的部分了。和前兩章一樣，我們需要先定義一個損失，做為訓練期間最小化的目標。

7.2.5 分類任務的損失

第 5 章和第 6 章的模型皆以均方誤差（MSE）為損失函數。在這裡，我們也可以設法讓模型的輸出趨近 [0.0, 1.0] 或 [1.0, 0.0]，然後繼續延用 MSE。但從 torch.max 的運作方式可發現，我們真正在乎的是：當輸入圖片為『飛機』時，輸出張量中的第一個數值（為**飛機**的機率）是否大於第二個數值（為**鳥類**的機率），而不是輸出結果與 [1.0, 0.0] 差多少。

換句話說，我們想最大化的東西是**正確類別**的機率值：out[class_index]，其中 out 為 softmax 的輸出（包含一批次的預測值）、class_index 則是由 0（代表『飛機』）和 1（代表『鳥類』）組成的向量（其內容為批次中每個樣本所附的分類標籤）。以上機率值又稱為**概似率**（likelihood，**編註**：可以理解成對應到『正確類別』的機率值）❻。我們期望在概似率很低（即正確類別的機率很低）時，損失函數的輸出要很高；而在概似率提高時，損失值則要降低。至於正確類別的機率是否等於 1 則不是追求的重點（只要讓其越大越好，因為這可降低損失值）。

註❻：關於概似率（likelihood）這個術語的定義，請參考 David MacKay 的『Information Theory, Inference, and Learning Algorithms (Cambridge University Press, 2003)，第 2.3 節』。

有一種損失函數正好符合我們的需要，即：負對數概似率（negative log likelihood, NLL），它的公式如下：NLL = - sum(log(out_i[c_i]))，其中 c_i 代表第 i 樣本的類別標籤、sum 則表示將全部 N 個樣本的結果加總。圖 7.10 代表 NLL 對預測機率值的函數圖形：

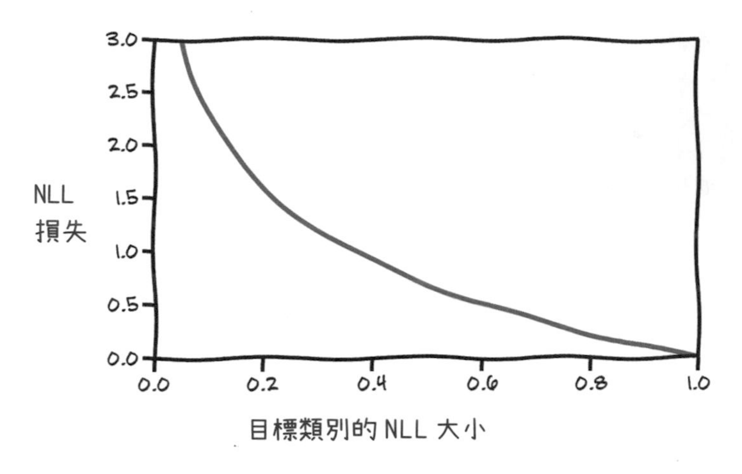

圖 7.10 NLL 損失對預測機率值的函數圖形。

從圖 7.10 可以看出，當目標類別的 NLL 很低時，NLL 的損失值將接近無限大；而當目標類別的 NLL 值大於 0.5，NLL 損失的下降率則開始趨緩。記住，NLL 的輸入值為機率，也就是說，當正確類別的概似率上升時，錯誤類別的機率相對地就會下降。

綜上所述，對於批次中的每一個樣本而言，分類任務的損失可以透過以下方式計算：

1. 以前饋方式運行神經網路以獲得最後一層線性層的輸出。
2. 對最後一層的輸出套用 softmax，將輸出轉換成機率。
3. 把對應到正確類別的機率值單獨取出來(即概似率)。注意，由於本例屬於監督式學習問題(有提供正確答案)，故我們知道每個樣本的正確類別為何。
4. 將上述概似率取對數後加上負號便成為損失。

那麼，該如何把這個過程轉成 PyTorch 程式碼呢？我們可以使用 nn.NLLLoss 類別。不過有一點需特別注意，在計算模型處理一批次資料時的 NLL 時，該類別的輸入並非單純的『機率值』，而是由『對數化機率』所構成的張量。由於當機率值趨近於零的時候，機率的對數運算並不容易，故用 nn.LogSoftmax 取代先前的 nn.Softmax，以便讓計算更加穩定。

我們先把 nn.Softmax 換成 nn.LogSoftmax：

In
```
model = nn.Sequential(nn.Linear(3072, 512),
                      nn.Tanh(),
                      nn.Linear(512, 2),
                      nn.LogSoftmax(dim=1))
```

接著，產生一個 NLL 損失的物件：

In
```
loss = nn.NLLLoss()
```

以上損失函數的第一個參數為模型的輸出（就是模型預測的類別），第二個參數則是標籤張量（就是實際的類別）。現在，用之前的鳥類圖片再測試一次：

In
```
out = model(img.view(-1).unsqueeze(0))
loss(out, torch.tensor([label]))
```

Out
```
tensor(0.6509, grad_fn=<NllLossBackward>)  ← 該張圖片的損失值
```

7.2.6 訓練分類器

是時候重新利用第 6 章所寫的訓練迴圈，並看看成果如何了（以下過程的說明請見圖 7.11）：

In

```
import torch
import torch.nn as nn
model = nn.Sequential(nn.Linear(3072, 512),
                      nn.Tanh(),
                      nn.Linear(512, 2),
                      nn.LogSoftmax(dim=1))
learning_rate = 1e-2
optimizer = torch.optim.SGD(model.parameters(), lr=learning_rate)
loss_fn = nn.NLLLoss()
n_epochs = 100
for epoch in range(n_epochs):
    for img, label in cifar2:
        img = to_tensor(img)
        out = model(img.view(-1).unsqueeze(0))
        loss = loss_fn(out, torch.tensor([label]))
        optimizer.zero_grad()
        loss.backward()
        optimizer.step()
    print("Epoch: %d, Loss: %f" % (epoch, float(loss)))
```

每個迴圈結束後，將損失列印出來

仔細一看會發現，這裡的訓練迴圈與之前稍有不同。在第 6 章中，我們只用了一個 for 迴圈，每個迴圈代表一個訓練週期（在一個訓練週期裡，模型會把訓練集中的每個樣本都評估一次）。但對本例而言，要一次處理包含 10,000 張圖片的批次會很沒效率（編註：花很多時間計算 1 萬張圖，然後只做一次優化），因此我們在大迴圈內又加入了另一個內部迴圈，以便讓模型每評估完一張圖片後便反向傳播一次（圖 7.11 的 B）。

然而，如果每次只優化一個樣本，降低損失的參數更新方向有可能並不正確（編註：可能不符合其他大多數樣本的優化方向），這會讓優化方向變來變去，導致學習過程不穩定。因此，在上一章的訓練迴圈中，所有樣本的梯度會被累加在一起，再統一進行參數更新（圖 7.11 的 A），但這也只適用於樣本數不多的情況。

Ⓐ 利用資料集中所有樣本的累積結果更新模型

共 N 個訓練週期，每次執行以下事件：
　針對資料集中的每一個樣本：
　　評估模型（前向運行）
　　計算損失
　　累積損失梯度（反向運行）
利用累積的梯度結果更新模型

Ⓑ 利用每個單一樣本更新模型

共 N 個訓練週期，每次執行以下事件：
　針對資料集中的每一個樣本：
　　評估模型（前向運行）
　　計算損失
　　計算損失梯度（反向運行）
　　利用梯度更新模型

Ⓒ 利用小批次中所有樣本的累積結果更新模型

將資料集切分成小批次
每一個小批次：
　針對資料集中的每一個樣本：
　　評估模型（前向運行）
　　計算損失
　　累積損失梯度（反向運行）
利用累積的梯度結果更新模型

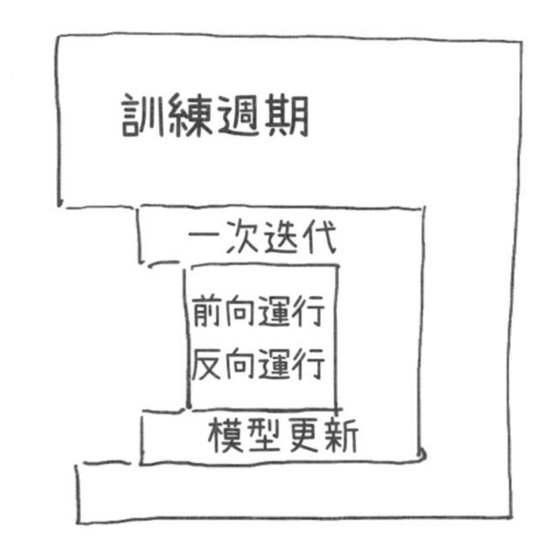

圖 7.11 常見的幾種訓練迴圈。

當樣本數很多時，其實還有一個更好的方法，就是在進入一個訓練週期時，先將所有樣本的順序打亂，再評估少量樣本的梯度並進行優化（一次評估少量樣本會比只評估一個樣本來得穩定）。此方法即稱為**隨機梯度下降**（SGD, stochastic gradient descent），其中『隨機』的意思就是：將資料洗牌後，抽取其中一小群（即：小批次）的樣本進行處理（圖 7.11 的 C）。我們發現，利用小批次資料的梯度（近似於所有資料梯度的一小部分）來更新參數，能有效促進模型收斂、並防止優化程序卡在區域最小值上。如圖 7.12 所示，小批次的梯度也有可能會偏離理正確方向，而這也是為什麼學習率不能太大的部分原因。在每一次訓練週期中對樣本順序進行洗牌，可以確保由大量小批次計算而得的梯度，能夠模擬整個資料集的梯度。

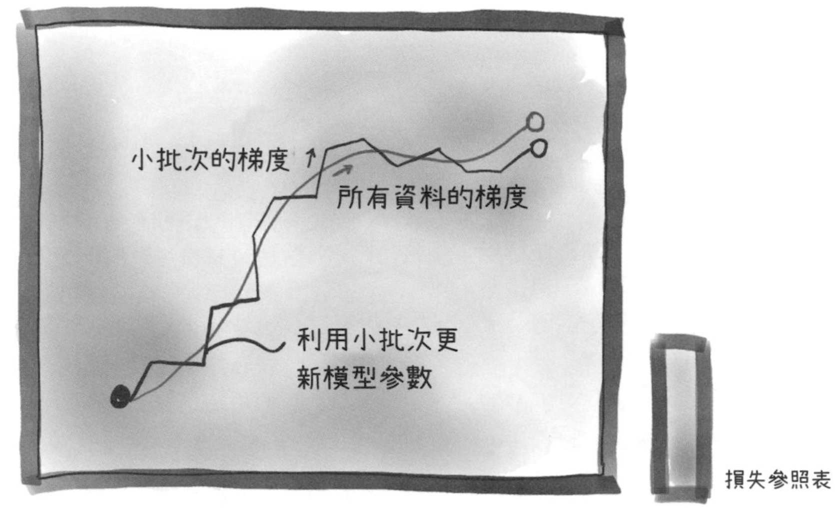

圖 7.12 圖中顏色較淡的線代表利用整個資料集進行梯度下降；深色線則是隨機梯度下降，其中的梯度是根據隨機選取的小批次樣本計算而來。

一般而言，批次的大小是固定的、且必須在訓練開始之前設定好（和學習率一樣）。我們通常將這些參數稱為**超參數**（hyperparameters），以便和模型中的參數做區分。在先前的訓練程式中批次量為 1，代表每次只從資料集中選擇一個樣本來組成小批次（編註：其實這就等同於利用個別樣本來進行梯度更新）。

torch.utils.data 模組提供了洗牌和組成小批次所必須的 DataLoader 類別。該類別會幫助我們從資料集中隨機抽樣以形成批次，並允許我們指定不同的抽樣策略。其中，最常見的策略是：對洗牌後的樣本進行**均勻取樣**（uniform sampling）。圖 7.13 顯示了 DataLoader 打亂 Dataset 樣本索引的過程：

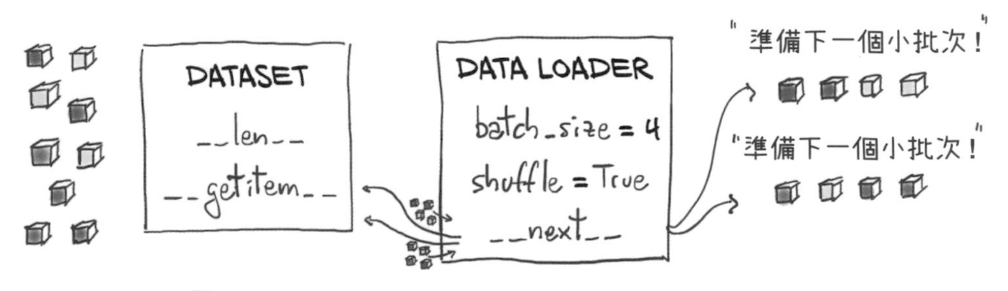

圖 7.13 Dataloader 從 Dataset 中取樣以組成小批次。

讓我們看看該如何完成上述過程。DataLoader 的建構方法至少需要以下參數：一個 Dataset 物件、batch_size（小批次量）、以及指定是否在訓練週期開始時進行資料洗牌的布林值 shuffle：

In

```
train_loader = torch.utils.data.DataLoader(cifar2, batch_size=64, shuffle=True)
```

DataLoader 傳回的小批次集合是可迭代的，故可以直接運用在內部迴圈上。以下就是我們的新訓練迴圈：

In

```
import torch
import torch.nn as nn
model = nn.Sequential(nn.Linear(3072, 512),
                      nn.Tanh(),
                      nn.Linear(512, 2),
                      nn.LogSoftmax(dim=1))
learning_rate = 1e-2

optimizer = torch.optim.SGD(model.parameters(), lr=learning_rate)
loss_fn = nn.NLLLoss()
n_epochs = 100
for epoch in range(n_epochs):
    train_loader = torch.utils.data.DataLoader(cifar2, batch_size=64, shuffle=True)
    for imgs, labels in train_loader:
        batch_size = imgs.shape[0]
        outputs = model(imgs.view(batch_size, -1))
        loss = loss_fn(outputs, labels)
        optimizer.zero_grad()
        loss.backward()
        optimizer.step()
    print("Epoch: %d, Loss: %f" % (epoch, float(loss)))
```

列印隨機批次的損失值，在第 8 章中我們會對其進行改良在以上內部迴圈中，imgs 是 shape 為 64×3×32×32 的張量(相當於包含 64 張 32×32 RGB 圖片的小批次)，而大小為 64 的 labels 則包含了批次中各樣本的標籤。

實際執行一次訓練程式：

Out

```
Epoch: 0, Loss: 0.523478
Epoch: 1, Loss: 0.391083
Epoch: 2, Loss: 0.407412
Epoch: 3, Loss: 0.364203
...
Epoch: 96, Loss: 0.019537
Epoch: 97, Loss: 0.008973
Epoch: 98, Loss: 0.002607
Epoch: 99, Loss: 0.026200
```

可以看到，損失呈現下降趨勢，但並不清楚該成果是否夠好。因此，我們讓模型嘗試分類**驗證集**中的樣本，再計算其準確率(即正確分類的圖片數對總圖片數量的比值)：

In

```python
val_loader = torch.utils.data.DataLoader(cifar2_val, batch_size=64, shuffle=False)
correct = 0
total = 0
with torch.no_grad():
    for imgs, labels in val_loader:
        batch_size = imgs.shape[0]
        outputs = model(imgs.view(imgs.shape[0], -1))
        _, predicted = torch.max(outputs, dim=1)
        total += labels.shape[0]
        correct += int((predicted == labels).sum())
print("Accuracy: %f" % (correct / total))
```

Out

```
Accuracy: 0.794000
```

雖然沒有很厲害（0.794000），但此結果顯然優於隨機猜測。由於此分類器較為簡陋，有這樣的準確率已經很不錯了。幸虧我們的資料集夠簡單，且兩個類別的圖片經常有系統性的差異（例如：鳥類圖片的背景顏色往往和飛機圖片的背景色不同），因此模型區辨鳥與飛機的難度並不算太大。

我們也可以增加模型的層數，以提升其深度和容量：

In

```
model = nn.Sequential(nn.Linear(3072, 1024),
                      nn.Tanh(),
                      nn.Linear(1024, 512),
                      nn.Tanh(),
                      nn.Linear(512, 128),
                      nn.Tanh(),
                      nn.Linear(128, 2),
                      nn.LogSoftmax(dim=1))
```

在此模型中，越靠近輸出的神經層，特徵的數量也越少，且特徵數量降低的速度較先前的模型慢（或許這樣的隱藏層安排能更好地萃取出樣本中的資訊）。

就數學上來說，將 nn.LogSoftmax 和 nn.NLLLoss 一併使用的效果應該相當於 nn.CrossEntropyLoss。不過請小心，以上提及的元件在 PyTorch 中具有特殊用法。nn.NLLLoss 計算交叉熵時所用的輸入為對數化機率，而 nn.CrossEntropyLoss 的輸入則是未經 softmax 或 LogSoftmax 處理的預測分數（有時又稱為 **logits**）。就技術上而言，nn.NLLLoss 估算的是**狄拉克分佈**（Dirac distribution；即所有機率質量落在一種可能性上）與模型預測分佈（以對數化機率做為輸入計算而得）之間的交叉熵。

更讓人混淆的是，在資訊理論中，交叉熵可以被理解成：在以目標分佈做為期望輸出的情況下，模型預測分佈的負對數化概似率。也就是說，上述兩種損失（即：nn.NLLLoss 與 nn.CrossEntropyLoss）其實都能視為：利用給定資料做出機率預測（結果經過 softmax 處理）時，模型參數的負對數化概似率。在本書中，我們不會強調以上細節，但讀者還是應該注意這一點，以免在閱讀文獻時被 PyTorch 的套件名稱給搞混亂了。

在實際使用中，我們經常捨棄 nn.LogSoftmax 層而直接應用 nn.CrossEntropyLoss。讓我們動手試試看：

In

```
model = nn.Sequential(nn.Linear(3072, 1024),
                      nn.Tanh(),
                      nn.Linear(1024, 512),
                      nn.Tanh(),
                      nn.Linear(512, 128),
                      nn.Tanh(),
                      nn.Linear(128, 2))

loss_fn = nn.CrossEntropyLoss()
```

請注意，這裡的結果和連用 nn.LogSoftmax 與 nn.NLLLoss 所得到的結果**完全相同**。雖然 nn.CrossEntropyLoss 很方便，但一定要記得：由於此時的模型輸出沒有經過 LogSoftmax 處理，故無法被解釋成機率（或對數化機率）。若我們還是想得到機率結果，模型輸出就需經過 softmax 處理。

在訓練完以上模型、並以驗證資料集評估其分類準確率後（相關程式放在了本章的 Jupyter Notebook 中），我們發現：加大模型規模確實提升了表現（0.794000 → 0.802000），但進步幅度並不大。順代一提，此模型對訓練資料集進行分類的準確率為近乎完美的 0.998100。以上結果告訴我們，模型受到了過度配適的影響。換言之，我們的全連接模型是透過**死背**

訓練資料的方式學會區別鳥和飛機的。因此當處理驗證集資料時，模型的表現便明顯下降了。

PyTorch 裡的 nn.Model 提供了 parameters()，能讓使用者將模型參數傳給優化器。如果你想知道模型參數總數，則可呼叫 numel()，接著將其傳回的數字加總起來便能得到參數總數。另外，以我們的例子來說，由於可能需要區分**可訓練參數**的數目與模型總大小，因此在計算時還要考慮到某參數的 requires_grad 是否為 True。就讓我們實際算一次吧：

In

```
numel_list = [p.numel()
              for p in new_model.parameters()
              if p.requires_grad == True] ←— 只計算可訓練參數的數量
sum(numel_list), numel_list
```

Out

```
(3737474, [3145728, 1024, 524288, 512, 65536, 128, 256, 2])
```

可以看到，擴張後的模型共有約 373 萬個參數！對於此處所用的小型圖片而言，這樣的規模算大了。事實上，就連我們的第一個模型也不算小：

In

```
numel_list = [p.numel() for p in model.parameters()]
sum(numel_list), numel_list
```

Out

```
(1574402, [1572864, 512, 1024, 2])
```

舊模型的參數數量大約是新模型的一半。透過分析每一層的大小可以看出：新模型中大部分的參數都集中在第一個模組內（約 314 萬個）。已知第一線性層的輸出特徵共有 1,024 個，以下計算能告訴我們為什麼其需要 314 萬個參數：首先，線性層的公式為 y = weight * x + bias。若 x 的長度為 3,072（32×32×3；為了簡單起見，這邊省略了批次維度），則 y 的長度必為 1,024；與此同時，weight 張量的大小必須是 1,024 * 3,072、bias 張量須為 1,024。將以上數字結合起來得到：1,024 * 3,072 + 1,024 = 3,146,752，這和之前的結果一致（3145728+1024）。我們可以藉由以下程式碼來驗證以上提到的數量：

In

```
linear = nn.Linear(3072, 1024)
linear.weight.shape, linear.bias.shape ◀— 輸出 weight 張量及 bias 張量的 shape
```

Out

```
(torch.Size([1024, 3072]), torch.Size([1024]))
```

上面的分析傳達了一個訊息：隨著圖片像素數量的增加，神經網路的規模會快速上升。例如，如果將模型輸入換成 1024×1024 的 RGB 圖片（特徵數為 3×1024×1024，約為 310 萬），那麼就算隱藏層特徵數僅有 1024 個（對於分類作業而言，這個數量是不夠的），首層的參數數量還是會暴增到 30 億。在使用 32 位元浮點數的情況下，這些參數將佔用 12 GB 的 RAM！注意，這還只是第一層而已。這樣的模型對於目前的 GPUs 而言負擔過重了。

7.2.7 全連接模型的限制

圖 7.14 說明了本章的線性層如何處理 1D 圖片張量中的訊息：這些層會分別計算 RGB 圖檔中每一個像素值與其它像素的線性組合。就某方面

而言，這麼做能讓圖片中的某像素和其餘所有像素結合在一起，所得的結果有可能對分類任務有一定重要性。但從另一個角度來說，由於整張圖片被壓成了向量，故像素之間的位置資訊便被忽略了。

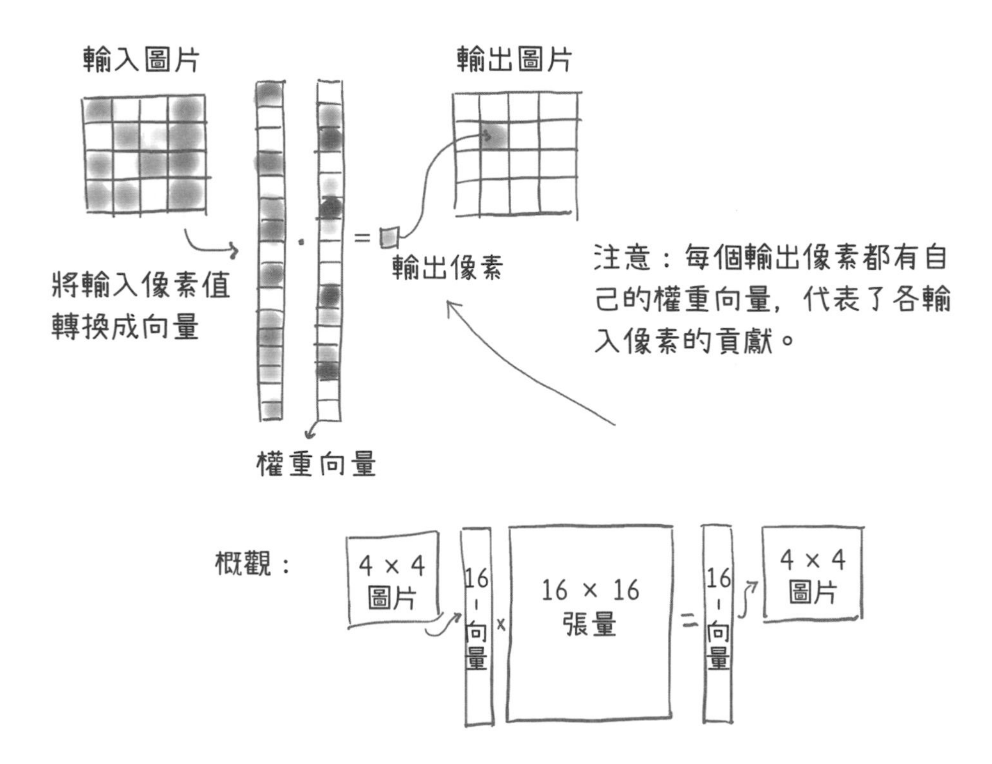

圖 7.14 利用全連接模型處理輸入圖片：輸出張量中的每個元素等於圖片中所有像素的線性排列。

在一張 32×32 的圖片裡，飛機看上去就像一個到黑色十字架狀物體。如圖 7.14 所示的全連接模型可以學習：當飛機出現時，若像素 (0,1) 為黑色，則像素 (1,1)、(2,1) 也要是黑的，其他組成十字形狀的點以此類推（見圖 7.15 的上半部分）。然而，若我們將圖中的飛機**位移**多個像素（就像圖 7.15 的下半部那樣），模型就得重新學習像素之間的相對關係了，新的飛機預測指標是：當像素 (0,2) 為黑，則像素 (1,2) 應該也是黑的，其他以此類推）。

若以更技術性的語言來說，全連接神經網路不具備**平移不變性**（translation invariance）。換言之，訓練後的網路或許能辨識圖片 (4,4) 位置上的飛機，但當相同飛機出現在 (8,8) 位置時卻無法識別。為解決上述問題，我們需要**擴增**（augment；如在訓練過程中，對訓練集圖片進行隨機位移）資料集，以便讓模型有機會看到處於各種位置的飛機。請記得，我們必須對資料集中**所有的**圖片執行擴增（順帶一提，我們可以用 torchvision.transforms 將位移後的結果串連在一起）。不過，採取**資料擴增**（data augmentation）策略需要付出相當的代價，即：神經網路的隱藏特徵數必須足夠龐大，以便學習來自所有圖片的訊息。

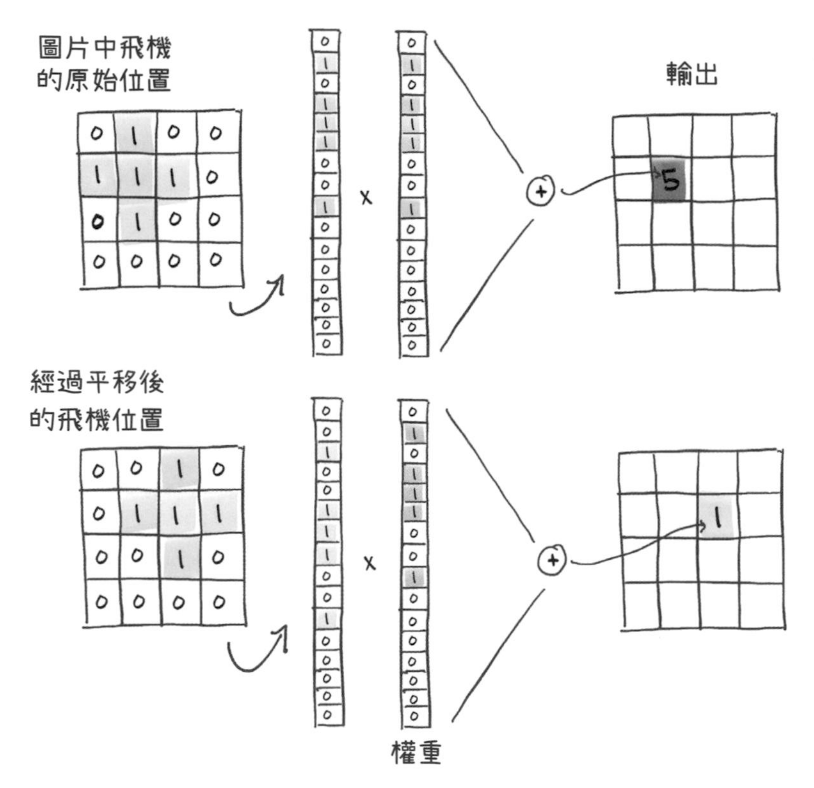

圖 7.15 全連接層沒有平移不變性。

總結一下目前的成果：我們建立了資料集、模型以及訓練迴圈，並讓模型順利完成了學習。但是，此處所用的神經網路架構並不適合解決我們的問題，導致模型並未掌握普適特徵，反而過度配適到訓練集資料上。

本章的模型會忽視像素在圖片中的空間關係，將平面的 2D 資料當成線性的 1D 資料來處理，這使得分類器失去了平移不變性。若想讓這樣的模型在驗證資料集上表現良好，那就必須加大神經網路的容量，好讓其有辦法學習大量相似圖片（但位置不同）的資訊。但對於資料來說，這並不是好的解決方案。在下一章中，我們就會討論本章問題的解答，即：**卷積層**（convolutional layers）。

7.3 結論

在本章中，我們透過分類任務瞭解到：如何準備資料集、建模、選擇適當的損失並利用訓練迴圈將其最小化。先前提到過的模組皆為 PyTorch 中的標準工具，各位往後應該會經常用到。

此外，我們也指出了本章模型用在圖片分類的嚴重缺陷，那就是：由於 2D 圖片被壓縮成了 1D 向量，以致於模型無法具備**平移不變性**（translation invariance）。到了下一章，你便能看到如何保留圖片的 2D 性質，進而取得更好的成果❼。

> **註❼**：事實上，處理純粹的 1D 資料有時也需要平移不變性。以聲音資料的分類器為例，對於**提早**或**延遲**十分之一秒的相同聲音樣本而言，模型產生的結果應該也要是相同的。

話雖如此，本章的模型對於**不依賴**平移不變的資料（例如：表格式資料以及第 4 章的時間序列資料）來說已經相當有用了。只要採用適當的表示方式，此類模型甚至還能夠處理文字資料❽。

> **註❽**：詞袋模型 (bag-of-words models) 就可以利用本章所介紹的神經網路架構來設計；但那些會將單字位置納入考慮的新型模型則需要用上更高階的技術。

總結

- **電腦視覺**(computer vision)是深度學習應用最廣泛的領域之一。
- 許多經標註的圖片資料集是對外公開的，且可以透過 torchvision 取得。
- Datasets 和 DataLoaders 讓我們能輕鬆下載資料集並進行取樣。
- 就分類作業而言，對神經網路的輸出套用 **softmax 函數**能將結果轉換成**機率**。此時，最適合的損失函數為**非負對數化概似率函數**，且其輸入即套用 softmax 後的輸出。在 PyTorch 中，softmax 與上述損失函數被共同被稱為**交叉熵**(cross entropy)。
- 我們可以像對待其它數值資料一樣，先將圖片中的像素值壓縮成向量，再以全連接神經網路處理之，但這麼做會導致模型難以了解資料中的**空間資訊**。
- nn.Sequential 能協助我們建立簡單的模型。

延伸思考

1. 利用 torchvision 對資料進行隨機裁切（random cropping）。

   a. 裁切和未裁切的圖片有什麼差異？

   b. 對同一張圖片進行裁切會發生什麼事？

   c. 以隨機裁切圖片進行訓練的成效如何？

2. 使用別種損失函數（如：MSE）。

   a. 訓練結果有什麼變化嗎？

3. 是否有可能透過降低模型容量來阻止過度配適的發生？

   a. 在縮小模型容量後，模型在驗證集上的表現如何？

MEMO

CHAPTER 08

卷積神經網路

本章內容

- 瞭解卷積（convolution）
- 建立卷積神經網路（convolutional neural network）
- 創建自行定義的 nn.Module 子類別
- 模組式與函數式 APIs 的區別
- 神經網路的設計與選擇

在上一章中，我們建立了一個能擬合資料的簡易模型，其線性層中的眾多參數是優化過程能順利進行的關鍵。然而，該模型有一個很大的問題：在學習鳥類和飛機的**普適化特徵**時，它經常會用死背**訓練集**的方式來學習分類（編註：因此該模型在驗證集上的表現不是太好）。以上現象發生的原因和神經網路架構有關：由於全連接層的設計，我們必須先將 **2D 圖片轉換成 1D 向量**，因而模型無法學到圖片中物體位置的空間性，以致學習結果較難普適化。為解決此問題，可以增加各種**平移版本**的鳥類與飛機圖片來訓練模型，但這又會迫使我們增加模型的參數，進而耗費更多的運算資源。

如前所述，**擴增訓練資料**（如：對圖片進行隨機裁切或平移）對模型的普適化有一定幫助，但這並不足以解決參數過多的問題。事實上，我們有更好的方法：只要把神經網路中的**全連接層**替換成名為**卷積**（convolution）的神經層即可。

8.1 關於卷積

記住，這裡的目標仍是建立能區別鳥和飛機的神經網路，而導入卷積的技巧將有助於達成此目的。先來看看什麼是卷積，我們又要如何將其應用於神經網路中。以下，我們會針對卷積在電腦視覺中的應用，為各位建立直覺性的理解。

本小節的重點在於瞭解卷積如何解析**區域訊息**來達到**平移不變性**。為此，我們會介紹卷積的公式，並實際進行一些計算。不過大家不必驚慌，重要觀念全都會以圖片來呈現，而非只是單純的數學式子。

之前已經說過，在 nn.Linear 線性層中，輸入圖片會轉換成 1D 向量，並與權重矩陣相乘。經過上述處理後，模型輸出張量中的值即代表：針對該輸入圖片，求出其通道中所有像素的**加權總和**（編註：就是將輸入的像素值，與模型的權重與偏值參數做加權運算）。

此外我們還提到：就物體辨識而言，位置鄰近的像素可能較有關聯，而相距遙遠的像素則關聯很少。以之前的飛機圖片為例，我們並不在乎位於圖片角落（編註：距離飛機很遠）的像素到底代表的是雲朵、樹木還是風箏。

要將以上概念轉換為數學，我們可以拋棄處理圖片中**所有像素**的做法，只求取**某像素與其隔壁鄰居**的加權總和。這等同於在設計與每個輸出值對應的權重矩陣時，將距離目標像素一定距離以外的權重**全部設為零**。注意，由於這裡我們計算的一樣是加權總和，故其仍屬於線性操作的範疇。

8.1.1 卷積的功能

我們的模型應該要有**平移不變性**，換言之，無論目標物體位於圖片的何處，其對於輸出結果的影響應該都相同。若像第 7 章一樣把圖片壓縮成 1D 的向量（失去原始 2D 圖片的空間性），那麼我們便需實作一個相當複雜的權重矩陣才能達成上述要求。該矩陣中大多數的數值為零（對應到距離某目標像素較遠的輸入像素），至於非零的權重，我們則必須找到方法，以確保它們在『權重矩陣中的位置』正確對應它們在『圖片中的相對位置』。此外，在神經網路更新的過程中，這些權重必須持續**綁定**在一起，如此才能保證：對特定目標像素而言，權重只會作用在其鄰近區域上（以便取得區域特徵），且無論這些特徵出現在圖片中的哪個位置皆會維持不變。

當然，以上做法是不切實際的。萬幸的是，其實有現成的方法可以對圖片進行具有平移不變性的線性處理，進而取得其中的區域特徵，這個方法就是**卷積**（convolution）。接下來，我們會以更簡潔的方式來描述卷積的概念。以下敘述實際上和之前的內容沒什麼不同，只不過是換一個角度來說明罷了。

對 2D 圖片來說，卷積（精確地說應該是**離散卷積** discrete convolution ❶；本書不會提到與之相對的**連續卷積**）被定義成『權重矩陣（又稱為**核** kernel）與相鄰像素之間的**純量積**』。以下 2D 張量便是一個 3×3 核的例子（深度學習中所使用的核通常都非常小，原因我們之後會談到）：

> **註 ❶**：PyTorch 所用的卷積和數學上所定義的有些微差異：其中有一個正負號是相反的。若以嚴格的數學語言來說，PyTorch 的卷積其實應該被稱為『離散交互相關 discrete cross-correlations』。

```
weight = torch.tensor([[w00, w01, w02],
                       [w10, w11, w12],
                       [w20, w21, w22]])
```

一個 3×3 核（或權重矩陣）

而以下張量則是一個大小為 M×N 的單一通道圖片：

```
image = torch.tensor([[i00, i01, i02, i03, ..., i0N],
                      [i10, i11, i12, i13, ..., i1N],
                      [i20, i21, i22, i23, ..., i2N],
                      [i30, i31, i32, i33, ..., i3N],
                      ...
                      [iM0, iM1, iM2, iM3, ..., iMN]])
```

在不設定**偏值**（bias）的情況下，我們可以用以下方式計算輸出圖片（即經過卷積處理之圖片）的像素值（以輸出的 o00 為例，『00』代表該值在輸出矩陣中的位置，即第 0 列第 0 行的像素）：

```
o00 = i00 * w00 + i01 * w01 + i02 * w02 +
      i10 * w10 + i11 * w11 + i12 * w12 +
      i20 * w20 + i21 * w21 + i22 * w22
```

圖 8.1 展示了一個 3×3 卷積核作用在 4×4 圖片的過程。

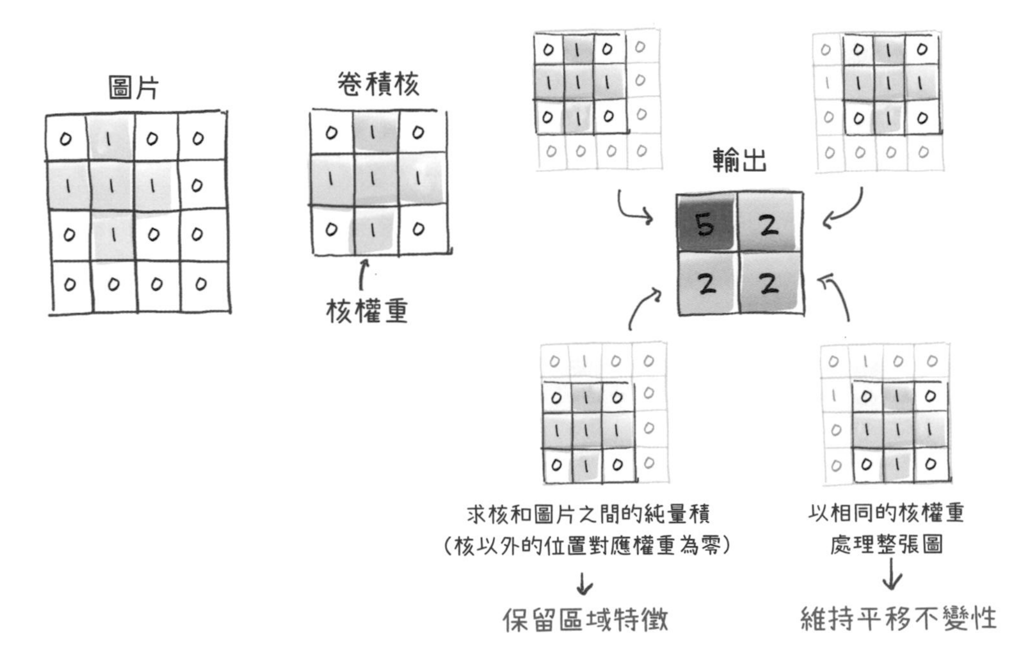

圖 8.1 卷積可保留區域特徵和維持平移不變性。

將圖 8.1 的計算翻譯成白話文：我們先將卷積核『移動到』圖片中 i00 的位置。接著，把各權重值與對應位置的圖片像素值**相乘**，最後再把所有乘積加起來。換言之，想得到所有的輸出像素值，我們得將核移動到輸入圖片的每個像素上，並求取加權總和。倘若圖片具有多通道(如：RGB 圖片)，則卷積核的權重矩陣會改成 3×3×3 的陣列。每個通道各自對應一組權重(3×3)，且 3 個通道的權重矩陣會共同影響輸出值。

請注意，如同 nn.Linear 中 weight 矩陣的元素，卷積核內的權重值一開始也是**隨機**的。我們會先隨機生成其中的數字，再透過反向傳播來更新它們。除此之外，請記得我們會使用同一個核(即同一組權重)來處理圖片中的所有像素。因此，與卷積核權重(以下簡稱**核權重**)有關的損失導數將包含來自整張圖片的訊息。

現在，我們可以看出卷積和線性層之間的關係：卷積操作就等於在進行線性操作時，將『圍繞在特定像素周圍』之外的所有權重皆設為**零**，並且只讓未設為零的權重隨著模型的訓練而更新。

總結一下，使用卷積有以下好處：

- 可針對鄰近像素進行區域化處理。
- 維持平移不變性。
- 模型參數數量顯著減少。

參數減少的原因在於：和全連接層不同，決定卷積層參數數量的因素並非圖片的像素總數，而是卷積核的大小（如：3×3 或 5×5 等）以及模型所用的卷積核（又稱為**過濾器**，filters）總數（或者輸出通道數，也就是有多少卷積核就會輸出多少個通道的資料）。

8.2 卷積的實際應用

關於理論的探討到這裡就足夠了。接下來，我們要研究如何利用 PyTorch 實作卷積層，好讓模型能夠區分鳥類和飛機。torch.nn 模組提供了 1D、2D 和 3D 卷積的工具，它們分別是：nn.Conv1d（用於時間序列資料）、nn.Conv2d（用於圖片）以及 nn.Conv3d（用於體積或影片）。

對於 CIFAR-10 圖片資料集來說，我們應該選擇 nn.Conv2d。該模組需要以下參數：輸入通道數、輸出通道數和卷積核大小。例如：對於第一層卷積模組而言，輸入通道數是 3（因為輸入圖片有 RGB 3 個通道），而輸出通道數則可隨意決定（在以下程式中訂為 16，也就是該層有 16 個卷積核）。神經層的輸出通道數（卷積核數量）越多，則該層的容量就越大。

不同的卷積核應該要能偵測不同的特徵，這些卷積核的權重一開始皆為隨機生成的，也可能有部分卷積核不會被使用到（即使經過大量的訓練也是如此）❷。在本例中，我們會使用 3×3 的卷積核。

> **註❷**：這與**彩券假設** (lottery ticket hypothesis) 有關：沒有用的卷積核就像沒中獎的彩券一樣。詳見 Jonathan Frankle 和 Michael Carbin 的論文：The Lottery Hypothesis: Finding Sparse, Trainable Neural Networks, 2019, https://arxiv.org/abs/1803.03635

卷積核中各軸的長度通常是一樣的，因此在 PyTorch 中設定 2D 卷積核的大小時，參數 kernel_size=3 便相當於 3×3（在 Python 中會以 tuple (3, 3) 表示）。到了本書的第 2 篇，各位會接觸到電腦斷層掃描（computed tomography, CT）的資料，在此類資料的 3 個軸中，其中**體素軸**（voxel，可理解成立體的像素）的解析度與其它兩軸不同。在這種情況下，我們會為特殊軸指定不同的大小。但在這裡，我們只會用到各軸大小相同的卷積核：

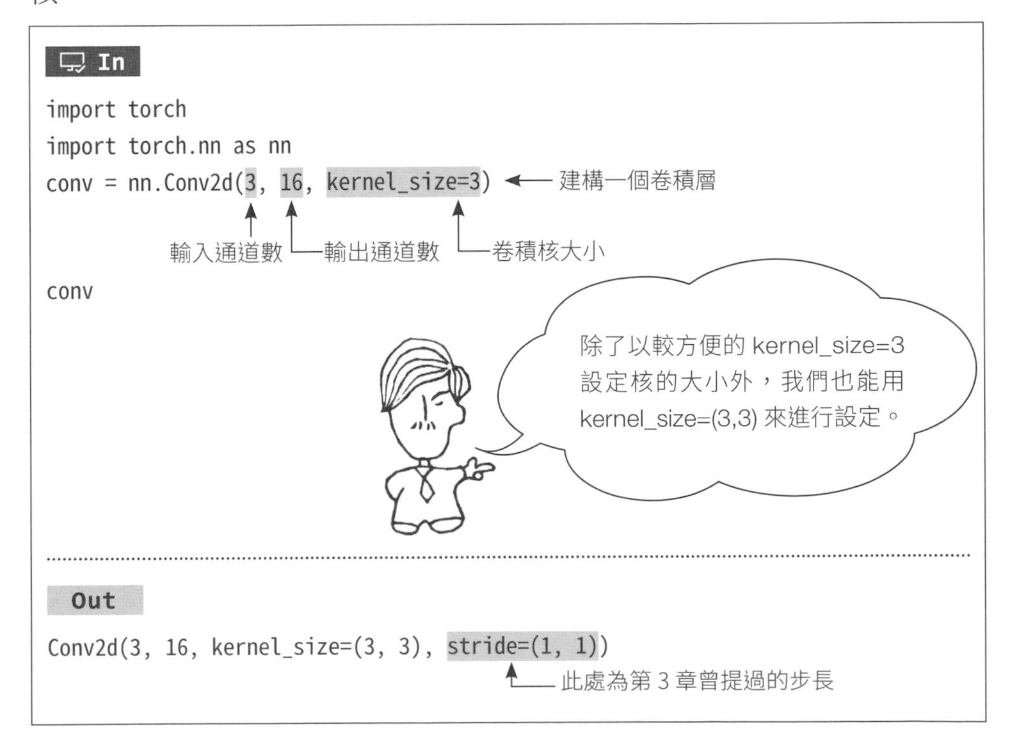


```
import torch
import torch.nn as nn
conv = nn.Conv2d(3, 16, kernel_size=3)

conv
```

```
Conv2d(3, 16, kernel_size=(3, 3), stride=(1, 1))
```

那麼，卷積層中權重張量的形狀又為何呢？由於此處核的大小為 3×3，因此該張量中應該會包含 3×3 的部分。對於單一輸出像素值而言，我們的卷積核會考慮輸入通道數（以 in_ch 表示，在上例中為 3），故每個輸出值所對應的權重 shape 是 in_ch×3×3。另外，因為輸出通道數（out_ch）為 16，因此本例中權重張量的完整大小即 out_ch×in_ch×3×3=16×3×3×3。另外，偏值的大小是 16（為簡單起見，我們一直忽略偏值不談。事實上，這裡的偏值與線性模組中的相同，皆為加在輸出圖片各通道上的常數值）。讓我們驗證一下上述事實：

In

```
conv.weight.shape, conv.bias.shape
```

↑ 輸出偏值的大小（conv.bias.shape）

Out

```
(torch.Size([16, 3, 3, 3]), torch.Size([16]))
```

從以上結果可以看出對圖片資料使用卷積層的好處：神經層不僅變小了（參數總數不超過 500），還能利用有限的參數找出區域性特徵。

2D 卷積處理會產生 2D 的輸出圖片，此輸出圖片中的每一個像素值皆等於輸入圖片中某像素值與其鄰近像素值的加權總和。在本例中，核的初始權重值（conv.weight）與偏值（conv.bias）皆為隨機生成，故一開始的輸出圖片並不具備任何意義。和之前一樣，因為 nn.Conv2d 所能接受的輸入 shape 為 B×C×H×W（B 代表批次量），故在呼叫 conv 處理單一圖片時，我們必須利用 unsqueeze() 在第 0 軸的地方加入批次軸：

小編補充 此處引入 cifar2 資料集的程式碼與上一章相同，故此處不另外列出，讀者可自行參考本章的 Jupyter Notebook。

In

```
img, _ = cifar2[0]
output = conv(img.unsqueeze(0)) ◀— 先在 img 的第 0 軸加入批次軸，再傳進 conv 模組
img.unsqueeze(0).shape, output.shape
```

Out

```
(torch.Size([1, 3, 32, 32]), torch.Size([1, 16, 30, 30]))
```

↑ 圖片的大小改變了（原因下文會說明）

為滿足好奇心，我們可以用以下程式畫出模型的輸出，如圖 8.2 所示：

In

```
from matplotlib import pyplot as plt
ax1 = plt.subplot(1, 2, 1)
plt.title('output')
plt.imshow(output[0, 0].detach(), cmap='gray')
plt.subplot(1, 2, 2, sharex=ax1, sharey=ax1)
plt.imshow(img.mean(0), cmap='gray')
plt.title('input')
plt.show()
```

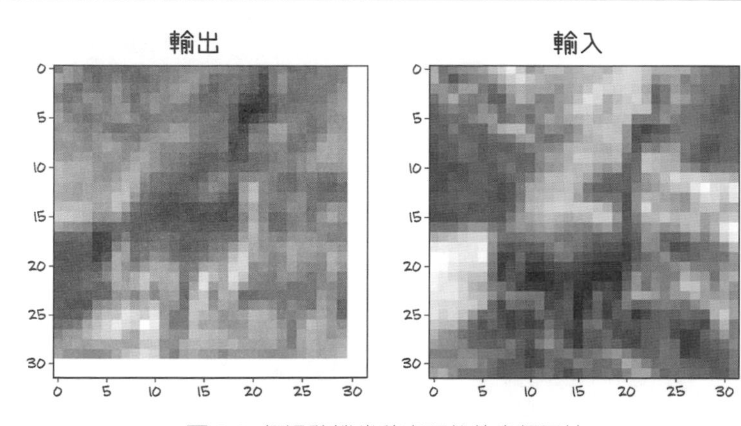

圖 8.2 經過隨機卷積處理後的鳥類圖片。

我們發現輸出圖片的大小（30×30）怪怪的，有一些像素在過程中丟失了（**編註**：原始圖片大小為 32×32），這是怎麼一回事呢？

8.2.1 填補(Padding)邊界

這裡的輸出圖片之所以小於輸入圖片，和我們處理**圖片邊界**的方式有關。在使用卷積核求取各 3×3 區域中像素的加權總和時，目標位置的上下左右都必須有像素值才行。但以圖片的 i00 為例(編註：讀者請參考 8.1.1 節的說明)，只有該位置的右方和下方才有像素。在預設狀況中，PyTorch 在移動卷積核時不會讓其超出輸入圖片的範圍，因此無論是垂直還是水平方向，卷積核皆只會處理到『width(圖片寬度) - kernel_width(核寬度) +1』個位置。若核的大小為奇數(如上例中的 3)，則輸出圖片的兩個軸維度就會各少掉卷積核大小的一半(以本例而言為 3//2 = 1，編註：// 代表 floor division，即只取相除結果後的商，直接去掉餘數)，這解釋了為什麼在以上結果中，每個軸(高度軸 h 及寬度軸 w)各丟失了兩個像素。

不過，PyTorch 也提供了另一種選擇，即對圖片的邊緣進行**填補**(padding)，進而產生數值為零的**幽靈像素**。

在我們的例子中，藉由設定 padding=1、kernel_size=3，圖片的外圍便會多出一圈數值為 0 的幽靈像素，如此一來便能針對原始圖片的邊界計算卷積了❸。在此種情況中，輸出圖片的維度會和輸入圖片一致。

註❸：若 kernel_size 為偶數，則我們需分別在左邊和右邊、以及上側和下側填補不同數量的像素。PyTorch 所提供的卷積模組無法進行這樣的處理，這只能透過函式 torch.nn.functional.pad 來完成。因此，我們應該儘可能使用奇數大小的核。

In

```
conv = nn.Conv2d(3, 1, kernel_size=3, padding=1) ← 這裡設定了填補
output = conv(img.unsqueeze(0))
img.unsqueeze(0).shape, output.shape
```

NEXT

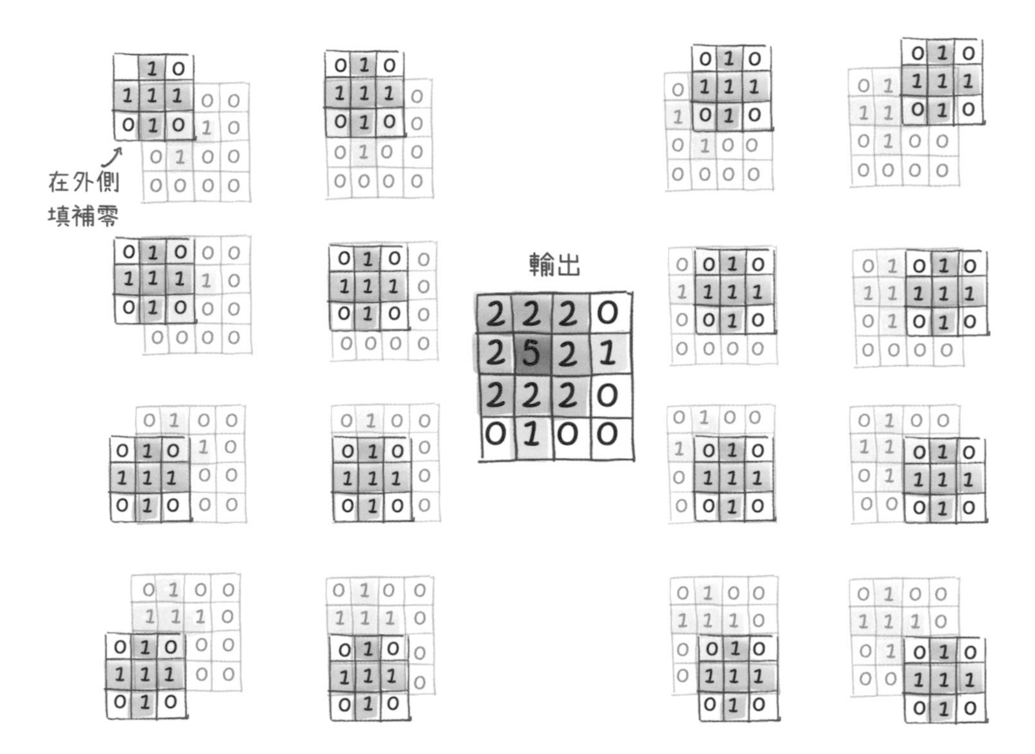

圖 8.3 在邊緣位置填補零（編註：卷積核超出原始圖片的部分會用『0』來填補，稱為幽靈像素，圖中並未畫出），好讓輸出圖片的大小與原圖保持一致。

注意，無論是否進行填補，weight 和 bias 的大小都不會受到影響（編註：填補影響的是輸出圖片的大小）。

在使用某些複雜的網路架構（如：8.5.3 節中的**跳躍連接** skip connections，或第 2 篇會提到的 **U-Nets**）時，由於需將結果與原始輸入進行相加或相減，故輸入和輸出張量的大小必須保持不變。此時便必須在計算卷積時進行填補。

8.2.2 利用卷積偵測特徵

之前說過，卷積層的參數與 nn.Linear 的一樣，都是透過反向傳播來更新的。話雖如此，我們也可以手動設定卷積的參數值，進而觀察其所產生的效果。

為了去除所有干擾因素，這裡先將 bias 設為零，weights 的部分則設為一個常數，該常數能讓每個輸出值等於所有鄰近像素的平均值：

In

```
with torch.no_grad():
    conv.bias.zero_()  ←— 將卷積層的 bias 設為 0

with torch.no_grad():
    conv.weight.fill_(1.0 / 9.0)  ←— 將卷積層的 weights 設為 1/9 (編註：這樣就能讓每個輸出值等於所有像素的平均值)
```

當然，我們也可以透過 conv.weight.one_() 將所有權重值設為 1，這樣每個輸出值就變成了區域中所有像素的**總和**。如此得到的結果會較上面的結果大 9 倍。

來看看以上權重會對 CIFAR 圖片產生什麼影響吧：

In

```
output = conv(img.unsqueeze(0))
ax1 = plt.subplot(1, 2, 1)
plt.title('output')
plt.imshow(output[0, 0].detach(), cmap='gray')
plt.subplot(1, 2, 2, sharex=ax1, sharey=ax1)
plt.imshow(img.mean(0), cmap='gray')
plt.title('input')
plt.show()
```

我們的卷積過濾器輸出了原始圖片的**平滑化版本**(見圖 8.4)。由於輸出圖片中每個像素的值都是其區域像素的平均，因此輸出像素間的**相關性**很高，值的變化也更加平滑。

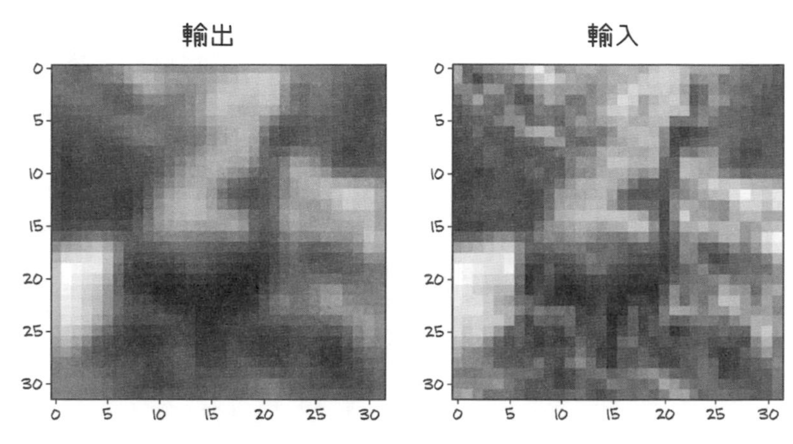

圖 8.4 讓個別輸出像素等於『區域像素的平均』的卷積核能輸出較為平滑的結果圖。

接下來試試其它的核權重值：

```
conv = nn.Conv2d(3, 1, kernel_size=3, padding=1)

with torch.no_grad():
    conv.weight[:] = torch.tensor([[-1.0, 0.0, 1.0],
                                   [-1.0, 0.0, 1.0],
                                   [-1.0, 0.0, 1.0]])
    conv.bias.zero_()
```

← 手動設定核權重矩陣中的值

將上述卷積核應用在位於(1,1)位置的像素上後可得以下加權總和：

```
o11 = i13 - i11 +
      i23 - i21 +
      i33 - i31
```

可以看出，此卷積核的功能為將『右側的像素值』**減去**『左側的像素值』。當其作用於垂直邊界上，且位於邊界兩側的像素值差異明顯時，o11 的數值很高；反之，若作用在像素值相等的區域時，o11 則等於零。換言之，這是一個**邊緣偵測**（edge-detection）核，它可以將存在垂直邊界的區域標記出來。

將邊緣偵測核應用到之前的鳥類圖片上會產生圖 8.5 的結果。如前面所說，此卷積核會突出垂直邊界。我們還能設計出其它更複雜的過濾器，例如：能偵測水平或對角邊界、交叉圖案、甚至棋盤狀花紋的核。事實上，過去電腦視覺專家的工作便是設計出高效的過濾器組合。這些過濾器可以強調圖片中的某些特徵，進而讓電腦辨識出物體（編註：如今卷積層可以經由學習來實現過濾器功能，也就不需要麻煩電腦視覺專家了）。

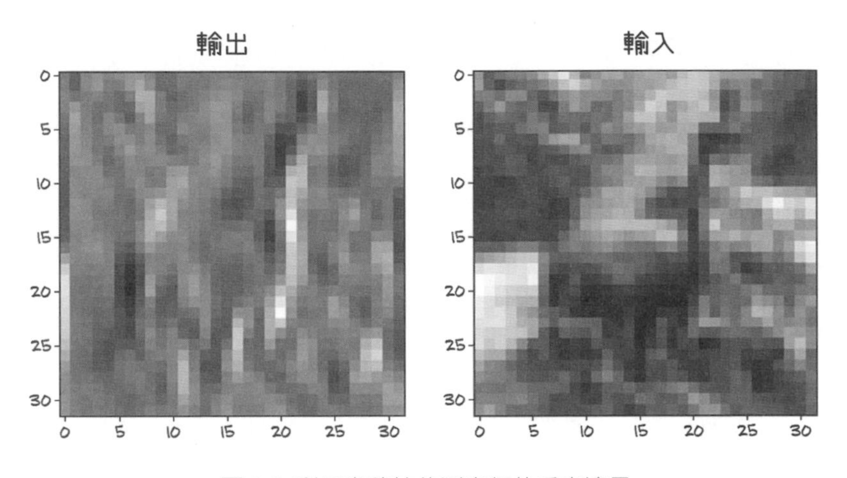

圖 8.5 利用卷積核偵測鳥類的垂直邊界。

有了深度學習之後，我們會讓機器自行從資料中估算出對辨識任務最有效的核參數，而這可以透過如第 7.2.5 小節所述的方式來達成，即：最小化**模型輸出**與**真實情況**（ground truth）之間的**負交叉熵值**（negative cross-entropy）。從這一點來看，卷積神經網路的功能即**找出過濾器中的最佳核參數值**。這些過濾器存在於連續的神經層中，並有能力將多通道圖片轉換成對應不同特徵的輸出通道（編註：每個核都會輸出一個通道的資料，結果會是不同的多通道圖片），例如：某個通道可能專門將原圖中的像素平均、另一個通道則偵測垂直線，依此類推。圖 8.6 展示了藉由訓練產生合適核參數的過程。

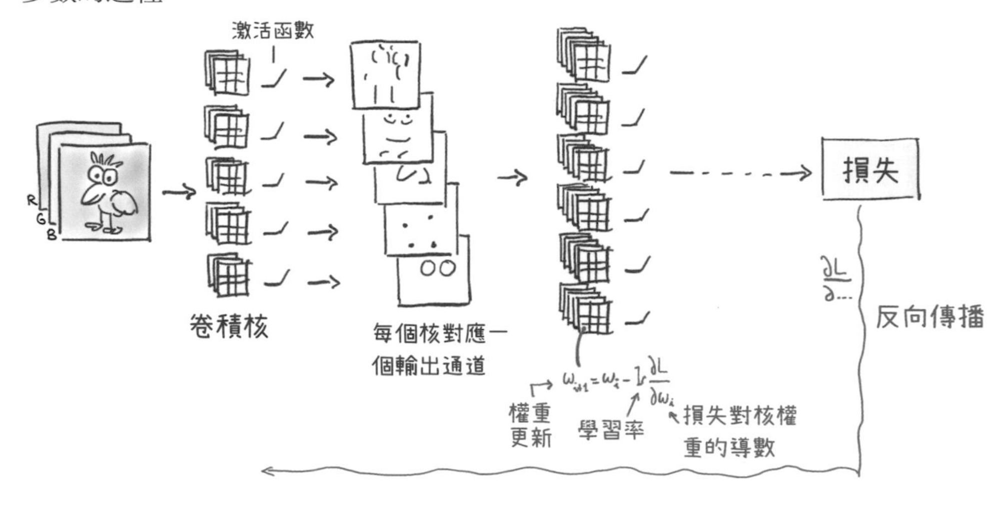

圖 8.6 加入卷積後的學習過程：先算出核權重的梯度，再朝著讓損失最小的方向更新其值。

8.2.3 探討『深度』與『池化』

雖然捨棄全連接層而改用卷積能帶來區域性及平移不變性，但這又產生了另一個問題：我們推薦使用的卷積核都很小（如 3×3 或 5×5），這能讓模型將重點擺在區域訊息上，但**整體的訊息**又該怎麼辦呢？難道圖片中所有的關鍵訊息都存在於 3 到 5 個像素之間嗎？顯然不是。既然不是，那麼神經網路該如何解讀圖片整體的意義呢？雖然 CIFAR-10 中的圖片都不大，但由於圖中的物體仍是由許多的像素來表示，因此解決以上問題是必要的。

此問題的其中一種解法是選用大一點的卷積核。在最極端的狀況下，我們可以將大小為 32×32 的卷積核套用在同為 32×32 圖片上。但這麼做其實就等同於進行全連接仿射變換，使用卷積的好處（編註：即減少參數數量，保持平移不變性等）也就不復存在了。因此，在卷積神經網路中我們會採行另一種做法，即把多層卷積層疊在一起，並在兩個連續的卷積處理之間對圖片進行 downsampling（降採樣）。

downsampling（降採樣）

downsampling 有很多種實現方法。舉例而言，『將圖片大小縮成原來的一半』就相當於：輸入原圖中的 **4 個相鄰像素**（2×2 的區域），並輸出 **1 個像素值**。以下是一些 downsampling 的常見做法：

- 取輸入像素的**平均值**。這種名為**平均池化**（average pooling）的方法在早期相當常見，但最近已經越來越少人用了。
- 取輸入像素中的**最大值**。此做法被稱為**最大池化**（max pooling），是目前使用頻率最高的方法。不過最大池化有其缺點，即：會丟失其餘像素的資訊。
- 採用**特定步長**的卷積處理（即每隔 N 個像素才納入計算）。儘管許多文獻看好此種做法，但目前尚未好到足以取代最大池化。

在之後的內容裡，我們都會使用最大池化。圖 8.7 展示了最常見的一種設定：先將圖片分割成**不重疊的 2×2 方塊**，再以這些區域中的最大值做為輸出圖中的新像素值。

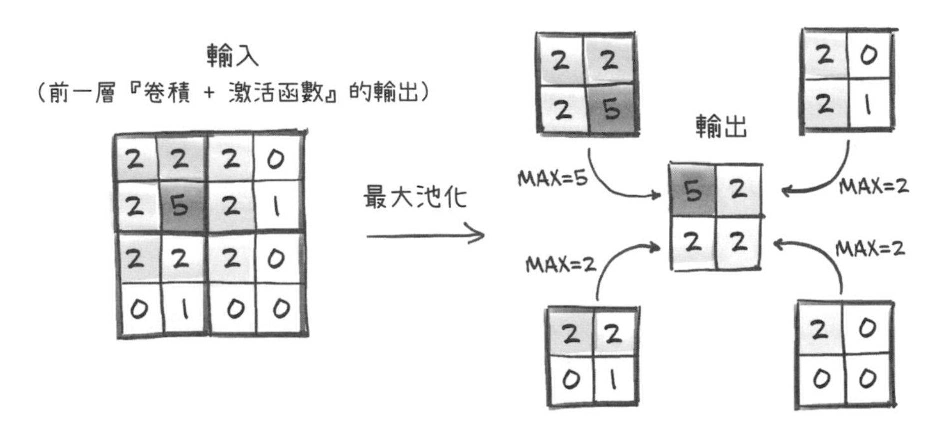

圖 8.7 最大池化的過程。

從直觀上來說，某卷積層所輸出的圖片中（特別是當有使用激活函數的時候），要偵測之特徵（例如：垂直線）所對應的像素值也較高。因此使用最大池化處理後，這些特徵便會**保留**下來；但與此同時，其它特徵會被犧牲掉。

最大池化的功能由 nn.MaxPool2d 模組提供（和卷積一樣，最大池化也有適用於 1D 和 3D 資料的版本）。在使用時，需為其指定要進行池化操作的鄰近區域大小。例如要將圖片縮小為原來的一半，則池化區域要設成 2。讓我們以先前的圖片來驗證一下結果是否符合預期：

In

```
pool = nn.MaxPool2d(2) ◀── 將池化區域設成 2
output = pool(img.unsqueeze(0)) ◀── 編註：此處一樣要先在第 0 軸添加一個批次軸
img.unsqueeze(0).shape, output.shape
```

Out

```
(torch.Size([1, 3, 32, 32]), torch.Size([1, 3, 16, 16]))
                                            └── 圖片的大小已縮小一半
```

結合卷積與 downsampling 以取得更好的成果

現在，來看看卷積與 downsampling 的共同運作如何幫助模型解讀整體的訊息。在圖 8.8 的例子中，我們首先對 8×8 大小的輸入圖片套用了一組 3×3 的卷積核，其輸出結果為一張尺寸相同的多通道圖片（編註：此處有使用填補，所以圖片大小不變）。接著，將圖片縮為原來的一半（編註：套用最大池化處理），也就是 4×4，然後再對縮小後的圖套用另一組 3×3 的卷積核。注意，由於新圖中的單一像素包含了原圖中 4 個像素的資訊，因此當第二組卷積核的 3×3 區域作用於新圖時，就相當於作用在原圖的 36 個像素上（編註：卷積核每個像素相當於 4 個原始像素，所以 3×3×4=36）。這增加了處理效率。除此之外，第二組卷積核的作用對象為第一組的輸出，因此能以第一組所發現的特徵（如：像素平均、物件邊緣等）為基礎，進一步萃取出更多特徵。

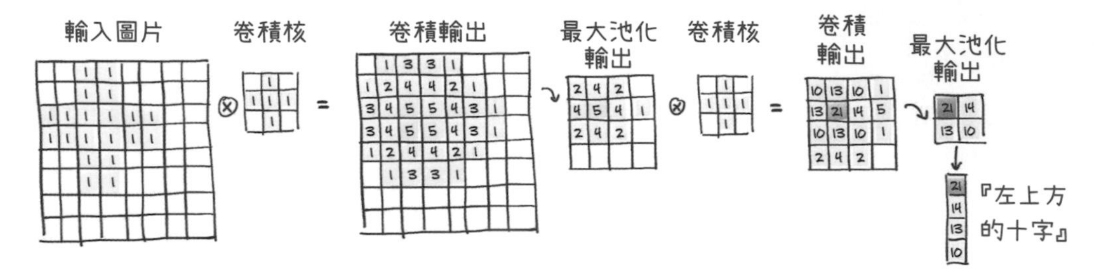

圖 8.8 此圖顯示了串接卷積層與 downsampling 層的效果。在本例中，我們分別以兩個小型的**十字狀卷積核**搭配**最大池化**來處理原圖中的大型十字狀物體。

綜上所述，第一組卷積核作用的區域範圍是最小的，且其所偵測到的特徵是最初級、最低階的。而第二組開始的卷積核則作用在原圖更寬廣的範圍上，其所產生的特徵則是前一層輸出特徵的組合。透過這種機制，卷積神經網路便能處理遠比 CIFAR-10 圖片複雜得多的場景。

輸出像素的接受域 (receptive field)

在圖 8.8 中，我們利用了兩個卷積層和最大池化層，將 8×8 的輸入圖縮小成 2×2 的輸出圖。其中，輸出圖中的 21（已用紅色標識）與位於第一卷積層輸出左上角的 6×6 個像素對應，而這 6×6 個像素中又是由原圖左上角的 7×7 個像素而來（編註：別忘了，由於此處用了填補操作，故原始圖片的外圍會多一圈的像素）。換言之，第二卷積層中的輸出值是由輸入圖片裡大小為 7×7 的方形區域所決定的。注意，在第一次卷積計算時，為了處理圖片的角落，我們『填補』了額外的行與列；若非如此，則第二卷積層中的輸出值應該要和輸入圖片中的 8×8 方形區域（此區域需遠離圖片邊緣）對應才是。以上事實若以正式術語表示，我們會說：在給定 3×3-conv 與 2×2-max-pool 神經元的前提下，3×3-conv 結構的接受域為 8×8。

8.2.4 建立神經網路

有了前面所介紹的各項模組，我們便能著手建立區別鳥類與飛機的卷積神經網路了。讓我們把 nn.Conv2d 以及 nn.MaxPool2d 層安插至上一章的全連接模型中：

In

```
model = nn.Sequential(
            nn.Conv2d(3, 16, kernel_size=3, padding=1), ◀── 第一層卷積層
            nn.Tanh(),
            nn.MaxPool2d(2), ◀── 第一層最大池化層
            nn.Conv2d(16, 8, kernel_size=3, padding=1), ◀── 第二層卷積層
            nn.Tanh(),
            nn.MaxPool2d(2), ◀── 第二層最大池化層
            # ... ◀── 模型的其餘部分先省略，接下來會進行說明
            )
```

第一層卷積層能將包含 RGB 3 個通道的圖片轉成 16 個通道，進而產生 16 個能辨識鳥類與飛機的低階特徵，並緊接著被 Tanh 激活函數處理。接著經過 MaxPool2d 的池化作用，將原本 32×32 的圖片縮小成 16×16。縮小後的圖片經歷另一次卷積，輸出 16×16 的 8 通道圖片。之後的步驟和之前相同，圖片先被 Tanh 處理，再池化成 8×8 的 8 通道輸出。

到此為止，我們已成功將輸入縮減成以 8×8 個特徵表示的陣列了。接下來，神經網路應該要給出兩個機率值，以便提供給**負對數化概似率函數**（上一章的 NLL）。因此，本例中的機率應該要是一對存在於 1D 向量中的值（其中一個對應『飛機』，另一個則對應『鳥類』），但卷積層的輸出卻是一個多通道的 2D 特徵矩陣。

請回憶一下，本章開頭已經提過該如何解決上述問題了：我們會將經過卷積層處理的 8×8 矩陣轉換成 1D 向量，再將其送入全連接層：

In

```
model = nn.Sequential(
            nn.Conv2d(3, 16, kernel_size=3, padding=1),
            nn.Tanh(),
            nn.MaxPool2d(2),
            nn.Conv2d(16, 8, kernel_size=3, padding=1),
            nn.Tanh(),
            nn.MaxPool2d(2),
            # ... 請注意，這邊省略了很重要的東西，稍後會進行解釋。
            nn.Linear(8 * 8 * 8, 32),
            nn.Tanh(),
            nn.Linear(32, 2))
```

與以上程式碼呼應的神經網路如圖 8.9 所示：

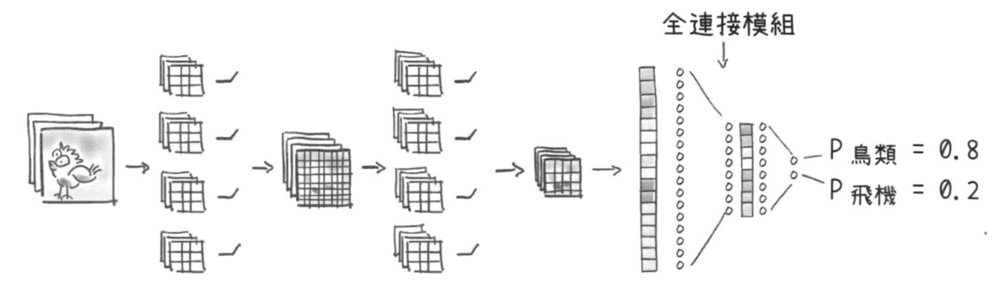

圖 8.9 經典卷積神經網路（如本章所建立之模型）的樣貌。圖片首先經過一系列**卷積加池化模組**的處理，接著被轉換為 1D 向量並送入**全連接模組**中。

先忽略上述程式碼中的『省略』註解。請注意，此處線性層的長度是依照 MaxPool2d 層的輸出大小，即 8（通道數）×8×8（圖片大小）來決定的。讓我們計算一下這個小模型的參數數量吧：

In

```
numel_list = [p.numel() for p in model.parameters()]
sum(numel_list), numel_list
```

Out

```
(18090, [432, 16, 1152, 8, 16384, 32, 64, 2])
```

以上程式輸出的第一個數值(即:18090)為該模型內部的參數數量,這個參數量對於這裡所用的小型圖片集來說是很合理的。若想提升模型的容量,則我們可以增加卷積層的輸出通道數(即每層卷積層的輸出特徵數)。如此一來,線性層的大小也要一併增加。

但光是組合卷積層與線性層還不夠。事實上,上面的模型在執行時會遇到問題,這就是中間有一個『省略』註解的原因:

In

```
model(img.unsqueeze(0))  ◄── 嘗試運行模型
```

Out

```
...
RuntimeError: mat1 and mat2 shapes cannot be multiplied (64×8 and 512×32)
```

以上的錯誤訊息乍看之下很複雜,但仔細研究一下便能瞭解其發生原因。我們在訊息中看到一個 shape:512×32,而模型中唯一需要 512×32 張量的地方便是 nn.Linear(8*8*8, 32):即位於最後一層卷積模組之後的線性層。

這裡所缺少的步驟是:把卷積模組輸出的 8×8 圖片(8 通道),轉換成長度為 512 的 1D 向量(之所以是『1D』,是因為忽略了批次維度)。理論上,這可以透過呼叫最後一層 nn.MaxPool2d 輸出結果的 view() 來達成,但遺憾的是,在使用 nn.Sequential 建模的情況下,我們無法單獨取出個別模組的輸出張量❹。在下一節,我們將說明該問題的解決方法。

註❹:無法在 nn.Sequential 中取得各層的輸出張量是 PyTorch 作者有意為之的設計,且此設計已存在好一段時間了(請參考連結 https://github.com/pytorch/pytorch/issues/2486 中 @soumith 的回應)。最近,作者在 PyTorch 中新增了 nn.Flatten 模組(**編註**:該模組可實現與 view() 相同的扁平化功能,但兩者本質上還是有不同之處)。

8.3 建立 nn.Module 的子類別

在開發神經網路時，時常會遇到內建模組無法滿足需求的情況。在本例中，nn.Sequential 不能滿足簡單的張量重塑（reshaping）操作❺；而在第 8.5.3 節中實作殘差連接時也會發生類似狀況。因此，在本節裡，我們得學習如何建立自己的 nn.Module 子類別。建立完成後，各位便可以像使用內建類別（如 nn.Sequential）一樣應用它們。

> **註❺**：在 PyTorch 1.3 版本之後，直接使用 nn.Flatten 模組即可。

nn.Sequential 只能幫助我們設計出『一層接一層』的模型架構。若要實作出更複雜的模型，就必須使用更具彈性的做法。在 PyTorch 中，我們可以在模型中加入任何運算，只要先把這些運算定義成 nn.Module 的子類別即可。

在自建的 nn.Module 子類別中，我們至少必須定義一個 **forward 函式**。該函式能將模組的輸入轉換為輸出，換言之，這就是我們定義模組**該進行什麼運算**的地方。『forward』這個名稱是從以前遺留下來的，當時的人們需要自行定義神經網路的**前向**（forward）和**反向**（backward）計算（參考第 5.5.1 節）。如今，在使用 PyTorch 的情況下，autograd 會自動處理反向計算的部分，因此 nn.Module 中毋須定義任何 backward 函式。

一般來說，在自定義的運算中使用各種神經層模組（例如：內建的卷積層或者其它自定義層）是很常見的事。為此，我們會將需要的**子模組**先定義在建構子 __init__ 中，並將其保存為 self 的屬性，以便在 forward 中使用它們。這些子模組會持續存在，直到我們的子類別生命週期結束為止。請注意，在進行上述操作之前，必須先呼叫 super.__init__()（若你忘記了，PyTorch 會出現提示訊息）。

8.3.1 以 nn.Module 定義神經網路

讓我們把神經網路寫成 nn.Module 的子類別吧！請先在 __init__ 中產生先前在 nn.Sequential 建構子中用過的模組物件（nn.Conv2d 及 nn.Linear 的組合），如此便能在 forward 中取用這些物件：

In

```
class Net(nn.Module):
    def __init__(self):
        super().__init__()
        self.conv1 = nn.Conv2d(3, 16, kernel_size=3, padding=1)
        self.act1 = nn.Tanh()
        self.pool1 = nn.MaxPool2d(2)
        self.conv2 = nn.Conv2d(16, 8, kernel_size=3, padding=1)
        self.act2 = nn.Tanh()
        self.pool2 = nn.MaxPool2d(2)
        self.fc1 = nn.Linear(8 * 8 * 8, 32)
        self.act3 = nn.Tanh()
        self.fc2 = nn.Linear(32, 2)

    def forward(self, x):
        out = self.pool1(self.act1(self.conv1(x)))
        out = self.pool2(self.act2(self.conv2(out)))
        out = out.view(-1, 8 * 8 * 8) ← 之前省略的部分（扁平化卷積模組的輸出）
        out = self.act3(self.fc1(out))
        out = self.fc2(out)
        return out
```

（定義需要用到的模組物件：指 self.conv1 至 self.fc2 各行）

從神經層模組的觀點來看，以上 Net 類別中的模型與稍早用 nn.Sequential 建立的完全一致。但透過對 forward 函式的定義，我們現在可以直接操作 self.pool2 層的輸出。這裡對該輸出呼叫了 view()，使其轉換成 B 個 N（編註：8×8×8，即前文所提的輸出通道數 × 圖片大小）維向量。請注意，由於不確定未來一個批次中的樣本數量（B）會是多少，因此在呼叫 view 時，要把批次維度的數量設為 －1。

若將此處的網路繪製成第 6 章介紹過的圖解，則如圖 8.10 所示（圖中所呈現的訊息有經過簡化）。在本例中，整個模型被包裹在一個名為 Net 的 nn.Module 子類別裡。但事實上，我們也可以建立多個子類別，並以它們為元件組合出複雜度更高的模型。

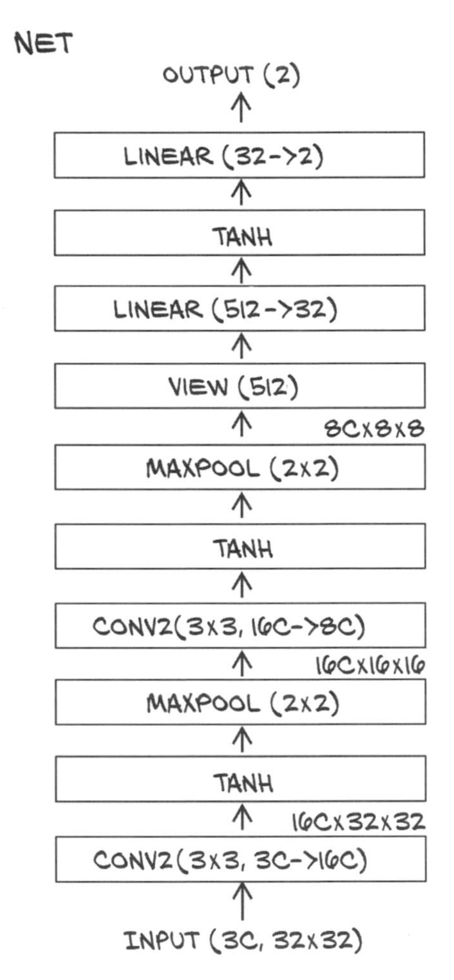

圖 8.10 本章的基本卷積神經網路架構（**編註**：圖中的『C』代表通道）。

之前說過，在分類任務中，神經網路的主要目標為**壓縮資料**：原本由眾多像素組成的圖片資料，經壓縮後變成了由**幾個機率值所構成的向量**（每個機率值對應不同類別）。就此目標而言，本章所用的神經網路架構有幾點值得一提。

第一，『資料壓縮』透過模型的**中間層維度逐步降低**來反映，可以看到：越高層（離輸出越近的層）的卷積層通道數越少（同時池化層也會減少像素數量），且線性層的輸出維度比輸入維度來得小。對於分類網路而言，以上特色相當常見。不過在許多熱門的模型架構中（如在第 2 章提過、第 8.5.3 節會詳細說明的 ResNets），雖然資料的空間解析度一樣會因池化而減少，但通道數量卻是不斷上升的（綜合來說，資料的大小仍會下降）。本章所用的模型深度有限，而且僅處理小型圖片，故此處的維度下降模式取得不錯的效果。對於大型圖片來說，需要堆疊更多層的神經網路，維度降低的速度一般會更慢。

第二，只有在第一卷積層中，輸出維度並未小於輸入維度。該層的單一輸出像素相當於包含了 16 個元素（因為有 16 個通道）的向量，且此向量為 27 個元素（3 個通道乘以 3×3 卷積核）的線性變換結果。要是使用 ResNet，則第一卷積層將利用 147 個元素（3 個通道乘以 7×7 的卷積核）來產生 64 個通道的像素❻。因此，網路中的第一個層是個例外，其會使資料的整體維度顯著增加（但若單獨考慮每個輸出像素的映射，則輸入和輸出的數量大致上是相同的）❼。

註❻：Jeremy Howard 在他的 fast.ai 課程（https://www.fast.ai）中特別強調第一卷積層內，每個像素進行線性映射時的維度變化。

註❼：在深度學習外，有一項通常被稱為『核技巧（kernel trick）』的方法：先將資料投射到高維空間，再進行概念上（較線性學習）更加簡單的機器學習。此處第一卷積層的通道數量上升與上述技巧很類似，但兩者在嵌入的巧妙性和模型的簡單性之間取得了不同的平衡。

8.3.2 PyTorch 如何追蹤參數和子模組

值得一提的是，只要將一個 nn.Module 物件（例如 nn.Conv2d）指定給 nn.Module 子類別（如之前的 Net）中的某個屬性（如同之前在 __init__ 中所做的事情），該模組便會自動登記為子模組。

NOTE 該子模組必須是位於最頂層的**屬性** (attributes)，不能被包裹在 list 或 dict 中！否則，優化器將無法追蹤到子模組的位置以及其參數。如果你非得以 list 或 dict 的形式輸入子模組，請使用 PyTorch 提供的 nn.ModuleList 和 nn.ModuleDict。

我們可以在 nn.Module 子類別中呼叫任意方法。但請小心，直接呼叫方法就像『不呼叫模組，而是呼叫模組的 forward 方法』一樣：JIT 將無法看見此模組的結構，且許多 hooks 也不會被執行（和第 6.2.1 節裡 __call__ 的狀況相同）。

由於上述原因，我們可以透過子類別來存取子模組 Net 中的各種參數：

In

```
model = Net()
numel_list = [p.numel() for p in model.parameters()]
sum(numel_list), numel_list
```

Out

```
(18090, [432, 16, 1152, 8, 16384, 32, 64, 2])
```

← 結果和之前相同

在以上程式碼中，parameters() 可以深入到所有在建構子中被指定成屬性的子模組中，並分別再呼叫它們各自的 parameters()。無論子模組之間形成多麼複雜的**巢狀結構**，nn.Module 子類別都可以存取旗下所有子模組的參數。以 grad 屬性為例，優化器會根據梯度值（由 autograd 負責計算）來決定該怎麼更新參數才能使損失最小化，詳細過程已經在第 5 章裡談過了。

現在，各位已經知道如何實作出自己的模組了，這部分知識在本書第 2 篇中會經常用到。再回頭看看我們的 Net 類別，為了能順利存取參數，我們得先在建構子中登錄需要的子模組。然而某些子模組(如 nn.Tanh 和 nn.MaxPool2d)實際上是沒有參數的，因此登錄它們就顯得很多餘又沒效率。那麼，我們是否可以像呼叫 view 函式一樣，直接在 forward 裡頭呼叫這些模組呢(編註：即不在 _init_ 中建立，而直接在 forward 中使用)？當然可以，只要使用函數式 API 即可！

8.3.3 函數式 API

在 PyTorch 中，每個 nn 模組都另外有一個**函數式**(functional)的版本。這裡的『函數式』代表『沒有內部狀態』，換言之，其輸出值完全由呼叫時傳入的參數來決定。這些函數式模組存在於 torch.nn.functional 之中，不像非函數式的版本會儲存自己的權重參數，函數式模組的權重參數需以參數方式在呼叫時傳入。舉例而言，『nn.Linear』的函數式版本為『nn.functional.linear』，後者相當於函式 linear(input, weight, bias=None)。可以看到，weight 和 bias 等皆為 linear 函式的參數。

回到我們的模型上。為了讓 Net 能在訓練中存取權重參數，這裡會繼續沿用 nn.Linear 以及 nn.Conv2d 模組。但因為池化(nn.Maxpool2d)和激活函數(nn.Tanh)本身沒有參數，故可以將它們替換成函數式版本：

In

```
import torch.nn.functional as F

class Net(nn.Module):
    def __init__(self):
        super().__init__()
        self.conv1 = nn.Conv2d(3, 16, kernel_size=3, padding=1)
        self.conv2 = nn.Conv2d(16, 8, kernel_size=3, padding=1)
        self.fc1 = nn.Linear(8 * 8 * 8, 32)
        self.fc2 = nn.Linear(32, 2)
```

僅定義卷積模組及線性模組

NEXT

```
def forward(self, x):
    out = F.max_pool2d(torch.tanh(self.conv1(x)), 2)
    out = F.max_pool2d(torch.tanh(self.conv2(out)), 2)
    out = out.view(-1, 8 * 8 * 8)
    out = torch.tanh(self.fc1(out))
    out = self.fc2(out)
    return out
```

將最大池化和激活函數替換成函數式 API

以上 Net 的定義與第 8.3.1 節是完全相等的，但卻更加簡潔了。

TIP 雖然諸如 tanh 等泛用的科學函數仍存在於 1.0 版的 torch.nn.functional 中，但它們已被棄用，以避免和 torch 層命名空間 (namespace) 中的函式名重複。而像是 max_pool2d 等功能較專門的函式則繼續保留於 torch.nn.functional 內。

根據函數式 API 的使用方式，我們可以反推 nn.Module API 的本質。一個 Module 實際上就相當於一個容器，其中存有 Parameters 與子模組等內部狀態、以及與前向運行（forward）有關的指令。

要用函數式或模組式 API 是個人的選擇問題。大方向如下：當神經網路很簡單時，我們傾向於使用模組和 nn.Sequential。而當我們需定義自己的前向運算時，選擇函數式介面來操作那些不需內部參數狀態的層，或許是更合理的做法。

在第 15 章中，我們會簡單討論神經網路的**量化**（quantization）。由於需捕捉與量化有關的訊息，這項作業會使一些本來不用內部狀態的元件（如：激活函數）突然需要內部狀態。換句話說，若我們想對模型進行非即時（non-JITed）量化，則選用模組式 API 可能是較好的選擇。有一項建模習慣可以幫助各位避開不必要的麻煩：若你的模型用到多個無內部狀態的模組（如：nn.HardTanh 或 nn.ReLU），那麼你最好在每次用到它們時都產生一個**獨立的物件**。這是因為雖然在標準的 Python 用法裡，重複利用相同的模組不會發生問題且較有效率，但模型分析工具卻有可能因此而出錯。

至此，我們已瞭解如何建立自己的 nn.Module 子類別，並可將無內部狀態的子模組改成函數式 API 來讓程式較簡潔或更有效率。有了這最後一塊拼圖，讀者就能看懂幾乎所有以 PyTorch 建構的神經網路了。

進入訓練迴圈以前，讓我們再次確認模型是可以正常運行的：

In

```
model = Net() ◄── 建立一個 Net() 物件
model(img.unsqueeze(0)) ◄── 嘗試運行模型
```

Out

```
tensor([[-0.0157,  0.1143]], grad_fn=<AddmmBackward>) ◄── 該輸出結果為隨機值
```

模型的輸出為兩個數字，這表示模型可以正常運行。從本例或許看不出來，但在處理更複雜的模型時，為第一層線性層計算正確大小往往令人抓狂。事實上，許多人會先隨便填一個數字，然後藉由 PyTorch 傳回的錯誤訊息得知線性層的正確大小（這方法或許看起來很遜，但卻相當有用）。

8.4 訓練卷積網路

是時候來實作訓練迴圈了。在第 6 章中，我們已經撰寫了其基本架構，且該架構在第 7 章裡並沒有改變多少。不過在此，我們要重新檢視這個迴圈，並多加入一些細節（如：追蹤準確率的部分）。此外，大家都希望模型的執行速度能快一些，所以我們還會談到如何讓神經網路在 GPU 上運行。但在這之前，得先把訓練迴圈搞定。

回憶一下，上一章的訓練程式其實是由巢狀的兩個迴圈所構成的：外層迴圈控制**訓練週期**（epochs），內層則使用 DataLoader 來從 Dataset 中產生批次的訓練資料。在每一次的內層迴圈裡，程式都需完成下面幾項處理：

1. 將輸入資料餵入模型中進行前向運行。

2. 計算損失(屬於前向運行中的一環)。

3. 將舊梯度歸零。

4. 呼叫 loss.backward() 來計算損失對所有參數的梯度(反向運行)。

5. 執行優化器，使模型參數往降低損失的方向調整。

與此同時，我們還搜集並列印了一些和訓練有關的資訊。考慮上面所有因素後，最終的訓練迴圈如下：

In

```
import datetime  ← 使用 Python 內建的 datetime 模組

def training_loop(n_epochs, optimizer, model, loss_fn, train_loader):
    for epoch in range(1, n_epochs + 1):  ← 控制訓練週期的迴圈，注意範圍是從 1 開始到 n_epochs，而非從 0 開始
        loss_train = 0.0
        for imgs, labels in train_loader:  ← 走訪 train_loader，每次會取出一批次的訓練資料及標籤
            outputs = model(imgs)  ← 將一批次資料餵入模型中
            loss = loss_fn(outputs, labels)  ← 計算損失 (最小化的目標)
            optimizer.zero_grad()  ← 將上一輪的梯度清除
            loss.backward()  ← 反向運行一次，以便取得損失對所有可訓練參數的梯度
            optimizer.step()  ← 更新模型參數
            loss_train += loss.item()  ← 將此次訓練週期中的所有損失加總起來；請記得，必須用 item() 將損失轉換為 Python 的數字

        if epoch == 1 or epoch % 10 == 0:
            print('{} Epoch {}, Training loss {}'.format(datetime.datetime.
                now(), epoch, loss_train / len(train_loader)))  ← 將損失總和除以批次量 (即 train_loader 的長度)，以取得每批次的平均損失 (相較於總和，以平均值來測量損失更加直觀)
```

接下來，我們要把第 7 章的 Dataset 包裹於 DataLoader 中，並像之前一樣產生模型、優化器以及損失函數的實例，最後呼叫訓練迴圈。

本章模型與上一章的不同之處在於：這裡的神經網路是 nn.Module 的子類別，且其中包含了一系列卷積層。我們先執行訓練迴圈 100 次，並把過程中的損失列印出來。整個過程可能需要 20 分鐘或更久，依你的硬體規格而定。

In

```
train_loader = torch.utils.data.DataLoader(cifar2, batch_size=64, shuffle=True)

model = Net()
optimizer = torch.optim.SGD(model.parameters(), lr=1e-2)
loss_fn = nn.CrossEntropyLoss()

training_loop(n_epochs = 100,
            optimizer = optimizer,
            model = model,
            loss_fn = loss_fn,
            train_loader = train_loader,
            )
```

先將 cifar 資料集隨機洗牌，然後我們每次讀取時會由其中抽取一批次 (64 筆) 的資料

建立模型

隨機梯度下降優化器

第 7.10 節中提過的交叉熵損失函數

呼叫稍早之前定義的訓練迴圈

Out

```
2021-03-16 23:07:21.889707 Epoch 1, Training loss 0.5634813266954605
2021-03-16 23:07:37.560610 Epoch 10, Training loss 0.3277610331109375
2021-03-16 23:07:54.966180 Epoch 20, Training loss 0.3035225479086493
2021-03-16 23:08:12.361597 Epoch 30, Training loss 0.28249378549824855
2021-03-16 23:08:29.769820 Epoch 40, Training loss 0.2611226033253275
2021-03-16 23:08:47.185401 Epoch 50, Training loss 0.24105800626574048
2021-03-16 23:09:04.644522 Epoch 60, Training loss 0.21997178820477928
2021-03-16 23:09:22.079625 Epoch 70, Training loss 0.20370126601047578
2021-03-16 23:09:39.593780 Epoch 80, Training loss 0.18939699422401987
2021-03-16 23:09:57.111441 Epoch 90, Training loss 0.17283396527266046
2021-03-16 23:10:14.632351 Epoch 100, Training loss 0.1614033816868712
```

神經網路可以順利訓練了，不過光是知道『損失值很小』這件事可能不足以評量我們的模型有多厲害。

8.4.1 計算準確率

為了得到比『損失』更容易理解的模型表現指標，我們可以計算神經網路對訓練與驗證集資料的**分類準確率**是多少。這裡使用與第 7 章相同的程式碼：

In

```
train_loader = torch.utils.data.DataLoader(cifar2, batch_size=64,shuffle=False) ← 取得訓練資料集（推論階段，不用洗牌）
val_loader = torch.utils.data.DataLoader(cifar2_val, batch_size=64,shuffle=False) ← 取得驗證資料集（推論階段，不用洗牌）
def validate(model, train_loader, val_loader): ← 定義用來計算模型準確度（在訓練資料及驗證資料上）的函式
    for name, loader in [("train", train_loader), ("val", val_loader)]:
        correct = 0
        total = 0
        with torch.no_grad(): ← 由於不需要做參數更新，因此不須計算梯度
            for imgs, labels in loader:
                outputs = model(imgs)
                _, predicted = torch.max(outputs, dim=1) ← 取得最大值所在的索引，並存進 predicted 陣列
                total += labels.shape[0] ← 計算一共有多少樣本
                correct += int((predicted == labels).sum()) ← 比較預測陣列與標籤陣列，進而得到一個布林陣列。接著，算出該批次中有多少預測是正確的
        print("Accuracy {}: {:.2f}".format(name , correct / total)) ← 印出準確率

validate(model, train_loader, val_loader) ← 同時取得訓練資料集及驗證資料集的準確度
```

Out

```
Accuracy train: 0.93
Accuracy val: 0.89
```

以上程式中運用了 Python 的 int() 來將整數張量轉為整數，這和訓練迴圈中所用的 item() 效果相同。

在驗證集準確率的部分，本章的模型表現（89%）比上一章的模型表現（80%）好許多。這也就證明，有了區域性和平移不變性，模型能更好地將辨識能力普適到**未曾見過的**新樣本上。現在，你可以嘗試讓神經網路多跑幾次訓練迴圈，看看是否能有更好的表現。

8.4.2 儲存與匯入模型參數

如果各位對模型的表現滿意了，那麼就可以將它儲存起來，方法很簡單：

In

```
torch.save(model.state_dict(), data_path + 'birds_vs_airplanes.pt')
```

上面的『birds_vs_airplanes.pt』檔案中包含了 model 的所有參數，也就是兩個卷積模組與兩個線性模組的權重與偏值。注意，這裡只記錄了參數值，沒有儲存模型架構。換句話說，若想把模型交給他人使用，我們必須再次產生 Net 類別的實例，然後把參數重新載入模型中：

In

```
loaded_model = Net() ←— 必須確保在儲存參數之後，Net 類別的定義未被更改
loaded_model.load_state_dict(torch.load(data_path + 'birds_vs_airplanes.pt')) ←—
                                                    載入剛剛儲存的模型參數
```

Out

```
<All keys matched successfully>
```

8.4.3 在 GPU 上訓練

神經網路已經建好，訓練也能順利進行，但要是程式運行速度能再快一點就好了。為此，我們可將訓練迴圈移到 GPU 上執行。想讓張量轉移至 GPU，只要利用第 3 章提過的 to() 方法即可。除此之外，模型參數也得移到 GPU 上。萬幸的是，nn.Module 中已實作了 to()，可以將所有參數傳給 GPU。

NOTE to() 也可以透過 dtype 參數進行型別轉換。

Module.to 和 Tensor.to 之間其實存在著一項細微差異：Module.to 會**原地**（in place）改變模組實例，而 Tensor.to 則是以**非原地**（out of place）方式（如同 Tensor.tanh 一樣）傳回一個新的張量。由於這項差異，我們應該在參數移至適當硬體（CPU、GPU 等處理單元）之後再建立優化器。

在把運算移至 GPU 之前，需先確定是否有可用的 GPU。我們通常會建立一個名為 device 的變數，其值依 torch.cuda.is_available 的結果而定：

In

```
device = (torch.device('cuda') if torch.cuda.is_available()
          else torch.device('cpu'))
print(f"Training on device {device}.") ← 可以根據輸出結果知道是否有可用的 GPU
```

接著，得在訓練迴圈中加入 Tensor.to 方法，將張量從 train_loader 轉移到 GPU。注意，除了兩行程式碼需修改（改成將輸入傳給 GPU 的部分）外，其餘皆和之前相同：

In

```
import datetime

def training_loop(n_epochs, optimizer, model, loss_fn, train_loader):
    for epoch in range(1, n_epochs + 1):
        loss_train = 0.0
        for imgs, labels in train_loader:
            imgs = imgs.to(device=device)          ┐← 將 imgs 和 labels 轉移到指定
            labels = labels.to(device=device)     ┘  的硬體 (由 device 變數決定)
            outputs = model(imgs)
            loss = loss_fn(outputs, labels)

            optimizer.zero_grad()
            loss.backward()
            optimizer.step()

            loss_train += loss.item()

        if epoch == 1 or epoch % 10 == 0:
            print('{} Epoch {}, Training loss {}'.format(
                datetime.datetime.now(), epoch,
                loss_train / len(train_loader)))
```

請對 validate 函式進行同樣的修改(**編註**:小編已將修改後的函式放在本章的 Jupyter 筆記本)。然後,我們便可以產生模型實例,並將其轉移至 device 所指定的硬體上運行❽:

註❽:在 data loader 中也提供了 pin_memory 選項,可以讓其使用 GPU 上的記憶體,以便加速資料轉移。不過,由於這可能影響執行結果,所以這裡不會討論此方法。

In

```
train_loader = torch.utils.data.DataLoader(cifar2, batch_size=64, shuffle=True)

model = Net().to(device=device)
```

將模型的所有參數移到 GPU 上。所有的模型參數及輸入資料都要移到 GPU 上，否則會有錯誤訊息提醒你：張量不在同一個硬體上（PyTorch 的算符不支援混用 GPU 和 CPU 上的資料）。

```
optimizer = torch.optim.SGD(model.parameters(), lr=1e-2)
loss_fn = nn.CrossEntropyLoss()

training_loop(n_epochs = 100,
              optimizer = optimizer,
              model = model,
              loss_fn = loss_fn,
              train_loader = train_loader,
             )
```

Out

```
2020-01-16 23:10:35.563216 Epoch 1, Training loss 0.5717791349265227
2020-01-16 23:10:39.730262 Epoch 10, Training loss 0.3285350770137872
2020-01-16 23:10:45.906321 Epoch 20, Training loss 0.29493294959994637
2020-01-16 23:10:52.086905 Epoch 30, Training loss 0.26962305994550134
2020-01-16 23:10:56.551582 Epoch 40, Training loss 0.24709946277794564
2020-01-16 23:11:00.991432 Epoch 50, Training loss 0.22623272664892446
2020-01-16 23:11:05.421524 Epoch 60, Training loss 0.20996672821462534
2020-01-16 23:11:09.951312 Epoch 70, Training loss 0.1934866009719053
2020-01-16 23:11:14.499484 Epoch 80, Training loss 0.1799132404908253
2020-01-16 23:11:19.047609 Epoch 90, Training loss 0.16620008706761774
2020-01-16 23:11:23.590435 Epoch 100, Training loss 0.15667157247662544
```

即使是如本章所用的小型神經網路，我們仍能看到 GPU 所帶來的執行效率提升（執行時間更短），該效果對於大型神經網路來說則更為明顯。

匯入神經網路參數時會遇到一點小麻煩：PyTorch 預設會將參數匯入至和儲存時相同的硬體上。換言之，原來在 GPU 上的參數會被重新載入到

GPU，反之亦然。若要解決未來可能使用不同硬體的問題，除了在儲存前或匯入後自行手動搬移之外，比較簡潔的做法是：在匯入模型參數時，直接指示 PyTorch 要載入到哪一個裝置，這可以透過在 torch.load 方法中傳入 map_location 關鍵字參數來達成：

In

```
loaded_model = Net().to(device=device)
loaded_model.load_state_dict(torch.load(data_path
                                         + 'birds_vs_airplanes.pt',
                                         map_location=device))
```

Out

```
<All keys matched successfully>
```

8.5 模型設計的進階技巧

本章將神經網路定義成了 nn.Module 的子類別；除了最簡單的模型以外，這是實際建立神經網路的標準方法。除此之外，我們還看到了如何利用 CPU 或 GPU 來完成訓練。至此，各位已有能力建立卷積神經網路，並使其學會如何分類圖片。那麼，接下來呢？該如何面對更複雜的問題？

事實上，本章所用的資料集是非常簡單的。圖片不但非常小，而且偵測目標都還位於圖片中央並占據大部分面積（編註：即偵測目標非常地明顯）。要是我們改用 ImageNet 資料集，則圖片將更大且更複雜。若模型想得到正確答案，通常得依賴多個具階級關係的視覺線索才行。舉個例子，為了辨識一個黑色方塊狀物體到底是搖控器還是手機，神經網路得先搜尋該物件上是否存在螢幕。

此外，真實世界中的問題不只和圖片有關，我們還可能遇到表格資料、序列資料以及文字資料等。因此，神經網路應該具備足夠的彈性。只要使用適當的架構與損失函數，其應該就要能處理上述所有類型的資料。

PyTorch 中包含了非常多樣的模組與損失函數：從前饋式模型到**長期短期記憶**（long short-term memory, LSTM）與 **transformer 網路**等（後兩者常見於和序列資料有關的問題中），足以讓我們實作出最先進的網路架構。許多現成的模型更可以透過 PyTorch Hub、torchvision 或其它社群來取得。

雖然在書中的第 2 篇，我們會處理 CT 掃描資料來研究更進階的網路架構，但對於不同架構的討論其實並非本書的主題。話雖如此，讀者仍能根據截至目前為止所學到的知識，瞭解如何利用 PyTorch 建構出任何一種模型。最後本節會補充一些額外的技巧，目的是讓你看懂別人寫的 PyTorch 程式碼，同時說明未來將 PyTorch 運用到實務上，應該要具備的一些概念。

8.5.1 增加模型的記憶容量：寬度

在進入更複雜的狀況以前，我們先對前饋式架構中的幾個維度進行討論。其中第一個維度是網路的**寬度**（width），即：每一層的神經元數量，或者每個卷積層中的通道數。在 PyTorch 中，增加模型寬度是很簡單的一件事。首先，把卷積層的輸出通道數調高，再相應地調整之後神經層中的通道數即可。同時，由於全連接層所接收到的向量長度增加了，因此 forward 函式也要記得調整：

In

```
class NetWidth(nn.Module): ←— 創建一個名為 NetWidth 的子類別
    def __init__(self):                          灰底為通道數量提高的部分
        super().__init__()
        self.conv1 = nn.Conv2d(3, 32, kernel_size=3, padding=1)
        self.conv2 = nn.Conv2d(32, 16, kernel_size=3, padding=1)
```

NEXT

```
        self.fc1 = nn.Linear(16 * 8 * 8, 32)
        self.fc2 = nn.Linear(32, 2)

    def forward(self, x):
        out = F.max_pool2d(torch.tanh(self.conv1(x)), 2)
        out = F.max_pool2d(torch.tanh(self.conv2(out)), 2)
        out = out.view(-1, 16 * 8 * 8)
        out = torch.tanh(self.fc1(out))
        out = self.fc2(out)
        return out
```

若不想在定義模型時設定具體的數字，可以在建構方法中加入一個參數，將模型寬度參數化（記得 forward 函式中的 view 方法也需一併更動）：

In

```
class NetWidth(nn.Module):
    def __init__(self, n_channel):
        super().__init__()
        self.n_channel = n_channel
        self.conv1 = nn.Conv2d(3, n_channel, kernel_size=3, padding=1)
        self.conv2 = nn.Conv2d(n_channel, n_channel // 2, kernel_size=3,
                               padding=1)
        self.fc1 = nn.Linear(8 * 8 * n_channel // 2, 32)
        self.fc2 = nn.Linear(32, 2)

    def forward(self, x):
        out = F.max_pool2d(torch.tanh(self.conv1(x)), 2)
        out = F.max_pool2d(torch.tanh(self.conv2(out)), 2)
        out = out.view(-1, 8 * 8 * self.n_channel // 2)
        out = torch.tanh(self.fc1(out))
        out = self.fc2(out)
        return out
```

網路中每一層的通道和特徵數會直接影響模型參數數量，在其它設定皆相同的前提下，增加寬度會提高模型的容量。我們可以利用之前的方法來檢查模型中有多少參數：

In

```
model = NetWidth().to(device=device)
sum(p.numel() for p in model.parameters())
```

Out

```
38386 ◀── 之前的數字為 18090
```

模型的容量越大，就越能應付輸入資料中的變異性；但相對的，大量參數使模型更易記得輸入資料中無關緊要的訊息，所以**過度配適**現象也會越明顯。之前已經提過解決過度配適的幾種方法了，其中最佳策略是**增加樣本數**。倘若無法取得新資料，則可用人工方式對既有資料進行擴張。

事實上，還有一些模型層面上的操作（毋須對資料進行任何處理）可以減緩過度配適的影響，以下就來看看最常用的一種。

8.5.2 協助模型的收斂與普適：常規化（Regularization）

模型的訓練涉及兩個關鍵步驟，即：**優化**（optimization；使用訓練資料集讓模型損失下降）與**普適化**（generalization；模型將所學推廣到訓練集之外的新資料，如驗證集資料）。**常規化**（regularization）即最常用來完成這兩個步驟的數學工具。

約束模型的參數：權重懲罰機制（weight penalties）

提升普適效果的第一種方法是：在損失中加入**懲罰項**。加入後，模型權重隨著訓練而變大的幅度會受限，進而將權重值維持在低點，也就是說，該項會懲罰**較大的**權重值。該方法能使損失值的變化更加平滑，並降低適配個別樣本所引起的參數改變。

最常見的常規化有 **L2 常規化**（取模型權重的**平方和**）及 **L1 常規化**（取模型權重的**絕對值總和**）❾，兩者皆須乘上一個小因子 lambda，該因子為訓練前設定好的超參數之一。

> **註❾**：本書將重點放在 L2 常規化上。L1 常規化（由於在 Lasso 演算法中的應用，其經常出現在更普遍的統計學文獻裡）具有產生稀疏訓練權重的性質。

L2 常規化也被稱為**權重衰減**（weight decay）。在 SGD 及反向傳播裡，某參數 w_i 的 L2 懲罰項為『 - 2 * lambda * w_i』（編註：權重的平方為 w_i^2，其導數取負號後為 - 2* w_i，最後再乘上一個小因子 lambda）。將此項加至損失值後，其意義相當於：每次優化時，不管是要調升或降低權重，都會再額外將權重減少一點，而且減少的量與當前的權重值成正比，L2 常規化因此得名權重衰減。注意，此衰減會套用到神經網路中的所有參數，包括偏值。

在 PyTorch 裡，只要在損失中多加一項懲罰項，便可實作上述常規化方法。在算出損失後，無論所用的損失函數為何，我們都可以走訪每個模型參數，求它們的平方（L2）或絕對值（L1），計算出相應的懲罰項，最後再進行反向傳播：

```
In
def training_loop_l2reg(n_epochs, optimizer, model, loss_fn, train_loader):
    for epoch in range(1, n_epochs + 1):
        loss_train = 0.0
        for imgs, labels in train_loader:
            imgs = imgs.to(device=device)
            labels = labels.to(device=device)
            outputs = model(imgs)
            loss = loss_fn(outputs, labels)
                                       若要改用 L1 常規化，只需將 pow() 改為 abs() 即可
            l2_lambda = 0.001
            l2_norm = sum(p.pow(2.0).sum() for p in model.parameters())  ←
            loss = loss + l2_lambda * l2_norm  ← 把 L2 懲罰項加入損失值

            optimizer.zero_grad()
            loss.backward()
            optimizer.step()

            loss_train += loss.item()
        if epoch == 1 or epoch % 10 == 0:
            print('{} Epoch {}, Training loss {}'.
                  format(datetime.datetime.now(), epoch,
                         loss_train / len(train_loader)))
```

值得一提的是，PyTorch 的 SGD 優化器已設定了 weight_decay 參數，並可以在更新模型時自動進行權重衰減。使用 SGD 優化器 weight_decay 的效果與手動在損失值加入 L2 norm 相同。

避免過度依賴單一輸入資料：丟棄法（Dropout）

在 2014 年的時候，Nitish Srivastava 和來自多倫多 Geoff Hinton 團隊的同事共同發表了名為『Dropout: a Simple Way to Prevent Neural Networks from Overfitting』的論文（http://mng.bz/nPMa），其中提出了能有效對抗過度配適的**丟棄法**（dropout）策略。該策略相當簡單：在每次訓練過程中，隨機將一部分神經元的輸出歸零（相當於『丟棄』這些神經元的輸出資料）。

關於丟棄法背後的原理有多種說法。其中一種是，此方法能在每回合訓練中，有效使模型的神經元拓樸（topology）結構產生些許差異，進而避免造成在過度配適時會發生的記憶效應。另一種觀點則是，丟棄法能在模型所產生的特徵中加入干擾，其效果類似於資料擴增，只不過作用範圍擴及整個神經網路。

在 PyTorch 中，只要在『非線性激活函數』與『下一層線性或卷積層』之間加入 nn.Dropout 模組，即可將丟棄法實作到模型之中。該模組需要一個機率值引數，代表每個神經元被丟棄的可能性。以卷積神經網路來說，我們要使用特製的 nn.Dropout2d 或 nn.Dropout3d，它們可以針對不同輸入通道的資料進行隨機丟棄。

In

```
class NetDropout(nn.Module):
    def __init__(self, n_chans1=32):
        super().__init__()
        self.n_chans1 = n_chans1
        self.conv1 = nn.Conv2d(3, n_chans1, kernel_size=3, padding=1)
        self.conv1_dropout = nn.Dropout2d(p=0.4)
```

編註：個別神經元被丟棄的機率為 0.4，換言之，經過 dropout 處理後，只會留下大約 60% 的神經元，且每一次留下的神經元基本上是不同的

```
        self.conv2 = nn.Conv2d(n_chans1, n_chans1 // 2, kernel_size=3, padding=1)
        self.conv2_dropout = nn.Dropout2d(p=0.4)
        self.fc1 = nn.Linear(8 * 8 * n_chans1 // 2, 32)
        self.fc2 = nn.Linear(32, 2)
    def forward(self, x):
        out = F.max_pool2d(torch.tanh(self.conv1(x)), 2)
        out = self.conv1_dropout(out)
        out = F.max_pool2d(torch.tanh(self.conv2(out)), 2)
        out = self.conv2_dropout(out)
        out = out.view(-1, 8 * 8 * self.n_chans1 // 2)
        out = torch.tanh(self.fc1(out))
        out = self.fc2(out)
        return out
```

請注意，正常情況下丟棄法只在訓練時期運作。當要評估訓練好的模型時，Dropout 模組應該被繞過，或者將其機率設為零，而這是由 Dropout 模組的 train 屬性所控制。回憶一下，對任意 nn.Model 子類別而言，PyTorch 允許我們利用以下方法在『訓練，train』以及『評估，eval』模式之間進行切換：

In
```
model.train()
```

或

In
```
model.eval()
```

以上呼叫的效果會自動複製到各子模組上，因此若網路中包含 Dropout 模組，便會在接下來的前向和反向運行中，自動依照當時的模式來判斷是否讓 Dropout 運作。

約束激活函數：批次正規化（Batch Normalization）

就在丟棄法大放異彩之際，來自 Google 的 Sergey Ioffe 與 Christian Szegedy 於 2015 年發表了名為『Batch Normalization: Accelerating Deep Network Training by Reducing Internal Covariate Shift』（https://arxiv.org/abs/1502.03167）的創新論文。該論文所提出的**批次正規化**（batch normalization）技術能對訓練過程產生多種效益，例如：允許我們使用更高的學習率、降低訓練效果對初始化的依賴程度、發揮如常規化作用器的效果等等，因此成為了丟棄法的替代方案。

批次正規化的主要原理是：重新調整輸入資料的數值分佈，以避免輸入的小批次資料落入激活函數的飽和區域（回想一下模型學習的機制與非線性激活函數所扮演的角色：一旦資料落入飽和區，梯度變化將變得不明顯，進而拖慢訓練的進度）。

從技術上來說，批次正規化會根據小批次樣本的**平均值**與**標準差**來平移模型中間層的輸入，並調整這些輸入的規模（編註：『平移』即對所有輸入值**加上**一個常數；『規模調整』則是**乘上**一個常數。更直白的說，就是減平均值然後再除以標準差）。該方法之所以會產生常規化效果，是由於我們持續根據小批次資料（由隨機樣本組成）的統計資訊來正規化（平移或規模調整）該批次中的每一筆資料，這相當於是一種**有原則的**（principled）擴增法。該論文的作者宣稱：批次正規化能消除（或至少降低）模型對丟棄法的需求。

在 PyTorch 中，我們可以根據輸入資料的軸數，選擇以 nn.BatchNorm1d、nn.BatchNorm2d 或 nn.BatchNorm3d 模組來實現批次正規化。因為其目標在於改變輸入激活函數的數值，所以應該將其放置在線性變換（在本例中指的是卷積層）之後、激活函數之前，如下所示：

In

```
class NetBatchNorm(nn.Module):
    def __init__(self, n_chans1=32):
        super().__init__()
        self.n_chans1 = n_chans1
        self.conv1 = nn.Conv2d(3, n_chans1, kernel_size=3, padding=1)
        self.conv1_batchnorm = nn.BatchNorm2d(num_features=n_chans1)
        self.conv2 = nn.Conv2d(n_chans1, n_chans1 // 2, kernel_size=3, padding=1)
        self.conv2_batchnorm = nn.BatchNorm2d(num_features=n_chans1 // 2)
        self.fc1 = nn.Linear(8 * 8 * n_chans1 // 2, 32)
        self.fc2 = nn.Linear(32, 2)
```

NEXT

```
    def forward(self, x):
        out = self.conv1_batchnorm(self.conv1(x))
        out = F.max_pool2d(torch.tanh(out), 2)
        out = self.conv2_batchnorm(self.conv2(out))
        out = F.max_pool2d(torch.tanh(out), 2)
        out = out.view(-1, 8 * 8 * self.n_chans1 // 2)
        out = torch.tanh(self.fc1(out))
        out = self.fc2(out)
        return out
```

和丟棄法一樣，批次正規化在訓練和評估階段的表現不同。在評估時，必須避免批次的影響，例如樣本 A 和 B 在同一個批次時，應與不在同一個批次時的預測結果相同。為此，在評估階段所進行的正規化，所使用的平均值與標準差必須固定不變（編註：最好的方法，就是使用**所有批次資料**的平均值與標準差來正規化）。

因此 PyTorch 在處理小批次樣本的時候，除了會計算**該批次**的平均值與標準差之外，還會持續更新另一組能代表**所有批次資料**的平均值與標準差。當我們呼叫 model.eval() 時，模型的批次正規化模組便會直接使用所有批次資料的統計值來進行正規化。若要繼續訓練，只要再呼叫 model.train() 即可，PyTorch 會自動切換回訓練模式，和丟棄法的情況一致。

8.5.3 深入探索更複雜的結構：深度

第 8.5.1 節時提過，增加寬度是擴大模型並提升其能力的方法之一，而第二種方法則是增加模型的**深度**（depth）。深層模型是否較淺層模型來得好得依實際情況而定，不過可以確定的是：網路的深度越深，能擬合的函數複雜度也越高。就電腦視覺領域來說，淺層神經網路或許只能從相片中找出人的輪廓，而深層網路則可以先找出人的輪廓、然後找出臉部、再找出臉部中的嘴巴。深度上的擴張使模型能處理**有階層關係**的資訊，並掌握需要脈絡才能理解的輸入資料。

從另一個角度來看，增加模型的深度相當於讓神經網路對輸入進行更多層的解析。對於習慣將演算法視為一系列處理（如：找出人體的輪廓→找出輪廓上方的臉部→找出臉部內的嘴巴）的軟體工程師來說，這種將神經網路視作『能完成特定任務之一連串操作』的看法非常吸引人。

跳躍連接（skip connections）

提高模型深度通常會增加訓練收斂的難度。這也是為什麼在 2015 年下旬以前，深度學習模型從未達到 20 層的原因。讓我們回顧一下反向傳播，並思考其在深層網路中的運作方式。當模型很深時，損失函數對模型參數的導數需透過多次使用連鎖律來取得。在這過程中所取得的中間數值可能很小，它們相乘後的乘積還會更小。在最糟的狀況下，過長的乘積鏈將使得某些層的梯度**消失**（vanish），進而造成這些層的參數無法被適當更新，模型訓練因此而無效。

2015 年 12 月，Kaiming He 及其同事提出了**殘差網路**（residual networks, ResNets），讓我們得以解決上述問題，並建立更深層的模型（https://arxiv.org/abs/1512.03385）。由此開始，神經網路的深度少則 10 層，多則 100 多層，輕鬆突破了當時電腦視覺領域中的最高層數限制。在第 2 章中討論預先訓練的模型時，我們已經見過殘差網路了。該技術的重點在於：利用**跳躍連接**（skip connection，或稱為殘差連接）在層與層之間建立另一條迴路，如圖 8.11 所示。

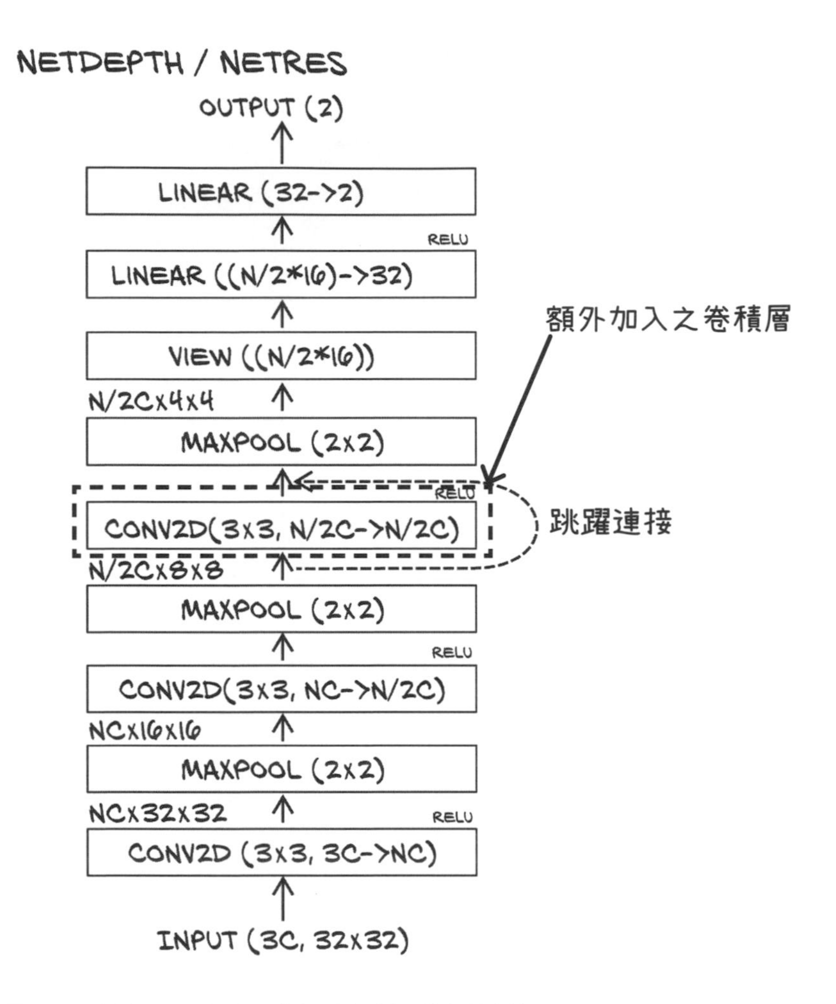

圖 8.11 擁有 3 層卷積層的網路架構。『跳躍連接』可用來區分接下來程式中使用的網路架構，是單純的的深層網路 (NetDepth)，或是殘差網路 (NetRes)。

跳躍連接的功能就是在非相鄰的神經層之間加入額外的連接，事實上，PyTorch 也的確是按照上述邏輯來實作該技術的。讓我們先在本章一開始的模型中插入一個新的卷積層，並使用 ReLU 做為激活函數。在**未加入跳躍連接前**，模型的程式碼如下：

In

```
class NetDepth(nn.Module):
    def __init__(self, n_chans1=32):
        super().__init__()
        self.n_chans1 = n_chans1
        self.conv1 = nn.Conv2d(3, n_chans1, kernel_size=3, padding=1)
        self.conv2 = nn.Conv2d(n_chans1, n_chans1 // 2, kernel_size=3, padding=1)
        self.conv3 = nn.Conv2d(n_chans1 // 2, n_chans1 // 2, kernel_size=3,
                               padding=1)
        self.fc1 = nn.Linear(4 * 4 * n_chans1 // 2, 32)
        self.fc2 = nn.Linear(32, 2)

    def forward(self, x):
        out = F.max_pool2d(torch.relu(self.conv1(x)), 2)
        out = F.max_pool2d(torch.relu(self.conv2(out)), 2)
        out = F.max_pool2d(torch.relu(self.conv3(out)), 2)
        out = out.view(-1, 4 * 4 * self.n_chans1 // 2)
        out = torch.relu(self.fc1(out))
        out = self.fc2(out)
        return out
```

編註：此處我們多加了一層卷積模組，變成總共有 3 層卷積層。

為了在上面的模型中加入類似於 ResNet 的跳躍連接，我們將 forward() 中第 2 卷積層的輸出結果與第 3 層的輸出相加，然後再進行最大池化處理（編註：就是在第 3 卷積層與第 3 池化層之間多加了一條連接線，該線會先與第 2 池化層的輸出合併後才進入池化層）：

In

```
class NetRes(nn.Module):
    def __init__(self, n_chans1=32):
        super().__init__()
        self.n_chans1 = n_chans1
        self.conv1 = nn.Conv2d(3, n_chans1, kernel_size=3, padding=1)
        self.conv2 = nn.Conv2d(n_chans1, n_chans1 // 2, kernel_size=3, padding=1)
        self.conv3 = nn.Conv2d(n_chans1 // 2, n_chans1 // 2, kernel_size=3,
                               padding=1)
        self.fc1 = nn.Linear(4 * 4 * n_chans1 // 2, 32)
        self.fc2 = nn.Linear(32, 2)
```

NEXT

```python
def forward(self, x):
    out = F.max_pool2d(torch.relu(self.conv1(x)), 2)
    out = F.max_pool2d(torch.relu(self.conv2(out)), 2)
    out1 = out
    out = F.max_pool2d(torch.relu(self.conv3(out)) + out1, 2)
    out = out.view(-1, 4 * 4 * self.n_chans1 // 2)
    out = torch.relu(self.fc1(out))
    out = self.fc2(out)
    return out
```

殘差處理

換言之，除了前向運行所提供的標準輸入外，我們還把第 2 卷積層的輸出與第 3 卷積層的輸出相加。以上過程又稱為**恆等映射**（identity mapping），這項技巧如何減輕梯度消失的影響呢？

從反向傳播的角度思考：在深層網路中設置一或多個較遠距離的跳躍連接，相當於在遠距的神經層之間多建立了一條直達通道。如此一來，在進行遠距的反向傳播時，便可以減緩因進行大量導數及乘積操作所造成的問題，進而更直接地傳遞部份損失梯度到較遠的神經層。

實際觀察後會發現，跳躍連接對於模型的收斂很有幫助，特別是在訓練的早期階段。此外，與相同寬度和深度的前饋式網路相比，深層殘差網路的損失變化更加地平滑。

值得一提的是，跳躍連接的概念最早並非出自 ResNets，在高速神經網路（highway networks）和 U-Net 中都可以找到該技術的蹤影。然而唯獨在 ResNets 中，跳躍連接的運用使得深度超過 100 層的模型依然能順利完成訓練。

在 ResNets 出現以後，其它模型架構又進一步將跳躍連接發揚光大，尤其是 DenseNet。在該神經網路中，每一層神經層都會透過跳躍連接與後方的多個神經層產生連繫，這使得模型可以用更少的參數取得最好的成果。

利用 PyTorch 建立非常深層的模型

上面說到，我們可以建立超過 20 層的卷積神經網路，但這在 PyTorch 中具體要怎麼實現呢？標準的策略是：先定義網路的基本建構（如：(Conv2d, ReLU, Conv2d) + 跳躍連接），然後再以 for 迴圈動態地生成整個網路。讓我們以圖 8.12 中的架構為例，說明實際的做法：

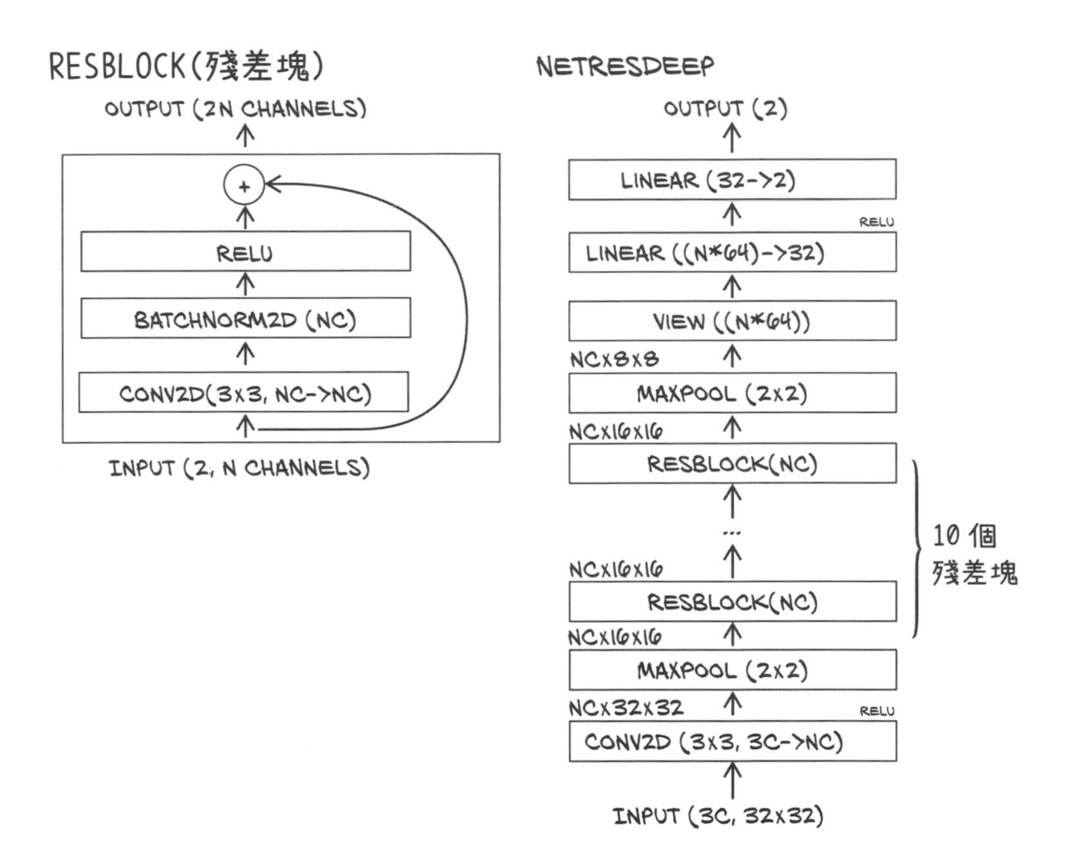

圖 8.12 包含跳躍（殘差）連接的深層模型架構。在圖的左側，我們定義了基本的殘差塊（residual block），而圖的右邊則顯示了如何利用這些區塊建立神經網路。

我們首先建立一個 nn.Module 的子類別，其中定義了基本的殘差塊：

In

```
class ResBlock(nn.Module):
    def __init__(self, n_chans):
        super(ResBlock, self).__init__()
        self.conv = nn.Conv2d(n_chans, n_chans, kernel_size=3, padding=1,
                              bias=False)  ← 由於 BatchNorm 層會抵消偏值的作用，因此這裡將偏值設為 False
        self.batch_norm = nn.BatchNorm2d(num_features=n_chans)
        torch.nn.init.kaiming_normal_(self.conv.weight, nonlinearity='relu')  ← 這裡使用了客製的初始化方法 .kaiming_normal_，其利用與原始 ResNet 論文相同的標準差產生正規化的隨機元素。在初始階段，batch_norm 的輸出分佈平均值為 0、標準差為 0.5
        torch.nn.init.constant_(self.batch_norm.weight, 0.5)
        torch.nn.init.zeros_(self.batch_norm.bias)

    def forward(self, x):
        out = self.conv(x)
        out = self.batch_norm(out)
        out = torch.relu(out)
        return out + x
```

因為這裡要生成的是深層模型，所以我們在網路中加入了批次正規化，這可以在模型訓練時避免梯度消失。現在，來看看如何在不使用大量複製及貼上程式碼的情況下，創建擁有 10 個殘差塊的神經網路吧！

首先，我們在 __init__ 中建立一個 nn.Sequential，其中包含了由數個 ResBlock 實例所組成的串列。在 nn.Sequential 中，前一個區塊的輸出必為下一個區塊的輸入。與此同時，它還能確保 Net 可以存取位於區塊內的所有參數。接著，只需在 forward 裡呼叫 self.resblocks，便可得到資料被 10 個 ResBlock 處理的結果：

In

```
class NetResDeep(nn.Module):
    def _init_(self, n_chans1=32, n_blocks):
        super()._init_()
        self.n_chans1 = n_chans1
        self.conv1 = nn.Conv2d(3, n_chans1, kernel_size=3, padding=1)
        self.resblocks = nn.Sequential(                    ← 將 n_blocks 個殘
            *(n_blocks * [ResBlock(n_chans=n_chans1)]))      差塊組合在一起
        self.fc1 = nn.Linear(8 * 8 * n_chans1, 32)
        self.fc2 = nn.Linear(32, 2)

    def forward(self, x):
        out = F.max_pool2d(torch.relu(self.conv1(x)), 2)
        out = self.resblocks(out) ← 加入殘差塊
        out = F.max_pool2d(out, 2)
        out = out.view(-1, 8 * 8 * self.n_chans1)
        out = torch.relu(self.fc1(out))
        out = self.fc2(out)
        return out
```

在上述實作中，我們把殘差塊的數目參數化了（n_blocks），這對於模型的實驗和重複利用相當重要。另外，雖然反向傳播可順利進行，但網路收斂的難度較高，速度也較慢。因此，我們使用了更精細的初始化方法，並把 NetResDeep 的學習率訂為 3e－3，而非一般網路的 1e－2（**編註**：關於調整學習率的部分，讀者可參考本書的範例程式，在此處並未列出）。

當然，對於 32×32 大小的圖片資料來說，實在沒必要用到很深的模型。但經過以上介紹後，我們便知道怎麼對付諸如 ImageNet 等挑戰性更高的資料集了。除此之外，各位還學到了如何以 torchvision 實作既有的模型（如：ResNet）。

小編補充 不同網路設計的測試程式皆已放在本章節的 Jupyter Notebook 中。

模型參數的初始化

這裡再簡單提一下之前用到的初始化方法。對神經網路是否容易訓練而言，初始化（initialization）是非常關鍵的一項因素。但不幸的是，由於一些歷史原因，PyTorch 中預設的權重初始化方法並不理想。已經有許多人在著手處理這個問題，讀者可以透過以下 GitHub 頁面追蹤最新的進展：https://github.com/pytorch/pytorch/issues/18182。不過在此之前，我們得先解決自己的權重初始化問題。因為上面的模型無法成功收斂，我們先參考了其它人的初始化做法（縮小模型權重值的變異數，並讓 batch_norm 輸出分佈的平均值等於 0、標準差等於 1），然後每當模型收斂失敗時，我們便將 batch_norm 輸出分佈的變異數減半（**編註**：以上的初始化皆已在建構 ResBlock 的程式碼中設定）。

權重初始化是個能花一整章篇幅來討論的議題，不過本書並不打算這麼做。雖然在第 11 章中會再次遇到初始化問題，但我們不會再行說明，而是直接使用 PyTorch 預設的方法。我們鼓勵對此主題有興趣的人：等到你讀完本書，且具備足夠的知識以後，再回頭來探討初始化 ⑩。

註 ⑩：有關此主題，可參考 X. Glorot 和 Y. Bengio 發表於 2010 年的創新論文：『Understanding the Difficulty of Training Deep Feedforward Neural Networks』，其中探討了 PyTorch 的 Xavier 初始化方法 (http://mng.bz/vxz7)。另外，稍早提及的 ResNet 論文也對該主題 (針對本章所用的 Kaiming 初始化) 進行了討論。在更近期的研究裡，H. Zhang 等人發展出了新的初始化方法，能允許他們在不使用批次正規化的情況下成功訓練**深層殘差網路** (https://arxiv.org/abs/1901.09321)。

8.5.4 比較各項設計因素對訓練成效的影響

圖 8.13 總結了各項設計因素對模型產生的影響（**編註**：產生該圖的程式碼已放在本章節的 Jupyter Notebook 中）。注意，請不要把重點放在數字上：一來是因為此處所用的實驗太過簡單，二來是以不同的隨機值進行

實驗有可能造成驗證準確率的顯著改變。在圖 8.13 的比較裡，某些參數（如：學習率、訓練次數等）並未納入比較；而在實際應用中，我們會經常調整這些參數，以便取得最佳表現。除此之外，模型中還可能存在一些額外的設計因素。

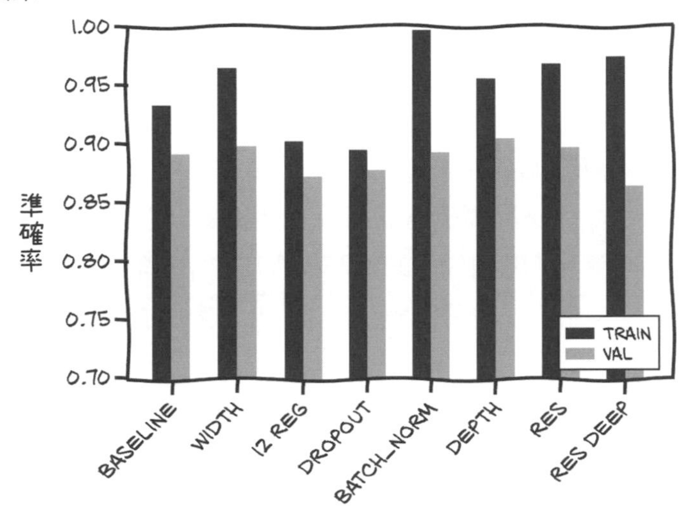

圖 8.13 不同版本的神經網路表現差異不大。

話雖如此，觀察圖 8.13 還是能獲得不少有用訊息。如同第 5.5.3 節研究模型驗證與過度配適時所說的：與批次正規化相比，權重衰減以及丟棄法對普適化有較大幫助，因此它們在訓練和驗證資料集之間的準確率差異也較小。相對而言，批次正規化更像是一種協助收斂的小技巧，其能使模型達到將近 100% 的訓練集準確率。

8.5.5 技術不斷更迭，實踐才是王道

在深度學習領域中，最幸運、但同時也是最令人感到痛苦的現象就是：神經網路架構的發展實在太快了。當然，這並不是說本書所談的東西已經失去價值，但如果我們真的要向讀者介紹最新最炫的模型，那就必須得另外寫一本書才行（然後過不了多久，這本新書又會馬上過時）。因此，各位學習的重點應該擺在：增進自己將想法轉換為 PyTorch 程式碼的能力，或者至少知道該如何讀懂其它人所寫的程式。在本書接下來幾章中，我們會提供讀者將想法實作成模型所需的各項基本技能。

8.6 結論

費了好一番功夫，我們總算建立了能過濾圖片的神經網路。只要先把輸入圖片裁切成 32×32 的大小，再取得模型的預測結果即可。當然，這個網路並未解決所有的問題，但在實作的過程中，我們學到了許多寶貴的經驗。

之所以說本章的模型並未解決所有問題，是因為仍有一些問題我們未曾考慮。例如：如何讓神經網路從圖片中挑出鳥或飛機的位置。目前，我們的模型並沒有這種『將圖片中的物體框選出來』的能力（編註：本章的神經網路只能判斷圖中存在何種物體，無法得出該物體的位置坐標）。

另一項問題是：如果輸入圖片上顯示的物體是一隻貓怎麼辦？我們的模型並沒有學過如何評估貓和鳥類的相似度。在某些情況下，模型有可能給出像是『該輸入圖片為鳥類的機率為 0.99』這樣的錯誤結論。這種對**訓練資料以外**的樣本過度自信的失誤一般稱為**過度普適**（overgeneralization）。事實上，由於在真實世界中大多數的資料經常會發生例外，因此過度普適就成了模型在實際應用時最主要的難題之一（前提是該模型的驗證表現良好）。

在本章，我們利用 PyTorch 撰寫了能成功分析圖片資料的模型，並藉此建立了關於卷積神經網路的觀念。同時，我們還研究了將模型加寬或加深，同時避免過度配適的方法（如：正規化）。雖然此處的討論仍局限於表層，但相較於前幾章的內容，各位的能力應該又向前邁進了一大步。現在，我們已經有了堅實的基礎，可以面對深度學習專案中的各種挑戰。

既然大家已熟悉 PyTorch 的基本功能，是時候來探討更深入的內容了。接下來，我們的說明方式將從『每一到兩章』討論同一個問題，改成花『多個章節攻克同一個複雜、且與現實應用有關的問題』。本書的第 2 篇將以『自動偵測肺部腫瘤』為主題，協助讀者由熟悉 PyTorch，進入到能用 PyTorch 完成整個專案的程度。在下一章中，我們會先對問題進行說明，然後介紹未來要使用的資料集。

總結

- **卷積神經網路**是一種經常應用於圖片處理的線性操作。使用卷積後，模型的參數數量會減少、並可獲得**區域性**與特徵的**平移不變性**。

- 將多層卷積模組（連同它們的激活函數）疊在一起，並在它們之間插入**最大池化層**，相當於『對逐步縮小的特徵圖片進行卷積處理』。這解釋了為什麼模型的深度越深，就能處理越大範圍的圖片空間關係。

- 任何 nn.Module 的**子類別**皆能以遞迴方式搜集或傳回自己、以及其子模組的參數。該特性能幫助我們計算模型內的參數總數、將參數送入優化器中或者檢視它們的值。

- **函數式** API（functional API）提供了不依賴於內部狀態的模組，它們經常被用於不需要參數、或參數由我們自行管理的操作。

- 訓練完成後，我們可以將模型的參數儲存至硬碟中，待需要時再重新載入。

延伸思考

1. 將 nn.Conv2d 建構子中的參數改成 kernel_size=5，以便把模型的卷積核大小調整成 5×5。

    a. 這項改變對於模型的參數數量有何影響？

    b. 這項改變會減輕還是加劇過度配適？

    c. 請閱讀 https://pytorch.org/docs/stable/nn.html#conv2d。

    d. 請說明 kernel_size=(1,3) 的效果是什麼？

    e. 將卷積核設定成 (1,3) 後，模型的行為會如何改變？

2. 你是否能找到一張『既不是鳥、也不是飛機』的圖片，但模型預測該圖片為『鳥類（或飛機）』的機率達到 95% 以上？

    a. 你是否能透過手動編輯圖片的方式，讓其中的物體看上去更像飛機？

    b. 你是否能手動編輯一張飛機圖片，並讓模型誤以為它是鳥類？

    c. 容量大小是否會影響模型被欺騙的程度？

第二篇

從現實世界中的圖片學習：肺部腫瘤偵測專案

本書第 2 篇的結構與第 1 篇完全不同，我們會花數個章節深入探討一個實際應用案例，並以第 1 篇所學的基礎為出發點，循序漸進地建立完整的專案。一開始，我們會先提出一個不完美的解決方案，之後再討論該方案的問題並進行修正。同時，本書還會指出各種可以增進模型表現的技巧，並嘗試運用這些技巧來觀察其效果。注意，為了能順利訓練第 2 篇的模型，你必須要有可用的 GPU、至少 8 GB 的 RAM 以及數百 GB 用來儲存訓練資料的硬碟空間。

> **小編補充**：若讀者對運行時間沒有特別的要求，則 GPU 及大容量的 RAM 就不是必要的。另外，本專案的完整訓練資料大小高達 120GB，但讀者可以只取其中一部分進行訓練，這並不會影響你學習如何實作該專案。

第 9 章會先說明整個專案所需的環境與資料、以及未來要實作的網路架構。第 10 章解釋如何將原始資料轉換成符合 PyTorch 需求的資料集。第 11 和 12 章會介紹我們的**分類模型**及評量訓練效果的**指標**，同時討論各種會阻礙學習的因素。第 13 章則會建立能輸出**熱圖**（heatmap）的**分割模型**（segmentation model）。在第 14 章中，分割與分類模型會一起使用，以產生最終的診斷。

CHAPTER 09

利用 PyTorch 對抗癌症

本章內容

- 將大問題拆解成數個簡單的小問題
- 決定模型架構與實作方法
- 下載訓練資料

本章的主要目的有兩個：首先，我們會說明本書第 2 篇的大致規劃，以便讓讀者對於接下來幾章的內容有初步的概念。接著，各位會看到未來要用的資料來源與格式，以及目標問題中的各種限制。以上討論是在為接下來的章節做好準備，在第 10 章中，我們要建立資料分析（data parsing）與資料處理的標準程序，而這些程序所產生的資料將在第 11 章用來訓練我們的第一個模型（編註：我們一共會用到 3 個模型）。由於此處所提的各項操作是處理任何深度學習專案時都會遇到的，因此請各位務必熟悉它們！

9.1 應用實例的介紹

本書第 2 篇有一個很大的目標，那就是告訴各位：當我們的解決方法行不通時，可以用哪些技巧來應對（書中第 1 篇容易給人進展太過順利的錯覺，其實各種碰壁的情形才是常態）。當然，這裡不可能列舉出一切錯誤，也無法涵蓋所有除錯技巧，但我們希望讀者在遇到新障礙時，至少不會不知所措。與此同時，本書也會幫助各位充實自己的武器庫，好讓你在模型表現不佳時，腦中能浮現不同的解決方案。

達成上述目標的最好方法，就是去研究一個重要且包含許多細節的應用實例，而本書所選擇的題目是：以病人的**電腦斷層掃描**（CT scan）影像為輸入，訓練出可自動偵測**肺部腫瘤**的模型。在此請大家做好心裡準備：與第 1 篇相比，第 2 篇的問題需要更嚴謹、更複雜的方法才能解決。

NOTE 基本上，CT 掃描即 3D 的 X 光，其資料型別為 3D 的單色（單通道）影像陣列（編註：就是由多張單色影像組成的立體掃描影像）。本章稍後會對此類資料進行更深入的討論。

第 2 篇的目標簡述如下：將人體的 CT 掃描圖當成輸入，讓模型尋找是否存在類似於腫瘤的組織，並在輸出結果中將其標示出來。

提早發現肺部腫瘤將有助於提高病患的存活率，但這並不是一件容易的事，尤其考慮到我們可能會碰上各式各樣的情況。目前，只有受過專業訓練的專家才有能力解讀 CT 掃描的結果。此任務依賴**對細節的高度關注**，且沒有腫瘤的例子佔了所有樣本中的**絕大多數**，因此偵測腫瘤的任務就好比大海撈針。

雖然將肺癌診斷自動化是困難重重的，且有許多問題需要從零開始解決，但只要各位跟隨本書的腳步，那麼我們最終將克服所有困難！我們相信，在閱讀完第 2 篇以後，讀者將具備處理其它實際問題的能力。

之所以選擇肺部腫瘤偵測做為主題，是出於以下幾點原因。首先也是最關鍵的一點：該問題目前仍然無解！這有助於讓各位意識到：你可以利用 PyTorch 征服最尖端的課題。我們希望這個專案能讓大家對 PyTorch 建立信心，同時提升自己身為開發者的自信。研究該主題的另一項原因是：雖然尚未有解決方案，但已有許多團隊正試圖克服此問題，且已取得了重大進展。換言之，該問題處在被攻克的邊緣，並非世紀難題。由於研究人員對於自動腫瘤偵測的高度關注，與之相關的高品質論文數量繁多，而這將成為我們的重要靈感來源。如果在完成第 2 篇以後，各位有興趣改進此處所提的模型，那麼這些研究也相當有用，我們會在第 14 章中提供額外參考資訊的連結。

雖說這裡的討論是以偵測肺部腫瘤為核心，但其中所用到的技巧卻是通用的。無論你手上的專案為何，關於搜集、預處理與呈現資料的知識都是不可或缺的。即便在本書中，關於預處理的描述局限於特定主題，但你更應該注意其背後的中心思想：**該步驟是專案成功與否的關鍵**。此外，從第 9 章到第 14 章，各位還會看到如何建立訓練迴圈、選取正確的表現評量指標、以及結合多個模型以獲得最終結果，這些都是能運用在其它問題上的通用技巧。

NOTE 本書所建立的模型雖然能順利執行，但其準確率還無法滿足實際醫療用途。我們僅僅將此問題當成 PyTorch 教學的範例，而非真的要提出解決方案。

9.2 為大型專案做準備

本專案是建立在第 1 篇所介紹的基礎知識上，而第 8 章所用的模型架構更是與之直接相關。不斷重複的卷積層、以及降低解析度所用的降採樣層（如：Maxpool 最大池化層）仍是此處的關鍵。與先前不同的是，我們的模型必須處理 3D 資料。從概念上來說，3D 資料和第 8 章中的 2D 圖片很像，但我們不能使用 PyTorch 所提供的 2D 工具來處理它們。

第 8 章的卷積模型與此處的最大不同在於：我們只花費了一點心力在模型以外的事務。除了獲取現成的資料集（Cifar2），並在餵入資料前對其進行簡單處理外，其餘的時間皆花在建立分類模型上。反之在這裡，我們要等到第 11 章才會開始設計第一個模型（本專案一共會用到 3 個模型）。之所以會這樣，是因為第 2 篇使用了非標準化的資料。也就是說，沒有現成套件能將原始資料轉成『可直接被模型接受』的訓練樣本，這部分得要自己親手實作才行。

即使是解決了以上難題，剩下的過程也絕非坐等神經網路從 CT 張量資料中產生結果那麼簡單。對於現實世界中的問題，我們通常還要考慮其它因素，如：資料取得的難易度、有限的運算資源、以及複雜模型的設計限制等。當我們解釋本專案的網路架構時，請各位將上述因素牢記於心。

說到有限的運算資源，再次提醒大家：第 2 篇會需要用到 GPU，以便將訓練時間控制在合理範圍內。另外，如果有 8 GB 以上的 RAM 那就更好了。如果只憑 CPU 來訓練模型，那麼整個過程可能要耗費數週才能完成！對於無法取得 GPU 的讀者，我們在第 14 章中提供了訓練好的模型，該程式大約只需要一個晚上的時間來分析 CT 資料中的腫瘤。另外，讀者可以在 Colaboratory（https://colab.research.google.com）平台上使用免費的 GPU 資源，且該平台已安裝 PyTorch。最後，你還需要至少 220 GB 的硬碟空間來存放原始訓練資料、緩存資料以及訓練好的模型。

NOTE 第 2 篇中的許多程式範例都省略了複雜的細節。本書所介紹的程式碼只會涵蓋最核心的概念，而不包含執行記錄、錯誤處理與邊緣情況等旁枝末節的東西。如想檢視完整的程式，請參考本書的網站 (www.manning.com/books/deep-learning-with-pytorch) 與 GitHub (https://github.com/deep-learning-with-pytorch/dlwpt-code)。**編註**：小編已將本書的程式碼及用到的資料整理在資料夾中，讀者可至本書封面所示的網址來進行下載。

到此各位已經很清楚，第 2 篇的問題較為困難並且包含許多面向。那麼，要怎樣才能解決它呢？這裡的基本想法是：不要一開始就想著讓模型在整張 CT 掃描中找腫瘤。相反地，我們要先克服一系列較簡單的問題，最後再拼湊出完整的解決方案。整個過程就像工廠的生產線一樣：在每一步，我們都會取一些原料（即資料）和來自上一步的輸出（如果有的話）、對它們進行加工、然後將處理完的結果提供給下一步。雖然並非所有問題都要以這種方式求解，但這種『先將大問題拆解成小問題再逐個擊破』的做法往往是個不錯的起點。即便對於某些專案來說這並不適當，但在探索個別小問題的過程中，我們通常能學到不少東西，進而想出正確的解題策略。

在說明如何拆解問題以前，我們會先談談醫學方面的知識。本書所列的程式碼只能告訴你模型**做了哪些事**，若想瞭解**為什麼要這樣做**，你必須具備**放射腫瘤學**（radiation oncology）的常識才行，因此本章會帶你補充所需的知識。事實上，無論我們想解決的問題屬於哪個領域，預先掌握和該領域相關的知識是很重要的。畢竟深度學習固然強大、卻並非魔法，盲目地將其套用在複雜的問題上往往只會得到失敗的結果。反之，若能將領域知識以及對神經網路運作的理解結合起來，再輔以系統性的實驗與修正，找到解決方案的機會也會大幅提升。

9.3 CT 掃描到底是什麼？

在進入專案前，先來談談 CT 掃描究竟是什麼。由於之後的章節會頻繁用到此類型的資料，因此我們應該對 CT 掃描的基本特性有所瞭解。之前已經提過，CT 掃描實際上相當於 3D 的 X 光，且可以用單通道的 3D 陣列來表示（這或許會讓你回想起第 4 章中，堆疊在一起的灰階圖片）。在 CT 掃描中，有一個關鍵的名詞，即**體素**（voxel）。

體素 (Voxel)

體素是 2D 像素 (pixel) 的 3D 化版本。和以面積為基礎的像素不同，體素的資料存在於一定體積中（因此得名『體積化的像素 (volumetric pixel)』），經常以 3D 方格來表達，且其中每個軸都對應一個可測量的距離。體素資料一般呈立方體，然而本章所用的體素為長方柱狀。

除了醫療數據，體素也常見於流體模擬、從 2D 圖片建構 3D 場景、自動駕駛汽車的光學雷達（light detection and ranging, LIDAR）以及其它問題中。雖然本篇專案的實作流程對於上述問題皆適用，但由於它們有著不同的特性，若想讓模型運作效率更高，預先瞭解資料本質也很關鍵。

對於 CT 掃描而言，每個體素中的數值粗略對應到該體素中物質的**平均質量密度**。在 CT 掃描圖中，高密度的物質（如：骨頭和金屬植入物）會呈白色；低密度的物質（如：空氣和肺部組織等）呈黑色；脂肪與其它組織則以各種不同程度的灰色展現。最後的結果看起來就像是 X 光片一樣，不過兩者之間存在著一些關鍵差異。

CT 掃描和 X 光最主要的不同在於：X 光是將 3D 數據（骨頭與各組織的密度）投射至 2D 平面所產生的影像，而 CT 掃描則保留了資料的 3D 空間資訊。利用 CT 掃描的這項性質，我們便可以從不同角度來檢視資料，圖 9.1 所呈現的灰階實心構造就是其中一種。

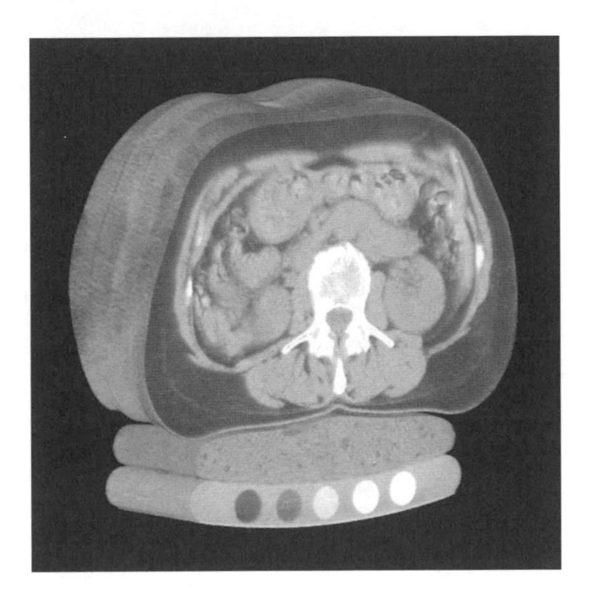

圖 9.1 人類軀幹的 CT 掃描圖片（**編註**：人體的橫截面）。
由上而下分別是：皮膚、器官、脊椎以及病人所躺的檢查床。
本圖來源：http://mng.bz/04r6。

NOTE 實際上，CT 掃描所測量的是**輻射密度** (radiodensity)，其為『質量密度』與『檢測物質原子數』的函數。但對於本書的應用來說，CT 掃描輸入的確切單位並不影響模型的學習，因此我們毋須對此做詳細的區分。

此外，CT 掃描的性質還允許我們將不感興趣的組織隱藏起來，藉此看到特定的細節。圖 9.2 就顯示了只有骨頭和肺部組織的 3D 結構。

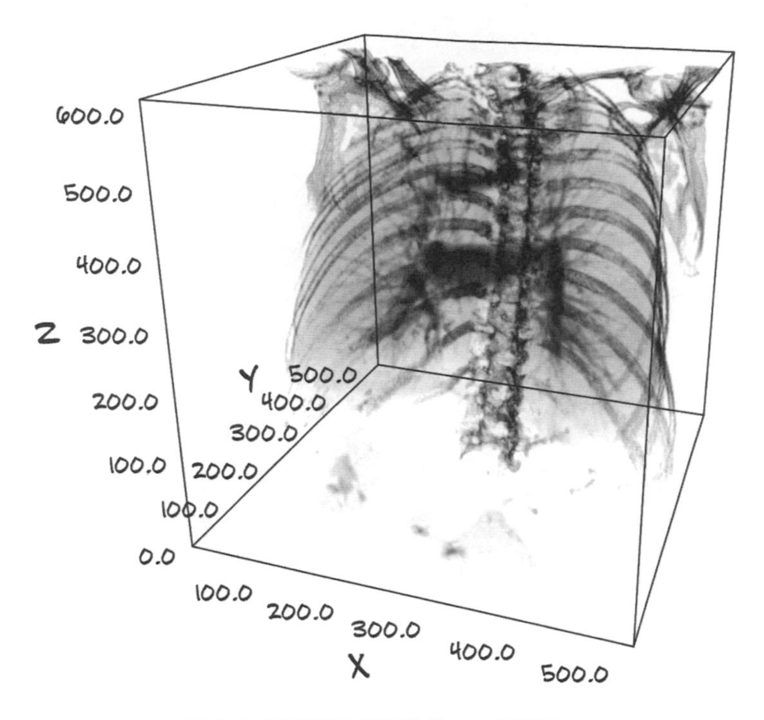

圖 9.2 骨頭與肺部組織的 CT 掃描圖。

因為 CT 掃描需仰賴如圖 9.3 所示的儀器（通常要價一百萬美元以上，且需由受過專業訓練的人員來操作），所以 CT 影像的獲取要比 X 光片來得困難許多，其普及率也較 X 光低。另外加上病患隱私權的限制，因此除非刻意搜集，否則 CT 掃描數據通常難以取得。

圖 9.3 還顯示了 CT 掃描的**邊界框**（bounding box，即 CT 掃描成像的範圍）。病人所躺的檢查床會前後來回移動，讓掃描儀得以截取多個不同切面，進而填滿邊界框。圖中位於掃描儀中心的環形構造是成像設備的所在處。

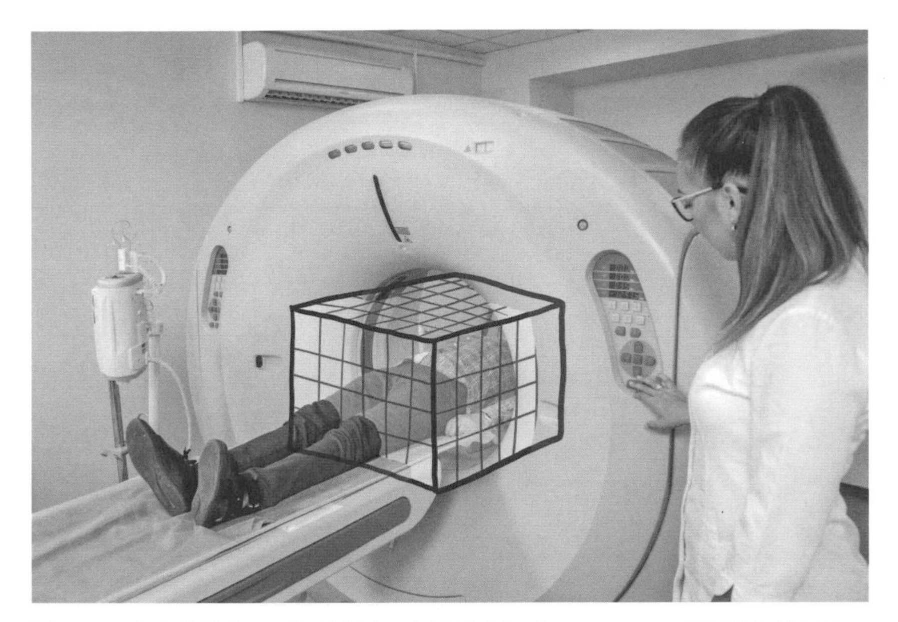

圖 9.3 一名病患躺在 CT 掃描儀中，掃描邊界框 (bounding box) 則疊加於其上。

CT 掃描和 X 光的最後一項差異是：前者的資料一定是**數位化**的。CT 是『computed tomography（直譯為：以電腦計算的斷層攝影法）』的縮寫。由此種掃描程序所產生的原始輸出只是一堆亂碼，只有在經過電腦重新處理後我們才能讀懂。此外，CT 掃描儀運作時的設定也會對最後的資料產生重大影響。

雖然以上資訊看似與我們的專案無關，但事實上圖 9.3 提供了一項很重要的訊息：CT 掃描儀延著 z 軸（即由病患頭部與腳部所連成的軸，編註：讀者可交叉比對圖 9.2 和 9.3）測量距離資料的方式、與獲得其它兩軸資料的方式是不同的，病患必須真的延著該軸移動！這項事實解釋了（或至少暗示了）為什麼本例中的體素並非立方體，並決定了我們處理資料的方法。透過這個例子可以看到：為什麼事先瞭解問題空間有助於我們選擇較有效率的解決方案。當各位日後在處理自己的專案時，也請務必調查清楚資料背後的細節。

9.4 專案概述：肺部腫瘤偵測器

既然大家已經對 CT 掃描有所認識，現在就來討論專案的大致架構吧！從分析整個胸腔的 CT 掃描影像，到給出最後的肺部腫瘤診斷，模型一共需經歷 5 個步驟。在圖 9.4 所示的程序中，模型首先會匯入 CT 資料（第 1 步）並產生一個 CT 物件。該物件中不但有完整的 3D 掃描結果，還包含一個負責**影像分割**（segmentation，第 2 步）的模組，能將有異樣的體素群進行**分組**（grouping，第 3 步），成為候選**結節**（nodules，9.4.2 節有更詳細的說明）。

結節（Nodules）

在肺部組織中增生的細胞會形成結節，結節可以是良性（benign）或惡性（malignant）的，而惡性結節通常又稱為腫瘤，會造成癌症（cancer）。大約有 40% 的肺部結節為惡性的，及早將它們診斷出來是很重要的，而這有賴於類似此處所提的 CT 技術。

接下來，將候選結節的位置傳給分類模型（classification model，第 4 步），進而讓分類模型判斷它們是否是真正的結節。最終，分類模型判斷為結節的樣本會進一步餵給另一個分類模型，以用來判斷某個結節是否是惡性腫瘤（第 5 步）。在上述任務中，惡性腫瘤的判斷尤其困難，因為這往往不是觀察 CT 影像就能看出來的。

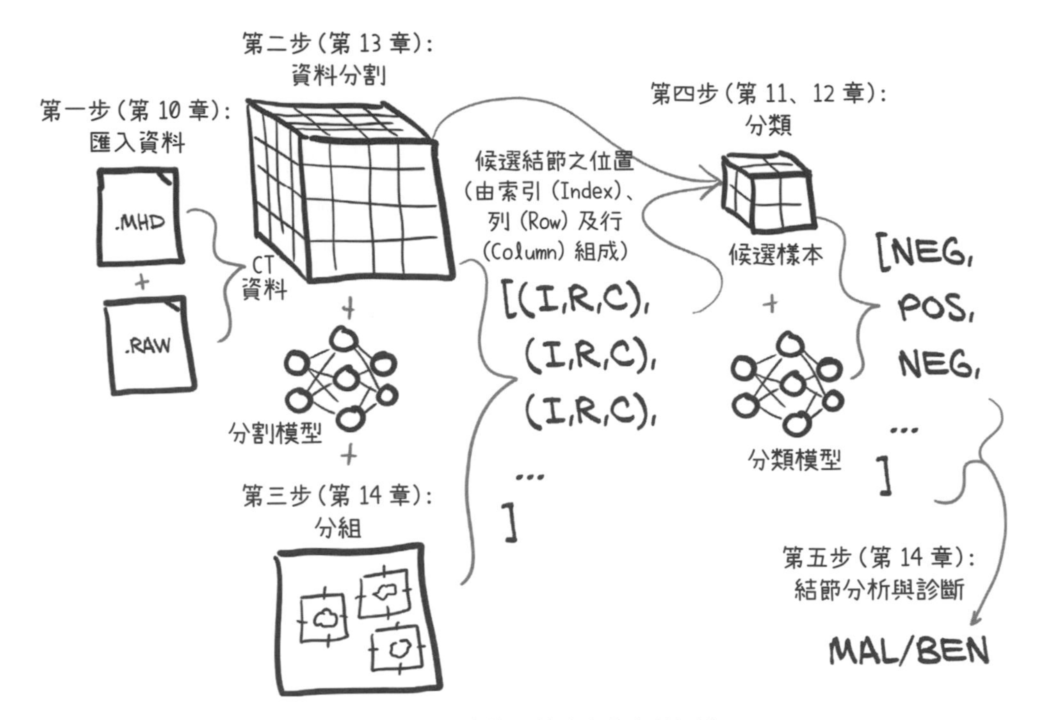

圖 9.4 本書第 2 篇專案的完整架構。

說的更具體一些，我們要做的事情如下：

1. 匯入原始的 CT 掃描資料，並轉成 PyTorch 可處理的形式。該步驟是任何專案的第一步，資料的軸數越少，匯入過程也越簡單（2D 的資料比 3D 的資料容易處理）。

2. 利用 PyTorch 實作**影像分割**（segmentation）模型，以便找出可能為結節的體素位置。在這一步中我們會產生一張**熱圖**（heatmap），而熱圖中的熱點即圖 9.4 的第 4 步中，分類模型的輸入。此技術可使模型只處理潛在結節所在的區域，而忽略其它無關的人體組織（編註：該方法可大大降低資料處理量）。

一般來說，我們最好讓模型在訓練時只專注於單一小任務。雖然有時候更複雜的模型能產生較佳的結果（例如在第 2 章中看到的生成對抗網路 GAN），但這些模型的建立通常需要先熟悉每個單一小任務的模組設計，所以不妨先由這些小模組開始設計。

3. 將候選體素群**分組**（grouping）以形成小區塊，即『候選結節』，它們在熱圖上以熱點的方式呈現。每個結節所在的位置由其中心點的索引值（I）、索引（R）與行索引（C）表示。這麼做可以簡化問題，讓分類器更好地進行處理。體素的分組和 PyTorch 沒有直接關係，這就是將此任務列成單獨步驟的原因。事實上，在涉及多階段處理的解決方法中，使用與深度學習無關的步驟來連接深度學習模組是很常見的事情。

4. 使用 3D 卷積模型將候選結節進行分類。3D 卷積和第 8 章說明的 2D 卷積在概念上很類似。由於和用來判斷結節的關鍵特徵是**區域性**的，因此卷積可以讓我們在偵測位置及大小不固定的物件時，不至於丟失關鍵訊息。這種做法有助於簡化任務，並減少我們在除錯時需要檢驗的項目。

5. 將各候選結節的分類結果整合起來，並針對模型預測為結節的樣本做出最終診斷。和上一步中的結節分類器類似，此處的模型全憑影像資料來決定某個結節是良性結節還是惡性結節（腫瘤）。由於只要存在一個腫瘤便算是癌症患者，所以在預測出每個結節為惡性的機率後，我們只要找出**其中的最大值**即可。其它專案可能會使用不同的方法來總結個別的預測結果，但由於這裡的問題為：『是否存在任何異樣？』，故取最大值的做法非常合適。倘若我們想知道的資訊和數量有關，例如：『組織 A 和組織 B 之間的比例為多少』，那就必須使用更適當的**平均計算方法**才行。

圖 9.4 只描繪了整個專案的大方向，至於個別模型的建構與訓練細節則留待實作時再行說明。

站在巨人的肩膀上

我們之所以能寫出上述 5 個步驟，是因為我們站在巨人的肩膀上，第 14 章會對此處所參考的研究進行更多討論。事實上，沒有人能預測什麼樣的架構適合眼前的專案。我們唯一能做的，就是去尋找前人實作過的類似成功案例。當然，在處理不同問題時，以實驗的方式找出可行的做法還是必要的，但汲取同領域中其它人的經驗、並嘗試套用已存在的解決方法也同樣重要。所以，請多去瞭解別人的成果並參考之。此外，一定要徹底弄懂自己所寫的程式碼，不要瞎猜，唯有這樣你才能從模型運作的結果推知改良的方向。

在接下來的內容中，我們會先解決第 1 步驟（資料匯入），然後直接跳至第 4 步驟（結節分類），之後再回來實作第 2、3 步驟（辨識體素、並透過分組形成候選結節），最後才來進行第 5 步驟。這麼做是因為第 4 步所用的技術和第 8 章的非常像：兩者都利用**多層卷積**和**池化層**來處理空間訊息，並將處理結果傳入線性分類器中。所以我們決定先搞定分類模型，再著手研究第 2 步（影像分割）。另外，由於分割是一個較為複雜的問題，我們不希望在說明該主題時，還要一邊介紹與 CT 掃描及腫瘤有關的基礎知識。因此，這裡會把和癌症偵測有關的討論與我們較熟悉的分類問題擺在一起。

雖然這種將各個步驟分開、並逆著處理問題的做法看上去有些奇怪，但這其實有助於讓解決方案更加**模組化**，進而讓我們得以透過小組分工的方式來減輕負擔。相較於必須按特定順序執行的一體化模型，模組化的系統在針對不同應用場景進行調整時更加方便。

隨著每一步驟的實作，我們也會提到更多和肺部腫瘤與 CT 掃描有關的細節。或許對於一本講解 PyTorch 的書來說，你會覺得上述內容有些離題，但這能幫助大家建立與問題所屬領域有關的直覺。這種直覺是很重要的，它能為我們排除許多不適當的解決方案。

當各位在未來有了自己的專案，你也必須先對資料和問題所屬領域進行研究。以處理衛星影像的模型為例，你得先弄清楚：輸入圖片是由哪種波長的光組成的，是一般的 RGB 圖片？亦或是較少見的紅外線或紫外光？此外，圖片取自一天中的哪個時段可能也會產生重大影響。還有，當拍攝對象不在衛星正下方時，圖中的內容將發生扭曲，故我們也必須決定是否要對圖片進行修正。

就算你的新專案使用和之前一模一樣的資料集，光是問題的領域不同就有可能使模型架構發生天翻地覆的變化。舉個例子，自動駕駛汽車和衛星影像處理一樣，都使用 2D 的圖片資料，但兩者的複雜度與注意事項是完全不同的，例如：對衛星影像而言，我們通常毋須顧慮天氣的問題。

對問題所屬領域的直覺是我們優化模型表現的基礎，這一點適用於所有的深度學習專案。以下就來進行實際演練：讓我們根據現有的知識，檢查一下整個解決方案中是否存在不必要的元素。

9.4.1 一氣呵成 vs 分階段完成

相信讀完第 8 章後，大家的心中都會產生以下疑問：為什麼這裡不能像前面一樣使用單一神經網路，而要使用數個獨立模型？資料流動又為什麼要搞得那麼複雜？這個現象的根本原因在於：與第 8 章的任務相比，第 2 篇的任務較難自動化，且還沒有人找到完美的解答，這些因素皆會提升模型的複雜度。可以預期，未來當這個問題被解決後，市面上會出現現成的套件供大家使用，但目前還沒有到達那個階段。

那麼，為什麼腫瘤偵測難以自動化呢？首先，在一張 CT 掃描樣本中，絕大多數的體素都與健康細胞有關，這些體素對於回答『該病患是否得了癌症』毫無幫助。即使是那些確診癌症的樣本，其中仍有 99.9999% 的體素與腫瘤無關。這個比例就如同在高解析度電視中有兩個像素壞掉了，或者一整本小說中出現了一個錯字一樣微不足道。

以圖 9.5 為例，你是否能從三個不同視角的影像中，正確挑出被標記為結節的白點呢❶？

> **註❶**：在此提供該樣本的 series_uid：1.3.6.1.4.1.14519.5.2.1.6279.6001.126264578931778258890371755354，以便各位查詢更多細節。從訓練資料中找出該樣本並進行對照。

如果各位需要提示，請依圖片上方的索引值（index）、列索引（row）與行索引（column）來找出影像中對應的結節。現在回答以下問題：你有能力在單憑圖片的狀況下（即沒有索引值、列索引與行索引的輔助），正確辨識出與腫瘤有關的跡象嗎？假如你拿到的還不是 3 張關鍵切面圖，而是完整的 3D 掃描結果呢？找出結節的難度應該更大吧？

NOTE 如果你無法指認出結節也沒關係！這裡只是想說明：這些結節在視覺上有多不明顯而已（我們的肉眼難以辨別就是最好的證明）。

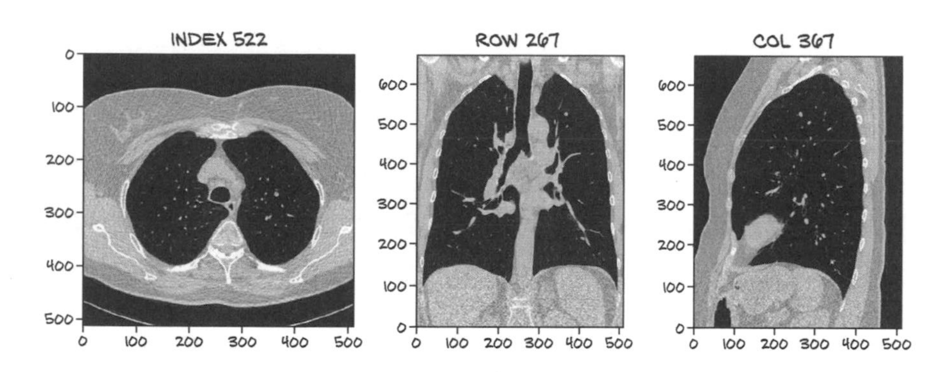

圖 9.5 對於未受過訓練的人而言，這些 CT 掃描結果中包含了 1,000 多個看似結節的結構。在經過人類專家鑑定後，其中只有一個被認為是結節，其餘部分皆是正常的解剖構造，如：血管、組織損傷或其它正常團塊。

各位或許見過深度學習模型在一般視覺任務上的成功應用，事實上，TorchVision 中就包含了諸如 R-CNN 或 Mask R-CNN 之類的端到端（一氣呵成）模型。然而，這些模型通常都需要使用數十萬張圖片來訓練。第 2 篇所用的分階段模型架構有一項好處，那就是能在使用較少資料訓練的情況下維持一定表現。當然，理論上只要給神經網路足夠數量的樣本，終有一天會訓練出『能從大海裡撈出針』的模型。但在達成此目的以前，如果得先去搜集大量的資料並耗費許多時間來完成訓練，這顯然不是最好的策略（編註：因此這裡作者選擇自己建構**階段式**模型，而非套用現有的單一經典模型）。

為了找出最佳的解決方案，我們可以參考那些已被驗證能以『端到端方式』整合資料的模型設計❷。不過，這些複雜的網路雖然有能力產生高品質的結果，卻並非本書的最佳解，原因在於：這些模型太過進階了，沒有足夠基礎知識的讀者會無法理解其背後的設計原理，這對於我們的教學非常不利！

註❷：例如：Retina U-Net (https://arxiv.org/pdf/1811.08661.pdf) 與 FishNet (http://mng.bz/K240)。

話雖如此，本章所選用的多階段設計也並非完美的。『最佳』的定義本來就會隨著評判標準的不同而有所差異，一個專案通常存在**多個**最佳解法，其目標也可能不只一個。我們的多階段模型自然也存在一些缺點。

請回想一下第 2 章介紹的 GAN 遊戲，該架構利用兩個神經網路，成功合成了以假亂真的贗品名畫。其中，畫家（生成器網路）負責產生偽畫，藝術評論家（鑑別器網路）則提供反饋意見，好讓畫家知道該如何修正。以技術語言來說，GAN 架構允許梯度從最後的鑑別器（分辨『真』或『假』）反向傳播至前方的生成器（畫家）。

相反地，我們的解決方案在根據目標進行優化時，不直接使用端到端的梯度反向傳播。由於影像分割模型與分類模型不會一起訓練，因此這裡會針對不同問題區塊**執行獨立的優化程序**。這種做法或許會降低模型的整體性，但我們認為這樣的學習效果較佳。此外，『每次只處理理解決方案中的單一步驟』讓我們有機會重點討論某些主題，並避免讀者一次接觸太多新的技巧而感到混亂。

在本專案的架構中，不同模型各自只負責一項任務，也因為任務範圍被縮小了，所以訓練起來更加容易。同時，我們也想提供能對資料進行多種操作的工具。與分析整張圖片相比，若能在訓練時讓模型專注處理特定區域中的細節，則整體表現將明顯提升。當然，影像分割模型依舊需處理完整的圖片資料，但我們會讓分類模型只處理局部細節。(編註：分割模型會從完整的 CT 圖找出疑似結節的區塊，而後面的分類模型只會針對這些區塊進行處理)。

第 3 步驟(分組)可輸出類似圖 9.6 的結節切面資料，而第 4 步驟(結節分類)則會以這些資料為輸入。圖 9.6 所顯示的都是疑似結節的特寫，我們要訓練第 4 步的分類模型去分辨它們(是否為結節)，並讓第 5 步的模型學會區分良性或惡性。雖然對於沒有經驗的人(或卷積網路)而言，這些組織團塊好像沒有什麼可辨認的特徵，但它們已經比完整的 CT 影像好處理多了。在下一章中，我們就會看到能產生圖 9.6 的程式碼。

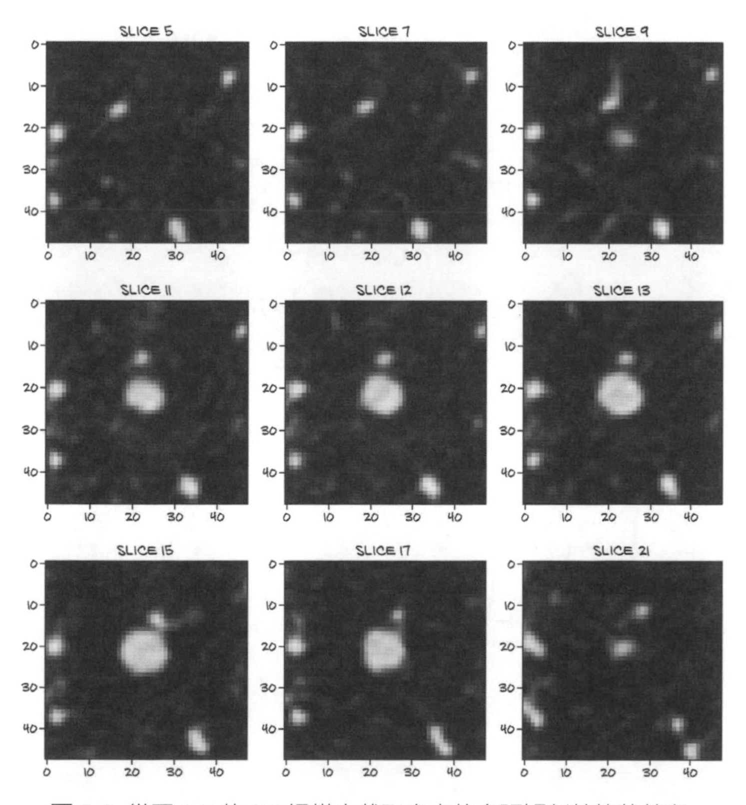

圖 9.6 從圖 9.5 的 CT 掃描中截取出來的多張疑似結節的特寫。

第 10 章會完成資料的匯入作業，而第 11、12 章的重點則在於解決結節的分類問題。等到了第 13 章，我們會回過頭來處理第 2 步驟（利用影像分割找出候選結節）。第 14 章是本書第 2 篇的結尾，在此會完成第 3 步（分組）、第 5 步（結節分析與診斷）以及將各步驟整合成一個端到端（由輸入樣本到輸出答案一氣呵成）的專案。

NOTE 在標準的 CT 成像中，靠近頭部的上端區域會顯示在圖片上方。然而，CT 掃描儀其實是從下方（靠近腳的方向）開始採樣的。因此，除非刻意翻轉方向，否則 Matplotlib 輸出的 CT 影像會是上下顛倒的。由於影像顛倒對我們的模型來說沒有影響，因此我們不會翻轉模型所用的原始資料，只會在負責**生成影像**的程式中加入翻轉指令。關於 CT 座標系統的更多說明請參考第 10.4 節。

圖 9.7 再次回顧前面所說明的模型架構：

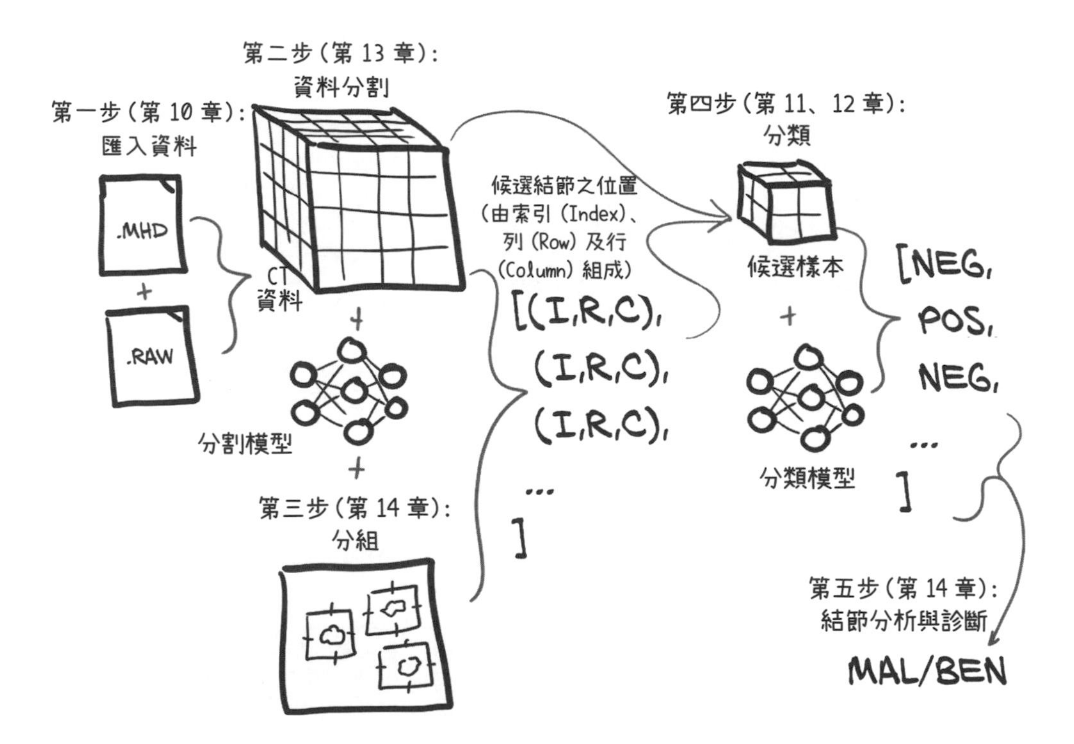

圖 9.7 本書第 2 篇專案的完整架構。

9.4.2 什麼是結節？

如前所述，為了能更有效地瞭解並運用資料，我們必須具備一定的癌症與放射腫瘤學相關知識。這裡最後要多做介紹的是：**結節**（nodule）。簡單來說，結節是任何出現於人體肺部中的組織團塊，這些團塊有些會損害病人的健康，有些則不會。在更精確的定義裡❸，結節的大小被限制在 3 公分以內，大於此的團塊則稱為**肺部腫物**（lung mass）。不過，由於此界限的決定相對隨意，且處理結節與腫物的程式完全相同，因此這裡會統一使用結節一詞。惡性的結節有可能發展成腫瘤，又被稱為**癌症**（cancer）。

註❸：請參考 Eric J. Olson, "Lung nodules: Can they be cancerous?" Mayo Clinic, http://mng.bz/yyge。

從放射學的角度來說，結節和由其它原因（如：感染、發炎、血腫、血管畸形、疾病等）所造成的組織團塊看起來差異不大，但此處有個關鍵：我們想偵測的癌症**必然**來自於結節（無論其懸浮於肺部的低密度組織中，還是附著於肺壁上）。也就是說，我們的分類器毋須檢驗所有組織，只要留意結節的部分就行了（編註：因此我們在第 2 步需要訓練一個影像分割模型，把疑似結節的區域給挑出來）。透過縮小搜尋範圍，可對訓練分類器帶來莫大的助益。

以上例子再次說明：即使深度學習技術背後的原理是共通的，但應用於特定問題上時不應該瞎猜。只有在對該問題有足夠的瞭解之後，我們才能做出合適的判斷。

圖 9.8 顯示了一個經典的腫瘤實例。要注意的是，雖然本圖中的腫瘤頗大，但我們也有可能碰上只有幾毫米的小結節。之前已經提過，和整張 CT 影像比起來，結節所佔的面積僅百萬分之一，而且其中有超過一半結節都不是惡性的。

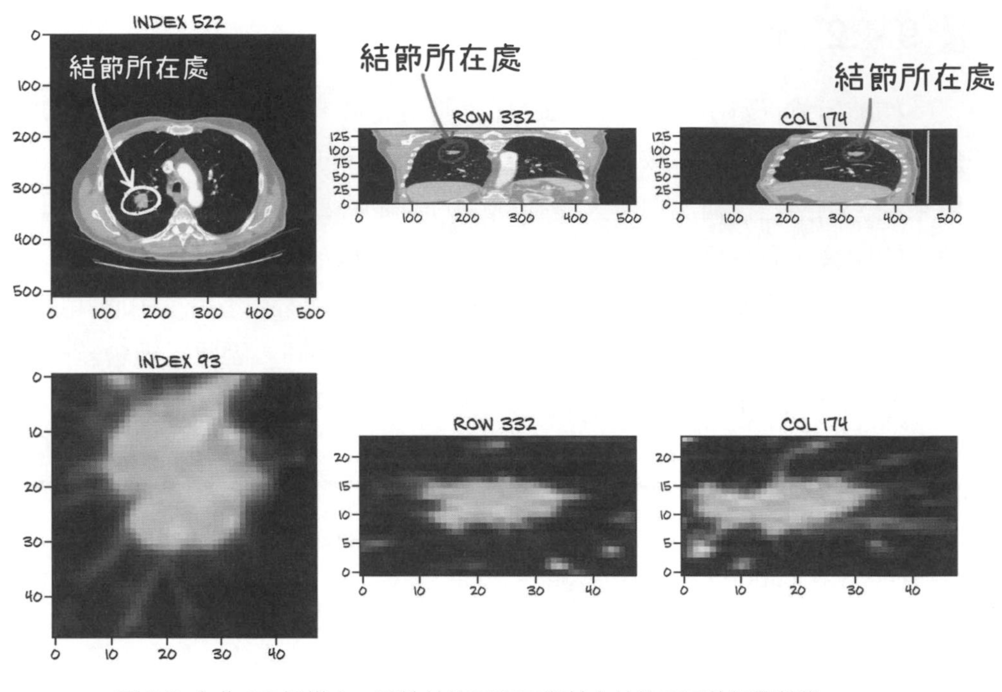

圖 9.8 在此 CT 掃描中，惡性結節展現了與其它結節不同的視覺特徵。

9.4.3 資料來源：LUNA 大挑戰

本書所用的 CT 掃描資料來自 LUNA 挑戰（LUng Nodule Analysis Grand Challenge；『lung nodule analysis』的意思是『肺部結節分析』）。該挑戰提供了公開的高品質標註 CT 資料集（其中某些樣本就含有肺部結節），而參賽的分類器也會依照對此資料集的處理表現來排名。這種公開分享醫學資料的風氣，讓研究人員能對資料進行各種操作，並進一步發展最新的技術（當然，某些資訊還是需要保密的）。LUNA 挑戰的目的在於讓小團隊有機會和表現優異的組別競爭，進而促進結節偵測技術的發展，而此挑戰所提供的資料集則可幫助選手們評估自己的模型。所有想參加公開排名賽的團隊都必須提交一篇學術論文，說明專案的架構以及訓練方法等事項，而這些論文又會啟發更多的創新與進步。

NOTE 坊間有許多 CT 掃描資料集非常混亂，其中的樣本可能來自不同掃描儀，又或者處理軟體不相同。舉例而言，部分掃描儀會將位於視野外的體素密度值指定為**負數**，這種掃描時的設定差異會對結果產生不同程度的影響。LUNA 資料集十分乾淨，但當各位使用其它資料集進行驗證時，請一定要特別注意。

我們要處理的資料集是 LUNA 2016 dataset。在 LUNA 的官方網站上（https://luna16.grand-challenge.org/Description）有提到此挑戰的兩個主要方向。其中第一個為『結節偵測（Nodule detection, NDET）』，這大致對應到我們的影像分割步驟；第二個方向是『降低**偽陽性**（False positive reduction, FPRED）』，這則和本章架構中的分類步驟有關。

9.4.4 下載 LUNA 資料集

在繼續之前，來看看要如何取得我們要使用的資料。整個資料集壓縮後的大小約為 60 GB，因此可能要花一些時間來下載。資料集共包含 10 個小集（編註：這裡要再次提醒讀者，由於訓練資料十分龐大，讀者可以只下載其中 1，2 個小集，這並不會妨礙你了解整個專案的運作流程），名稱分別為 subset0 到 subset9，讀者需將它們全部解壓縮（編註：小編已在本書的檔案資料夾中創建了一個名為『Luna_Data』的資料夾，讀者直接將下載好的資料解壓縮至該資料夾中即可）。解壓縮後，檔案會佔用 120 GB 的記憶容量（別忘了你還需要另外的 100 GB 快取空間來存放小塊的資料，這可以幫助我們省去讀取整張 CT 影像的時間❹）。

註❹：之後的每一章都會用到這個快取空間。但在完成一章以後，你便可以將其中的資料全部刪除。

請至 https://luna16.grand-challenge.org/download 下載資料。資料集一共分成 Part1 與 Part2 兩個部分，其中包含了本次專案所需的資料。

除了上述資料外，你還需要數個存有標註資料（標籤）的 CSV 檔案。為了方便起見，我們已經將它們存放在本書的檔案資料夾（編註：路徑為 ..\data\part2\luna），讀者可由本書封面所示的網址進行下載。

NOTE 如果你的電腦上沒有太大的硬碟容量，你也可以只用 10 個子集中的 1 至 2 個來進行訓練。雖然使用較小的訓練集會使模型表現下降，但這總好過程式完全無法執行。

有了標註資料以及**至少一個**解壓縮的子集資料後，我們便能運行模型了。希望在各位閱讀下一章以前，能順利下載完所需的資料！

9.5 結論

在本章中，我們朝著專案的完成邁進了一大步。或許讀者會以為專案還沒開始（畢竟，我們連一行程式碼都沒寫），但請別忘了：在尋求解決方案以前，我們必須做好各種調查與準備，而這便是本章所做的事情。

在這裡，我們完成了兩項任務：

1. 對整個肺癌偵測專案有大致的瞭解。

2. 說明本書第 2 篇的方向以及整個專案的架構。

上述準備工作雖然看起來沒什麼，但其實相當重要，並且會在之後為我們帶來巨大助益。等到第 10 章中實作資料匯入程序時，大家便會對這一點有所體會。

總結

- 我們的肺部腫瘤偵測專案包含了 5 個步驟，分別是：**資料匯入**、**影像分割**、**分組**、**結節分類**以及**結節分析與診斷**。

- 將整個專案分為較小且相對獨立的子專案有助於我們的說明，不過當專案的主要目的並非教學時，改用其它方法或許會更加合理。

- 本專案的 CT 掃描資料是一種 **3D 陣列資料**，其中包含約好幾千萬個體素，而我們想找的**結節**只佔其中的百萬分之一。在訓練時，若能讓模型只處理 CT 掃描中與結節有關的那一部分資料，則最後的學習效果會較佳。

- 預先瞭解所要處理的資料，可以幫助我們寫出不會破壞資料中重要資訊的**預處理程序**。此處的 CT 掃描由許多體素構成，每個體素值大致反映該處的**質量密度**（但其所用的單位並非一般的密度單位）。另外，我們必須進行轉換，才能找到與陣列中特定索引值對應的真實空間位置（編註：將在下一章節進行處理）。

- 定義專案中的關鍵概念，並保證模型設計能反映這些概念是很重要的事。以我們的專案為例，其中的核心即**肺部結節**。這是一種存在於肺裡的小組織團塊，在 CT 掃描下，其樣貌與其它許多結構看起來非常相似。

- 我們會使用 **LUNA 挑戰**所提供的資料來訓練模型。LUNA 資料集是由 CT 掃描資料所組成，其中還含有供**分類模型**與**影像分割模型**使用的**人為標註輸出**。選用高品質資料是確保專案是否成功的關鍵。

MEMO

CHAPTER 10

匯入原始資料並整合為資料集

本章內容

- 匯入並處理原始資料
- 實作 Python 類別（class）來表示資料
- 把資料轉換成適合 PyTorch 的格式
- 視覺化訓練資料與驗證資料

之前已經為各位簡介了本書第 2 篇的整體架構，並說明資料如何在我們的系統中流動。在本章，我們將開始實作**匯入與處理原始資料**的程序。一般來說，任何大規模的專案都包含了類似的步驟❶。圖 10.1 是來自第 9 章的專案概覽圖，本章內容對應其中的第 1 步驟。

註❶：如果你的資料是預先有人替你準備好的，恭喜！你是少數幸運兒。大多數研究人員需花費大量精力撰寫與資料匯入和分析有關的程式碼。

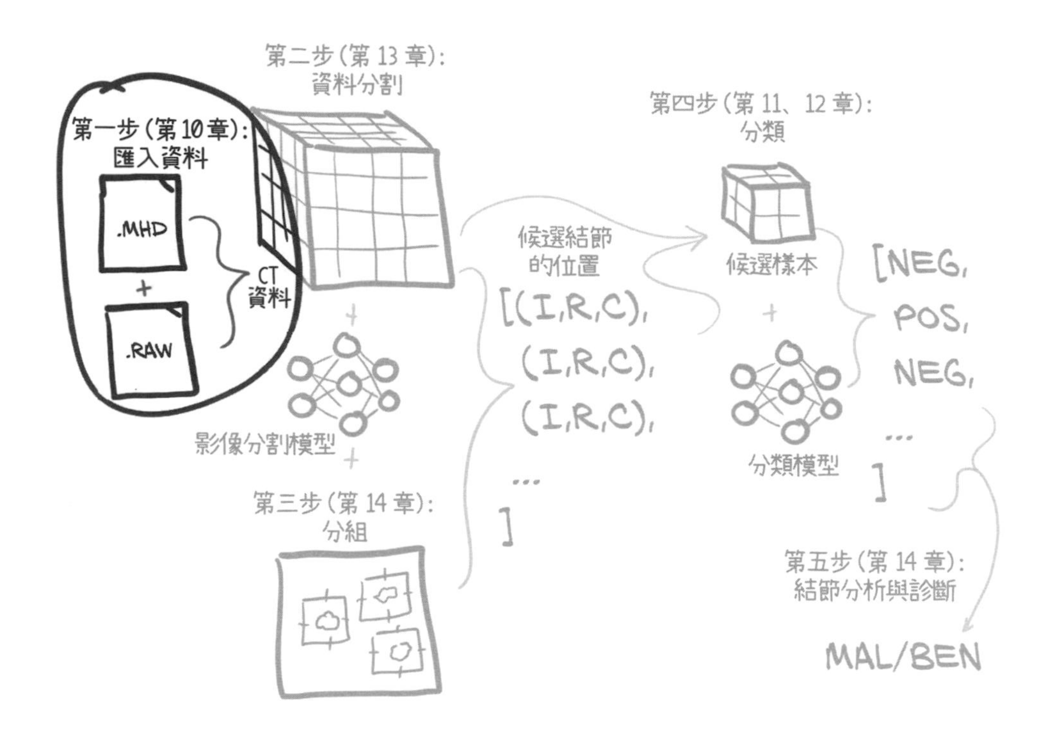

圖 10.1 癌症偵測專案的整體架構，本章的重點在於完成第 1 步驟：匯入資料。

本章的目標是：將原始的 CT 掃描資料以及相關標註的 CSV 檔（編註：包含了 CT 掃描中，結節的位置等資訊）轉換成訓練用的樣本。這是一項大工程，在完成此步驟後，我們才能匯入並萃取出感興趣的數據。圖 10.2 顯示了將原始資料變成訓練樣本的過程。

小編補充 請注意，本章所要準備的資料（見下圖），只會用來處理圖 10.1 中的第四步：分類，也就是用它來訓練模型判斷可疑區域是否為『真的結節』。至於第五步要判斷是否為『惡性結節』時，還須再搭配另外的資料。這是第 14 章的內容，待用到時會再詳細說明。

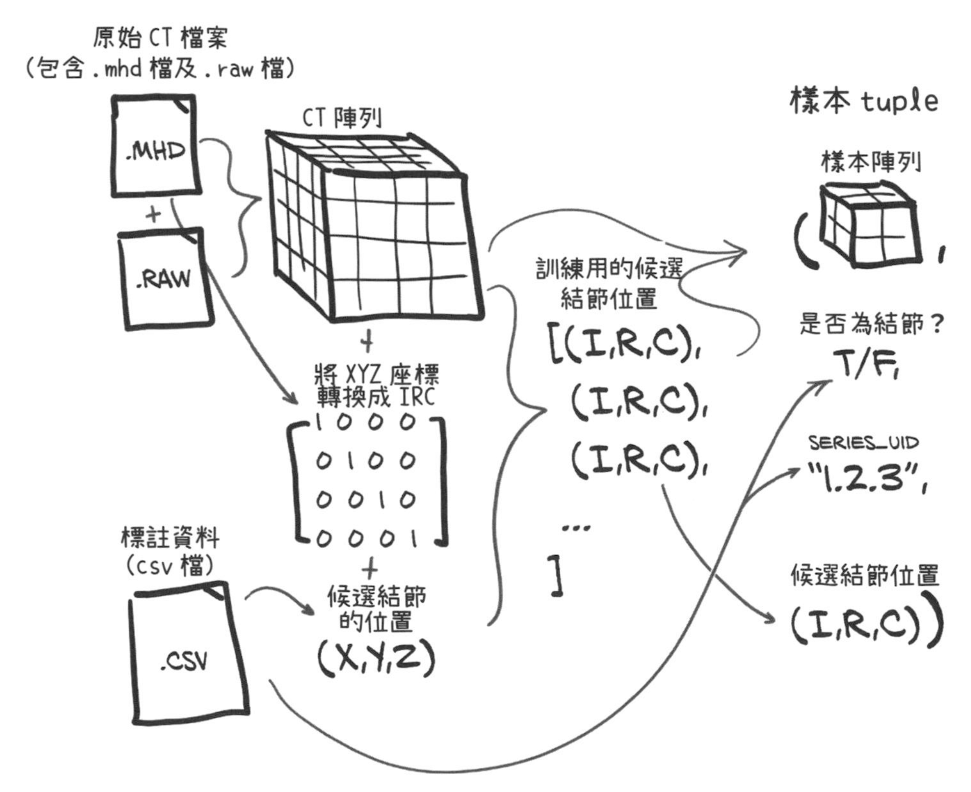

圖 10.2 產生樣本 tuple 所需的資料轉換步驟，這些樣本 tuple 就是結節分類模型訓練時的輸入資料。

早在第 4 章中我們就討論過資料轉換的機制，這種轉換是決定原始資料能否成為有用訊息的關鍵。

10.1 原始 CT 資料

我們的 CT 資料共由兩個檔案組成。其中的 .mhd 檔案存有**中繼資料標頭**（metadata header），而 .raw 檔則含有原始的 3D 陣列位元數據。每個檔案都是以 **series UID** 編號命名（此編號方式來自『醫療數位影像傳輸協定（Digital Imaging and Communications in Medicine, DICOM）』），一個編號就對應一個 CT 掃描結果。以 series UID 1.2.3 的資料為例，會儲存為兩個檔案：1.2.3.mhd 與 1.2.3.raw。

本章要實作的 **Ct 類別**需能將上述兩個檔案變成 3D 陣列，並產生適當的轉換矩陣，以便將以病患為基礎的 **XYZ 座標系統**（更多細節請參見第 10.6 節）轉換成以體素（陣列）為基礎之 **IRC 座標系統**（I：Index 索引、R：Row 列、C：Column 行）。目前各位只要知道：在利用 CT 資料以前，必須進行座標轉換，毋須太過在意細節，等必要時我們會再加以說明。

除此之外，我們還要匯入 LUNA 所提供的標註資料（編註：存在 candidates.csv，該 CSV 檔已整理在本書的資料夾中，路徑為 data/part2/luna)，其中含有：

1. 記錄候選（可疑）結節座標位置（以 XYZ 座標系統為基礎）

2. 每個候選結節是否為真的結節（用 0 和 1 來表示，1 代表是真的結節）

3. series UID，用來對應 CT 掃描資料樣本

只要依據標註資料中的結節座標位置（以 XYZ 座標表示），我們便能透過所實作的 Ct 類別，得到位於結節中心之體素的索引值（I）、列值（R）與行值（C）。

利用 IRC 座標，我們可以截取出 CT 資料中的一小塊 3D 切片，並將其當成結節分類模型的輸入樣本。除了此 3D 樣本陣列以外，我們訓練

時所用的樣本 tuple 還需要其它資料，包括：候選結節是否為真的結節、series UID、以及此樣本在結節座標位置串列（編註：存有所有疑似結節的座標位置）中的索引值。以上樣本 tuple 就是 Dataset 子類別提供的資料，可做為原始資料和標準 PyTorch 張量之間的橋樑。

為了限制雜訊的影響，對模型要處理的資料進行『裁切』（編註：就是移除過大或過小的資料）是很重要的工作，不過要掌握好分寸，以免將重要的訊息也一併去除了。我們必須確保資料的數值處在合適的範圍內（尤其是在正規化以後），而藉由裁切資料來排除**離群值**（outlier，編註：即過大或過小的數值，已超出正常資料的合理範圍，所以不具代表性）的做法是非常有用的。

10.2 分析 LUNA 的標註資料

匯入資料是整個流程乃至所有新專案的第一步。我們必須知道如何處理原始資料，而瞭解匯入後資料的樣貌有助於實驗初期架構的設計。在匯入 CT 掃描資料之前，我們先來檢視一下 LUNA 所提供的 candidates.csv。如圖 10.3 所示，該檔案中包含以下元素：

- 樣本的中心座標資訊，以 coordX、coordY 及 coordZ 表示。
- 某中心座標對應的樣本是否為結節的標籤，以 class 表示（0：不是結節，1：是結節）
- 相關樣本的 CT 識別碼，以 seriesuid 表示。

由於 CSV 檔案中的資訊種類較少，因此分析起來並不困難。有了這些資訊，我們便可以更明確地知道要如何從 CT 檔案中匯入訓練所需的資料。

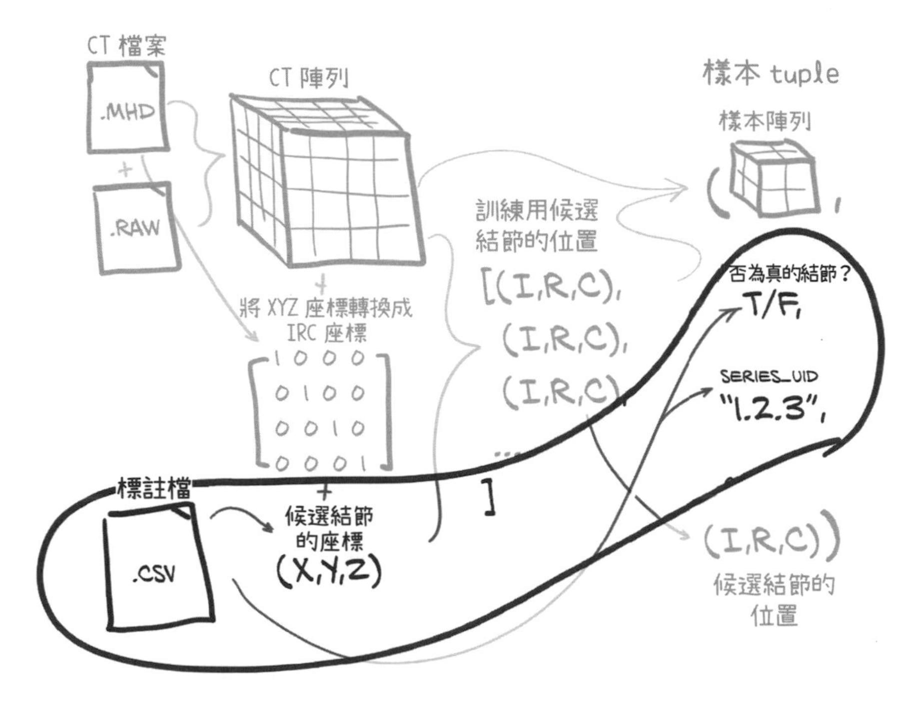

圖 10.3 位於 candidates.csv 中的 LUNA 標註資料包含了對應的 CT 識別碼 (seriesuid)、樣本的座標資訊、以及某樣本是否為結節的標籤。

candidates.csv 檔案中的資訊涵蓋所有看似結節的組織團塊，這些團塊可能是結節或其它團塊。我們將以上述資訊為基礎，建立完整的**候選結節串列**，然後再進一步將其分成**訓練資料集**與**驗證資料集**。

將 candidates.csv 打開後，可以發現約有 55 萬筆資料。其中，前 4 筆的資料如下：

```
seriesuid   coordX    cordy    coordZ   class  ←— csv 檔中的第一列標示了
1.3...6860  -56.08   -67.85  -311.92     0          每一行的欄位名稱
1.3...6860   53.21  -244.41  -245.17     0
1.3...6860  103.66   -121.8  -286.62     0
1.3...6860  -33.66   -72.75  -308.41     0
...
```

NOTE 由於篇幅的關係，在此只顯示 seriesuid 首尾幾個數字。

可以看到，每一筆資料都有對應的 seriesuid（在程式中會以 series_uid 來命名）、XYZ 座標值以及表示結節狀態的 class 欄位（由布林值構成；0 代表該位置並非結節，1 則代表該位置是結節）。其中有 1351 個位置被標註為結節。

> **小編補充** 使用 Excel 開啟檔案，並對 class 那行使用篩選功能，即可篩選出值為 1（代表是結節）的資料。由此可以發現，值為 1 的資料筆數為 1351。

接下來，嘗試打開 annotations.csv（**編註**：該檔案與 candidates.csv 位於同一個資料夾）。該檔案中記錄了與真結節（即 candidates.csv 中，class=1 的項目）有關的資訊。該檔案中的前 4 筆資料如下：

```
seriesuid       coordX          coordY          coordZ          diameter_mm ←
                                                                結節直徑（以 mm 為單位）
1.3.6...6860  -128.6994211   -175.3192718   -298.3875064   5.651470635
1.3.6...6860   103.7836509   -211.9251487   -227.12125     4.224708481
1.3.6...5208   69.63901724   -140.9445859    876.3744957   5.786347814
1.3.6...0405  -24.0138242     192.1024053   -391.0812764   8.143261683
...
```

檔案中比較重要的資訊是結節直徑，可用來確保訓練與驗證資料集中所涵蓋的結節大小是分佈平均的。如果不進行這個動作，則有可能會發生驗證資料集中只有極端值（類似於前文所提到的離群值）的情形，這會使我們低估模型的表現（**編註**：簡單來說，我們要確保訓練與驗證資料集中，結節大小的分佈是盡可能平均的。這時，我們就需要用到 CSV 檔中的結節直徑資訊）。

10.2.1 訓練與驗證資料集

對於任何標準的監督式學習任務而言，資料都會被區分為訓練與驗證資料集，我們必須確保兩者中的資料皆能代表真實世界的狀況。如果其中有一方與現實狀況有異，則模型的表現就很有可能不合預期，進而造成訓練失敗，或無法在實際應用中發揮效果。因此，雖然這項檢查並非絕對必要，但各位在處理其它專案時還是應該注意這一點。

現在回到結節的討論上。在此會先將各結節按照**直徑大小**進行排序，接著將索引為『N 的倍數』的資料納入驗證資料集中（編註：N 的大小可自訂，以 N=5 為例，我們會將索引為 5，10，15，20 等資料納入驗證資料集）。如此一來，便可確保驗證資料集中的結節大小具有分佈性。不過遺憾的是，對應同一個樣本，annotations.csv 中所提供的位置資訊有時會和 candidates.csv 中的座標不同。以下是 candidates.csv 中，第 2 筆結節的資料（位於第 80 列）：

```
1.3.6...6860,-128.94,-175.04,-297.87,1
```
← 加粗的文字為結節的 XYZ 座標資訊

在記錄著直徑大小的 annotations.csv 中，該結節的資訊（位於第 2 列）如下：

```
1.3.6...6860,-128.6994211,-175.3192718,-298.3875064,5.651470635
```
↑ 位置資訊略有不同

對上述兩個來自不同檔案的座標進行進位處理後，會得到（-128.94, -175.04, -297.87）與（-128.70, -175.32, -298.39）。由於此結節的直徑為 5.65 mm（編註：可從 annotations.csv 中最後一行的數字得知），因此兩者皆能代表其中心點位置（編註：差異不大，除非結節直徑為 0.5mm，這時對於座標的精準度要求才會更高）。雖然可以假設上述差異的影響不大，並只取其中一個檔案的數值，但是在這裡，我們會採取額外處理，以便讓兩個檔案中的座標一致。這麼做的目的是讓讀者明白：真實世界中的資料往往都存在類似的缺陷，特別是當數據來自不同資料源時，這類的處理便有其必要性。

10.2.2 統一座標資料

來建立名為 getCandidateInfoList 的函式來取得資料吧！首先，我們來定義一個 CandidateInfoTuple 以存放各結節的資訊。

> **小編補充** 由於篇幅的問題，此處不展示完整的程式碼，只著重說明其中較為重要的部分。專案中所用到的程式檔皆已整理在本書的資料夾中，讀者可自行下載。

程式 10.1：dsets.py

```
#Line 7
from collections import namedtuple
#Line 27
CandidateInfoTuple = namedtuple(
    'CandidateInfoTuple',   ←— 樣本 tuple 的名字
    'isNodule_bool, diameter_mm, series_uid, center_xyz', ←— 該 tuple 中包含的資訊
)
```

上述 tuple 中並不包含所需的 CT 資料，所以其並非訓練樣本，而是經過整理的**人為標註資料**。注意，一定要把『整理資料的程式碼』與『訓練迴圈』分開，否則迴圈中很快就會充滿與訓練無關的雜項。

我們的 CandidateInfoTuple 會記錄某個位置是否為結節（isNodule_bool，此為分類模型進行訓練的依據）、直徑（diameter_mm，由於結節的大小特徵不同，我們需要此數據來確保訓練資料集中含有各種尺寸的結節）、識別序號（series_uid，為了找到對應的 CT 掃描資料）以及樣本的中心座標（center_xyz，用來在 CT 掃描結果中找出目標位置）。

幫助我們建立 CandidateInfoTuple 物件的 getCandidateInfoList() 是以**記憶體內快取修飾器**（in-memory caching decorator）為開頭，之後則是存取硬碟中檔案所需的程式。

程式 10.2：dsets.py

```
#Line 32
@functools.lru_cache(1) ◄── 標準函式庫中的記憶體內快取
def getCandidateInfoList(requireOnDisk_bool=True): ◄──requireOnDisk_bool 預設
                                                      為篩選掉資料子集中未就位
                                                      的序列，下文有詳細說明
    mhd_list = glob.glob('Luna_Data/subset*/*.mhd') ◄─┐
                                 由資料檔所在的路徑取得 mhd 檔案列表
    presentOnDisk_set = {os.path.split(p)[-1][:-4] for p in mhd_list}
```

由於部分檔案的分析時間很長，因此會將 getCandidateInfoList 的處理結果存入快取記憶體中。在未來需要大量呼叫該函式時，便能快速取得結果。謹慎地應用記憶體或硬碟快取（**編註**：就是將處理過的中繼資料存入記憶體或硬碟，下次要用時就可直接從中讀取，而不用再花時間進行處理）來加速資料處理流程，可以顯著提升模型的訓練速度。當各位在處理自己的專案時，應想想看是否能套用此技巧。

之前提過，讀者可以只使用少部份的資料集來執行訓練程式（以避免過長的下載時間或消耗過多硬碟空間），而此處的 requireOnDisk_bool 參數就是在確保這件事：該參數會指示程式去偵測哪些 series UID 對應的 CT 資料已被下載於硬碟中。在處理 CSV 檔案時，我們便只會分析與這些 series UID 對應的資料。在訓練迴圈中僅使用部分資料，可以幫助我們檢驗程式的運行是否和預期的一致。雖然這麼做的訓練效果會較差，但這對於記錄、測量模型表現、設立檢查點以及其它類似功能而言很有幫助。

在讀取 candidate.csv 內的資料後，我們會將其與 annotations.csv 中的直徑資訊合併。首先，把 annotations 中的資料按 series_uid 分組，這是我們在兩個檔案（candidates.cv 及 annotations.csv）中尋找對應資料的第一個步驟。

程式 10.3：dsets.py

```
#Line 37 (延續程式 10.2 的內容，編註：以下程式都是接續寫在 getCandidateInfoList()
        函式中)
diameter_dict = {} ←— 建立『結節字典』來儲存每個真結節的座標與直徑資訊
with open('data/part2/luna/annotations.csv', "r") as f: ←— 開啟 annotations.csv
    for row in list(csv.reader(f))[1:]:
                                  ↑
                        跳過第一列 (標題列)
        series_uid = row[0] ←— 取得第 0 行的資料 (代表 series UID)
        annotationCenter_xyz = tuple([float(x) for x in row[1:4]]) ←┐
                                                  將 xyz 座標整理成 tuple
        annotationDiameter_mm = float(row[4]) ←— 取得第 4 行的資料 (代表結節直徑大小)

        diameter_dict.setdefault(series_uid, []).append(
            (annotationCenter_xyz, annotationDiameter_mm) ←┐
        )                               儲存到結節字典中，key 為 series_uid，value 為
                                        以 (xyz 座標，直徑大小) 表示的 tuple 資料
```

現在，使用 candidates.csv 中的資訊建立完整的候選結節樣本串列(包含真結節和假結節的資訊)：

程式 10.4：dsets.py

```
#Line 48 (延續程式 10.3 的內容)
candidateInfo_list = [] ←— 創建一個串列來儲存候選結節的資訊
with open('data/part2/luna/candidates.csv', "r") as f: ←— 開啟 candidates.csv
    for row in list(csv.reader(f))[1:]:
        series_uid = row[0]          若找不到某 series_uid，那就代表其並未被
                                     下載至硬碟中，應該跳過該筆資料
        if series_uid not in presentOnDisk_set and requireOnDisk_bool: ←┘
            continue

        isNodule_bool = bool(int(row[4])) ←— 取得是否為結節的布林值
        candidateCenter_xyz = tuple([float(x) for x in row[1:4]]) ←— 取得 xyz 座標
```

NEXT

```
    candidateDiameter_mm = 0.0
    for annotation_tup in diameter_dict.get(series_uid, []): ◄─┐
                                 處理程式 10.3 輸出之字典中的樣本 (真結節)
        annotationCenter_xyz, annotationDiameter_mm = annotation_tup
        for i in range(3): ◄── 依次走訪 x、y、z 座標資料
            delta_mm = abs(candidateCenter_xyz[i] - annotationCenter_xyz[i]) ◄─┐
                       兩個 CSV 檔中，擁有相同 series_uid 之樣本的中心點座標差距
            if delta_mm > annotationDiameter_mm / 4: ◄─┐
                                 檢查兩組中心點座標的差距是否大於結節
                                 直徑的四分之一 (若是則視為不同的結節)
                break ◄── 若不符合條件，就跳過該筆資料
            else:                                  更新候選結節的大小
                candidateDiameter_mm = annotationDiameter_mm ◄─┘
                break
    candidateInfo_list.append(CandidateInfoTuple( ◄─┐
        isNodule_bool,                 將資料存入 candidateInfo_list 串列中
        candidateDiameter_mm,
        series_uid,
        candidateCenter_xyz,
    ))
```

小編補充 對於非結節的樣本，直徑大小一律設為 0。

對於 candidates.csv 中的每一個候選結節，我們都會在 annotations.csv 資料中尋找擁有相同 series_uid 的樣本。如果兩者的座標差距在結節直徑的四分之一內，則直接使用 annotations.csv 中的直徑即可；若差距過大，則該結節的直徑會是預設的 0.0（**編註**：代表跳過該樣本，直接將其視為非結節）。由於直徑資訊只是用來確認：訓練與驗證資料集所涵蓋的結節大小是否平均分佈，故部分結節的直徑為 0 應該不會造成太大影響。但為了避免以上假設不正確，請大家務必記得我們曾做過此項處理。

以上用來統整結節直徑的程式或許看起來有些隨便，但這種模糊的比較和操作其實相當常見（具體情況依我們的原始資料而定）。完成上述步驟後，接下來只要將資料排序後傳回即可。

程式 10.5：dsets.py

```
#Line 77（延續程式 10.4）
candidateInfo_list.sort(reverse=True)  ← 在此串列中，真實的結節樣本會被排在前面（直徑由大至小），非結節樣本（結節大小 =0）則緊隨其後
return candidateInfo_list
```

上述排序規則決定了 candidateInfo_list 中各 tuple 資料的排列順序，而該順序能確保我們對串列進行切片（slicing）時，資料區塊中的結節直徑分佈具有代表性。關於這一點的詳細討論請見第 10.5.3 節。

10.3 匯入 CT 掃描資料

我們的下一步是將 CT 資料轉換為 Python 物件，並從中萃取出 3D 的結節密度資訊。各位可以在圖 10.4 中找到將 .mhd 與 .raw 檔案轉成 CT 陣列之程序。之前得到的標註資料就像地圖一樣，能幫助我們在原始 CT 檔案中找到關鍵的區域。在使用該地圖之前，我們得先將資料變成與地圖匹配的形式。

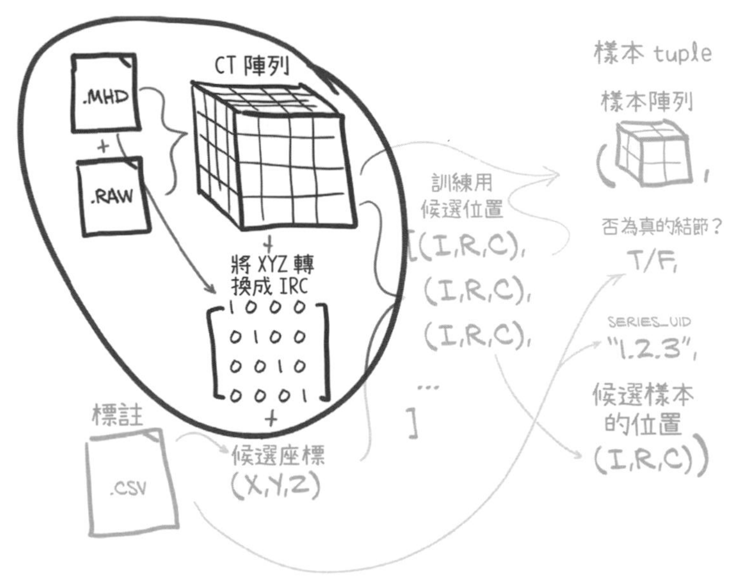

圖 10.4 匯入 CT 資料後會產生一個 3D 的體素陣列。此外，以 XYZ 座標為基礎的資料會被轉換成以 IRC 座標為基礎。

TIP 在原始資料中，我們不感興趣的部分往往佔了大多數。因此在處理一項專案時，一定要找到方法篩選出其中的關鍵資訊。

CT 掃描儀所產生的原始檔案格式為 DICOM（參見 www.dicomstandard.org）。第一版 DICOM 標準於 1984 年制定，正如許多來自該年代的電腦概念一樣，此標準也頗為混亂。舉例來說，由於當時乙太網路尚未崛起，因此 DICOM 使用了一整個章節來說明**資料連接層協定**（data link layer protocol），如今這一部分已經沒人使用了。

幸運的是，LUNA 已經替我們把本章要用的資料轉換為較易處理的 MetaIO 格式了（https://itk.org/Wiki/MetaIO/Documentation#Quick_Start）。如果你從未聽過這個檔案格式，請不必擔心！把它當成一個黑箱即可。只要使用 SimpleITK 套件，我們便能將其匯入成熟悉的 NumPy 陣列。

NOTE 本書已經為各位找好能解析原始資料的函式庫了。不過，當碰上其它未曾見過的檔案格式時，你必須花一點時間自行找到合適的解析工具。基本上，我們可以在 Python 生態圈中找到幾乎所有檔案的解析工具，因此你的時間不應該花在撰寫罕見檔案格式的解析器上，而應該花在專案中真正創新的部分。

程式 10.6：dsets.py

```
#Line 9
import SimpleITK as sitk
#Line 80
class Ct:
    def __init__(self, series_uid):
        mhd_path = glob.glob(
            'Luna_Data/subset*/{}.mhd'.format(series_uid))[0]
                  ↑
        在所有以 subset 開頭的子資料夾中找出名為指定 series_uid 的檔案

        ct_mhd = sitk.ReadImage(mhd_path) ←─使用 SimpleITK 來匯入資料
        ct_a = np.array(sitk.GetArrayFromImage(ct_mhd), dtype=np.float32) ←┐
                        因為要將數值轉換為 np.float32 格式，故需重新建立一個 np.array
```

在真實的專案中，我們一定要瞭解原始資料內包含了哪些訊息。但在解析硬碟上的檔案資料時，則可以使用第三方所提供的工具，如：SimpleITK。你需要累積一些經驗，才能在『完全掌握資料內容』與『盲目接受資料匯入函式庫的處理結果』之間找到平衡點。此處的大原則是：我們感興趣的只有**資料本身**（即檔案中的資訊），而非儲存格式（資訊編碼的方式）。

另外，『能夠從一堆資料中識別每一筆樣本』是很有用的一件事。舉個例子，如果可以清楚說明哪一個樣本有問題或造成分類效果下降，我們就能有效將其隔離並修正。對於不同種類的資料而言，可以識別樣本的特殊記號也不同。有時該記號為單一的數字或字串，有時則是一個 tuple。

在本例中，我們會用每個 CT 掃描結果建檔時所獲得的 series_uid 來識別不同樣本。DICOM 非常依賴這個獨特識別碼（unique identifiers, UIDs），其可用來追蹤 DICOM 檔案以及治療進程等。series UID 的概念和 UUIDs（https://docs.python.org/3.6/library/uuid.html）類似，但兩者的建立程序與格式皆不同。就此處的目的來說，我們可以將 series_uid 視為對應到特定 CT 掃描的 **ASCII 字串**。正式的 DICOM UID 是由 0 到 9 的數字以及英文句號『.』所構成，但坊間的某些 DICOM 檔案會以十六進制數字（0-9 和 a-f）或其它不合規定的值來取代原本的 UID（一般來說，DICOM 檔案分析器不會為我們標識或清理這些不合規定的 UID 值。正如之前所說，DICOM 標準頗為混亂）。

先前提過，我們的資料包含 10 個子集，而一個子集裡大約有 90 個 CT 掃描結果（總數為 888）。每個掃描結果皆由兩個檔案構成：其中一個副檔名為 .mhd，另一個則是 .raw。事實上，sitk 會私下將資料拆分成更多檔案，不過這些檔案對我們來說並不重要。

程式 10.6 最後的 ct_a 是一個 3D 陣列，其中的 3 個軸皆為空間軸，而強度通道軸則被隱藏起來了。如第 4 章所說，若想表示 PyTorch 張量中的通道資訊，我們會透過 unsqueeze() 增加第 4 個軸（維度為 1）。

10.3.1　亨氏單位（Hounsfield Units）

回憶一下，前面曾說過：我們需了解資料內含的資訊，而非儲存資料的格式。這裡就來舉一個實際的例子：如果我們不瞭解資料的數值範圍，那麼就有可能將不適當的數值輸入模型中，進而妨礙訓練的進行。

在進入 __init__ 方法之前，得先對 ct_a（存有 CT 掃描結果的 3D 陣列）中的數值進行清理。CT 掃描中各體素的單位為**亨氏單位**（Hounsfield units, HU）。這是一種奇怪的單位，其中空氣大約是 －1,000 HU（約等於 0 g/cc [公克 / 立方公分]）、水是 0 HU（1 g/cc）、而骨頭則至少有 +1,000 HU（2-3 g/cc）。

NOTE 在硬碟上，HU 值通常被存成帶有正負號的 12 位元整數，這剛好符合 CT 掃描儀所能提供的數值精確度。雖然這件事很有趣，不過其與我們的專案無關。

在本例中，任何落在病人身體之外的體素應該都是空氣，因此我們只接受 **－1,000 HU 以上**的數值。同樣地，由於骨頭、金屬植入物等的密度值也不重要，故這裡將體素的最大值設在約 **2 g/cc（1,000 HU）**的標準（雖然在多數例子中，該數字在生物學上並不精確）。

程式 10.7：dsets.py

```
#Line 89
ct_a.clip(-1000, 1000, ct_a) ← 清理資料，將 ct_a 的值限制
                               在 -1000HU 到 1000HU 之間
```

注意，HU 和 g/cc 這二種密度單位之間的對應關係並不完美，但因為腫瘤組織的密度大約就是 1 g/cc（0 HU），故這裡會忽略這個問題。之所以可以這樣做，是因為我們會直接以 HU 值來訓練模型。

以上所述的離群值（即**小於 －1,000 HU** 或**大於 1,000 HU** 的體素值）皆與我們的最終目標無關，卻會加大模型完成任務的難度（背後的原因

有很多，但最常見的狀況是：正規化會受離群值影響而使得統計結果發生偏斜）。因此，一定要尋找適當方法來清理你的資料。

現在，將處理過的所有數值指定給 self。

程式 10.8：dsets.py

```
#Line 91
self.series_uid = series_uid
self.hu_a = ct_a
```

由於第 13 章中，我們會在樣本裡加入新的通道資訊，因此請務必記住：此處的資料數值範圍介於 -1,000 和 +1,000 之間。如果不考慮 HU 值和通道資訊之間的差異，那麼新的通道資訊很容易就會被原始 HU 值掩蓋掉（通道值通常遠小於 HU 值）。話雖如此，在分類階段不需加入通道資訊，故目前我們毋須對其進行任何處理。

10.4 定位結節

一般來說，由於輸入層的神經元數量是固定的，因此輸入資料的大小也必須固定❷。換言之，分類模型的輸入必須是一定大小，且包含候選結節位置的陣列。原則上，我們希望在做為訓練資料的 3D CT 切塊中，候選結節正好位於中間，而不是在角落位置。這種控制輸入資料變異程度的做法，可以降低模型執行任務的難度。

註❷：有例外，不過就目前來說不重要。

10.4.1 以病患為基礎的座標系統

遺憾的是，10.2 節中匯入的中心座標都是以**毫米**表示，而非**體素**！因此，我們不能直接將其當成陣列的索引值來使用。如圖 10.5 所示，為了對 CT 掃描陣列進行切片，必須先把以毫米表示的（X,Y,Z）座標系統轉換為以體素為基礎的（I,R,C）座標才行。這個例子告訴我們：在處理資料時，一定要注意單位的一致性！

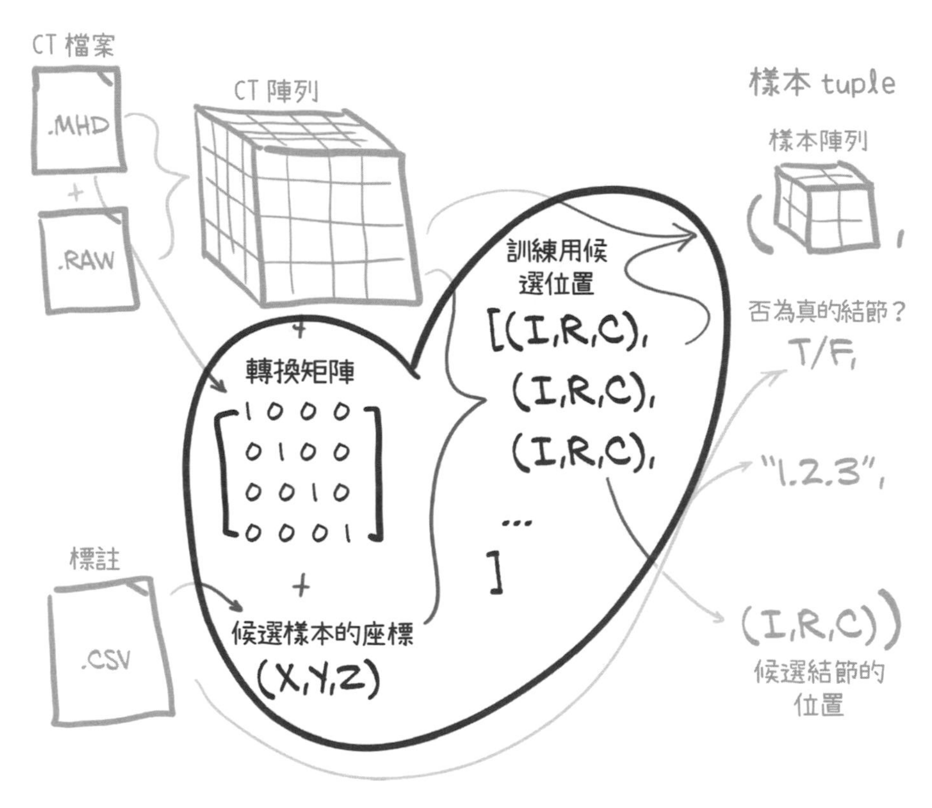

圖 10.5 調整樣本中心座標的表示法。

如前所述，在處理 CT 資料時，我們會將陣列的各軸分別稱為**索引**（index）、**列**（row）與**行**（column）。至於原始座標 X、Y 和 Z 則代表另外的意思，請見圖 10.6。在**以病患為基礎的座標系統**（patient coordinate system）中，正 X 方向會定義成病人的**左側（left）**、正 Y 為病人的**下方**

(**後部 posterior**)、而正 Z 則是病人**頭部的方向**(**上部 superior**)。上述 left-posterior-superior 系統有時也被簡寫為 LPS。

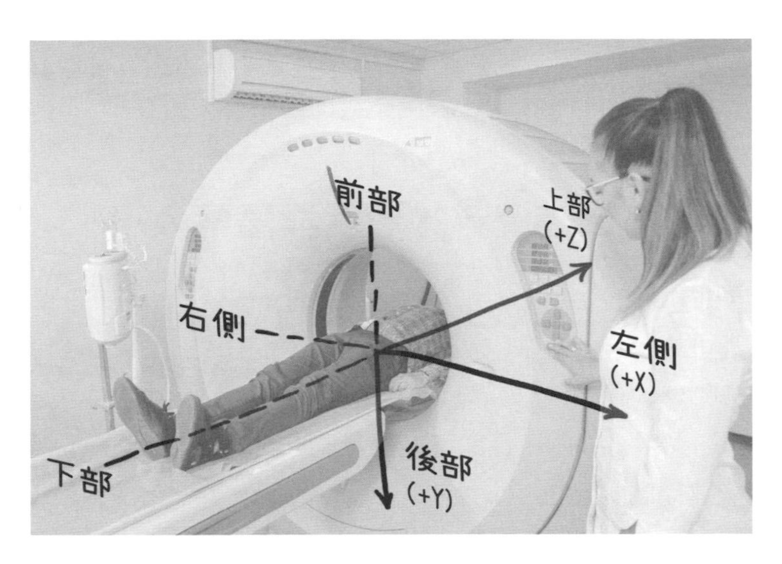

圖 10.6 以病患為基礎的座標系統。

以病患為基礎的座標系統單位為毫米，且其原點的位置不一定對應到 CT 體素陣列的原點(見圖 10.7)。

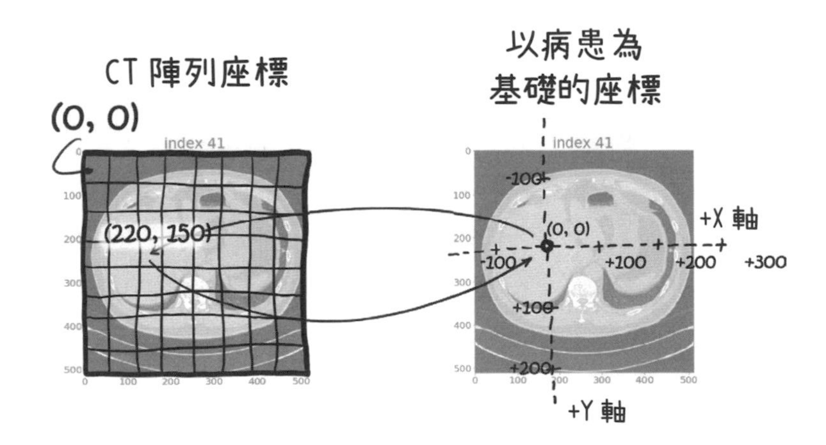

圖 10.7 CT 陣列座標與以病患為基礎的座標擁有不同的**原點**和**測量單位**。

以病患為基礎的座標系統能客觀地表示**解剖結構的位置**（不依賴於特定掃描結果），而定義兩種座標系統之間轉換關係的**中繼資訊**則存在於 DICOM 檔案、以及中繼圖片格式的標頭中。利用此處所說的中繼資訊，我們便能完成圖 10.5 中的轉換步驟了。原始檔案中其實還有儲存其它中繼資料的欄位，但既然我們還用不到它們，這裡就暫且不提了。

10.4.2 CT 掃描資料的形狀與體素大小

在 CT 掃描中，體素的大小是最常見的變數之一。體素可以是立方體，也可以是非立方體（如：1.125mm×1.125mm×2.5mm）。對一般 CT 資料來說，列與行方向的體素邊長會是相等的（即前例中的 1.125mm×1.125mm），而索引方向的邊長則可能較大（即前例中的 2.5mm），不過也存在不符合上述原則的尺寸。

當我們利用正方形的像素描繪非立方體的體素時，所產生的圖像可能會發生扭曲。這種扭曲和**麥卡托投影**（Mercator projection）地圖上南、北極的變形類似，但並不完全一樣。此處的扭曲是均勻且線性的，且會讓病患看起來比實際情形來得矮胖，如圖 10.8。因此，若想得到反映真實比例的 CT 圖片，那就必須乘上**調整影像比例的因子**。

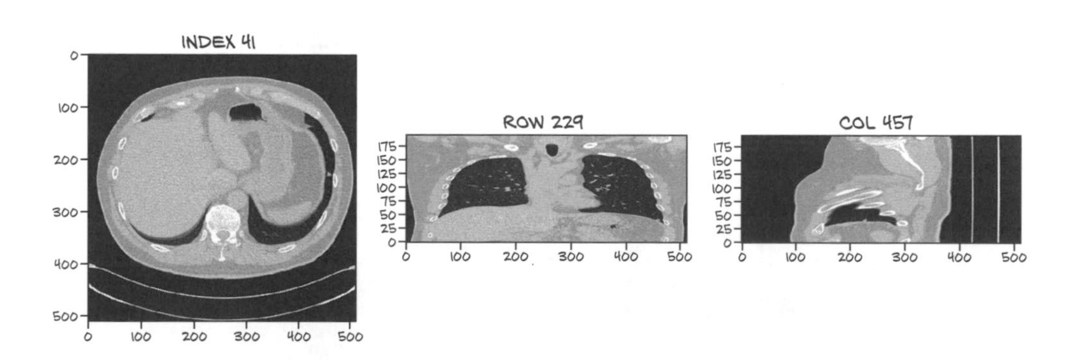

圖 10.8 沿著索引（index）軸截取的非立方體素 CT 掃描圖片。請注意：肺部的高度被嚴重壓縮。

上述關於 CT 影像的細節有助於我們解釋視覺資料。少了這項資訊，那麼我們極有可能以為資料在匯入時出現了問題（例如：不小心跳過了一半的切片，以致於圖片比真實情況來得矮胖），最後花費大量時間解決根本不存在的問題。

CT 陣列一般具有 512 列與 512 行，而索引維度則在 100 個切片到 250 個切片之間。根據以上數據可算出，CT 陣列中體素數量的下界約為 2^{25}（編註：512×512×128，其中假設索引維度為 128），即 3,350 萬個資料點左右。每筆 CT 掃描的中繼資料都會提供體素的大小資訊（單位為毫米），我們可以透過特定方式來取得，例如程式 10.10 中的 ct_mhd.GetSpacing()。

10.4.3 轉換座標系統

為了將以毫米為單位的病患座標系統（我們會在程式碼中的相關變數後頭加上 _xyz 字尾）轉換成（I,R,C）陣列座標（相關變數會被加上 _irc 字尾），這裡必須先撰寫一些輔助程式碼。

或許你會想知道：SimpleITK 函式庫中是否有能協助座標變換的函式呢？的確有。每個 Image 物件都具有兩個方法：TransformIndexToPhysicalPoint() 與 TransformPhysicalPointToIndex()，而這些方法就能完成我們想要的轉換（只不過要對 I、R、C 的順序進行調整）。不過，即使是在不使用 Image 物件的情況下，各位也應該要知道如何完成座標變換，因此在這裡，我們要手寫程式碼來處理必要的數學。

ct_mhd.GetDirections() 會傳回以 tuple 表示的 3×3 矩陣，且其中各的順序是顛倒的。想將 IRC 轉成 XYZ，我們必須完成以下 4 個步驟：

1. 將 IRC 座標翻轉成 CRI，以便和 XYZ 對應。

2. 依照體素大小調整索引。

3. 對上述陣列與方向矩陣進行矩陣乘法（利用 @ 算符）。

4. 加上原點的偏移量。

若要從 XYZ 求得 IRC，則將上述步驟反過來執行一次即可。

我們會將體素大小放在具名 tuple（named tuple）中，因此須把座標資料轉換成陣列。

程式 10.9：util.py（編註：該程式位於名為 util 的資料夾中）

```
#Line 16
IrcTuple = collections.namedtuple('IrcTuple', ['index', 'row', 'col'])
                                      ↑                  ↑
                              設定 tuple 的名字     設定 tuple 中的元素名稱
XyzTuple = collections.namedtuple('XyzTuple', ['x', 'y', 'z'])

def irc2xyz(coord_irc, origin_xyz, vxSize_xyz, direction_a): ←
                                          將 IRC 座標轉換成 XYZ 座標的函式
    cri_a = np.array(coord_irc)[::-1] ← 上文中的第 1 步
    origin_a = np.array(origin_xyz)  ← 原點的偏移量
    vxSize_a = np.array(vxSize_xyz)  ← 將體素大小以 NumPy 陣列表示
    coords_xyz = (direction_a @ (cri_a * vxSize_a)) + origin_a
                        ↑                 ↑              ↑
                      第 3 步           第 2 步        第 4 步
    return XyzTuple(*coords_xyz)
                                          將 XYZ 座標轉換成 IRC 座標的函式
def xyz2irc(coord_xyz, origin_xyz, vxSize_xyz, direction_a): ←
    origin_a = np.array(origin_xyz)
    vxSize_a = np.array(vxSize_xyz)
    coord_a = np.array(coord_xyz)
    cri_a = ((coord_a - origin_a) @ np.linalg.inv(direction_a)) / vxSize_a ←
                                                         反着執行第 2，3，4 步
    cri_a = np.round(cri_a) ← 在轉換為整數之前先進行適當的進位
    return IrcTuple(int(cri_a[2]), int(cri_a[1]), int(cri_a[0])) ←
                                                         調整順序並轉換為整數
```

如果以上程式對你來說太複雜了，不必緊張，將它們當成黑箱函數來使用也沒關係。在 MetaIO 檔案裡，將病患座標系統（_xyz）變換成陣列座標（_irc）所需的中繼資料和 CT 資料存放在一起。在取得 ct_a 的同時（如程式 10.6 所示，內存座標資訊），我們也需將體素大小和位置等中繼資訊從 .mhd 檔案中調出來。

程式 10.10：dsets.py

```
#Line 80
class Ct:
    def __init__(self, series_uid):
        mhd_path = glob.glob(
            'Luna_Data/subset*/{}.mhd'.format(series_uid))[0]

        ct_mhd = sitk.ReadImage(mhd_path)
#Line 94
        self.origin_xyz = XyzTuple(*ct_mhd.GetOrigin())  ←取得原點的偏移量
        self.vxSize_xyz = XyzTuple(*ct_mhd.GetSpacing()) ←取得體素的大小資訊
        self.direction_a = np.array(ct_mhd.GetDirection()).reshape(3, 3) ←
                     將方向轉換成陣列，並將內含 9 個元素的陣列重塑成 3×3 矩陣
```

除了欲轉換的座標以外，我們還要將以上 3 個資料傳入 xyz2irc() 中。有了這些東西，就可以將所有候選位置的座標轉成陣列座標了。

10.4.4 從 CT 掃描中找出結節

如同第 9 章所述，即使是肺癌病患，其 CT 掃描中也約有 99.9999% 的體素與結節或癌症無關。因此，想要模型從如此大量的資料中找出與結節有關的跡象，就相當於在牛津詞典中找到一個錯字一樣困難！

為了解決這個問題，我們會採取如圖 10.9 中所示的做法，即：截取每個候選位置附近的一小塊區域，再讓模型依序處理這些區域。以找錯字的例子來說，這就好像我們一次只給你詞典中的數頁。雖然要找到拼字錯誤仍然不容易，但與之前相比已經簡單很多了！這種縮小模型處理範圍的做法非常有用，特別是在專案早期。

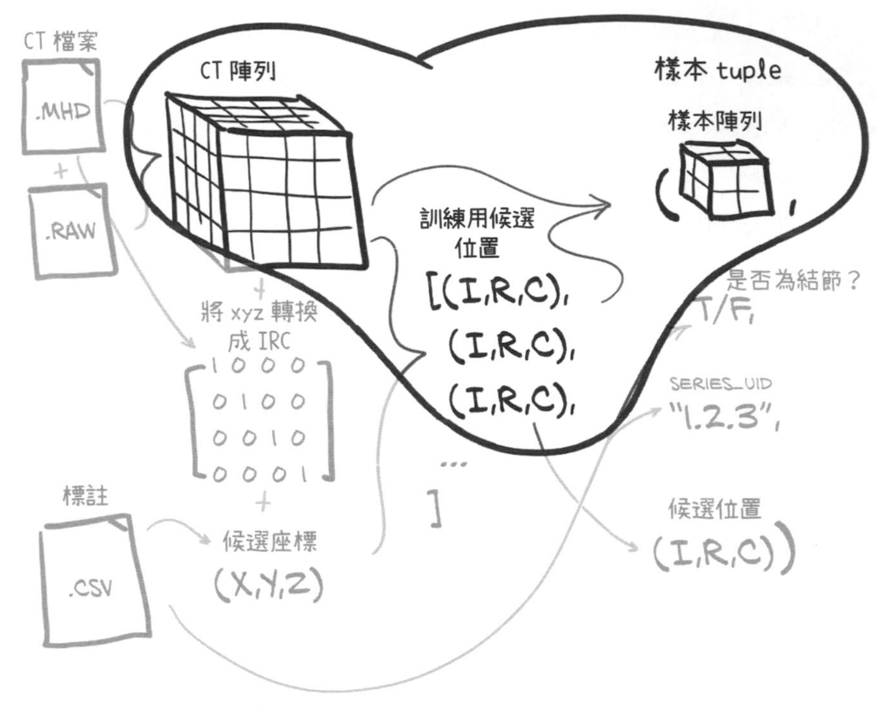

圖 10.9 利用候選結節中心的陣列座標資訊（以 (Index,Row,Column) 表示），從範圍較大的 CT 體素陣列中截取出**候選樣本**。

程式 10.11 中的 getRawCandidate() 函式會以候選樣本的『中心座標』（即 CSV 檔案中的 (X,Y,Z) 座標）與『以體素為單位的寬度』為輸入，並傳回 3D 的 CT 切塊與轉化為陣列座標的候選中心位置。

程式 10.11：dsets.py

```
#Line 98
def getRawCandidate(self, center_xyz, width_irc):
                          ↑ 中心座標   ↑ 以體素為單位的寬度

    center_irc = xyz2irc( ←— 先將中心座標改成以 IRC 坐標系統來表示
        center_xyz,
        self.origin_xyz,
        self.vxSize_xyz,
        self.direction_a,
    )
```

NEXT

```
slice_list = [] ◀── 存放進行切塊的位置
for axis, center_val in enumerate(center_irc): ◀── 依序走訪 I、R 和 C 3 個軸
    start_ndx = int(round(center_val - width_irc[axis]/2))
    end_ndx = int(start_ndx + width_irc[axis])
    #Line 125
    slice_list.append(slice(start_ndx, end_ndx))

ct_chunk = self.hu_a[tuple(slice_list)] ◀── 取得 CT 切塊

return ct_chunk, center_irc
```

注意，在真正的 getRawCandidate 實作中，我們必須處理截取出來的區域**超出陣列範圍**的情況。不過，正如之前所說，正文中的程式碼會省略複雜的細節，以凸顯函式的主要目的，完整的實作可參見本書的程式檔（**編註**：處理例外的程式可見 dsets.py 中的 Line 113 至 Line 123）。

10.5 簡單的資料集實作

在第 7 章中，我們首次介紹了 PyTorch 的 Dataset 物件，而本章則是我們第一次自己實作資料集。透過建立 Dataset 的子類別，我們可以將任意資料轉換成與 PyTorch 相容的形式。每個 Ct 物件都代表著數百個相異的樣本，可以用來訓練或驗證模型。我們的 LunaDataset 類別（dset.py 中的 Line 142）會將上述樣本正規化，同時把不同 CT 資料中的結節扁平化到同一個集合中（如此一來，在存取樣本時就不必考慮該樣本是來自哪一個 Ct 物件了）。雖然在第 12 章中各位會看到，經過扁平化的資料有時無法產生很好的訓練效果，但扁平化仍是很常見的資料處理程序。

在實作中，我們會先滿足建立 Dataset 子類別的各種要求，然後再回頭處理其它部分。這和之前實作資料集的方式不同：那時使用的是外部函式庫所提供的類別（如第 7 章所用的 CIFAR-10），而此處我們要撰寫並實例化自己的類別，不過其使用方法和之前的例子無異。幸運的是，本例中的客製化資料集並不複雜。PyTorch API 只要求我們在產生 Dataset 的子類別時，一定要定義以下兩個函式：

- __len__ 函式要能傳回一個固定的常數(即樣本的數量)。
- __getitem__ 函式可接受一個索引值,並且以 tuple 的形式傳回訓練或驗證用的樣本資料。

首先,讓我們先來看看這些函式以及其傳回值長什麼樣子:

程式 10.12:dsets.py

```
#Line 169
def __len__(self):
    return len(self.candidateInfo_list) ◄── 傳回候選串列中的樣本數

def __getitem__(self, ndx):
   #(略,見後面的程式)
#Line 193
    return (
        candidate_t,
        pos_t,
        candidateInfo_tup.series_uid, ◄── 這就是我們的訓練用樣本
        torch.tensor(center_irc),
    )
```

__len__ 的實作非常直接:我們有一個儲存所有候選結節位置的串列(candidateInfo_list),而每個位置都是一個樣本,所以資料集的大小就相當於**該串列中的樣本數量**。值得一提的是,以上並非 __len__ 實作的唯一方法。在接下來的章節中,讀者還會看到其它做法。這裡只需遵守以下規則:若 __len__ 的傳回值為 N,則對於從 0 到 N-1 的輸入值,__getitem__ 都必須傳回有意義的結果。

至於 __getitem__,其輸入為 ndx(一般而言為整數,範圍在 0 到 N-1 之間),可傳回由 4 樣資訊組成的 tuple(如圖 10.2 最右邊所示)。與取得資料集長度相比,建構上述 tuple 顯然要困難許多,因此這邊會進一步做討論。

由 __getitem__ 方法的第一段程式碼（程式 10.13）可知，我們需要另外建立 self.candidateInfo_list 變數並實作 getCtRawCandidate() 函式（編註：該函式可傳回 CT 樣本切塊及其中心的 IRC 座標，詳見 10.5.1 小節）。

程式 10.13：dsets.py

```
#Line 172
def __getitem__(self, ndx):

    candidateInfo_tup = self.candidateInfo_list[ndx]
    width_irc = (32, 48, 48) ←— 設定要取的資料尺寸

    candidate_a, center_irc = getCtRawCandidate( ←— 其傳回值 candidate_a 的 shape 為 (32,48,48)，分別為索引數（即切片數量）、列數及行數
        candidateInfo_tup.series_uid,
        candidateInfo_tup.center_xyz,
        width_irc,
    )
```

第 10.5.1 與 10.5.2 節會再回頭討論這一部分。

在接下來的 __getitem__ 實作中，資料會被轉換成適當的型別（32 位元的浮點數）。此外，陣列的維度會被**重塑**（reshape），以符合下游程式碼的要求。

程式 10.14：dsets.py

```
#Line 182
candidate_t = torch.from_numpy(candidate_a)
candidate_t = candidate_t.to(torch.float32)
candidate_t = candidate_t.unsqueeze(0)
                              ↑
                    在第 0 軸加入『通道』軸
```

先不要深究為什麼要調整陣列的維度，到了下一章，各位就會看到需要 __getitem__ 傳回值的程式碼，並且明白此處的維度限制是怎麼來的。注意，對於所有客製化的 Dataset 而言，這種維度轉換都是必要的，它是將混亂的資料整理成張量的關鍵。

最後，我們要建立用來表示某樣本是否是結節的張量：

程式 10.15：dsets.py

```
#Line 186
pos_t = torch.tensor([
        not candidateInfo_tup.isNodule_bool,
        candidateInfo_tup.isNodule_bool
        ],
        dtype=torch.long,
        )
```

若是結節，則 pos_t 為 [0,1]，否則為 [1,0]

以上張量包含兩個元素，分別對應到不同的分類結果（即『是結節』與『非結節』，或者『陽性』與『陰性』）。雖然一個候選結節的狀態可以用單一數值來表示，但由於 nn.CrossEntropyLoss 要求每個分類結果都要有一個對應數值，所以在此做了相應的設計。此張量中的具體細節可隨著專案的需求而改變。

接著來檢視一下最終的樣本 tuple（因為 nodule_t 可能過大以致於無法閱讀，故以下範例中省略了其中大部分的內容）：

程式 10.16：p2ch10_explore_data.ipynb

In

```
LunaDataset()[0]
```

NEXT

```
Out
(tensor([[[[-899., -903., -825., ..., -901., -898., -893.],
          ...
          [ -92.,  -63.,    4., ...,   63.,   70.,   52.]]]]), ←— candidate_t
 tensor([0, 1]),  ←—程式 10.15 中的 pos_t
 '1.3.6...287966244644280690737019247886',  ←— series_uid (省略中間數字)
 tensor([ 91, 360, 341]))  ←— center_irc
```

從以上結果可以看到 __getitem__() 之 return 敘述中的 4 個項目。

10.5.1 利用 getCtRawCandidate 函式快取候選陣列

為了加快 LunaDataset 的處理速度，我們必須犧牲一些硬碟空間來儲存快取資料，這樣才不用每存取一個樣本都得讀取整個 CT 掃描資料。在專案實作的過程中，各位應該隨時留意會拖慢程式的因素，並對其進行優化。這裡就不展示使用快取的效果了，我們只談結論：少了快取，LunaDataset 的執行速度可能會慢 50 倍！在本章的練習中，我們會再次討論該主題。

getCtRawCandidate 函式本身並不複雜，其相當於在之前實作的 Ct.getRawCandidate 方法外套上 file-cache-backed 修飾器。

程式 10.17：dsets.py

```
#Line 132
@functools.lru_cache(1, typed=True)
def getCt(series_uid):
    return Ct(series_uid)

@raw_cache.memoize(typed=True)
def getCtRawCandidate(series_uid, center_xyz, width_irc):
    ct = getCt(series_uid)
    ct_chunk, center_irc = ct.getRawCandidate(center_xyz, width_irc)
    return ct_chunk, center_irc
```

這裡應用了幾種不同的快取方法。第一，我們將 getCt 的傳回值存進記憶體中，如此一來便可以在不從硬碟中重新匯入資料的情況下，重複存取相同的 Ct 物件。雖然這麼做能顯著縮短重複要求資料的時間，但請記得：記憶體中只會保留一個 Ct 物件，因此若不注意存取的順序，則快取中的資料往往不會是我們想要的。

不過，由於呼叫 getCt() 方法的 getCtRawCandidate() 函式也會將傳回值存入快取中，因此當我們將資料存入快取後，getCt() 就不會再次被呼叫了。此處使用了 Python 函式庫中的 diskcache 來將 getCtRawCandidate() 的傳回值存入硬碟中做為快取。到了第 11 章，我們會解釋本例的快取設置，但現在，各位只要知道以下事實即可：與『讀取 2^{25} 個 int16 數值、將其轉換成 float32、再選取 2^{15} 的子集』相比，直接從硬碟中讀取 2^{15} 個 float32 數值明顯快多了。從第二次走訪資料開始，輸入所需的 I/O 時間應該就會降至可以忽略的程度。

NOTE 若上述函式被重新定義以至於輸出發生變化，則我們必須將舊的數值從硬碟快取中移除；否則，快取就會持續提供錯誤的數值（儘管函式的輸入輸出映射關係已經改變）。本例的快取資料存放在 data-unversioned/cache 資料夾中。

10.5.2 在 LunaDataset.__init__ 中建立資料集

和所有的專案一樣，我們必須將樣本區分成**訓練資料集**與**驗證資料集**。這裡會每隔 10 筆便將一筆資料（由 val_stride 參數指定）存入驗證集中。此外，我們還會用 isValSet_bool 參數來決定是要建立訓練集（為 False 時）還是驗證集（為 True 時）。

程式 10.18: dsets.py

```
#Line 142
class LunaDataset(Dataset):
    def __init__(self,
                 val_stride=10, ◄── 設定樣本存入驗證集的頻率
                 isValSet_bool=None,
                 series_uid=None,
             ):
```

NEXT

```
                                  將傳回值複製一份，如此一來，即使改變 self.
                                  candidateInfo_list 也不會影響原來的資料
    self.candidateInfo_list = copy.copy(getCandidateInfoList()) ◄─┘
    if series_uid:
        self.candidateInfo_list = [
            x for x in self.candidateInfo_list if x.series_uid == series_uid
        ]
```

若傳入 series_uid，則物件中僅會有來自該 series_uid 的結節。這一點讓我們可以更容易地檢視某個有問題的 CT 掃描結果，因此對於資料視覺化或除錯很有幫助。

10.5.3　區分訓練與驗證用資料

本例的 Dataset 子類別會每隔 10 筆資料（編註：設程式 10.19 中，val_stride 的值為 10），便將一筆資料放入驗證集中，而在初始化時是要建立訓練集或驗證集，則是由 isValSet_bool 參數來決定。

程式 10.19：dsets.py

```
#Line 155
if isValSet_bool: ◄── 建當 isValSet_bool 為 True 時，建立驗證集
    assert val_stride > 0, val_stride
    self.candidateInfo_list = self.candidateInfo_list[::val_stride] ◄┐
    assert self.candidateInfo_list          每隔 10 筆資料，便從 candidateInfo_
elif val_stride > 0:                        list 中取出一筆資料放入驗證集
    del self.candidateInfo_list[::val_stride] ◄┐
    assert self.candidateInfo_list      每隔 10 筆資料，便將輪到的資料
                                        從 self.candidateInfo_list 中刪除
```

以上程式可以確保在產生訓練集和驗證集時，兩者中的資料不會重複。當然，此處的前提是：self.candidateInfo_list 中的資料具有一定的順序，這一點是透過維持樣本 tuple 的順序、與 getCandidateInfoList 函式將結果傳回時的排序處理來達成的。

另外還有一項細節要注意：根據當下的任務，有時來自特定病患的資料只能出現在訓練或驗證資料集內，而不能同時存在於兩者之中。就本例而言，我們不需要考慮這個問題，但如果需要，則在區分結節資料之前，我們得先針對病患與 CT 掃描資料進行分割才行。

讓我們透過 p2ch10_explore_data.ipynb 來查看資料吧：

In

```
from p2ch10.dsets import getCandidateInfoList, getCt, LunaDataset
candidateInfo_list = getCandidateInfoList(requireOnDisk_bool=False)
positiveInfo_list = [x for x in candidateInfo_list if x[0]]
diameter_list = [x[1] for x in positiveInfo_list]

for i in range(0, len(diameter_list), 100):
    print('{:4}  {:4.1f} mm'.format(i, diameter_list[i]))
```

取出和『真』結節有關的樣本

Out

```
   0  32.3 mm
 100  17.7 mm
 200  13.0 mm
 300  10.0 mm
 400   8.2 mm
 500   7.0 mm
 600   6.3 mm
 700   5.7 mm
 800   5.1 mm
 900   4.7 mm
1000   4.0 mm
1100   0.0 mm
1200   0.0 mm
1300   0.0 mm
```

可以看到，第 1 筆結節很大（直徑 32mm），但到了第 100 筆結節時，直徑立刻縮小一半左右。大多數的結節大小落在 4 至 10mm 的區間中，另外還有幾百筆資料沒有大小資訊（直徑為 0）。以上結論和我們的預期一致：標註了直徑的資料數量會少於實際結節的數量（見程式 10.4 以及相關說明）。檢查資料的合理性可以幫助我們即早發現問題或假設錯誤，進而省去後續除錯的時間。

最後，若想產生有效的訓練與驗證資料集，則在區分兩者時應注意以下事項：

- 兩個資料集中的樣本必須具有代表性。
- 除非有特殊目的（例如：要訓練能處理離群值的模型），否則不要將不具代表性的樣本放入訓練和驗證資料集中。
- 訓練集中不應該存在與驗證集有關的暗示（如：某個樣本同時出現在兩個資料集中，這被稱為**資訊洩漏**。編註：此情況就類似考前洩題一樣）。

10.5.4 將資料渲染成圖片

請使用 p2ch10_explore_data.ipynb 或另開 Jupyter Notebook，並輸入以下指令：

In

```
from p2ch10.vis import findPositiveSamples, showCandidate
positiveSample_list = findPositiveSamples()
```

In

```
series_uid = positiveSample_list[0][2]
showCandidate(series_uid)
```

取得已下載的資料集中，第一個結節樣本的 series_uid

以上程式碼可以繪製出對應到特定 series_uid 的結節 CT 切片圖。

如果各位感興趣，請自行修改 p2ch10/vis.py 中的程式，好讓渲染結果符合你的需求和喜好。相關程式大量運用了 Matplotlib 函式庫（https://matplotlib.org），由於其過於複雜，本書將省略其說明。

請記得，渲染資料的目的不只是得到漂亮的圖片，我們還能從中建立與輸入資料有關的直覺（例如：我們只需看一眼便能知道某樣本的雜訊是否較其它樣本高），這種直覺對於除錯很有用。正確的渲染還能提供啟示，告訴我們哪些操作可能會有助於解決問題。在處理更為困難的專案時，這種做法會變得非常關鍵。

NOTE 由於各子集的劃分方式、以及建構 LunaDataset.candidateInfo_list 時的排序規則，noduleSample_list 中資料的順序高度依賴於執行程式碼時所用的子集。當你想再次存取特定樣本時請記住這一點，尤其是在使用多個子集的情況下。

10.6 結論

我們在第 9 章中深入瞭解了資料的本質，而本章則說明了如何用 PyTorch 處理這些資料。藉由將 DICOM 格式的中繼圖片資料轉換為張量，我們已經為下一章的模型與訓練迴圈做好了準備。

請不要低估此處所說的各項設計決策，包括：輸入資料的大小、快取資料的架構、以及訓練和驗證資料集的劃分方式，它們都是決定專案是否能成功的關鍵因素。當未來各位有了自己的專案後，請多檢視這些決策是否可以帶來幫助。

總結

- 一般來說，撰寫解析和匯入原始資料的程式是很重要的工作。以本專案為例，我們實作了 Ct **類別**以便從硬碟中匯入資料、並截取候選位置周圍的區域。

- 當資料解析與匯入的成本很高時，可以考慮使用**快取**。請注意，某些快取可以在記憶體中處理，某些則應該透過硬碟來完成。在資料匯入的一連串程序中，兩種快取各自有不同的發揮空間。

- PyTorch Dataset 的子類別能將資料從『原始格式』轉換成『適合模型處理的張量』，這可以幫助我們整合真實世界中的資料與各種 PyTorch API。

- Dataset 的子類別一定要實作 **__len__** 和 **__getitem__** 兩個方法。要定義其它輔助方法也可以，但並非必要。

- 若要產生有效的**訓練**與**驗證資料集**，則必須確保兩者中的資料沒有重複。在本例中，我們透過以下方式達成上述要求：維持資料的排列順序，並每隔 10 筆資料，便將一筆資料存入驗證資料集。

- **資料視覺化**是很重要的步驟，我們可以從中找出可能的問題或錯誤。本書使用 Jupyter Notebooks 與 Matplotlib 來繪製資料。

延伸思考

1. 實作程式來走訪 LunaDataset 物件中的資料，並計算所需時間。為了避免等待太久，只走訪前 N=1000 個樣本即可。

    a. 第一次走訪全部樣本耗費了多長時間？

    b. 第二次走訪所需的時間呢？

    c. 將快取清空會影響執行時間嗎？

    d. 如果改走訪**倒數的** N=1000 個樣本呢？

2. 請修改 LunaDataset 的實作，好讓 __init__ 中樣本串列的順序隨機排列，並且將快取清空。以上處理會影響第一、第二次走訪資料所需的時間嗎？

3. 取消隨機排列、同時將 getCt() 上方的 @functools.lru_cache(1,typed=True) 註解掉使該行無效，並再次清空快取。以上操作又對走訪資料的時間有何影響呢？

CHAPTER 11

訓練模型分辨結節的真假

本章內容

- 利用 PyTorch 的 DataLoaders 載入資料
- 實作出可以對 CT 資料進行分類的模型
  (編註：也就是要將候選結節分為『是結節』與『不是結節』二類。)
- 為程式搭建基本架構
- 記錄並呈現模型評估結果

在上一章，我們探討了關於肺部癌症的醫學細節、檢視了未來要用的資料，並且把原始的 CT 掃描結果轉換成了 PyTorch 的 Dataset 物件。既然資料集已經建置好，存取訓練資料也就變得很簡單了。讓我們開始吧！

11.1 最基礎的模型與訓練迴圈

本章要完成兩個主要目標如下：

1. 首先，我們需建立能分類結節的模型以及相關的訓練迴圈，這一部分的程式將成為後續內容的基礎。為此，我們會將第 10 章所實作的 Ct 和 LunaDataset 類別餵入 DataLoader 物件中，而後者將在訓練與驗證迴圈裡為模型提供資料。

2. 在本章最後，我們會利用訓練的結果來介紹本專案中最困難的一項挑戰，即如何利用有限且混亂的資料來取得高品質的成果。在之後的章節裡，我們還會深入探索讓資料受限的各種因素，並尋找應對方法。

請各位再次回顧第 9 章的專案架構圖（見圖 11.1）。在這裡，我們的目的是建立能完成第 4 步驟（結節分類）的模型。說得更精確一些，該模型能將候選樣本區分成『是結節，也稱**陽性**』和『不是結節，也稱**陰性**』兩類（到了第 14 章，我們會再建立另一個分類器，試圖區分某結節是『良性』或『惡性』，編註：也就是將此處的陽性樣本再做區分）。換言之，模型所處理的每一筆樣本都會有單一而明確的標籤，即『結節（nodule）』或『非結節（non-nodule）』。

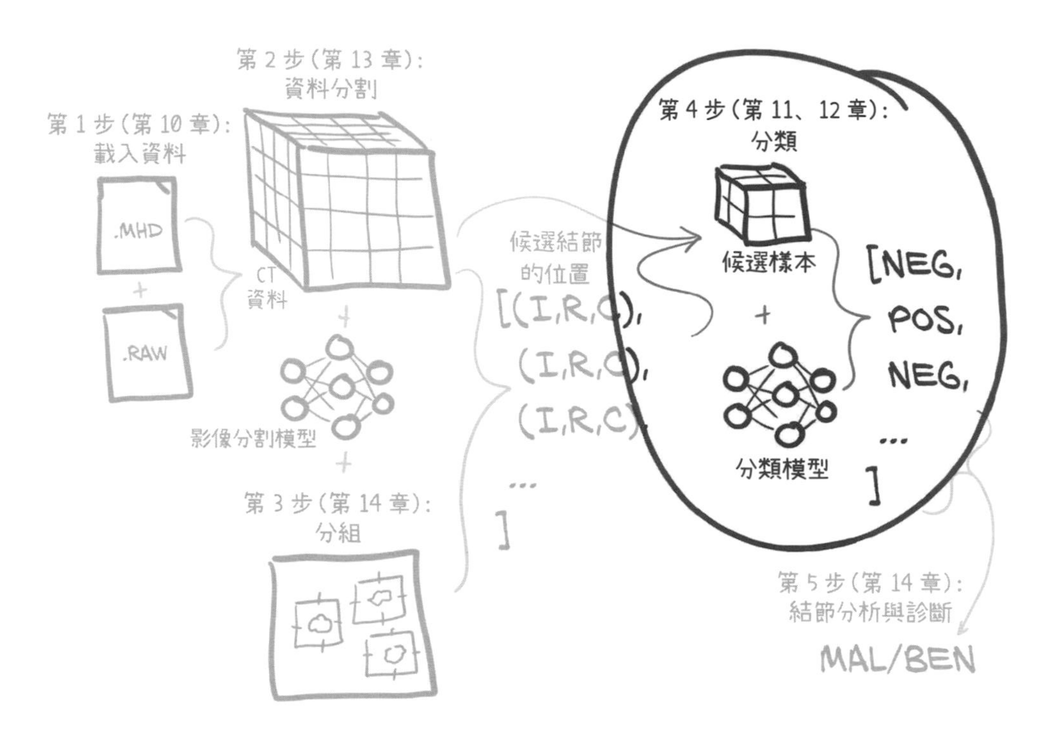

圖 11.1 我們的肺部腫瘤偵測專案，本章的主題是其中的第 4 步驟：分類。

在前期先做出一個測試版本的模型並取得有意義的結果，是一項重要的里程碑。透過對這些結果的評估與分析，我們能得知修正模型的方向、或者哪些更動是徒勞無功的。一般而言，要想在專案中獲得最佳結果，開發者必須耗費大量腦力並進行無數的檢討與改進，各位應該要對此有所準備。

在進入實測模型的階段前，讓我們先來看看訓練迴圈長什麼樣子(見圖 11.2)。各位已經在第 5 章見過類似的核心步驟了，因此對於此處所提的架構應該不陌生才對。如第 5.5.3 節所述，這裡同樣會在訓練的過程中，透過**驗證資料集**來評估學習效果。

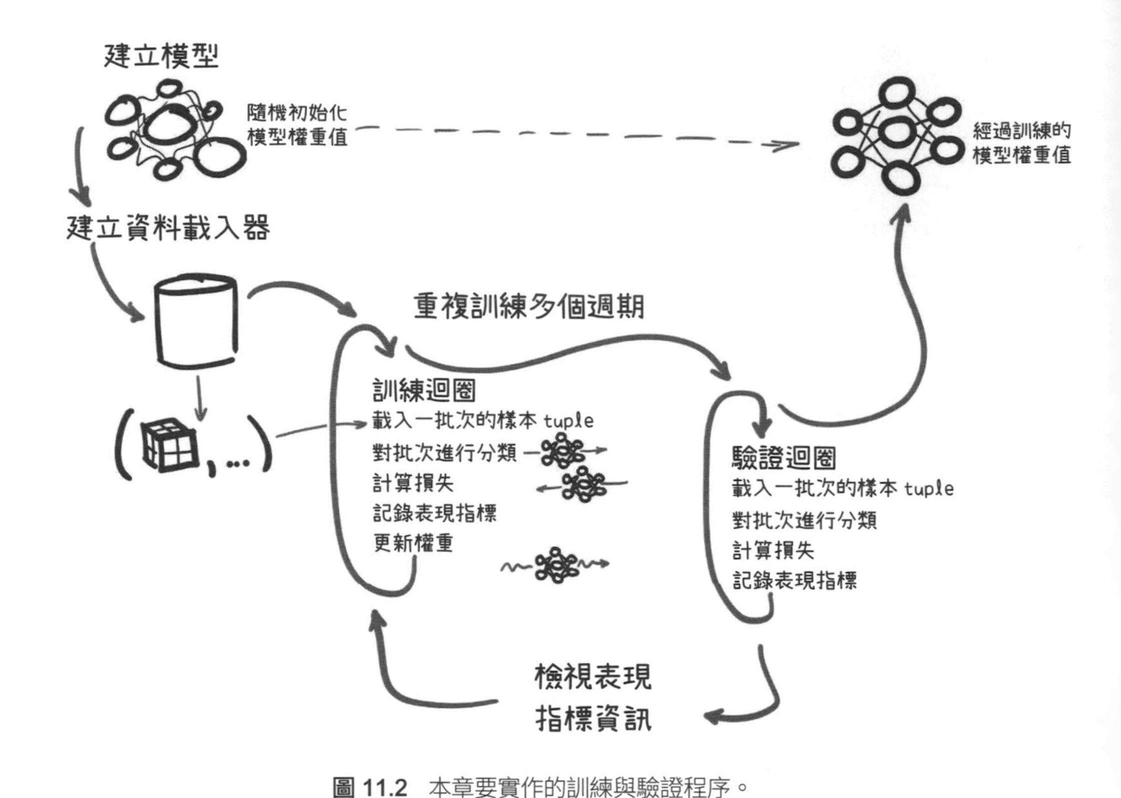

圖 11.2 本章要實作的訓練與驗證程序。

本章要實作的訓練與驗證迴圈架構總結如下：

- 建立並初始化模型，然後進行資料載入程序。
- 重複訓練多個週期（次數可自行決定）。在一個週期中：
    - 走訪 LunaDataset 傳回的每一批次訓練資料。
    - 在（背景運作的）資料載入程序中，載入相關資料批次。
    - 將資料批次輸入模型以取得預測結果。
    - 根據預測結果和標籤資料（真實狀況）的差異計算損失。
    - 將模型的表現存入暫時性的資料結構中。
    - 利用反向傳播更新模型權重。

（此為訓練迴圈）

- 走訪 LunaDataset 傳回的每一批次驗證資料（此步驟和訓練迴圈類似）。
- 載入相關驗證資料（和之前一樣，此載入程序在背景運作）。
- 對資料批次進行分類，並計算損失。
- 記錄模型對於驗證資料的表現。

此為驗證迴圈

- 列印此週期的進度與模型表現資料。

請各位注意，此處的訓練迴圈與本書第 1 篇的相比有兩個顯著的不同。第一，由於本章的專案較前幾章來得複雜，故我們的程式也需變得更有架構，否則程式碼就會變得雜亂不堪。在本專案中，我們會用上許多函式來建立訓練迴圈，並且將讀入資料集等程式碼進一步包裹在獨立的 Python 模組中。

在處理專案時，請務必確保程式的**架構**與**設計方式**跟得上問題的複雜程度。但反過來說，若把程式的架構設計的過於複雜，則反而會浪費大量時間在根本不需要的基本模組上。此外，比起解決專案中真正的困難點，有時我們會花更多時間在基本模組上，而這有可能成為進度延遲的理由。千萬不要落入此陷阱之中！

本訓練迴圈的另一項差異為：多搜集了各種能**反映訓練進展的評估資訊**。若不記錄表現評估資訊，想得知訓練效果是不可能的事情。在本章接下來的內容中，各位會看到：重要的不僅僅是搜集評估結果（編註：例如損失值的變化），還要針對特定任務搜集**對的評估指標**（編註：例如準確率的變化）。我們將在程式中放入能追蹤適當指標的基本模組，利用它們記錄並呈現每個類別與整體的損失、以及樣本的分類準確率。以上評估指標在初期已經夠用，到了第 12 章，我們會再介紹一組更實用的指標。

11.2 程式的進入點

本書第 2 篇的訓練迴圈被包裝成了完整的**命令列應用程式**（command-line application），其不僅能分析**命令列引數**（command-line arguments），還支援功能完善的『--help』指令，並且可以在各種不同的環境中執行。以上做法讓我們能輕鬆在 Jupyter Notebook 或 Bash shell 上啟動模型訓練程序。

這裡會將訓練應用程式實作成一個**類別**（class），這樣就能產生此應用的物件，並在需要時傳遞該物件。該做法能讓模型的測試與除錯更簡單，並讓其它 Python 程式更容易呼叫本訓練程式。換言之，我們毋須額外撰寫作業系統（OS）等級的程式，便能在 Python 程式中呼叫本訓練程式（本書中不會進行明確的單元測試，但這裡的程式架構適用於那些需要此類測試的專案）。

我們把與呼叫訓練迴圈有關的程式碼包裝成一個 Jupyter Notebook 檔案，這樣就可以輕鬆地在本地命令列介面（CLI）或瀏覽器上呼叫該程式碼了。

程式 11.1：code/p2_run_everything.ipynb

In

```
def run(app, *argv):
    argv = list(argv)
    argv.insert(0, '--num-workers=4')   ← 此處假設各位的 CPU 為 4 核心（如有需要，請自行將『4』修改成正確數字）
    log.info("Running: {}({!r}).main()".format(app, argv))

    app_cls = importstr(*app.rsplit('.', 1))   ← 這是比 __import__ 更簡潔的呼叫方法
    app_cls(argv).main()

    log.info("Finished: {}.{!r}).main()".format(app, argv))
```

NOTE 以上程式假設各位的電腦配有一顆 4 核心 8 執行緒的 CPU、16 GB 的 RAM、以及具有 8GB RAM 的 GPU。若你的 GPU RAM 比此處來得少，請調低 batch-size 參數的設定（**編註**：讀者也可至 training.py 中修改 --batch-size 的預設值）。若是 CPU 核心數或 RAM 較少，則請降低 --num-workers。

請看以下程式碼，我們會在檔案最末加入一般的 if main 敘述，該敘述可產生**訓練應用程式物件**，並呼叫 main 方法。

程式 11.2：training.py

```
#Line 353
if __name__ == '__main__':
    LunaTrainingApp().main()
```

以此為基礎，我們可以回到檔案開頭，看看上述程式所呼叫的兩個方法：__init__ 與 main（兩方法均位於 LunaTrainingApp 類別中，詳見下面的程式 11.3。**編註**：讀者可從第 11 章資料夾的 training.py 中查看完整內容）。由於必須處理命令列引數，故 LunaTrainingApp 類別的 __init__ 中使用了標準的 argparse 函式庫（https://docs.python.org/3/library/argparse.html）。注意，如果有需要，我們還是可以將一般的引數傳給該初始化方法。至於 main 方法則是進入核心應用程式的主要切入點。

程式 11.3：training.py

```
#Line 31
class LunaTrainingApp:
    def __init__(self, sys_argv=None):
        if sys_argv is None: ◀— 呼叫時沒有提供引數，則從命令列獲得引數
            sys_argv = sys.argv[1:]

        parser = argparse.ArgumentParser()
        parser.add_argument('--num-workers',
            help='Number of worker processes for background data loading',
            default=8,
            type=int,
        )
```

NEXT

```
#Line 63
        self.cli_args = parser.parse_args(sys_argv)
        self.time_str = datetime.datetime.now().strftime('%Y-%m-%d_%H.%M.%S')
```
這裡使用 timestamp 來顯示訓練相關資訊

```
#Line 137
    def main(self):
        log.info("Starting {}, {}".format(type(self).__name__, self.cli_args))
```

以上結構具有很高的通用性，可以在之後的專案中重複利用。特別注意，在 __init__ 中對引數做分析允許我們將訓練應用程式的**配置**（configuration）與**呼叫**區分開來。

若各位讀者打開 training.py，會發現 main() 上方有幾行提及 TensorBoard 的指令。我們會在本章第 11.9 節中詳細說明這些指令，目前請暫時忽略它們。

11.3 訓練前的設定與初始化

在實際執行訓練迴圈以前，還有一些初始化工作必須完成。根據圖 11.3，此處我們的目標有兩個：第一是建立並初始化模型與優化器，第二則是產生 Dataset 與 DataLoader 物件。之前的 LunaDataset 類別已經定義了訓練迴圈需要的隨機樣本，而 DataLoader 物件則可將 Dataset 中的資料載入訓練應用程式中。

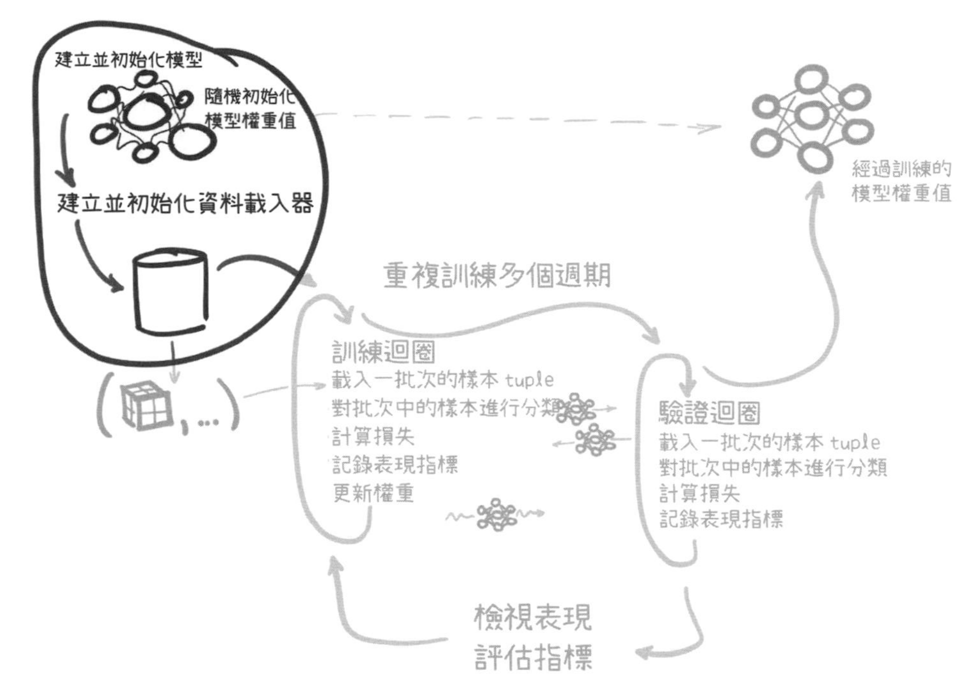

圖 11.3 本章所要實作的訓練與驗證程式，此處的重點會放在迴圈開始前的初始化作業。

11.3.1 模型與優化器的初始化

在本小節中，我們會先把本章的分類模型（包裹在名為 LunaModel 的 nn.Module 子類別）視為一個黑盒子，其內部運作的細節則留待第 11.4 節再說明。讀者可以自行調整實作細節，好讓模型更符合目標，不過這裡建議各位至少等讀完第 12 章後再做嘗試。

來看看訓練應用程式的開頭：

程式 11.4：training.py

```
class LunaTrainingApp:
    def __init__(self, sys_argv=None):
        #Line 70
        self.use_cuda = torch.cuda.is_available() ◀── 偵測電腦是否支援 CUDA
        self.device = torch.device("cuda" if self.use_cuda else "cpu")
```

```
        self.model = self.initModel()  ◄── 初始化模型
        self.optimizer = self.initOptimizer()  ◄── 初始化優化器

    def initModel(self):
        model = LunaModel()  ◄── 創建一個 LunaModel 物件
        if self.use_cuda:
            log.info("Using CUDA; {} devices.".format(torch.cuda.device_count()))
            if torch.cuda.device_count() > 1:  ◄── 偵測是否具多個 GPU
                model = nn.DataParallel(model)  ◄── 平行處理
            model = model.to(self.device)  ◄── 將模型參數送往 GPU (或 CPU)
        return model

    def initOptimizer(self):
        return SGD(self.model.parameters(), lr=0.001, momentum=0.99)  ◄── 使用 SGD 優化器
```

如果電腦有超過一個 GPU，則我們可以利用 nn.DataParallel() 將運算任務分散至所有 GPU 上，之後再搜集結果並同步更新參數。

DataParallel vs. DistributedDataParallel

本書以 DataParallel 來實現對多 GPU 的利用。之所以選擇該類別，是因為它相當於即插即用的模型包裹器 (wrapper)。然而，在多 GPU 的情況裡，DataParallel 其實並非表現最好的解決方案，且該類別只適用在單一機器上。

PyTorch 還提供了另一個名為 DistributedDataParallel 的類別。當你需要將運算任務分配給多個 GPU、乃至多台機器執行時，我們會推薦使用此包裹器類別。由於 DistributedDataParallel 的設置相當複雜，大多數讀者可能會覺得太過麻煩，故這裡就不多做介紹了。若想要知道更多細節，請參考官方文件：https://pytorch.org/tutorials/intermediate/ddp_tutorial.html。

假如上述程式中的 self.use_cuda 參數為 True，則 self.model.to(device) 會將模型參數送往 GPU，以處理繁重的數字運算（如多層的卷積處理等）。注意，此步驟必須在優化器建立以前完成，否則優化器會忽略複製到 GPU 上的參數，而只在 CPU 中尋找參數物件。

此處所用的優化器為 **SGD 優化器**（stochastic gradient descent，隨機梯度下降），各位首次見到此優化器是在第 5 章的時候。回憶一下，第 1 篇曾提過：PyTorch 提供了多種不同的優化器。本書並不會介紹其它優化器的細節，想瞭解更多的讀者可以參考官方文件（https://pytorch.org/docs/stable/optim.html#algorithms），其中列出了與各優化器相關的論文連結。

在決定最初的優化器時，SGD 通常是個保險的選擇。當然，其仍有可能出問題，但機率相對較小。同樣地，0.001 的學習率與 0.9 的動量也是較安全的參數值。就經驗上而言，使用上述超參數配置的 SGD 優化器應用性很廣。倘若進展不順利，可以嘗試將學習率調整為 0.01 或 0.0001（編註：即調高或調低一個級數）。

在本例中，上述超參數值或許並非最佳值，但它們提供了一個不錯的起點。透過有系統地嘗試不同學習率、動量、神經網路大小等設置，我們可以進一步提升模型表現，這個過程被稱為**超參數優化**（hyperparameter search）。不過本章及後續章節會先處理其他更重要的工作，待一切都搞定之後，我們便可開始微調上述參數。另外，如第 5 章所述，我們也可以選用其它不同特性的優化器，但除了 torch.optim.SGD 及 torch.optim.Adam 以外，其它優化器已經超出本書的討論範疇了。

11.3.2 資料載入器（data loaders）的功能

上一章所建立的 LunaDataset 類別就像『原始資料』與『PyTorch 張量』之間的橋樑，前者可能有各種不同的儲存格式，而後者則有固定的格式且能符合 PyTorch 各模組的要求。舉例而言，torch.nn.Conv3d 模組的輸入資料應為 5D 的張量，5 個軸分別是（N, C, D, H, W），對應到樣本數

(或批次量)、每個樣本的通道數、深度、高度以及寬度,而這明顯與原始的 3D CT 掃描資料不同。

各位可能還記得在 LunaDataset.__getitem__ 中,我們呼叫了 ct_t.unsqueeze(0)。此行指令能幫助我們多添加一個軸,即資料的『通道』軸(**編註**:詳見 10-27 頁的程式 10.14)。第 4 章曾提及,RGB 影像的通道數為 3,分別對應紅、綠、藍的色彩強度。天文觀測資料的通道數可能更多,其中記錄著各種不同切面的電磁光譜,諸如:gamma 射線、X 光、紫外線、可見光、紅外光、微波以及無線電波等。在 CT 掃描中,由於僅有單一強弱度,因此通道軸的維度只有 1。

另外,在第 1 篇中還提過,考慮到電腦的平行處理能力,每次只以單一樣本訓練模型是非常沒有效率的做法。因此,我們會將多個樣本 tuple 結合成批次 tuple(如圖 11.4 所示),好讓模型能一次處理多筆資料(輸入中的維度 N 指明了一個批次中包含了多少樣本)。

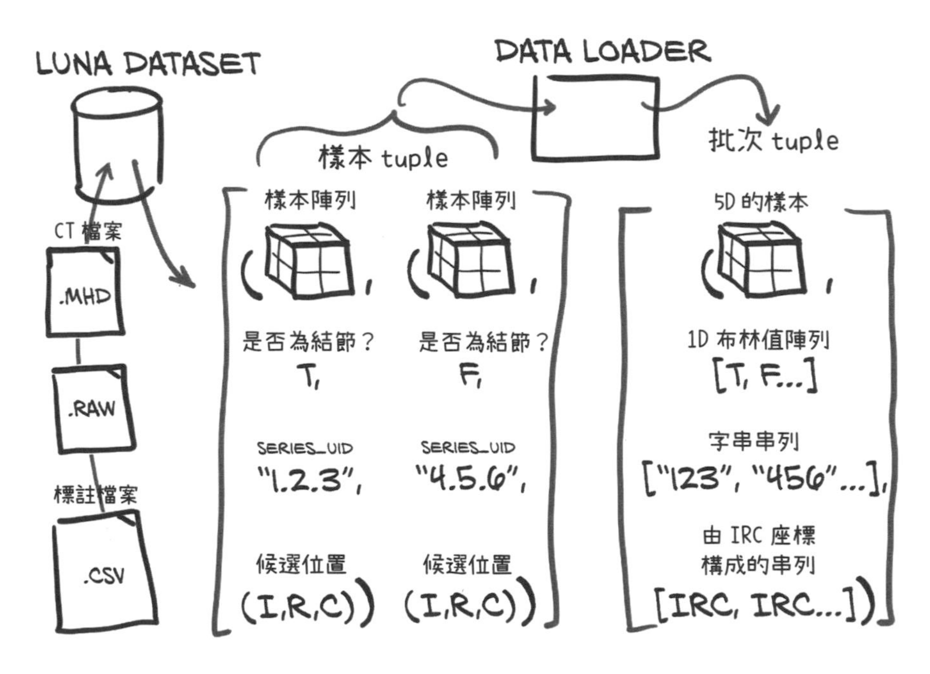

圖 11.4 在資料載入器中,多個樣本 tuple 會結合成單一批次 tuple。

幸運的是，我們不必親自實作批次化程序，PyTorch 的 DataLoader 類別可自行處理相關作業。由於之前已經建立了將 CT 掃描資料與 PyTorch 張量連結起來的 LunaDataset，因此這裡只需把我們的資料集傳給 DataLoader 即可。

程式 11.5：training.py

```
#Line 89
def initTrainDl(self):
    train_ds = LunaDataset( ←— 建立一個 LunaDataset 物件 (train_ds)
        val_stride=10,
        isValSet_bool=False, ←— 代表我們現在要建立的是訓練集
    )

    batch_size = self.cli_args.batch_size ←— 編註：在 prepcache.py 中的 Line 31 中已設定
    if self.use_cuda:
        batch_size *= torch.cuda.device_count() ←— GPU 數量越大，batch_size 也越大

    train_dl = DataLoader( ←— 利用現成的 DataLoader 類別完成批次化程序
        train_ds,
        batch_size=batch_size, ←— 批次量
        num_workers=self.cli_args.num_workers, ←— 運算單元的數量
        pin_memory=self.use_cuda, ←— 鎖定記憶體 (pinned memory) 可以快速轉移至 GPU
    )

    return train_dl

#Line 137
def main(self):
    train_dl = self.initTrainDl()
    val_dl = self.initValDl() ←— 驗證用的資料載入器與訓練用的類似，讀者可自行參考 Line 108 至 Line 125
```

除了能將樣本組成批次外，資料載入器還可以透過獨立的**程序**（process）與共享記憶體實現資料的**平行載入**。只要在創建資料載入器物件時指定 num_workers 參數，相關工作便會自動在背景完成。每個運算單元的程序都能產生如圖 11.4 所示的完整批次，如此一來便能確保具有高度運算能力的 GPU 可獲得充足的資料供應。注意，本例中的 train_ds 和 val_ds 物件十分相似，兩者只在 isValSet_bool 的設定上有差異。

當執行訓練迴圈時，我們不必等待每一筆 CT 資料被依次載入、轉換為樣本並批次化。反之，程式可以立刻取得已載入的批次 tuple。與此同時，空閒的運算單元會開啟另一條程序，開始準備下次迴圈要用的批次資料。由於 PyTorch 提供的載入功能可以重疊資料『載入』與『處理』的程序，故可以加速專案的執行效率。

11.4 我們的首個神經網路

可以偵測腫瘤的神經網路有無限多種。幸運的是，在過去十年當中，研究人員已經探索了大量在圖像辨識上表現優異的模型，因此我們能從眾多已通過測試的設計裡挑一個出來做為起點（雖然這些模型很多都是針對 2D 圖片設計的，但其基本架構也適用於 3D 資料）。以上做法之所以有效，是因為我們並不奢望第一個模型就是最好的，相反的，它只要能為接下來的工作提供指引就行了。

本章的模型是以第 8 章討論的內容（卷積神經網路）為基礎，但由於此處的輸入為 3D 資料，所以我們要對之前的設計進行修正，並加入更多細節。除此之外，整個架構（如圖 11.5 所示）看起來應該並不陌生。如前所述，本專案可以為各位將來的專案提供基礎，不過若你的任務與腫瘤偵測專案的差異越大，則要修改的地方也就越多。現在，讓我們來剖析模型的結構（由**頭部 head**、**主體 backbone** 及**尾部 tail** 所組成，見圖 11.5）。

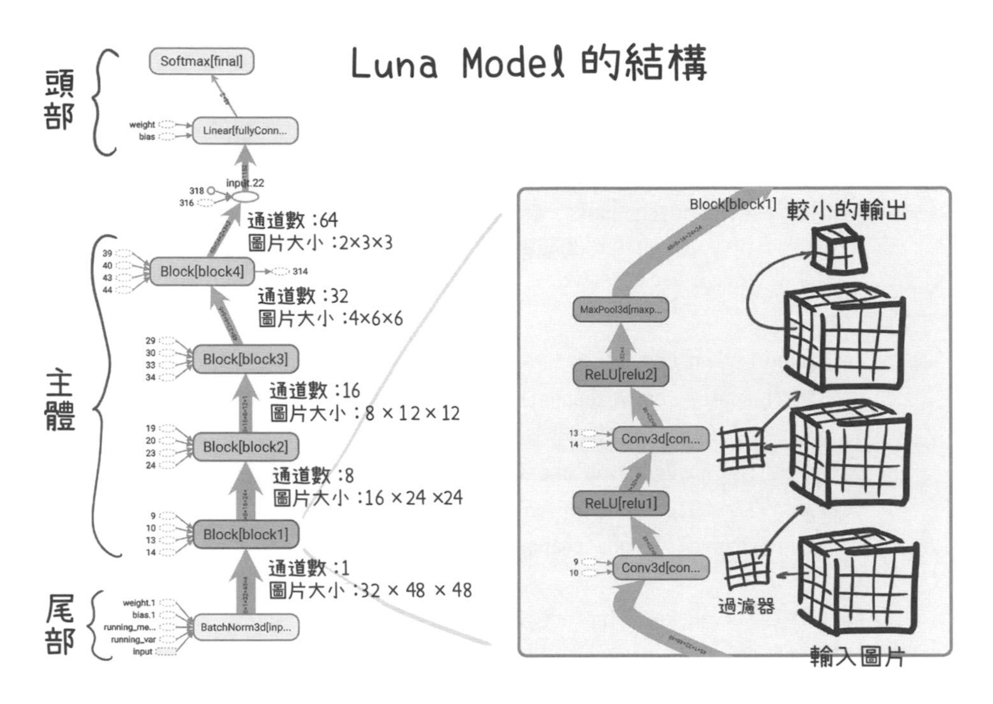

圖 11.5 此處分類模型結構包含：執行**批次正規化**的**尾部**、由 4 個區塊組成的**主體**、以及**頭部**的線性層和 softmax 層。右圖為主體中，單一區塊內部的細節。

11.4.1 卷積核心

尾部是整個模型中，用來處理**輸入資料**的部分，其內部神經層的架構或組織方式往往和網路中的其餘部分不同，功能是把輸入轉換為主體所能接受的形式。在本例中，我們的尾部是簡單的**批次正規化模組**。很多模型還會在尾部用上**卷積層**，以便縮小輸入的尺寸。然而，由於此處所用的輸入已經夠小了（32×48×48，編註：詳見 10-27 頁的程式 10.13），故沒必要這麼做。

接下來是由模型中絕大部分神經層所構成的主體，它是由一連串的**區塊**（blocks）所組成。各區塊中的神經層非常類似，不過不同區塊的輸入大小與過濾器數量（即第 8 章提過的通道數）往往不同。本例的區塊中都包含兩個 3×3 的卷積模組，然後接一個激活函數，最後則以最大池化層收尾。上述結構展示於圖 11.5 右側的 Block[block1] 放大圖示，程式 11.6 則是相關區塊的實作。

程式 11.6：model.py

```
#Line 67
class LunaBlock(nn.Module):
    def __init__(self, in_channels, conv_channels): ←
                                   編註：在建立區塊時要指定輸入及輸出的 channel 數
        super().__init__()

        self.conv1 = nn.Conv3d( ← 第一個卷積模組
            in_channels, conv_channels, kernel_size=3, padding=1, bias=True,
        )
        self.relu1 = nn.ReLU(inplace=True)
        self.conv2 = nn.Conv3d( ← 第二個卷積模組
            conv_channels, conv_channels, kernel_size=3, padding=1, bias=True,
        )
        self.relu2 = nn.ReLU(inplace=True)
        self.maxpool = nn.MaxPool3d(2, 2) ← 最大池化層

    def forward(self, input_batch):
        block_out = self.conv1(input_batch)
        block_out = self.relu1(block_out)
        block_out = self.conv2(block_out)
        block_out = self.relu2(block_out)

        return self.maxpool(block_out)
```

最後，神經網路的頭部會把主體產生的結果轉換為最終的輸出值。對卷積網路而言，頭部的處理經常包括：先**扁平化**主體的輸出，然後將其輸入**全連接層**。某些模型還會用上兩個全連接層，但那通常發生在分類任務中的物體具有相似結構（以分類『汽車』與『卡車』為例，兩者皆有輪子、車燈、車門等構造）、或者分類的類別眾多時。由於本例的任務僅是**二元分類**，且目標的結構也不複雜，所以我們只會使用單一扁平化層。

在建立卷積神經網路時，上述區塊設計是很好的起點。當然，實際上很可能需要更複雜的架構，但在許多專案中，有些複雜的實作不但沒必

要，還會帶來額外的運算資源消耗。因此，比較明智的做法是：先從簡單的解決方法開始，並且只在有需要時才提升模型複雜度。

圖 11.6 以 2D 方式說明了本例區塊中的卷積操作。由於此圖只展現了完整資料中的一小部分，故在此將填補（padding）處理省略（另外，因為 ReLU 激活函數並不會改變圖片的大小，所以這裡也沒畫出來）。

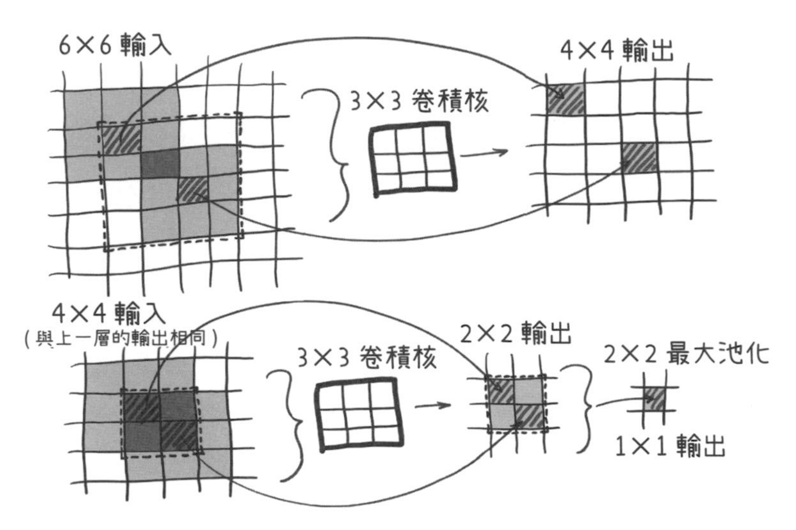

圖 11.6 程式 11.6 中的 LunaBlock 包含兩個 3×3 的卷積層，最後跟著一個最大池化層。最終像素的接受域是 6×6。

讓我們來看看在輸入體素和單一輸出體素之間，訊息是怎麼流動的，這可以幫助我們瞭解網路輸出如何隨著輸入的改變而變化。在此之前，讀者可以先回顧一下第 8 章的內容（特別是 8.1 到 8.3 節），以確保自己百分之百掌握了卷積的運作原理。

每經過一個卷積層的作用，接受域（receptive field）外圍便會多一個 1 體素寬的邊框。只要逆著圖 11.6 的箭頭往回追蹤便可觀察到上述現象：2×2 的輸出是來自 4×4 接受域；而後者又來自 6×6 接受域❶。

註❶：注意，雖然圖 11.6 是使用 2D 圖像說明，但這裡處理的資料其實是 3D 的。

值得一提的是，雖然圖 11.6 顯示的資料維度會隨著卷積層的作用而變小，但本專案會用到**填補卷積**（padded convolution；即先在圖片外加一圈 1 體素寬的框，再進行卷積），這麼做可以讓輸入和輸出圖片的大小維持一致（編註：換句話說，圖 11.6 中的輸出維度之所以越來越小，是因為作者為了方便說明而省略『填補』的緣故）。

LunaBlock 中的 nn.ReLU 模組則和第 6 章中的相同。此激活函數會把所有小於 0.0 的數值變成零，大於 0.0 者則保持原樣。

上述區塊會重複數次，以構成我們的模型主體。

11.4.2 實作完整的模型

以下是完整的模型實作。LunaBlock 的定義請見程式 11.6，這裡不再贅述。

程式 11.7：model.py

```
#Line 13
class LunaModel(nn.Module):
    def __init__(self, in_channels=1, conv_channels=8):
        super().__init__()

        # 尾部
        self.tail_batchnorm = nn.BatchNorm3d(1) ◄── 批次正規化模組

        # 主體
        self.block1 = LunaBlock(in_channels, conv_channels)
        self.block2 = LunaBlock(conv_channels, conv_channels * 2)
        self.block3 = LunaBlock(conv_channels * 2, conv_channels * 4)
        self.block4 = LunaBlock(conv_channels * 4, conv_channels * 8)

        # 頭部
        self.head_linear = nn.Linear(1152, 2)
        self.head_softmax = nn.Softmax(dim=1)
```

模型尾部相對來說比較簡單。我們會利用 nn.BatchNorm3d 將輸入正規化，好將其平均值移至 0、標準差調整為 1。注意，此處的處理自由度較高。由於知道輸入資料的單位以及輸出的期望值，我們也可以設計一個自訂的正規化系統。至於哪一個方法比較好，其實並不一定（在下一章，我們會實際測試這兩種方法）。

網路的主體則是由 4 個重複的區塊（LunaBlock）所組成。該區塊的程式碼定義在獨立的 nn.Module 子類別中，並且已經在程式 11.6 裡展示過了。因為每個區塊皆以一個 2×2×2 的**最大池化層**做為結尾，所以當影像資料經過 4 次池化處理後，各軸維度都會降低 16 倍（編註：別忘了，在實作中的卷積模組會使用填補操作，因此經過卷積後的資料不會變小，只有經過池化後的資料才會變小）。回憶一下，第 10 章時有提過我們的資料是 32×48×48 的小塊，經過主體處理後，其大小將變成 2×3×3。

最後，模型的頭部由一個全連接層及 nn.Softmax 所組成。對於分類任務來說，softmax 是個非常有用的函數，其具備以下性質：首先，它能將輸出值的範圍限制在 0 和 1 之間。其次，該函數不怎麼受輸入的**絕對大小**影響（輸入值之間的**相對大小**才是重點）。第三，它傳回的是模型對於某個答案的確定程度（編註：也可理解為信心程度，即**機率**）。

softmax 函數並不複雜：先計算每個輸入值以 e 為底的指數函數值（e 為歐拉數 Euler's number），再將所得結果各自除以『上述所有指數函數值的總和』即可。下面是在 Python 中實作 softmax 函數的方法：

In

```
logits = [1, -2, 3]
exp = [e ** x for x in logits]
exp
```

Out

```
[2.718, 0.135, 20.086]
```

```
In
softmax = [x / sum(exp) for x in exp]
softmax
```

```
Out
[0.118, 0.006, 0.876]
```

當然，在正式的模型中，我們會使用 PyTorch 所提供的 nn.Softmax 模組。該模組不但能夠處理批次資料，還能利用 autograd 快速實現自動微分功能。

難題：將卷積結果轉換為線性層的輸入

在定義模型的過程中會遇到一項困難：self.block4 的輸出結果是 2×3×3 且具有 64 通道的影像，但全連接層的輸入卻必須是 1D 向量，因此我們不能直接把前者的輸出餵給後者（嚴格來說，全連接層的輸入需為一**批次**的 1D 向量，也就是一個 2D 陣列）。讓我們來看看如何撰寫 forward 方法，以解決上述問題：

程式 11.8：model.py

```
#Line 50
def forward(self, input_batch):
    bn_output = self.tail_batchnorm(input_batch) ◄— 尾部的輸出

    block_out = self.block1(bn_output)
    block_out = self.block2(block_out)
    block_out = self.block3(block_out)
    block_out = self.block4(block_out) ◄— 主體的輸出

    conv_flat = block_out.view(block_out.size(0), -1) ◄— 將主體輸出扁平化
                               ▲
                          一批次的大小
```

NEXT

```
linear_output = self.head_linear(conv_flat) ◄── 頭部線性層可接受扁平化的輸出
return linear_output, self.head_softmax(linear_output)
              ↑                        ↑
         原始的模型輸出        經過 softmax 處理後的模型輸出 (機率值)
```

在把資料傳入全連接層以前，必須先用 view 函式將其扁平化。由於該操作是無狀態的（即沒有需訓練的參數），因此可以在 forward 裡直接執行。這和第 8 章討論過的函數式 API 很像，事實上，上述操作存在於幾乎所有使用了卷積、且產生非圖片輸出（如：分類或迴歸結果）的模型頭部中。

forward 的傳回值則包含了模型**原始的輸出**（linear_output）、以及將其套用 softmax 處理後所產生的**機率值**。我們曾在第 7.2.6 節裡提過 logits，它們是神經網路的原始輸出值，以本例來說即 linear_output（未經 softmax 層正規化為機率）。換言之，logits 就是 softmax 層的輸入，它可以是任何實數，而 softmax 可以將其範圍限制在 0 到 1 之間。

在訓練階段計算 nn.CrossEntropyLoss 時會用上 logits❷，至於實際分類樣本時則使用機率值。這種情形相當常見，兩輸出的差異僅在於『是否經過 softmax 處理』。

註❷：這麼做可以讓數值更穩定。

初始化

本小節最後來談一談初始化神經網路參數的部分。為了得到良好的表現，模型的權重、偏值以及其它參數都需符合一定的特性才行。讓我們考慮如下的退化情形：假設所有權重值皆大於 1，且不使用殘差連結（residual connection），那麼隨著資料流過一個個神經層並與權重相乘，最後的輸出數值將會越變越大。反之，若所有權重皆小於 1，則神經層的輸出將越變越小。類似的問題也會發生在反向傳播的梯度值上，這對於訓練神經網路是不利的。

有許多正規化方法可以將神經層輸出值控制在適當的範圍，但更簡單的做法是：在初始化模型參數時，就確保它們不會造成中繼資料和梯度變得過大或過小。如同第 8 章所述，PyTorch 在初始化問題上無法提供太多幫助（見第 8.5.3 小節中對於初始化的討論），因此我們必須自己搞定這一部分。實作的方法可參考以下的 _init_weights() 方法。

程式 11.9：model.py

```
#Line 30
def _init_weights(self):
    for m in self.modules():
        if type(m) in {
            nn.Linear,
            nn.Conv3d,
            nn.Conv2d,                    ←—— 處理內有可訓練參數的模組
            nn.ConvTranspose2d,
            nn.ConvTranspose3d,
        }:
            nn.init.kaiming_normal_(  ←—— 一種特殊的正規化方法
                m.weight.data, a=0, mode='fan_out', nonlinearity='relu',
            )
            if m.bias is not None:
                fan_in, fan_out = nn.init._calculate_fan_in_and_fan_out\
                                  (m.weight.data)
                bound = 1 / math.sqrt(fan_out)              將偏值限制在
                nn.init.normal_(m.bias, -bound, bound)  ←—— 一定的範圍內
```

11.5 模型的訓練與驗證

是時候把之前提到的各元件組合成在一起了。各位對於圖 11.7 所示的訓練迴圈應該不陌生，其與第 5 章所提的迴圈類似。

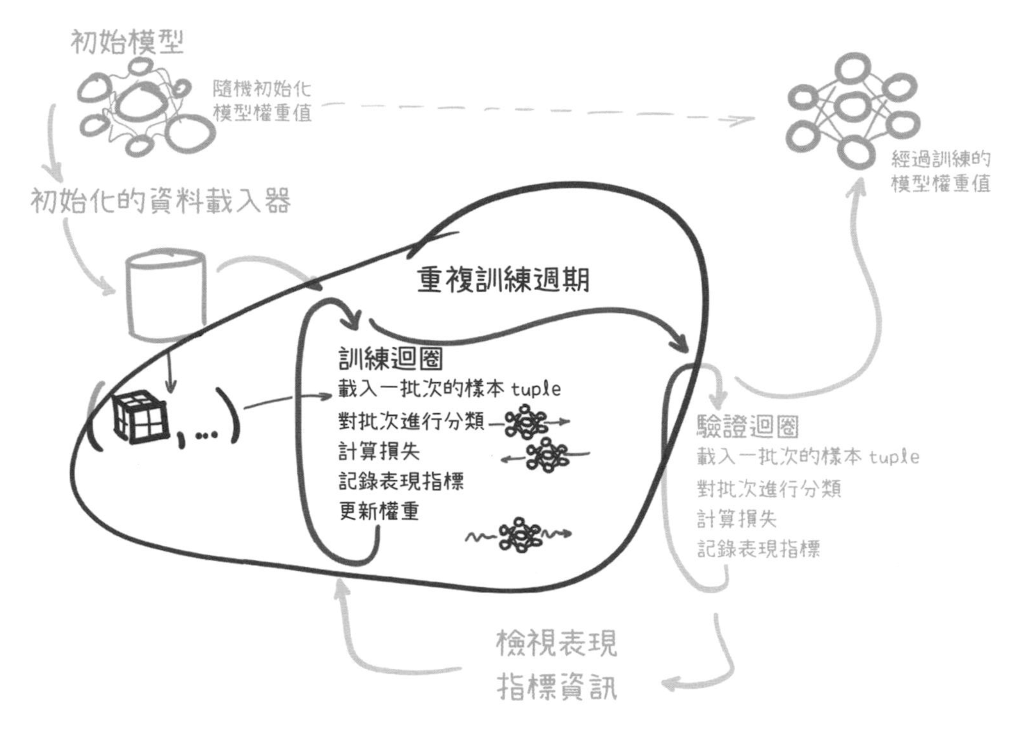

圖 11.7 本章要實作的訓練與驗證程序，這裡的重點放在訓練迴圈以及批次資料處理。

我們的程式碼相當簡短，程式 11.10 中的 doTraining 函式中就只有 12 行敘述（有些敘述會分成多行以求易讀，因此實際行數看起來更多）。

程式 11.10：training.py

```
#Line 137
def main(self):                                    接著來定義 doTraining 函式
#Line 143
    for epoch_ndx in range(1, self.cli_args.epochs + 1):
    #Line 154
    trnMetrics_t = self.doTraining(epoch_ndx, train_dl) ←
        self.logMetrics(epoch_ndx, 'trn', trnMetrics_t) ←    在 11.6.1 節會說明此函式
```

NEXT

```
#Line 165
def doTraining(self, epoch_ndx, train_dl):
    self.model.train()
    trnMetrics_g = torch.zeros( ◄— 初始化存放評估資訊的空陣列
        METRICS_SIZE,
        len(train_dl.dataset),
        device=self.device,
    )

    batch_iter = enumerateWithEstimate( ◄— 建立批次迴圈並計算時間
        train_dl,
        "E{} Training".format(epoch_ndx),
        start_ndx=train_dl.num_workers,
    )
    for batch_ndx, batch_tup in batch_iter:
        self.optimizer.zero_grad() ◄— 將所有梯度歸零

        loss_var = self.computeBatchLoss( ◄— 下一節會詳細討論此方法
            batch_ndx,
            batch_tup,
            train_dl.batch_size,
            trnMetrics_g
        )

        loss_var.backward() ◄— 實際更新模型參數
        self.optimizer.step()

    self.totalTrainingSamples_count += len(train_dl.dataset)

    return trnMetrics_g.to('cpu')
```

和前幾章的訓練迴圈相比，此處的迴圈具有以下幾項顯著差異：

- trnMetrics_g 張量會在訓練過程中，搜集不同評估資訊。對於如本例一般的大型專案來說，這些資訊能提供很有價值的參考。

- 我們不會直接走訪 train_dl 資料載入器，而是使用能同時**測量花費時間**的 enumerateWithEstimate 方法。該做法是出於作者的習慣，並非必要。

- 這裡將實際計算損失的程式放在自行定義的 computeBatchLoss 方法中（將在程式 11.11 介紹）。同樣，這並非必要。

到了第 11.7.2 節，我們會解釋為什麼要把 enumerate 和額外功能包裹在一起。就目前而言，各位先把 enumerateWithEstimate 和 enumerate(train_dl) 當成一樣的東西即可。

張量 trnMetrics_g 的功能在於存放模型處理每個樣本時的表現資訊。接下來，讓我們把重點轉向 computeBatchLoss 函式。

11.5.1 computeBatchLoss 函式

在訓練與驗證迴圈中，皆會呼叫 computeBatchLoss 函式。如同其名稱所示，該函式會計算**批次樣本的損失值**。和第 7 章相同，此處所選擇的損失為 CrossEntropyLoss。除此之外，computeBatchLoss 還會記錄模型處理每個樣本後所產生的輸出及所對應的標籤。這些資訊能讓我們計算模型在每一個分類類別的預測準確率有多高，並依此來修正模型。

在研究過前面各章的訓練迴圈後，相信各位對於拆解批次 tuple、將張量移至 GPU、以及呼叫模型的做法應該都很熟悉了，底下是相關的程式：

程式 11.11：training.py

```
#Line 225
def computeBatchLoss(self, batch_ndx, batch_tup, batch_size, metrics_g):
    input_t, label_t, _series_list, _center_list = batch_tup ◄── 拆解批次 tuple
```

NEXT

```
    input_g = input_t.to(self.device, non_blocking=True)─┐
    label_g = label_t.to(self.device, non_blocking=True)─┘◄─ 將張量轉移至 GPU

    logits_g, probability_g = self.model(input_g) ◄── 運行模型

    loss_func = nn.CrossEntropyLoss(reduction='none') ◄─┐
    loss_g = loss_func(                                 『reduction='none'』讓我們
        logits_g,                                       可以計算每個樣本的損失
        label_g[:,1],  ◄── one hot 編碼類別的索引
    )
#Line 248
    return loss_g.mean()  ◄── 將各樣本的損失結合成單一數值（計算平均）
```

在以上程式中，我們傳回的是各樣本的**平均損失**，而這個平均值就相當於批次損失。還有另外一種可選擇的做法，就是將每個樣本的損失都記錄在張量裡做為傳回值，以供我們用不同的方法來統計它們（例如：將『是結節』和『不是結節』的樣本損失**分開加總**，進而了解模型在不同類別之樣本上的表現）。『是否記錄每個樣本的損失』應該依專案的需求而定，對本章的專案來說，使用平均批次損失就夠了。

完成上述步驟後，便能呼叫與**反向傳播**和**權重更新**有關的函式了。但在此之前，會先記錄批次樣本輸出的相關資訊，以方便後續處理和分析工作。為此，我們會將 metrics_g 當成參數傳入 computeBatchLoss 中。

程式 11.12：training.py

```
#Line 26
METRICS_SIZE = 3        ◄── 表現指標的數量
METRICS_LABEL_NDX = 0 ◄── 記錄標籤的索引
METRICS_PRED_NDX = 1  ◄── 記錄預測結果的索引
METRICS_LOSS_NDX = 2  ◄── 記錄損失值的索引
```

NEXT

```
#Line 225
def computeBatchLoss(self, batch_ndx, batch_tup, batch_size, metrics_g):
    #Line 238
    start_ndx = batch_ndx * batch_size
    end_ndx = start_ndx + label_t.size(0)

    metrics_g[METRICS_LABEL_NDX, start_ndx:end_ndx] =
        label_g[:,1].detach() ◄── 記錄實際標籤
    metrics_g[METRICS_PRED_NDX, start_ndx:end_ndx] =
        probability_g[:,1].detach() ◄── 記錄預測結果
    metrics_g[METRICS_LOSS_NDX, start_ndx:end_ndx] = loss_g.detach() ◄─┐
                                                                   記錄損失值
    return loss_g.mean()  ◄── 傳回整個批次的平均損失
```

將每個訓練樣本的標籤、模型預測結果與損失值記錄下來後（對於驗證資料也會進行同樣處理），我們便有了充足的資訊能檢驗模型的行為。本例的重點在於探討模型在每個分類類別上的表現如何，但如果有需要，我們也能輕鬆找出哪一個樣本被錯誤分類的次數最多，進而思考原因。再次強調，在某些專案中，這些和單獨樣本有關的資訊並不重要，但請記得：只要有需求，我們是有辦法記錄這些資訊的。

11.5.2 驗證迴圈

圖 11.8 所示的驗證迴圈和訓練迴圈非常類似，但整體來說更為簡單。其中兩者最大的差異在於：驗證過程是**唯讀**的，也就是只能『讀取資訊』，而不會更新模型的權重。

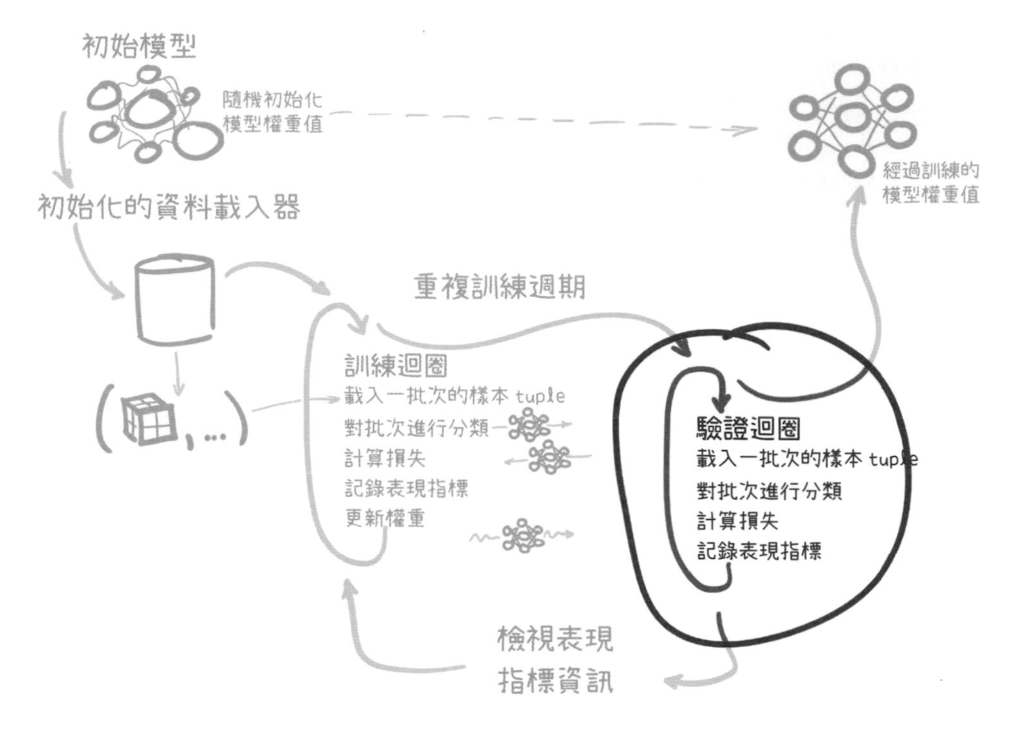

圖 11.8 本章要實作的訓練與驗證程序，此處的重點是驗證程序。

在執行驗證程序時，模型是保持不變的（**編註**：即內部權重參數不會進行更新）。另外，這裡的『with torch.no_grad()』會指示 PyTorch 在 with 區塊內不要計算過程中的梯度（**編註**：參數不進行更新，也就不需要計算梯度），因此其速度會較訓練迴圈快一些。

程式 11.13 training.py

```
#Line 137
def main(self):
    for epoch_ndx in range(1, self.cli_args.epochs + 1):
        #Line 157
        valMetrics_t = self.doValidation(epoch_ndx, val_dl)
        self.logMetrics(epoch_ndx, 'val', valMetrics_t)
```

NEXT

```
#Line 203
def doValidation(self, epoch_ndx, val_dl):
    with torch.no_grad():
        self.model.eval()  ← val() 和 train() 的差異是它不會更新權重，而且還會關閉如 Dropout 等只有訓練時才需要的功能)
        valMetrics_g = torch.zeros(
            METRICS_SIZE,
            len(val_dl.dataset),
            device=self.device,
        )

        batch_iter = enumerateWithEstimate(  ← 計算驗證程序所需的時間
            val_dl,
            "E{} Validation ".format(epoch_ndx),
            start_ndx=val_dl.num_workers,
        )
        for batch_ndx, batch_tup in batch_iter:
            self.computeBatchLoss(  ← 計算批次損失
                batch_ndx, batch_tup, val_dl.batch_size, valMetrics_g)

    return valMetrics_g.to('cpu')
```

由於不需要更新模型權重，所以這裡也不會使用 computeBatchLoss 傳回的損失。僅管如此，我們還是要在迴圈中呼叫 computeBatchLoss，因為需將模型評估資料記錄到 valMetrics_g 中。

11.6 輸出表現評估資料

最後，要將本次訓練週期的表現評估資訊記錄並顯示出來。如圖 11.9 所示，記錄評估資訊及將其輸出後，程式便會進入下一個訓練週期。在每週期結束前『顯示該週期的表現評估資訊』很重要，是因為它能讓我們在訓練效果不如預期時(以深度學習的術語來說，即模型『無法收斂』)，可以提早結束訓練以免浪費時間。

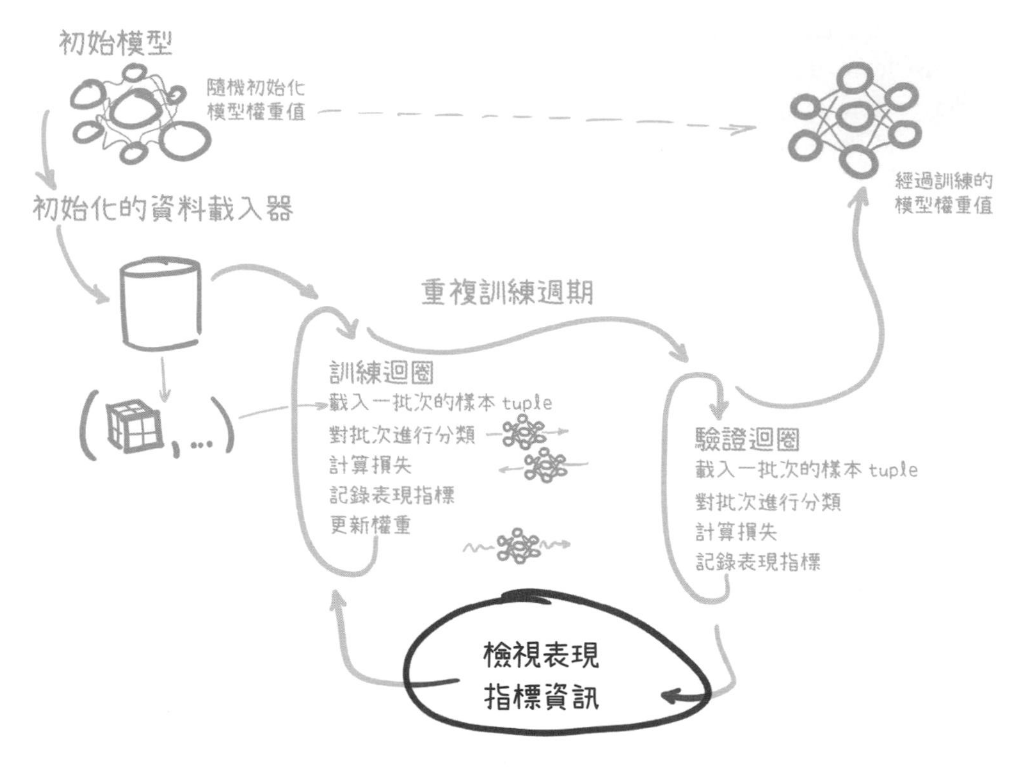

圖 11.9 這裡會將重點放在**評估表現資料**的步驟。

我們已經把每個訓練週期的訓練及驗證評估資訊存進 trnMetrics_g 及 valMetrics_g 中了，這些數據讓我們得以計算訓練與驗證程序中，各分類類別的準確率以及平均損失。讓程式『記錄並顯示每一次訓練週期的資訊』是很常見的做法，但也可視需要做一些變通，在未來的章節中，我們將說明如何把控制顯示評估資訊的頻率（例如調整批次的大小）。

11.6.1 logMetrics 函式

現在先來看看 logMetrics() 函式的參數：

程式 11.14：training.py

```
#Line 251
def logMetrics(
        self,
        epoch_ndx,  ◀── 本週期是第幾週期
        mode_str,   ◀── 本週期是在訓練還是驗證階段
        metrics_t,  ◀── 本週期的評估資訊
        classificationThreshold=0.5, ◀── 輸出機率大於此閾值時即視為陽性（是結節）
):
```

logMetrics() 的 metrics_t 參數，可以傳入 trnMetrics_t 或是 valMetrics_t。回憶一下，以上兩個浮點數張量的資料皆是在 computeBatchLoss 階段存入，且在它們成為 doTraining 和 doValidation 的傳回值之前，都先被送回了 CPU 之中。兩張量的列數皆為 3（編註：記錄了**標籤**、**預測結果**及**損失值**），而行數則與樣本的數量一樣多。在此提醒一下，上面提到的 3 個列分別對應以下常數：

程式 11.15：training.py

```
#Line 27
METRICS_LABEL_NDX=0 ◀── 標籤的索引值為 0
METRICS_PRED_NDX=1  ◀── 預測結果的索引值為 1
METRICS_LOSS_NDX=2  ◀── 損失值的索引值為 2
```

建立遮罩

下一步是建立**遮罩**（masks），以便只檢視**結節**或**非結節**（即陽性與陰性）樣本的評估資料。我們會計算『陽性』與『陰性』類別的樣本總數，並統計分類正確的樣本數量。

張量遮罩（tensor masking）

張量遮罩是個常用的技巧，你或許使用過 NumPy 中的遮罩陣列（masked arrays），而張量遮罩與陣列遮罩的原理是一樣的。

但如果你不熟悉遮罩陣列，那麼請參考以下 NumPy 文件（http://mng.bz/XPra），內有更清楚說明。PyTorch 使用了與 NumPy 相同的概念和語法。

程式 11.16：training.py

```
#Line 264
negLabel_mask = metrics_t[METRICS_LABEL_NDX] <= classificationThreshold  ← 依照閾值製作陰性標籤的遮罩，遮罩內為 True 的元素代表不是結節（陰性），為 False 的則是結節（陽性）

negPred_mask = metrics_t[METRICS_PRED_NDX] <= classificationThreshold  ← 用同樣方法製作陰性預測值的遮罩

posLabel_mask = ~negLabel_mask  ← 製作陽性標籤的遮罩
posPred_mask = ~negPred_mask    ← 製作陽性預測值的遮罩
```

上述第一行程式將 metrics_t[METRICS_LABEL_NDX] 中的所有數值（編註：其中的數值非 0 即 1）與 classificationThreshold（預設為 0.5）進行比較後，可以得到一個只有 True 跟 False 的陣列，其中的 True 值對應著『非結節』（也就是『陰性』）的樣本標籤；False 值則對應著『結節』（也就是『陽性』）的樣本標籤。

接著利用類似的程序建立 negPred_mask 遮罩。這裡要注意，METRICS_PRED_NDX 的值是由模型所輸出的機率（即樣本為陽性的可能性），其可以是 0.0 到 1.0 之間（包含 0.0 與 1.0）的任何浮點數，但這不會改變我們的比較程序。至於陽性遮罩，其只是陰性遮罩的反轉陣列。

NOTE 雖然上述做法也能用在其它專案上，但各位必須記得：由於這裡處理的是二元分類問題，故我們其實走了一些捷徑（直接反轉就能取得陽性遮罩）。若各位未來的專案中包含兩個以上的分類類別，或者同一個樣本可以有多個分類標籤，那麼建立遮罩的邏輯必將變得更複雜。

現在，我們要利用上面的遮罩來計算各分類標籤的統計資訊，並將結果存在字典 metrics_dict 中。

程式 11.17：training.py

```
#Line 270
neg_count = int(negLabel_mask.sum())
pos_count = int(posLabel_mask.sum())   ← 計算標籤中的陽性及陰性數量

neg_correct = int((negLabel_mask & negPred_mask).sum())  ← 計算真陰性（預測為陰性且正確）的數量
pos_correct = int((posLabel_mask & posPred_mask).sum())  ← 計算真陽性（預測為陽性且正確）的數量

metrics_dict = {}
metrics_dict['loss/all'] = metrics_t[METRICS_LOSS_NDX].mean()  ← 計算整體的平均損失
metrics_dict['loss/neg'] = metrics_t[METRICS_LOSS_NDX, negLabel_mask].mean()  ← 計算陰性樣本的平均損失
metrics_dict['loss/pos'] = metrics_t[METRICS_LOSS_NDX, posLabel_mask].mean()  ← 計算陽性樣本的平均損失

metrics_dict['correct/all'] = (pos_correct + neg_correct) \
    / np.float32(metrics_t.shape[1]) * 100  ← 計算整體準確率
metrics_dict['correct/neg'] = neg_correct / np.float32(neg_count) * 100  ← 計算 TN（真陰性率）
metrics_dict['correct/pos'] = pos_correct / np.float32(pos_count) * 100  ← 計算 TP（真陽性率）
```

在程式 11.17 中，我們計算了整個訓練週期的平均損失。既然損失值是訓練過程中最小化的目標，我們自然希望能追蹤其變化。然後，套用之前建立的 negLabel_mask 遮罩，以便計算陰性樣本的平均損失（陽性樣本

的損失也比照處理）。取得各分類類別的損失值能讓我們看出：是否存在『一個類別比另一個類別更難分類』的現象，這有助於我們改進模型表現。

計算的最後一步是找出樣本整體的分類準確率，以及每個分類類別各自的準確率。由於接下來這些數值會以百分比的方式顯示，故這裡需將計算結果乘上 100。和損失值的狀況類似，此處所得的資訊一樣可做為改進模型表現的指引。計算完畢後，我們會呼叫 log.info() 3 次來記錄整體以及不同類別的資訊。

程式 11.18：training.py

```
#Line 289
log.info( ◀── 計算整體損失及準確率
    ("E{} {:8} {loss/all:.4f} loss, "
         + "{correct/all:-5.1f}% correct, "
    ).format(
        epoch_ndx,
        mode_str,
        **metrics_dict,
    )
)
log.info( ◀── 計算陰性樣本的損失及準確率
    ("E{} {:8} {loss/neg:.4f} loss, "
         + "{correct/neg:-5.1f}% correct ({neg_correct:} of {neg_count:})"
    ).format(
        epoch_ndx,
        mode_str + '_neg',
        neg_correct=neg_correct,
        neg_count=neg_count,
        **metrics_dict,
    )
)
log.info(  ◀── 陽性樣本的記錄程序與上面的做法類似
    # 讀者可自行參考 training.py 中的 Line 309 至 Line 319
)
```

其中，第 1 個 log.info 是以**所有樣本**為基礎進行計算，並且被標註為『/all』；其餘兩者則分別標為『/neg』（代表陰性或非結節）和『/pos』（代表陽性或結節）。程式 11.18 省略了第 3 個 log.info 的程式碼（與陽性有關的計算），這是因為除了把所有的 **neg** 換成 **pos** 以外，該程式碼與第二個 log.info 完全相同。

11.7 執行訓練程式

既然 training.py 最核心的部分已經完成，是時候來執行看看了。讀者可讓 training.py 持續在背景運行，希望各位在讀完本節的內容後，螢幕上已呈現出一些結果了。

我們要在主程式目錄底下執行此程式。在執行之前，請先確認你的 Python 環境已安裝了 requirements.txt 檔案中所列的所有函式庫。一切就緒後，依下面方法啟動程序：

In

```
$ python -m p2ch11.training
```

← 此為 Linux/Bash 命令列；Windows 使用者也可以用相同的方法

Out

```
Starting LunaTrainingApp,
    Namespace(batch_size=256, channels=8, epochs=20, layers=3, num_workers=8)
<p2ch11.dsets.LunaDataset object at 0x7fa53a128710>: 495958 training samples
<p2ch11.dsets.LunaDataset object at 0x7fa537325198>: 55107 validation samples
Epoch 1 of 20, 1938/216 batches of size 256
E1 Training ----/1938, starting
E1 Training   16/1938, done at 2018-02-28 20:52:54, 0:02:57
...
```

（495958、55107：此處的數字視讀者實際下載的資料量而定）

提醒一下，本書的 Jupyter Notebook 檔案也有提供包含訓練程式的調用指令，如以下程式：

程式 11.19：code/p2_run_everthing.ipynb

In

```
run('p2ch11.prepcache.LunaPrepCacheApp')  ← 準備快取資料
```

In

```
run('p2ch11.training.LunaTrainingApp', '--epochs=1')  ← 執行 1 次訓練週期
```

如果你發現第一個訓練週期的執行時間特別長，那是因為程式正在準備 LunaDataset 所需的快取資料。關於快取的詳細說明，請回顧第 10.5.1 節。另外，在第 10 章的練習中，我們曾寫過能預先高效填滿快取記憶的程式，本章所提供的 prepcache.py 也有同樣的功能。由於每一章裡，我們都會重新執行一次 dsets.py 程式檔，故快取程序亦會隨之不斷重複。這種做法雖然有些耗時耗力，但能確保各章節的程式維持一定獨立性。

11.7.1 確認樣本的數量

若你發現訓練用樣本數量少於 495,958、驗證用樣本數少於 55,107，則有必要確認一下是否所有資料都在正確位置且可以被存取（編註：如果你只有下載部分的資料，請自行計算應有的樣本數量）。當各位日後處理其它專案時，也務必要讓你的資料集可以取得樣本數量，並確定該數值是否符合預期。

NOTE 若以上檢查的結果都沒問題，但事情仍不符合預期，那麼讀者可以到以下討論區提問：https://livebook.manning.com/book/deep-learning-with-pytorch/chapter-11，或許作者及其他高手能為你解答。

11.7.2 enumerateWithEstimate 函式

在訓練模型時，等待是常有的事。要是能知道程式還要跑多久，我們便可以更有效地規劃要做什麼，而 enumerateWithEstimate() 函式正好能回答此問題。該函式的簡單使用範例如下：

In

```
for i, _ in enumerateWithEstimate(list(range(234)), "sleeping"):
    time.sleep(random.random())  ← 暫停 0~1 秒 (秒數由 random() 隨機算出)
```

Out

實際的完成時間 / 預估何時會完成 / 預估還要等多久

```
11:12:41,892 WARNING sleeping ----/234, starting
11:12:44,542 WARNING sleeping 4/234, done at 2020-01-01 11:15:16, 0:02:35
11:12:46,599 WARNING sleeping 8/234, done at 2020-01-01 11:14:59, 0:02:17
11:12:49,534 WARNING sleeping 16/234, done at 2020-01-01 11:14:33, 0:01:51
11:12:58,219 WARNING sleeping 32/234, done at 2020-01-01 11:14:41, 0:01:59
11:13:15,216 WARNING sleeping 64/234, done at 2020-01-01 11:14:43, 0:02:01
11:13:44,233 WARNING sleeping 128/234, done at 2020-01-01 11:14:35, 0:01:53
11:14:40,083 WARNING sleeping ----/234, done at 2020-01-01 11:14:40
```

在以上 8 行輸出結果中，程式共執行了超過 200 次迴圈（234 次），共計花了 2 分鐘左右。即便是考慮到 random.random() 所帶來的變異量，該函式在完成 16 個迴圈後（第 4 行輸出，花不到 10 秒鐘）所估計的完成時間（11:14:33）還是相當準確的（編註：實際的完成時間為 11:14:40，僅相差 7 秒鐘）。對於時間不確定性更低的迴圈，估計結果的準確性會更高。

就函式的表現而言，enumerateWithEstimate 和 enumerate 的行為基本上是一樣的（兩者的其中一項差異為：前者傳回的是一個生成器，而 enumerate 則傳回特化的 <enumerate object at 0x...> 物件）。

程式 11.20：util.py

```
#Line 68
def enumerateWithEstimate(
        iter,
        desc_str,
        start_ndx=0,
        print_ndx=4,
        backoff=None,
        iter_len=None,
):
    for (current_ndx, item) in enumerate(iter):
        yield (current_ndx, item)
```

深度學習專案往往非常耗時，而『估算程式需執行多久』不僅有助於我們聰明地規劃時間，還能在估算結果與預期不符時，警示我們可能有錯誤發生（或者目前所用的方法不正確）。

11.8 評估模型表現：得到 99.7% 的分類準確率就代表結束了嗎？

以下是經過化簡的訓練程式輸出結果：

```
Out
E1 Training ----/969, starting
...
E1 LunaTrainingApp
E1 trn       2.4576 loss,  99.7% correct ←— 模型在訓練集上的表現
...
E1 val       0.0172 loss,  99.8% correct ←— 模型在驗證集上的表現
...              ↑             ↑
               損失值         準確率
```

經過了一個訓練週期，我們發現訓練集與驗證集的分類準確率為 99.7% 及 99.8%。這個結果或許會讓你信心大增：『看來我們距離擊敗癌症不遠了！』，但事情真的是這樣嗎？很遺憾，答案是否定的。讓我們深入檢視 epoch 1 的輸出：

```
Out

E1 LunaTrainingApp
E1 trn      2.4576 loss,  99.7% correct,
E1 trn_neg  0.1936 loss,  99.9% correct (494289 of 494743) ◀─ 模型在陰性（非結節）訓練樣本上的表現
E1 trn_pos  924.34 loss,   0.2% correct (3 of 1215) ◀─ 模型在陽性（結節）訓練樣本上的表現
...
E1 val      0.0172 loss,  99.8% correct,
E1 val_neg  0.0025 loss, 100.0% correct (494743 of 494743) ◀─ 模型在陰性（非結節）驗證樣本上的表
E1 val_pos  5.9768 loss,   0.0% correct (0 of 1215) ◀─ 模型在陽性（結節）驗證樣本上的表現
```

請看**驗證集**（程式輸出的最後 3 排）的結果：對於『非結節』的樣本，分類 100% 正確；然而對於『結節』樣本，分類卻是 100% 錯誤。換句話說，我們的神經網路只是把所有東西都判定為『非結節』罷了！至於準確率 99.7% 則只是反映了：在所有樣本中，僅大約 0.3% 是結節。

即使在經過 10 個訓練週期後，模型表現也並沒有顯著改進：

```
E10 LunaTrainingApp
E10 trn      0.0024 loss,  99.8% correct
E10 trn_neg  0.0000 loss, 100.0% correct
E10 trn_pos  0.9915 loss,   0.0% correct
E10 val      0.0025 loss,  99.7% correct
E10 val_neg  0.0000 loss, 100.0% correct
E10 val_pos  0.9929 loss,   0.0% correct
```

可以看到，輸出沒有任何改變。所有結節（即『陽性』樣本）的分類結果仍然都是錯的。但有趣的是，val_pos 的損失似乎開始下降了，且 val_neg 的損失也沒有相應上升。這代表我們的網路確實有在學習，只不過速度非常非常地緩慢。

更糟糕的是，此處模型失誤的地方（即把『陽性』的樣本說成『陰性』）在實際應用中是極度危險的！我們必須避免程式將腫瘤判定為無害的組織，這樣才能讓患者得到進一步的檢驗與治療。無論是什麼專案，我們都應該要清楚知道每種分類錯誤所帶來的後果為何，這對於模型的設計、訓練與評估方式皆會產生重大影響（下一章會對該主題進行更多討論）。

在此之前，我們得先升級一下評估模型表現所用的工具。相較於查看一行行的數字，圖片結果顯然更能讓我們快速掌握重點。所以，讓我們將模型評估指標畫出來吧！

11.9 使用 TensorBoard 畫出訓練評估指標

這裡要使用一個名為 TensorBoard 的工具，它能輕鬆從訓練迴圈中取得表現評估資訊，並將之轉換為漂亮的圖表。如此一來，我們不但能得到每個訓練週期的即時回饋值，還可以看出這些值的**趨勢**。

或許有人會說：TensorBoard 不是 TensorFlow 專案裡的東西嗎？為什麼它會出現在 PyTorch 的書上？

的確，TensorBoard 屬於另一個深度學習開發架構。但在這裡，我們打算採取『好用即王道』的原則。換言之，沒必要只因為一項工具屬於其它開發框架就不去用它。PyTorch 和 TensorBoard 的開發人員已有合作共識，因此 PyTorch 中提供了對於 TensorBoard 的官方支援，而 TensorBoard 裡也有一些簡單易用的 PyTorch APIs，允許我們快速呈現來自任何地方的資料。只要你還待在深度學習領域，那麼 TensorBoard（以及使用它的機會）便會經常出現在你身邊。

截至目前，若各位有實際運行本章的程式，則你的硬碟中應該已有不少資料等著被視覺化了。下面就來看看如何啟動 TensorBoard，並觀察其所展現的結果吧。

11.9.1 啟動 TensorBoard

根據預設，訓練程式會將表現評估資料存在 runs 子目錄底下。如果打開 runs 中的 p2ch11 資料夾，應該會看到類似以下的檔案：

```
drwxrwxr-x 2 elis elis 4096 Sep 15 13:22 2020-01-01_12.55.27-trn-dlwpt/
drwxrwxr-x 2 elis elis 4096 Sep 15 13:22 2020-01-01_12.55.27-val-dlwpt/
```

之前執行的單一週期訓練迴圈

```
drwxrwxr-x 2 elis elis 4096 Sep 15 15:14 2020-01-01_13.31.23-trn-dwlpt/
drwxrwxr-x 2 elis elis 4096 Sep 15 15:14 2020-01-01_13.31.23-val-dwlpt/
```

最近所執行的 10 週期訓練迴圈

要使用 tensorboard 程式，請先安裝 tensorflow（https://pypi.org/project/tensorflow）的 Python 套件。由於我們不會用到 TensorFlow 的其它部分，因此安裝 CPU-only 的版本即可。假如各位的電腦上已存在其它版本的 TensorBoard，你也可以使用它。請在本專案的路徑上以指令『tensorboard --logdir runs/p2ch11』來執行 TensorBoard 程式。只要利用 --logdir 引數指明資料儲存的位置，那麼從哪裡執行 TensorBoard 都沒問題。在運行 10 或 20 次實驗之後，TensorBoard 可能會變得有些笨重，因此將欲呈現資料存放在獨立的資料夾中會比較好。在未來當各位處理其它專案時，你必須自行尋找存放資料的最佳方式。如有必要，請嘗試將資料移動到不同位置。

現在，讓我們啟動 TensorBoard：

```
$ tensorboard --logdir runs/p2ch11
2020-01-01 12:13:16.163044: I tensorflow/core/platform/cpu_feature_guard. c:140] ◄┐
                  此行訊息可能不同、或甚至根本不出現，但這不影響 TensorBoard 的運行
Your CPU supports instructions that this TensorFlow binary was not
  compiled to use: AVX2 FMA 1((C017-2))
TensorBoard 1.14.0 at http://localhost:6006/ (Press CTRL+C to quit)
```

上述指令執行完畢後，請將瀏覽器導向 http://localhost:6006 觀看 TensorBoard 的主面板❸，如圖 11.10 所示：

> **註❸**：如果瀏覽器所在的電腦與執行 TensorBoard 的電腦不是同一台，請將指令中的『localhost』修改成後者電腦的主機名稱或 IP 位置。

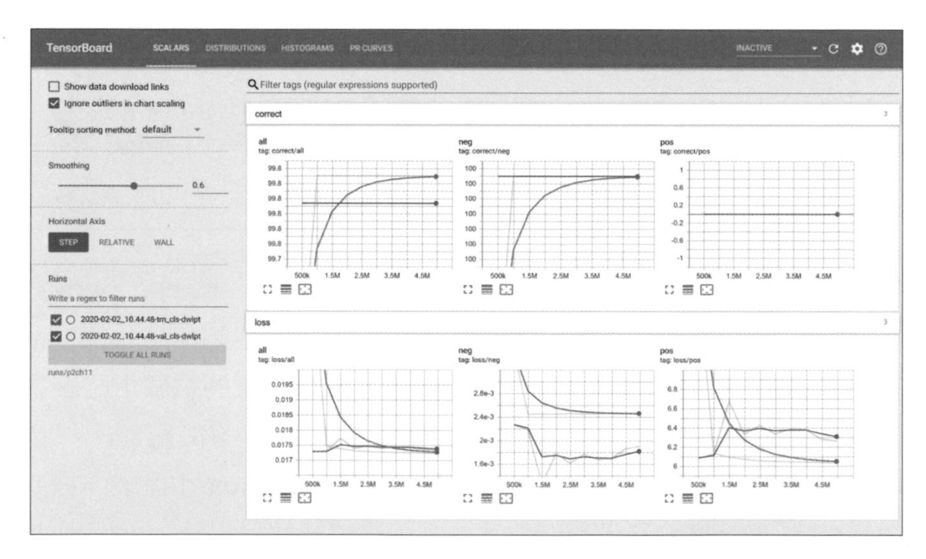

圖 11.10　TensorBoard 的主要使用者介面，這裡以一組成對的訓練與驗證資料為例。

在視窗的最上方，你應該會看到橘色的標頭。標頭右方有些常見的功能圖示，如『設定』、以及前往 GitHub 檔案庫的連結等等，我們暫時不會用到它們。標頭左方則會列出可切換的資料呈現方式；以本例而言，你應該至少會看到以下項目：

- 純量(Scalars,這是預設分頁)
- 直方圖(Histograms)
- 準確率—召回率曲線(PR Curves,Precision-Recall Curves 的縮寫)

各位還可能在 UI 上看到其它分頁,例如『Distributions(分佈)』(位於圖 11.10 的 Scalars 分頁旁邊)。由於我們不會用到,故在此不會對它們進行討論。請各位點擊『Scalars』來選擇該分頁。

介面的最左邊是視覺化控制選項,以及當前所顯示的執行結果。TensorBoard 會自動將曲線平滑化,好讓我們更易看出整體趨勢。原始曲線則為以『淡色』的方式呈現於背景中,其顏色與平滑後的版本一致但顏色較淡,如圖 11.11 所示:

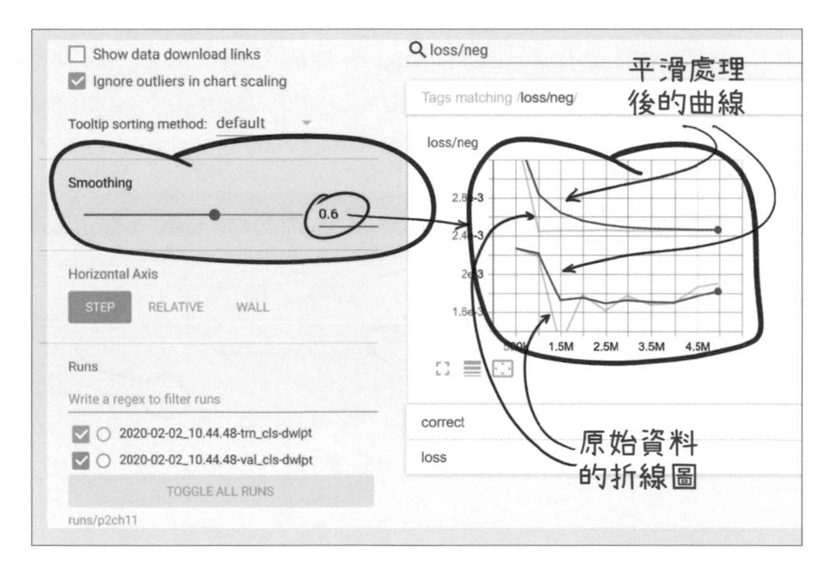

圖 11.11 TensorBoard 的側面板,可以看到 Smoothing(平滑度)被設為 0.6,且當前正在呈現兩組執行結果。

如果你曾執行訓練程式多次,那麼將有多筆執行結果可供你選擇呈現。但若一次繪製太多資料,圖形看起來會非常混亂,此時就應該把目前不感興趣的執行結果取消勾選(在上圖左下角的地方,**編註**:在『TOGGLE ALL RUNS』上方)。

如果你想讓某筆執行結果永遠消失，只需在 TensorBoard 執行過程中將相應資料從硬碟裡移除即可。我們可以移除中途當機的實驗結果、有錯誤的檔案、未收斂的測試記錄以及過於老舊的檔案。由於執行結果的筆數會快速增加，因此各位應該經常清理這些資料，並將特別有意義的檔案重新命名，或者移到另一個目錄底下以免被誤刪。若想要**同時**移除對應的 train 和 validation 資料，你可以使用以下指令（記得依你想刪除的檔案來更改指令中的章節、日期與時間）：

```
$ rm -rf runs/p2ch11/2020-01-01_12.02.15_* ◄── 編註：這部分請讀者自行調整
```

請注意，將某筆執行結果移除後，位於下方的結果會上移，進而造成它們的曲線顏色改變。

好的，是時候來看看 TensorBoard 所繪製的精美圖表了！如圖 11.12 所示，螢幕上大部分的區域都被用來呈現我們所搜集的訓練與驗證評估資料：

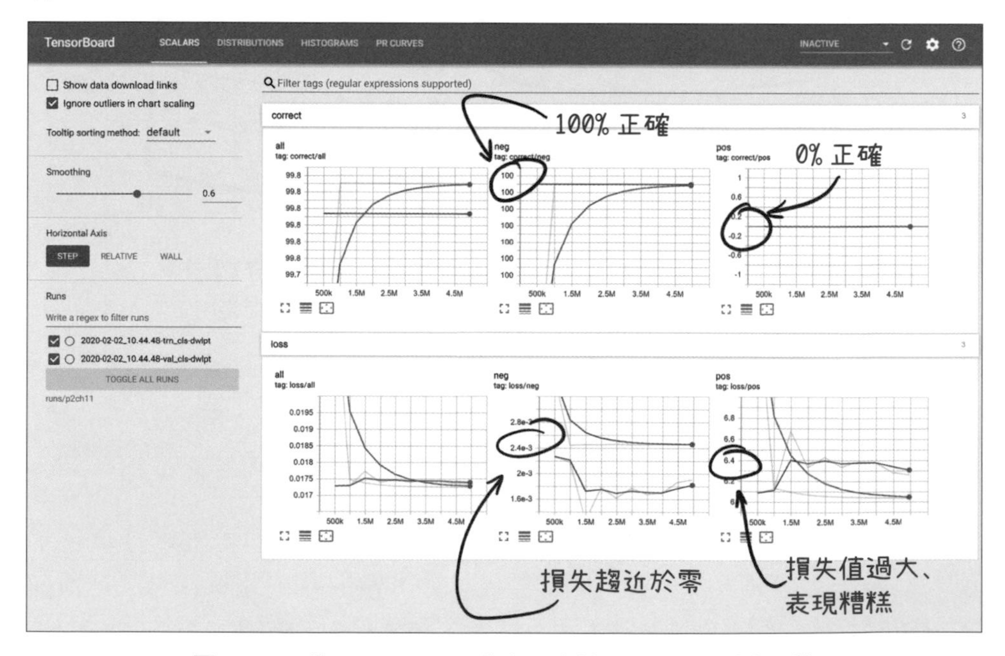

圖 11.12 從 TensorBoard 的主要資料呈現區可以看出：模型對於陽性樣本（最右邊的上下二張圖）的分類表現極差。

相較於純文字及數字的輸出，圖形結果顯然易懂多了！雖然我們會等到第 11.10 節再討論這些圖表的意義，但這裡有必要先指出訓練程式的輸出與圖表中各數值的對應關係。請花一些時間交叉比對 training.py 提供的回饋訊息、以及相應的 TensorBoard 曲線數值（將滑鼠放在曲線上後會有提示框跳出，告訴你該處對應的具體數值是多少）。各位應該會發現，提示框中『Value』欄位的數字和訓練程式列印的結果是一致的。如果讀者已瞭解 TensorBoard 曲線的意思，那就來討論下個主題：該如何讓這些資料**自動顯示**在 TensorBoard 上？

11.9.2 加入支援 TensorBoard 的指令

這裡會使用 torch.utils.tensorboard 模組，將資料轉換為 TensorBoard 能處理的格式。有了該工具，無論專案內容為何，我們都能快速、便捷地寫入我們的評估資料。TensorBoard 支援 NumPy 陣列與 PyTorch 張量，這裡只針對後者進行說明。

我們要做的第一件事，就是建立 SummaryWriter 物件（由 torch.utils.tensorboard 載入），並以 log_dir 參數來指定資料存放的路徑（本例的資料儲存路徑如下：runs/p2ch11）。

此處會建立兩個 SummaryWriter 物件，分別寫入訓練與驗證的執行結果（此兩物件會在每回合訓練週期中被重複使用）。SummaryWriter 類別還會在初始化的同時為 log_dir 建立目錄。要是訓練程式在尚未寫入任何資料以前便當掉了（這種情況在測試時很常見），那麼你的 TensorBoard 介面中可能會充斥著許多空的執行結果。為了避免這種情況發生，我們會等到程式準備好要寫入資料時才產生 SummaryWriter 物件。以上過程全部包含在以下函式中，而該函式會被 logMetrics() 呼叫。

程式 11.21：training.py

```
#Line 127
def initTensorboardWriters(self):
    if self.trn_writer is None:
        log_dir = os.path.join('runs', self.cli_args.tb_prefix, self.time_str)

        self.trn_writer = SummaryWriter(
            log_dir=log_dir + '-trn_cls-' + self.cli_args.comment)
        self.val_writer = SummaryWriter(
            log_dir=log_dir + '-val_cls-' + self.cli_args.comment)
```

根據先前所學，我們知道第一個訓練週期的輸出基本上是隨機的。如果把這第一批次的評估資料也算在內，那麼我們的趨勢圖可能會發生偏斜。請回憶一下，在解釋圖 11.11 時有提過：TensorBoard 會透過平滑化來移除曲線的雜訊，這在一定程度上能降低第一個訓練週期的干擾。

另一種做法則是完全忽略第一批次訓練資料的表現評估數據（不過因為我們的模型訓練速度很快，這些數據還是有點用處的）。各位可以自行決定要怎麼做，在剩下的內容中，本書都會保留第一訓練週期的結果。

TIP 如果在多次實驗中，你的訓練程式都提早結束或產生例外，那麼你的 runs/ 目錄中可能會充斥著許多無用的執行結果。請大膽將這些垃圾移除！

將純量資料寫入 TensorBoard

寫入純量資訊的過程很直接，只要將 metrics_dict 裡的鍵值對（key-value pair）傳入 writer.add_scalar 方法即可。torch.utils.tensorboard.SummaryWriter 類別 add_scalar() 方法（http://mng.bz/RAqj）的參數如下：

程式 11.22：PyTorch torch/utils/tensorboard/writer.py:267

```
def add_scalar(self, tag, scalar_value, global_step=None, walltime=None):
    # ...
```

其中的 tag 參數會告訴 TensorBoard 要將數值加入哪一張圖，scalar_value 參數代表資料點的 Y 軸位置；X 軸的值則是由 global_step 來決定。

回憶一下，訓練程式會在 doTraining 函式中更新 totalTrainingSamples_count 變數。在繪製 TensorBoard 圖表時，我們就是以此變數做為 X 軸，故這裡需將其傳給 global_step 參數。以下是具體程式碼：

程式 11.23：training.py

```
#Line 323
for key, value in metrics_dict.items():
    writer.add_scalar(key, value, self.totalTrainingSamples_count)
```

注意鍵值(如：『loss/all』)對圖表的影響：TensorBoard 會將『/』前方名稱相同的圖分配到同一個組別中(**編註**：簡單來說，/ 前的 loss 為組別名稱，/ 後的 all 為圖表名稱)。

值得一提的是，說明文件建議我們將訓練週期數當成 global_step 參數的傳入值，但這麼做會引發一些問題。本例以神經網路處理的訓練樣本數為 X 軸，因此，就算改變了每個訓練週期中的樣本數量，我們仍能比較修改前後的圖表。不過，請注意這裡的做法並非標準方法。事實上，global_step 參數所接受的數值可以非常多樣化。

11.10 為什麼模型沒有學會偵測結節？

可以確定，我們的模型的確學到了某些東西：隨著訓練次數上升，損失也逐漸下降。然而，模型學到的東西似乎與我們的期望不一致。那麼，問題出在哪裡呢？這裡用一個譬喻來說明。

請想像一張有 10 道**是非題**的期末試卷。為了拿高分，學生翻看了出題老師過去 30 年的出題記錄，結果發現他的考卷每次都只有 **1 至 2 道題**的答案為『是』，其餘的 **8 至 9 道題**為『否』。

現在假設該試卷的出題方式（『是』與『否』的比例）不會調整，且答對超過 80% 的題目就能拿 A+，那麼要獲得高分簡直太容易了：全部問題都答『否』就行了！如果今年的考卷上只有一題的答案為『是』，則圖 11.13 左方的學生也能答對 90% 的題目，但這並不代表他學到了東西（他只是無腦地將所有答案選成『否』）。而這就是我們的模型在本章中所做的事情。

圖 11.13 由於試卷中僅第 9 題的答案為『是』，因此儘管圖中兩位學生的知識水準不同，他們拿到的分數卻是一樣的。

若比較圖 11.13 中兩位學生的測驗結果，直覺告訴我們：相較於全部答『否』的左邊學生，右邊的學生應該對於教學內容有較深的理解，畢竟要找出唯一一題答案為『是』的問題並非易事！但無論是這個譬喻中的測驗成績，還是本章中的模型評估方法，它們都無法反映出受測者的真實狀況。

在結節偵測的例子裡，99.7% 的候選位置都不是結節。於是，我們的模型也學會了**取巧**，在所有問題中都回答『否』(編註：也因此整體的準確率高達了 99.7%)。話雖如此，仔細觀察模型的表現數據後會發現，訓練和驗證集的損失**皆在下降！**即便效果微小，但這足以帶給我們一些希望了。到了下一章，各位就會認識到該模型的潛力。第 12 章將以新名詞的介紹為開頭，然後我們會引入一種新的表現評估方法。

11.11 結論

在本章中，我們完成了許多事情。現在各位手上不僅有模型與訓練迴圈，還能利用它們處理上一章準備好的資料。此外，我們還成功呈現模型評估資訊，並依此繪製視覺化圖表。雖然本章所得的結果看似無用，但我們其實已相當接近目標了。第 12 章會帶大家改進評估指標，進而修改模型以得到有用的結果。

總結

- **資料載入器**能以**多程序方式**從資料集中載入數據。它能動員閒置的 CPU 資源來為 GPU 準備資料。

- 從資料集中載入多筆樣本後，資料載入器會將它們集結成**批次**。以 PyTorch 建構的模型會一次處理一批次資料，而非單一樣本。

- 在第 2 篇中，我們主要使用 PyTorch 所提供的 torch.optim.SGD（隨機梯度下降）優化器，並將學習率設為 0.001、動量設為 0.99。對於許多深度學習專案而言，以上設定皆是適合的預設值。

- 在訓練過程中，應該監測哪些評估指標是很重要的問題。如果不小心選錯了，可能會導致我們誤判模型的表現。對本例的資料來說，監測所有樣本的**分類準確率**並不是很有用，第 12 章會詳細說明更好的指標。

- TensorBoard 可以視覺化模型的各種評估資訊，這有助於我們觀察會隨著訓練週期變化的資訊。

延伸思考

1. 請將 LunaDataset 物件包裹在 DataLoader 物件內，並走訪前者中的所有資料，計時看要花多長時間。然後，將此時間與第 10 章練習的結果做比較。在執行上述程式時，請留意快取的狀態。

   a. 將 num_workers 參數分別設為 0、1 和 2，這對結果有何影響？

   b. 嘗試不同的『batch_size』和『num_workers』組合，在不耗盡記憶體的前提下，你的機器能支援的最高參數值為何？

2. 將 noduleInfo_list 中資料的順序顛倒。在經過一個訓練週期之後，模型的行為是否發生改變？

3. 試著變更 logMetrics 命名執行結果的方式、以及 TensorBoard 所用的鍵值。

   a. 將鍵值『/』前方的字串改成其它東西再傳入 writer.add_scalar，看看會發生什麼事情。

   b. 使用相同的 SummaryWriter 來寫入訓練與驗證集的執行結果，並且在鍵值中加入 trn 或 val 字串。

   c. 請憑自己的喜好改變 log 資料夾以及鍵值的命名方式。

MEMO

CHAPTER 12

利用評估指標和資料擴增來改善訓練成效

本章內容

- 定義並計算精準率（precision）及召回率（recall）
- 比較 F1 分數（F1 score）與其它評估指標
- 平衡並擴增資料，以避免過度配適（overfitting）現象
- 利用 TensorBoard 視覺化評估結果

在上一章末我們遇到了一個困難：雖然分類模型可以運轉，但其所產生的結果卻完全無用：神經網路只是把**所有東西**都歸類為『非結節（陰性）』而已！更糟的是，由於模型的評估指標是訓練與驗證資料集的**整體分類準確率**，因此這些結果從表面上看來完美無缺。畢竟，對於**嚴重偏向陰性**的樣本分佈而言（編註：陰性的樣本約佔了總樣本的 99.7%），模型想獲得高分，最簡單的方法便是將**一切判定為陰性**，但這麼做是毫無意義的！

因此，本章要處理的部分和第 11 章一模一樣，請見圖 12.1。不過此處的重點不再只是讓分類模型能運轉，還要讓其產生好的結果。這代表我們必須將目標放在對模型表現的改良上。

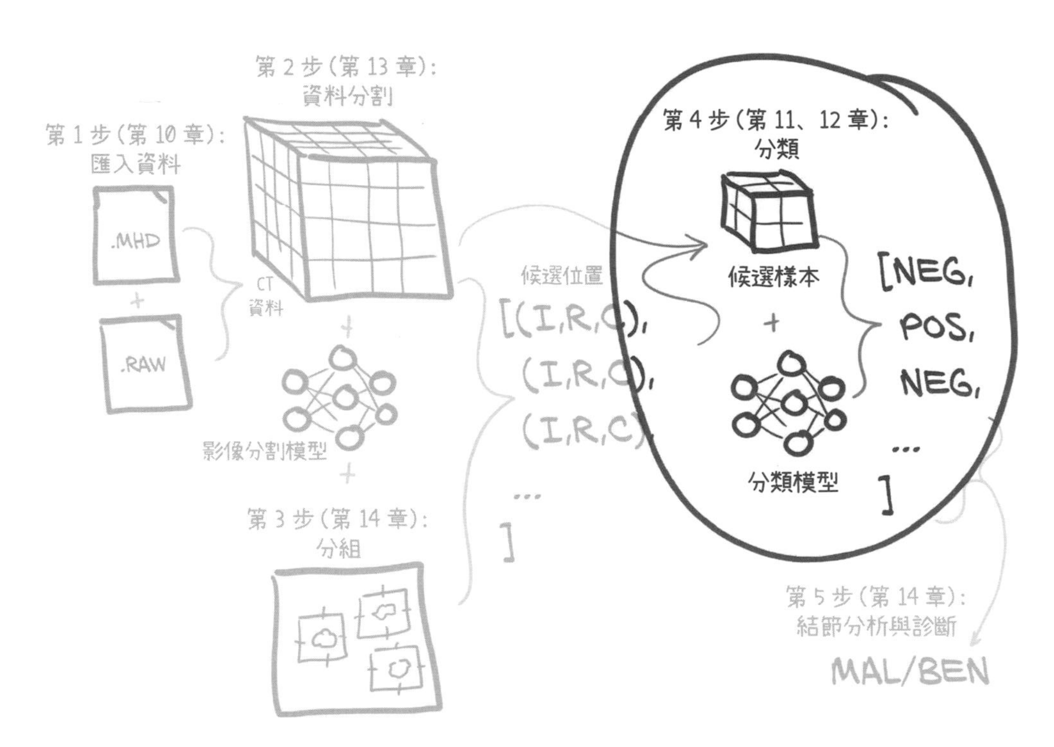

圖 12.1 我們的肺部腫瘤偵測專案。本章的主題是其中的第 4 步驟：分類。

12.1 模型改善的大方向

圖 12.2 以稍微抽象的方式，說明本章的大致內容。

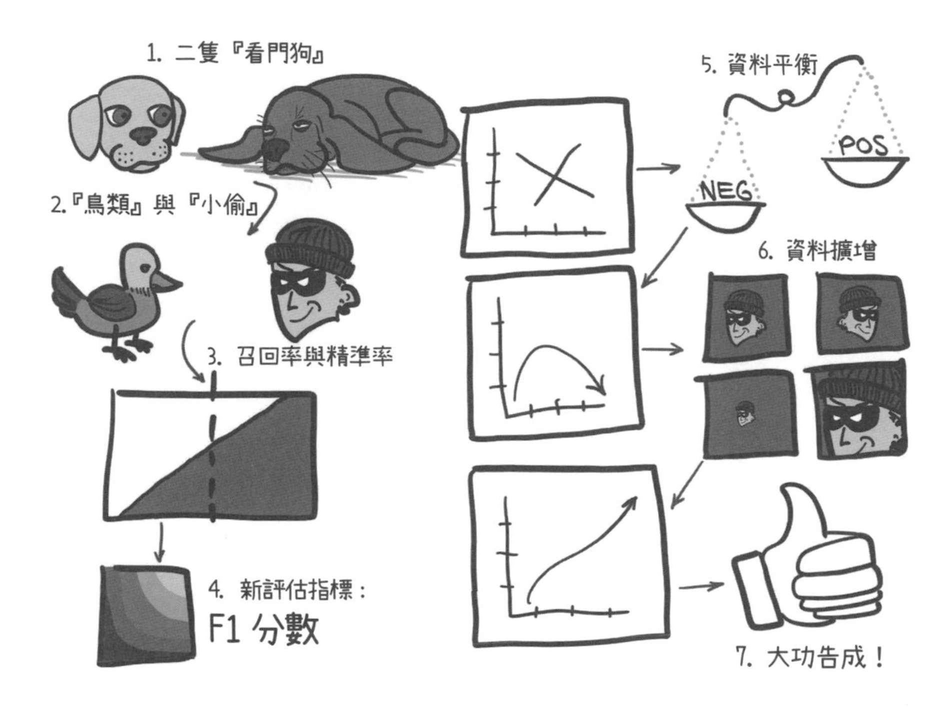

圖 12.2 本章的大致內容。

現在來帶大家了解一下圖 12.2 中的流程。本章我們要解決當前所面臨的多種問題，例如：過於依賴**單一面向**的表現評估指標（第 11 章的整體分類準確率）、模型最終的表現無法適用於現實狀況等。為了使本章介紹的概念看上去不那麼抽象，圖 12.2 裡使用了實際的例子來比喻我們所遇到的困難，即：圖中的『看門狗』和『鳥類與小偷』，稍後會說明如何將這些例子與我們遇到的問題連接起來。

接著，為了正式討論上一章中的實作問題，我們會以視覺化的方式呈現兩個核心概念，即**召回率**（Recall）與**精準率**（Precision）。在概念確立後，再利用數學式子把上述兩個數字轉換為單一評估指標，即 **F1 分數**（F1 score，此分數能更有效地反映模型的表現）。我們會實作新評估指標的公式，並觀察該指標的值如何隨著訓練過程而變化。最後，為了改善訓練成效，必須對 LunaDataset 的實作進行改動，這包含了圖 12.2 裡的**資料平衡**與**資料擴增**。

經過以上調整，模型的表現將顯著提升。雖然其尚無法應付臨床實用，但模型產生的結果已經遠優於隨機亂猜。這也就表示圖 12.1 的第 4 步驟（分類候選結節）已能有效運作，我們便可以著手處理分割和分組步驟了。

12.2 偽陽性與偽陰性

現在，來看看圖 12.3 中的兩隻看門狗吧！當看到小偷出現時（這是一種不常見、但需要緊急應對的狀況，編註：就如上一章的結節或陽性樣本），牠們會向我們示警。

遺憾的是，我們的兩條狗在『看門』任務的表現上皆不盡理想。其中，體型較小的狗不管看到什麼都會吠；而較老的獵犬雖然只會對著小偷吠，但卻經常在睡覺（編註：因此沒有留意到小偷的出現）。

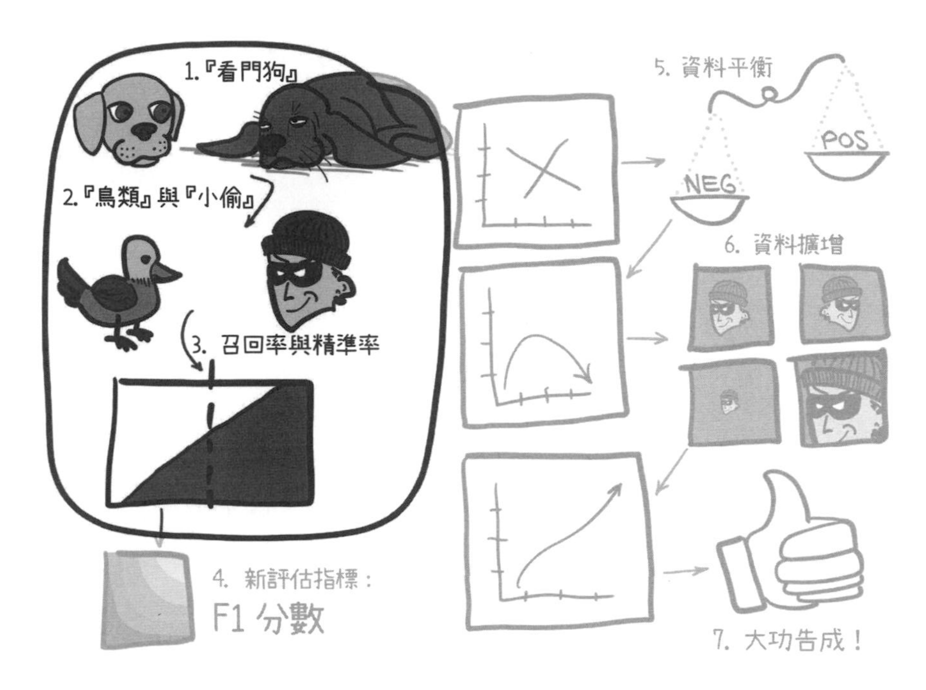

圖 12.3 本章的討論主題。此處的重點在於：描述看門狗的例子。

假如選擇小型犬做為看門狗，則小偷每一次上門我們都會收到警告（因為牠幾乎不管看到什麼都會吠）。由於牠也會對鳥類等產生反應，若小狗每一次吠叫我們都出去查看，小偷就幾乎不可能進來（除非這個小偷能做到無聲無息），但這樣也會讓我們疲於奔命（因為三不五時我們就要因為小狗的叫聲，而出外查看）！這種對於**非關鍵物體**產生反應的情形我們稱之為**偽陽性**（false positive）。

在偽陽性的事件中，物體被判定為我們感興趣的目標（『陽性』的意思就是『找到了想找的東西』），但事實上該目標並沒有出現。若以結節偵測的例子來說，所謂的偽陽性即『非結節的候選位置被標成了結節』。這就好比小型看門犬對著一隻貓吠叫一樣，故在之後的內容裡，我們就用『貓』的圖片來代表『偽陽性』吧！

與偽陽性相對的概念為**真陽性**（true positive），即：模型正確地標記出我們感興趣的物體。這種情況在之後會以先前『小偷』的圖示表達。

和小型犬相反，每當老獵犬吠叫時，我們幾乎可以肯定：有什麼不好的事情發生了。然而，由於這隻老獵犬總是睡得很沉，一些動作較輕的小偷根本吵不醒牠，因此屋子總是被盜。上述老獵犬所犯的錯誤稱為**偽陰性**（false negative）。

在偽陰性事件裡，某物雖被判定為無關緊要，但它其實正是我們在找的目標（『陰性』的意思是『想找的東西沒出現』）。以結節偵測為例，所謂的偽陰性即『**真結節**的位置並未被辨識出來』。在這裡，我們會使用『老鼠』的圖示來表示此一情況，這是因為：老鼠的行動可說是無聲無息的！

與偽陰性相對的概念即**真陰性**（true negative），即：被判定為不重要的東西就**真的不重要**。本書將以之前『鳥』的圖示來表達這類事件。

請注意：第 11 章的模型符合『偽陰性』的描述，即：所有結節都像老鼠一樣躲過了看門狗的眼睛。而當時我們所用的表現評估指標是：訓練和驗證資料集的**整體分類準確率**，這就相當於只考慮**真陽性**或**真陰性**的情形，因此其自然不是好指標（**偽陽性**和**偽陰性**的資訊同樣重要）。為了能全面反映模型表現，我們的評估指標得納入更多因素才行。

12.3 陽性與陰性的視覺化描述

在本節，我們會利用視覺化圖解的方式來描述真／偽陰性和陽性。若以下說明看起來有重複的地方，還請各位見諒。在進入精準率與召回率的討論以前，我們必須確保所有讀者都建立了正確的觀念。現在請看圖 12.4，其中顯示了看門狗可能會遇到的各種狀況。

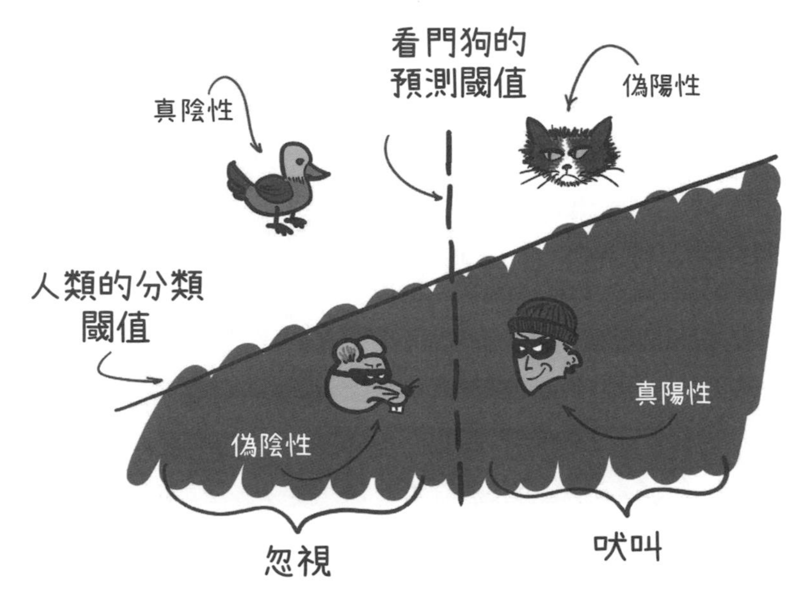

圖 12.4 『貓』、『鳥類』、『老鼠』與『小偷』構成了分類的 4 個象限。區隔這些象限的依據分別是『人類的分類閾值 (編註：可理解成正確答案)』和『看門狗的預測閾值 (編註：可理解成模型的預測結果)』。

圖 12.4 使用了兩種**閾值**(threshold)。第一種是人類區分有害動物(小偷及老鼠)和無害動物(貓和小鳥)的**分類閾值**，此閾值會用來給每一個樣本標註上標籤(即正確答案)。第二種則是看門狗的**預測閾值**，其決定了狗是否會吠叫。以深度學習模型來說，預測閾值是模型判斷某樣本屬於哪個類別的標準(編註：回憶一下，在上一章我們設定了一個值為 0.5 的分類閾值，只要模型預測某候選樣本為結節的機率大於此閾值，就會將該樣本判定為結節)。

以上兩閾值的組合構成了圖 12.4 中的 4 個象限，分別代表：真陽性、真陰性、偽陽性與偽陰性。這裡用深色背景表示『實際為陽性』的區域。

當然，真實情況遠比上述複雜：模型無法找到能區辨**所有小偷**的分類閾值。如圖 12.5 所示，我們會發現：有一部分小偷特別能躲，而某些小鳥則特別煩人。為了將所有狀況納入到一張圖之中，我們將繼續以 X 軸表示模型的預測值，而以 Y 軸代表某種人類能夠辨識、但看門狗無法察覺的特徵。

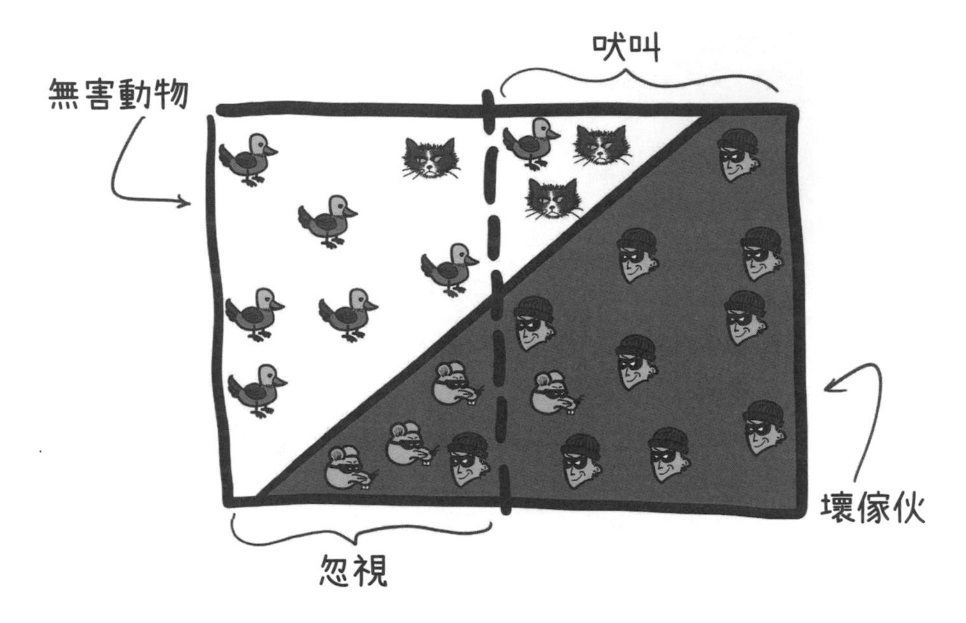

圖 12.5 就每一類事件而言，看門狗必須評估各種可能情況。

為了完成二元分類，我們的模型必須將其所產生的單一輸出值與預測閾值比較，這就是圖 12.5 中的預測閾值線一定得**保持垂直**的原因。

看門狗需要評估的狀況五花八門，這會進一步增加牠們犯錯的風險。雖然人類能清楚看到區分鳥類與小偷的**斜線**，但看門狗用來做判斷的預測閾值線卻是一條垂直線。因此，若以此線為標準，則分類結果勢必會有落差。

本專案中使用的輸入是高維度資料。我們必須分析眾多 CT 體素值以及其它更加抽象的資料，如：候選結節的大小、以及它們在肺裡的位置等等。模型的工作便是將每個樣本以及其各自的屬性映射到如圖 12.5 的方塊圖上，以利我們用一條預測閾值線將這些事件分為陰性和陽性。以上處理是由模型尾端的 nn.Linear 層完成，而上述垂直線則對應到第 11.6.1 節所提的 classificationThreshold_float（在該小節中，我們選定 0.5 做為閾值）。

請注意，實際上模型並不會輸出如圖 12.5 的 2D 圖形。經過神經層處理後，CT 資料會從極高維度降低成 1D（也就是此處的 X 軸）輸出，且每個樣本對應一個純量值（即機率）。此外，我們還會利用 Y 軸來代表一些和樣本有關的特徵，如：患者的年齡以及性別、候選結節在肺裡的位置、或者模型未使用到的候選位置區域資訊等。我們也能藉由該軸很方便地區分那些『結節』與『非結節』發生混淆的樣本。

圖 12.5 中，4 個象限各自包含的樣本數量就是討論模型表現的基礎。我們可以利用它們的**比率**來建構更複雜的評估指標，以客觀反映模型好壞。下面就讓我們以各象限樣本數的比率來定義更好的表現評估指標吧！

12.3.1 『召回率』是小型犬的優勢

所謂『召回』意指『不要錯過任何陽性事件』。若以正式語言來說，**召回率**（recall）即『真陽性』和『真陽性與偽陰性之**聯集**（編註：也就是所有標籤為陽性的樣本集合）』之間的比率，見圖 12.6。

NOTE 在某些領域中，『召回率』會被當成**敏感度**（sensitivity）的同義詞（編註：也有人把召回率稱作**查全率**）。

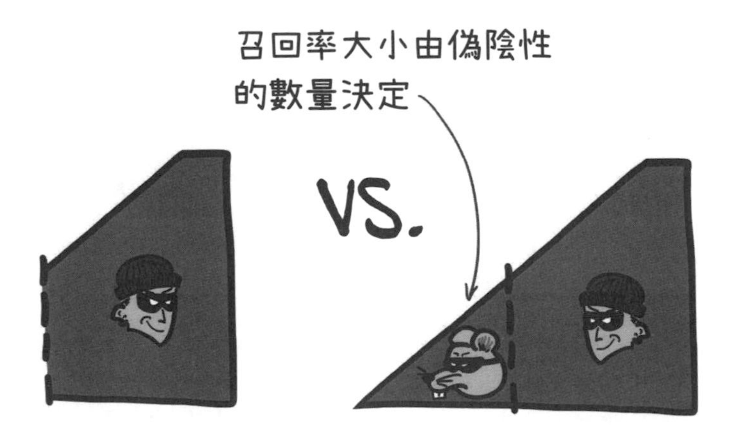

圖 12.6 召回率是『真陽性』和『真陽性與偽陰性之聯集』間的比率。偽陰性事件越少，召回率越高（編註：作者用老鼠代表偽陰性，因為老鼠動作很輕，容易被忽視）。

想要提高召回率，我們得**最小化偽陰性的數量**。若用看門狗的比喻來描述：當遇到不確定的事物時，為以防萬一，叫就對了！絕不要讓任何一隻老鼠溜掉！

就一開始的例子而言，我們的小型看門犬具有極高的召回率。這是因為牠將自己的分類閾值線推到了最左端，如圖 12.7 所示，因此幾乎所有的事件都包含在『吠叫』的範圍內。請注意，以上狀況會讓看門狗的召回率接近 1.0。換言之，幾乎在所有有害動物（老鼠或小偷）入侵時，我們的小型犬都會吠叫。

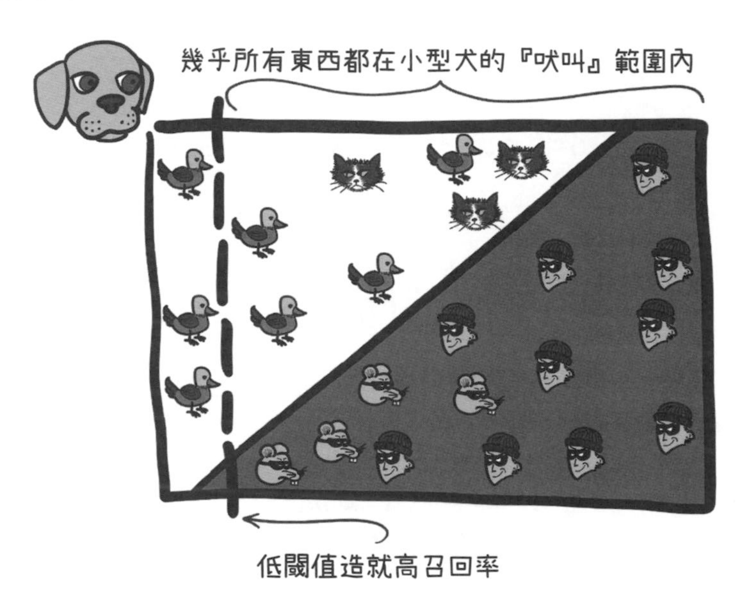

圖 12.7 我們的小型犬將『降低**偽陰性事件**的數量』視為最重要的事。所有有害動物都在吠叫範圍內，就連貓和大多數的鳥也是。

12.3.2 『精準率』是老獵犬的強項

『精準』的意思就是『只反應**確定為陽性**的狀況』。若想提升**精準率**（precision），則**偽陽性的數量**必須達到最小。這就如同我們的老獵犬，牠只會在確定有小偷的情況下吠叫。以正式語言來說，精準率是『真陽性』和『真陽性與偽陽性之聯集』之間的比率，見圖 12.8。

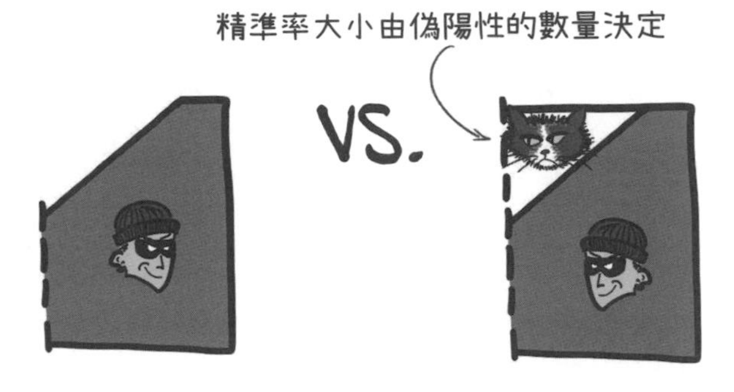

圖 12.8 精準率是『真陽性』和『真陽性與偽陽性之聯集』間的比率。偽陽性事件越少，精準率越高 (編註：作者用貓代表偽陽性，因為狗總喜歡對著貓吠)。

藉由將分類閾值線推到最右端，幾乎所有非關鍵事件都落到了吠叫範圍之外，而老獵犬也因此獲得極高的精準率（圖 12.9）。這種策略和小型犬的正好相反，其將使看門狗的精準率接近 1.0。也就是說，當老獵犬吠叫時，幾乎可以肯定是因為有小偷闖入。

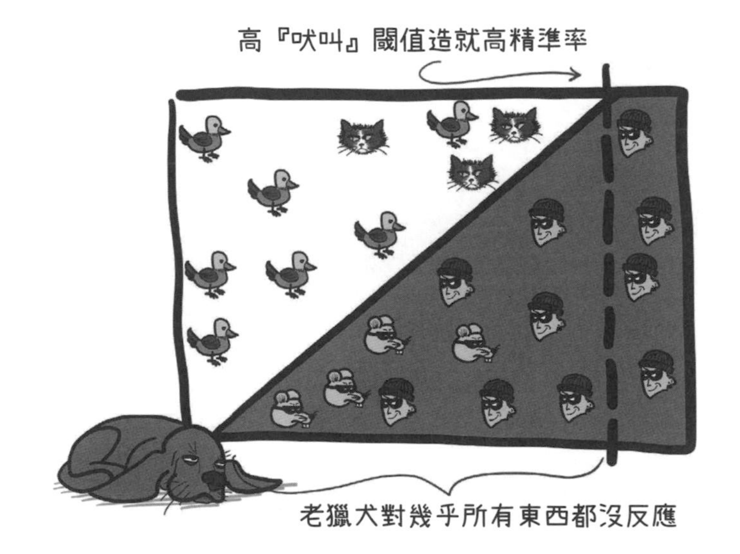

圖 12.9 老獵犬的優先事項為『降低偽陽性事件的數量』，因此『貓』或『鳥』並不在吠叫範圍內，牠只對『小偷』起反應。相對的，它常會漏掉老鼠和一些動作較輕的小偷。

雖然精準率或召回率皆不足以成為評估模型的單一指標，但它們在訓練過程中還是很有用的。底下就讓我們在訓練程式中加入計算與呈現這兩者的部分吧！完成之後，我們再來討論其它可用的評估指標。

12.3.3 在 logMetrics 中實作精準率與召回率

由於精準率和召回率可以提供和模型表現有關的重要訊息，因此兩者皆為訓練過程中的重要指標。若其中任何一個降至零，則可以推測：模型的行為極有可能發生了退化，此時便需要留意模型表現的細節，以便找出問題並讓訓練重回正軌。為此，我們要於 logMetrics 中加入新的程式，使其輸出各訓練週期的精準率及召回率，好彌補先前指標(損失和整體準確率)的不足。

稍早的內容都是以『真陽性』、『偽陰性』等術語來定義精準率及召回率，故在實作程式時我們會延用此一說法。事實上，logMetrics 中已存在一些我們需要的值了，只不過它們的名稱與這裡的術語不同罷了。

程式 12.1：training.py

```
#Line 315
neg_count = int(negLabel_mask.sum())  ← 陰性樣本數
pos_count = int(posLabel_mask.sum())  ← 陽性樣本數
trueNeg_count = neg_correct = int((negLabel_mask & negPred_mask).sum())  ← 真陰性數
truePos_count = pos_correct = int((posLabel_mask & posPred_mask).sum())  ← 真陽性數
```

↑ 讀者可以回顧 11-32 頁，關於建立遮罩的相關程式

```
falsePos_count = neg_count - neg_correct  ← 偽陽性數
falseNeg_count = pos_count - pos_correct  ← 偽陰性數
```

從以上程式可以看出，neg_correct 和 trueNeg_count 是一樣的東西！這很合理，因為凡是被正確預測的陰性樣本(neg_correct)，即為『真陰性，trueNeg』。同樣的，被正確預測的陽性樣本(pos_correct)即為『真陽性』。

不過，對於『偽陽性』和『偽陰性』，我們得額外新增程式來計算了。算法很簡單：只要將『陰性』的樣本總數減去『真陰性』的數量，剩下來的就是被錯分類為『陽性』的樣本，也就是『偽陽性』。『偽陰性』的計算也可比照辦理(編註：總陽性樣本減去真陽性樣本)。

有了以上數值，我們便可算出 precision(精準率)和 recall(召回率)，並將兩者存入 metrics_dict 中。

程式 12.2：training.py

```
#Line 333
precision = metrics_dict['pr/precision'] = \
    truePos_count / np.float32(truePos_count + falsePos_count) ◀— 精準率的公式
recall    = metrics_dict['pr/recall'] = \
    truePos_count / np.float32(truePos_count + falseNeg_count) ◀— 召回率的公式
```

雖然將精準率和召回率再分別指定給 precision 和 recall 變數並非必要，但這有助於增進下一段程式的可讀性。此外，我們也擴增了 logMetrics 內的記錄陳述，好讓其將以上兩個新變數也保存下來，但此處省略了該段程式碼(本章稍後會再討論記錄的部分)。

12.3.4 最完整的表現評估指標：F1 分數

儘管精準率、召回率很有用，但兩者皆未涵蓋評斷模型表現的所有面向。如同先前小型犬與老獵犬的例子，透過操縱閾值，我們可以將精準率或召回率調至最大，但這種極端的做法會讓模型在現實世界中失去實用價值。因此，我們得想辦法結合上述兩種比率，以防止模型投機取巧。這時，就會提到我們的終極評估指標，即 **F1 分數**（請見圖 12.10）。

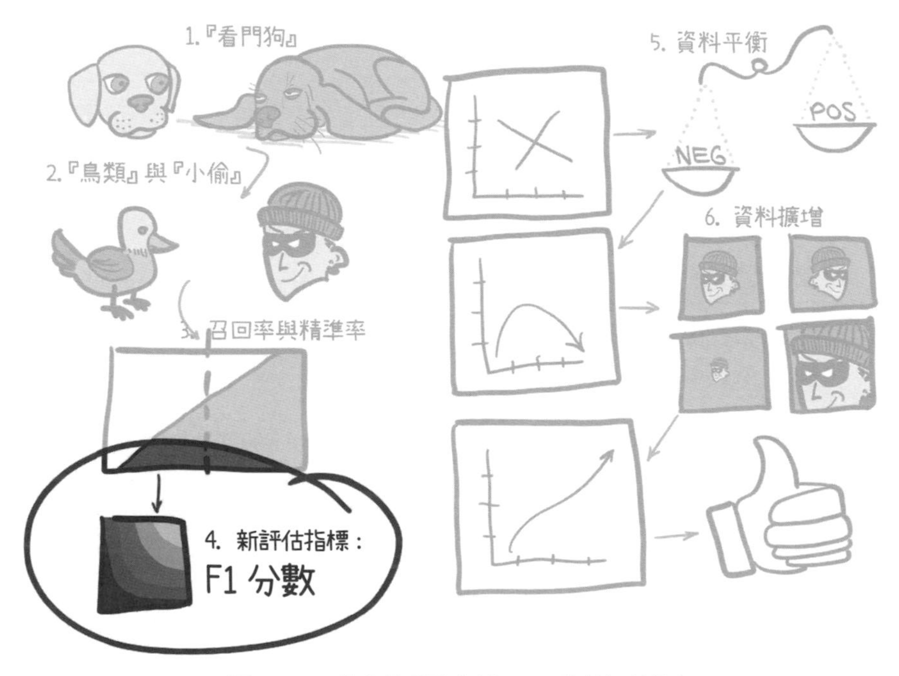

圖 12.10 此處的重點在於：F1 分數評估指標。

F1 分數（F1 score；https://en.wikipedia.org/wiki/F1_score）是一種用途極廣，能結合精準率和召回率的方法。F1 分數的公式如下：

$$\frac{2*precision*recall}{precision+recall}$$

如同本章先前介紹的新評估指標，F1 分數的範圍落在 0（分類器完全沒有實用價值）到 1（分類器擁有完美預測能力）之間。底下就讓我們在 metrics_dict 中加入與之相關的部分吧！

程式 12.3：training.py

```
#Line 338
metrics_dict['pr/f1_score'] = \
    2 * (precision * recall) / (precision + recall) ←— 計算 F1 分數，並存入 metrics_dict
```

乍看之下，F1 分數似乎有點複雜，很難直觀看出精準率和召回率對該分數有何影響。然而，以上公式內含許多很有用的性質，若與其它較簡單的指標相比，F1 分數明顯較有參考價值。以下就來舉幾個簡單的指標來做對比。

平均法

想將精準率和召回率整合為單一分數，最直接的方法就是**將兩者平均起來**。不幸的是，這麼做會導致 avg(p=1.0, r=0.0) 與 avg(p=0.5, r=0.5) 的得分皆等於 0.5（avg：平均函數、p：精準率、r：召回率）。如前所述，精準率或召回率為零的分類器通常毫無價值可言。由於平均函數會將有用的（p=0.5, r=0.5）和無用的（p=1.0, r=0.0）都平均為相同的分數（0.5），因此無法成為有效的評估指標。

讓我們以視覺化的方式比較一下平均法和 F1 分數，請見圖 12.11。這裡有幾點值得留意。首先，平均法讓模型在訓練初期可以**只專注於**召回率（或精準率）的提升，例如先讓召回率達到 100%，然後再想辦法消除那些容易排除的偽陽性來提升精準率。不過，這就表示採用平均法時，落在 50% 以下的分數是沒有意義的（因為有可是其中一個指標為 1，另一個為 0），而這並非一個優良指標該有的性質。

NOTE 請注意，此處的平均是指對精準率和召回率取**算術平均**（arithmetic mean；https://en.wikipedia.org/wiki/Arithmetic_mean）。此外，精準率和召回率皆為**比率**（rates）。兩個比率的算術平均數一般來說沒有意義。反之，F1 分數屬於**調和平均數**（harmonic mean；https://en.wikipedia.org/wiki/Harmonic_mean）。當需要結合兩個比率時，使用該平均方法更為適當。

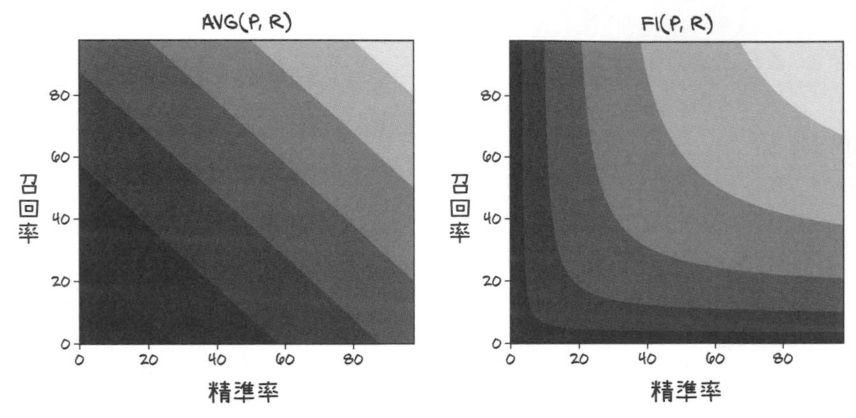

圖 12.11　使用 avg(p, r) 及 f1(p, r) 來計算模型的最終表現 (圖中顏色越淡，代表模型表現越好)。

現在來看看 F1 分數的情況：當召回率較高而精準率較低（或反之）時，也就是兩者沒有一起等幅成長時，F1 分數反而會微幅降低！這可讓召回率和精準率自動往『最佳平衡點』移動，也就是圖中類似於『肘』的位置。這種傾向於讓精準率和召回率『均衡發展』的特性正是模型評估指標應該具備的性質。

取最小值法

那麼，還有沒有能使模型不偏向精準率或召回率，但較為簡單的指標呢？為了解決在平均法中，由加法操作所引起的缺失（編註：例如之前所說，精準率為 1，召回率為 0，卻還可以取得 0.5 的分數），我們或許能試試看取精準率和召回率的**最小值**（圖 12.12 左）。

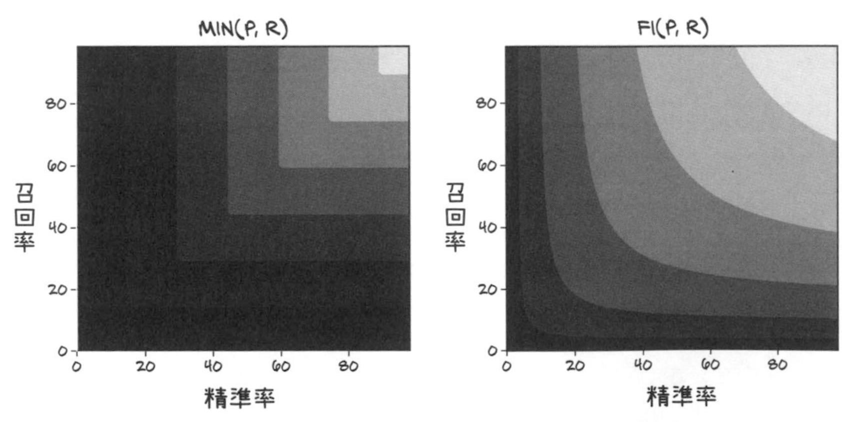

圖 12.12　使用 min(p, r) 來計算模型的最終表現。

取最小值可以產生不錯的結果：當精準率和召回率任一為 0 時，則表現是最差的。若模型想獲得最佳的表現，那麼其精準率和召回率都必須為 1.0 才行。然而這麼做仍有不足之處：假設我們將精準率保持在 0.5，則無論召回率是從 0.7 上升至 0.9、還是下降成 0.6，模型的評估分數都不會改變！換言之，雖然此指標鼓勵模型在精準率和召回率之間取得平衡，但它無法忠實呈現所有數值變化的細節，而模型評估指標應該要能反映出所有的變化才對。

相乘法

為達成目標，讓我們考慮複雜一點的方法，即：將精準率和召回率**相乘**，如圖 12.13 所示。這種做法保留了『兩比率任一為 0 時得分為 0，且只有兩比率皆完美才能為 1.0』的理想性質。此外，當比率值很小時，相乘的做法也能驅使模型平衡精準率和召回率。不過，隨著兩比率的數值增加，此指標的行為會變得越來越線性（編註：也就是『只有一方增加 0.1』和『二方都增加 0.05』的結果相近），這不利於我們維持精準率和召回率的同步上升。

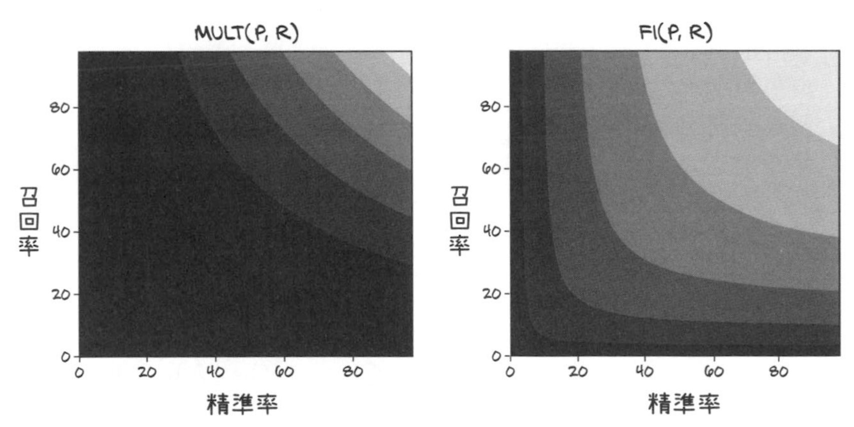

圖 12.13 使用 mult(p, r) 來計算模型的最終表現。

NOTE 以上做法類似於取兩比率的**幾何平均數** (geometric mean；https://en.wikipedia.org/wiki/Geometric_mean)。這種操作一般來說也無法產生有用的結果。

除了上述問題之外，相乘指標還會導致以下情況：當（p, r）落在（0, 0）到（0.5, 0.5）範圍內時，相乘的結果都會大幅變小，因而縮減了變化的幅度。各位稍後便會發現，讓評估指標在此範圍裡**保持敏感度**是很重要的事情，特別是在模型設計的初始階段。

將精準率、召回率與 F1 分數加入 logMetrics

介紹完新的評估指標，下一步自然是將其加到 logMetrics 的輸出記錄中。我們將修改 log.info，好讓其包含訓練和驗證資料集的精準率、召回率和 F1 分數。

程式 12.4：training.py

```
#Line 341
log.info(
    ("E{} {:8} {loss/all:.4f} loss, "           ← 整體損失
         + "{correct/all:-5.1f}% correct, "     ← 整體準確率
         + "{pr/precision:.4f} precision, "     ← 加入精準率
         + "{pr/recall:.4f} recall, "           ← 加入召回率
         + "{pr/f1_score:.4f} f1 score"         ← 加入 F1 分數
    ).format(
        epoch_ndx,
        mode_str,
        **metrics_dict,  ← 從 metrics_dict 讀入各評估指標
    )
)
```

不僅如此，我們還要分別顯示陽、陰性樣本的分類表現。程式 12.5 只顯示了陰性樣本的部分，陽性樣本的程式實作也類似（編註：讀者可參考 training.py 中的 Line 364 至 Line 374）。

程式 12.5：training.py

```
#Line 353
log.info(
    ("E{} {:8} {loss/neg:.4f} loss, " ←── 陰性樣本的損失
        + "{correct/neg:-5.1f}% correct ({neg_correct:} of {neg_count:})" ←┐
    ).format(                                                              │
        epoch_ndx,                                          陰性樣本的分類準確率
        mode_str + '_neg',
        neg_correct=neg_correct,
        neg_count=neg_count,
        **metrics_dict,
    )
)
```

12.3.5 在新評估指標下，模型表現如何？

既然新評估指標已經完成，現在就來測試模型的表現。讓我們先運行程式，然後再對結果進行討論吧！在電腦運算時，你需要執行預先讀取（read ahead）。此步驟可能要花上半個小時左右，具體時間則會隨著系統的 CPU、GPU 和硬碟速度而變化。筆者所用的系統配備 SSD 和 GTX 1080 Ti，跑完一個完整訓練週期大約需要 20 分鐘（**編註**：運行的時間還會取決於讀者用來進行訓練的資料量，此處筆者是用全部 10 個子集的資料來訓練。如前所述，讀者是可以自行決定要下載多少資料來進行訓練的）。

```
$ python -m p2ch12.training
Starting LunaTrainingApp...
...
E1 LunaTrainingApp

.../p2ch12/training.py:274: RuntimeWarning: invalid value encountered in
double_scalars
metrics_dict['pr/f1_score'] = 2 * (precision * recall) / (precision + recall)
```

NEXT

```
E1 trn      0.0025 loss,  99.8% correct, 0.0000 prc, 0.0000 rcl, nan f1
                                                        ↑
                                                    計算結果有誤
E1 trn_neg  0.0000 loss, 100.0% correct (494735 of 494743)
E1 trn_pos  1.0000 loss,   0.0% correct (0 of 1215) ←— 所有陽性樣本都分類錯誤

.../p2ch12/training.py:269: RuntimeWarning: invalid value encountered in
long_scalars
 precision = metrics_dict['pr/precision'] = truePos_count / (truePos_count +
falsePos_count)
                                            計算結果有誤

E1 val      0.0025 loss,  99.8% correct, nan prc, 0.0000 rcl, nan f1
E1 val_neg  0.0000 loss, 100.0% correct (54971 of 54971)
E1 val_pos  1.0000 loss,   0.0% correct (0 of 136) ←— 所有陽性樣本都分類錯誤
```

非常不幸，我們收到了警告訊息。從某些值的計算結果為 nan（not a number）來看，應該是程式某處發生了『除數為零』的狀況。

首先，在出問題的週期中，由於**沒有一個**陽性樣本的分類結果是正確的，故精準率和召回率皆為零（編註：因為這兩者的分子皆為真陽性數，而此時真陽性數為 0），這就造成了計算 F1 分數時發生『除數為零』的錯誤（編註：因為 F1 的分母為精準率 + 召回率）。其次，在驗證時，由於**沒有**樣本被預測為陽性，因此 truePos_count 和 falsePos_count 兩者皆等於零，而這將造成精準率 precision 的分母為零（這對應至我們收到的第二個 RuntimeWarning）。

NOTE 由於神經網路的權重以及訓練樣本順序皆**隨機初始化**，故模型每次執行時的行為可能都不盡相同。雖然有辦法讓模型每次的表現都一樣，但這裡我們並不需要這麼做。

可以看到，新指標並沒有帶來好的結果：我們的模型不僅不是優等生，甚至差勁到連拿零分都沒辦法（它的得分**根本就不是數字**）。話雖如此，我們的評估指標至少反映出了我們的模型出了一些問題。

12.4 理想的資料集長什麼樣子？

讓我們回頭思考一下，模型需要完成的目標到底是什麼吧！圖 12.14 告訴我們：為了讓模型訓練能夠順利，資料得先進行**平衡處理**。

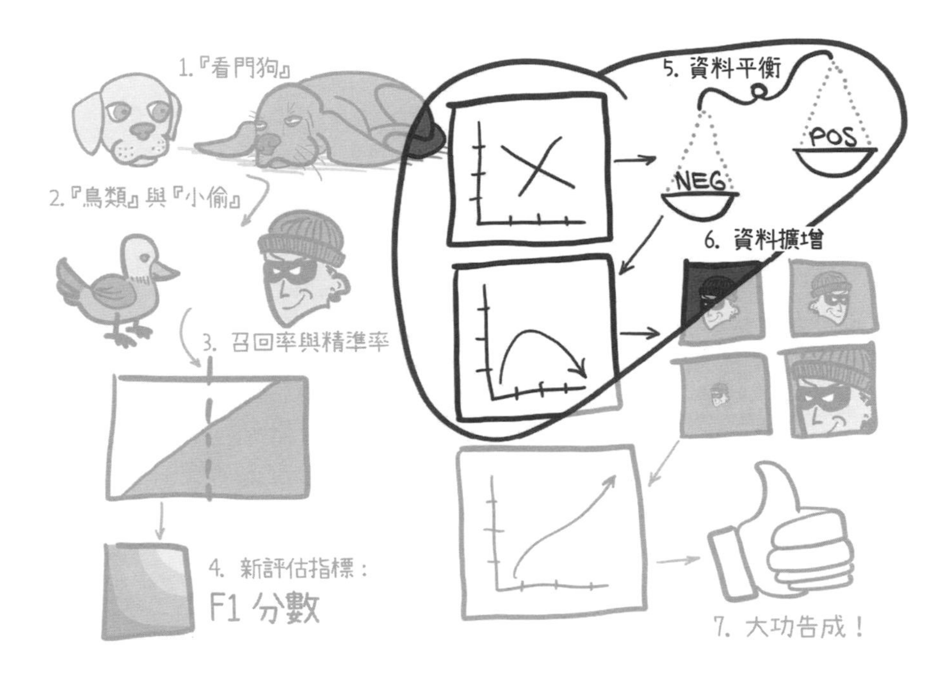

圖 12.14 此節聚焦於：如何平衡陰性與陽性樣本。

回想一下先前的圖 12.5 以及有關分類閾值的討論。由於陽性與陰性類別的重疊性實在太高了（**編註**：即沒有一條明確的垂直線可以很好的區隔陽性及陰性樣本）❶，因此閾值的調整對改善模型表現而言效果有限。

註❶：請注意，這張圖只是呈現分類空間的狀況，而非真實狀況 (ground truth)。

在此，我們更希望看到如圖 12.15 的情況。你會發現，圖中的**標註閾值線**（圖中的實線，即人類給出的分類標準線）近乎垂直，這表示標註閾值線和分類閾值線（圖中的虛線）重合度很大（因此模型較容易給出正確的預測）。此外，大多數樣本都集中在圖 12.15 兩端的位置（編註：即沒有陽、陰性樣本混在一起的『模糊地帶』）。以上兩點要成立，則代表資料要有明顯的區分界限，且模型必須有能力完成區分作業。事實上，目前的模型已有足夠的分類能力了，我們現在關心的是與資料有關的處理。

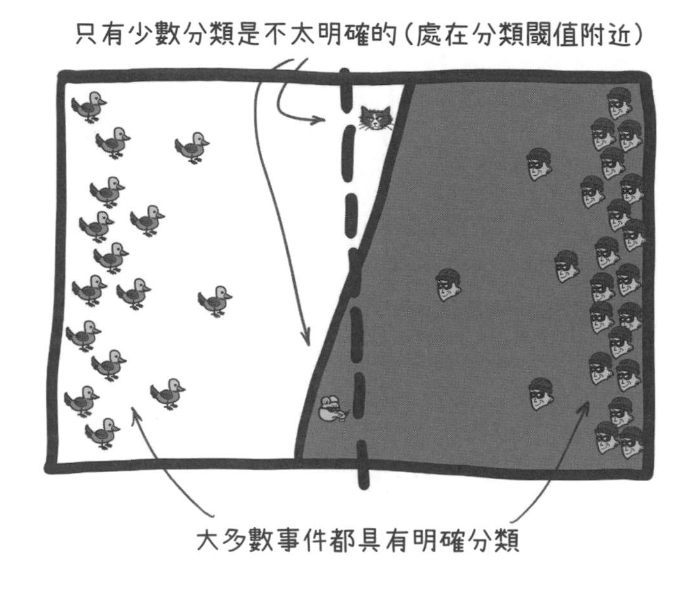

圖 12.15 好的模型可以清楚地將資料區分開來（編註：模型只對極少數的樣本輸出了與分類閾值很接近的預測值）。這會讓分類閾值的選擇變得很容易，也不太會遇到精準率及召回率必須取捨的難題。

如前所述，本專案所用的資料極度不平衡（陰性與陽性樣本的比例為 500:1，前者佔壓倒性優勢，見圖 12.16）。

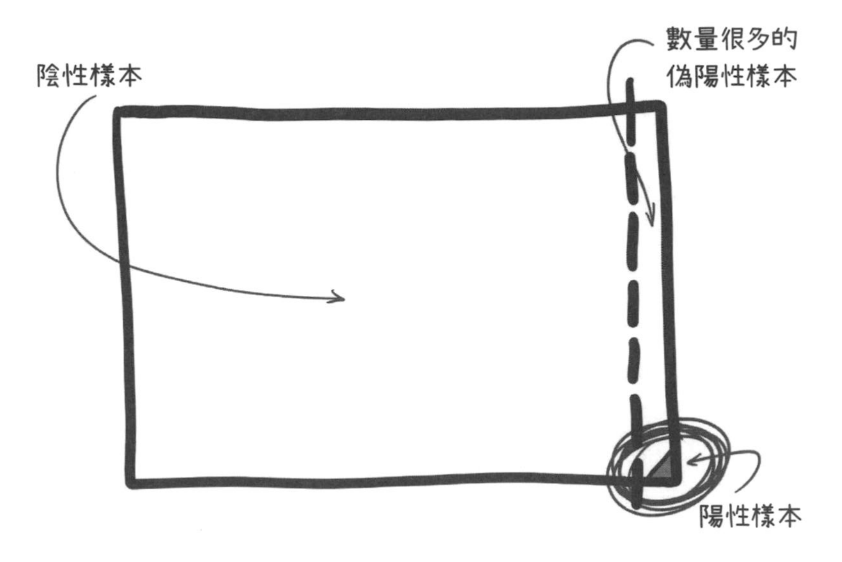

圖 12.16 LUNA 資料集不平衡狀況的示意圖。其中，陽性的樣本只佔了右下角中的一小部分。（**編註**：即使我們將分類閾值調的很高，仍無法避免模型預測為陽性的樣本中，混入了大量的陰性樣本）。

只要我們願意花費大量的等待時間，那麼即使不進行資料的平衡處理，模型也能成功學習❷。然而，相信大家的時間都非常寶貴，所以還是讓我們把訓練資料平衡至理想狀態吧！

註❷：其實，我們並不清楚這一點是否為真，只能說有這種可能（畢竟，模型的損失確實有下降的跡象）。

12.4.1 將現實資料『理想化』

最理想的做法是『增加陽性樣本的數量』。在訓練早期，如果陽性的訓練樣本過少，那麼其效果便很容易被淹沒。

導致以上現象的機制是很微妙的。回憶一下，神經網路的初始權重是隨機決定的，故網路對於每一樣本的預測也會是隨機的（但輸出值的範圍一定在 [0, 1] 內，**編註**：因為模型會輸出某樣本為陽性的機率）。

當模型的預測和實際標註值(編註:由 0 和 1 組成,0:該樣本是陰性 / 非結節,1:該樣本是陽性 / 結節)很接近時,神經網路的權重不會發生太大變化;反之,若預測和標註差異明顯,則權重就會有顯著改變。考慮到隨機初始化的模型產生的輸出也是隨機的,可以推測:我們約 501k 筆的訓練樣本(其中約 500k 為陰性;1k 為陽性)大致能被區分成以下幾類:

1. 約 250,000 筆**陰性樣本**會被預測為**陰性**(預測值在 0.0 到 0.5 之間)。這些結果只會讓神經網路的權重發生微小改變。

2. 約 250,000 筆**陰性樣本**會被預測為**陽性**(預測值在 0.5 到 1.0 之間)。這些結果會讓神經網路的權重發生巨大改變,使神經網路更易做出陰性判定。

3. 約 500 筆**陽性樣本**會被預測為**陰性**。這些結果會讓權重發生巨大改變,使神經網路更易做出陽性判定。

4. 約 500 筆**陽性樣本**會被預測為**陽性**,這些結果幾乎不會改變模型權重。

此處的關鍵在於:無論屬於第 1 類和第 4 類的結果有多少筆,它們對於模型訓練幾乎沒有貢獻。真正重要的只有第 2 類和第 3 類,且此兩類結果會彼此拉扯,進而防止神經網路陷入『只輸出單一種預測』的狀態。在本例中,既然第 2 類的樣本數量是第 3 類的 500 倍,且我們的批次量為 32,故模型大約要處理 15 個批次後才會見到一個陽性樣本。換言之,在 15 個訓練批次中,大約有 14 個百分之百由陰性樣本組成,而這些批次只會增加模型產生『陰性』預測的機率。以上這種樣本數量的不平衡就是導致神經網路行為退化的原因。

為改善這種情況,我們要想辦法拉近陽性樣本與陰性樣本的數量。如此一來,在第一批次的訓練完成後,被分錯類的陽性及陰性樣本數量將會大致相等。此外,我們還得確保每個批次同時混合有陽性與陰性樣本。

這種混合不僅可以產生類似拔河一樣的平衡效果，還能增加模型學會分辨兩類樣本的機會。由於 LUNA 資料集中的陽性樣本數量是固定的，且只佔極小比例，因此我們只好在訓練過程中**重複展示**這些樣本。

分辨能力（Discrimination）

在這裡，我們將分辨能力定義為『能夠區分兩個不同類別的能力』。對本書第 2 篇而言，建立並訓練能辨別『結節』與『非結節』的模型就是我們的主要目標之一（編註：在第 14 章中，我們還會建立另一個分類模型，用來判斷某一個結節是『良性』還是『惡性』的）。

在其它例子中，關於分辨能力的定義可能會更複雜，特別是當模型的訓練資料來自真實世界時。這些資料可能會受到現實中的**偏見**（bias）影響，例如：從社群媒體搜集來的數據或許含有種族歧視的成分。如果上述偏見未在準備資料集或訓練時被校正，則我們的模型最終將延續訓練資料中的偏見（以上例來說，模型會成為種族主義者）。

事實上，利用網路資料訓練出來的模型多少都會展現出 bias（編註：模型的 bias 不適合稱作偏見，因此保留原文），除非開發人員特地花心思消除該問題。

讓我們再次回到第 11 章的例子，即那份 9 道題答案為『否』、僅 1 題答案為『是』的期末試卷。假設在下一學期，出題老師被告知：『是』和『否』的題目數量應該更均衡一些，那麼他該怎麼辦呢？是否只要再出一份試卷，其中 9 道題的答案為『是』、僅 1 題答案為『否』就行了呢？

很明顯的，正確的平衡做法是將兩份試卷的問題打亂並混在一起，以避免學生透過尋找答案分佈模式的方法來得分。值得一提的是，雖然現實中的學生確實有可能歸納出諸如『奇數題答案為是、偶數題答案為否』等規則，但 PyTorch 的**批次化系統**會防止模型『發掘』或使用這樣的模式。因此，我們只要修改訓練資料集，讓陰性及陽性樣本交替出現即可，見圖 12.17。

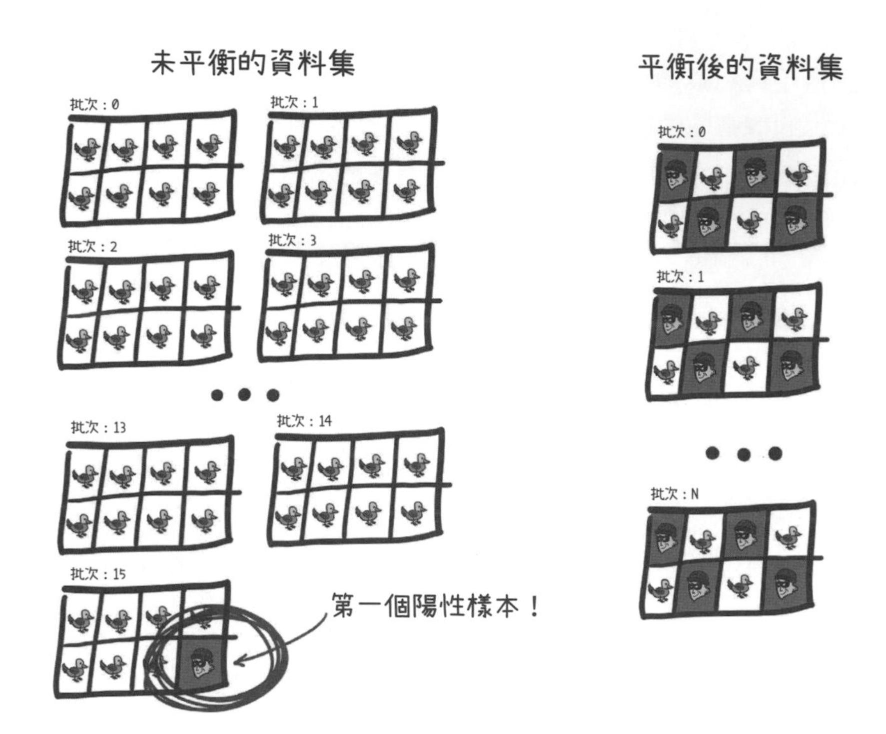

圖 12.17 在資料未平衡的狀況下，模型得先處理完眾多陰性樣本以後，才會見到一個陽性樣本。而在經過平衡處理的例子裡，陰性與陽性樣本會交替出現。

使用未平衡的資料進行訓練，就如同讓模型在大海裡撈針一樣。如果我們得自己動手分類這些樣本的話，那大概也會採取與老獵犬類似的策略（即幾乎所有樣本皆分類為『陰性』）。那麼，該如何完成平衡呢？下面就來討論幾種做法。

NOTE 對於驗證資料集則毋須進行任何平衡處理。這是因為我們希望模型在真實世界中能表現良好，而真實世界是不平衡的。

Samplers 參數可以重塑資料集

DataLoader 中有一個非必要的參數，samplers。它允許我們在匯入資料時改變資料集的走訪順序，進而重塑、限制或強調特定的資料。samplers 參數很有用，比起從零開始準備資料集，『直接使用現成的開放資料集，再將之改造成自己想要的樣子』顯然簡單多了（編註：但本專案是用我們自己準備的資料集，所以 samplers 帶來的好處並沒有那麼地顯著）。

但 samplers 有個缺點，那就是：在使用此參數之前，我們必須先瞭解資料集的內部結構。舉例而言，在 CIFAR-10（www.cs.toronto.edu/~kriz/cifar.html）資料集內有 10 個比重相同的類別。現在，為了讓 50% 的訓練圖片全部來自某類別（如『飛機』），我們可以選擇 WeightedRandomSampler（http://mng.bz/8plK），透過它來調高『飛機』樣本的索引比重（weights）。然而，在建構適當的 weights 參數值之前，勢必得先瞭解到底哪些索引值屬於『飛機』類別才行。

如前所述，Dataset API 只要求其子類別必須提供 __len__ 和 __getitem__，故資料集中通常沒有能直接指出『哪些樣本是飛機』的方法。想要確認樣本的分類，我們只能事先載入資料並一一查詢其類別（即對應到的標籤）、或是將 Dataset 子類別的封裝拆開，並期望能從其實作中找到需要的資訊。

不過，如果資料集由我們直接控制（就如本專案所用的 LunaDataset 一樣），那麼不需要上述兩種做法了。因此，在本書第 2 篇中，我們會在 Dataset 子類別裡完成所有必須的資料重塑，而不依賴外部的 sampler。

在資料集中實作類別平衡

這裡的目標是改寫 LunaDataset，好讓訓練用的陰、陽性樣本數量接近相等，進而達成平衡。我們會先將原始的樣本分為陰性樣本串列和陽性樣本串列，並讓兩串列交替傳回樣本。這麼做能防止模型『投機取巧』，如：將所有樣本判定為『陰性』。除此之外，混合陰、陽性樣本還能達到『每個批次都存在數量相近的陽性及陰性樣本』的效果。

我們會在 LunaDataset 中加入 ratio_int 變數，用它來控制陰性與陽性樣本的取樣比例（若將該變數設為 2，則代表陰性樣本及陽性樣本的比例為 2：1）。

程式 12.6：dsets.py

```
#Line 217
class LunaDataset(Dataset):
    def __init__(self,
                 val_stride=10,
                 isValSet_bool=None,
                 series_uid=None,
                 sortby_str='random',
                 ratio_int=0, ←— ratio_int 的預設值為 0，代表不進行平衡
                 augmentation_dict=None,
                 candidateInfo_list=None,
            ):
        self.ratio_int = ratio_int
        #Line 259
        self.negative_list = [ ←— 創建陰性樣本串列
            nt for nt in self.candidateInfo_list if not nt.isNodule_bool
                                                            ↑
                                                  若 True, 則代表是結節
        ]
        self.pos_list = [ ←— 創建陽性樣本串列
            nt for nt in self.candidateInfo_list if nt.isNodule_bool
        ]

    #Line 275
    def shuffleSamples(self): ←— 在每週期開始時都會呼叫此方法來打亂樣本串列的順序
        if self.ratio_int:
            random.shuffle(self.negative_list)
            random.shuffle(self.pos_list)
```

上述操作建立了兩個分別儲存陰性與陽性樣本的串列（negative_list 及 pos_list）。透過它們，我們便能依需要來取得陽性或陰性樣本。為了確保 __getitem__(self, ndx) 所指定的 ndx 索引能正確運作，我們最好把預期中的樣本傳回順序先畫出來。假設 ratio_int 等於 2，那就表示陰性與陽性樣本的比例為 2:1。也就是說，每過 3 個索引會遇到一個陽性樣本：

```
DS Index   0 1 2 3 4 5 6 7 8 9 ...  ←— 對應到平衡後資料集中的樣本索引
Label      + - - + - - + - - +
Pos Index  0     1     2     3      ←— 對應到陽性樣本串列中的索引
Neg Index    0 1   2 3   4 5        ←— 對應到陰性樣本串列中的索引
```

『平衡後資料集的樣本索引（ndx）』和『陽性樣本索引』之間的關係很簡單：將陽性樣本串列中的索引（pos_ndx）乘以 3，即可得到該樣本在新資料集中的索引（ndx）。若將 pos_ndx 加 1 則為目前已傳回的陽性樣本數，例如 ndx=4 時，則已傳回的陽性樣本總數為 (4//3)+1 = 2。而『陰性樣本索引』的算法也很簡單，只要將 ndx 減掉已傳回的陽性樣本總數即可，也就是 neg_ndx = ndx - (pos_ndx+1)，例如 ndx=4 時，則 neg_ndx = 4 - (4//3+1) = 2（編註：底下程式的算法是 4-1-(4//3)，結果是一樣的）。

以下是 LunaDataset 類別中的具體實作：

程式 12.7：dsets.py

```
#Line 286
def __getitem__(self, ndx): ←— 編註：若 ratio_int>0，就會進行資料平衡
    if self.ratio_int:
        pos_ndx = ndx // (self.ratio_int + 1) ←— 取得陽性樣本串列中的索引
                                                 (// 為 floor division 算符)

        if ndx % (self.ratio_int + 1): ←— 餘數不為零，代表此處應從陰性樣本串
            neg_ndx = ndx - 1 - pos_ndx      列中取出樣本，並放進新的資料集中
            neg_ndx %= len(self.negative_list) ←— 若索引值超出串列長度，則取餘數
            candidateInfo_tup = self.negative_list[neg_ndx] ←┐
                                                從陰性樣本串列中取得樣本
        else:
            pos_ndx %= len(self.pos_list) ←— 若索引值超出串列長度，則取餘數
            candidateInfo_tup = self.pos_list[pos_ndx] ←— 從陽性樣本串列中取得樣本

    else: ←— 若 ratio_int 等於零，代表不進行資料平衡
        candidateInfo_tup = self.candidateInfo_list[ndx] ←┐
                              若不進行平衡處理，則直接取原始資料集中的第 ndx 個樣本
```

為了達成資料的平衡，我們會重複使用陽性樣本(只有這樣，才有足夠的陽性樣本可以傳回)。請記住，將 ratio_int 設得越小，則陽性樣本會越快耗完。在耗完時必須重新由最前面開始取，因此我們會先計算 pos_ndx 除以『陽性串列長度』的**餘數**，再將此餘數做為由 self.pos_list 取值的索引。注意，雖然索引溢出的問題理論上不會發生在 neg_ndx 上(因為陰性樣本數量較多)，但我們仍然做了餘數處理(這麼做可以預防未來的修改導致索引超過串列長度)。

除了上述改變，我們還要調整資料集的長度。儘管這並非必要，但使訓練週期的執行時間變短是大家所樂見的。這裡我們把 __len__ 設定為 200,000(**編註**：此處的數字為我們設定在新的資料集中樣本的數量，若讀者想縮短訓練時間，可自行調低該數字)。

程式 12.8：dsets.py

```
#Line 280
def __len__(self):
    if self.ratio_int:
        return 200000
    else:
        return len(self.candidateInfo_list)
```

透過將樣本降至 200,000 個，我們能縮短從訓練開始到看到結果的時間，且每個週期中的樣本總數將是個乾淨的整數。當然，各位也可以依照自己的需求來調整訓練週期的長度。

為求完整性，我們還加上了一個命令列參數：

程式 12.9：training.py

```
#Line 31
class LunaTrainingApp:
```

NEXT

```
    def __init__(self, sys_argv=None):
        #Line 52              若將此參數加入命令列，代表要使用平衡機制
        parser.add_argument('--balanced', ←┘
            help="Balance the training data to half positive, half negative.",
            action='store_true',
            default=False,
        )
```

然後，將該參數傳入 LunaDataset 的建構子中：

程式 12.10：training.py

```
#Line 137
def initTrainDl(self):
    train_ds = LunaDataset(
        val_stride=10,
        isValSet_bool=False,
        ratio_int=int(self.cli_args.balanced), ←┐
                            若 balanced 為 True 則結果為 1，因此陰陽樣本的比例為 1:1
        augmentation_dict=self.augmentation_dict, ← 內存有各種資料擴增的策略
    )
```

好了，一切就緒，來執行程式吧！

12.4.2 比較資料平衡前後的訓練效果

回顧一下，未平衡的訓練結果如下所示：

```
$ python -m p2ch12.training
...
E1 LunaTrainingApp
E1 trn 0.0185 loss, 99.7% correct, 0.0000 precision, 0.0000 recall, nan f1
score
E1 trn_neg 0.0026 loss, 100.0% correct (494717 of 494743)
E1 trn_pos 6.5267 loss, 0.0% correct (0 of 1215)
...
```

NEXT

```
E1 val 0.0173 loss, 99.8% correct, nan precision, 0.0000 recall, nan f1 score
E1 val_neg  0.0026 loss, 100.0% correct (54971 of 54971)
E1 val_pos  5.9577 loss,   0.0% correct (0 of 136)
```

但在加入命令列參數『--balanced』後，我們得到以下輸出：

```
$ python -m p2ch12.training --balanced
...
E1 LunaTrainingApp
E1 trn 0.1734 loss, 92.8% correct, 0.9363 precision, 0.9194 recall, 0.9277 f1
score
E1 trn_neg 0.1770 loss, 93.7% correct (93741 of 100000)
                                                    陰性和陽性樣
                                                    本的數量一致
E1 trn_pos 0.1698 loss, 91.9% correct (91939 of 100000)
...
E1 val 0.0564 loss, 98.4% correct, 0.1102 precision, 0.7941 recall, 0.1935 f1
score
E1 val_neg  0.0542 loss,  98.4% correct (54099 of 54971)
E1 val_pos  0.9549 loss,  79.4% correct (108 of 136)
```

新的結果看起來好多了！以驗證資料集來說，陰性樣本的分類準確率僅少了 1.6% 左右（100% --> 98.4%），而陽性樣本的正確率卻增加了 79.4%（編註：在未平衡資料前，陽性樣本的準確率為 0%）。

新模型總算擺脫了第 11 章所述的取巧行為，且其表現明顯優於隨機亂猜。事實上，該模型已經（幾乎）能應用於現實世界中了。在將 CT 結果給放射師進行判讀前，我們的神經網路已能正確篩選掉大部分的偽陽性事件，意即：透過機器輔助，人員的生產力可以提高不少，這可是顯著的進步。

當然，此處仍有 20.6% 的偽陰性事件有待處理。那麼，多跑幾次訓練迴圈有沒有幫助呢？讓我們來看看吧（請做好心理準備，訓練時間會有點長）：

```
$ python -m p2ch12.training --balanced --epochs 20
...
E2 LunaTrainingApp
E2 trn 0.0432 loss, 98.7% correct, 0.9866 precision, 0.9879 recall, 0.9873 f1 score
E2 trn_neg  0.0545 loss,  98.7% correct (98663 of 100000)
E2 trn_pos  0.0318 loss,  98.8% correct (98790 of 100000)
E2 val 0.0603 loss, 98.5% correct, 0.1271 precision, 0.8456 recall, 0.2209 f1 score
E2 val_neg 0.0584 loss, 98.6% correct (54181 of 54971)
E2 val_pos 0.8471 loss, 84.6% correct (115 of 136)
...
E5 trn 0.0578 loss, 98.3% correct, 0.9839 precision, 0.9823 recall, 0.9831 f1 score
E5 trn_neg 0.0665 loss, 98.4% correct (98388 of 100000)
E5 trn_pos 0.0490 loss, 98.2% correct (98227 of 100000)
E5 val 0.0361 loss, 99.2% correct, 0.2129 precision, 0.8235 recall, 0.3384 f1 score
E5 val_neg 0.0336 loss, 99.2% correct (54557 of 54971)
E5 val_pos 1.0515 loss, 82.4% correct (112 of 136)...
...
E10 trn 0.0212 loss, 99.5% correct, 0.9942 precision, 0.9953 recall, 0.9948 f1 score
E10 trn_neg 0.0281 loss, 99.4% correct (99421 of 100000)
E10 trn_pos 0.0142 loss, 99.5% correct (99530 of 100000)
E10 val 0.0457 loss, 99.3% correct, 0.2171 precision, 0.7647 recall, 0.3382 f1 score
E10 val_neg 0.0407 loss, 99.3% correct (54596 of 54971)
E10 val_pos 2.0594 loss, 76.5% correct (104 of 136)
...
E20 trn 0.0132 loss, 99.7% correct, 0.9964 precision, 0.9974 recall, 0.9969 f1 score
E20 trn_neg 0.0186 loss, 99.6% correct (99642 of 100000)
E20 trn_pos 0.0079 loss, 99.7% correct (99736 of 100000)
E20 val 0.0200 loss, 99.7% correct, 0.4780 precision, 0.7206 recall, 0.5748 f1 score
E20 val_neg 0.0133 loss, 99.8% correct (54864 of 54971)
E20 val_pos 2.7101 loss, 72.1% correct (98 of 136)
```

上面的文字有點多，但我們只要關注『val_posXX.X% correct』的部分就行了（編註：val_pos 代表驗證集中的陽性樣本，即之前模型表現不佳的部分）。在第 2 個訓練週期過後，準確率為 84.6%。不過，檢視第 20 個週期的數據後會發現，準確率竟然下降到了 72.1%：結果反而**低於**第 2 個週期！

NOTE 如前所述，由於神經網路的初始權重是透過隨機決定的，且每週期所用之訓練樣本也存在隨機性，故每次運行程式後產生的結果都不太一樣。

同樣的問題卻似乎並未影響訓練資料集：陰性樣本最終的分類正確率為 99.7%、陽性樣本則為 99.6%。到底發生什麼事了？

12.4.3 辨識過度配適的徵兆

以上結果顯然是**過度配適**造成的。請看圖 12.18，此為**陽性樣本**的損失變化圖。

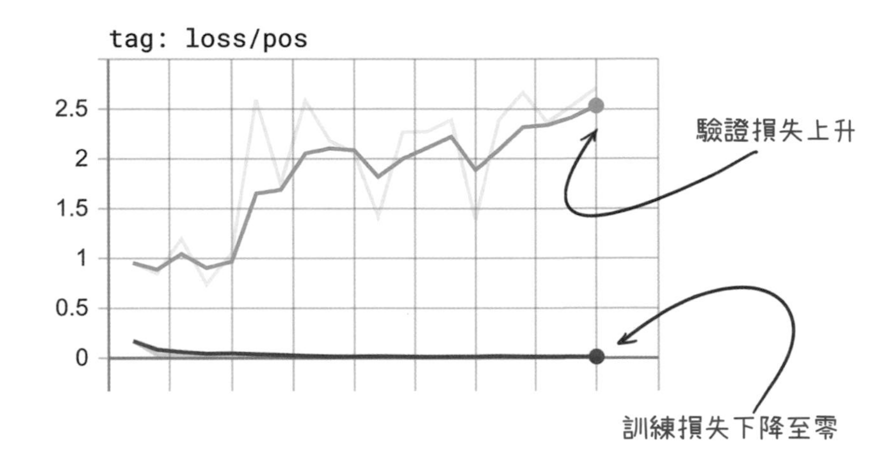

圖 12.18 從陽性樣本的損失趨勢中，可以看到明顯的過度配適現象（即訓練損失和驗證損失的走向不同）。

可以看到，陽性樣本的訓練損失幾乎為零。換句話說，模型對於訓練集中的陽性樣本有接近完美的預測能力。然而，其驗證損失卻在上升，這表示神經網路的**實際表現**（**編註**：面對它沒看過的樣本）越來越差。在這種時候（發現模型不再進步了），我們一般會終止訓練程式，以免浪費時間。

TIP 『訓練集的表現變好，但驗證集的表現變差』通常是模型開始過度配適的徵兆。

值得一提的是，以上的損失趨勢只發生在**陽性樣本**的損失上。以整體驗證損失的變化而言，我們看不出有任何問題！這是因為驗證集資料是未平衡的（絕大部份為陰性），故整體損失的走向會被陰性樣本主導。由圖 12.19 可看出陰性樣本的訓練和驗證損失同時都有下降的趨勢，是什麼讓陰性損失表現的比陽性好呢？那是因為陰性樣本的數量多出了 500 倍，故模型較難記住每筆資料的細節，因此只能乖乖學習陰性樣本的普適性特徵。但陽性訓練樣本只有約 1000 筆，所以模型逐漸放棄找出普適的規則，轉而去『死背』這些樣本的特色，並將**沒有這些特色**的資料全部判定為陰性。注意，這也會影響到神經網路對陰性樣本的判斷。

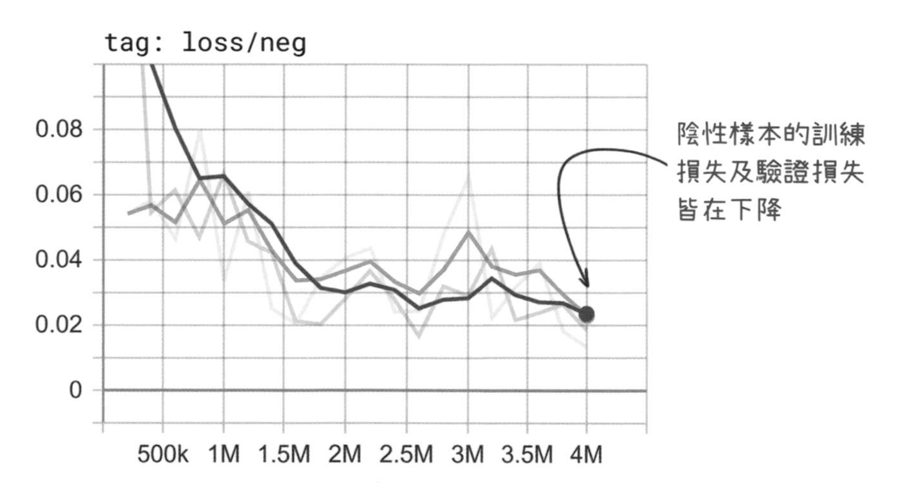

圖 12.19 陰性樣本的損失變化並未呈現過度配適現象（藍色：驗證損失，紅色：訓練損失）。

雖然如此，陽性驗證資料的分類準確率依舊達到了 70% 左右，這表示模型還是學到了一些普適規則。我們接下來只需調整神經網路的訓練方式，想辦法讓陽性樣本的訓練和驗證損失皆下降即可。

12.5 過度配適

我們已在第 5 章接觸過過度配適的問題了，而此處將進一步討論該如何對付這個常見的現象。請回憶一下訓練的目的，即：讓模型從資料集中學習目標類別的**普適特徵**。這些特徵可見於目標類別中的部分或所有樣本，且可以被推廣到未在訓練階段出現過的資料上。要是模型開始學習只有訓練樣本才有的**特殊特徵**（即不是所有樣本都有的特徵），過度配適現象就會出現，神經網路也會失去普適能力。為避免以上說明對某些讀者太過抽象，這裡用一個實例來說明。

12.5.1 從臉部預測年齡的模型

假設我們有一個『以臉部圖片為輸入，並預測年齡』的模型。在理想狀況中，此模型應學習對於『年紀』有指示性的特徵，如：皺紋、灰白頭髮、特定髮型以及服裝選擇等，並以此建立不同年齡的普適樣貌。當遇到新圖片時，模型便能透過其所學習到的特徵（例如：保守髮型、老花眼鏡、皺紋等），判斷此人是否在 65 歲以上。

與之相對，過度配適的模型則會去記憶**特定個體**的獨有細節，如：『金色眼睛配上光頭的個體年齡為 62.8 歲』等。如此一來，當遇到陌生人時，模型自然無法輸出正確的年齡。若我們讓模型看另一個光頭的圖片，其有可能會以為該個體是之前見過的，並直接輸出 62.8 歲。然而，此人可能才 25 歲！

過度配適經常是因為『訓練樣本太少，以致於模型直接記住答案』所致。以普通人的記憶力來舉例：要說出家庭成員的年紀，我們只需記得每個人的生日即可。但若要辨識一個村落裡所有居民的年齡，那就得依靠普適化的特徵才可能辦到了。

本例中，模型的容量允許其記住個別陽性樣本的細節。如本書第 1 篇所述，這裡的『容量』是個抽象的概念，但其大致為『神經網路參數數量乘以參數利用效率』的函數。當模型的容量大於記得特定樣本所需的資料量時，該模型便可能對分類難度較高的訓練樣本發生過度配適。

12.6 利用資料擴增來防止過度配適

是時候來進一步提升模型的表現了！如圖 12.20 所示，我們僅差最後一步。

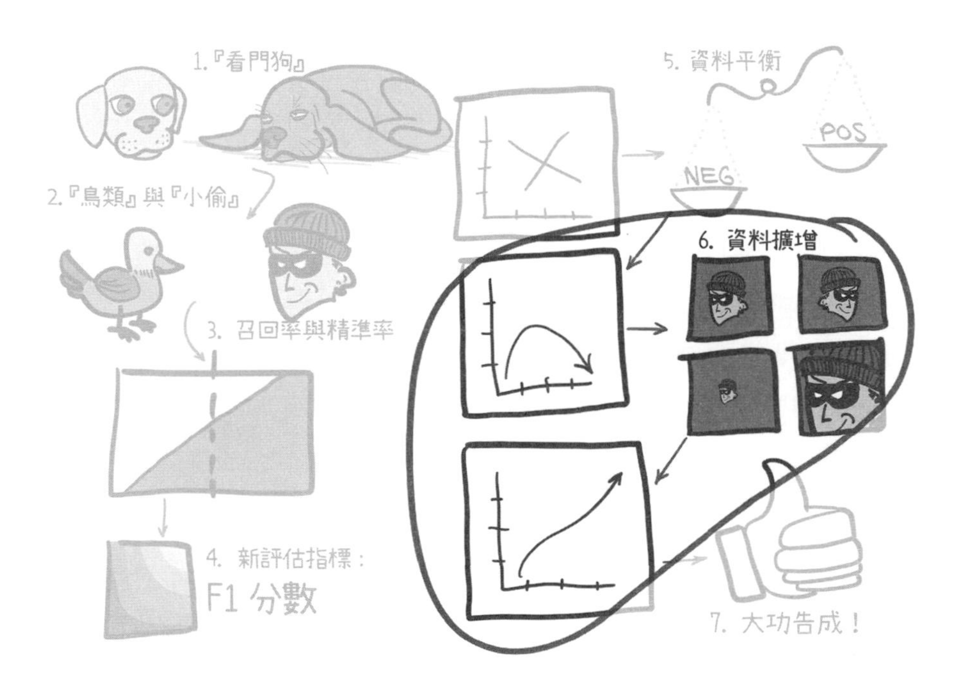

圖 12.20 本圖的重點在於：資料擴增。

透過微幅修改原始樣本來產生新樣本，我們可以**擴增**(augment)原始資料集，產生樣本數更多的新資料集。資料擴增的目標是：將既有資料轉換為新資料，且後者不但要保持類別代表性(即保持某類別之普適特徵)、又得在可記憶的細節上與原本不同。如果操作得當，擴增可讓訓練資料量超出模型容量可死背的範圍，並迫使其依普適規則進行分類，而這正是我們所樂見的。該方法非常有用，特別是在資料數量不足的情況下(見第12.4.1 節)。

當然，不是每一種擴增處理都有用。回到從臉部預測年齡的例子上，我們可以調整位於臉部圖片 4 個角落的像素，將其『紅色』通道的值變成 0-255 之間的隨機數字。如此一來，新資料集的大小將是原本的 40 億倍(**編註**：可以產生 256^4 種組合)。然而，這樣的修改顯然沒什麼意義。模型很快就能學會忽略角落的像素，至於圖片的其餘部分則和擴增前一樣，沒有任何效果。

反之，若我們把圖片左右翻轉會發生什麼事呢？這一次，資料集的大小雖然只會變為原來的兩倍，但這種改變對於訓練來說有意義多了。首先，由於『個體年齡』與『圖片是否進行左右翻轉』之間並無關連，所以鏡像翻轉並不會減損樣本的代表性。其次，人臉很少是完美對稱的，所以翻轉後的臉部圖片在可記憶細節上將和原始圖片不同。

12.6.1 資料擴增的具體方法

本小節會引入 5 種不同的資料擴增技巧。透過本章的實作方法，我們可以選擇分別測試每一種技巧或者將它們合併使用。5 種擴增技巧如下：

- 將影像資料上下、左右或前後**翻轉**。
- 將影像資料**平移**幾個體素。
- 將影像資料**放大**或**縮小**。

- 做影像**旋轉**。

- 在影像中**加入雜訊**。

在套用上述各項處理時，我們都必須確保新訓練樣本仍具代表性（即帶有某類別之普適特徵），但在細節上與原始影像有足夠差異。這樣一來，擴增後的資料才能在訓練中發揮功效。

以下就來定義名為 getCtAugmentedCandidate 的函式，它能對指定的候選樣本進行修改，以擴增出新的資料。此處的策略是：先將上面提到的擴增處理寫成**仿射變換矩陣**（affine transformation matrix；http://mng.bz/Edxq），再利用 PyTorch 的 affine_grid 與 grid_sample 函式對影像再取樣。

程式 12.11：dsets.py

```
#Line 149
def getCtAugmentedCandidate(augmentation_dict,
                            series_uid, center_xyz, width_irc,
                            use_cache=True):
    if use_cache:
        ct_chunk, center_irc = getCtRawCandidate(series_uid, center_xyz, width_irc)
    else:
        ct = getCt(series_uid)
        ct_chunk, center_irc = ct.getRawCandidate(center_xyz, width_irc)

    ct_t = torch.tensor(ct_chunk).unsqueeze(0).unsqueeze(0).to(torch.float32)
```

首先，我們利用程式 12.11 從快取中取得 CT 區塊 ct_chunk 或者直接匯入 CT 資料，並將其轉換為張量。接下來則是與 affine_grid 和取樣有關的程式碼：

程式 12.12：dsets.py

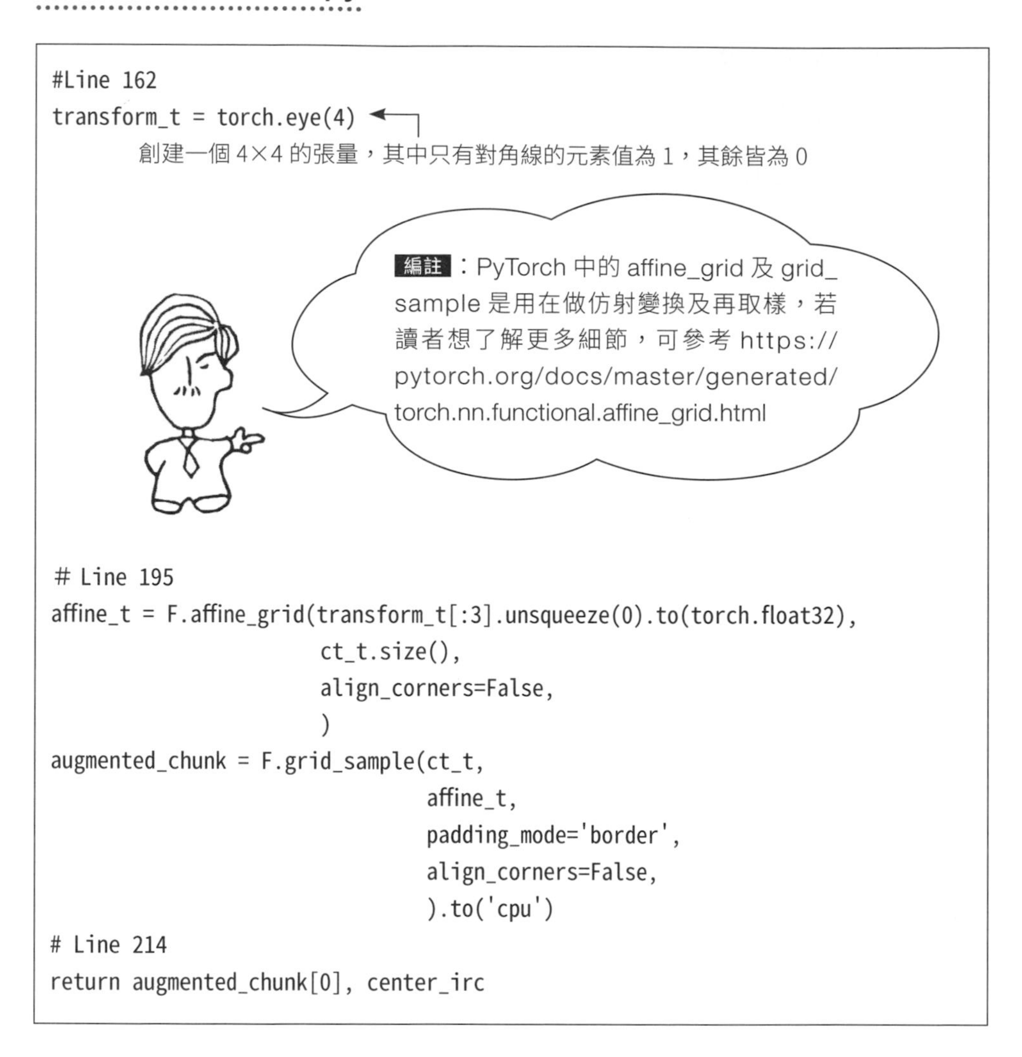


```
#Line 162
transform_t = torch.eye(4)

# Line 195
affine_t = F.affine_grid(transform_t[:3].unsqueeze(0).to(torch.float32),
                         ct_t.size(),
                         align_corners=False,
                         )
augmented_chunk = F.grid_sample(ct_t,
                                affine_t,
                                padding_mode='border',
                                align_corners=False,
                                ).to('cpu')
# Line 214
return augmented_chunk[0], center_irc
```

我們還得再加點東西才能讓 getCtAugmentedCandidate 發揮功能。下面就來看看實際進行轉換處理的程式吧！

NOTE 請注意，在你的資料處理流程中，『產生快取』的步驟一定要放在『資料擴增』之前！否則，影像在經過一次擴增處理後，便會維持在擴增後的狀態（即不會保留原先的資料集），這有違我們原先的目的（增加資料集的大小，**編註**：即在保留原有資料集的前提下，增加新的資料）。

鏡像翻轉

在鏡像翻轉中，由於腫瘤組織和圖片的『左右』或『前後』沒有絕對關係，故這些翻轉操作不會影響樣本的代表性。然而，在『上下』翻轉中，由於索引(index)軸(對應到病患座標系統的Z軸)與重力作用的方向一致，故腫瘤的上下部位是可能有差異的。話雖如此，在這裡我們假設上述差異不存在，理由是：在以視覺化方式檢查CT影像後，並未發現腫瘤有向上或向下生長的偏好。不過由於本專案與臨床應用有關，我們有必要向專家求證此一假設。

程式 12.13：dsets.py

```
#Line 165
for i in range(3):
    if 'flip' in augmentation_dict:
        if random.random() > 0.5: ◄── 若隨機產生的數字大於 0.5，就對
            transform_t[i,i] *= -1     轉換矩陣中的特定元素取負號
```

要將資料做鏡像翻轉，只需將轉換矩陣中相關的元素加上一個負號即可(見上面程式的最後一行)。

隨機平移某偏移量

儘管移動候選結節的位置會讓模型更有能力處理結節**不在樣本正中心**的情況，但由於卷積具有**平移不變性**，因此該操作的效果是有限的。然而有一點可以提升平移的意義，那就是：此處的**偏移量**(offset)不一定是體素的整數倍。反之，我們會以**三線性插值法**(trilinear interpolation)對資料進行再取樣，而這可能會造成影像發生輕微模糊。此外，位於邊緣的體素會被重複，進而在影像邊界形成看似污跡的條紋。

程式 12.14：dsets.py

```
for i in range(3):
    #Line 170
    if 'offset' in augmentation_dict:
        offset_float = augmentation_dict['offset']
        random_float = (random.random() * 2 - 1)
        transform_t[i,3] = offset_float * random_float
```

請注意，我們會以 offset 的值（augmentation_dict['offset']）做為在 grid_sample 函式 [－1, 1] 區間中的最大偏移量。

縮放

縮放和鏡像翻轉、平移等操作類似。此外，縮放也可能重複邊緣體素。

程式 12.15：dsets.py

```
for i in range(3):
    #Line 175
    if 'scale' in augmentation_dict:
        scale_float = augmentation_dict['scale']
        random_float = (random.random() * 2 - 1)
        transform_t[i,i] *= 1.0 + scale_float * random_float
```

旋轉

為保證樣本的代表性，旋轉是我們首選的資料擴增方式。回想一下，我們的 CT 切片在列與行（即 X 和 Y 軸）上的間距是均勻的，但在索引方向（或 Z 軸）上並非如此，整個體素呈現非立方狀態。也就是說，這些軸之間是**沒有替換性**的。

為應付上述情況，其中一種做法是對資料進行再取樣，好讓索引軸（Z 軸）上的解析度（或維度）與另外兩個軸一致。然而，該方法會導致索引軸的資料過於模糊，因此這是行不通的（即便增加內插體素的數量，影像的精確度也無法提升）。因此，這裡的解決方法是：將旋轉**限制在 XY 平面**。

程式 12.16：dsets.py

```
#Line 181
if 'rotate' in augmentation_dict:
    angle_rad = random.random() * math.pi * 2 ←— 隨機產生一個旋轉角度
    s = math.sin(angle_rad)
    c = math.cos(angle_rad)

    rotation_t = torch.tensor([
        [c, -s, 0, 0],
        [s, c, 0, 0],
        [0, 0, 1, 0],
        [0, 0, 0, 1],
    ])

    transform_t @= rotation_t
```

加入雜訊

與前面幾種操作不同，我們的最後一種擴增技巧（加入雜訊）對樣本是有破壞性的。若雜訊加得過多，則真實資料就會被淹沒，並導致模型無法進行分類。注意，雖然在極端輸入值的情況下，平移與縮放也會產生破壞性，但本例（見程式 12.14 和程式 12.15）所選擇的數值只會影響樣本邊界的體素（反之，加入雜訊會影響整個影像）。

程式 12.17：dsets.py

```
#Line 208
if 'noise' in augmentation_dict:
    noise_t = torch.randn_like(augmented_chunk)
    noise_t *= augmentation_dict['noise']
    augmented_chunk += noise_t
```

其它幾種擴增操作皆會增加**有效資料**的數量，而雜訊則會使模型的辨識作業變得**更加困難**。在看到訓練結果之後，我們會回過頭來討論這一點。

檢視擴增後的資料

圖 12.21 顯示了擴增處理的效果。其中左上角的圖片是原始的陽性樣本，緊接著的 5 張圖分別對應 5 種不同的擴增技巧。最後一排則是聯合應用所有技巧的結果，共有 3 張(**編註**：從結果可以看出，擴增處理具有隨機性，採用同樣的擴增技巧，會產生不同的結果，這對於增加訓練資料來說是很有用的)。

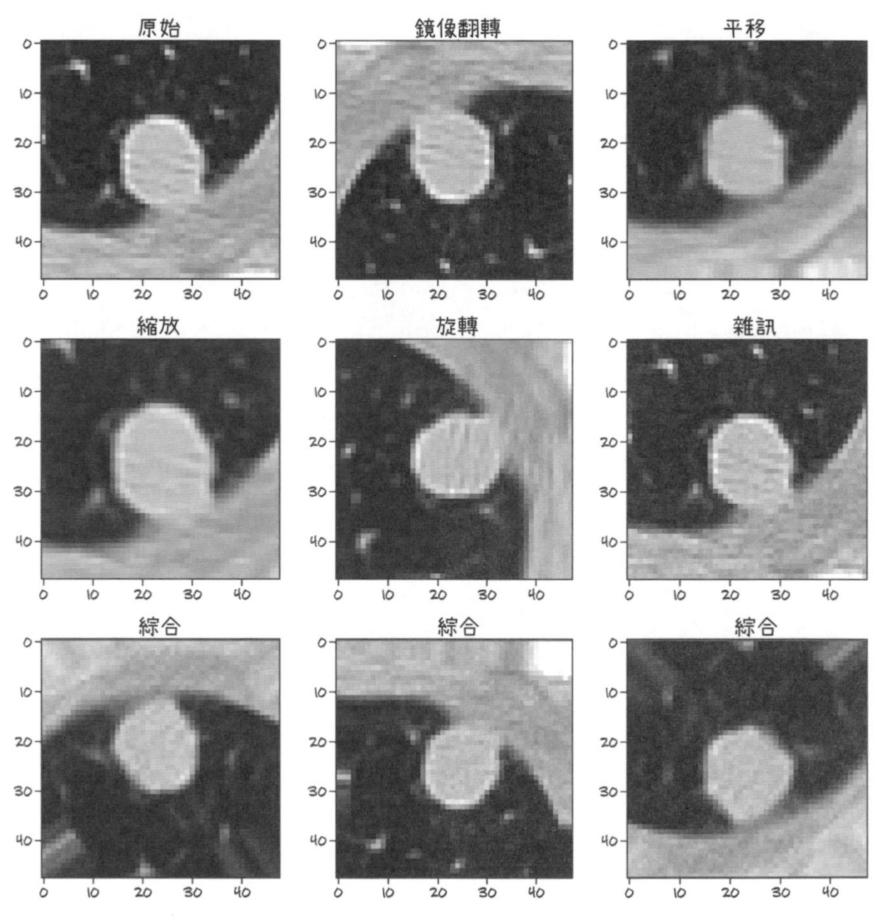

圖 12.21 對陽性結節樣本進行不同擴增操作的結果。

由於每從資料集中提取一次樣本，程式就執行一次隨機擴增，故最底下的 3 張圖片看起來都不一樣。反過來說，想要再次產生相同的圖片也是幾乎不可能的事情！現在，來看看資料擴增能發揮多少作用吧！

12.6.2 資料擴增帶來的表現提升

在本小節中，我們要分別訓練多個模型。前 5 個模型只使用單一擴增技巧，最後一個則用上全部技巧。訓練完畢後，我們再以 TensorBoard 來檢驗成果。

為了能順利開關特定擴增處理，這裡需將 augmentation_dict 傳給命令列界面。我們會呼叫 parser.add_argument 來加入引數（並未呈現在本書的範例中，但之前已有類似的操作了）。在此之後，引數會傳給實際建構 augmentation_dict 的程式碼。

程式 12.18：training.py

```
#Line 105
self.augmentation_dict = {}
if self.cli_args.augmented or self.cli_args.augment_flip:
    self.augmentation_dict['flip'] = True
if self.cli_args.augmented or self.cli_args.augment_offset:
    self.augmentation_dict['offset'] = 0.1  ← 根據經驗，這些數值確定是有效的，但不排除有更好的選擇存在
if self.cli_args.augmented or self.cli_args.augment_scale:
    self.augmentation_dict['scale'] = 0.2  ← 根據經驗，這些數值確定是有效的，但不排除有更好的選擇存在
if self.cli_args.augmented or self.cli_args.augment_rotate:
    self.augmentation_dict['rotate'] = True
if self.cli_args.augmented or self.cli_args.augment_noise:
    self.augmentation_dict['noise'] = 25.0  ← 根據經驗，這些數值確定是有效的，但不排除有更好的選擇存在
```

既然已經有了命令列引數，我們便可以開啟 p2_run_everything.ipynb 並執行『Chapter 12』的部分：

```
run('p2ch12.prepcache.LunaPrepCacheApp') ←— 每章只需預備一次快取就行了
run('p2ch12.training.LunaTrainingApp', f'--epochs={training_epochs}',
'--balanced', 'balanced') ←— 未加任何擴增技巧，只有平衡處理
run('p2ch12.training.LunaTrainingApp', f'--epochs={experiment_epochs}',
'--balanced', '--augment-flip', 'flip') ←— 加入鏡像翻轉
run('p2ch12.training.LunaTrainingApp', f'--epochs={experiment_epochs}',
'--balanced', '--augment-offset', 'offset') ←— 加入平移
run('p2ch12.training.LunaTrainingApp', f'--epochs={experiment_epochs}',
'--balanced', '--augment-scale', 'scale') ←— 加入縮放
run('p2ch12.training.LunaTrainingApp', f'--epochs={experiment_epochs}',
'--balanced', '--augment-rotate', 'rotate') ←— 加入旋轉
run('p2ch12.training.LunaTrainingApp', f'--epochs={experiment_epochs}',
'--balanced', '--augment-noise', 'noise') ←— 加入雜訊
run('p2ch12.training.LunaTrainingApp', f'--epochs={training_epochs}',
'--balanced', '--augmented', 'fully-augmented') ←— 加入以上的所有擴增技巧
```

在等待程式跑完的同時，我們可以先開啟 TensorBoard。由於在此只想顯示本章的執行結果，請各位把 logdir 參數修改成下面這樣：『../tensorboard --logdir runs/p2ch12』。

在某些硬體上，模型的訓練可能會需要非常長的時間。若讀者不想等太久，可以跳過『鏡像翻轉』、『平移』和『縮放』等處理，並將第一與最後一個模型的訓練週期從 20（此處設定 training_epochs 為 20）調降為 11（這裡之所以選擇 20，只是方便大家從眾多執行結果中找到此兩個項目。實際上，11 次訓練應該足夠了）。

對於跑完所有項目的讀者，你的 TensorBoard 應該包含圖 12.22 中顯示的所有數據。為了讓圖表不至於擠在一起，請將除了驗證資料以外的項目全部取消勾選。在觀測即時數據的同時，你也可以嘗試改變一下平滑係數，好讓趨勢更加清晰。現在，請先看一眼下圖，然後我們會討論其中的一些細節。

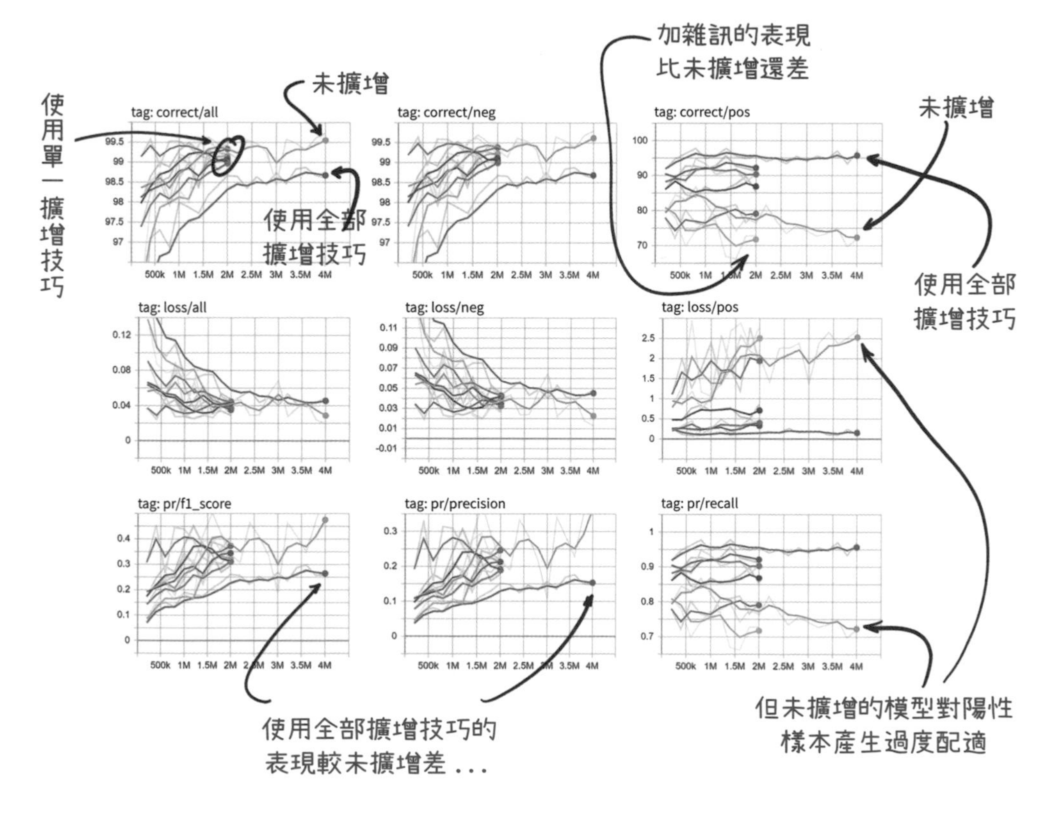

圖 12.22 以擴增後的資料訓練神經網路後，得到此處所顯示的分類準確率、損失、F1 分數、精準率以及召回率。

觀察最左上角的圖（tag: correct/all），我們注意到的第一件事情是：使用單一擴增技巧的結果看起來一團混亂，而未擴增和使用全部擴增手段的結果則分別位於這一團亂的上下兩側。以上趨勢表明：擴增技巧的綜合效果優於它們的個別效果。另一項值得注意的事情是，使用全部擴增技巧的模型較常給出錯誤的答案。雖然該結果並不理想，但請注意圖 12.22 最右欄的那三張圖（它們和模型對陽性樣本的分類表現有關；因為陽性樣本中真的有結節存在，因此它們才是我們關注的重點），可以看到就尋找陽性樣本的能力而言，使用全部擴增手段的模型佔明顯優勢。其不僅擁有傲人的召回率，過度配適的跡象也很小。與之相對，未擴增模型的表現則是隨著訓練的進行而越變越糟。

有趣的是，雜訊擴增模型的表現反而比未擴增的模型**還差**。我們之前提過，加入雜訊會讓分類作業變得更困難。考慮到這一點，此處的結果其實非常合理。

另外，若觀測即時的數據變化，我們還能發現：旋轉擴增模型的召回率和使用所有擴增技巧的模型一樣好，且前者的精準率還顯著優於後者。與此同時，由於 F1 分數主要受精準率影響（這是陰性樣本數較多的緣故），所以旋轉擴增模型的 F1 分數也較高。

不過，因為『腫瘤偵測』這項應用要求的是高召回率，故本書將繼續延用完整擴增的模型。此外，我們仍會以 F1 分數為指標，以便找出模型表現最佳的訓練週期。在真實的專案中，各位或許還得嘗試一下不同的擴增組合與參數值，看看是否能得到比目前更好的結果。

12.7 結論

本章花費了大量的時間和精力，重塑大家對於模型表現的認知。我們很容易被不良的評估方法給誤導，因此瞭解各種評量指標是非常重要的事。只有在建立起正確的直覺之後，我們才能看出自己的評量方式是否有偏差。

另外，各位還學到了如何處理資料不足的情況。缺乏訓練樣本的情況經常會發生，所以知道怎麼合成新的樣本是非常有用的。

既然我們的分類器已有不錯的表現，是時候將注意力轉向『自動尋找候選結節』的任務上了，而這便是第 13 章的主題。到了第 14 章，我們會把第 13 章找到的候選樣本輸入到本章建立的分類器中，接著還會建立另一個模型，以分辨良性結節以及惡性結節（即腫瘤）。

總結

- 二元**分類標籤**以及二元**分類閾值**的結合可將資料集分為 4 個象限：**真陽性**、**真陰性**、**偽陽性**與**偽陰性**。這 4 個象限是本章進階評估指標的基礎。

- **召回率**是模型**最大化真陽性**的能力。將所有樣本都判為陽性就能保證最高的召回率（因為所有陽性都被判為陽性，沒有偽陰性），但這會讓精準率變得極低。（編註：召回率 = 真陽性 /(真陽性 + **偽陰性**)）

- **精準率**是模型**最小化偽陽性**的能力。將所有樣本都判為陰性就能保證最高的精準率（因為完全沒有偽陽性），但這會讓召回率變得很差。（編註：精準率 = 真陽性 /(真陽性 + **偽陽性**)）

- 精準率和召回率可結合為單一指標：**F1 分數**，該指標能反映出訓練或模型的改變對模型整體表現有何影響。

- 讓訓練集內的陽性及陰性樣本**數量一致**（編註：即進行平衡操作）有助於提升模型表現。

- 原始樣本在經過**資料擴增**後，會變成部份細節與原先不同、但仍具類別代表性的新樣本。在資料有限的情況下，該技巧能減緩**過度配適**現象。

- 常見的資料擴增技巧包括：**旋轉**、**鏡像翻轉**、**縮放**、**平移**以及**增加雜訊**等。在其它專案中還可能看到不同的策略。

延伸思考

1. 我們可以對 F1 分數的公式進行改寫，並實作其他類似的評估指標。

   a. 請先閱讀 https://en.wikipedia.org/wiki/F1_score，然後實作出 F2 和 F0.5 分數。

   b. 比較 F1、F2 和 F0.5 分數，使用哪一個對於本專案來說較合理？請記錄其他分數的變化，並與 F1 分數進行比較。

2. 請實作一個 WeightedRandomSampler 來平衡 LunaDataset 中的陰性與陽性樣本，ratio_int 設為 0。

   a. 你如何得知每個樣本屬於哪個類別？

   b. 與本章使用的方法相比，何者較簡單？哪一種實作方法的程式可讀性較高？

3. 請嘗試不同的類別平衡策略（即調整 ratio_int 的值）。

   a. 將 ratio_int 設為多少能在兩個訓練週期後得到最好的結果？20 個訓練週期後呢？

   b. 如果 ratio_int 隨著 epoch_ndx 而調整會發生什麼事？

4. 請測試不同的資料擴增方法。

   a. 既有的擴增技巧中（如：加雜訊、平移等），哪些還有進步空間？

   b. 使用雜訊擴增會讓訓練效果更好還是更差？

      - 是否可以用其它數值來改變該結果？

c. 調查一下其它專案所用的擴增技巧，有沒有適用於本專案的？

- 請試著將新發現的技巧，加到對陽性樣本執行的『混合（mixup）』擴增中，這對訓練有幫助嗎？

5. 將初始的正規化方法（nn.BatchNorm）改成其它客製化方法，並保留原始模型。

a. 使用固定正規化（fixed normalization）是否能得到較好的結果？

b. 正規化的比例和偏移量該如何選擇才較合理？

c. 非線性的正規化（如平方根）有幫助嗎？

6. 除了本章所討論的數據，TensorBoard 還能呈現什麼？

a. 你能用 TensorBoard 來顯示神經網路的權重嗎？

b. 你能讓 TensorBoard 顯示模型處理某特定樣本的結果嗎？

- 將模型的主體以 nn.Sequential 物件包裹起來對此有幫助嗎？還是會讓事情變得更困難？

MEMO

CHAPTER

13

利用『分割』找出疑似結節的組織

本章內容

- 利用『像素到像素(pixel-to-pixel)』模型分割資料
- 以 U-Net 執行分割
- 透過 Dice 損失(Dice loss)瞭解遮罩預測(mask prediction)
- 評估分割模型的表現

在過去的 4 個章節中，我們完成了許多事情，包括：學習 CT 掃描和肺部腫瘤的知識、實作資料集和資料匯入器、確定模型評估指標與監測方法等。我們還大量應用了從第 1 篇學到的東西，並建立了有效的**分類器**。不過，目前處理的狀況仍十分依賴人力：我們得先依靠手動標註的候選結節資訊，才能將樣本匯入分類器中。回憶一下，在前面的章節中，我們需透過標註資料取得疑似結節的中心座標。接著，我們利用這些中心座標從完整的 CT 資料中截取切塊，用來訓練分類模型。在本章，我們希望建構一個分割模型，它可以從完整的 CT 資料中，標註出疑似結節的體素，進而扮演人工標註資料的角色。

如第 9 章所述，本專案採取多個步驟來解決諸如定位疑似結節、辨認是否確為結節、判定該結節為良性或惡性等問題。雖然在深度學習領域中，研究人員總在追求以**單一模型**解決複雜的問題（端到端的解決方案）；但對於實際應用而言，結合**多個步驟的策略**是非常常見的。本書所用的多步驟設計允許我們逐一介紹專案中的各種新概念。

13.1 在專案中加入第二個模型

前面兩章的討論主題是圖 13.1 裡的第 4 個步驟，即：**分類**。在本章，我們要回到第 2 步驟，探討如何讓分類器知道該處理哪些位置。為此，新模型必須能輸入原始的完整 CT 掃描資料（**編註**：之前的分類模型是根據標註資料中的候選結節中心位置，截取出一部分的 CT 切塊進行處理），並將所有可能是結節的體素都標示出來❶（**編註**：簡單來說，我們希望本章的分割模型可以扮演人工標註資料的角色，協助我們找出疑似結節的區域）。此過程對應到圖 13.1 裡的第 2 步驟，即**資料分割**（segmentation）。到了第 14 章，我們會轉而研究第 3 步驟（分組），並說明如何將此處的**分割遮罩**（segmentation masks）轉換為**位置標註**（location annotations）。

註❶：本章模型可能選中許多非結節的樣本，而進行分類（第 4 步驟）的目的就是要盡量濾掉非結節的樣本。

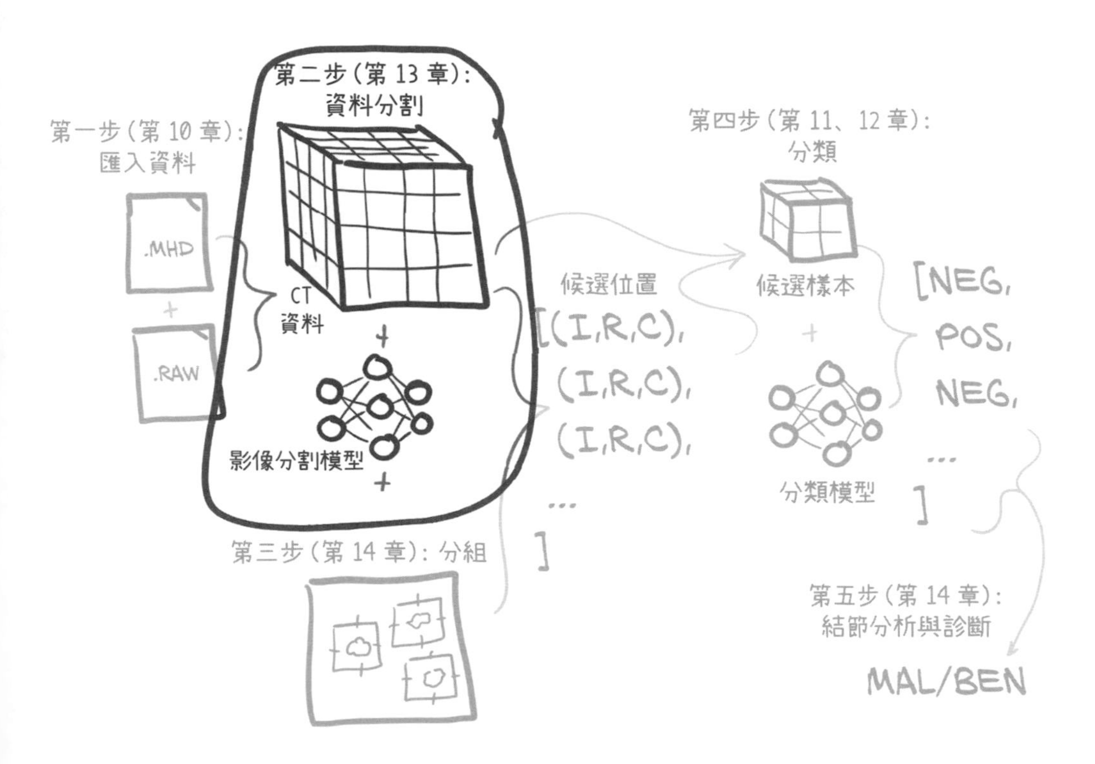

圖 13.1 我們的肺部腫瘤偵測專案。本章的主題是其中的第 2 步驟：資料分割。

待第 13 章結束後，我們將建立一個能對所有體素進行標註（或能分割資料）的新模型。網路上已有現成的模型（編註：也就是知名的 U-Net 架構），但為了符合本專案的要求，需對其稍作修改。如圖 13.2 所示，我們要更改的地方有：神經網路本身（圖中的步驟 2A）、資料集（2B）以及訓練迴圈（2C），以滿足新模型的輸入、輸出以及其它需求。最後，我們會檢驗模型執行的結果（圖 13.2 的步驟 3）。

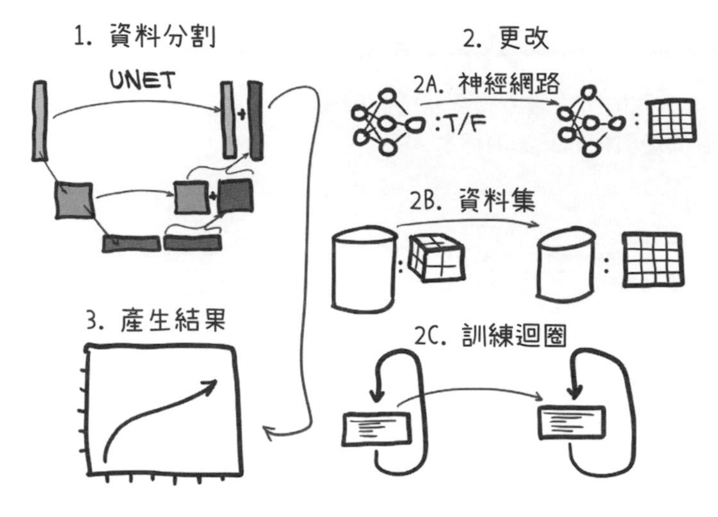

圖 13.2 實作分割模型的步驟流程。

將圖 13.2 裡的各步驟拆開，細節分別如下：

1. **資料分割**：我們首先要學習的是如何用 U-Net 分割資料。在此要介紹的東西有：新模型的組成部件以及它們在分割任務中的運作方式。

2. **更改**：為了實現分割，我們得調整三個地方的程式碼。程式的架構和上一章的分類模型類似，但在以下細節上不太一樣：

   2A. **更改網路模型**：我們會將一現成的 U-Net 架構整合進分割模型中。此外，第 12 章的模型僅輸出『是』/『否』的分類類別，而新模型則要輸出**經過標註的完整影像**（編註：由於本章模型的目的是對輸入影像的每個像素進行標註，因此可以預期輸入和輸出的影像大小是一樣的）。

   2B. **更改資料集**：本章的資料集不僅需提供 CT 掃描的資訊，還要能為結節提供**遮罩**（mask）。換言之，**分類用**的資料集是由包含候選結節的 3D 資料切塊所組成，而**分割用**的訓練和驗證集則包含完整的 CT 資料以及 2D 的切片（編註：稍後會解釋為何此處用的是 2D 的切片）。

   2C. **更改訓練迴圈**：更改訓練迴圈的目的是為了引入新的損失計算方式，進而去優化它。

3. **產生結果**：最後，我們會透過查看評量數據來確認本章成果。

13.2 不同類型的資料分割

在開始之前，先來談談不同類型的資料分割。本專案所用的是**語義分割**（semantic segmentation），意思是：利用類似於分類任務中的標籤（如：『熊』、『貓』、『狗』等）來標記**每個像素**的所屬類別。經過上述處理後，資料中的特定區域會被凸顯出來，且模型會告訴我們標註起來的區域是什麼（例如：這些像素被標註為『貓』）。這種凸顯是透過**標籤遮罩**或**熱圖**（heatmap）來實現的。本例使用了簡單的二元標籤，其中**真值**代表『可能是結節』，**假值**則對應『健康組織』，這種標籤在一定程度上符合後續分類網路的要求。

現在，讓我們簡單提一下其它分割策略吧！其中一種稱為**實體分割**（instance segmentation），其不只會標出物體類別，還會分別給予**同類別的不同個體**獨立的標籤。舉例而言，對於一張兩人正在握手的相片，語義分割只會用上兩個標籤（即『人』和『背景』），實體分割卻會使用 3 個標籤（『人物 1』、『人物 2』和『背景』），且在兩人雙手交握的地方會出現『人物 1』及『人物 2』的分界線。雖然這項策略有助於我們分辨不同結節，但本專案選擇以**分組**（grouping）操作來取得類似的效果。這是因為結節的位置通常不會重疊，故採用分組處理即可獲得理想結果。

另一種可用策略是**物體偵測**（object detection），其能在圖片中找出我們感興趣的物件，並將該物件的**邊界**框出來。雖然實體分割和物體偵測皆能找出結節，但它們的實作過於複雜，不適合各位在這個階段學習。對於本書來說，語義分割技術已經足夠了。此外，訓練物體偵測模型所需的運算資源遠高於本專案的需求。若各位真的想挑戰，可參考 YOLOv3 相關的論文。與其它深度學習研究相比，該主題的文章讀起來較為有趣❷。

註❷：待各位讀完本書，或許可以看看以下論文：Joseph Redmon and Ali Farhadi, "YOLOv3: An Incremental Improvement," https://pjreddie.com/media/files/papers/YOLOv3.pdf。

NOTE 書中所列的程式碼省略了不重要或與前幾章過於相似的部分，以便專注探討本章的核心議題。請讀者務必參考 GitHub 上的程式，如此才能掌握完整的脈絡（**編註**：小編也已將程式整理成獨立檔案，讀者可至本書封面所示的網址進行下載）。

13.3 語義分割：像素層級的分類

我們一般會用分割處理來回答如『貓位於圖片何處』之類的問題。大多數以貓為主題的相片都會包含許多與貓無關的東西，例如：桌子、牆壁以及貓咪腳底下的鍵盤等。一般分類模型的目的是判斷圖片中是否有貓，而分割模型則能幫我們找到貓的具體位置。想要精確指出『哪些像素屬於貓、哪些屬於牆壁』，我們需調整前幾章分類模型的內部架構與模型輸出。

圖 13.3 分類模型會輸出一或多個**分類標籤**，分割模型則會透過對每個像素進行標註，進而產生**遮罩**或**熱圖**。

以辨識貓咪的專案為例，若想找出貓的位置，則分割模型正是我們需要的。至於之前實作過的分類模型則類似於漏斗或放大鏡。如圖 13.4 所示，分類模型會先選取一大片像素區域，然後逐步縮小範圍，最終匯集於一個『點』上（精確來說是輸出一個『類別預測』）。

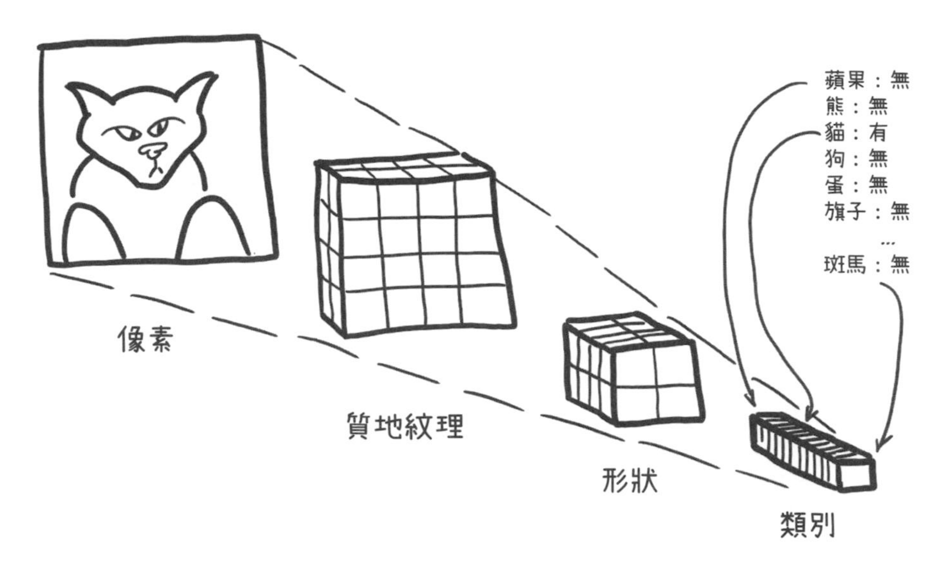

圖 13.4 分類模型的放大鏡架構。

藉由堆疊**卷積層**（convolution layer）與**降採樣層**（downsampling layer），分類模型一開始會接受原始像素資料，並以**過濾器**偵測其中的特定特徵（如：質地、顏色等）。隨著層數上升，模型偵測的目標也變得越來越具體（如：眼睛、耳朵、嘴巴、鼻子），並最終收斂成『貓』和『狗』等類別。由於卷積模組的**接受域範圍**會隨著降採樣層的堆疊而增加，因此模型過濾器所在的神經層越高（編註：即離輸入層越遠的神經層），其所能處理到的輸入圖片區域就越廣。

第 11.4 節曾提過，降採樣有助於增加卷積層的接受域範圍，並將構成圖片的像素陣列縮減到一個分類結果，如圖 13.5 所示（其內容與圖 11.6 相同）。

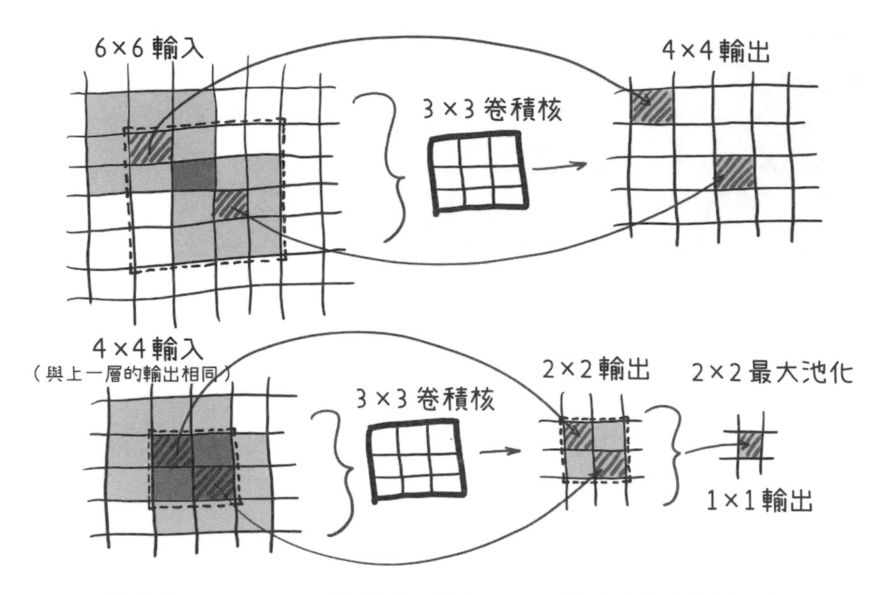

圖 13.5 LunaModel 的區塊包含兩個 3×3 的**卷積核**，緊接著一個**最大池化層**(圖中並未畫出)。最終像素的接受域是 6×6。

在圖 13.5 中，輸入資料從左邊流動至右邊，並接著下一列繼續流動。為了看出最終輸出(圖中右下角之單一像素)的接受域，讓我們**逆著**解讀此圖。首先，最終 1×1 的像素是由一個 2×2 的最大池化層處理後產生的。往前推一步，位於圖 13.5 下列的 3×3 卷積核(其輸出為最大池化層的輸入)的接受域為 4×4。

圖 13.5 上列的 3×3 卷積核會在 4×4 的接受域外圍再加一**圈像素**，因此我們可以說：最終輸出像素的接受域大小，相當於左上角輸入資料中的某個 6×6 區域。總的來說，每進行一次降採樣(編註：即此處所用之最大池化)，接受域邊長需**乘以 2**；每進行一次卷積處理，接受域的邊長則要**加上 2**。

若我們希望模型的輸出和輸入一樣大(編註：這正是我們希望本章的分割模型可以做到的)，那就需要不同的模型架構。其中最簡單的做法就是不要使用降採樣層，此時只要設定正確的**填補(padding)機制**，卷積處理後的輸出便會和輸入大小一致。但少了降採樣層『接受域範圍乘以 2』的效果(見上一段的說明)，若要達到原來的接受域大小，就必須堆疊非常多的卷積層，若非如此，每個輸出像素僅能考慮到輸入資料的**局部資訊**，而無法顧及**全域資訊**。

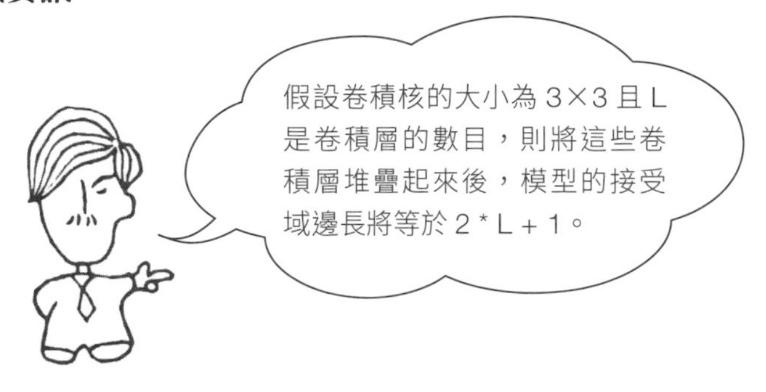

計算接受域大小

現在，來做個測試吧！在經過 4 次 3×3 卷積核處理後，每個輸出像素的接受域將是 9×9。假如我們分別在『第 2 次和第 3 次卷積處理之間』以及『模型的最後』插入 2×2 的最大池化層（整個結構變成『卷積－卷積－最大池化－卷積－卷積－最大池化』），則每個輸出像素的接受域將變成多少呢？

上述問題的答案是 16×16：對於輸出的某個像素（大小為 1×1）而言，最大池化會讓接受域大小加倍（乘以 2），即變成 2×2。接下來的兩次卷積處理會讓接受域邊長加 4，也就是 6×6（每進行一次卷積處理就加 2）。此時，我們再度遇到一個最大池化層，因此接受域大小再次翻倍成 12×12。最後，模型開頭的兩次卷積處理會在 12×12 接受域的外圍加上兩層寬度為 1 像素的外框，使其大小變成 16×16。

說了那麼多，我們的問題依舊存在：到底要怎麼做才能在保留降採樣層的同時的前提下，讓輸入和輸出的像素數量比例維持在 1:1 呢？常見的解決方法是引入**升採樣**（upsampling）技術，此技術能增加圖片的解析度（編註：簡言之就是先降採樣來加大接受域，之後再升採樣回原來的解析度）。最簡單的升採樣即：將輸入中的每個像素擴充為 N×N 的像素區塊，且該區塊中各像素的值等於輸入的像素值。擴充區塊的像素值也能以更複雜的方法來決定，例如：**線性內插法**（linear interpolation）或者**學習式反卷積**（learned deconvolution）等。

13.3.1 U-Net 模型的架構

在討論各種升採樣演算法以前，我們得先回到本章的主題上。現在就來介紹一種基礎的分割演算法，U-Net。

採用 U-Net 架構的模型可以針對圖片中的每個像素產生輸出值，且這些數值有助於資料分割。如圖 13.6 所示，U-Net 神經網路的架構有點類似英文字母 U（也因此得名 U-Net）。此外，讀者會發現：與我們已熟悉的分類器模型（多為**序列式**）相比，此架構顯然更為複雜。

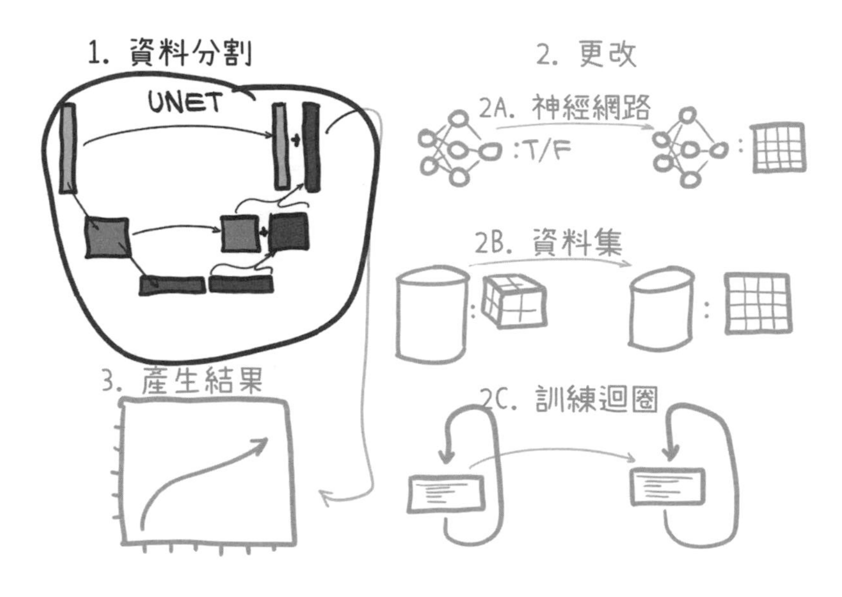

圖 13.6 本節要研究的分割模型架構 (U-Net)。

圖 13.7 展現了更多 U-Net 的細節。對早期的圖片分割領域而言，此架構是一大突破。接下來，我們會針對其中的各個部件進行討論。在瞭解該模型之後，我們將實際訓練一個 U-Net 以完成本章的分割作業。

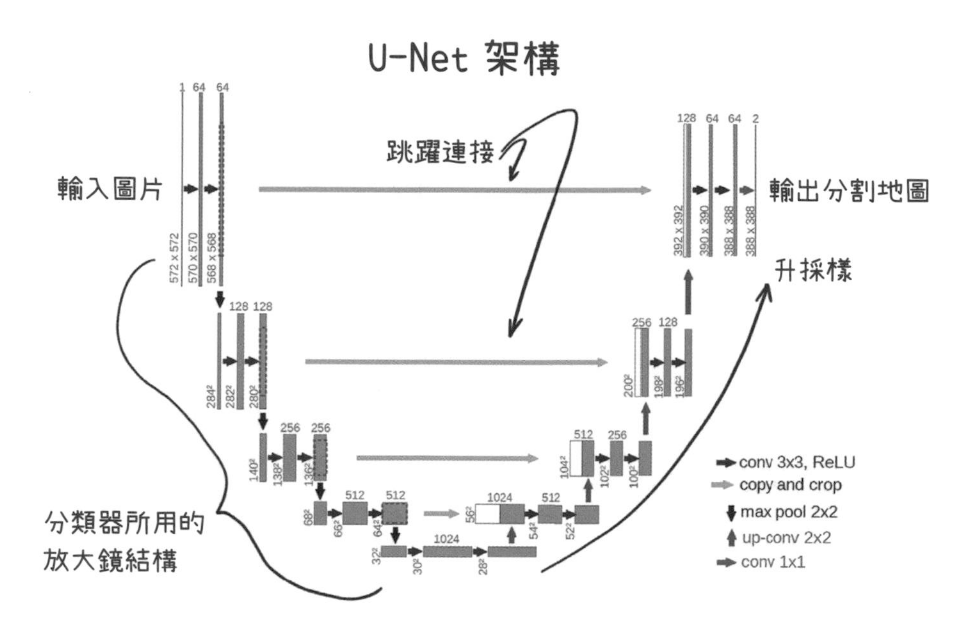

圖 13.7 此圖取自 U-Net 的原始論文，其中的註解也一併被收錄於此（出處：Olaf Ronneberger et al., "U-Net: Convolutional Networks for Biomedical Image Segmentation"）。該圖片亦可見於以下網址：https://arxiv.org/abs/1505.04597 或 https://lmb.informatik.uni-freiburg.de/people/ronneber/u-net。**編註**：方塊上方的數字為通道數量，方塊左下角的數字為圖片的大小維度。

圖 13.7 裡的方塊代表中繼輸出，箭頭象徵某種操作（如卷積操作、最大池化等）。方塊的上方及左下角皆有數字，分別代表通道數及圖片的大小維度。可以看到，位於頂端的圖片解析度最大，然後每往下一層大小就減半（**編註**：這是因為經過了 2×2 最大池化層的作用）。在從左上角流到底部的過程中，資料會經歷一系列卷積與降採樣（此處採用最大池化）處理，這一部分和之前探討的分類器架構一樣。

隨著資料往右上角移動，其解析度會因為升採樣卷積而上升。為止，我們需針對原始的 U-Net 稍作修改（**編註**：原始的 U-Net 在升採樣後，會損失部分的像素，無法得回完整的解析度）。此處會利用填補來確保圖片邊緣的像素不至遺失，這可以確保左右兩端的資料解析度維持一致。

事實上，某些神經網路早在 U-Net 出現以前就已經採用 U 形設計了，目的是為了解決卷積網路接受域大小受限的問題。在早期的 U 形模型中，研究人員會將圖片分類模型的一部分先複製並翻轉，再將其與原本的模型相接，進而形成一種左右**對稱**的模型結構。該結構的接受域會先由小區域範圍轉向全域，再從全域回到區域細節。

然而，早期的模型總會遇到收斂困難的問題，這極可能是因為**空間資訊**在降採樣過程中遺失所致。當圖片解析度被縮至很小時，物體的界線將變得模糊難辨，想用如此模糊的資訊重新建構出物體自然是難上加難。為克服上述問題，U-Net 的作者在模型中加入了**跳躍連接**（skip connections，見圖 13.7 中間灰色箭頭的部分）。我們第 8 章討論過跳躍連接，要注意的是，它們在此處的作用與在 ResNet 中的不同。對 U-Net 而言，跳躍連接會在降採樣路徑與升採樣路徑的對應神經層之間建立捷徑。因此，升採樣神經層不只可以收到來自 U 形底層的輸出（這些輸出的接受域極廣），還能透過跳躍連接獲得早期神經層的處理結果（這些結果包含許多細節）。以上便是 U-Net 的關鍵創新（有趣的是，這項創新的出現時間其實早於 ResNet）。

換句話說，位於 U-Net 後半部的神經層既可得到下方傳來的，較廣泛的脈絡資訊，又能經由跳躍連接取得來自最前面幾個神經層的高解析度細節，進而實現兩全。

位於右上端最後的『conv 1x1』操作會將輸出圖片的通道數由 64 改為 2。此神經層的功能類似於分類器中的全連接層，只不過其會針對每個像素、每個通道進行處理。這是一種將輸入的通道數轉換為類別數的方法（編註：就是將前一層傳來的 64 通道資料轉為 2 個通道，以對應到類別數。）。

13.4 更改模型以執行資料分割

關於資料分割的理論和 U-Net 的歷史已經聊得夠多了，下面我們將進入圖 13.8 中的步驟 2A，即模型程式碼的更改。本小節會整合 U-Net 架構來建立神經網路，使其有能力預測圖片中**每個像素為結節**的機率（即進行資料分割），而非只輸出單一的二元分類結果（真或假）。在這裡，我們不打算從零開始建立客製化的 U-Net 分割模型。反之，我們會從某開源的 GitHub 檔案庫取得現有的模型來修改。

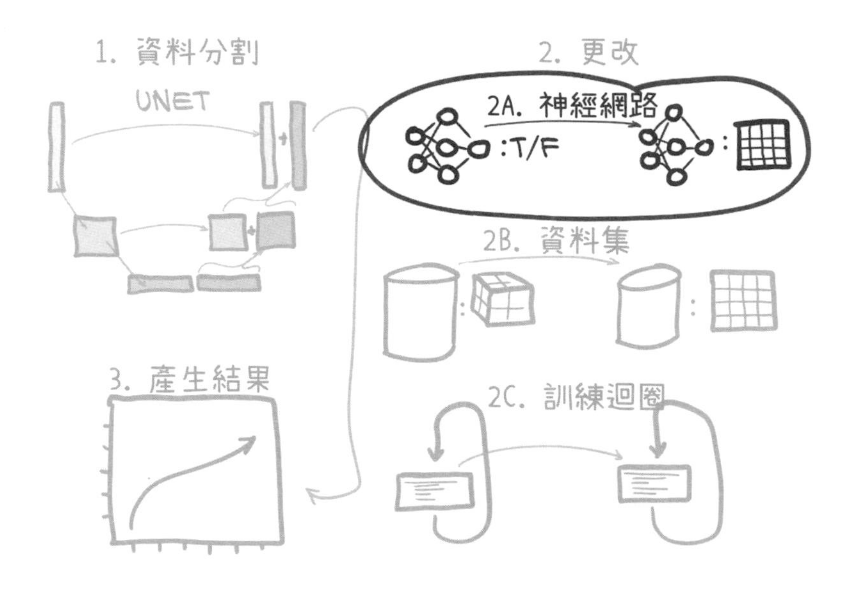

圖 13.8 本章的重點是將**分類模型**改為**分割模型**。

在 https://github.com/jvanvugt/pytorch-unet❸ 中的 U-Net 看起來非常符合本專案的需求：其採用 MIT 授權條款（copyright 2018 Joris），全部內容都包含在一個文件內，且提供了許多參數選項讓我們調整。各位可以在本書的 GitHub 檔案庫中找到上述文件（util/unet.py），其中還附上了原始 GitHub 的連結、以及授權條款的全文。

註❸：此模型原先使用的降採樣方法為**平均池化**，而非**最大池化**（這和正式論文的內容不同）。但在最新版本的模型中，降採樣方法已被改成最大池化了。

NOTE 雖然對於個人專案的影響不大，但在使用開源軟體前，最好還是注意一下附帶的使用授權說明。MIT 授權條款（MIT license）已是最寬容的開源授權之一，但其仍對軟體的使用有所限制！此外，即便某人將自己實作的程式公佈於開放平台（包括 GitHub），該實作的版權仍屬於該作者，若作者沒有附上任何授權，這就表示：你並未得到使用此程式的許可。此時，我們便不應該將其視為開放資源而任意使用，就像你不能拷貝圖書館的書然後拿去賣錢一樣。

建議各位先瀏覽一下 U-Net 檔案裡的程式，並利用目前所學找出該架構的基本區塊，以及那些與跳躍連接有關的部分。此外，『根據程式碼來畫出模型架構圖』也是一項不錯的練習，大家可以試試。

有了可用的模型，下一步便是依照專案的需求對其進行修改了。一般而言，我們會傾向使用現成的解決方案。為此，開發人員必須知道現有的模型有哪些，以及它們的實作與訓練過程為何，並藉此判斷是否有適用於目前專案的技術。當然，這樣的知識需要時間與經驗來累積，因此各位最好從現在就開始建立自己的『模型工具箱』。

13.4.1 依專案需求修改現成模型

來看看如何修改 U-Net 吧！此處給讀者提供一個有用的練習：比較模型修改前後所產生的結果有何差異。接著，一次移除一項改動並再次進行對比，以便瞭解每項修改的功能為何。這種做法在學術圈中一般被稱做**消融研究**（ablation study）。

首先，要將輸入資料傳遞給一個**批次正規化模組**。如此一來，我們就不必在資料集中自行實作正規化。更重要的是，我們還能得到每個樣本批次的統計資訊（即**平均數**與**標準差**）。

第二，我們要以 nn.Sigmoid 層處理模型的輸出值，好將其範圍限制在 [0, 1] 的區間內。第三，降低模型的深度與過濾器數量（編註：即模型的層數及卷積層的通道數）。或許各位尚未察覺，但如果使用 U-Net 的標準參數來建構，則模型的容量將遠遠大於資料集的大小（編註：一來會對運算資源有太大的需求，二來很容易造成過度配適問題）。除上述更動以外，最後請大家注意一點，即：我們新模型的輸出僅有單一通道（編註：在原始的論文中，U-Net 的輸出通道為 2，因此我們要進行修改），且輸出的圖片中，每個像素的值均代表**該像素為結節的機率**。

要重新打包 U-Net 模型的類別（以加入我們需要的功能）並不困難，只要在新類別中多加 3 個屬性即可：其中兩個用來儲存上文提到的兩個新模組（即 nn.BatchNorm2d 與 nn.Sigmoid），另一個則儲存要被包裝的 U-Net 本體。與此同時，我們還需將 __init__() 接收到的關鍵字參數，再傳入 U-Net 的建構子中來建立 U-Net 本體。

程式 13.1：model.py

```
#Line 17
class UNetWrapper(nn.Module):
    def _init_(self, **kwargs): ◄── 『kwarg』為 Python 字典，其中包含所有欲傳進 U-Net 建構子中的關鍵字參數
        super()._init_()

        self.input_batchnorm = nn.BatchNorm2d(kwargs['in_channels']) ◄── 使用 BatchNorm2d 時需設定輸入的通道數，我們會通過 kwargs 的 in_channels 關鍵字參數來指定
        self.unet = UNet(**kwargs)
        self.final = nn.Sigmoid()

        self._init_weights() ◄── 客製化的模型權重初始化函式（完整程式碼請參考本章的程式檔）
```

UNetWrapper 的 forward 方法也同樣簡單。雖然可以利用第 8 章介紹的 nn.Sequential 來實作，但為了維持程式碼和**堆疊追蹤**（stack traces）的易讀性，這裡將以函數式 API 來實作。

程式 13.2：model.py

```
#Line 50
def forward(self, input_batch):
    bn_output = self.input_batchnorm(input_batch)
    un_output = self.unet(bn_output)
    fn_output = self.final(un_output)
    return fn_output
```

由於 U-Net 本質上是 2D 的分割模型，故在此使用的是 nn.BatchNorm2d。我們當然可以改變 U-Net 的實作程式，使其執行 3D 卷積，但這麼做有許多缺點。首先，若需處理立體的 CT 掃描切塊，則模型的記憶體使用量將大幅上升。其次，像素在 Z 軸（索引軸）上的間隔距離較大，這會降低單一結節出現在很多張切塊中的機會。因此就本專案而言，使用 3D 模組並非理想的做法。反之，我們要將 3D 的資料（沿著 Z 軸）切割成多張 2D 切片，再讓模型一次針對一張切片執行分割，並參考其鄰近切片以獲得**脈絡資訊**。

由於需要儲存鄰近的切片，故我們需另外建立一個**通道軸**。在這裡，我們的處理方法和第 7 章中以全連接層處理圖片的做法類似（**編註**：即將 2D 的圖片扁平化成 1D 向量，不理會像素之間的空間關係。在此處，我們忽略的則是 2D 切片之間的空間關係）。模型必須重新學習各切片在 Z 軸上的相對空間關係（該資訊在資料 2D 化時被拋棄了）。所幸這對神經網路來說並不難，而且脈絡切片的數量不多，切片本身也不大。

13.5 更改資料集以執行資料分割

本章所用的資料來源與之前相同，即：CT 掃描結果與相關的標註資料。然而，模型所需的輸入以及其所產生的輸出形式卻和前幾章不一樣。如圖 13.9 步驟 2B 所示，先前的資料集類別提供的是 3D 資料，但此處所需的是 2D 樣本。

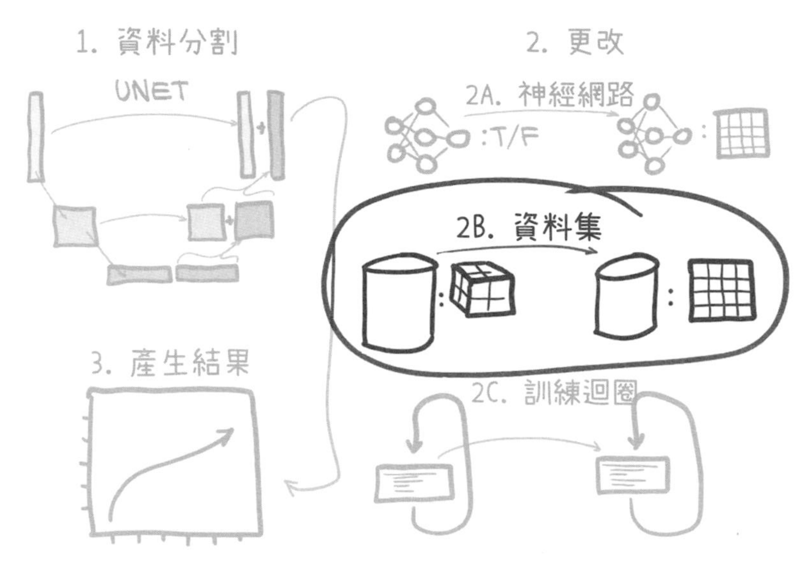

圖 13.9 此處的重點：建立符合分割模型需求的資料集。

在原始的 U-Net 實作中，卷積處理的圖片並未進行填補。因此，雖然模型輸出的分割圖比輸入圖片來得小，但因為輸出像素的接受域中不存在因填補而加入的假像素，所以其輸出的接受域能完美對應到原始圖片的實際像素。(編註：若我們在卷積處理時使用填補機制，進而產生幽靈像素，那麼輸出像素接受域中的一部分就會對應到這些『假』像素)。

在本專案中，不採用填補機制會造成兩個問題，接下來就來一一說明。

13.5.1 U-Net 對於輸入圖片的尺寸有特殊要求

先說第一個問題：U-Net 對於輸入圖片的尺寸有特殊要求。由於 U-Net 輸出的分割圖會比輸入圖片小一些(每經過一次卷積就會少 2 像素，而在升採樣時未能還原那些減少的像素)，因此會犧牲掉圖片邊緣的像素。該問題在我們的專案中會帶來嚴重的後果，因為 CT 影像的邊緣也可能出現結節。原始的 U-Net 論文使用 572×572 的輸入，如此會產生 388×388 的輸出分割圖。另外，以上輸入尺寸比本專案所用的 512×512 CT 資料還大，但輸出則明顯較小。在本專案中，我們則希望模型輸出的結果大小同樣為 512×512！

為解決此問題，我們會將 U-Net 建構子中的『padding』標籤設為 True。這麼一來，輸入就可以是任意尺寸，且輸出的大小會和輸入一致。儘管此方法會導致靠近圖片邊界的資訊失真（因為每次卷積時都會在圖片邊緣填補『幽靈像素』），但這種程度的犧牲還在可接受的範圍內。

13.5.2 3D 資料與運算資源之間的取捨

第二個問題是：本專案的 3D 資料與 U-Net 預設的 2D 輸入不匹配，雖然也可讓 U-Net 支援 3D 輸入，但以我們的 512×512×128 CT 掃描圖來說，這樣做會導致 **GPU 記憶體爆炸**。每張影像的大小為 $2^9 \times 2^9 \times 2^7$、每個體素均含 2^2 個位元組（bytes），且 U-Net 的第一神經層具有 64 個通道（即 2^6），以上指數總和為 9 + 9 + 7 + 2 + 6 = 33。換言之，光是 U-Net 的**第一個卷積層**就需佔用 8 GB 的容量（編註：2^{33} = 8GB）。因此光是最前面兩個卷積層，就需要 16 GB 的空間。

在兩個卷積層之後的降採樣層，會讓資料解析度減半但通道數加倍，所以接下來的兩個卷積層分別會需要 2 GB 的空間（請記住，這裡處理的是 3D 影像，因此『解析度減半』意謂著只剩 1/8 的資料，然後通道數會加倍，所以 8G*(1/8)*2=2G）。綜上所述，在到達第二降採樣層以前，我們的模型大小就已經來到 20 GB 了。若再考慮升採樣路徑以及處理 autograd 的部分，運算量將大得令人難以想像。

NOTE 此處以『將 3D 資料轉為 2D』來避免上述問題，但這絕非唯一的解決辦法。舉例來說，註解❹中使用的技術就更為創新及高明。話雖如此，這裡選擇的方法可說是最簡單的解法，且已能達到本書所期望的效果。選用簡單的技術讓我們能把說明重點擺在基本觀念上，等各位掌握基礎知識後，再去研究高階技巧也不遲。

註❹：Stanislav Nikolov et al., “Deep Learning to Achieve Clinically Applicable Segmentation of Head and Neck Anatomy for Radiotherapy,” https://arxiv.org/pdf/1809.04430.pdf

因此，本專案不會直接使用 3D 資料，而是先將 3D 資料拆解為許多張的 2D 切片，再一一輸入模型進行分割。此外，還會以額外的通道軸來提供鄰近切片，以補充立體影像的脈絡資訊（編註：指的是切片間的關聯性）。也就是說，本例會將一般圖片的 RGB 通道，改成儲存多張連續切片的通道，例如：目標切片的『上一層切片』、『目標切片（實際要進行分割的影像）』、目標切片的『下一層切片』等。

然而，此方法是有代價的。由於卷積核會將所有通道的資訊**線性地**結合起來，故切片之間的相對空間關係（即：某切片是在目標切片的上方或下方，以及兩者距離多少個切片）將遺失。此外，與真實 3D U-Net 的分割相比，本例的 2D 分割在**深度軸**（編註：Z 軸）上的接受域範圍較小（編註：因為每個樣本只取鄰近的幾張切片）。不過通常結節只會橫跨數量很少的切片，這樣的接受域大小已經足夠。

另一項需要注意的因素是：在本例中，切片的厚度訊息也被忽略了（這對於 2D 和 3D 分割皆有影響）。只有在習得該資訊後，模型的表現才足夠穩定，因此我們必須嘗試各種不同厚度的切片，以觀察哪一種會有較好的表現（編註：此處作者提供了一個改善模型的想法，但在本書中並無相關實作，讀者可自行嘗試）。

一般來說，並沒有簡單的流程圖或原則可以告訴我們該如何在不同方法間進行取捨。我們只能進行實驗，即：系統化地測試不同假設，一步步篩選出適用於當前問題的方法。

一定要記得：**不要一次測試多個假設**。在等待執行結果的空檔，我們很自然會想利用時間在程式中加入多項修改，請抑制住這種衝動。否則，當表現不如預期時，你會不知道問題出在哪裡。有了以上認知後，便可以來創建分割用的資料集了。

13.5.3 建立資料集

此處要解決的第一個問題是：人工標註的訓練資料不符合模型輸出的需要。我們目前有的標註資料是候選結節的座標位置，但模型要輸出的東西卻是包含多個體素的**遮罩**，用來代表特定體素是否屬於結節的一部分。在此，我們必須自行將標註資料轉換為遮罩，並且手動確認轉換過程的正確性。(編註：將原始標註資料中的座標位置轉換為遮罩後，分割模型才有適合用來訓練的資料)。

不過，要驗證如此大量的遮罩絕非易事，因此我們不會進行全面性的查驗。如果本專案有足夠的人力或經費，那或許可以請人來完成這項任務、或者與他人合作。既然情況並非如此，這裡採用最基本的**抽查法**即可。

在設計演算法與 API 時，一定要考慮到檢查中繼過程的方便性。儘管我們可能得多呼叫一些函式、並搜集傳回的中繼資料，但這一點代價是值得的。這能讓我們快速掌握程式的執行過程，並將之視覺化。

邊界框 (Bounding Boxes)

首先，讓我們根據結節的位置資訊，畫出包含該結節的**邊界框**(注意，我們只對**真實的結節樣本**這麼做)。首先，將結節所在處(編註：即標註資料中的中心座標)設為中心點，接著朝三個維度擴張，直到碰到密度較低的體素為止(由於**正常肺部組織**充滿空氣，因此它們的密度很低，編註：請回想 10.3.1 節提過的亨氏單位)。以上演算法如圖 13.10 所示，圖中顏色越深的區塊，代表密度越低。

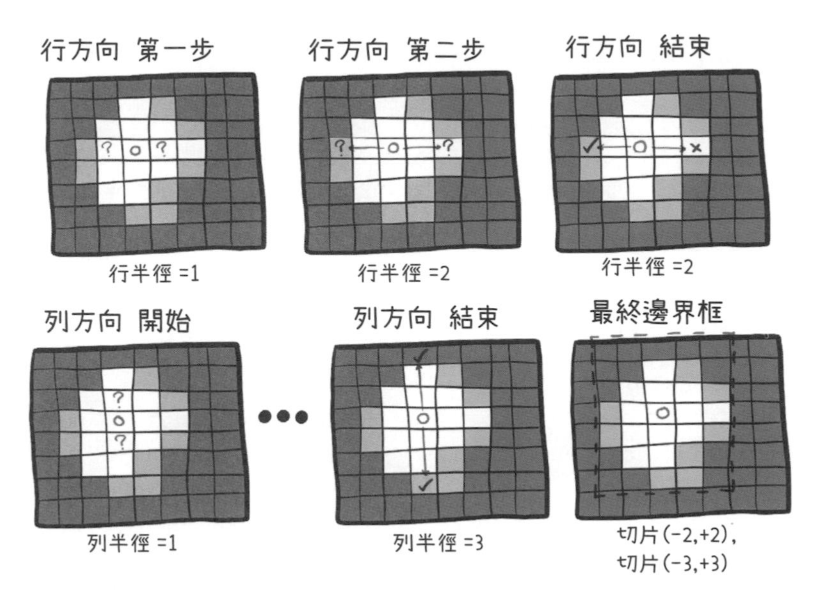

圖 13.10 決定肺部結節**邊界框**的演算法(**編註**:圖中只顯示了行與列方向,但其實還有針對 **Z 方向**或**索引方向**的搜索)。

整個搜索過程的起點是標註資料中的結節中心位置(圖 13.10 中的『O』)。接下來,演算法會延著『行』方向檢驗起點周圍的體素密度,這在圖中以『?』表示。若周圍體素的密度相近,則以淺色標記之,並接著檢查下一圈的體素。在踏出兩步以後,我們發現中心位置左方的體素密度已低於閾值(以較深的顏色表示),故行方向的半徑為 2(只要左、右任一邊出現低密度體素,該方向的搜索就會結束)。

完成上面的步驟後,緊接著對『列』方向也進行同樣的程序。此處的起點和之前一樣,只不過方向改成朝上和下。就本例而言,我們踏出 3 步後即在上、下方皆遇到了低密度體素。請記得,只要有一個低密度體素出現,搜索便會結束!至於『索引(Z 軸)方向』上的邊界框決定過程與上面相同,在此予以省略。

最終的邊界框寬度為 5 體素、高度 7 體素(**編註**:別忘了,結節中心位置也要納入計算)。以下即是上述演算法的程式碼(僅列出圖 13.10 中缺少的『Z 軸方向』邊界框搜索過程)。

程式 13.3：dsets.py

```
#Line 131
center_irc = xyz2irc( ←── 先將 XYZ 座標轉換成 IRC 座標
    candidateInfo_tup.center_xyz, ←──這裡的 candidateInfo_tup 和之前所用
    self.origin_xyz,                  的相同 (由 getCandidateInfoList 傳回)
    self.vxSize_xyz,
    self.direction_a,
)
ci = int(center_irc.index) ←── 取得搜索起點 (即邊界框中心) 的索引位置
cr = int(center_irc.row)
cc = int(center_irc.col)
                                          對應正文中所描述的搜索過程，其
index_radius = 2                          中的 threshold 為我們設定的閾值
try:
    while self.hu_a[ci + index_radius, cr, cc] > threshold_hu and self.hu_a\
        [ci - index_radius, cr, cc] > threshold_hu: ←──┘
        index_radius += 1
except IndexError: ←── 為避免張量索引超過張量大小所做的預防措施
    index_radius -= 1
```

在程式 13.3 中，我們先取得了關於邊界框中心位置的資訊，接著再於 while 迴圈中執行搜索。此處有一個小麻煩，即：演算法搜尋的位置可能會落到張量外面。由於我們不想花太多精力在這個問題上，故在此僅以『捕捉索引例外 index exception』的方式處理。

值得一提的是，演算法是在遇到低密度體素之後才停止遞增 radius 的值。也就是說，邊界框的最外圍應該有一圈一體素寬的**低密度組織圈**（這種低密度體素有時只出現在邊界框的**某一側**，這是由於『只要某一側出現低密度體素時，搜索就會終止』的緣故）。請注意，由於某些結節出現的位置剛好落在低密度肺組織與高密度組織（如：肌肉和骨頭）的交界處，故採取『只要某一側出現低密度體素便終止搜索』的做法是有必要的，否則圈選範圍中可能會包含許多非結節組織。

除索引方向外，對列方向的 row_radius 和行方向的 col_radius 也進行同樣的處理（為求簡潔，此處省略了相關程式碼）。在得到最終結果以後，我們會先建立一個與 CT 資料一樣大的遮罩陣列（boundingBox_a，一個布林張量），然後將其中被『邊界框圈住』的位置都設為 True（關於 boundingBox_a 的定義請見程式 13.4）。

是時候把上面提到的所有事情打包成一個函式了。在該函式中，我們會以迴圈走訪每一個結節位置、執行邊界框搜索程序（程式 13.3）、然後在布林張量 boundingBox_a 中將位於邊界框內的範圍標記出來（相關位置設為 True）。

接下來，我們還會對結果進行『清理』，方法是：取『遮罩』與『密度高於閾值（此處設為 -700 HU）之組織』的**交集**。此操作能將外圍的低密度體素去除，使遮罩更加貼合結節的輪廓（**編註**：此處 -700HU 的閾值是作者憑藉經驗來設定的，讀者可自行嘗試其他數值）。

程式 13.4：dsets.py

```
#Line 127
def buildAnnotationMask(self, positiveInfo_list, threshold_hu = -700):
                                                    ↑ 密度閾值

    boundingBox_a = np.zeros_like(self.hu_a, dtype=np.bool) ←
                    建立與 CT 資料一樣大的布林張量 (用來存放遮罩)，
                    其中所有值初始化為 False

    for candidateInfo_tup in positiveInfo_list: ←
        #Line  169        走訪 positiveInfo_list 中的每個結節位置
        boundingBox_a[
            ci - index_radius: ci + index_radius + 1,
            cr - row_radius: cr + row_radius + 1,
            cc - col_radius: cc + col_radius + 1] = True
                    ← 依結節的中心及 3 個軸的半徑，將半徑區域內的位置都標記為 True，以做為遮罩

    mask_a = boundingBox_a & (self.hu_a > threshold_hu) ←
                    只保留遮罩中密度高於閾值的體素

    return mask_a
```

圖 13.11 顯示了上述遮罩的實際樣貌。

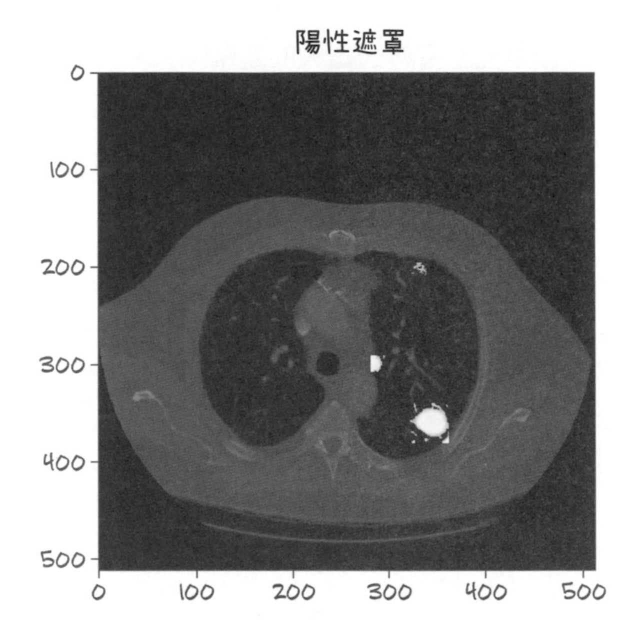

圖 13.11 在該 ct.positive_mask 中，三個結節被標記為白色。

從圖 13.11 最大的結節可以看出使用方形邊界框的限制：其中一部分**肺壁組織**也被標記成了結節。雖然該錯誤是可以修正的，但由於目前還不能確定這麼做是否值得，故在此就先保持原樣吧！接著，我們要把該遮罩加入 CT 類別中。

在初始化 CT 資料時，呼叫產生遮罩的程序

瞭解怎麼將『儲存於串列中的結節位置 tuple』轉換成『與 CT 資料同大小的布林遮罩』後，接下來的工作便是把這些遮罩加入 CT 類別中。第一步是對候選位置進行過濾，以形成一個**僅包含結節樣本**的串列（編註：就是只包含 isNodule_bool 為 True 的樣本，見下面程式）。然後，利用此串列來建立所需的標註遮罩。最後，我們會搜集一系列獨特的**陣列索引值集合**，這些集合都至少包含了一個來自結節遮罩的體素（它們可用來形成驗證階段時所需的資料）。

程式 13.5：dsets.py

```
#Line 99
def _init_(self, series_uid):
    #Line 116                                                取得候選結節的串列
    candidateInfo_list = getCandidateInfoDict()[self.series_uid] ◄─┘

    self.positiveInfo_list = [                              ─┐
        candidate_tup                                        │◄─ 創建包含真實
        for candidate_tup in candidateInfo_list              │   結節的串列
        if candidate_tup.isNodule_bool ◄── 代表是真正的結節  ─┘
    ]                                                             建立遮罩
    self.positive_mask = self.buildAnnotationMask(self.positiveInfo_list) ◄─┘
    self.positive_indexes = (self.positive_mask.sum(axis=(1,2)) ◄─┐
                  傳回一個 1D 向量，其中記錄在此切片中，有多少遮罩體素被標記為結節
                            .nonzero()[0].tolist()) ◄─┐
                              將標記體素數不為零的遮罩切片索引值存於串列中
```

讀者可能已注意到了程式 13.5 中的 getCandidateInfoDict() 函式（運作方式見程式 13.6）。此函式只是將 getCandidateInfoList() 所提供的候選結節串列，改成以 series_uid 為 key 的字典，以方便我們用特定的 series_uid 來取出其對應的所有候選結節。

程式 13.6：dsets.py

```
#Line 87
@functools.lru_cache(1)
def getCandidateInfoDict(requireOnDisk_bool=True):
    candidateInfo_list = getCandidateInfoList(requireOnDisk_bool)
    candidateInfo_dict = {}
                                   (1) 先取出字典中 key 為 series UID 的串列，
                                   若 key 不存在則新增一個值為空白串列
    for candidateInfo_tup in candidateInfo_list:                       │
        candidateInfo_dict.setdefault(candidateInfo_tup.series_uid, []) ◄─┘
                        .append(candidateInfo_tup) ◄── (2) 再將候選結節加入此串列中

    return candidateInfo_dict
```

將遮罩和 CT 一併存入快取

在稍早的章節中（編註：請見 10.5.1 節），我們將候選結節所在的小塊 CT 資料存入快取內，以免每次有需求時都要重新讀入。在此，我們想對新生成的 positive_mask（陽性遮罩）做同樣的事情，故需將其加入 Ct.getRawCandidate() 函式的傳回結果中。因此，我們要在 getRawCandidate 裡加入一行額外指令，並且修改 return 敘述。

程式 13.7：dsets.py

```
#Line 178
def getRawCandidate(self, center_xyz, width_irc):
    center_irc = xyz2irc(center_xyz, self.origin_xyz, self.vxSize_xyz,
                         self.direction_a)

    slice_list = []
    #Line 203
    ct_chunk = self.hu_a[tuple(slice_list)]
    pos_chunk = self.positive_mask[tuple(slice_list)]  ←— 新加入的程式碼

    return ct_chunk, pos_chunk, center_irc
                        ↑
                將新產生的結果傳回
```

如程式 13.8 所示，getCtRawCandidate() 會將以上函式的傳回值一一加入快取中。除此之外，getCtRawCandidate() 會打開 CT 檔案、讀取原始候選資料以及結節遮罩，並且在傳回小塊 CT 資料、遮罩以及中心點位置以前，將超過一定範圍的 CT 體素值去除。

程式 13.8：dsets.py

```
#Line 212
@raw_cache.memoize(typed=True)
def getCtRawCandidate(series_uid, center_xyz, width_irc):
```

NEXT

```
ct = getCt(series_uid)
ct_chunk, pos_chunk, center_irc = ct.getRawCandidate(center_xyz, width_irc)
ct_chunk.clip(-1000, 1000, ct_chunk) ◀── 將 CT 體素值限縮在 -1000~1000 之間
return ct_chunk, pos_chunk, center_irc
```

prepcache 指令則會幫助我們計算並儲存上述所有結果，以加速模型的訓練過程。

清理標註資料

本章還要對標註資料進行更全面的清理。我們發現，在 candidates.csv 中，某些候選資料重複了多次。更有趣的是，這些資料並非完全一樣。看來，檔案中的原始人工標註並不怎麼乾淨。要注意的是，某些重複樣本雖然涉及同一個結節，但卻是該結節的不同切面，而這對於分類器的訓練其實是有益的。

另外，annotations.csv 也需要清理（編註：注意！此 csv 中只包含真結節的資料，且比 candidates.csv 多了結節直徑的資訊），我們可先瞭解該檔案的來源：LUNA 資料集其實源自於另一個名為 Lung Image Database Consortium image collection（LIDC-IDRI）❺的資料集，後者囊括了多位放射師所提供的詳細標註資料。因此這些標註資料在整合後會有點混亂，不過我們已經替各位檢視了其中所有的結節樣本、將重複的項目去除並將結果存在以下檔案裡：/data/part2/luna/annotations_with_malignancy.csv（編註：作者還在此 csv 中加入了是否為**惡性結節**的資訊，詳情參見下一章）。

註❺：請參考『Samuel G. Armato 3rd et al., 2011, “The Lung Image Database Consortium (LIDC) and Image Database Resource Initiative (IDRI): A Completed Reference Database of Lung Nodules on CT Scans,” Medical Physics 38, no. 2 (2011): 915-31, https://pubmed.ncbi.nlm.nih.gov/21452728/』以及『Bruce Vendt, LIDC-IDRI Cancer Imaging Archive, http://mng.bz/mBO4』

有了上述檔案，接下來便要更改 getCandidateInfoList() 函式，使其存取**新標註檔**中的結節資料。首先，以迴圈走訪所有新標註，取得實際結節的資訊。但在將這些資料存入 CandidateInfoTuple 資料結構以前，我們得用 CSV 讀取器（CSV reader）❻將它們轉換為適當的資料型別。

> **註❻**：對於經常進行此作業的人，剛於 2020 年釋出 1.0 版本的 pandas 函式庫可以幫你加速此過程。但在本書中，我們還是使用標準 Python 所提供的 CSV reader。

程式 13.9：dsets.py

```
#Line 43
candidateInfo_list = [] ←── 新的結節資料串列
with open('data/part2/luna/annotations_with_malignancy.csv', "r") as f:
    for row in list(csv.reader(f))[1:]: ←── 將檔案中每一行的標註資料取出來
        series_uid = row[0]
        annotationCenter_xyz = tuple([float(x) for x in row[1:4]])
        annotationDiameter_mm = float(row[4])
        isMal_bool = {'False': False, 'True': True}[row[5]] ←┐
                                        編註：作者已在此 csv 檔中加入某結節是否為
                                        惡性的欄位，在此也一併儲存以供下一章使用

        candidateInfo_list.append( ←──將各行的標註資料加入串列中
            CandidateInfoTuple(
                True,          ←── 將 isNodule_bool (是否為結節) 設為 True
                True,          ←── 將 hasAnnotation_bool (是否有標註) 設為 True
                isMal_bool, ←── 是否為惡性
                annotationDiameter_mm,
                series_uid,
                annotationCenter_xyz,
            )
        )
```

和之前一樣，我們也會以迴圈走訪 candidates.csv 中的所有候選資料。只不過這一次，我們只取**非結節**的部分。由於這些資料不代表結節，因此其中與結節有關的資訊只要代入 False 和 0 即可。

程式 13.10：dsets.py

```
#Line 62
with open('data/part2/luna/candidates.csv', "r") as f:
    for row in list(csv.reader(f))[1:]: ◀— 同樣將 CSV 檔中每一行的資料取出來
        series_uid = row[0]
        #Line 72
        if not isNodule_bool: ◀— 只存取其中和結節無關的項目
                                  (結節的項目已在程式 13.9 中取得)
            candidateInfo_list.append(
                CandidateInfoTuple(
                    False, ◀— isNodule_bool 設為 False (顯示是否為結節的布林值)
                    False, ◀— hasAnnotation_bool 設為 False (顯示是否有標註的布林值)
                    False, ◀— isMal_bool 設為 False (顯示是否為惡性的布林值)
                    0.0,   ◀— 因為不是結節，因此直徑大小設為 0
                    series_uid,
                    candidateCenter_xyz,
                )
            )
```

除了新增的 hasAnnotation_bool 和 isMal_bool 以外（本章用不到它們），其他都和原來的相同，因此可以直接使用。

NOTE 你可能會好奇，為什麼在本章以前我們不提 LIDC 呢？理由是：LIDC 已針對其資料集內建了大量的現成工具（這些工具**僅適用於** LIDC）。舉例而言，我們可以直接透過 PyLIDC 取得已經準備好的遮罩。這很容易給讀者錯誤的印象，以為所有資料集都會提供如此豐富的工具支持（事實上，LIDC 的情形是個特例）。反之，我們對 LUNA 資料所進行的操作則較符合一般狀況，且較有教學意義。換言之，我們得花時間處理原始資料，而不是仰賴其它人所開發的現成 API。

13.5.4 實作 Luna2dSegmentationDataset

本節將使用與前幾章不同的做法來區分訓練與驗證資料集。我們需建立兩個類別：其中一個為基礎類別，可用於提供**驗證資料**；另一個則為上述基礎類別的子類別，能對樣本進行隨機化與裁切處理，適於提供**訓練資料**。

本例中的資料集會產生 2D、多通道的 CT 切片樣本，其中實際被分割的目標切片會佔用一個通道，其餘通道則放置與目標切片鄰近的切片。請回憶一下圖 4.2（與圖 13.12 相同），每個 CT 掃描切片都可以被視為一張 2D 的灰階圖片。

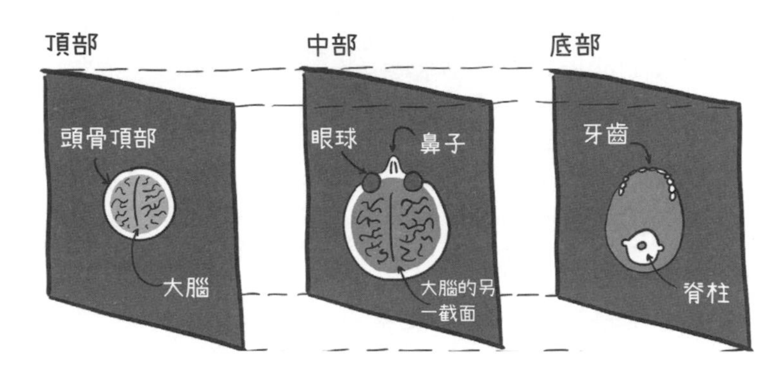

圖 13.12　每一張 CT 掃描切片都代表空間中的不同區域。

對之前的分類模型而言，我們將不同的切片組成了 3D 陣列，故模型需用 3D 卷積來處理輸入樣本。而在分割模型的例子中，我們會將數張切片放在不同的通道，進而構成多通道的 2D 圖片。也就是說，此處的每張 CT 切片就像是 RGB 影像中的顏色通道一樣，如圖 13.13 所示。分割模型會以處理一般 2D 圖片的方式處理上述由 CT 切片堆疊成的資料。當然，這裡的通道不包含顏色資訊，但由於 2D 卷積並不要求輸入通道一定要是顏色，故這種做法完全沒有問題。

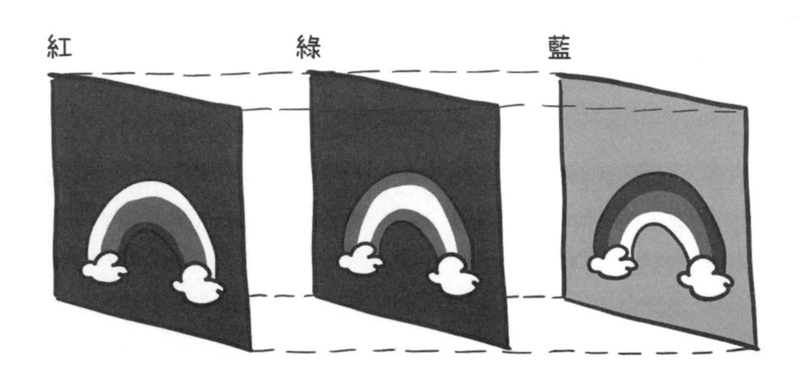

圖 13.13　RGB 圖片中的每個通道分別代表不同顏色。

因為不同 CT 掃描資料的切片數可能不同，故此處需引入新的函式以將每筆 CT 掃描的切片數量和陽性切片的索引列表做為快取存入硬碟中。如此一來，就算不在 Dataset 初始化階段匯入每筆 CT 資料，我們也能快速建立完整的驗證資料集了。此處所用的快取修飾器與先前相同，且其同樣會在運行 prepcache.py 程式碼時執行（記住，在開始任何模型訓練以前，我們都必須執行一次 prepcache.py）。

程式 13.11：dsets.py

```
#Line 220
@raw_cache.memoize(typed=True)
def getCtSampleSize(series_uid):
    ct = Ct(series_uid)
    return int(ct.hu_a.shape[0]), ct.positive_indexes
```

此 CT 掃描中的切片數量（ct.hu_a.shape[0]）　陽性切片的索引列表（ct.positive_indexes）

Luna2dSegmentationDataset.__init__ 方法（dsets.py 中的 Line 227）的大部分內容與之前的資料集類似，其中多了名為 contextSlices_count 的新參數（編註：用來儲存切片數量）。

程式中用來指示特定資料為訓練或驗證樣本的部分需要進行一些修改。由於此處不再是針對單一結節進行訓練（編註：分割模型是要針對整張 CT 切片做訓練，學習如何正確標出其中每個體素的類別），因此我們必須將整個 series UID 串列分成訓練和驗證集。換句話說，所有的 CT 掃描都會依比例（由底下程式的 val_stride 決定）被歸入訓練集或者驗證集底下。

程式 13.12：dsets.py

```
#Line 242
if isValSet_bool: ◄── 驗證階段
    assert val_stride > 0, val_stride
    self.series_list = self.series_list[::val_stride] ◄── 由 series UID 串列的索引 0 開始，每隔 val_stride 便取 1 個元素用於驗證
    assert self.series_list
elif val_stride > 0: ◄── 訓練階段
    del self.series_list[::val_stride] ◄── 每個 val_stride 便將 1 個元素刪除，剩下的便是訓練資料
    assert self.series_list
```

此外，這裡還要進一步建立兩種不同的**模型驗證模式**。當 fullCT_bool（見程式 13.13）為 True 時，我們會使用資料集中的**所有 CT 切片**。該模式適於驗證端到端的表現，因為在這種情況中，必須假設我們一開始並沒有任何與 CT 有關的先驗資訊。至於第二種驗證模式則會在訓練階段執行，此時我們只選用那些**擁有陽性遮罩**的 CT 切片（編註：若無陽性遮罩，則代表該 CT 切片中沒有代表結節的體素，分割模型自然也無法學習如何標註出結節）。在此，我們會根據當前的模型驗證模式來走訪 series UID，計算它們的**總數**並將之存入串列中。

程式 13.13：dsets.py

```
#Line 250
self.sample_list = []                       已在程式 13.11 中定義
for series_uid in self.series_list:                  ↓
    index_count, positive_indexes = getCtSampleSize(series_uid)

    if self.fullCt_bool:                     將所有切片的索引都加入 sample_list 中
        self.sample_list += [(series_uid, slice_ndx)
                             for slice_ndx in range(index_count)] ◄─┘

    else:                                    只將陽性切片的索引加入 sample_list 中
        self.sample_list += [(series_uid, slice_ndx)
                             for slice_ndx in positive_indexes] ◄─┘
```

以上做法可以完成驗證資料的準備，同時確保用它來驗證時能取得完整的『真陽性』與『偽陰性』統計值。然而，該做法依賴於以下假設，即：沒用於驗證階段之切片統計資訊會和我們在驗證時得到的估計值差不多。

程式 13.12 會依當時的模式（訓練或驗證），讓 series_list 中只保留要使用的 series_uid，底下程式則示範如何利用 series_uid 過濾掉特定的樣本。另外，我們還會建立一個只包含陽性樣本的串列，此即我們的訓練樣本。

程式 13.14：dsets.py

```
#Line 261
self.candidateInfo_list = getCandidateInfoList()  ← 從快取中取得資料

series_set = set(self.series_list)  ← 建立集合以提升搜尋速度（編註：series_list 中的元素已在程式 13.12 中設定）

self.candidateInfo_list = [cit for cit in self.candidateInfo_list
                           if cit.series_uid in series_set]  ← 將不在上述集合中的候選樣本過濾掉

self.pos_list = [nt for nt in self.candidateInfo_list
                 if nt.isNodule_bool]  ← 在進行資料平衡以前，先取得由真實結節樣本組成的串列
```

本專案的 __getitem__() 實作也較之前來的進階，其中加入了讓**存取特定樣本**更容易的邏輯。在新方法中有 3 種取得樣本的方式：第一種是取得完整的 CT 切片，以供驗證時使用，此資料需呼叫 getitem_fullSlice() 並指定 series_uid 與 ct_ndx 參數來取得（見程式 13.16）。第二種是獲取結節所在的小區塊，它們會被用做訓練樣本（稍後會解釋為什麼不用完整切片進行訓練）。最後，DataLoader 可透過整數索引（ndx）向資料集索取樣本，而資料集則需根據目前所處狀態（即：訓練還是驗證階段）傳回適當的資料。

基礎類別與其子類別的 __getitem__ 方法皆能將整數索引 ndx 轉換為完整切片或訓練用區塊資料(轉換成哪一種則視需要而定)。底下是驗證集的 __getitem__ 程式,它會呼叫另一個函式來完成功能,並在呼叫之前,會先對 ndx 做『除以實際樣本數(樣本索引串列長度)並取餘數』的操作,以便讓每週期的總訓練樣本數(由資料集的長度決定)和實際樣本數彼此獨立(編註:當 ndx 超過實際樣本數時,此方法可繞回最前面再從頭開始取樣)。

程式 13.15:dsets.py

```
#Line 281
def __getitem__(self, ndx):                              取餘數以確保索引在範圍內
    series_uid, slice_ndx = self.sample_list[ndx % len(self.sample_list)] ←
    return self.getitem_fullSlice(series_uid, slice_ndx)
```

以上定義相當簡單,其中 getitem_fullSlice() 方法的實作如程式 13.16 所示:

程式 13.16:dsets.py

```
#Line 285
def getitem_fullSlice(self, series_uid, slice_ndx):
    ct = getCt(series_uid)       計算傳回的資料中會有多少張切片
                                         ↓
    ct_t = torch.zeros((self.contextSlices_count * 2 + 1, 512, 512)) ←
                                                    配置可儲存多張切片的空間

                                                           當超過 ct_a 的邊
    start_ndx = slice_ndx - self.contextSlices_count       界時,複製第一
    end_ndx = slice_ndx + self.contextSlices_count + 1     或最後一個切片
    for i, context_ndx in enumerate(range(start_ndx, end_ndx)):
        context_ndx = max(context_ndx, 0) ──────────┐
        context_ndx = min(context_ndx, ct.hu_a.shape[0] - 1) ┘←
        ct_t[i] = torch.from_numpy(ct.hu_a[context_ndx].astype(np.float32))
```

NEXT

```
ct_t.clamp_(-1000, 1000) ← clamp() 和 clip() 的功能類似，可將所有體素值限縮在 -1000~1000 之間

pos_t = torch.from_numpy(ct.positive_mask[slice_ndx]).unsqueeze(0) ← 取得該切片的陽性遮罩

return ct_t, pos_t, ct.series_uid, slice_ndx
```

將上述兩方法區分開來後，getitem_fullSlice() 只需傳入 series UID 以及索引值，便能傳回指定切片附近的多張切片資料（另外也能傳回訓練用的小區塊，這部分留待下一節說明）。而 __getitem__() 則只需傳入 ndx，便可從隨機排序的串列中取得樣本。

除了 ct_t 和 pos_t，傳回的其餘資料（series_uid 及 slice_ndx）都非訓練所需，但它們有助於進行除錯和展示結果。

13.5.5 訓練與驗證資料集的設計

在實作訓練資料集以前，要先說明為什麼本例的訓練和驗證資料長得不一樣。此處我們不會用完整的 CT 切片來訓練模型，而是使用 64×64 的小區塊（裁切自陽性樣本，即候選樣本中標註為真實結節的樣本）當做訓練材料。這些 64×64 的區塊是從『以結節為中心點進行裁切』的 96×96 資料中，隨機選取而來（編註：隨機選取可以增加樣本的多樣性）。此外，我們還會取目標切片的左右各 3 張切片做為脈絡資訊，並以多通道方式輸入 2D 分割模型。

上述做法有助於讓訓練更穩定、收斂更快速。之所以知道會如此，是因為我們已嘗試過用完整的 CT 切片來訓練模型，但得到的結果不盡理想。在經過多次實驗後，我們發現：使用 64×64 的隨機裁切樣本能獲得較好的訓練成效，而這便是本書選擇此類樣本的原因。未來當各位處理自己的專案時，也必須經常進行類似的實驗！

以完整切片訓練模型之所以導致效果不穩定，可能是因為**陰、陽樣本數不平衡**所致。由於結節的大小相較於整張 CT 切片來說實在是太小了，將造成前一章探討過的『大海撈針』問題，即陽性樣本被大量的陰性樣本給淹沒。在本章，『不平衡』指的是一張 CT 切片中，代表結節的像素數量遠遠少於正常組織的像素數量（而上一章的不平衡指的是：有結節的 CT 樣本數遠遠少於沒有結節的 CT 樣本數，但兩者的概念是相同的）。藉由選用裁切過的陽性訓練樣本，我們便能維持陰、陽像素數量的平衡（編註：在 64×64 的隨機裁切樣本中通常會同時包含陰、陽像素，且二者的比例不會差太多，而隨附的陽性遮罩中則標註了哪些是陰性像素、哪些是陽性像素）。

因為本例的分割模型可以對任意大小的圖片進行像素層級的處理，所以就算訓練和驗證樣本的大小不同也沒關係。在驗證階段會輸入較大的像素範圍（編註：即完整的 CT 切片），但模型的卷積模組與其權重完全不用調整。

採用此處的訓練與驗證樣本設計還需注意一件事：由於驗證資料中的陰性像素數量比陽性像素高出好幾個數量級（編註：我們不會對驗證資料集中的樣本進行類似的裁切處理），故模型在驗證階段的**偽陽性比率**可能很高（陰性像素越多，被誤判為陽性的機會自然也越多）。這雖然不影響我們想提升的**召回率**（編註：分割模型要盡可能地找出代表結節的像素，即召回率要高，而偽陽性的高低是不會影響到召回率的），但也並非我們所樂見的結果，第 13.6.3 節對此會有更詳細的討論。

13.5.6 實作訓練資料集

程式 13.17 實作了訓練資料集的 __getitem__。此方法與驗證資料集的十分類似，但此處不只需要指定切片，還需要 series UID 與結節中心點位置（以便進行後續的裁切動作）。因此，訓練集的 __getitem__ 需從 pos_list 中取樣，並利用含有候選結節資料的 tuple 呼叫 getitem_trainingCrop()。

程式 13.17：dsets.py

```
#Line 320
def __getitem__(self, ndx):                          進行裁切，以生成訓練資料
    candidateInfo_tup = self.pos_list[ndx % len(self.pos_list)]
    return self.getitem_trainingCrop(candidateInfo_tup)
```

為了實作 getitem_trainingCrop()，我們必須使用類似於分類訓練時所見的 getCtRawCandidate() 函式。在這裡要進行的裁切大小與先前不同，但函式本身沒有多大變化，差別在於會多傳回一個陣列（即：裁切後的 ct.positive_mask 陣列）。

我們要將 pos_a 限定為中心切片（即實際被分割的切片），並從 getCtRawCandidate 所提供的 96×96 切塊中隨機裁切 64×64 的訓練樣本。完成以上步驟後，getitem_trainingCrop() 會傳回與驗證資料集相同格式的 tuple（包含 4 個元素）。

程式 13.18：dsets.py

```
#Line 324
def getitem_trainingCrop(self, candidateInfo_tup):
    ct_a, pos_a, center_irc = getCtRawCandidate
        candidateInfo_tup.series_uid,     利用 candidateInfo_tup 中的資訊取得候選樣
        candidateInfo_tup.center_xyz,     本所在的 7 張 96x96 的切片 (ct_a) 與遮罩
        (7, 96, 96),                      (pos_a)，以及結節的中心位置 (center_irc)
    )
    pos_a = pos_a[3:4]   ← 取出中間那張遮罩切片，以做為訓練的標籤

    row_offset = random.randrange(0,32)     在 0 到 31 之間隨機挑兩個數，
    col_offset = random.randrange(0,32)     做為 64x64 裁切框的左上角位置
    ct_t = torch.from_numpy(ct_a[:, row_offset:row_offset+64,
                                                     對 CT 資料進行裁切
                         col_offset:col_offset+64]).to(torch.float32)
```

NEXT

```
pos_t = torch.from_numpy(pos_a[:, row_offset:row_offset+64,  ←─┐
                                                   對遮罩資料進行裁切
                            col_offset:col_offset+64]).to(torch.long)

slice_ndx = center_irc.index  ←── 取得中心切片在 CT 資料中的索引位置

return ct_t, pos_t, candidateInfo_tup.series_uid, slice_ndx
```

各位可能已經發現：以上資料集實作中缺少了與資料擴增有關的部分。這是因為本例與先前不同：我們會在 GPU 上進行擴增程序。

13.5.7 在 GPU 上擴增資料

在訓練深度學習模型時，應思考如何避免瓶頸出現於訓練程序中。更準確地說，程式中永遠都存在瓶頸，而我們要做的事情是：想辦法讓瓶頸發生在最昂貴或者最難升級的資源上，如此一來我們對於該資源的使用才不會浪費。

瓶頸經常發生在以下地點：

- 資料匯入的過程中（可能發生於原始 I/O 或者資料在 RAM 中解壓縮的時候）。我們在討論 diskcache 函式庫時已對其進行過討論。
- CPU 處理輸入資料時（如：正規化操作或資料擴增等）。
- GPU 執行訓練迴圈時。由於在深度學習中，GPU 的使用成本通常高於記憶體與 CPU，故我們一般希望瓶頸發生在此處。
- 最後一種較罕見：瓶頸有時會發生在 CPU 到 GPU 之間的**記憶體頻寬**（memory bandwidth）上。這代表每次從 CPU 傳入的資料量只讓 GPU 花很少時間就處理完了，以致於其等待資料傳入的時間大於實際處理資料的時間。

對於適合 GPU 執行的任務而言，GPU 的處理速度可高達 CPU 的 50 倍之多。因此，為了降低 CPU 的運算量（編註：同時縮短運算時間），我們通常會將符合條件的運算從 CPU 移至 GPU 上進行。在需要進行資料擴增時，使用 GPU 的效果尤其好。由於輸入資料並不大，因此轉移不會耗費太多記憶頻寬，而擴增後的資料只要留在 GPU 中就行了。

在本例中，我們會將資料擴增程序移到 GPU 上。這不但能有效減輕 CPU 的負擔，還能避免『GPU 為等待 CPU 進行擴增而閒置』的情況發生（畢竟 GPU 所能承擔的工作量更大）。

為達上述目的，此處要引入一個新模型（擴增模型）。此模型與本書介紹的其它 nn.Module 子類別相似，主要的差異是：我們不會對其進行反向傳播，且其 forward 方法所執行的任務與先前的模型不同。本章的資料擴增程序大致上與第 12 章的相同，但由於處理的是 2D 資料，所以需進行一些修正。和前面的實作一樣，此處的模型可接受一張量做為輸入，並輸出一新的張量。

以下 __init__ 方法所需的資料擴增參數與前一章相同（flip、offset 等），該方法會將這些參數指定給 self。

程式 13.19：model.py

```
#Line 56
class SegmentationAugmentation(nn.Module):
    def __init__(
            self, flip=None, offset=None, scale=None, rotate=None, noise=None
    ):
        super().__init__()

        self.flip = flip
        self.offset = offset
        self.scale = scale
        self.rotate = rotate
        self.noise = noise
```

擴增模型的 forward 方法會根據輸入資料和標註資料建立 transform_t 張量，並將其傳入 affine_grid() 和 grid_sample()，讀過第 12 章的讀者對於這種呼叫程序應該已經很熟悉了。

程式 13.20：model.py

```
#Line 68
def forward(self, input_g, label_g):                 注意，我們擴增的是 2D 資料
    transform_t = self._build2dTransformMatrix()
    transform_t = transform_t.expand(input_g.shape[0], -1, -1)

    transform_t = transform_t.to(input_g.device, torch.float32)
    affine_t = F.affine_grid(transform_t[:,:2],  ← 轉換結果的第 0 軸代表批次，
            input_g.size(), align_corners=False)   對於批次中每一個元素而言，
                                                   我們只取 3×3 矩陣的前兩列
    augmented_input_g = F.grid_sample(input_g,
            affine_t, padding_mode='border',
            align_corners=False)
    augmented_label_g = F.grid_sample(label_g.to(torch.float32),
            affine_t, padding_mode='border',
            align_corners=False)  ← 由於需對 CT 和遮罩進行相同的轉換，故這
                                    裡使用一樣的 grid。注意 grid_sample 只
    if self.noise:                  能處理浮點數，故需將資料改成適當型別
        noise_t = torch.randn_like(augmented_input_g)
        noise_t *= self.noise
                                          在傳回結果以前，透過與 0.5 的比較
        augmented_input_g += noise_t      將 augmented_label 變成布林張量

    return augmented_input_g, augmented_label_g > 0.5
```

上面已說明了如何透過轉換矩陣 transform_t 獲得所需資料，接下來讓我們把重點轉向實際產生該轉換矩陣的 _build2dTransformMatrix 函式吧！

程式 13.21：model.py

```
#Line 90
def _build2dTransformMatrix(self):
    transform_t = torch.eye(3) ← 建立一個大小為 3×3 的矩陣，但稍後我們會捨棄最後一列
    for i in range(2): ← 再次強調，此處擴增的是 2D 資料
        if self.flip:
            if random.random() > 0.5:
                transform_t[i,i] *= -1   ← 有 50% 的機率會進行翻轉
    #Line 108
    if self.rotate:
        angle_rad = random.random() * math.pi * 2 ← 此處隨機產生一個單位為弧度 (radians) 的角度，該角度範圍在 0 到 2π 之間
        s = math.sin(angle_rad)
        c = math.cos(angle_rad)

        rotation_t = torch.tensor([ ← 此旋轉矩陣能對前兩軸進行隨機角度的 2D 旋轉
            [c, -s, 0],
            [s, c, 0],
            [0, 0, 1]])

        transform_t @= rotation_t  ← 使用 Python 的矩陣乘法算符來旋轉轉換矩陣

    return transform_t
```

可以看到，除了因應 2D 資料而進行的小部分修改外，GPU 版的資料擴增程式碼和 CPU 版的大致相同。這是我們所樂見的，因為該現象表示：在撰寫程式時毋須考慮該程式要在哪裡運行。事實上，此處最主要的差異和核心實作無關，而是在於我們將資料擴增的程序『包裝成 nn.Module 子類別，即一個模型』的做法。雖然本書總將張量描述成專為深度學習所設計的工具，但其實在 PyTorch 裡，張量可以被應用在更廣泛的場合，讀者們在處理新專案時請記住這一點：以 GPU 加速的張量可以協助我們完成許多事情！

13.6 更改訓練程式以執行資料分割

模型和資料皆已齊備。根據圖 13.14，下一步（步驟 2C）便是修改訓練迴圈，然後利用新資料來訓練我們的新模型了。

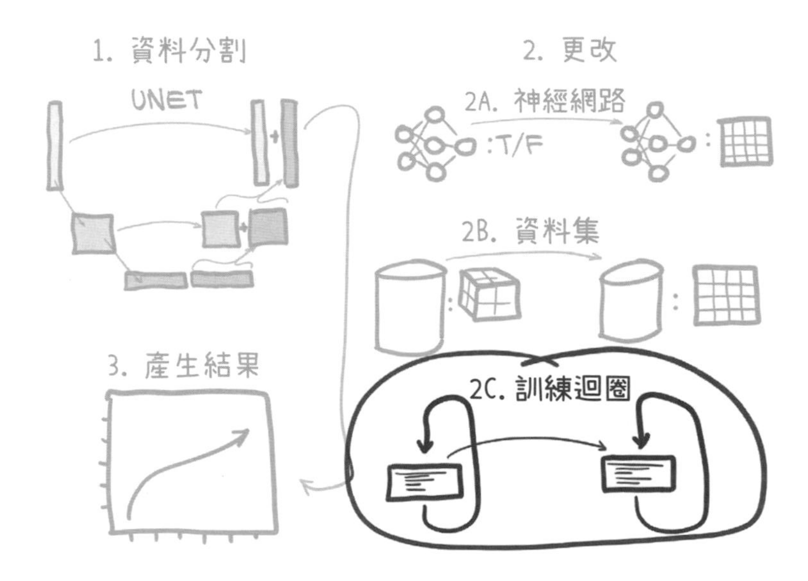

圖 13.14 此處的重點為**修改訓練迴圈**。

準確來說，本節要對第 12 章的訓練程式進行 3 處改動：

- 建立新模型的物件。
- 引入一種新的損失評估指標：Dice 損失。
- 考慮 SGD 以外的優化器選擇（此處會使用另一個常見的優化器，即：Adam）。

除此之外，我們還要升級和模型評估有關的程式：

- 將分割後的圖片記錄下來，以便利用 TensorBoard 進行視覺化檢視。
- 在 TensorBoard 中記錄更多表現評估指標。
- 根據驗證結果儲存表現最佳的模型。

話雖如此，與步驟 2A 和 2B 的修改幅度相比，本節的程式（p2ch13/training.py）與第 12 章的訓練程式相差無幾。書中所列的程式碼包含了所有主要的變更，但部分次要的改動還是予以省略。若讀者想看完整程式碼，請參考本書網站或 GitHub（編註：讀者也可以從本書封面所示的網址下載各章節的完整程式碼）。

13.6.1 初始化分割與資料擴增模型

第一步當然是要加入 initModel 方法。在本例中，分割模型的建立需用上先前的 UNetWrapper 類別以及一系列架構參數（我們很快就會解釋這些參數的意思）。另外，這裡還需產生第二個模型以執行資料擴增。和前面一樣，我們可以在需要時把模型轉移到 GPU 上，甚至是透過 DataParallel 來設定多 GPU 訓練程序，不過此處不會對此進行說明。

程式 13.22：training.py

```
#Line 133
def initModel(self):
    segmentation_model = UNetWrapper(
        in_channels=7,
        n_classes=1,
        depth=3,
        wf=4,                      ←這些參數的意義將在下文進行解釋
        padding=True,
        batch_norm=True,
        up_mode='upconv',
    )

    augmentation_model = SegmentationAugmentation(**self.augmentation_dict)

    #Line 154
    return segmentation_model, augmentation_model
```

上述 UNet 的輸入資料共有 7 個通道（in_channels=7），分別代表 6 個提供脈絡訊息的切片以及 1 個實際被分割的目標切片。而輸出的分類類別數量（由 n_classes 指定）則為 1，用來說明某體素是否屬於結節的一部分。depth 參數可以控制 U 形結構的深度：depth 參數值每增加 1，就會多加一層降採樣處理。參數 wf=5 則代表模型的第一層將擁有 2^{wf} == 32 個過濾器（每經一次降採樣，此數量會翻一倍）。padding=True 表示要進行填補，如此一來卷積層的輸出圖片大小才會與輸入相同。batch_norm=True 表示在每個神經網路的激活函數後面，都要進行批次正規化。最後的 up_mode='upconv' 則表示模型的升採樣要使用升卷積模組（upconvolution，會利用 nn.ConvTranspose2d 來實作，請見 util/unet.py, line 123）。

13.6.2 使用 Adam 優化器

Adam（https://arxiv.org/abs/1412.6980）和 SGD 一樣，都是用來訓練模型的優化器。它會為每個模型參數指定獨立的學習率，並隨著訓練的進行**自動調整**這些學習率。因此在使用 Adam 優化器時，一般只要指定預設的學習率即可，Adam 在訓練過程中會不斷視狀況將其調整成適當的數值。

以下程式可生成 Adam 優化器物件：

程式 13.23：training.py

```
#Line 158
def initOptimizer(self):                         將分割模型的參數傳進 Adam 優化器
    return Adam(self.segmentation_model.parameters()) ←
```

對多數專案來說，選擇 Adam 做為第一個優化器是相當明智的選擇❼。雖然隨機梯度下降（SGD）與 Nesterov 動量的組合架構經常能產生比 Adam 更好的結果，但要找到適當的 SGD 初始化超參數並非易事，且容易耗費太多時間。

註❼：請參考 http://cs231n.github.io/neural-networks-3。

Adam 有許多變形版本，如：AdaMax、RAdam、Ranger 等，它們各有優缺點。本章所用的優化器是最基本的 Adam，我們不會介紹其它變形版本，但各位至少要知道他們的存在。

13.6.3 Dice 損失

Srensen-Dice 係數（https://en.wikipedia.org/wiki/S%C3%B8rensen%E2%80%93Dice_coefficient）也稱做 **Dice 損失**（Dice loss），是常見於分割作業中的一種損失評估指標。與計算每個像素的交叉熵相比，Dice 損失的優勢為：可處理『圖片中只有一小部分像素為陽性』的狀況。第 11.10 節曾經提過，訓練資料的不平衡會為估算交叉熵損失帶來困難，而這便是我們在本專案中遇到的難題：CT 掃描中大部分的像素都和結節無關。幸運的是，這種不平衡對於 Dice 損失來說不成問題。

Srensen-Dice 係數是基於『正確分割的像素數』與『預測結果』之間的比例。在圖 13.15 的左下角我們畫出了 Dice 分數的計算方法。可以看到，其相當於：『交集區域（代表正確分割的像素，在圖中以斜線標出）的 2 倍』除以『預測結果的集合與真實狀況的集合之總和（兩集合重複的地方被計算了兩次）』。圖 13.15 的右側則顯示了兩個經典的例子：其中一個對應高一致性（Dice 分數高）的狀況，另一個則對應低一致性（Dice 分數低）。

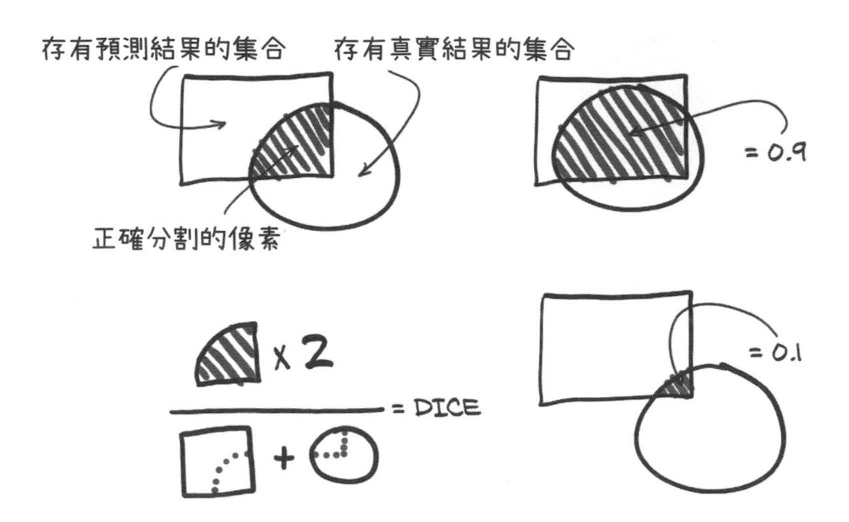

圖 13.15 Dice 分數的比率計算。

你可能覺得以上的計算很熟悉。事實上，我們在第 12 章就見過類似計算了，這正是像素層面的 F1 分數！

NOTE 在像素層面的 F1 分數中，**『母體（population）』即圖片中的所有像素**。由於一個樣本就可以表示母體，故我們可以直接用單一樣本進行訓練。反之，在分類模型的例子裡，我們無法透過單一小批次的結果算出 F1 分數，因為此時的母體包含了所有的訓練樣本。

因為我們的標註資料 label_g 已是布林遮罩（由 0 和 1 組成），所以只要將其與模型預測值（機率值）相乘便可得到真陽性的數值（**編註**：label_g 中值為 0 的元素代表陰性，與模型預測值相乘後也會是 0。因此，只要輸出結果中某個元素值不為 0，我們就知道它必然是陽性的，但別忘了此值的大小也會受到預測值，即模型輸出的機率值所影響）。

請注意，這裡的真陽性數是透過加總『布林遮罩（由 0 和 1 組成）乘以模型預測值（0~1 的連續數值，即機率）』。使用連續預測值的 Dice 分數也被稱為**軟性 Dice**（soft Dice）。

值得一提的是，由於我們希望最小化損失，所以此處的損失值實際上是『1 減去 Dice 分數』的結果。以上處理會使損失函數的**斜率逆轉**，即：當 Dice 分數高時損失很低，而 Dice 分數低時損失則高。下面是計算 Dice 損失的程式碼：

程式 13.24：training.py

```
#Line 326
def diceLoss(self, prediction_g, label_g, epsilon=1):
    diceLabel_g = label_g.sum(dim=[1,2,3])
    dicePrediction_g = prediction_g.sum(dim=[1,2,3])
    diceCorrect_g = (prediction_g * label_g).sum(dim=[1,2,3])
```

對除了批次軸（第 0 軸）以外的所有維度取總和，以得到每批次中的陽性標註數、預測到的陽性數、以及真陽性數

```
    diceRatio_g = (2 * diceCorrect_g + epsilon) \
        / (dicePrediction_g + diceLabel_g + epsilon)
```

計算 Dice 分數（為了避免意外未取得預測和標註的情況，分子和分母皆加上一個非常小的 epsilon 值）

```
    return 1 - diceRatio_g
```

為符合損失的特性（越小越好），此處傳回的結果為 1-Dice

接下來要做的事情是更改 computeBatchLoss() 函式，使其呼叫兩次 self.diceLoss。第一次計算的是訓練樣本的正常 Dice 損失，第二次則在呼叫前會先將預測值中，真正為陰性的像素預測值設為 0（也就是只計算真陽性和偽陰性的 Dice 損失）。藉由取模型預測值（請記得，此結果由浮點數構成）和標註遮罩（由布林值組成）的乘積，我們可以獲得一個虛擬的預測結果，且該結果中所有**陰性像素**的預測值皆為『正確的』（由於在標註 label_g 中所有陰性像素值皆為 0，因此與之相乘的像素必等於零）。因此，對損失有貢獻的像素只有真陽性和偽陰性像素（偽陰性就是那些『實際為陽性，卻被判為陰性』的像素）。由於對分割模型而言，召回率特別重要（畢竟，得先找出可疑位置才有辦法對它們進行分類），故只考慮真陽性和偽陰性像素是相當有效的做法。

程式 13.25：training.py

```
#Line 286
def computeBatchLoss(self, batch_ndx, batch_tup, batch_size, metrics_g,
                     classificationThreshold=0.5):
    input_t, label_t, series_list, _slice_ndx_list = batch_tup

    input_g = input_t.to(self.device, non_blocking=True) ─┐
    label_g = label_t.to(self.device, non_blocking=True) ─┘←─ 轉移至 GPU

    if self.segmentation_model.training and self.augmentation_dict: ←┐
                    只有在訓練時需要進行資料擴增，驗證時我們會跳過此步驟

        input_g, label_g = self.augmentation_model(input_g, label_g)

    prediction_g = self.segmentation_model(input_g) ←─ 執行分割模型

    diceLoss_g = self.diceLoss(prediction_g, label_g) ──────┐   計算 2 種
    fnLoss_g = self.diceLoss(prediction_g * label_g, label_g) ─┘←─ Dice 損失
    #Line 324
    return diceLoss_g.mean() + fnLoss_g.mean() * 8 ←─ 下文將解釋此傳回結果
```

損失權重

第 12 章曾介紹過該如何重塑資料集，進而平衡每批次中的陰性與陽性樣本數。這種平衡會產生兩股相互對抗的拉力，進而促使訓練收斂，讓模型學會區分陰性與陽性樣本。在本例中，我們透過裁切訓練樣本（該做法可降低樣本中的陰性像素數量）來達到類似的平衡效果。與之前不同的是，『召回率』在這裡較為重要，而我們在訓練中所使用的損失必須要能反映這一點。

為此，我們對**其中一類**損失進行了加權。更具體地說，程式 13.25 中的『8 乘以 fnLoss_g』代表：『找出所有陽性像素』比『找出所有陽性及陰性像素』重要 8 倍。因為被陽性遮罩所覆蓋的範圍只佔 64×64 區域中的極小部分，所以上述加權操作還能讓陽性像素在反向傳播中提升影響力。

這種以整體精準率為代價換取高召回率的做法，必然會導致偽陽性事件的上升。而此處之所以這麼做，完全是因為對本章的應用來說，召回率是我們最為重視的東西。也就是說，我們寧可看到偽陽性多出現幾次，也不想要偽陰性出現。

這裡必須強調的是，以上做法只適合使用 Adam 優化器。若使用 SGD 優化器，則加權損失會導致所有像素的預測結果一面倒地變成陽性。反之，Adam 自動調節學習率的能力可以有效限制偽陰性損失，以免其影響力過度膨脹。

搜集表現評估指標

那麼，此處著重於提高召回率的模型表現如何呢？分類模型的 computeBatchLoss 函式計算了多種與樣本有關的表現評估指標，而在分割模型的例子裡，我們也會對整體分割結果進行類似計算。與先前不同的是，分類模型的真陽性事件數與其它指標是由 logMetrics 估算的；但由於分割模型的輸出資料過大（如前所述，每一張驗證集中的 CT 切片都包含四十萬個像素），故這裡得讓 computeBatchLoss() 函式即時產生這些統計數值。

程式 13.26：training.py

```
#Line 308
start_ndx = batch_ndx * batch_size
end_ndx = start_ndx + input_t.size(0)

with torch.no_grad():
    predictionBool_g = (prediction_g[:, 0:1]
                        > classificationThreshold).to(torch.float32)

    tp = (predictionBool_g *  label_g).sum(dim=[1,2,3])
    fn = ((1 - predictionBool_g) *  label_g).sum(dim=[1,2,3])
    fp = (predictionBool_g * (~label_g)).sum(dim=[1,2,3])
```

將預測結果與特定閾值比較以取得『硬性』Dice 係數（只由 0 或 1 組成）。為了之後能進行乘法，需將資料類型重新轉換為浮點數

計算真陽性、偽陽性與偽陰性事件的數量（這裡和計算 Dice 損失類似）

NEXT

```
metrics_g[METRICS_LOSS_NDX, start_ndx:end_ndx] = diceLoss_g
metrics_g[METRICS_TP_NDX, start_ndx:end_ndx] = tp
metrics_g[METRICS_FN_NDX, start_ndx:end_ndx] = fn
metrics_g[METRICS_FP_NDX, start_ndx:end_ndx] = fp
```

為方便未來存取，將所有指標存於一大型張量中。注意，這些結果是以批次為單位進行計算，而非取所有批次的平均值

如本節一開始所說，只要將預測結果與標註資料（即真實狀況）相乘，我們便可得到真陽性事件（其它種類的事件也可以透過相似方法得到）。由於在此我們不在乎每個像素的實際預測值大小（換言之，預測值為 0.6 的像素與預測值為 0.9 的像素其實沒什麼區別。只要它們超過閾值，那麼我們就將其當做候選結節），因此程式 13.26 將模型預測與閾值進行比較，進而產生內容為布林值的 predictionBool_g。

13.6.4 將圖片載入 TensorBoard

我們可以輕易地視覺化本章分割任務的輸出結果，這有助於我們判斷：模型是否正朝著對的方向發展（那就需要更多訓練）、或者已脫離正軌（那就應立即中斷訓練以免浪費時間）。將分割模型的輸出包裝成圖片，進而將其顯示的方法有很多。由於 TensorBoard 對此有完善的支援，且之前已經把相關的 SummaryWriter 物件整合進訓練程式之中了，故此處將繼續延用 TensorBoard。以下來看看具體的做法吧！

在此我們得在主要的應用程式類別中加入 logImages() 函式，並允許訓練和驗證集的資料匯入器呼叫此函式。此外，訓練迴圈也要修改，好讓程式只在**首輪和往後每 5 輪**訓練週期時執行驗證和圖片記錄程序。此操作是藉由比較訓練週期數與一個新常數 validation_cadence 來實現的。

在訓練過程中，我們需做到以下幾件事：

- 想辦法儘快知道模型的訓練效果。
- 將大部分的 GPU 資源用於訓練過程，而非驗證過程。

● 確保模型在驗證資料集上也能有良好表現。

第一點要求我們縮短訓練週期的長度，以增加呼叫 logMetrics 的頻率（編註：這讓我們可以更好的掌握訓練進度）。與第一點有點矛盾的是，若想達成第二個目標，則需在呼叫 doValidation 函式前，延長模型的訓練時間（編註：這樣就較難即使掌握訓練效果）。最後，我們就必須**週期性地**呼叫 doValidation 以完成第三個目標，而不是等全部訓練完成後才進行呼叫。為達成上述所有目標（即早得知訓練效果、在驗證前執行足夠時間的訓練、以及在訓練中週期性地進行驗證），本例中只會在首輪和往後每 5 輪訓練迴圈時執行驗證。

程式 13.27：training.py

```
#Line 212
def main(self):
    #Line 219
    self.validation_cadence = 5 ◄── 用來控制執行驗證的頻率
    for epoch_ndx in range(1, self.cli_args.epochs + 1): ◄── 代表當前的訓練週期數
        #Line 230
        trnMetrics_t = self.doTraining(epoch_ndx, train_dl)  ◄── 執行一次訓練
        self.logMetrics(epoch_ndx, 'trn', trnMetrics_t) ◄─┐
                                        記錄每個訓練週期後產生的表現評估指標

        if epoch_ndx == 1 or epoch_ndx % self.validation_cadence == 0: ◄─┐
                      只在首輪及往後的每 validation_cadence 輪訓練週期執行驗證
          #Line 241
          self.logImages(epoch_ndx, 'trn', train_dl) ◄── 測試模型並記錄輸出圖片
          self.logImages(epoch_ndx, 'val', val_dl)
```

顯示與記錄模型輸出圖片（源自訓練與驗證集）的方法有有很多。在本例中，我們會取每筆 CT 資料的 6 張等間隔切片，並同時呈現真實狀況與模型的預測結果。這裡之所以選擇 6 張切片，是因為 TensorBoard 一次只能顯示 12 張圖片。利用前述的顯示方式，我們能用某一列代表標註結果（真實輸出）另一列則用來代表模型輸出。該排列有利於結果的比較，如圖 13.16 所示。

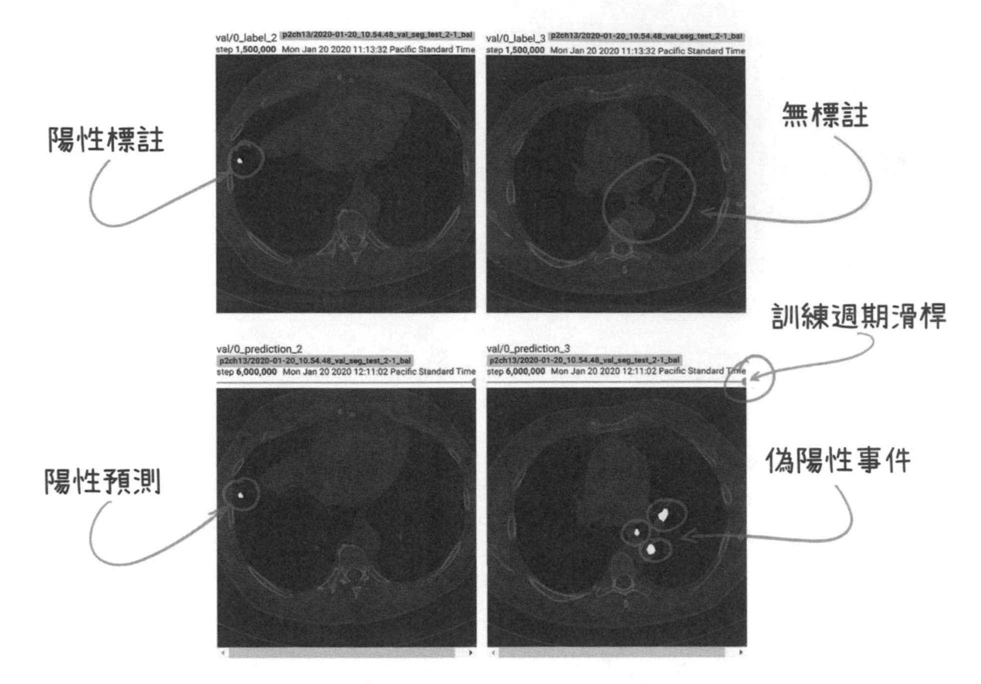

圖 13.16　上列為訓練用的標註資料，下列為對應的分割模型輸出。

請注意，在每一張圖片的上方都有一條滑桿，該滑桿能讓我們檢視**不同訓練週期**的模型輸出結果。當想要除錯或者查看特定結果時，該功能可帶來許多好處。

程式 13.28 會先從資料集那裡選取 12 組 series UID 的 CT 資料，並從每組資料中截取 6 張圖片。

程式 13.28：training.py

```
#Line 337
def logImages(self, epoch_ndx, mode_str, dl):
    self.segmentation_model.eval() ◄── 將模型設為 eval 模式

    images = sorted(dl.dataset.series_list)[:12] ◄── 繞過資料匯入器，直接從資料集中選出 12 組 CT 資料。由於儲存 series UID 的串列可能經過洗牌，故此處先進行排序。
    for series_ndx, series_uid in enumerate(images):
        ct = getCt(series_uid)
```

NEXT

```
    for slice_ndx in range(6):                    選取該 CT 中 6 張間距相等的切片
        ct_ndx = slice_ndx * (ct.hu_a.shape[0] - 1) // 5 ◄─┘
        sample_tup = dl.dataset.getitem_fullSlice(series_uid, ct_ndx)

        ct_t, label_t, series_uid, ct_ndx = sample_tup
```

完成上述步驟後，我們會將 ct_t 餵入模型中，這和 computeBatch-Loss 中的狀況極為類似。

有了 prediction_a（編註：該張量代表分割模型的輸出結果，其中包含了圖像中個別像素為結節的機率值。書中並未附上相關程式，讀者可自行參考 training.py 中的 Line 354）以後，我們還要建立 image_a 來儲存呈現結果時所需的 RGB 數值。這些數值的資料型別為 np.float32，且範圍必須在 0 和 1 之間。這裡會用一個技巧：先把圖片（值介於 0 和 1）和遮罩（值介於 0 和 1）相加，使像素值範圍落在 0 到 2 的區間內，然後再將整個陣列乘上 0.5，以便將數值調整回適當的範圍中。

程式 13.29：training.py

```
#Line 357
ct_t[:-1,:,:] /= 2000
ct_t[:-1,:,:] += 0.5

ctSlice_a = ct_t[dl.dataset.contextSlices_count].numpy()
                              將 CT 影像的強度指定給 RGB 三個通道，以產生灰階的底圖
image_a = np.zeros((512, 512, 3), dtype=np.float32)       │
image_a[:,:,:] = ctSlice_a.reshape((512,512,1)) ◄─────────┘
image_a[:,:,0] += prediction_a & (1 - label_a) ◄─┐
                                       偽陽性被標記為紅色，然後貼於底圖上
image_a[:,:,0] += (1 - prediction_a) & label_a ◄── 偽陰性標為橘色
image_a[:,:,1] += ((1 - prediction_a) & label_a) * 0.5

image_a[:,:,1] += prediction_a & label_a ◄── 真陽性則為綠色
image_a *= 0.5
image_a.clip(0, 1, image_a)
```

以上程式碼的目的是在一張灰階的 CT 底圖上（像素強度為原來的一半），疊上幾層以不同顏色標記的候選結節像素。其中所有不正確的預測結果（即偽陽性和偽陰性）都會被標記為紅色。由於我們偏重召回率，因此可以預期大多數紅點為偽陽性。『1 - label_a』的操作會顛倒標註資料中的值，而此結果與 prediction_a 的乘積即是那些**非候選結節**的預測像素。值得一提的是，由於我們會在綠色通道中放入一個強度減半的偽陰性遮罩，故偽陰性結果實際上看起來會是橘色的（在 RGB 色彩系統中，1.0 紅加 0.5 綠等於橘色）。至於正確預測的結節像素則會被標記為綠色，由於這些像素代表正確的分類結果，所以它們的顏色為正綠色（即不會摻雜紅色）。

在此之後，我們將所得影像重新正規化（讓像素值落在 0 到 1 的區間內），以免在進行資料擴增時，數值範圍超過預期而導致圖片上出現污點。最後，只要將資料存至 TensorBoard 專用的資料夾中即可。

程式 13.30：training.py

```
#Line 372
writer = getattr(self, mode_str + '_writer')
writer.add_image(
    f'{mode_str}/{series_ndx}_prediction_{slice_ndx}',
    image_a,
    self.totalTrainingSamples_count,
    dataformats='HWC',
)
```

以上程式類似於我們之前呼叫過的 writer.add_scalar()。其中參數 dataformats='HWC' 的作用是告訴 TensorBoard：在輸出圖片的各軸中，RGB 通道位於最後一軸。回憶一下，神經網路往往將輸出資料安排為 B×C×H×W 的形式。我們也可以將輸出資料改為 'CHW' 格式，TensorBoard 同樣能夠正確顯示。

此外，我們還要儲存訓練用的真實資料，這些資料構成了位於圖 13.16 上列的 CT 切片影像。由於與此相關的程式碼和上一個範例非常類似，故此處予以省略。如各位想瞭解細節，請自行參考檔案 p2ch13/training.py。

13.6.5 更改記錄評估指標的程式

為得知模型表現如何，我們必須計算每個週期的評估指標，特別是真陽性、偽陰性和偽陽性數量，如程式 13.31 所示。

程式 13.31：training.py

```
#Line 411
sum_a = metrics_a.sum(axis=1)
assert np.isfinite(metrics_a).all()
allLabel_count = sum_a[METRICS_TP_NDX] + sum_a[METRICS_FN_NDX]

metrics_dict = {}
metrics_dict['loss/all'] = metrics_a[METRICS_LOSS_NDX].mean()

metrics_dict['percent_all/tp'] = \
    sum_a[METRICS_TP_NDX] / (allLabel_count or 1) * 100
metrics_dict['percent_all/fn'] = \
    sum_a[METRICS_FN_NDX] / (allLabel_count or 1) * 100
metrics_dict['percent_all/fp'] = \
    sum_a[METRICS_FP_NDX] / (allLabel_count or 1) * 100
```

此處的值可能會超過 100%，因為我們是拿『偽陽性數』與『被標註成候選結節的像素總數』(只佔整張圖的一小部分) 做比較

藉由為模型評分，我們期望能找出模型在哪一回合的訓練中表現最好。第 12 章中曾說要以 F1 分數做為衡量標準，但此處的目標有所不同。由於必須先找到所有疑似結節，才能對其進行分類，故在本例中我們得儘可能**最大化召回率**！也就是說，決定一個模型是否為『最佳』的判斷標準在於其召回率(而非 F1 分數)。

NEXT

對某訓練週期而言，只要 F1 分數保持在合理範圍內❽，則我們的目標即是儘量提高召回率。至於將偽陽性事件找出來的任務，就交給分類模型去做吧！

註❽：『合理範圍』是個籠統的說法；事實上，F1 分數只要『不為零』即可。

程式 13.32：training.py

```
#Line 404
def logMetrics(self, epoch_ndx, mode_str, metrics_t):
    # Line 464
    score = metrics_dict['pr/recall'] ←— 以召回率（recall）作為評分標準

    return score
```

在下一章中，我們會在分類模型的訓練迴圈裡加入類似程式 13.32 的程式碼，只不過評分標準會改為 **F1 分數**。

現在回到主訓練迴圈當中，看看如何追蹤訓練階段的最佳表現分數（best_score）。在儲存模型的同時，我們還會以一標籤來說明此模型是否具有當前最高評分。13.6.4 節曾說過，doValidation() 函式只會在首次和過後的每 5 輪訓練週期中被呼叫。換句話說，我們只會在上述週期中檢查是否有最高評分出現。以上事實雖不會構成任何問題，但各位仍需注意，並非每個週期都會進行以上工作。另外，檢查最高分數的動作會出現在儲存圖片之前。

程式 13.33：training.py

```
#Line 212
def main(self):
    log.info("Starting {}, {}".format(type(self).__name__, self.cli_args))
    train_dl = self.initTrainDl()
    val_dl = self.initValDl()
    best_score = 0.0
    self.validation_cadence = 5
    for epoch_ndx in range(1, self.cli_args.epochs + 1): ◀— 判段是否執行驗證
            # Line 235
            valMetrics_t = self.doValidation(epoch_ndx, val_dl)
            score = self.logMetrics(epoch_ndx, 'val', valMetrics_t) ◀—
                                                    計算模型分數（召回率）
            best_score = max(score, best_score) ◀—
                               若當前 score 較高，則更新 best_score 值

            self.saveModel('seg', epoch_ndx, score == best_score) ◀—
                               稍後會撰寫 saveModel 的程式碼，此函式的
                               第 3 個參數決定我們是否要儲存當前模型
```

接下來，來看如何將模型保存於硬碟中。

13.6.6 儲存模型

有了 PyTorch，我們可以輕易地將訓練好的模型存至硬碟。torch.save 指令使用了 Python 的 pickle 函式庫，因此各位只要直接傳入模型物件，該指令便可幫我們進行存檔。然而，由於這種做法缺乏彈性，故其並非理想的方法。

此處會採取另一種替代方案，即僅儲存模型的**參數**。如此一來，只要是擁有同樣架構的模型，便能套用這一組參數（即使新模型的類別不同也沒關係，使用 model.state_dict() 便可取得參數）。換言之，與保存整個模型相比，只儲存參數的做法讓我們能更自由地使用單一或組合模型。

程式 13.34：training.py

```
#Line 491
def saveModel(self, type_str, epoch_ndx, isBest=False):
    #Line 507
    model = self.segmentation_model
    if isinstance(model, torch.nn.DataParallel):
        model = model.module    ← 去除 DataParallel 包裹器 (如果存在的話)

    state = {
        'sys_argv': sys.argv,
        'time': str(datetime.datetime.now()),
        'model_state': model.state_dict(),    ← 此行是關鍵
        'model_name': type(model).__name__,
        'optimizer_state' : self.optimizer.state_dict(), ← 保存諸如動量等超參數
        'optimizer_name': type(self.optimizer).__name__,
        'epoch': epoch_ndx,
        'totalTrainingSamples_count': self.totalTrainingSamples_count,
    }
    torch.save(state, file_path)
```

這裡將 file_path 設定如下：data/part2/models。

TIP 將優化器的狀態保留下來有助於我們無縫重啟訓練程序。對於無法長時間使用運算資源的讀者來說，這一點尤其有用。本書並不會詳細說明匯入模型與優化器並重啟訓練的實作方法，相關資訊請參考官方文件：https://pytorch.org/tutorials/beginner/saving_loading_models.html。

若目前儲存的模型剛好擁有最高的得分，則我們會將其 state 另存一份，並在檔名中加上『.best.state』。注意，當未來出現分數更高的模型時，此檔案便會被覆蓋掉。

程式 13.35：training.py

```
#Line 525
if isBest:
    best_path = os.path.join(
        'data', 'part2', 'models',
        self.cli_args.tb_prefix,
        f'{type_str}_{self.time_str}_{self.cli_args.comment}.best.state')
    shutil.copyfile(file_path, best_path)

    log.info("Saved model params to {}".format(best_path))

with open(file_path, 'rb') as f:
    log.info("SHA1: " + hashlib.sha1(f.read()).hexdigest())
```

與此同時，我們還會輸出儲存模型的 SHA1。如同存在狀態字典中的 sys.argv 與時間戳記（timestamp），該資訊能在稍後對模型除錯時協助我們釐清許多事情（例如：檔案是否曾不小心被重新命名等）。

在下一章中，我們會對分類訓練迴圈進行類似修正，以便儲存分類模型。請記住，想完成 CT 的判讀，分割和分類模型皆不可或缺。

13.7 最終結果

至此，所有程式碼已修改完畢，我們總算來到了圖 13.17 裡的步驟 3。請執行 p2_run_everything.ipynb 中，第 13 章程式的訓練指令，然後來看看最終的結果如何吧！

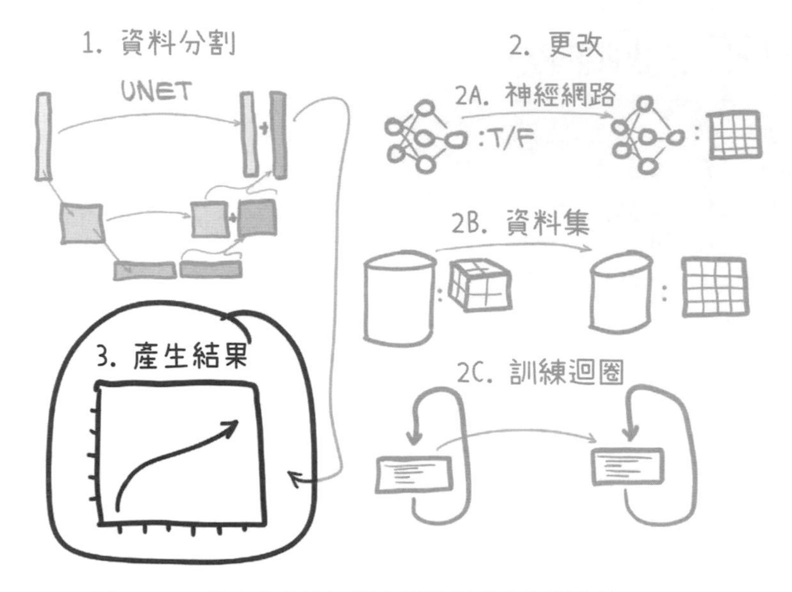

圖 13.17 此處的重點是觀察訓練程式的執行結果。

以下呈現了有驗證環節的訓練週期所提供的各種訓練評估指標（稍後再來檢視這些指標，這將有利於之後進行比較）：

```
E1 trn      0.5235 loss, 0.2276 precision, 0.9381 recall, 0.3663 f1 score
E1 trn_all  0.5235 loss,  93.8% tp, 6.2% fn,     318.4% fp
...
E5 trn      0.2537 loss, 0.5652 precision, 0.9377 recall, 0.7053 f1 score
    請特別留意這些列中的 F1 分數。可以看到，分數趨勢呈現向上，這正是我們想看到的！
E5 trn_all  0.2537 loss,  93.8% tp, 6.2% fn,      72.1% fp
...
E10 trn      0.2335 loss, 0.6011 precision, 0.9459 recall, 0.7351 f1 score
    請特別留意這些列中的 F1 分數。可以看到，分數趨勢呈現向上，這正是我們想看到的！
E10 trn_all  0.2335 loss,  94.6% tp, 5.4% fn,      62.8% fp
                        TP 值也在向上，很好！而 FN 和 FP 則在往下降。
...
E15 trn      0.2226 loss, 0.6234 precision, 0.9536 recall, 0.7540 f1 score
    請特別留意這些列中的 F1 分數。可以看到，分數趨勢呈現向上，這正是我們想看到的！
E15 trn_all  0.2226 loss,  95.4% tp, 4.6% fn,      57.6% fp
                        TP 值也在向上，很好！而 FN 和 FP 則在往下降。
...
```

NEXT

```
E20 trn      0.2149 loss, 0.6368 precision, 0.9584 recall, 0.7652 f1 score
```
請特別留意這些列中的 F1 分數。可以看到，分數趨勢呈現向上，這正是我們想看到的！

```
E20 trn_all  0.2149 loss,  95.8% tp, 4.2% fn,      54.7% fp
```
TP 值也在向上，很好！而 FN 和 FP 則在往下降。

整體來看，訓練效果還不錯。真陽性比例（tp）和 F1 分數都在上升，而偽陽性比例（fn）和偽陰性比例（fp）則在下降，這正是我們想要的結果！驗證指標可進一步說明以上結論是否可信。這裡請各位注意，本例中的訓練樣本是 64×64 的小區塊，但用於驗證的資料則是 512×512 的 CT 切片，因此後者的 TP:FN:FP 比例一定和之前的很不一樣。以下就是實際數值：

```
E1 val      0.9441 loss, 0.0219 precision, 0.8131 recall, 0.0426 f1 score
E1 val_all  0.9441 loss,  81.3% tp,  18.7% fn,    3637.5% fp

E5 val      0.9009 loss, 0.0332 precision, 0.8397 recall, 0.0639 f1 score
E5 val_all  0.9009 loss,  84.0% tp,  16.0% fn,    2443.0% fp

E10 val      0.9518 loss, 0.0184 precision, 0.8423 recall, 0.0360 f1 score
E10 val_all  0.9518 loss,  84.2% tp,  15.8% fn,    4495.0% fp
```
最高的 TP 發生於此，值得注意的是 FP 高達 4495%（這看起來很高）

```
E15 val      0.8100 loss, 0.0610 precision, 0.7792 recall, 0.1132 f1 score
E15 val_all  0.8100 loss,  77.9% tp,  22.1% fn,    1198.7% fp

E20 val      0.8602 loss, 0.0427 precision, 0.7691 recall, 0.0809 f1 score
E20 val_all  0.8602 loss,  76.9% tp,  23.1% fn,    1723.9% fp
```

可以看到，這裡的偽陽性比例最高達到 4,000% 以上！但這一切都在我們的預期之中，畢竟驗證所用的切片大小包含 2^{18} 個像素（512×512），而訓練用區塊僅 2^{12}（64×64）。換句話說，前者比後者大了 $2^6 = 64$ 倍！因此，驗證時的偽陽性數量也比訓練時大 64 倍是完全合理的。注意，由於所有陽性像素從一開始便包含在 64×64 的訓練樣本內，故真陽性事件的比率沒有明顯變化。以上結果會造成非常低的**精準率**(precision)、並相應地降低 F1 分數。由於這是本章訓練與驗證結構所帶來的正常後果，因此我們不必為此操心。

話雖如此，上面的召回率(以及真陽性比例)卻顯示出了一些問題。可以看到，在第 5 到第 10 訓練週期之間我們的召回率到達相對高點，然後便開始往下掉。這表示模型很快便開始**過度配適**了！圖 13.18 提供了更進一步的證據：雖然訓練階段的召回率呈現不斷上升的趨勢，但驗證召回率卻在 3 百萬筆樣本後開始下降(此處用來檢查過度配適的方法與第 5 章相同，詳見圖 5.14)。

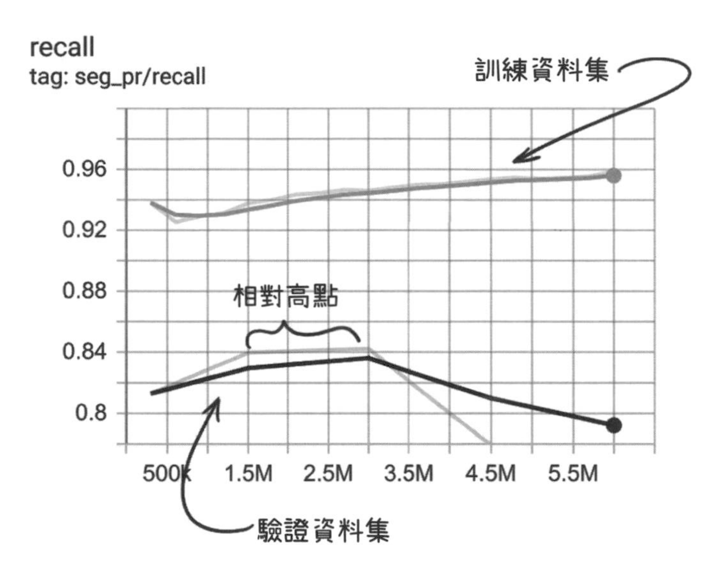

圖 13.18 在第 10 個週期過後，驗證召回率便開始走下坡，這是過度配適的徵兆。

NOTE 請記得，在預設狀態下，TensorBoard 會對資料曲線進行平滑處理。圖 13.18 中位於背景且顏色較淡的折線即是未經平滑的資料圖形。

U-Net 架構的模型容量很大，即使我們降低了過濾器數量與深度，其仍能在短時間內記下訓練資料的資訊。不過這也是有好處的，即：我們不必花太長時間在模型訓練上！

在分割任務中，召回率是最優先的考量點。至於提升精準率的部分，則留待之後的分類模型再行解決（事實上，去除偽陽性正是分類模型存在的意義）。偏重召回率會為模型表現的評估帶來困難，或許我們可以用 F2 分數（或者 F5、F10…）取代 F1（前者給予召回率較高的權重）。在本例中，我們選擇先直接以召回率為模型評分（而不依賴如 F1 等進階指標），然後再人為判斷某訓練週期的結果是否有問題。由於此處的訓練用上了 Dice 損失，因此這樣的做法確實可行。

坦白說，這裡我們有點投機取巧，因為本書作者已進行過後續的訓練與驗證（見第 14 章），所以自然知道這些模型的表現如何。在現實狀況中，我們是不可能僅憑當前狀態就推測出哪種結果是最好的。雖然經驗與相關知識的確對判斷有幫助，但沒有任何東西能取代實驗。

總而言之，儘管有些評估指標的數值過於極端，但本章模型的表現已足以讓我們進入下個環節了。讓我們朝完成專案的終點線再邁進一步吧！

13.8 結論

本章說明了如何以一種新的模型結構完成像素層級的分割作業。此結構名為 U-Net，是已被證明有效、且專為此類作業所設計的現成架構（為符合本專案需求，我們進行了部分修改）。此外，我們更動了資料集，使其能提供新模型訓練時需要的小區塊樣本、以及驗證時所用的切片資料。更改後的訓練迴圈現在也能在 TensorBoard 中儲存圖片，而資料擴增的任務則移到了 GPU 上執行，並且從資料集中獨立出來，改由專門的模型負責完成。最後，我們檢視了訓練成果，並瞭解到：雖然此處的偽陽性比例很高，但就本專案的要求而言，該結果是可接受的。在第 14 章中，我們會將所有模型整合起來，將其轉變為端到端的完整模型架構。

總結

- **分割模型**可針對每個像素或體素進行分類，而**分類模型**則是針對整張圖片進行分類。
- U-Net **架構**為資料分割領域中的重大突破。
- 使用『先分割、後分類』的架構能有效減少本專案所需的資料量與運算資源。
- 對目前的 GPU 發展而言，3D 資料分割會快速將 RAM 給耗盡。我們可以透過將 3D 的 CT 資料拆分成不同的 CT 切片來減少 RAM 的使用量。
- 『以裁剪過的資料進行訓練，但以完整切片進行驗證』的做法是可行的。這對於類別間的平衡有重大意義。
- **損失權重**可以強化來自特定類別或資料子集的損失，並藉此鼓勵模型朝特定方向發展。此技巧可幫助類別的平衡，是控制模型訓練表現的有效工具。
- TensorBoard 可以顯示模型於訓練階段產生的 2D 圖片，並記錄模型隨著訓練變化的歷史資訊，讓我們得以追蹤訓練進度。
- 我們可以將模型參數儲存在硬碟上，並在之後重新匯入新模型中。只要新舊模型的參數形狀相同，則新、舊模型的實作方法不必一樣。

延伸思考

1. 使用模型包裹器的方式（即本章的做法）來實現分類模型的資料擴增。

   a. 我們必須做出哪些妥協？

   b. 這麼做對於訓練速度有何影響？

2. 修改資料集的實作方式，使其將資料分為訓練、驗證與測試（test）等三種資料集。

   a. 你分配了多少資料給測試集？

   b. 測試集與驗證集的表現看起來一致嗎？

   c. 訓練集變小對訓練帶來了怎樣的不良影響？

3. 除判斷某像素是否為結節外，試著讓分割模型區分良性與惡性的結節。

   a. 該如何修改表現評估指標？圖片的生成方式呢？

   b. 你得到的分割結果如何？是否能進一步用於分類模型？

4. 請試著以 64×64 的區塊與整張 CT 切片同時訓練模型，並比較兩者的表現。

5. 你是否能找到 LUNA（或 LIDC）以外，可用的資料來源呢？

CHAPTER 14

端到端的結節偵測（與未來方向）

本章內容

- 將分割與分類模型合併
- 微調既有的神經網路以執行新任務：預測惡性結節
- 在 TensorBoard 中加入直方圖等指標
- 解決過度配適的問題，進而達到普適化

在過去幾章中，我們分別完成了組成本書專案的眾多關鍵元素，其中涵蓋了：資料匯入、建立與改進候選結節分類器、訓練分割模型尋找候選結節、以及訓練與評估上述模型所需的基礎架構。此外，我們也將訓練成果儲存至硬碟。為了能進一步實現本專案的終極目標（即自動偵測癌症），是時候將上面這些系統整合起來了。

14.1 迎向終點線

圖 14.1 顯示了本專案尚未完成的工作。在第 3 步驟（分組）中，我們需建立連接分割模型（第 13 章）與分類器（第 12 章）的橋樑，這樣分類器才能判斷分割模型所找到的目標是否為結節。右下的第 5 步驟（結節分析與診斷）與本專案的最終目標有關：判定結節是否為惡性結節（編註：也稱惡性腫瘤，本書會交替使用）。這雖然是一項與先前不同的分類作業，但本章會從先前的角度出發，介紹如何以既有的結節分類器為基礎來達成此任務（編註：之前我們使用分類器來區分『結節』與『非結節』，此處則要使用分類器來區分某個結節為『惡性腫瘤』或『良性腫瘤』）。

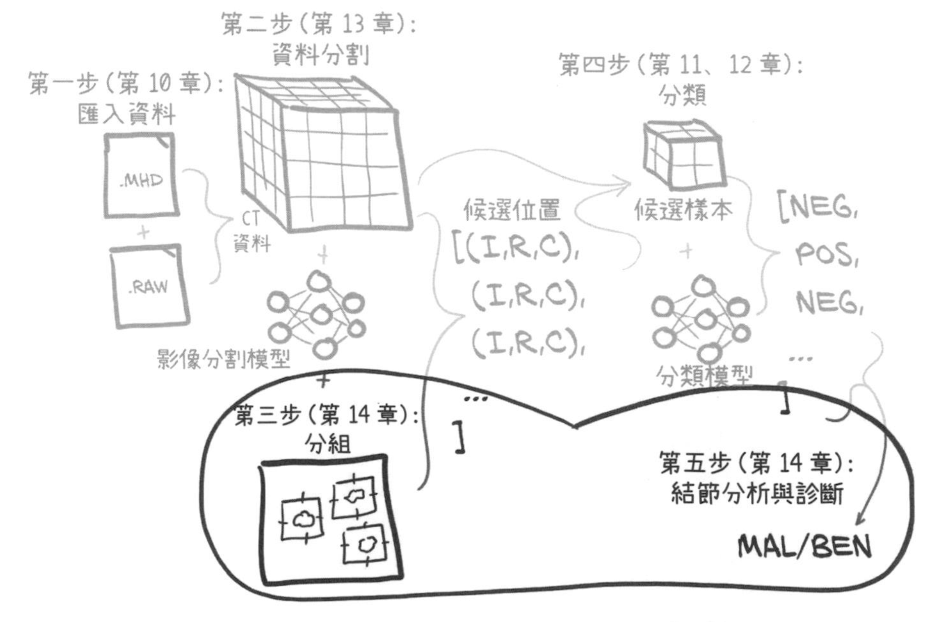

圖 14.1 本章的主題是第 3 和第 5 步驟，即**分組**與**結節分析**。

當然，以上敘述與圖 14.1 只做了簡單總結，圖 14.2 則指出了更多有待實現的細節。如你所見，我們還剩 3 個項目要處理。以下所列的每個項目都對應到圖 14.2 中的一個步驟：

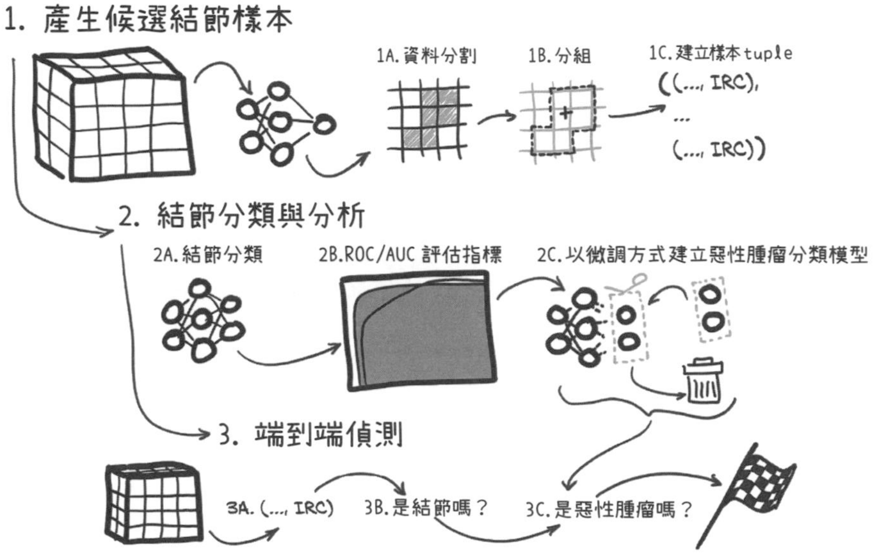

圖 14.2 詳述專案中尚未完成的工作。

1. **產生候選結節樣本**，其中包含了 3 個子步驟：

   a. **資料分割**：第 13 章的分割模型會預測輸入中的各像素是否為我們感興趣的目標（即是否為結節的一部分）。上述分割作業的作用對象為 2D 切片，而其所生成的 2D 結節預測結果稍後會被堆疊成 3D 的體素陣列。

   b. **分組**：透過比較『分割模型預測值，**編註**：即特定體素為結節的機率』與『特定閾值』，屬於結節一部分的體素會被標記出來。然後，我們會將經標記的相連體素分成一組，形成候選結節樣本。

   c. **建立樣本 tuple**：每個偵測出的候選結節都會被轉成一個分類用的樣本 tuple。該 tuple 中所包含的結節中心點座標（由索引 index、列 row 及行 column 所組成），對分類工作來說十分重要。

完成以上工作後，我們便成功將『原始 CT 影像』轉換為『候選結節樣本串列』了（編註：串列中的元素是一個個 tuple）。事實上，產生上述串列正是 LUNA 競賽中的一道題目。若某專案以實際臨床應用為目標（這裡再次強調，本專案尚無法做此用途），則其所生成的結節串列應以『幫助醫生找出疑似結節，以對其進行進一步檢視』為考量。

2. **結節分類與分析**：下一步是將得到的候選結節樣本輸入第 12 章的分類模型中，讓其找出『是結節』的樣本，進而判斷這些樣本是否為惡性：

   a. **結節分類**：每個由分割和分組所產生的候選樣本都會被歸類成『結節』或『非結節』，這能幫助我們排除分割模型不小心選擇到的正常組織。

   b. ROC/AUC **評估指標**：在進入分類的最終階段以前，我們會定義幾項檢驗分類模型表現的新指標，同時建立能用來判定某結節是否為惡性的標準。

   c. **以微調方式建立惡性腫瘤分類模型**：新評估指標上線以後，接下來需要定義和訓練能區分結節良惡性的模型，並檢驗其表現。此處的做法是對先前的結節分類模型進行**微調**（fine-tuning），也就是重新訓練它的最後幾層（其他層則權重固定不變）。

第 2 步驟結束後，我們便離終點不遠了。不過這裡仍要說明，在現實應用中，肺癌的診斷絕不是看幾張 CT 就能完成的。因此，本專案的意義其實更像是一場實驗。我們想知道：在僅憑影像資料的情況下，深度學習在腫瘤偵測的道路上到底能走多遠。

3. **端到端偵測**：最後一步是把所有模型整合成一個端到端的解決方案，未來只要輸入 CT 影像，即可直接預測該影像中是否存在惡性腫瘤。

   a. **取得候選結節樣本資訊**：分割 CT 資料以取得分類用的候選結節樣本資訊（編註：即步驟 1 提到的樣本 tuple）。

b. **判定是否為結節**：判定某樣本是否為結節，若是則將其輸入下一步的惡性腫瘤分類器中。

c. **判定是否為惡性**：對被判定為結節的樣本進一步分類，以判斷該結節是否為惡性腫瘤。

看來要做的事情還不少。現在，就讓我們一起迎向終點線吧！

NOTE 和前面的章節一樣，書中會將重複、冗長或過於淺白的程式碼省略，並將重點擺在關鍵概念的討論上。完整的細節請至本書的 GitHub 檔案庫上查看（**編註**：讀者也可至本書封面所示的網址下載完整的程式檔）。

14.2 保持驗證資料集的獨立性

之前從未提到，這裡有一個會造成嚴重後果的陷阱，即訓練集與驗證集的**資料洩漏問題**！下面我們將詳細討論該陷阱，並思考避免它發生的方法。

回想一下，無論是分割還是分類模型，我們將資料區分為**訓練集**與**驗證集**的做法都是：**每隔 10 筆樣本**便將輪到的樣本做為驗證資料，其餘則當做訓練資料。然而在分類模型中，訓練集與驗證集是從『結節樣本串列』區分而來，而在分割模型中則變成從『CT 掃描資料串列』區分而來。也就是說，出現在**分割驗證集**中的樣本有可能會出現在**分類訓練**集中，反之亦然。注意，絕不能讓此情況發生！否則，我們可能會因此而**高估**了模型在驗證資料集上的表現（**編註**：因為其中有些資料已被模型學習過了）。以上情形即稱為**洩漏**（leak），它會使驗證工作失去意義。

為解決洩漏問題，先前的結節分類模型也需能直接利用原始的 CT 資料來訓練（如同第 13 章的分割模型）。接著，分類模型必須以上述的新資料集重新訓練一次。

從上面的問題中我們應該記取以下教訓：在定義驗證資料集時，一定要考慮到整體的一致性。最簡單的處理方式(大多數重要的資料集都遵循此原則)，是盡可能清楚區分訓練與驗證資料(例如：以兩個獨立的字典分別存放訓練與驗證樣本)，並且在整個專案中使用同一個驗證集。當遇到需要重新選取驗證資料的情況時(如：我們想利用某種條件來分割資料集)，則所有模型都必須以新資料集再重新訓練一次。

本書作者已替讀者們把第 10 至 12 章的資料集按第 13 章的方法，區分為訓練與驗證資料集了。由於此工作重複性高，也沒什麼教學價值(相信各位都已經是資料集專家)，故此處就不顯示程式碼細節了。

請利用下面的指令重新執行分類器訓練程式，以完成模型的二次訓練(編註：各位也可以透過 p2_run_everything 檔案完成該操作。)

```
$ python3 -m p2ch14.training --num-workers=4 --epochs 100 nodule-nonnodule
```

在 100 個訓練週期以後，模型對於陽性樣本的預測準確率已達 95%，陰性樣本則達到 99%。由於驗證損失的變化趨勢尚未發生逆轉向上的情況，因此讀者可以嘗試繼續訓練，看看表現是否還能提升。

在第 90 個訓練週期時，F1 分數會達到最高點，且驗證集的預測準確率達 99.2%(真實結節樣本的準確率為 92.8%)。儘管比起整體準確率，我們更看重的其實是模型對於**真實結節**的預測準確率，但因為以上表現就教學而言已然足夠，所以本章將選用該模型。至此，連接分割與結節分類模型的前置準備工作已全部完成。

14.3 連接『分割模型』與『分類模型』

我們在第 13 章建立了分割模型，並在上一節重新對結節分類模型進行了訓練，以確保不會發生資料洩露的問題。根據圖 14.3 的步驟 1A、1B 和 1C，現在是時候來撰寫能把分割結果轉換為候選結節，進而生成樣本 tuple 的程式了。這裡我們將進行**分組**（grouping）的處理，即：找出類似於圖 14.3 步驟 1B 中的虛線邊界。上述分組程序的輸入是**分割**（segmentation）的結果，也就是在步驟 1A 中由分割模型標記過的體素資料。而最終目的則是找出每組標記體素群的中心位置座標（見圖 14.3 步驟 1C），即 1B 中『+』號的**索引**（index）、**列**（row）與**行**（column）座標值。步驟 1 的最終輸出就是由上述樣本 tuple 所構成的串列。

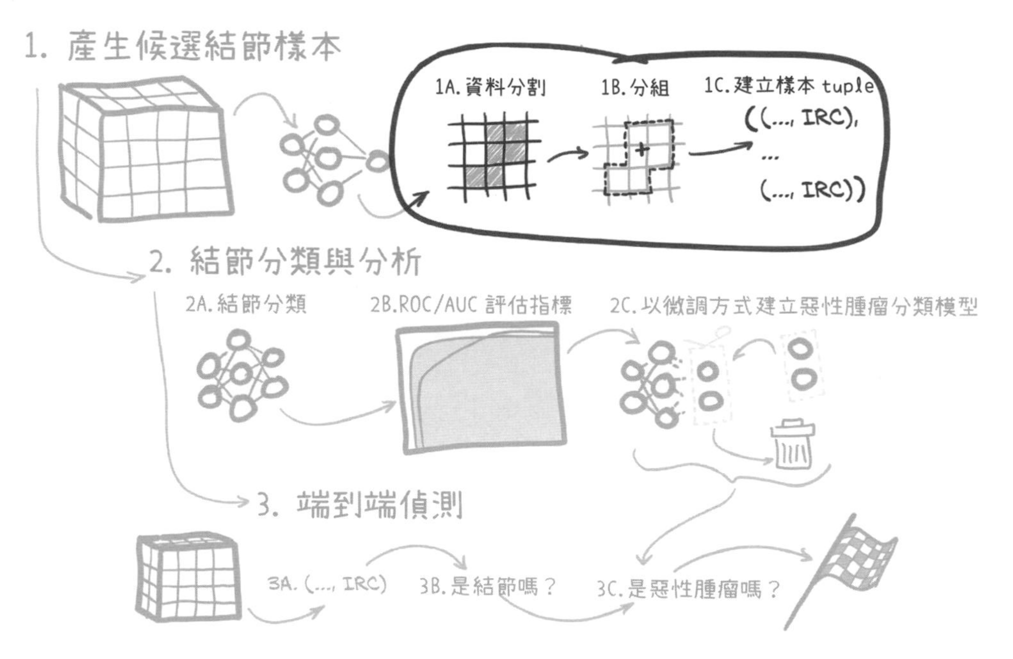

圖 14.3 此處的重點是將分割結果進行分組，並轉換成候選結節樣本 tuple。

運行以上模型的過程和之前的訓練及驗證過程很像（特別是驗證），但其中仍存在差別，例如用來走訪 CT 資料的迴圈。在實際運行中，我們需對每一筆 CT 的**所有切片**進行分割，且這些分割結果皆會成為分組處理的輸入資料。之後，分組處理的輸出會被送入結節分類器當中，而那些分類器判定為結節的樣本則會進一步餵給惡性腫瘤分類器。

以上的整個流程都由程式 14.1 的迴圈控制。換言之，此迴圈負責對每一筆 CT 資料進行分割、分組與分類，所產生的結果將會提供給後面的程序（惡性腫瘤分類器）來做使用。

程式 14.1：nodule_analysis.py

```
#Line 324
for _, series_uid in series_iter:  ←— 走訪每個 series UID
    ct = getCt(series_uid)         ←— 取得 CT 資料 (第 1 步)
    mask_a = self.segmentCt(ct, series_uid) ←┐
                          利用分割模型處理第 1 步的 CT 資料 (第 2 步)

    candidateInfo_list = self.groupSegmentationOutput(series_uid, ct, mask_a) ←┐
                          將分割模型標記成結節的體素進行分組 (第 3 步)

    classifications_list = self.classifyCandidates(ct, candidateInfo_list) ←┐
                          將分組結果送入結節分類器中處理 (第 4 步)
```

接下來的幾個小節會詳細討論 segmentCt()、groupSementationOutput() 與 classifyCandidates() 的實作細節。

14.3.1　分割

首先，我們必須對完整 CT 掃描的每一張切片執行分割作業。由於此處需將特定病人的 CT 切片以『一次一張切片』的方式餵入模型中，故我們將 Dataset 設計成：只要提供單一 series_uid，其便能匯入 CT 並傳回切片，且每次呼叫 __getitem__ 只傳回一張切片。

NOTE 若於 CPU 上運行，則分割步驟可能需要很長時間才能完成。因此，當有可用 GPU 的時候，本章的程式碼皆會在 GPU 上運行 (本章將省略相關細節，**編註**：作者已在檔案中加入偵測是否有 GPU 的程式，只要讀者的電腦有配備 GPU，程式就會自動移至 GPU 上執行)。

除了輸入資料的範圍較廣以外，分割模型與分類模型的主要差別在於其輸出。回想一下，分割模型的輸出為一大小與輸入相同的陣列，且陣列中的值代表每個像素為結節的機率大小。我們會走訪一筆 CT 資料的所有切片，進而得到**每一張切片**的預測結果。這些結果會被存放在與 CT 輸入形狀相同的遮罩陣列中。接著，我們會將模型預測結果與某個閾值進行比較，進而得到一個二元陣列。此處所用的閾值為 0.5，但各位也可以藉由實驗找出更適當的閾值(對分割模型而言，我們希望偽陰性的比例降低，**編註**：若將閾值調低，則模型預測為陽性的樣本數量就會提高。即使偽陽性的比例會因此而升高，也是可以接受的)。

此外，我們還利用 scipy.ndimage.morphology 的**侵蝕操作**(erosion operation)建立了簡單的清理程序。該程序會將結節最外圍的一圈體素去除，只留下那些位於內部、且周圍八個方向都被標記成結節的體素。將前面所述的調整與走訪資料的迴圈合併，便得到了以下程式：

程式 14.2：nodule_analysis.py

```
#Line 384
def segmentCt(self, ct, series_uid):
    with torch.no_grad(): ← 由於此處不需要梯度，因此不必建立運算圖
        output_a = np.zeros_like(ct.hu_a, dtype=np.float32) ←
            建立輸出陣列來儲存模型的輸出 (分割模型會將其中的每個元素標記上機率值)
        seg_dl = self.initSegmentationDl(series_uid) ←
                                  取得資料匯入器，以便走訪批次中的 CT 資料
        for input_t, _, _, slice_ndx_list in seg_dl:
            input_g = input_t.to(self.device)      ← 將輸入移至 GPU (若有)
            prediction_g = self.seg_model(input_g) ← 執行分割模型
```

NEXT

```
        for i, slice_ndx in enumerate(slice_ndx_list): ◄─┐
                                    將每一項元素複製到輸出陣列中
            output_a[slice_ndx] = prediction_g[i].cpu().numpy()
    mask_a = output_a > 0.5 ◄── 將輸出的機率值與閾值比較，
                                得到一個二元的輸出陣列
    mask_a = morphology.binary_erosion(mask_a, iterations=1) ◄── 執行侵蝕清理
  return mask_a
```

接下來，我們要搞定分組的部分。

14.3.2 利用分組將體素轉換為候選結節

這裡我們會用簡單的**連通分量演算法**（connected-components algorithm）來把疑似結節的像素組合成分類器所需的**塊狀資料**。此演算法可以標記出連通分量，而這項標記作業實際是由 scipy.ndimage.measurements.label() 完成的，它會將所有具有共同邊緣的**非零像素**分成一組。由於在分割模型的輸出中，結節像素通常都聚集在一起，因此上述演算法非常符合我們的需求。

程式 14.3：nodule_analysis.py

```
#Line 401
def groupSegmentationOutput(self, series_uid, ct, clean_a):
    candidateLabel_a, candidate_count = measurements.label(clean_a) ◄─┐
                                將連通的非零像素標記為同一個疑似結節
    centerIrc_list = measurements.center_of_mass( ◄─┐
            求出每一個疑似結節的質心位置，做為輸入分類模型的樣本 tuple
        ct.hu_a.clip(-1000, 1000) + 1001,
        labels=candidateLabel_a,
        index=np.arange(1, candidate_count+1),
    )
```

陣列 candidateLabel_a 的 shape 與輸入 clean_a 相同，不過其中的『0』統一代表分割模型未進行標註的體素（編註：值為 False，代表不是候選結節），而諸如 1、2 等整數標籤則分別表示不同的組別。這些組別皆由相連體素所構成，代表我們的候選結節。值得一提的是，分組程序所進行的標記與分類模型的標記不同（編註：雖然同為結節，但是分組模型會將不同區域的結節體素用不同的標籤來區別；而分類模型則會用統一的標籤來表示所有的結節）。

程式 14.3 的另一個函式 scipy.ndimage.measurements.center_of_mass() 可取得候選結節的質心。center_of_mass() 的輸入參數包括一個由密度體素值組成的陣列（ct.hu_a）、分組用的整數標籤（candidateLabel_a）、以及代表不同組別整數標籤的串列（利用 arange() 生成）。為了符合該函式的要求（質量不能為負數），我們替（裁切後的）ct.hu_a 加上一個位移量（1,001）。請注意，由於我們已將原始 CT 的下限密度值限制在 -1,000 HU（代表空氣），故經過上述位移後，所有體素的 HU 值都將為正值。

程式 14.4：nodule_analysis.py

```
#Line 409
candidateInfo_list = []
for i, center_irc in enumerate(centerIrc_list):
    center_xyz = irc2xyz(   ←— 座標系統轉換 (IRC → XYZ)
        center_irc,
        ct.origin_xyz,
        ct.vxSize_xyz,
        ct.direction_a,
    )

    candidateInfo_tup = CandidateInfoTuple(False, False, False, 0.0,
                                           series_uid, center_xyz)
    candidateInfo_list.append(candidateInfo_tup)

return candidateInfo_list
```

建立包含候選結節資訊的 tuple，並將其加至串列中

centerIrc_list 是內含三個陣列(分別代表索引、列與行座標)的串列,其長度與 candidate_count 相同。該資料有助於我們生成由 candidateInfo_tup 所構成的串列物件。由於本書從第 10 章開始就一直使用這種資料結構,大家對其應該很熟悉了,所以這裡也繼續延用此結構。值得一提的是,目前我們還無法決定 candidateInfo_tup 中前 4 個變數(即 isNodule_bool、hasAnnotation_bool、isMal_bool 和 diameter_mm)的數值,故在此先以適當型別的臨時值來代替。此外,程式 14.4 的迴圈中還包含了將體素座標系統(IRC 座標系統)轉換為真實物理座標(XYZ 座標系統)的程式。雖然以另一種座標系統取代適於陣列資料的(索引、列、行)座標似乎沒什麼道理,但所有後續處理 candidateInfo_tup 的程式皆使用 center_xyz(而非 center_irc),故該轉換有其必要。否則,我們得到的結果將會錯得離譜!

至此,步驟 1C(從分割模型的預測結果取得候選結節的位置)也完成了!接下來,我們便可以將疑似結節的部位截取出來,並餵入分類器中篩選出真結節,以降低偽陽性事件的數量。

14.3.3 利用分類器消除偽陽性

在本書第 2 篇的開頭,我們曾用以下文字,描述放射師如何在 CT 掃描結果中尋找癌症的跡象:

> 目前,只有受過專業訓練的專家才有能力解讀 CT 掃描的結果。此任務依賴對細節的高度關注,且沒有腫瘤的例子佔了所有樣本中的**絕大多數**,因此偵測腫瘤的任務就好比大海撈針。

之前的章節已花費大量篇幅對上文中『針』(陽性樣本)的部分進行過討論了(編註:包含將陽性樣本和陰性樣本的數量進行平衡等)。現在,讓我們談談針所在的『大海』(陰性樣本)吧!本節的主要目標是:盡可能地排除掉正常組織,好讓放射師能將注意力及專業知識放在必要的地方。

來思考一下在我們的專案中，每一個步驟分別排除了多少東西。圖 14.4 中的箭頭顯示了資料的流動方向，每一個指向叉叉的箭頭都代表資料已在前一步處理中被排除，而指向下個步驟的箭頭則代表那些保留下來的數據。請注意，圖中所示的數字僅僅是**近似**而已。

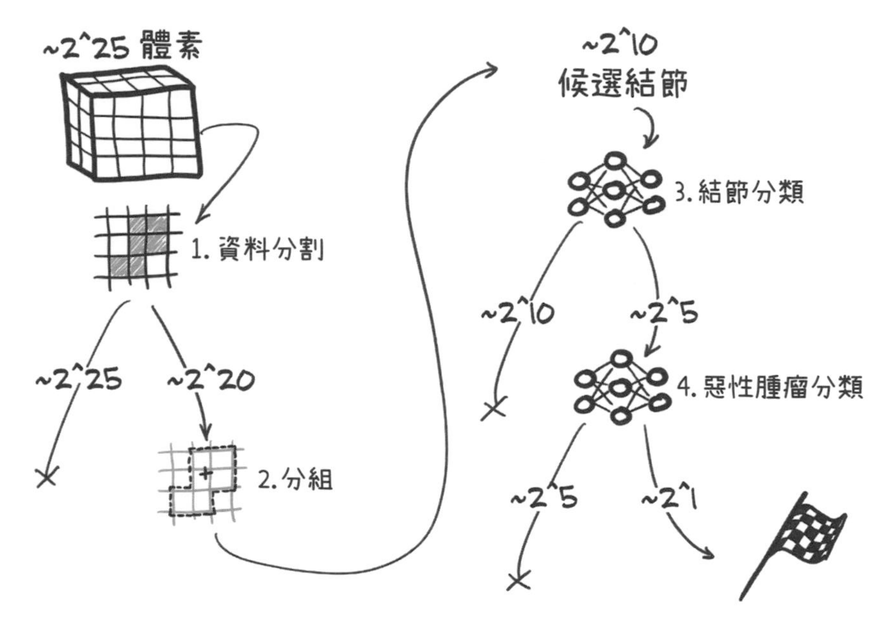

圖 14.4 本專案中每一步所移除的大致資料量（以數量級表示）。

圖 14.4 中各步驟的細節說明如下：

1. **資料分割**：分割程序處理的是完整的 CT 資料，其中涵蓋了數百張的切片、或大約 3,300 萬（2^{25}）個體素（實際數字的波動可能很大）。在這些體素裡，只有大約 2^{20} 個（約 3%）會被標記成候選結節體素。相較於原來的資料，此數目小了好幾個數量級。換言之，約莫 97% 的體素都被丟掉了（即圖中左側指向叉叉的 2^{25}，**編註**：此處的 2^{25} 只是一個粗略的數字，實際上約等於 2^{25}-2^{20}，由於得出的結果與 2^{25} 非常接近，因此作者就直接以 2^{25} 來表示）。

2. **分組**：雖然分組不會移除資訊，但由於該程序會將相連的體素**合併**成一個候選結節，故其能有效減少程式需要處理的**項目數量**。分組作業會從約 1 百萬個體素（2^{20}）中，生成約 1,000（2^{10}）筆候選樣本❶。

3. **結節分類**：在此步驟中，大多數資料（約 2^{10}）都被拋棄了。原本約 1000 筆的資料，最後僅剩下數十筆（2^5）。

4. **惡性腫瘤分類**：最後，惡性腫瘤分類器會檢視上述的數十筆樣本，並從中找出一到兩個（2^1）惡性腫瘤。

註❶：當然，實際候選結節的數量變化極大。

在以上每一步中，模型都會把大量資料認定為與癌症無關，並將之拋棄。這麼做的結果即：原本數百萬筆的數據最後只剩下幾筆代表腫瘤的資料。

全自動系統 vs. 輔助系統

『全自動系統』和『以輔助人類為目標的系統』是不一樣的。在前者中，若某資料被判定為不相關，其便會被永久刪除。但對於後者而言，資料最終要交給人類處理，因此保留丟失資訊以供回溯是很重要的。另外，讓模型輸出預測的信心程度也是很有用的。若各位有機會設計臨床用途的系統，請一定要想清楚該系統的確切目的為何，並確保模型設計符合該目的。由於本專案是全自動導向的，故我們不必去考慮那些不確定、或者被模型丟棄的資訊。

分割模型已為我們指出了 CT 影像中疑似結節的區域，接下來要做的事情則是：把這些候選區域截取出來，並送入結節分類器中。幸運的是，我們已於前一節將 candidateInfo_list 準備好了，故這裡只需以其為基礎建立 Dataset 資料集、將該資料集裝入 DataLoader 中、再走訪其中的資料即可。程式 14.5 中，張量 probability_nodule_g 中的第 1 行（column）代表個別候選樣本為結節的機率，而這正是我們想要保留的訊息。和之前一樣，此處以迴圈搜集所有輸出所需的資訊。

程式 14.5：nodule_analysis.py

```
#Line 357
def classifyCandidates(self, ct, candidateInfo_list):
    cls_dl = self.initClassificationDl(candidateInfo_list) ← 和前面一樣，建立資料匯入器來走訪 candidateInfo_list 串列中的資料
    classifications_list = []
    for batch_ndx, batch_tup in enumerate(cls_dl):
        input_t, _, _, series_list, center_list = batch_tup
        input_g = input_t.to(self.device) ← 將輸入資料送入 CPU 或 GPU 中
        with torch.no_grad():
            _, probability_nodule_g = self.cls_model(input_g) ← 利用結節分類模型處理輸入
            if self.malignancy_model is not None: ← 若有建立惡性腫瘤分類模型（目前沒有，在 14.5 節才會建立）
                _, probability_mal_g = self.malignancy_model(input_g) ← 執行惡性腫瘤分類
            else:
                probability_mal_g = torch.zeros_like(probability_nodule_g)

        zip_iter = zip(center_list,
            probability_nodule_g[:,1].tolist(),  ← 編註：結節的機率
            probability_mal_g[:,1].tolist())     ← 編註：惡性腫瘤的機率
        for center_irc, prob_nodule, prob_mal in zip_iter: ← 將最終結果儲存至串列
            center_xyz = irc2xyz(center_irc,
                direction_a=ct.direction_a,
                origin_xyz=ct.origin_xyz,
                vxSize_xyz=ct.vxSize_xyz,
            )
            cls_tup = (prob_nodule, prob_mal, center_xyz, center_irc)
            classifications_list.append(cls_tup)
    return classifications_list
```

完成以上作業後，我們就可以用閾值來找出模型所認定為結節的樣本（例如：分配到的機率超過閾值之樣本）。在實際應用中，該結果可提供給放射師來進一步檢驗。和分割模型的狀況一樣，此處的閾值選擇以『盡量不

遺漏結節』為原則。事實上，若我們進一步將 0.5 的預設閾值改為 0.3，則會有更多候選樣本被判定為結節（編註：雖然這樣會提高偽陽性的比例，但這符合『盡量不遺漏結節』的原則）。底下程式即為後續的步驟，它是接在程式 14.1 的後面（仍在該程式的同一個迴圈中）：

程式 14.6：nodule_analysis.py

```
#Line 333
    if not self.cli_args.run_validation: ← 若未傳入 run_validation 引數
        print(f"found nodule candidates in {series_uid}:")
        for prob, prob_mal, center_xyz, center_irc in classifications_list:
            if prob > 0.5:
                s = f"nodule prob {prob:.3f}, "
                if self.malignancy_model:
                    s += f"malignancy prob {prob_mal:.3f}, "
                s += f"center xyz {center_xyz}"
                print(s)
    # ↑ 印出所有分類模型認為『是結節機率高於 50%』的候選樣本資訊（被分配到的機率及中心座標）

    if series_uid in candidateInfo_dict: ← 若此 CT 有候選結節，則計算並列印混淆矩陣
        one_confusion = match_and_score(
            classifications_list, candidateInfo_dict[series_uid]
        )
        all_confusion += one_confusion ← 將當次的計算結果累加至總結果 (all_confusion) 中
        print_confusion(
            series_uid, one_confusion, self.malignancy_model is not None
        )

print_confusion(
    "Total", all_confusion, self.malignancy_model is not None
)
```

讓我們用來自驗證集的 CT 資料運行以上程式：

```
$ python -m p2ch14.nodule_analysis 1.3.6.1.4.1.14519.5.2.1.6279.6001.592821488
053137951302246128864 ◄── 編註：若讀者僅下載部分的 CT 資料用於訓練，則需確認
...                          資料集中包含此 series_uid 的資料才能運行該程式

found nodule candidates in 1.3.6.1.4.1.14519.5.2.1.6279.6001.59282148805313795
1302246128864:
nodule prob 0.533, malignancy prob 0.030, center xyz XyzTuple ◄─┐
                          此候選位置為結節的機率是 53%，剛好超過閾值
                          (0.5)；而在惡性腫瘤分類中，其機率僅有 3%

(x=-128.857421875, y=-80.349609375, z=-31.300007820129395) ◄─┐
                                       該候選結節樣本的中心座標
nodule prob 0.754, malignancy prob 0.446, center xyz XyzTuple
(x=-116.396484375, y=-168.142578125, z=-238.30000233650208)
...
nodule prob 0.974, malignancy prob 0.427, center xyz XyzTuple ◄─┐
                               此樣本是結節的機率極高 (97.4%)，
                               且其為惡性腫瘤的機率有 42%

(x=121.494140625, y=-45.798828125, z=-211.3000030517578)
nodule prob 0.700, malignancy prob 0.310, center xyz XyzTuple
(x=123.759765625, y=-44.666015625, z=-211.3000030517578)
...
```

我們可以取得特定 CT 掃描中，每個樣本的完整標註（包含其是否為結節及是否為惡性腫瘤的資訊）。這有助於我們建立最終結果的**混淆矩陣**（confusion matrix）。該矩陣會列出模型判斷結果與真實狀況的交叉比對結果：

下面橫列標題中的『Complete Miss』代表分割模型未標註為候選結節的狀況，『Filtered Out』是雖被列為候選結節，但分類器認為不是結節的狀況，而『Predicted Nodules』則是被分類器標記為結節的狀況。左邊標題則分別代表實際上為非結節、良性結節、惡性結節的數量。

```
1.3.6.1.4.1.14519.5.2.1.6279.6001.592821488053137951302246128864 ◄── CT 掃描的 ID
Total
            | Complete Miss | Filtered Out | Pred. Nodule
Non-Nodules |               |         1088|           15
     Benign |             1 |            0 |            0
  Malignant |             0 |            0 |            1
```

由於分割模型未標記的非結節樣本無法計算數量（也沒意義），故該項目留白。在訓練階段，我們讓分割模型學習提高**召回率**，所以其標記的候選結節中會包含大量不是結節的資料，這些需透過結節分類器來去除（編註：即 Filtered Out 行的項目）。

就此 CT 掃描而言，我們找到了其中唯一一個惡性腫瘤，卻把 1 個良性腫瘤給漏掉了。此外，我們還發現有 15 個非結節樣本被分類器誤判為結節。經過分類器的過濾後，原本 1,000 多筆的候選結節只剩下了 15 筆，這和我們預期的結果是一樣的。結果看似不錯，但我們仍要做進一步檢驗！

14.4 量化驗證

前面的結果表示我們的程式有能力處理單筆的 CT 掃描，現在則要檢查模型在**完整驗證集**上的表現。只要讓模型依照上述方式預測驗證集中的所有資料，再看看我們捕捉到或遺漏哪些結節、又有哪些樣本被錯判為結節即可。

請執行以下指令。在使用 GPU 的情況下，程式的處理時間應在半小時到一小時左右。在經過一段時間等待後，我們得出以下結果：

```
$ python3 -m p2ch14.nodule_analysis --run-validation


...
Total
             | Complete Miss | Filtered Out | Pred. Nodule
Non-Nodules  |               |       164893 |         2156
     Benign  |            12 |            3 |           87
  Malignant  |             1 |            6 |           45
```

我們共檢測出了 154 個真實結節（編註：所有實際為良性與惡性結節數量加總）中的 132 個（編註：Pred. Nodule 欄中的良性結節數量 (87) 與惡性結節數量 (45) 加總），也就是 85%。在被忽略的 22 個真實結節中，其中 13 個**未被分割模型視為候選結節**，而這也可以是未來改進時的切入點。

在偵測為結節（Pred. Nodule 欄）的事件裡，僅 5% 為真陽性結果（良性與惡性結節的總數除以 Pred.Nodule 欄的總數）。雖然這樣的數字並不理想，但問題並不大。這是因為比起根據整筆 CT 資料進行診斷，從 20 個候選位置中挑出 1 個結節明顯要容易多了（編註：20 個挑出 1 個，比例等於 5%，這和上述結果中真陽性的比例是一樣的）。第 14.7.2 節會對此主題進行更深入的說明，這裡只是想強調：我們不應把犯錯的原因當作黑箱子，而是要進行調查，並找找看它們背後是否有共同特徵。舉例來說，誤判樣本的特徵是否與正確判斷的樣本有顯著區別？模型表現是否還有其它可改善的地方？

就目前來說，我們的程式表現不錯，但並不完美。注意，讀者在驗證自己訓練的模型時，得到的具體數字可能與此處的不同。到了本章末，我們會提供一些有助於提升上述指標的參考論文與技巧。相信各位在閱讀並實測後，都能得到更好的結果。

14.5 預測惡性結節

關於結節偵測任務的實作現已告一個段落，且該實作也確實能預測出結節。接下來，程式是否能進一步辨識出良性與惡性腫瘤呢？當然，在現實世界裡，惡性腫瘤的診斷不只與查看 CT 掃描中的個別結節有關，還需考慮其它因素，如：病患的整體狀況、CT 掃描以外的檢查結果、甚至活體組織切片檢測等，而這些作業都得由醫生親自來完成。

14.5.1 取得良惡性資訊

LUNA 挑戰的重點在於結節偵測，故其並未提供良惡性訊息。然而在 LIDC-IDRI 資料集（http://mng.bz/4A4R）中存在一個 CT 掃描母集（LUNA 資料集的樣本便來源於此），該母集包含了每個腫瘤的惡性程度資訊。我們可以透過 PyLIDC 函式庫輕鬆取得這些資料，其安裝程序非常簡單，只要在 Jupyter Notebook 執行以下指令即可：

```
$ pip install pylidc
```

透過 PyLIDC 函式庫取得的良惡性訊息已是程式可用的格式，不過我們得將 LIDC 的標註對上 LUNA 的候選位置座標。

LIDC 中的每個結節都有（是否為惡性的）標註。該標註由許多數字組成，每個數字皆是由數名放射師（至多 4 位）評估同一結節後所給出的評分（編註：請見 annotations_with malignancy 檔案中的 mal_details 欄位），共有 5 種分數，分別代表：非常不可能是惡性（1）、不太可能、無法確定、有可能、非常有可能（5）❷。請注意，影像資料是決定此分數的唯一依據，且判斷者對病人狀況的推測會影響標註結果。為了將包含多個數字的標註串列轉換為單一布林值（yes / no，在 annotations_with malignancy 檔案中以 mal_bool 表示），本專案將**至少有兩名放射師**給出『有可能（3 分）』或更高評分的結節列為惡性。當然，此處所用的標準並非絕對。事實上，不同文獻對此資料有不同的處理方式，如：取平均或者排除評分不一致的樣本等。

註❶：欲知完整細節，請見 PyLIDC 相關文件：http://mng.bz/Qyv6。

由於本節中所用的資料合併方法與第 10 章相同，故在此省略相關程式碼，並直接採用已含有惡性腫瘤標註的 CSV 檔案（annotations_with_malignancy.csv）。在本例中，模型使用資料集的方式與結節分類器很像，不過這裡只需處理真實結節、以及預測時會用到指示該結節是否為惡性的標籤。我們還採取了與第 12 章類似的**資料平衡技巧**，不過其中取樣用的 pos_list 與 neg_list 必須以 mal_list 和 ben_list 來取代。上述訓練資料平衡機制存在於 MalignantLunaDataset 類別中，其為 LunaDataset 的子類別。

為了簡單起見，我們要在 training.py 中建立 Dataset 的命令列引數，以便能透過命令列動態地指定資料集類別。以上功能是利用 Python 的 **getattr 函式**來實現的。來看個例子，假如 self.cli_args.dataset 的值為 MalignantLunaDataset，則訓練程式會存取 p2ch14.dsets.MalignancyLunaDataset、並將其中的資料指定給 ds_cls，詳見程式 14.7。

程式 14.7：training.py

```
#Line 154
ds_cls = getattr(p2ch14.dsets, self.cli_args.dataset)  ←— 動態查詢類別名稱

train_ds = ds_cls(
    val_stride=10,
    isValSet_bool=False,
    ratio_int=1,  ←——— 回憶一下，此參數值代表要進行一比一的平衡處理
)                    (此處的平衡對象為良性與惡性腫瘤樣本)
```

14.5.2 以直徑做為分類表現的基準

在評估模型的表現時，最好能選取一個比較的基準（編註：有點像是及格線的概念，我們希望模型的表現要優於這個最低標準）。為此，本節會先建立一個以**結節直徑大小**來預測良惡性的**基準分類器**（通常大結節較有可能是惡性的），以便和稍後建構的分類器模型進行比較。圖 14.5 的步驟 2b 已暗示了要用來進行比較的指標。

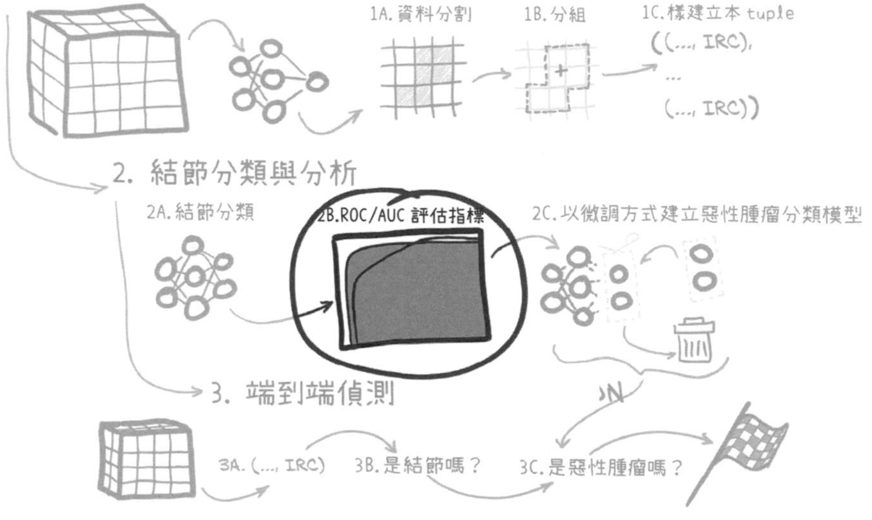

圖 14.5 此處的重點放在模型表現的評估指標。

此處的基準分類器將只以**結節直徑**為判斷惡性腫瘤的依據（即：所有直徑超過閾值 X 者皆為惡性）。雖然我們認為該分類器的表現不會太好，但結果卻顯示，以結節直徑做為判定標準似乎比預想中來得有用。當然，這裡的關鍵在於閾值的選取：適當的閾值不僅能將所有過小的斑點濾掉，還能把不確定的結節（編註：直徑略小或略大於閾值 X 的結節）分成『相對較大的良性結節』以及『相對較小的惡性結節』。

請回憶第 12 章的內容：閾值的選擇會影響我們的真陽性、偽陽性、真陰性與偽陰性事件數。當閾值降低，真陽性的數量便會上升，但與此同時偽陽性的比例也會增加。此外，我們還將**偽陽性比率**（false positive rate, **FPR**）定義為 FP / (FP + TN)，**真陽性比率**（true positive rate, **TPR**）則是 TP / (TP + FN)。

先來找出適當的**閾值區間**吧！我們設定該區間的下限會讓**所有樣本被判定陽性**（**惡性**）；上限則會讓**所有樣本被判定成陰性**（**良性**）。在高於上限的極端狀況中時，由於一切資料皆良性，因此 FPR 和 TPR 都將為 0。反之，在低於下限的狀況中，TN 和 FN 不存在，於是 FPR 和 TPR 都等於 1。

測量偽陽性的方法：精準率（Precision）vs.偽陽性比率（FPR）

本章所用的 FPR 和第 12 章的精準率皆為一個比率（數值介於 0 到 1），且兩者並非對立關係。如前所述，精準率的定義是 TP / (TP + FP)，代表『有多少被判定為陽性的樣本屬於真陽性』。FPR 則是 FP / (FP + TN)，意思是『有多少真實陰性的樣本被誤判為陽性』。對於極度不平衡的資料集而言（如：陰性樣本特別多），模型的 FPR 可以壓得很低（這和交叉熵損失的標準有關），但精準率以及相應的 F1 分數卻未必會變高，甚至可能會變低。

本例中結節的直徑大小不一，介於 3.25 mm 及 22.78 mm。為計算 FPR 和 TPR（可將兩者視為閾值的函數），我們可以將閾值訂在以上兩個值之間。若把 FPR 放在 X 軸、TPR 放 Y 軸，則圖上的一個點就代表特定的直徑閾值。如果我們進一步將所有可能的閾值畫出來，最終得到的圖形便稱為 **ROC 曲線**（receiver operating characteristic，見圖 14.6），而圖 14.6 中的陰影面積稱為 **AUC**（area under the curve, **ROC 曲線下的面積**）。AUC 的範圍亦在 0 與 1 之間，且越大越好❸。

註❸：對平衡資料集進行隨機預測所產生的 AUC 會等於 0.5，我們可以將其視為衡量分類器表現的**及格線**。

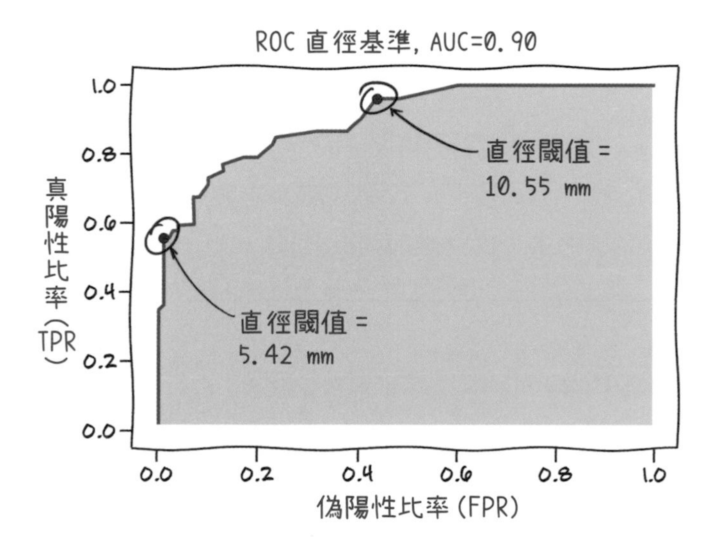

圖 14.6 利用 ROC 曲線作為我們的模型表現基準。

在圖 14.6 中，我們指出了兩個特定數值，分別是 5.42 mm 和 10.55 mm 的閾值。之所以選擇這兩個值，是因為它們為閾值的選擇範圍訂出了合理的上下限：若閾值小於 5.42，則 TPR 將直線下降；若大於 10.55，則將惡性結節誤判為良性將不會對 TPR 有明顯影響。因此，直徑的最佳閾值應該就落在 5.42 和 10.55 之間。

那麼，我們是如何算出這兩個值的呢？首先，將 candidateInfo_list 中所有被標記為結節的樣本找出，然後取得它們的標註（是否為惡性）與直徑。為了方便起見，這裡一併計算良性與惡性結節的數量分別是多少。

程式 14.8：p2ch14_malben_baseline.ipynb

In

```
ds = p2ch14.dsets.MalignantLunaDataset(val_stride=10, isValSet_bool=True)  ← 取得良性和惡性的結節串列

nodules = ds.ben_list + ds.mal_list
is_mal = torch.tensor([n.isMal_bool for n in nodules])    ┐← 取得是否為惡性的
diam  = torch.tensor([n.diameter_mm for n in nodules])    ┘  標籤和直徑資料
num_mal = is_mal.sum()                                    ┐← 計算惡性與良性結節的數量
num_ben = len(is_mal) - num_mal                           ┘  (稍後可用來正規化 TPR 和 FPR)
```

為畫出 ROC 曲線，我們需要由『所有可能閾值』組成的陣列。此陣列可透過 torch.linspace 函式獲得，該函式需要兩個參數，分別代表上下界，即結節的最小與最大直徑（也就是前面提過的 3.25 和 22.78）：

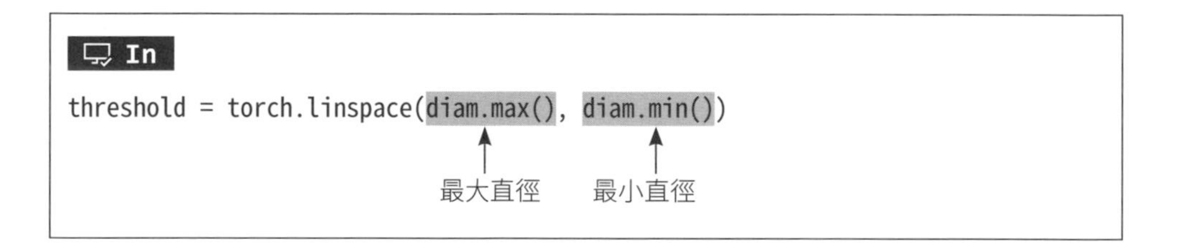

接著，我們建立一個 2D 的張量：每一列代表不同的直徑閾值，每一行則代表不同樣本，若樣本的直徑大於某直徑閾值，則對應的位置為 True，反之則為 False（為 True 時表示被標記為惡性）。完成之後，再利用樣本的良惡性標籤（真實狀況）過濾上述布林張量。加總每一列來得到個別閾值中，判斷為 True 的樣本個數。將該次數分別除以惡性與良性結節的數量，即可獲得每個直徑閾值所對應的 TPR 和 FPR（也就是該閾值在圖 14.6 上的座標）：

In

```
predictions = (diam[None] >= threshold[:, None])
```

以 None 為索引會增加一個軸，其功能類似 unsqueeze(ndx)。此操作會產生一個 2D 張量，代表在不同的直徑閾值（以列表示）下，各結節（以行表示）是否被標記為惡性。

```
tp_diam = (predictions & is_mal[None]).sum(1).float() / num_mal
```

有了 predictions 矩陣，我們就能計算每一橫列的總和，並藉此計算出每個直徑所對應的 TPR 和 FPR

```
fp_diam = (predictions & ~is_mal[None]).sum(1).float() / num_ben
```

至於 AUC 的計算，這裡會以**梯形法則**（trapezoidal rule）來進行**數值積分**（numeric integration）。我們會先計算 ROC 曲線上相鄰點（編註：別忘了，此處的點代表不同的直徑閾值）的『TPR 平均值（在 Y 軸的高度）』和『FPR 差值（在 X 軸的寬度）』**乘積**（該乘積代表兩閾值之間的梯形面積），然後再將所有梯形面積加總起來：

In

```
fp_diam_diff = fp_diam[1:] - fp_diam[:-1]         ← 計算相鄰點 FPR 的差值
tp_diam_avg = (tp_diam[1:] + tp_diam[:-1])/2      ← 計算相鄰點 TPR 的平均值
auc_diam = (fp_diam_diff * tp_diam_avg).sum()     ← 取上述差值及平均值的乘積，並進行加總
```

現在，只要利用 matplotlib 函式庫的 pyplot，再加上檔案 p2ch14_malben_baseline.ipynb 中所顯示的其它設定，便可得到如圖 14.6 的輸出。

14.5.3 重複利用現成模型的權重：微調（Find-tuning）

為了能更快看到結果，我們可以借用其他**已用相關資料訓練好**的現成模型（編註：如本書第 2 章的做法），而非使用**隨機初始化**的新模型，此方法即稱為**遷移學習**（transfer learning）。此時若只修改並重新訓練既有模型

的**最後幾層**，則稱為**微調**（fine-tuning）。請參考圖 14.7 的步驟 2c，我們把之前分類模型的最後一部分砍掉，並用新的神經層來取代。

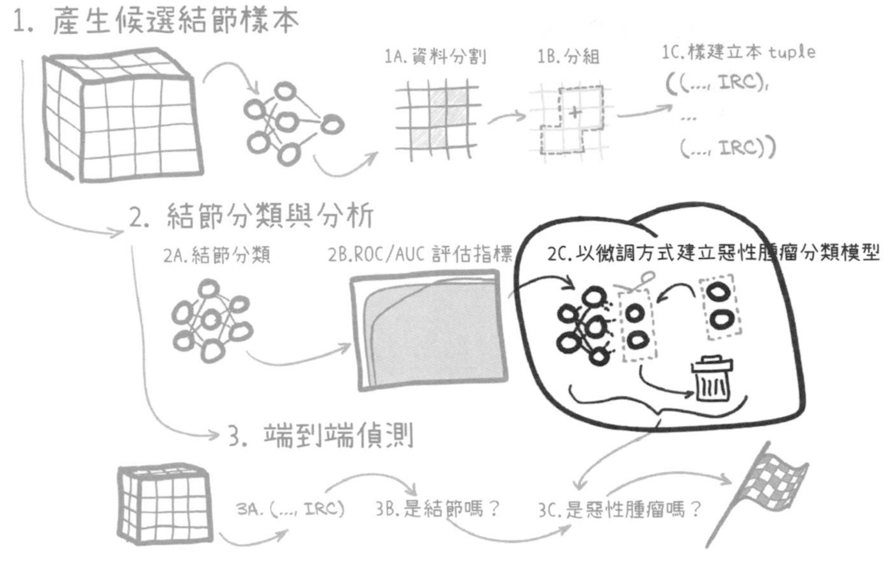

圖 14.7 此處的重點是微調先前的結節分類模型，進而建立惡性腫瘤分類模型。

第 8 章曾提過，我們可以將神經網路內的中繼資料解釋成：從圖片中萃取出來的特徵，這些特徵可能是模型偵測到的邊緣、角落、或其它的樣式。在深度學習出現以前，模型所偵測的特徵通常需要手動定義。反之，深度學習能夠讓神經網路從資料中**自動找出**對當前任務（如；物體分類）有幫助的特徵。而本章所介紹的微調則混合了舊方法（前段使用既有的特徵萃取方法）以及新策略（後段使用新學習到的分類策略）。在使用該技術時，我們會把舊神經網路中的相關神經層當成權重固定的**特徵萃取器**（feature extractor），並只針對模型上方（接近輸出端）的一小部分神經層進行重新訓練。

一般而言，微調的效果極佳，第 2 章提過的 ImageNet 預訓練網路就是很有用的特徵萃取器。其不但能應用於圖片的處理，有時還能應付完全不同的輸入，如：畫作（用來進行風格轉換）、甚至聲音頻譜圖（spectrogram）等。話雖如此，該技術也有不適用的地方。舉例而言，當以 ImageNet 訓練模型時，我們經常會翻轉圖片以進行**資料擴增**，如：將一張面朝右邊的小狗圖片翻轉，變成面朝左邊（兩者屬於相同的類別）。可想而知，原始影像和翻轉版本的特徵是非常相近的。此時，若我們利用上述經過 ImageNet 訓練的網路處理某項新任務，模型的準確率就有可能出問題。以辨識交通號誌而言，『向左轉』和『向右轉』所代表的意思截然不同，但以 ImageNet 特徵萃取器為基礎的網路很可能會將兩個類別混淆。

在本例中，我們用來進行微調的網路是之前已訓練好的**結節分類網路**。來看看具體如何操作吧！

礙於篇幅上的限制，這裡只介紹最基本的微調方法。在圖 14.8 的模型架構中，我們標出了兩個重點：主體中的最後一個卷積區塊、以及位於模型頭部的線性模組（以 head_linear 表示）。接下來，會先進行最簡單的微調，即：只將 head_linear 內的參數重新初始化並訓練。過後，我們還會嘗試將訓練範圍擴大至『最後一個卷積區塊』，並與『只訓練 head_linear』的結果做比較。

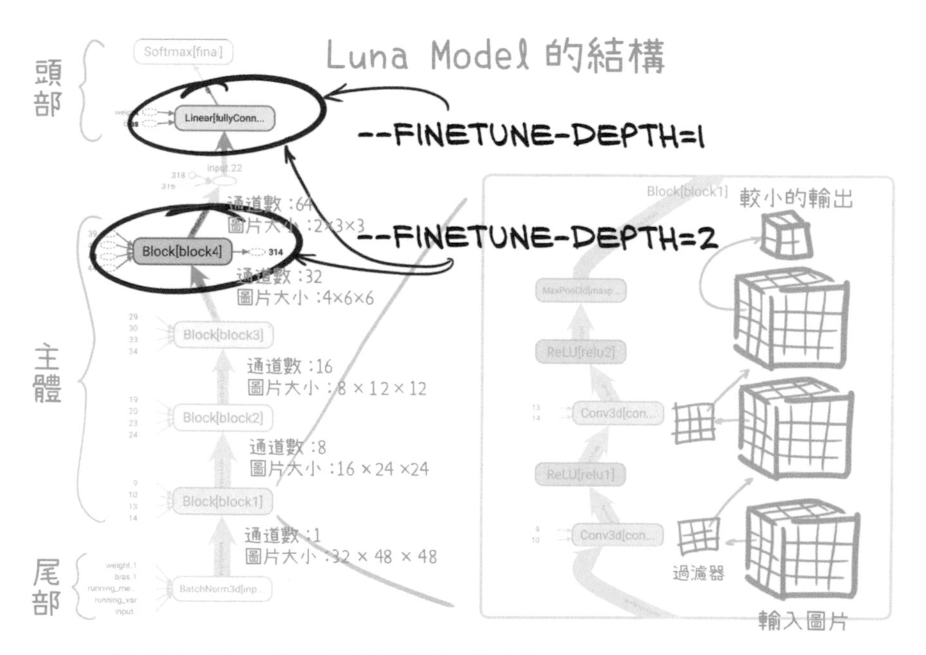

圖 14.8 第 11 章的模型架構圖，其中的 --FINETUNE-DEPTH=1 和 --FINETUNE-DEPTH=2 代表兩種不同的微調範圍。

若設定 --FINETUNE-DEPTH=1，我們要做的事情如下：

- 匯入既有模型（結節分類模型）的權重，除了位於模型頭部（head）的線性層（該層的參數以隨機初始化指定）。
- 除了欲訓練的神經層（參數名稱開頭為 head）以外，關閉所有模組的梯度計算。

請注意，無論我們想進行訓練的神經層有多少，要以**隨機初始化權重**的部分仍然只有頭部線性層。這麼做是因為我們假設：與特徵萃取有關的卷積模組（位於模型主體）基本上不會完全符合當前任務的需求，但它們的權重仍不失為良好的訓練初始值。

這裡的實作並不困難，只要在模型的設置中加幾行程式碼即可：

程式 14.9：training.py

```
#Line 124
d = torch.load(self.cli_args.finetune, map_location='cpu')
model_blocks = [
    n for n, subm in model.named_children()
    if len(list(subm.parameters())) > 0  ←取出模型中有參數的模組，以供稍後使用
]
finetune_blocks = model_blocks[-self.cli_args.finetune_depth:]  ←
        取得最後的 1 或 2（由 finetune_depth 命令列引數決定，預設為 1）層來進行微調
model.load_state_dict(  ← 載入現有權重到新模型中，但不包含最後的線性層
    {
        k: v for k,v in d['model_state'].items()
        if k.split('.')[0] not in model_blocks[-1]  ← 排除最後的線性層
    },
```

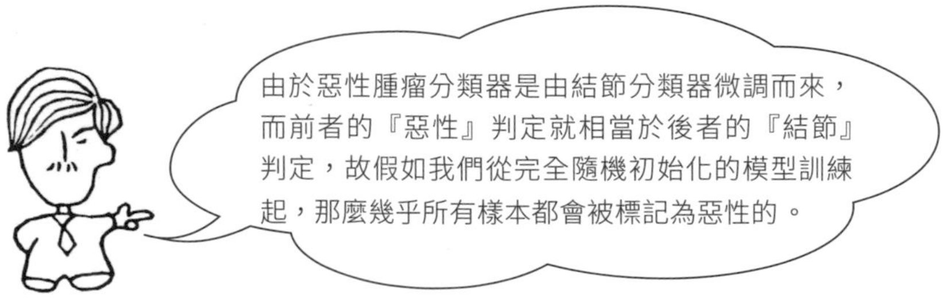

由於惡性腫瘤分類器是由結節分類器微調而來，而前者的『惡性』判定就相當於後者的『結節』判定，故假如我們從完全隨機初始化的模型訓練起，那麼幾乎所有樣本都會被標記為惡性的。

NEXT

```
    strict=False,  ◀— 不要求『所有參數都有對應的載入資料』
)
for n, p in model.named_parameters():
    if n.split('.')[0] not in finetune_blocks:
        p.requires_grad_(False)
```
（設定除了 finetune_blocks 以外的區塊都不使用梯度）

一切就緒！接下來只要執行下列指令，便可以針對模型頭部進行訓練了：

```
python -m p2ch14.training \
    --malignant \
    --dataset MalignantLunaDataset \
    --finetune data/part2/models/cls_2020-02-06_14.16.55_final-nodule-\
      nonnodule.best.state \
    --epochs 40 \
    malben-finetune
```

完成以後，再讓模型處理驗證集資料，並取得 ROC 曲線圖（如圖 14.9 所示）。可以看到，所得結果雖然優於隨機亂猜，但卻並未勝過基準值（AUC 較小），因此我們要來探討究竟哪些方面還需改進。

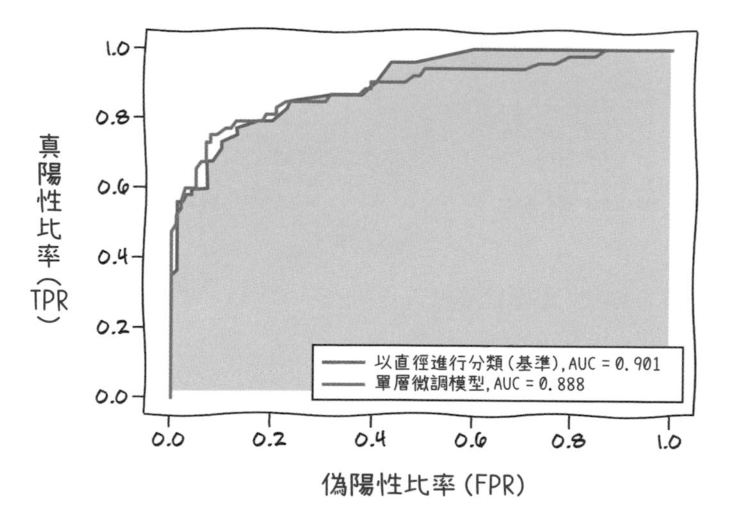

圖 14.9 微調後（重新訓練最後一層線性層）模型的 ROC 曲線。結果雖不錯，卻不如以結節直徑為基準的做法。

圖 14.10 顯示了本次訓練過程的 TensorBoard 結果圖。如你所見，即便 AUC 呈現上升趨勢且損失亦在下降，但無論是驗證或訓練損失都沒有降至零，反而是在某個不算低的值上停滯不前（以訓練損失來說，其最後約在 0.3 左右）。當然，我們可以延長訓練的時間以確定是否只是損失下降的特別慢，不過這裡請各位先將此結果與圖 5.14（該圖顯示了 4 種不同的訓練與驗證損失下降趨勢）相比，你會發現，雖然此處的損失停滯情況沒有圖 5.14（A）來得嚴重，但兩者所面臨的問題就數值變化而言是類似的。由於圖 5.14（A）代表模型的容量不夠，因此我們需考慮以下 3 種造成損失下降停滯的可能原因：

- 結節分類網路所提供的特徵（即最後一層卷積層的輸出）對於良惡性分類而言沒有用。
- 模型頭部（唯一接受重新訓練的模組）容量不足。
- 神經網路的整體容量不足。

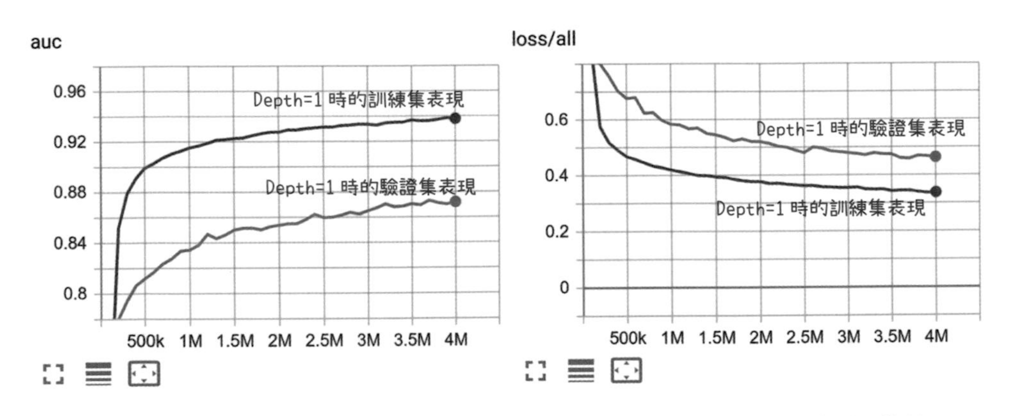

圖 14.10 對模型最末的線性層進行微調後所得到的 AUC（左）和損失（右）變化趨勢。

如果只訓練全連接層不夠，那就試著把最後一個卷積區塊也納入微調的範圍吧！所幸，我們之前已為此加入了適當參數，故只需按照如下操作便可對主體中的 block4 進行訓練了：

```
python -m p2ch14.training \
    --malignant \
    --dataset MalignantLunaDataset \
    --finetune data/part2/models/cls_2020-02-06_14.16.55_final-nodule-\
      nonnodule.best.state \
    --finetune-depth 2 \ ←— 用此命令列引數將最後一個卷積區塊納入微調的範圍
    --epochs 10 \
    malben-finetune-twolayer
```

待訓練完成，即可比較當前模型表現與基準的差異，如圖 14.11 所示。我們發現這次的結果比之前來得好！在 X 軸的 FPR 為 0（沒有偽陽性事件發生）時，模型偵測出了大約 70% 的惡性結節，這明顯優於以直徑為判斷標準的 60%。不過，當我們想進一步超越 70% 這個結果時，模型的表現卻掉回了基準線。注意，因為此處模型處理的任務為分類作業，所以我們從 ROC 曲線上選取出來的閾值必須能平衡真陽性與偽陽性事件的比率。

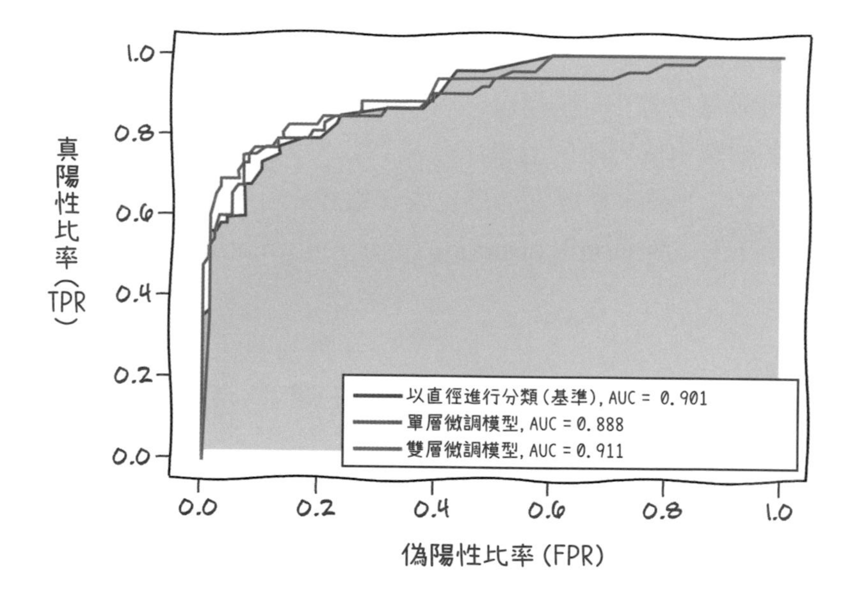

圖 14.11 雙層微調模型的 ROC 曲線。
可以看到，最新的結果略優於基準表現。

現在請看圖 14.12 中的損失變化曲線。顯然，進行雙層微調的模型（以 Depth 2 表示）在很早期便出現了過度配適的現象，因此我們的下一步是考慮引入常規化，該操作就留給讀者們自行完成吧！

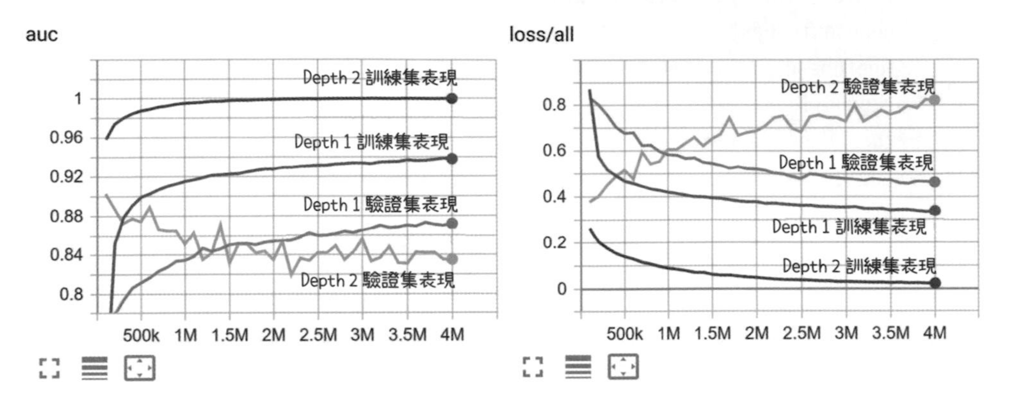

圖 14.12 對模型最末的卷積區塊與全連接層進行微調後的 AUC（左）和損失（右）變化趨勢（以 DEPTH 2 表示）。

除了本書所提到的方法，實際上還存在更複雜的微調操作。例如：由模型頭部開始逐漸將各神經層『解凍』（即進行參數更新）、或者對較底部的神經層使用較低學習率（較高層則用正常學習率）等。注意，PyTorch 支援在不同神經層中使用不同的優化參數（如：學習率、權重衰減以及動量等），只要將每一層的參數分別打包成**參數包**（由各層之超參數所構成的串列）即可（https://pytorch.org/docs/stable/optim.html#per-parameter-options）。

14.5.4 讓 TensorBoard 顯示更多輸出結果

在重新訓練模型的同時，我們可以在 TensorBoard 中加入更多結果，以便查看模型的表現。TensorBoard 內建了能顯示**直方圖**的記錄函式，但卻沒有 ROC 相關的函式，故在此我們將藉此機會向各位簡介一下 Matplotlib 介面。

直方圖（Histograms）

TensorBoard 可以把機率預測值轉換為直方圖。事實上，此處我們要繪製兩張圖，分別代表良性與惡性結節。該圖可幫助我們詳細檢視模型輸出，好確認是否有大量預測錯誤的情形發生。

NOTE 一般而言，想要從資料中獲得高品質的訊息，那就必須提供適當的資料。決定要顯示哪些資訊通常有賴於謹慎的思考與多次試驗，因此請不要害怕更改你所呈現的訊息。此外，假如你更改了某評估指標的定義，卻沒有變更其名稱，那請一定要記得你所做的更動為何。若沒有嚴格的命名規範、或刪除過時執行結果的良好習慣，我們很容易在錯誤的資料上進行比較，自然也就不會得到有用的結果。

讓我們先在 metrics_t 張量中創造新的張量來儲存資料。請回想一下，該張量的索引定義在訓練程式的開頭處：

程式 14.10：training.py

```
#Line 31
METRICS_LABEL_NDX=0
METRICS_PRED_NDX=1
METRICS_PRED_P_NDX=2 ◄— 新的索引，負責存放預測機率值
METRICS_LOSS_NDX=3
METRICS_SIZE = 4
```

然後，呼叫 writer.add_histogram 函式，並提供**標籤**、**資料**以及**訓練樣本數**（這一步和之前呼叫過的 scalar() 函式很像）。

程式 14.11：training.py

```
#Line 498
bins = np.linspace(0, 1) ◄— 利用 linspace() 產生介於 0~1 的等距
                            數列（預設會有 50 個元素），並指定
                            給 bins。稍後會將它做為 x 軸（預測
writer.add_histogram(       為惡性的機率）的繪製間距與範圍
    'label_neg',
    metrics_t[METRICS_PRED_P_NDX, negLabel_mask],
    self.totalTrainingSamples_count,
    bins=bins
)

writer.add_histogram(
    'label_pos',
    metrics_t[METRICS_PRED_P_NDX, posLabel_mask],
    self.totalTrainingSamples_count,
    bins=bins
)
```

現在，是時候來查看模型的預測分佈、並瞭解其如何隨著訓練週期而變化了。以下我們要探討圖 14.13 裡直方圖（**編註**：展示的是單層微調模型的結果）的兩項主要特徵。若本例中的神經網路確實有學到東西，那麼圖 14.13 的上列（對應良性樣本）二圖中的最左側會出現一個高峰，代表模型非常確定它們不是惡性腫瘤；與之相對，圖 14.13 的下列（對應惡性樣本）則會在圖中的最右側出現高峰。（**編註**：上列二圖為良性樣本的訓練（左圖）及驗證（右圖）結果，下列二圖則為陽性樣本的訓練及驗證結果。）

倘若看得更仔細一點，還能在圖 14.13 中發現單層微調模型容量不足的跡象。請將焦點轉向左上方的直方圖，各位可以觀察圖中的機率質量變化（**編註**：顏色越深表質量越高，也就代表樣本數量越多）：雖然左側的質量較高，但右側也還不低（換言之，整個 x 軸上方都有一定數量的樣本），且似乎沒有下降的趨勢，甚至在 1.0 的地方還出現了一個微小的峰值，該現象反映出了訓練損失停滯在 0.3 無法降低的事實。

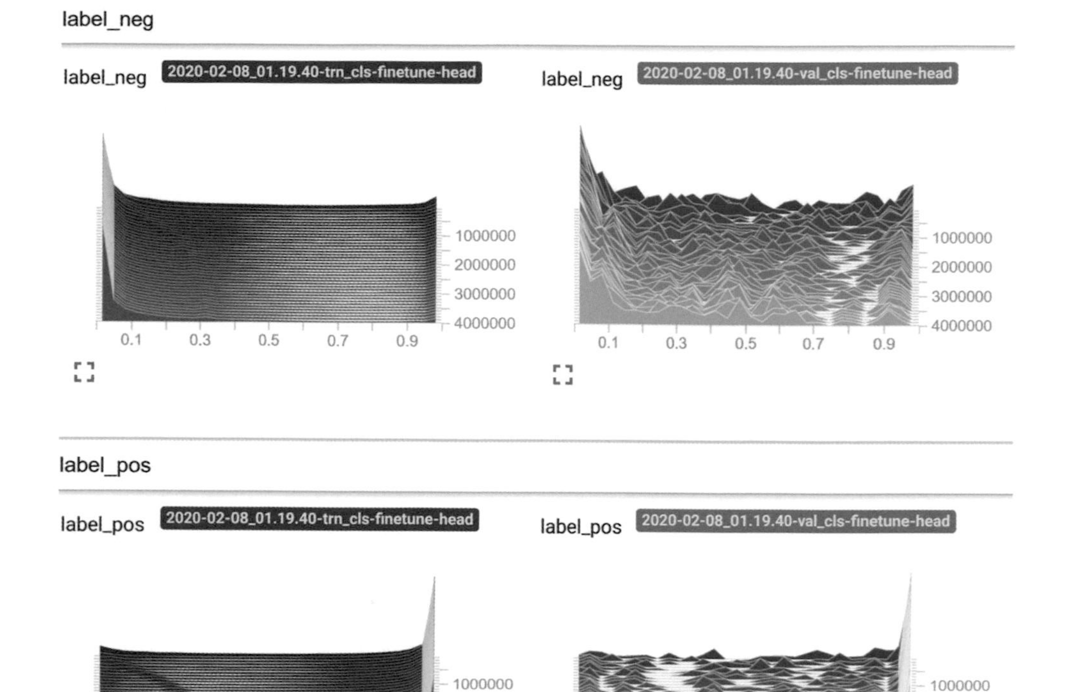

圖 14.13 此 TensorBoard 直方圖對應『僅對頭部進行微調的模型 1』(x 座標：模型認為樣本屬於惡性的機率；y 座標：某個機率對應到樣本數量)。

現在請看位於右欄的驗證集結果，你會發現：與右下圖中右側高峰（代表正確的惡性分類）以外的機率質量相比，分佈在右上圖中左側高峰（正確的良性分類）**之外**的機率質量較多；也就是說，這裡的神經網路比較容易對**良性樣本**產生誤判。為解決此問題，我們可以重新平衡資料，以便呈現更多的良性樣本給模型。然而，這麼做的前提是圖 14.13 左側的訓練集結果為正常，否則我們通常得先解決和訓練集有關的問題！

接著，為了進行比較，讓我們來看看雙層微調模型的結果圖吧（圖14.14）。先檢查訓練的部分（即左欄中的兩張圖）。這一次，除了出現在正確方向上的尖銳峰值外，其它地方幾乎沒有機率質量分佈，這表示模型訓練進行的非常順利。

至於驗證的部分，我們發現其中最不自然的地方是位於右下直方圖（對應惡性樣本）最左側（預測機率為 0 的地方）的小凸起。換言之，雙層微調模型在此所犯的系統性錯誤為：**將惡性樣本判定為非惡性**（請注意，這和單層微調模型的問題相反）。該現象與之前提到的過度配適有關。若想知道詳細的原因，去檢視幾張屬於惡性分類的圖片或許是個不錯的做法。

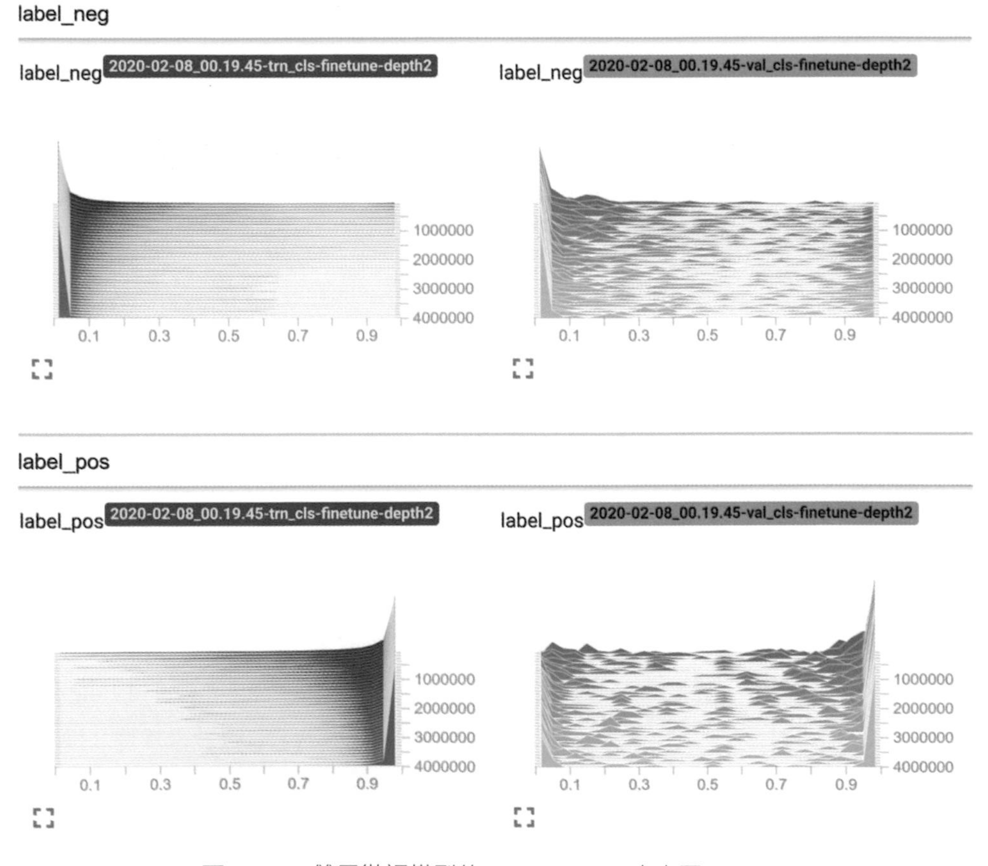

圖 14.14 雙層微調模型的 TensorBoard 直方圖。

TensorBoard 中的 ROC 與其它曲線

如前所述，TensorBoard 並未內建繪製 ROC 曲線的函式。不過沒關係，我們可以將任何圖片匯入 TensorBoard。相關的資料準備程序與第 14.5.2 節的描述很像：先根據用來繪製直方圖的同一批資料計算出 TPR 和 FPR（分別以變數 tpr 與 fpr 表示），然後和之前一樣畫出資料，只不過這一次我們得將 pyplot.figure 記錄下來，並傳給 add_figure()。

程式 14.12：training.py

```
#Line 482
fig = pyplot.figure()  ← 建立新的 Matplotlib 圖片
pyplot.plot(fpr, tpr)
writer.add_figure('roc', fig, self.totalTrainingSamples_count) ←
                                        將圖片加入 TensorBoard
```

由於我們將資料以圖片的型式傳入 TensorBoard，故相關結果會出現於『IMAGES』分頁標籤底下。為避免讀者受到無關的干擾，這裡並未畫出任何可供比較的其它曲線；但請記得，任何 Matplotlib 中的功能都能在此呈現。圖 14.15 再次顯示出以下事實：雙層微調模型出現了過度配適現象（左圖），而單層微調模型則沒有（右圖）。

> **小編補充** 從圖 14.15 左圖（代表雙層微調模型的 ROC）可以看出，AUC 呈現完美的 1.0，這在現實中幾乎是不可能的。因此，這代表該模型很有可能發生了過度配適。

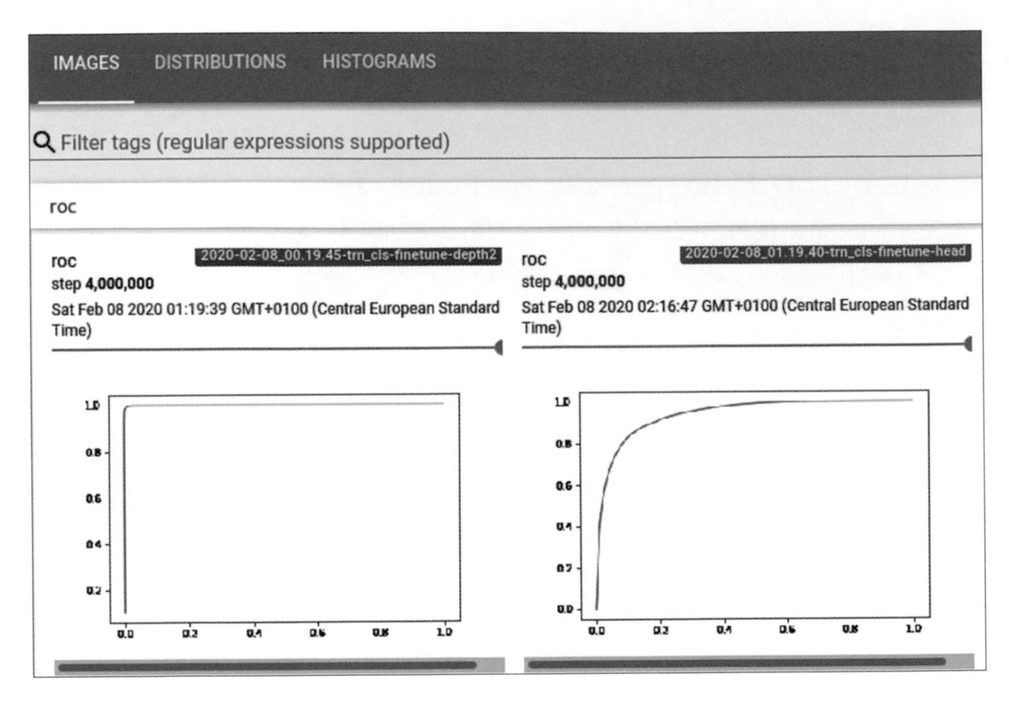

圖 14.15 以 TensorBoard 呈現訓練的 ROC 曲線，上方的拉桿能讓我們檢視不同階段的訓練週期。

14.6 利用模型進行診斷

我們已經來到了圖 14.16 的步驟 3，此處的目標是運行從 3a（資料分割）、到 3b（結節分類模型）、最後再到 3c（惡性腫瘤分類模型）的資料處理流程。換句話說，我們總算要撰寫並運行完整的端到端診斷程式了。幾乎所有程式碼都已經在之前的內容中準備就緒，這裡只要將它們組合在一起使用即可。

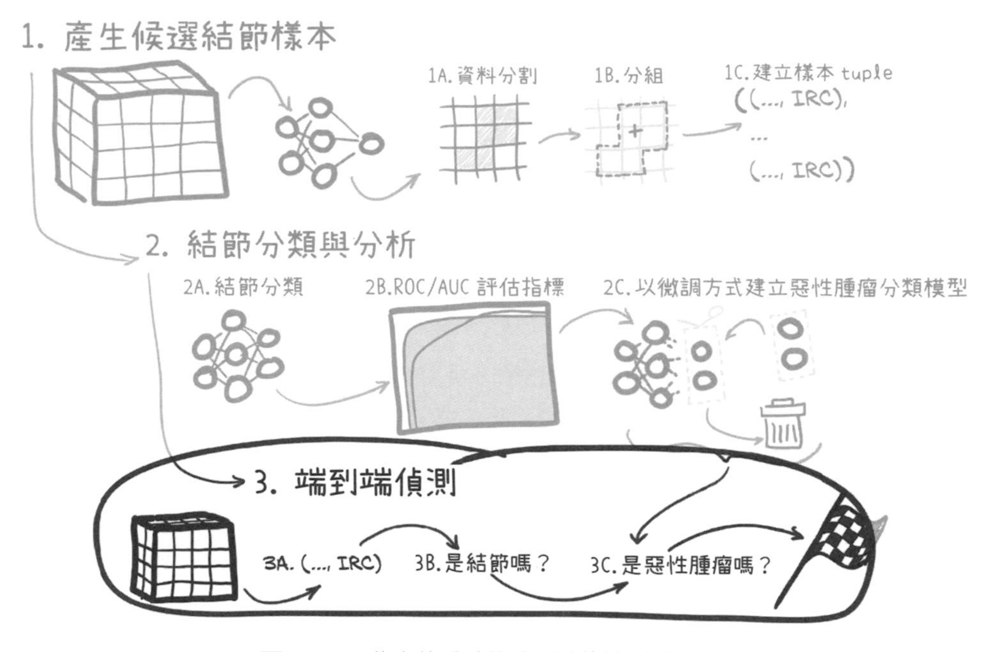

圖 14.16 此處的重點為端到端的診斷流程。

第 14.3.3 節曾討論過如何使用本專案的惡性腫瘤分類模型。無論是指定單一掃描資料或 --run-validation 的情況，只要在呼叫 nodule_analysis 時傳入 --malignancy-path 引數，程式便會執行存在於該路徑中的惡性腫瘤分類器，進而輸出結果。

要注意的是，上述程式需要一段時間來執行。即使驗證集中僅有 89 筆 CT 資料，從開始到結束的時間也要大約 25 分鐘。

讓我們看看運行的結果如何吧！

```
Total
            | Complete Miss | Filtered Out | Pred. Benign | Pred. Malignant
Non-Nodules |               |       164893 |         1593 |             563
     Benign |            12 |            3 |           70 |              17
  Malignant |             1 |            6 |            9 |              36
```

結果還不賴！我們的端到端程式找到了 85% 的結節，且惡性結節裡有 70% 被標記正確。雖然偽陽性的比率並不低（編註：在模型判斷為惡性結節的樣本 (最右欄) 中，偽陽性：真陽性 = (563+17):36 = 16：1，代表每偵測出 17 個惡性結節，大約只有一個是真的），不過這樣的表現已足以減少醫生診斷時所需檢查的資料量。遺憾的是，本專案在偵測惡性結節上的**偽陰性比率**高達 30%。我們在第 9 章已經告訴過各位，本書的模型尚未成熟到能拿去賣錢的地步，但其仍不失為後續改良的起點。此外，由於此處的重點在於深度學習教學，因此能得到有意義的結果已令我們滿意了。

若讀者有興趣，可以去檢視模型誤判的結節樣本。請注意，就良惡性分類而言，標註資料的多位放射師之間也存在不同的意見。所以，我們或許能依照結節被判斷為惡性的確定程度（信心程度），將驗證資料分為不同的信心層級再來觀察驗證結果。

14.6.1 訓練、驗證與測試資料集

這裡有一項重點非提不可。雖然本書從未以驗證資料進行訓練（本章開頭已對此問題進行了討論），但在**選擇最佳模型**時，我們憑藉的指標卻是模型對驗證集的表現。事實上，這也算是某種程度的資料洩漏。除此之外，由於沒道理認為模型在驗證集上的好表現能推廣到任何新資料上，故可以預期：本專案在真實應用中的表現應該比書中所示的要差一點（至少就平均效果來說是如此）。

有鑑於此，現實中的開發者一般會把資料分成三**個部分**：

- 訓練集：用於模型訓練。
- 驗證集：用來判定哪些超參數、或哪個訓練週期的模型表現『最好』。
- 測試集：根據驗證集選出最佳模型後，再以此資料集（由模型未曾見過的現實資料構成）評估模型的實際表現。

為了加入這第三個資料集，我們得從訓練集中再分出一些樣本，而這會讓過度配適更容易發生。此外，這做法也會讓我們的教學變得較為複雜。由於上述原因，本書並未建立測試集。不過，在新資料供應充足的前提下，若想開發出在真實場景中表現最優的模型，準備測試集將是必要之舉。

本小節的關鍵訊息是：資料洩漏常常會無聲息地發生，所以各位一定要仔細檢查每個步驟中是否存在資料洩漏的情形，並多利用獨立樣本進行驗證。若在這裡偷工減料，後果有可能非常嚴重。

14.7 補充資源與資料

本書的模型已具備一定成效，即便繼續進行改良，以目前擁有的資料量來看，進步幅度也微乎其微。本專案中的分類驗證集共包含 154 個結節樣本，而結節分類器一般至少能找出其中的 150 個，變異數大部分來自不同訓練週期之間的差異。因此，就算某項改動真的造成了顯著進步，目前的驗證集也無法精確反映出該事實（編註：換句話說，我們沒有足夠大的驗證集來知道某項改動是否能讓模型表現進一步提升）。

上述困難也存在於惡性腫瘤分類器中。你會發現，此模型的驗證損失總在上下波動。如果我們將驗證集樣本的選擇方式從『每 10 筆資料取 1 筆』改為『每 5 筆資料取 1 筆』，那麼驗證集的大小將會多一倍，代價則是訓練樣本會減少九分之一。但倘若各位想繼續改進模型，這樣的犧牲或許是值得的。當然，我們可能還要考慮建立**測試集**，而這會進一步縮小訓練集樣本的數目。此外，各位也可以詳細檢查那些神經網路經常誤判的樣本，並試著找出其中的共同特徵。

除了上面提到的策略外，我們接下來會簡單介紹其它改良本專案的方法。本小節的目的和第 8 章的 8.5 節類似，只是提供讀者一些可供試驗的點子罷了，即使各位無法掌握所有細節也不必擔心。

14.7.1 防止過度配適：採用更好的常規化策略

回顧本書第 2 篇中的 3 大作業（分割、結節分類、惡性腫瘤分類），無論是第 11 章和第 14.5 節的分類模型、還是第 13 章的分割模型，神經網路都發生了過度配適的現象。事實上，此現象在分類作業中產生了災難性的影響，以至於我們得在第 12 章裡進行**資料平衡與擴增**以解決問題。除此之外，這種『利用資料平衡消除過度配適』的做法也成了我們『不用完整 CT 切片、而改以包含結節之**小區塊樣本**來訓練分割模型』的原因。至於發生在本專案其它地方的過度配適現象，本書則採取迴避策略，即：在過度配適開始影響驗證結果前，結束訓練程序。以上幾點表明：若想讓本專案的結果更好，『試圖降低過度配適的影響』或許是個不錯的方向。

在深度學習領域，『先建立一個過度配適模型、然後再想辦法消除過度配適』似乎已成了標準作業流程❹。故在改良模型時，我們最好也遵循這樣的二階段流程。

註❹：想知道更多關於此流程的細節，請閱讀 Andrej Karparthy 的部落格文章『A Recipe for Training Neural Networks（神經網路的訓練方法）』：https://karpathy.github.io/2019/04/25/recipe。

經典的常規化與資料擴增

想必讀者已經注意到了，本專案並未用上所有第 8 章介紹過的常規化技巧。舉例而言，**丟棄法**（dropout）就是相對簡單的技巧，各位可以嘗試一下。

另外，雖然我們採用了資料擴增，但這裡其實還存在改進的空間。例如，我們並未使用一種名為**彈性變形**（elastic deformations，在輸入資料中加入『**數位皺紋**（digital crumples）』❺）的強效擴增技巧。該技巧所能提供的變化較旋轉和鏡像翻轉來得高，且似乎適用於本專案。

> **註❺**：相關做法可參考 http://mng.ba/Md5Q（注意，本文是針對 TensorFlow 所寫）。

更抽象的資料擴增技術

到目前為止，我們所用的資料擴增技術都是幾何上的轉變（即：進行旋轉和平移等）。然而，資料擴增的種類絕不僅限於此。

第 8 章曾說過：交叉熵損失是一種估算『兩機率分佈』之間差異的數學工具。本專案所比較的兩個機率分佈分別是模型的預測分佈、以及所有機率質量皆集中在單一標籤上（以 one-hot 編碼的向量表示）的目標分佈（即正確的答案）。假如此處的神經網路存在過度自信的問題，則我們可試著將目標分佈中，一小部分機率質量分給『錯誤』的分類標籤，並以此取代 one-hot 編碼，以上技巧稱為**標籤平滑化**（label smoothing）。

我們也能同時在輸入資料與標籤中加入雜訊。其中一種常見且實作簡易的做法稱為混合法（mixup），即對輸入和標籤進行隨機化的內插。有趣的是，在損失為線性的前提下（二元交叉熵滿足此條件），混合法其實就相當於：從經過適當調整的分佈中，取得權重來操縱輸入資料❻。當然，在處理真實資料時，通常不會發生這種輸入資料混合的情況，但有證據顯示此方法能有效穩定模型預測結果。

> **註❻**：請參考 Ferenc Huszár 的文章：https://mng.bz/aRJj，作者還提供了 PyTorch 程式碼。

使用多個模型：集成法（Ensembling）

關於過度配適現象的其中一種看法是：該現象證明了我們的模型架構可以完成任務，只不過其中的參數不對而已。根據此觀點，我們可以嘗試產生多組參數(相當於生成多個模型),並期望它們能互相補足對方的缺點。這種產生多個模型並結合其輸出的做法稱為**集成**(ensembling)。簡單來說,集成法就是先訓練出多個模型,再將它們各自的預測平均起來,形成最終的結果。在這種狀況下,當過度配適出現在不同模型上時,程式預測失準的輸入資料也會有所不同。換言之,不會發生模型『總是過度擬合到特定樣本上』的情形。

對典型的集成而言,開發者通常會獨立訓練不同模型、甚至修改模型的結構。但在最簡單的集成中,我們只要取單一訓練階段裡不同週期的模型參數即可(一般而言是取訓練階段結束前、或者觀察到過度配適以前的數個週期)。此外,由於上述這些參數的差異可能不大,故除了進行集成以外,我們亦可將它們平均起來。這種取參數平均值的做法構成了**隨機權重平均**(stochastic weight averaging)的核心概念。在進行權重平均時需要注意一些事情,例如:若模型使用了批次正規化,則我們應該要對統計值進行調整。但即便不這麼做,此方法也還是有可能小幅提升預測準確率。

讓神經網路學習的東西更多元

我們也可以利用**多任務學習**(multitask learning,即訓練模型輸出目標資訊以外的結果)❼來改良模型。有可靠證據表明,此方法有助於提升表現。就本例而言,我們可以訓練神經網路同時進行結節和良惡性的分類。事實上,良惡性標註的資料源提供了可用於多任務訓練的額外標籤,相關資訊請見下一節。多任務學習在概念上與先前提過的遷移學習接近,但在前者中,兩項任務的訓練通常是平行的,而非依序進行。

註❼:請見 Sebastian Ruder 的文章『An Overview of Multi-Task Learning in Deep Neural Networks(簡介多任務學習在深度神經網路中的應用;https://arxiv.org/abs/1706.05098)』;請注意,此技術在其它多個領域中也扮演核心概念的角色。

如果我們沒有多餘任務可供學習、卻有額外的**無標註資料**（unlabeled data），那麼可以試試**半監督式學習**（semi-supervised learning）。舉個例子，**非監督式資料擴增**（unsupervised data augmentation）是一項最近才被提出的有效技術。首先，我們透過正常方法以標註資料訓練模型。接著，讓模型預測未經擴增的無標註樣本。最後，把上一步的輸出當成正確答案，來訓練擴增的無標註樣本。在以上過程中，我們不知道神經網路對無標註樣本的預測正確與否，只希望其在擴增與非擴增資料上的表現一致。

當遇到既沒有多餘任務、也沒有額外資料的情況時，自行創造東西來用就成了可行的選擇。注意，由於捏造樣本並不容易，所以我們創造的一般是虛構的任務（雖然第 2 章提過的 GANs 有時能成功生成模擬資料）。這種做法屬於**自監督式學習**（self-supervised learning）的一環，而那些自行產生的任務則通常被稱為**前置任務**（pretext tasks）。有一類常見的前置任務如下：先對輸入進行一定程度的扭曲，再訓練某神經網路（如：架構類似 U-Net 的模型）將其還原、或者區分有扭曲和無扭曲的資料。另外，在那些『前置任務的模型』中，通常有部份區域（例如其中的卷積層）是可以和『原來任務的模型』一起共用的。

在以上前置任務中，扭曲輸入資料是必不可少的步驟，但有時我們會遇到沒有適當的扭曲方法、或者結果不符合預期的情況。所幸，這並非執行自監督式學習的唯一策略。另一種常見的策略是：測試模型是否能以所學到的特徵區別資料集內的不同樣本，這稱為**對比學習**（contrastive learning）。

對比學習的具體操作如下。首先，讓模型分別萃取出當前圖片、以及另外 K 張圖片的特徵（因此會有 K+1 個特徵，K 不能太小），我們稱這組特徵為**鍵值組**（key set）。接著，建立如下所述的分類前置任務：將當前圖片的特徵當成**問題**（query），讓模型找出該特徵屬於 K+1 個特徵鍵值組中的哪一個。雖然乍看之下這項作業好像沒有多大意義，但其實並非如此。就算是在『問題特徵』和『來自正確類別之鍵值特徵』高度吻合的情況下，此前置任務也能促使問題特徵和其它 K 張圖片的特徵產生最大化差異（這反映在：分類器分配給非問題特徵的機率質量將會很少）。當然，以上描述過於簡略了。對於想知道更多的讀者，或許可以從**動量對比**（momentum contrast）開始了解。

14.7.2　精鍊訓練資料

本專案所用的訓練資料還存在許多進步空間。之前曾提過，我們對樣本的良惡性判斷其實是基於多位放射師所給出的評分（共 5 種可能性）。在將該評分轉換為二元分類問題（即『是否為惡性？』）的同時，部分資料只能被放棄（編註：在本專案的做法中，只要有 2 位放射師給出 3 分或以上的評分，該結節就會被歸類於惡性腫瘤，這代表其餘放射師的判斷不會被納入考量）。

有一種簡單的做法能讓我們重新利用這些被丟掉的評分資料，那就是：將分類類別擴增為五個。如此一來，我們便能將放射師的評估結果轉換為**平滑標籤**（smoothed label）：先對不同人的評分進行 one-hot 編碼，再把編碼向量（編註：長度為 5，對應到評分的 5 種可能性）平均起來。舉例而言，假設四位放射師正在檢視某個結節樣本，其中兩位給出『無法確定』的評價、另外一位認為該結節『有可能』是惡性、而最後一位判定其『非常有可能』為惡性，那麼本例中交叉熵要比對的兩個機率分佈即『模型的輸出』、以及『目標機率分佈 [0.0, 0.0, 0.5, 0.25, 0.25]』。此處所提的標籤平滑化雖與前文中的類似，但卻更問題導向、也更聰明一點。不過，由於準確率、ROC 和 AUC 等皆是二元分類的指標，故這裡需要新的方法來評估模型表現。

另一種能用上所有評分資料的方法為：建立多個模型，且不同模型在訓練時所用的標籤分別來自不同的放射師。等到要對某結節樣本做出診斷時，我們再利用集成的策略，平均所有模型的輸出機率。

對於上一節所提的多任務學習而言，我們可以再次利用由 PyLIDC 所提供的標註資料，其中每一類標籤（包括：不明顯程度 subtlety、內部構造

internal structure、鈣化程度 calcification、球體度 sphericity、邊界明確度 margin definedness、分葉 lobulation、星狀物 spiculation 與質地 texture 等，詳細定義請參考 https://pylidc.github.io/annotation.html）都可定義一項額外的分類作業。話雖如此，在使用這些標籤之前，各位必須先對結節有更深入的瞭解才行。

至於資料分割的部分，各位可以檢查 PyLIDC 所提供的遮罩是否優於我們自行生成的遮罩。由於 LIDC 資料的標註來自多位放射師，故這些結節樣本能被區分為『評分**高度一致**組』與『評分**低度一致**組』。讀者可以測試看看，對於『容易分類』的結節（編註：若放射式的評分高度一致，代表該結節是容易分類的），模型的預測是否幾乎全對。換句話說，是否只有連人類專家也難達成共識的樣本才會對神經網路產生困擾。我們也能從另一個角度切入，嘗試以模型表現來定義結節樣本的偵測困難度，例如分成下面這三組：『簡單（經過一至兩週期的訓練後即可得到正確分類結果）』、『中等（完成訓練後才可正確分類）』、『困難（模型總是判定錯誤）』。

除了可公開下載的標註資料集外，自行請專家來標註結節訓練樣本的良惡性也是可行的做法。藉由讓模型從上述標註中學習，將有機會提升訓練的效率。將工作外包的做法在商業應用中較為合理，對個人專案而言可能負擔過重。

面對特別困難的任務時，我們也會聘僱人類專家來糾錯。雖然此方法和之前一樣需要一定預算，但在正式的專案中，這種程度的花費在可接受範圍內。

14.7.3 競賽結果與研究論文

本書第 2 篇的主要目標是：架設一條能直接從問題通向解決方案的道路，而我們也的確做到了。但事實上，肺部結節的偵測與分類並非新課題。若各位想要有更深入的瞭解，可以去看看其它人如何解決相同問題。

2017 資料科學杯

本專案所用的樣本僅限於 LUNA 資料集中的 CT 掃描結果，但這絕非唯一的資料來源。舉例來說，在 Kaggle（www.kaggle.com）上舉辦的 2017 年**資料科學杯**（Data Science Bowl, DSB；www.kaggle.com/c/data-science-bowl-2017）就能提供我們不少資訊。雖然平台上的資料集現已無法取得，但各路參賽者仍留下了諸多寶貴經驗，告訴我們什麼對訓練有用、什麼沒用。例如，當年許多的 DSB 決賽入圍者都指出：LIDC 裡關於良惡性的 5 階評分對模型訓練很有幫助。

以下兩項專案特別值得大家注意：

- 由 Daniel Hammack 和 Julian de Wit 所建立的解決方案（第 2 名）：http://mng.bz/Md48。
- 由 Deep Breath 小組所建立的解決方案（第 9 名）：http://mng.bz/aRAX。

NOTE 我們稍早所提的一些技術在當年 DSB 舉行時尚未出現，可見從 2017 年到本書完稿的這三年間深度學習領域的變化有多大！

如果各位想增加測試資料集的合理性，那麼以 DSB 的資料來進行驗證是個不錯的選擇，不過 DSB 已不再分享原始資料了！所以，除非各位仍有管道可以取得這些樣本，否則我們就得尋找其它資料來源了。

LUNA 研究論文

LUNA 挑戰已搜集了一些具有一定成效的研究成果（https://luna16.grand-challenge.org/Results）。儘管並非所有論文都提供了足夠細節，讓讀者得以重現其解決方案及程式執行成果，但對改良本書的模型而言，許多文章裡的資訊已經很充分了。各位可以自行參考這些論文，並嘗試其中自己感興趣的實作。

14.8 結論

本章成功建立了能診斷出肺部惡性腫瘤的端到端系統。回顧過去數章的努力，我們由衷地希望各位有所收穫。本專案利用公開的資料集來訓練模型，使其有能力完成一些有趣的任務，這引出了一個關鍵問題：這種做法能應用於真實世界中的所有難題嗎？此外，我們也想知道：本書的模型是否能被**商品化**？一般而言，商品化的定義會隨著**使用目的**而改變。因此，如果你的意思是：我們的演算法能否取代專業放射師，那麼答案明顯是**否定**的。話雖如此，各位不妨將本書的模型當成某種能輔助診斷的工具，專門為臨床中的難題提供第二意見。

在邁入實際應用之前，所有的醫療診斷工具都需得到管理單位（以美國而言即食品藥物管理局）所發放的許可證。我們還需要一個龐大的精選資料集，以便進一步訓練和驗證（事實上，後者更為重要）本書的模型。另外，各位也必須瞭解：在標準的研究程序裡，任何病例都需要經過多位專家的評估，而我們所用的樣本則必須涵蓋從常見到罕見的各種可能性。

無論是在純研究、臨床驗證還是臨床應用階段，模型都得在規模隨時可能會擴張的環境中運行，而這當然也會在技術和程序上對我們造成挑戰。第 15 章會帶領各位探討一些可能的技術難題。

14.8.1 幕後真相

在第 2 篇結束之際，我們想和各位聊聊深度學習專案背後的一些真相。事實上，本書可能無法讓大家體會到現實的殘酷，因為在書中我們精心挑選了各種有機會被解決的課題，好引導大家從小花園走向更廣闊的深度學習草原。這種半真半假的安排（尤其是第 2 篇）有利於學習，但卻無法反映出現實中的狀況。

以下這些才是現實。首先，我們大多數的實驗都是以失敗收場的。要知道，不是每個點子都能實現，也不是每次更動都能突破僵局。深度學習技術是由許多實驗及隨機嘗試所累積出來的，而且可能很快就被淘汰，或是又有更好的版本出現。其次，請記得該領域正處在人類知識的最前端，因此每一天都有新的東西被發掘出來。現在的深度學習領域正處在最令人興奮的時期，但就像所有新興技術一樣，身在當中難免會碰到許多挫折。

接著，讓我們開誠布公地向各位說明，我們都做了哪些測試，其中又有哪些失敗了、哪些則因為成果不盡如人意而沒有被放進書裡：

- 以 HardTanh 取代分類神經網路中的 Softmax（這麼做解釋起來較容易，但結果較差）。
- 為解決 HardTanh 所帶來的問題而增加分類網路的複雜度（如加入跳躍連接等）。
- 由於權重初始化失敗，導致訓練效果不穩定（特別是在處理資料分割時）。
- 以完整的 CT 切片訓練分割模型（**編註**：由於原始的 CT 切片中包含了大量與結節無關的組織，因此之前的做法是先以結節的中心進行裁切，藉此來進行資料平衡）。
- 在使用 SGD 的情況下加權分割模型的損失（除非改用 Adam，否則此方法完全無效）。
- 對 CT 掃描資料進行真正的 3D 分割。雖然我們並未成功，但 DeepMind 做到了❽。失敗發生在對結節進行裁切之前，主要問題是記憶容量不夠。
- 作者誤解了 LUNA 資料集中『class』欄位的意思，這導致本書編寫到一半時，部分內容必須重寫。

- 由於想盡快得到結果而意外造成了一個錯誤。該錯誤會將 80% 由分割模型找到的候選結節樣本拋棄,導致結果變得很難看(我們花了一整個週末的時間才找出問題!)。
- 嘗試了大量不同的優化器、損失函數以及模型架構。
- 試著以不同方法來平衡訓練資料。

註❽:Stanislav Nikolov et al., "Deep Learning to Achieve Clinically Applicable Segmentation of Head and Neck Anatomy for Radiotherapy," https://arxiv.org/pdf/1809.04430.pdf。

實際上發生的錯誤不只上面這些,但我們無法將它們全部記下來。這裡的重點是讓各位明白:在成功以前我們曾經歷過多次失敗,並希望讀者能從這些錯誤中學習。

最後還要補充一點:在本書的許多內容中,我們只是任意地從眾多方法裡挑一種而已,因此這絕不代表其它策略不如我們所選的方案(其中有些方法可能表現較好也說不定)。再者,程式寫作與專案設計的風格通常因人而異。在機器學習領域,開發者經常會使用 Jupyter Notebook 撰寫程式。該工具雖有利於我們進行快速測試,卻也有需要注意的地方,例如:該如何追蹤你曾做過的事情等。還有,除了本書所用的 prepcache 快取機制外,我們也能以獨立的預處理步驟把資料轉換成序列化張量。以上兩點都與個人的習慣有關,即便是本書的三位作者也會以些微不同的做法處理之。綜上所述,各位應該多嘗試以找到最符合自己的風格,但同時保持彈性以便與他人合作。

總結

- 適當地將資料區分為**訓練集**與**驗證集**（以及**測試集**）是很重要的事。在本專案中，以病患做為區分基礎是最不容易出錯的，特別是當專案的處理程序中包含多個模型時。
- 只要使用最傳統的影像處理技術，便可將分割模型標註過的體素組合成候選結節。我們應重視這些傳統工具，並將其應用在正確的地方。
- 由於我們的程式可同時執行**分割**與**分類**，故其有能力診斷之前從未見過的原始 CT 影像。不過，目前的 Dataset 實作方法不允許我們存取 LUNA 資料集以外的 series_uid。
- **微調**有助於最小化擬合模型所需的資料量。要注意的是，進行微調的預訓練模型需能辨識及處理與當前任務有關的特徵，而且再訓練的部分也要具有足夠的容量。
- TensorBoard 允許我們呈現各種圖片，進而了解模型的表現。但請記得，實際檢視模型表現不佳的樣本也是非常實用的方法。
- 若訓練成功，模型似乎總會在某階段產生**過度配適**現象，該現象可以用**常規化**來避免。事實上，過度配適已成為訓練神經網路的必經之路，因此我們應多瞭解常規化技術。
- 訓練神經網路的方法就是去嘗試錯誤、找出問題並進行修正。這個過程沒有捷徑。
- Kaggle 能提供許多深度學習專案的點子，其中很多任務都以現金來獎勵表現最佳的隊伍。這些競賽通常包含許多實作範例，可做為我們進一步實驗的起始點。

延伸思考

1. 為分類任務實作一個測試集。請以驗證集找出模型表現最優的訓練週期，並利用測試集評估模型的表現。請問，模型在驗證集與測試集上的表現差異有多大？

2. 你是否能讓單一模型完成包含三個類別的分類任務（即：一次性判定樣本屬於非結節、良性結節還是惡性結節）？

   a. 訓練時，哪一種類別平衡方法成效最好？

   b. 與本書的兩階段分類程式相比，此單階段模型的表現如何？

3. 我們使用標註資料來訓練分類器，卻期待該分類器能處理分割模型的輸出。為解決此矛盾，請利用分割模型建立一個非結節樣本串列，並以此取代標註資料中的非結節串列來訓練分類器。

   a. 以新串列訓練後，分類模型的表現是否有提升？

   b. 新模型對於哪一類候選結節樣本的表現改變最大？

4. 我們的填補卷積處理會造成圖片邊緣的脈絡資訊不足。請計算 CT 切片邊緣的分割損失，並與切片內部的損失比較。請問兩者有顯著不同嗎？

5. 試著讓分類器處理完整的 CT 影像，並使用重疊的 32×48×48 圖塊（patches）。若與本書使用分割模型的做法相比，何者表現較好？

MEMO